단위, 접두사, 상수 표

기초 SI 단위

물리적 양 (기호)	SI 단위명	단위 기호
Length (l)	Metre	M
Mass (m)	Kilogram	Kg
Time (t)	Second	S
Electric current (I)	Ampere	A
Thermodynamic temperature (T)	Kelvin	K
Amount of substance (n)	Mole	Mol
Luminous intensity (I_v)	Candela	Cd

유도 SI 단위

물리적 양 (기호)	SI 단위명	SI 유도 단위 기호 및 단위의 정의
Frequency (v)	Hertz	Hz (=s^{-1})
Energy (U), enthalpy (H)	Joule	J (= kg m^2 s^{-2})
Force	Newton	N (= kg m s^{-2} = J m^{-1})
Power	Watt	W (= kg m^2 s^{-3} = J s^{-1})
Pressure (p)	Pascal	Pa (= kg m^{-1} s^{-2} = N m^{-2} = J m^{-3})
Electric charge (Q)	Coulomb	C (= A s)
Electric potential difference (V)	Volt	V (= kg m^2 s^{-3} A^{-1} = J A^{-1} s^{-1})
Capacitance (c)	Farad	F (= A^2 s^4 kg^{-1} m^{-2} = A s V^{-1} = A^2 s^2 J^{-1})
Resistance (R)	Ohm	O (= V A^{-1})
Conductance (G)	Siemen	S (= A V^{-1})
Magnetic flux density (B)	Tesla	T (= V S m^{-2} = J C^{-1} s m^{-2})

SI 접두사

10^{-18}	10^{-15}	10^{-12}	10^{-9}	10^{-6}	10^{-3}	10^{-2}	10^{-1}	10^{3}	10^{6}	10^{9}	10^{12}	10^{15}	10^{18}
alto	femto	pico	nano	micro	milli	centi	deci	kilo	mega	giga	tera	peta	Exa
a	f	p	n	μ	m	c	d	k	M	G	T	P	E

기초 상수

상수	기호	값
Speed of light in a vacuum	c	2.997925×10^8 m s^{-1}
Charge of a proton and charge of an electron	e	1.602189×10^{-19} C
Avogadro constant	N_A	6.022045×10^{23} mol^{-1}
Boltzmann constant	k	1.380662×10^{-23} J K^{-1} mol^{-1}
Gas constant	$R = N_A k$	$8.31441 \times$ J K^{-1}
Faraday constant	$F = N_A e$	9.648456×10^4 C mol^{-1}
Planck constant	h	6.626176×10^{-34} J s
	$\hbar = \frac{h}{2\pi}$	1.05457×10^{-34} J s
Vacuum permittivity	ε_0	8.854×10^{-12} F m^{-1}
Vacuum permeability	μ_0	$4\pi \times 10^{-7}$ J s^2 C^{-2} m^{-1}
Bohr magneton	μ_B	9.27402×10^{-24} J T^{-1}
Electron g value	g_e	2.00232
Electron mass	m_e	9.1095×10^{-31} kg
Proton mass	m_p	1.6726×10^{-27} kg
Neutron mass	m_n	1.6749×10^{-27} kg

여러 가지 물리량

물리량 명	기호	SI 단위
Enthalpy	H	J
Entropy	S	J K^{-1}
Gibbs function	G	J
Standard change of molar enthalpy	$\Delta H_m^\ominus$	J mol^{-1}
Standard of molar entropy	$\Delta S_m^\ominus$	J K^{-1} mol^{-1}
Standard change of molar Gibbs function	$\Delta G_m^\ominus$	J mol^{-1}
Wave number	$\sigma = \frac{1}{\lambda}$	cm^{-1}
Atomic number	Z	Dimensionless
Conductivity	Σ	S m^{-1}
Molar bond dissociation energy	D_m	J mol^{-1}
Molar mass	$M = \left(\frac{m}{n}\right)$	kg mol^{-1}

그리스어 알파벳

alpha	Α	α	nu	Ν	ν
beta	Β	β	xi	Ξ	ξ
gamma	Γ	γ	omicron	Ο	ο
delta	Δ	δ	pi	Π	π
epsilon	Ε	ε	rho	Ρ	ρ
zeta	Ζ	ζ	sigma	Σ	σ
eta	Η	η	tau	Τ	τ
theta	Θ	θ	upsilon	Υ	υ
iota	Ι	ι	phi	Φ	φ
kappa	Κ	κ	chi	Χ	χ
lambda	Λ	λ	psi	Ψ	ψ
mu	Μ	μ	omega	Ω	ω

AN INTRODUCTION FIFTH EDITION

SOLID STATE CHEMISTRY

ELAINE A. MOORE | LESLEY E. SMART

고체화학 제5판

김승주 · 김지만 · 변송호 · 윤호섭 · 정 현 옮김

자유아카데미

저자 서문

최근에 대두되고 있는 중요한 주제 중 하나가 지속가능성(sustainability)이다. 따라서 이번 제5판에서는 이 분야 전문가인 Mary Anne White 교수의 집필 도움을 받아 이러한 주제를 소개하기 위한 새로운 장을 추가하여 지속가능한 접근 방법들을 제시하였다. 전지나 태양전지와 같은 고체 장치들은 지속가능성과 밀접하게 연관되어 있으며, 고체 소재를 합성하는 지속가능한 방법 또한 최근 연구의 중요한 분야라 할 수 있다. 이번 5판에서는 관련된 여러 장에서 이러한 내용을 다루고 있다. 기존 판에서부터 다루고 있던 고체화학 연구 부분은 새로운 주제를 더하고 일부 내용들은 재배열하였다. 결정 구조를 다루는 장에는 Kröger–Vink 및 간단한 Hermann–Mauguin 표기법을 추가로 설명하였고, 극저온 전자현미경과 관련된 내용도 새롭게 추가하였다. 또한, 결함을 다루는 장에서 전지 관련 내용을 분리하여 이온 전도체와 함께 새로운 장으로 구성하였으며, MOFs를 다루는 절을 좀 더 확대하고 COFs 관련 내용을 첨부하였다. 이와 동시에 책의 분량을 적절히 조절하기 위하여 4판에서 다루었던 주제의 일부분은 삭제하였으며, 결함 구조 고체, 제올라이트와 초전도체, 연료전지, ALPOs, 금속 산화물 골격의 일부 응용 부분의 분량을 줄였다.

이번 개정 작업에는 많은 분들의 도움을 받았다. 먼저 2개의 장을 새롭게 편집해 준 Neil Allan과 Liana Vella-Zarb의 도움에 감사드린다. 또한, 이 책의 녹색 화학(green chemistry) 관련된 부분에서 도움을 준 Simon Collinson 박사에게도 감사의 말을 전한다. 또한 이번 개정을 위해 지속적으로 도움을 주시고 초고들을 검토하여 많은 조언을 해주신 Taylor & Francis 출판팀에도 감사드린다.

Daresbury의 Chemical Database Service(Fletcher, D.A., Meeking, R.F., and Parkin, D., 'The United Kingdom Chemical Database Service', *J. Chem. Inf. Comput. Sci.* **36**, 746–749, 1996)와 Inorganic Crystal Structure Database(Berghoff, G. and Brown, I.D., 'The Inorganic Crystal Structure Database(ICSD)', in *Crystallographic*

Databases, F. H. Allen et al., eds. Chester, International Union of Crystallography, 1987.)를 이용하였으며, 결정 구조를 그릴 때는 Accelerys Inc.의 WebLab Viewer Pro 또는 Dassault Systèmes Biovia Corp.의 Discovery Studio Visualiser를 사용하였음을 밝혀둔다.

Elaine A. Moore

역자 서문

매우 빠른 속도로 발전하고 있는 재료과학 분야의 최근 학문 흐름에 따라, 제4판에 이어 이번 제5판에서도 구성이 큰 폭으로 바뀌었다. 저자 서문에서 언급한 바와 같이 지속가능성(sustainability)을 대주제로 삼아 이를 위해 재료과학 또는 고체화학 분야에서 중요하게 다루어야 할 내용들이 추가되었다. 예를 들어, 응집물질로 구성되는 재료를 이해하기 위한 필수 학문 분야로서 결정학과 관련된 내용을 좀 더 깊게 다루고 있으며, 이차 전지를 이해하기 위한 내용을 별도로 분리하여 소개하고 있다. 그 외에도 최근 재료화학 및 고체화학 분야에서 발전하고 있는 분야들도 새롭게 다루고 있다. 이전 판에서 조금은 지루하게 느껴졌던 규산염, 제올라이트 등과 관련된 분량은 소폭 축소되었다. 전체적으로 좀 더 체계화된 개정판이라고 할 수 있으므로, 독자들께서 이번 제5판을 통하여 좀 더 쉽고 흥미있게 고체화학을 접할 수 있기를 역자들은 기대한다. 참고로, 이번 5판의 번역진은 이전 4판의 번역진에서 일부 변동이 있었음을 밝혀둔다.

이 책을 번역하면서 가능한 한 우리말 용어를 살리려고 노력하였다. 우리말 용어와 화합물명은 대한화학회의 최신 화학술어집과 교육부의 화합물 명명법 편수자료에 따랐으며, 용어나 화합물명이 처음 나올 때는 괄호 안에 영어를 병기하여 이해를 돕고자 하였다. 독자분들이 읽기에 표현이 잘못되었거나 어색한 부분, 혹은 오류가 있을 수도 있다. 이 점은 양해를 바라며, 출간 후에라도 수정 사항이 있을 경우에는 자유아카데미 홈페이지(www.freeaca.com) 자료실에 제공할 예정이니 참고하기를 바란다.

저자 소개

Elaine A. Moore는 Oxford 대학교에서 화학을 전공한 후, 계속해서 같은 대학의 Peter Atkins 그룹에서 이론화학으로 박사학위를 받았다. Southampton 대학교에서 2년 동안 박사후 과정을 보냈으며 1975년 Open 대학교에 자리 잡은 후, 1977년 화학 조교수, 1998년 부교수, 2004년 교수를 역임하였다. 2017년 은퇴하고 현재는 Open 대학교의 명예교수로 활동하고 있다. 1, 2, 3단계 화학 과정을 위한 OU 교육 교재, 2단계 천문학 및 3단계 물리학 교재를 집필하였다. *Metals and Life*(RSC Publishing, 2009)과 *Concepts in Transition Metal Chemistry*(RSC Publishing, 2010)의 공동저자로 참여하여 3단계 OU 무기화학 과정을 집필하였다. Open 대학교의 2단계 화학 과정의 온라인판 발간을 위해 책임자로 활동하였다. 현재 왕립화학회의 평의원이며 고등교육아카데미의 책임위원으로 활동하고 있다.

연구 분야는 주로 고체 계에 적용 가능한 이론화학 분야이며 50여 편의 학술논문을 공동으로 발표하였다. 이 분야의 오랜 공동 연구 결과를 바탕으로 Khartoum 대학교의 초청을 받아 계산재료화학 분야 전문 워크숍 시리즈를 주관하였다.

Lesley E. Smart는 Southampton 대학교에서 화학을 전공한 후, 계속해서 같은 대학교에서 라만 분광학으로 박사학위를 받은 후, Malta 왕립 대학교에서 강의하였다. 영국으로 돌아와서는 SRC 지원을 받아 Bristol 대학교에서 X-선 결정학을 연구하였다. 1977년부터 2009년까지 Open 대학교에서 조교수, 부교수, 분자과학 프로그램 연구소장을 역임하였으며 2016년 사망할 때까지 명예교수로 활동하였다.

Open 대학교에 재직하는 동안 학부과정 물리무기화학 및 건강과학 교재 출판에 참여하였다. 왕립화학회와 공동으로 출간한 시리즈 서적 및 DVDs인 *The Molecular World* 과정에 편집위원으로 참여하여 *The Third Dimension*(RSC Publishing, 2002)와 *Separation, Purification and Identification*(RSC Publishing, 2002)의 공동저자로 활동하였다. 가장 최근 저서로는 *Alcohol and Human Health*(Oxford University Press, 2007)와 *Concepts in Transition Metal Chemistry*(RSC Publishing, 2010)이 있다. *Mothers in Science: 64 Ways to Have It All*(RSC Publishing, 2016; Royal Society website에서 다운로드 가능)에 공동 기고자로 참여하였으며, 왕립화학회 평의회의 Benevolent 기금 회장으로 활동하였다,

연구 분야는 고체 물질의 특성화 분야이며, 단결정 라만 분광학, X-선 결정학, Zintle 상, 색소, 비균질 촉매, 연료전지 등과 관련된 다수의 학술논문을 발표하였다.

차례

2장 고체의 특성을 규명하기 위한 물리적 방법

8장 고체의 광학 특성

9장 자기적 전기적 성질

10장 초전도성

11장 나노구조

12장 지속 가능성

1장

결정 구조 소개

최근 수십 년 동안 고체화학 분야에 많은 괄목할만한 연구들이 수행되었다. 나노기술 및 고체 소재의 발전은 태양 전지, 연료 전지, 이차 전지와 같이 지속 가능한 에너지 장치뿐 아니라 무수히 많은 영역의 발전에 기여하고 있다. 이 책은 입문자를 위한 서적이므로 다양한 주제와 내용을 자세히 다루는 것은 어렵다. 하지만 이러한 연구들의 의미를 느끼고, 보다 중요하게는 이러한 발전을 이해할 수 있는 충분한 기초 지식을 제공하고자 한다.

헬륨이라는 대표적인 예외가 있지만, 대부분의 물질들은 충분히 냉각되었을 때 고체상을 형성한다. 이때 많은 경우 원자, 분자 또는 이온들이 쌓여서 규칙적인 배열을 하는 **결정성(crystalline)** 상을 한 가지 이상 형성한다. 이 책에서는 금속 및 이온성 고체의 구조와 더불어, 독립적인 분자 구조를 갖지 않으며 원자나 이온의 무한한 규칙 배열로 이루어지는 확장된 공유성 구조를 주로 다룰 것이다. 이러한 고체들의 구조와 결합을 공부함으로써 고체의 구조와 성질의 상관관계를 이해하면, 구조적 변화를 통해 고체의 성질이 어떻게 변하는지를 설명할 수 있게 될 것이다.

1.1 개요

고체 상태를 이해하기 위해서 간단한 결정의 구조와 그들을 함께 묶어 놓는 힘에 대한 고찰로 이 책을 시작해 보자. 결정의 구조는 보통 **X-선 결정학(X-ray crystallography)**의 방법으로 알 수 있다. 결정에서 원자들 간의 거리가 X-선의 파장

(1 Å 또는 100 pm 수준)과 근접하기 때문에 이러한 방법을 이용할 수 있다. 즉, 결정은 X-선 살(beam)에 대해 3차원 회절발(diffraction grating)의 역할을 하게 된다. 결과적으로 회절 패턴을 해석하면 결정에서 원자들의 내부 위치, 결합 길이, 결합각을 매우 정확하게 알 수 있다. (이러한 방법의 원리는 고체의 성질을 분석하는 물리적 방법들을 다루는 2장에서 소개한다.) 이 책에서 논하는 구조는 대부분 이러한 방법으로 결정되었다.

1.2 격자와 단위 세포

결정은 표면 광택이 나타나며 규칙적인 모양을 갖는 고체 입자이다. 1664년에 Robert Hooke은 외형적으로 보이는 결정의 규칙성은 내부가 매우 잘 배열되어 있음을 반영하는 것이라고 하였다. 그러나 동일한 물질인데도 결정 모양은 매우 다양하게 관찰된다. 1671년에 Nicolas Steno는 이것이 내부 구조가 바뀌어서 나타나는 현상이 아니라 특정 면이 다른 면들보다 더 잘 발달해서 외형적으로 관찰되는 변화라고 하였다. 동일한 물질은 서로 다른 결정이라고 할지라도 유사한 면들이 이루는 각이 항상 동일하다. 이렇게 면들이 이루는 각이 일정하다는 사실은 결정 내의 규칙성이 있음을 의미한다. 어떤 기본적 구축 단위(building block)들을 벽돌 쌓듯이 규칙성을 가지고 모든 방향으로 계속 쌓아 가면 결정을 만들 수 있다고 보는데, 이 구축 단위를 **단위 세포(unit cell)**라고 한다.

알려진 무수히 많은 결정 구조들을 비교 연구하기 위해서는 구조를 정의하고 분류하는 일관된 방법을 찾아야 한다. 단위 세포의 모양, 대칭성, 크기, 그리고 단위 세포 내에 있는 원자들의 위치를 정의함으로써 결정 구조를 통일되게 분류한다.

1.2.1 격자

그림 1.1a는 가장 간단한 규칙적 배열의 예로서 어떤 사물을 동일한 간격으로 배열시켜 선을 만들고, 사물의 같은 위치에 점을 찍어 놓은 것이다. 여기서 사물들을 제거하면 a 간격으로 배열된 점들이 형성하는 선을 볼 수 있다(그림 1.1b). 이렇게 점들이 만드는 선을 **격자(lattice)**라고 하고 각 **격자점(lattice point)**(즉 점들)은 동일한 환경(identical surrounding)에 있다고 정의한다. 1차원 격자의 예를 들어 보았으며 여기서

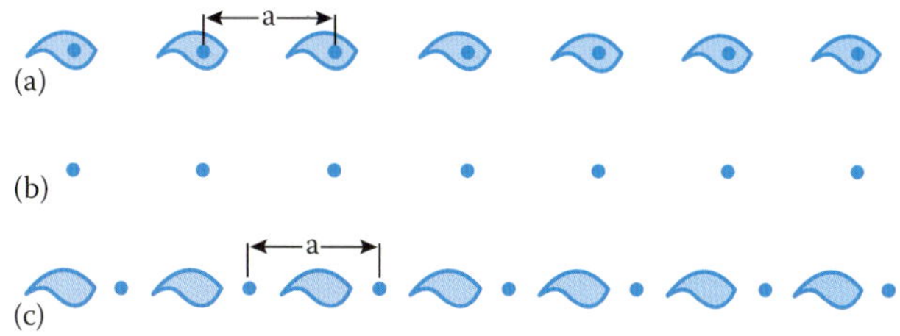

그림 1.1 (a–c) 1차원 격자와 단위 세포를 선택하는 방법

a 간격의 크기만 변할 수 있다. 2차원 격자의 경우는 5가지 다른 방법으로 만들 수 있는데, 그 예는 일상생활의 벽지나 타일벽에서 쉽게 찾아볼 수 있다.

1.2.2 1차원 및 2차원 격자에서의 단위 세포

그림 1.1a에 있는 1차원 격자의 단위 세포는 두 개의 수직선 사이에 있다. 즉, 이 단위 세포를 계속해서 반복 연결하면 그림의 배열이 만들어진다. 이때 격자점의 주변 환경만 동일하다면 구조에서의 격자점은 어디에 있어도 상관없다. 가령 그림 1.1c에서는 격자점들과 단위 세포를 다른 위치로 옮겼지만 이 단위 세포를 계속해서 반복 연결하면 동일한 배열이 만들어진다. 결국 단위 세포의 원점만 이동시킨 결과인 것이다. 따라서 단위 세포는 한 가지로 존재하는 것이 아니라, 관습이나 편의에 따라 다양하게 선택할 수 있는 단위일 뿐이다.

이러한 점은 2차원 격자에서도 동일하게 적용된다. 2차원 격자의 단위 세포는 배열에서 동등한 환경에 있는 점들을 꼭짓점으로 하는, 즉 **단위 세포의 꼭짓점들이 격자점에 해당하는** 평행사변형이다. 그림 1.2에 사물들이 정사각형 배열한 평면 위에 여러 가지 다른 단위 세포들을 그려 보았다. 이 단위 세포들을 각각 반복해서 배열시키면 모두 동일한 배열을 재현할 수 있다. 그러나 관습적으로, 구조의 대칭성을 완전히 나타낼 수 있는 가장 작은 세포를 선택한다. 단위 세포 (1a)와 (1b)는 같은 크기이지만 분명한 정사각형 배열을 보여 주는 (1a)를 단위 세포로 선택한다. 그림 1.3에는 중심이 있는 직사각형 배열면을 나타내었다. 같은 원리이지만, 이 경우에는 단위 세포 (b)가 더 작음에도 불구하고 중심 있는 배열에 대한 정보를 알려 주는 (a)를 단위 세포로 선택한다. 중심이 없는 마름모꼴 단위 세포를 정의할 수는 있지만, 이 경우에는 격자의 대칭성에 대한 정보를 잃을 수 있다.

그림 1.2의 단위 세포 (1a)와 (1b), 그림 1.3의 단위 세포 (b)는 모두 각 꼭짓점에

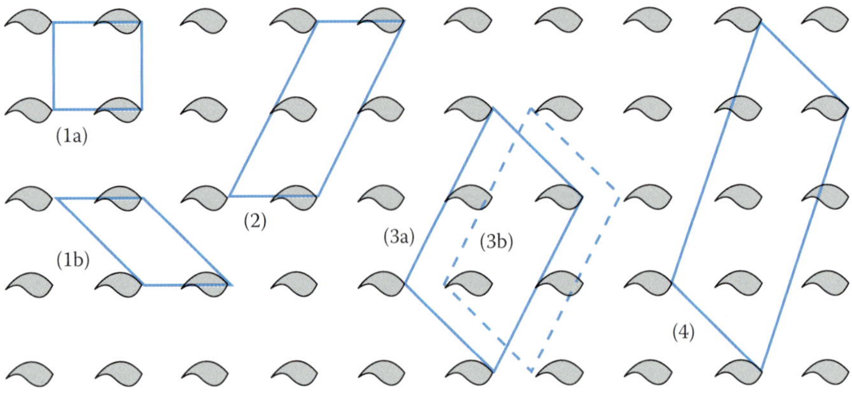

그림 1.2 정사각형 배열의 2차원 격자에서 단위 세포의 선택

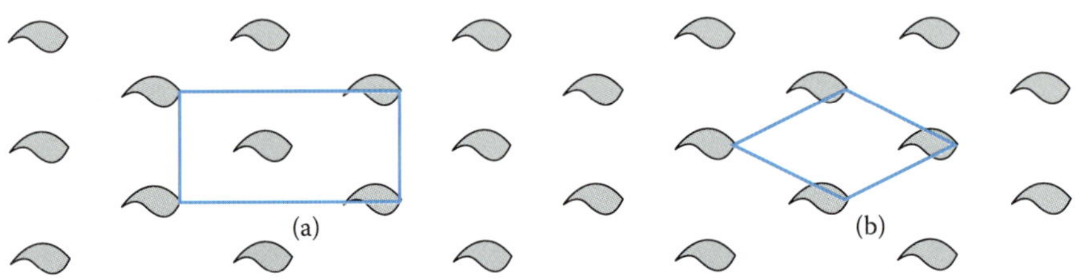

그림 1.3 중심이 있는 직사각형 배열 격자에서 단위 세포의 선택

격자점이 위치해 있다. 그러나 각 격자점들은 인접한 4개의 단위 세포들에 공유되어 있기 때문에, 한 개의 단위 세포에 포함되는 격자점은 모두 합쳐야 한 개가 된다. 이런 유형의 단위 세포들을 **원시 세포(primitive unit cell)**라고 하고 기호 **P**로 나타낸다. 그림 1.3의 단위 세포 (a)는 공유된 4개 격자점들을 모두 합친 한 개의 격자점과 완전히 단위 세포 내에 있는 한 개의 격자점을 합쳐서, 2개의 격자점을 포함한다. 이런 유형의 단위 세포는 **중심에도 격자점이 있다(centered)**라고 하고 기호 **C**로 나타낸다.

1.3 대칭

결정성 구조를 더 다루기 전에 화학종에서 관찰되는 **대칭(symmetry)**에 대해서 살펴보자. 대칭성의 개념을 적용하면 서로 다른 구조에서도 유사한 특징들을 찾아서 통합된 특징으로 나타낼 수 있기 때문에, 분자 자체의 모양이나 규칙의 반복으로 형성되는 구조를 설명하는 데 매우 유용하다. 우리가 일상생활에서 별다른 생각 없이 접하는 사물에서도 대칭성을 쉽게 찾아볼 수 있다. 몇 가지 예를 그림 1.4에 나타내었다. 숟가락의 손잡이 방향으로 반을 자르는 거울을 넣었다고 상상해 보면, 나머지 반은 거울상 또는 반사된 상임을 알 수 있다. 마찬가지로 페인트 붓을 생각해 보면 서로 직교하는 두 가지의 거울면이 있음을 알 수 있다. 이러한 대칭 특성을 **대칭면(plane of symmetry)**이라고 한다.

회전 대칭성을 갖는 사물들도 있다. 그림 1.4c의 눈송이의 중심을 관통하는 축을 상상해 보자. 축을 중심으로 바퀴를 돌리듯이 눈송이를 돌리면 1/6바퀴 돌릴 때마다 만들어지는 모습은 처음의 모습과 동일할 것이다. 마찬가지로 그림 1.4d와 같이 7개의 모서리를 갖는 50 p 영국 동전의 중심을 관통하는 축으로 돌리면 1/7바퀴 돌릴 때마다 7개의 모서리는 처음과 동일한 위치에 있게 될 것이다(동전 표면의 그림은 무시하자). 이러한 축을 **대칭축(axis of symmetry)** 또는 **회전축(rotational axis)**이라고 한다. 이렇게 사물에서 볼 수 있는 대칭축과 대칭면이 **대칭 요소(symmetry elements)**의 예이다.

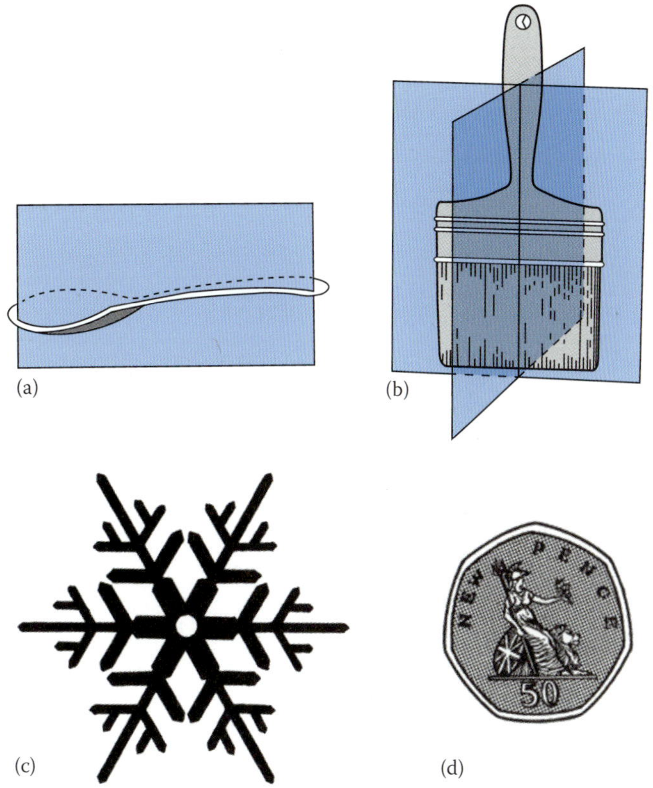

그림 1.4 대칭성을 보여 주는 사물: (a) 숟가락, (b) 페인트 붓, (c) 눈송이, (d) 영국 동전

1.3.1 대칭성 표기법

일반적으로 두 가지 유형의 대칭성 표기법이 적용되는데 화학계에서는 두 가지를 모두 사용한다. 분광학에서는 각각의 분자의 대칭성을 표현하는 **Schoenflies 표기법(Schoenflies notation)**이 유용하게 적용되는 반면에, 결정학이나 고체화학에서는 **Hermann-Mauguin 표기법(Hermann-Mauguin notation)**이 적용된다. 이 방법을 이용하면 분자 각각의 대칭성뿐 아니라 공간에 배열된 서로 다른 분자들 간의 상관관계 — **공간 대칭성(space symmetry)**이라고 한다 — 도 설명할 수 있다. 따라서 이 책에서는 Hermann-Mauguin 표기법으로 대칭성을 나타내기로 한다.

1.3.2 대칭축

앞의 눈송이나 7각 동전에서와 같이 분자들도 회전 대칭성을 갖는다. 그림 1.5에 몇 가지 분자들의 회전축을 나타내었다.

그림 1.5a에서는 OF_2의 O 원자를 지나는 수직선으로 회전축을 나타냈으며, 이 선을 중심으로 해서 화살표 방향으로 180° 회전시키면 이전과 동일한 모습이 된다. 이런 회전을 두 번 연속하면 모든 원자들이 원래의 위치로 돌아오기 때문에 이 회전축을 2겹(twofold) 축이라고 한다.

대칭축은 n이라는 숫자로 나타내는데 여기서 n은 축의 차수를 뜻한다. 따라서 OF_2 분자의 회전축은 2로 나타낸다.

그림 1.5b의 BF_3 분자는 3겹 회전축(3)을 갖기 때문에 이 축을 중심으로 1/3바퀴 회전시킬 때마다 처음과 동일한 모습으로 보이고 3번 연속 이런 회전을 시키면 모든 원자가 원래의 위치로 돌아온다.

마찬가지로 그림 1.5c의 XeF_4 분자는 4겹 축(4)을 가지며 모든 원자가 원래의 위치로 돌아오기 위해서는 4번의 1/4 연속 회전이 필요하다. 한편, 이 분자는 4겹 축에 수직인 네 개의 2겹 축(2)도 갖는다는 점을 인식해야 한다. 이렇게 여러 가지 회전축을 갖는 경우에는 차수가 가장 높은 축을 **주축(principal axis)**이라고 한다.

그림 1.5d의 BeF_2 분자와 같은 선형 구조 분자들은 ∞겹 축을 갖는다고 하는데 이 축을 중심으로는 어떤 각도로 회전시켜도 동일한 모습으로 보인다. 가능한 가장 작은 회전각이 1/∞이기 때문에 이 주축은 무한대 차수의 회전축이 된다.

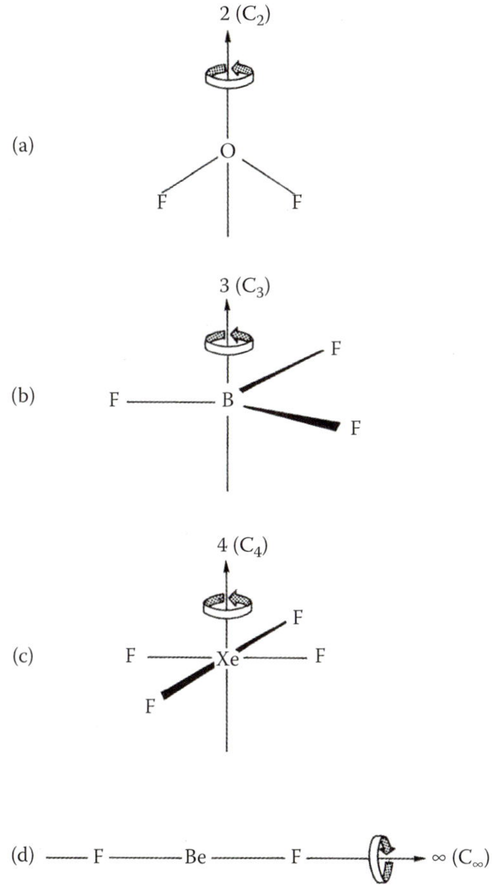

그림 1.5 분자에서 찾아볼 수 있는 대칭축: (a) OF_2의 2겹 축, (b) BF_3의 3겹 축, (c) XeF_4의 4겹 축, (d) BeF_2의 ∞겹 축

1.3.3 대칭면

반쪽의 모습이 다른 반쪽의 거울에 비친 모습으로 보이는 분자나 결정은 거울면을 갖는다고 한다. 구조에서 거울면은 m이라는 기호로 표시한다. 분자는 여러 개의 **대칭면(plane of symmetry)**을 가질 수 있는데, 그림 1.6에 몇 가지 예를 들었다. 평면 구조의 OF_2 분자는 두 가지 대칭면을 갖는다(그림 1.6a). 한 가지는 모든 원자를 포함하는 분자 면이며, 다른 한 가지는 분자 면에 수직인 면이다. 평면 구조 분자들의 분자면은 항상 한 개의 대칭면이 된다. 그림 1.6b에서 BF_3 분자(역시 평면 구조)에는 분자 면에 수직인 대칭면들만 나타내었다. 주축과 평행한 대칭면은 수직(vertical) 대칭면이라고 하고, 주축에 수직인 대칭면은 수평(horizontal) 대칭면이라고 한다. 원자를 통과하지 않는 수직 대칭면은 이면(dihedral) 대칭면으로 구분한다. 특히 이런 면은

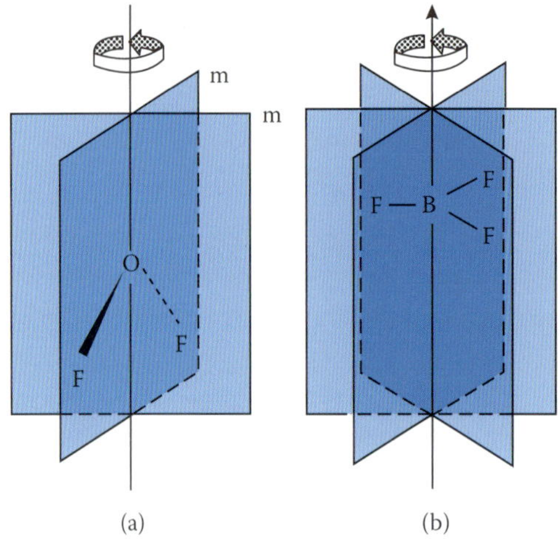

그림 1.6 분자에서 찾아볼 수 있는 대칭면: (a) OF_2의 대칭면, (b) BF_3의 대칭면

CH_4를 비롯한 정사면체 구조 분자에서 찾아볼 수 있다.

1.3.4 반전 대칭

세 번째 대칭 요소로서 **반전 중심(inversion centre)** 또는 **대칭 중심(centre of symmetry)**을 통한 **반전(inversion)**을 들 수 있으며 $\bar{1}$라는 기호로 표시한다. 대칭 중심이 존재하기 위해서는 분자 내의 모든 원자로부터 이 대칭 중심을 통하여 반대쪽의 같은 거리까지 선을 그었을 때 그 끝에 동일한 원자가 존재해야 한다. 그림 1.5에 있는 분자들 중에서 BeF_2는 대칭 중심을 갖지만 OF_2와 BF_3에는 대칭 중심이 없다. 벤젠 분자(C_6H_6)는 고리 중앙에 대칭 중심을 갖는다.

1.3.5 반전축과 동등 요소

반전축(inversion axis)은 회전과 반전을 조합한 축으로서 $\bar{n}$라는 기호로 표시한다. 즉 대칭축을 중심으로 1/n바퀴 회전시킨 후에 대칭 중심을 통해 반전시키면 처음과 같은 모습이 되는 대칭 요소를 뜻한다. 그림 1.7에서 CF_4와 같은 사면체 분자를 대상으로 4겹 반전축의 예를 들었다. 쉽게 이 대칭 요소를 보기 위해 입방체 안에 분자를 그렸다. 축을 중심으로 90° 반시계 방향 회전시켜서 F_1을 점선으로 표시된 F 자리로 이동시킨 후, 중심을 통해 반전시키면 F_1은 F_3 자리로 이동하므로 처음과 동일한 모

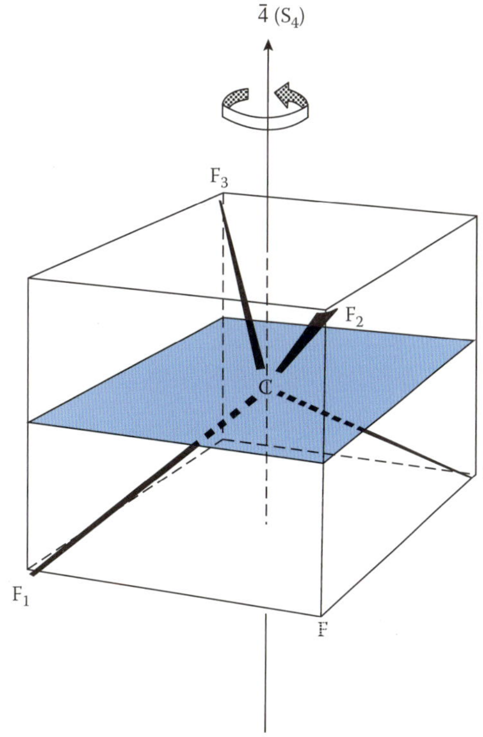

그림 1.7 사면체 구조의 CF_4 분자에서 찾아볼 수 있는 $\bar{4}$ 반전(회전 반사) 대칭축

습이 된다.

마지막으로 **동등 요소(identity element)** — 1을 곱하는 것과 같이 변화를 주지 않는 대칭 요소 — 를 포함하면 5가지의 모든 대칭 요소가 완성된다.

1.3.6 대칭 조작

대칭 요소는 사물이 가질 수 있는 정적인 성질이지만, 분자를 회전시키거나 반사시키는 행동은 **대칭 조작(symmetry operation)**이라고 한다. 5가지 대칭 요소에 따라 관련된 5가지 유형의 대칭 조작이 가능하다.

기준점이 고정된 상태로 유지되는 동안 사물의 동일한 부분을 반복해서 나타내기 위해 단일 사물에 대해 행할 수 있는 모든 대칭 조작의 모임을 **점군(point group)**이라고 한다. 흔히 접하는 분자들의 점군을 결정하는 방법을 알기 위해서는 이 책 끝부분에 소개한 문헌들을 참고하기 바란다.

1.4 결정에서의 대칭성

지금까지는 개별 분자들이 가지는 대칭 요소들만을 살펴보았다. 그러나 고체 상태에서는 원자, 이온, 분자들이 규칙적으로 배열된 경우가 많은데, 이때도 같은 대칭 요소들로 설명할 수 있다. 그림 1.8은 결정에서 분자들이 배열되는 방법에 대한 예를 보여 주고 있다(실제는 아니다). 그림 1.8a에서는 두 개의 OF_2 분자들 사이에 대칭면이 존재하고, 그림 1.8b에서는 세 개의 OF_2 분자들이 3겹 대칭축으로 연관되며, 그림 1.8c에서는 두 개의 OF_2 분자들이 대칭 중심을 형성하고 있다. 그림 1.8b와 그림 1.8c에서 분자들은 자기 자신은 갖지 않는 대칭 요소에 의해 공간에서 서로 연관되는데 이를 **자리 대칭성(site symmetry)**이라고 한다.

1.4.1 병진 대칭 요소

미끄럼면(glide plane)은 병진과 반사를 조합한 요소이다. 그림 1.9에 이 요소의 예를 들었다. 이 그림은 어떤 반복하는 3차원 구조의 일부를 종이면에 수직으로 투사한

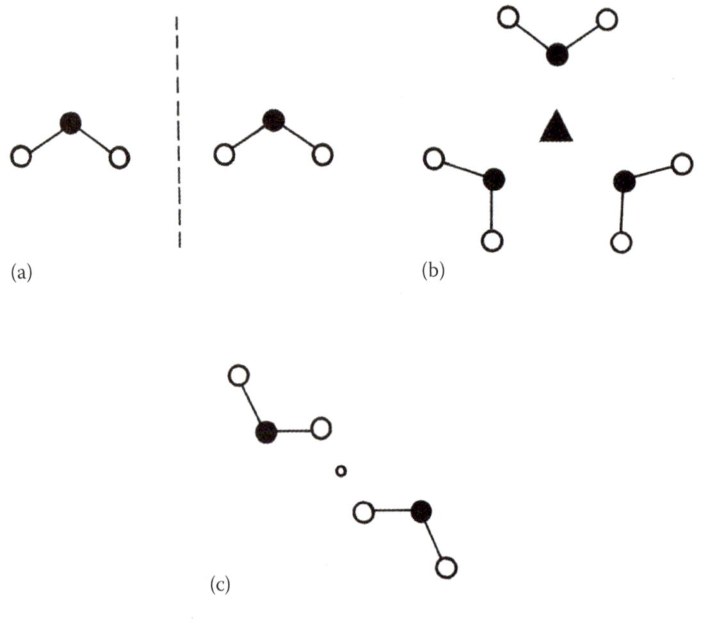

그림 1.8 고체에서의 대칭성: (a) 두 개의 OF_2 분자들이 대칭면의 관계로 배열되어 있고, (b) 세 개의 OF_2 분자들이 3겹 대칭축을 형성하도록 배열되어 있으며, (c) 두 개의 OF_2 분자들의 배열은 대칭 중심을 형성한다.

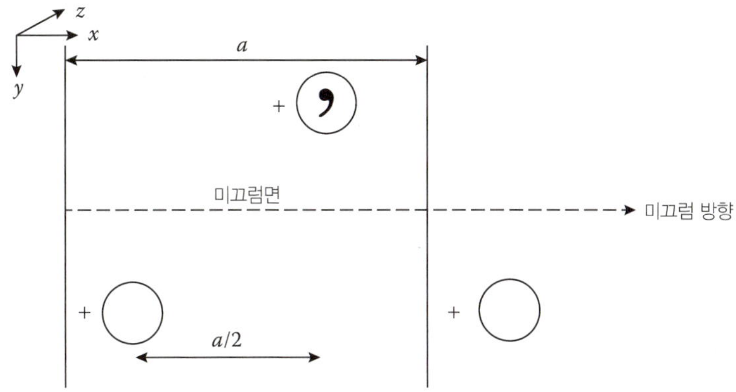

그림 1.9 *b*에 수직인 *a* 미끄럼

모습을 보여 주고 있는데, 원은 구조 내에 있는 분자나 이온들을 나타내며 구조의 x축 방향으로 a 간격마다 동일한 환경이 반복된다(관습적으로, 단위 세포를 x, y, z축으로 그리면 단위 세포 각 축 방향의 길이는 a, b, c로 나타낸다). z축 방향으로 종이면 위쪽에 분자가 존재함을 나타내기 위해 원 옆에 + 부호를 표시하였다. 점선은 종이면에 수직한 xz면 방향의 대칭면을 나타낸다. 이 대칭면에 대해 반사시킨 후, 병진시켰을 때 동일한 환경이 만들어지면 한 가지 대칭 요소를 구성하게 된다. 병진의 방향은 x축 또는 z축 방향이 될 수 있고, (x축과 z축이 이루는 대각선 방향이 될 수도 있다.) 병진 거리는 각 방향 반복 길이의 1/2이다. 그림의 예에서 병진 방향은 x축 방향이다. 따라서 동일한 분자들 사이의 반복 길이는 a가 되므로 병진 거리는 $a/2$가 된다. 이 대칭 조작을 ***a* 미끄럼(*a* glide)**이라고 한다. 만일 병진 방향이 z축 방향이었다면 병진 거리는 $c/2$가 되고 이때는 ***c* 미끄럼(*c* glide)**이 된다. 대각선 방향으로의 병진은 n 미끄럼(n glide)이라고 한다. 대칭 중심이 있는 구조에서는 다이아몬드 미끄럼면(diamond glide plane, d)이라고 하는 좀 더 복잡한 미끄럼면도 존재한다. 이 대칭 요소는 다이아몬드의 구조에서 찾아볼 수 있다.

이런 대칭 조작에 의해 발생되는 분자에는 두 가지 부호가 표시되어 있을 것이다. 첫째, 면에 대해 반사를 시켜도 z축 좌표는 변하지 않았기 때문에 + 부호는 여전히 유효하다(즉, 여전히 종이면 위쪽에 존재한다). 둘째, 원 안에 콤마 표시를 하였다. 어떤 분자들은 대칭면에 대해 반사시켰을 때, 그 거울상과는 서로 포개지지 않는 관계가 될 수도 있다. 따라서, 반사 및 병진을 시키기 이전 분자와 거울상 형태의 분자일 수 있음을 나타내기 위해 원 안에 콤마 표시를 하였다.

나사축(screw axis)은 병진과 회전을 합친 요소이다. 나사축은 기호 n_i로 나타내고 이때 n은 축의 회전 차수, 즉 2겹, 3겹 등등을 의미하며 병진 거리는 i/n 비로 주어진다. 그림 1.10에 2_1 나사축을 예로 들었다. 여기서 나사축이 z축 방향을 향하고 있기 때문에 z축 방향 병진 거리는 $c/2$가 되며 이때 c는 z축 방향 반복 길이이다. 이 경우에 처음 분자의 위치는 종이면 위쪽(+ 부호로 표시)이었지만 2겹 회전의 결과로 발생하는 분자는 종이면 아래쪽(– 부호로 표시)으로 옮겨감을 이해해야 한다. 그림

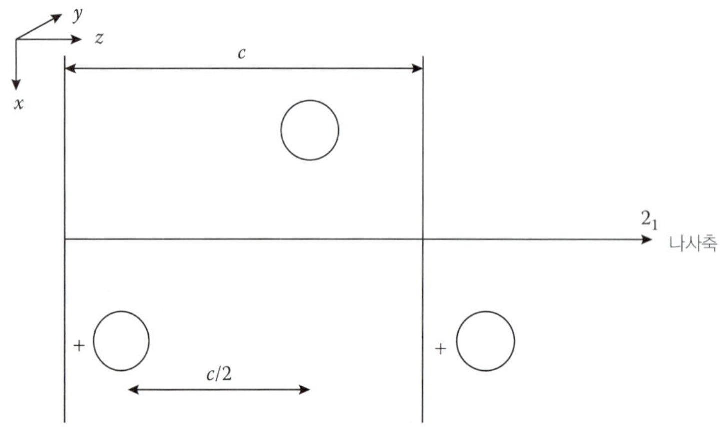

그림 1.10 z축 방향의 2_1 나사축

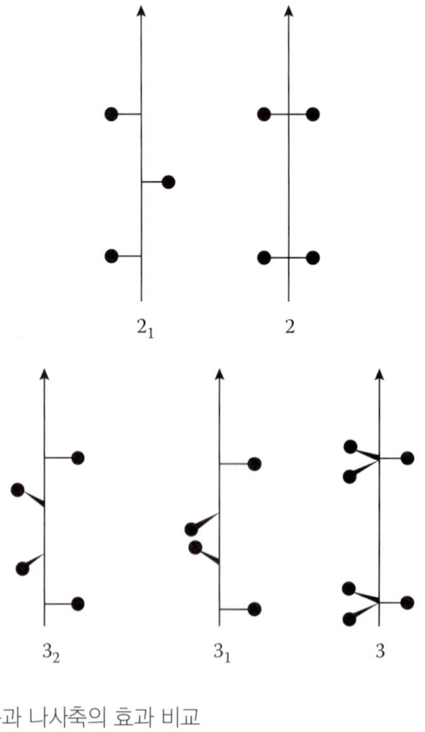

그림 1.11 2겹, 3겹 회전축과 나사축의 효과 비교

1.11에서 동일한 차수의 회전축과 나사축이 반복 구조에 야기하는 서로 다른 효과를 명확히 볼 수 있을 것이다. 회전축과 나사축은 대칭 조작에 의해 원래 분자와 겹칠 수 있는 분자를 만든다. 반면에, 미끄럼면, 대칭면, 반전 중심, 반전축과 같은 다른 대칭 요소들은 모두 원래 분자의 거울상 분자를 만든다.

1.5 3차원 격자와 단위 세포

대칭성을 기초로 결정계를 다음과 같이 7개로 분류할 수 있다. 삼사 정계(triclinic), 단사 정계(monoclinic), 사방 정계(orthorhombic), 정방 정계(tetragonal), 마름모 정계(rhombohedral), 육방 정계(hexagonal), 입방 정계(cubic) (표 1.1).

2차원 격자가 각 꼭짓점에 격자점을 갖는 원시 세포(P)로 항상 정의될 수 있듯이 3차원 격자도 마찬가지이다. 그러나 3차원 격자에서는 원시 세포 외에 3가지의 단위

표 1.1 7가지 결정계

결정계	단위 세포	필요한 최소의 대칭성
삼사 정계	$\alpha \neq \beta \neq \gamma \neq 90°$ $a \neq b \neq c$	없음
단사 정계	$\alpha = \gamma = 90°$ $\beta \neq 90°$ $a \neq b \neq c$	1개의 2겹축 또는 1개의 대칭면
사방 정계	$\alpha = \beta = \gamma = 90°$ $a \neq b \neq c$	서로 수직한 3개의 2겹축 또는 대칭면
정방 정계	$\alpha = \beta = \gamma = 90°$ $a = b \neq c$	1개의 4겹축 또는 1개의 4겹 회전 반사축
마름모 정계	$\alpha = \beta = \gamma \neq 90°$ $a = b = c$	1개의 3겹축
육방 정계	$\alpha = \beta = 90°$ $\gamma = 120°$ $a = b \neq c$	1개의 6겹축 또는 1개의 6겹 회전 반사축
입방 정계	$\alpha = \beta = \gamma = 90°$ $a = b = c$	서로 109°28′의 각도를 이루는 4개의 3겹축

세포가 더 정의된다. 아래에 나열된 4가지 유형을 그림 1.12에 나타내었다.

1. **원시(primitive)** 세포에서는 각 꼭짓점에 격자점이 있다. – 기호 P
2. **체심(body-centered)** 세포에서는 각 꼭짓점뿐 아니라 세포 중심에도 한 개의 격자점이 있다. – 기호 I
3. **면심(face-centered)** 세포에서는 각 꼭짓점뿐 아니라 각 면의 중심에도 한 개의 격자점들이 있다. – 기호 F
4. **밑면심(base-centered)** 세포에서는 각 꼭짓점뿐 아니라 서로 마주 보는 한 쌍의

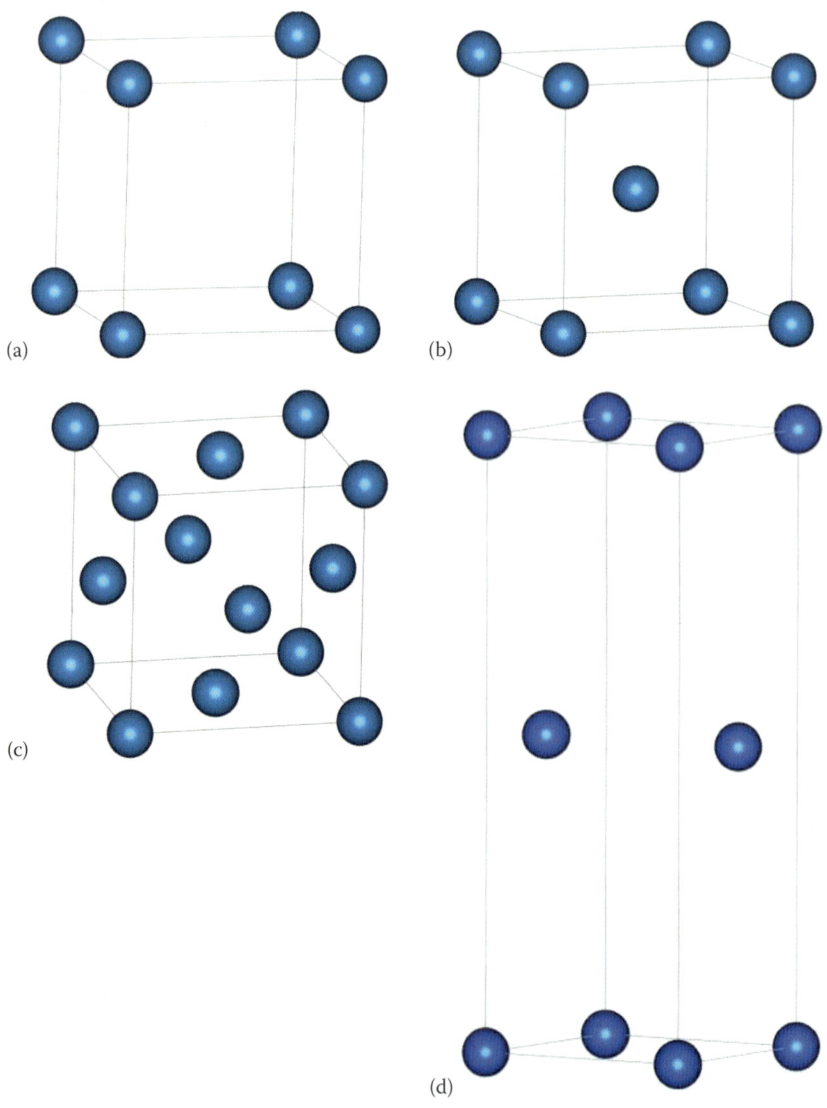

그림 1.12 (a) 원시 세포(P), (b) 체심 세포(I), (c) 면심 세포(F), (d) 밑면심 세포(A, B, 또는 C)

면 중심에도 한 개의 격자점들이 있다. – 기호 A, B, 또는 C; 예를 들어 *bc* 면 중심에 격자점들이 있으면 A로 나타낸다.

이러한 격자 유형은 표 1.2에 나열한 것처럼 각 결정계에서 나타나지만, 14가지의 유형(Bravais 격자라고 한다)만을 구성할 수 있다. 예를 들어 A-면심(또는 B- 또는 C-면심) 입방 단위 세포는 형성되지 않는다. 즉, 여섯 개의 면 중에서 마주 보는 두 개의 면 중심에만 격자점이 있다면 입방 대칭성을 가질 수 없다.

3차원 격자의 단위 세포는 각각 x, y, z축 방향의 반복 단위 길이인 a, b, c와 각 축이 이루는 각 α, β, γ로 나타낸다. 이때 α는 y와 z축, β는 x와 z축, γ는 x와 y축이 이루는 각도이다(그림 1.13). 단위 세포는 쌓아서 결정을 만들 수 있는 기본 단위이므로, 각 단위 세포들은 빈 공간 없이 채워지도록 쌓을 수 있어야 한다. 그림 1.14에는 7가지 결정계 단위 세포들을 나타내었다. 단위 세포의 모양뿐 아니라 최소로 필요한 대칭성을 기초로 분류한 7가지 결정계는 표 1.1에 나열하였다.

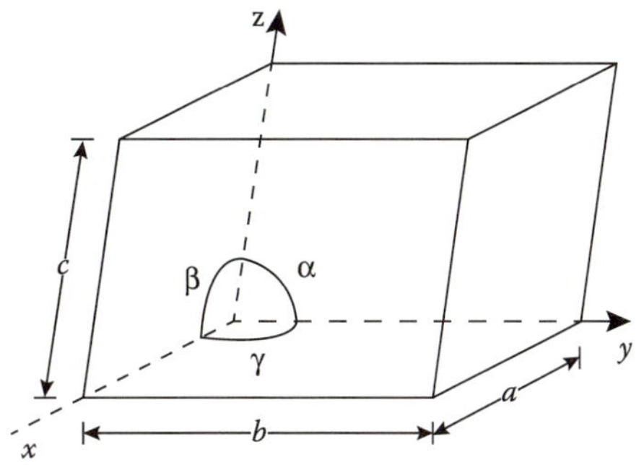

그림 1.13 단위 세포 크기, 축, 각도의 정의

표 1.2 Bravais 격자

결정계	격자 유형
입방 정계	P, I, F
정방 정계	P, I
사방 정계	P, C, I, F
육방 정계	P
마름모 정계	R[a]
단사 정계	P, C
삼사 정계	P

[a] 마름모 정계의 원시 세포는 R로 표시한다.

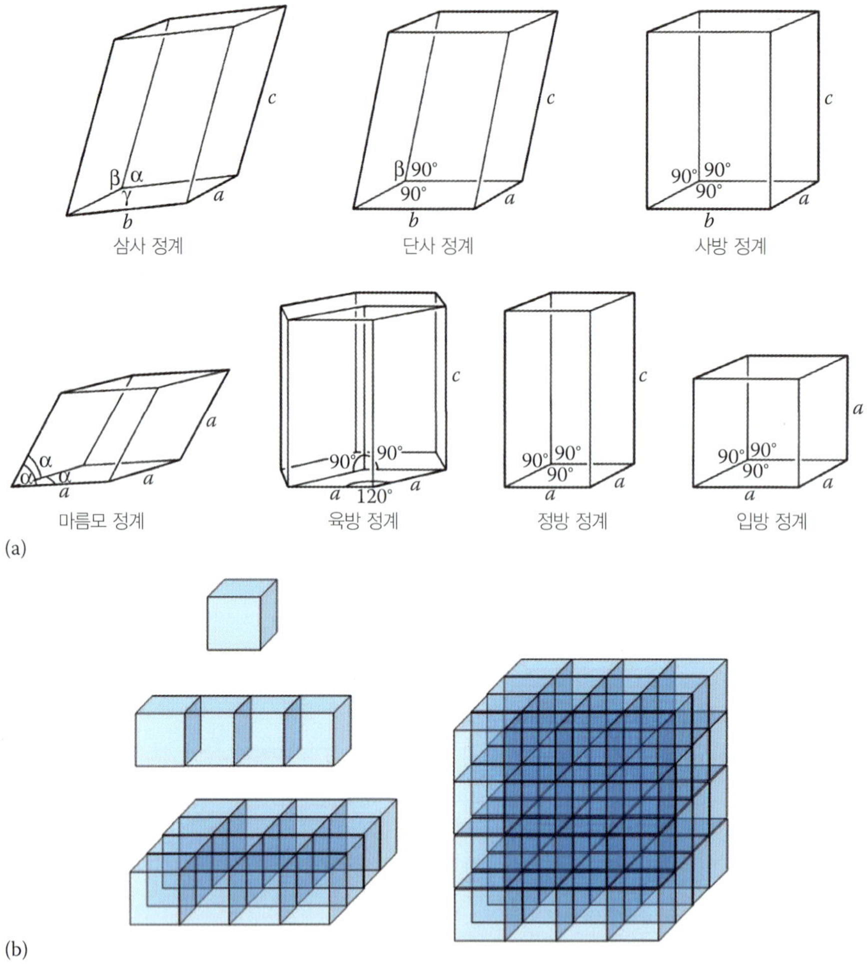

그림 1.14 (a) 7가지 결정계의 단위 세포. (b) 입방 세포들을 1, 2, 3차원으로 쌓았을 때의 모습

이러한 여러 가지 유형의 단위 세포들이 얼마나 많은 구조들을 보여 줄 수 있을지 살펴보자. 우리는 2차원 격자에서 중심이 있는 단위 세포에는 2개의 격자점이 포함되고, 원시 세포에는 한 개의 격자점만 포함되는 차이점을 보았다. 3차원 격자에서도 마찬가지이다. 특정한 격자점이 몇 개의 단위 세포에 공유될지는 위치에 따라 다르다. 꼭짓점에 위치하면 8개, 모서리에 위치하면 4개, 면에 위치하면 2개의 단위 세포에 공유되며 중심에 위치하면 다른 단위 세포에 공유되지 않는다(그림 1.15). 이 그림을 이용하면 그림 1.12에 있는 4가지 유형의 세포에 포함되는 격자점의 수를 쉽게 셀 수 있을 것이다. 그 결과는 표 1.3에 정리하였다.

결정의 대칭성이란 완전 결정의 중심점에서 택할 수 있는 점군(point group)을 의미한다. 즉 일련의 대칭 조작을 했을 때, 이 중심점은 움직이지 않지만 결정 내의 원

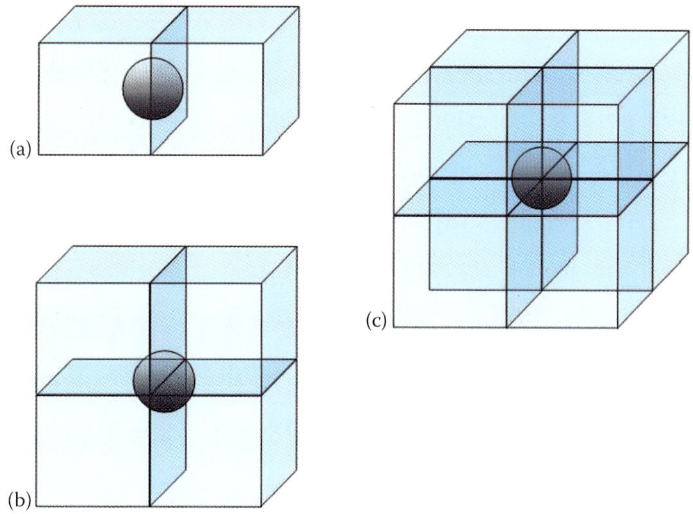

그림 1.15 (a) 7가지 결정계의 단위 세포. (b) 입방 세포들을 1, 2, 3차원으로 쌓았을 때의 모습

표 1.3 4가지 유형의 단위 세포에 포함되는 격자점의 수

이름	기호	단위 세포 내 격자점의 수
원시	P	1
체심	I	2
밑면심	A 또는 B 또는 C	2
면심	F	4

자들은 같은 종류의 원자들이 있는 위치로 이동한다. 단위 세포들은 빈 공간 없이 정확하게 쌓을 수 있어야 한다는 조건을 만족시켜야 하기 때문에 몇 가지 제한된 점군만이 가능하다. 가령, 이 조건을 만족시키는 배열에서는 1겹, 2겹, 3겹, 4겹, 6겹 회전축만이 가능하다. 대칭축과 더불어 대칭면과 대칭 중심을 조합하면 32가지의 결정학적 점군이 가능하다. 그리고 이 점군들과 14가지 Bravais 격자를 조합하면 230가지의 3차원 **공간군(space group)**이 얻어진다. 즉, 230가지의 서로 다른 방법으로 공간을 채워서 결정 구조를 만들 수 있다.

더 다루지는 않겠지만, 이러한 규칙을 깨고 예전에는 불가능한 것으로 생각되었던 5, 8, 10, 12겹축도 가능한 결정군들도 발견되었다. 이러한 유형을 **준결정(quasicrystals)**이라고 한다. Dan Shechtman은 이렇게 새로운 유형의 결정군을 발견한 공로로 2011년에 노벨상을 수상하였다. 1982년에 Shechtman은 급랭시킨 Al–Mn 합금의 전자 회절 패턴에서 (공간을 채울 수 없는 대칭성인) 10겹 대칭성을 보이는 강한 회절 점 패턴을 관찰하였다. 회절 점들이 매우 선명하다는 점을 고려하였을 때, 격자 내에서 장거리 질서가 명백히 이루어짐을 알 수 있었다. 이러한 결정에서 5겹 대칭성을 가진 영역들을 규칙 배열해서는 모든 공간을 채울 수 없다. 따라서 다른 원자 배열로 그 빈틈을 메워야 하기 때문에 병진 대칭성을 잃는다.

격자점은 원자를 나타내는 것이 아니라, 결정 구조에서 **환경이 동일한 점들을 의미하는 것**임을 혼동하지 말아야 한다. 실제 결정에서는 격자점에 원자, 착이온, 분자, 또는 분자군도 있을 수 있다. 격자점은 구조 내에서 반복 유형을 단순하게 보여 주기 위해서 사용하는 것일 뿐, 결정 내에서의 결합이나 화학과는 무관하다. 화학 결합을 보여 주기 위해서는 원자들의 위치를 나타내야 할 필요가 있는데, 뒤에서 몇 가지 실제 구조를 다룰 때 소개하겠다.

1.5.1 공간군 표기법

대부분의 일반 구조에 대해서는(**Hermann−Mauguin 약자**), 격자 유형(P, F, C, I, 또는 R)을 적은 후 단위 세포의 대칭성을 나타내는 세 개의 기호를 적어서 공간군을 표기한다. 이런 세 개의 기호는 결정 분류에 따라 특정 축 방향에 대한 결정의 대칭성을 의미한다. 대칭 요소들은 표 1.4와 1.5에 정리한 기호로 나타낸다.

모든 공간군은 International Tables for Crystallography에 수록되어 있다(책 뒤의 참고문헌 참조). 실제 단위 세포를 이용하여 기호를 적용하는 예를 간단하게 살펴보자. 그림 1.16은 염화 세슘(CsCl)의 단위 세포를 보여주고 있다.

이 단위 세포는 $Pm\bar{3}m$ 공간군에 속한다고 한다. P는 격자 유형이다. I로 착각하지 않도록 주의해야 한다. 체심 격자가 되기 위해서는 중앙에 있는 원자가 꼭짓점에 있는 원자와 동일해야 한다. 이 단위 세포의 경우는 체심에 있는 원자가 꼭짓점 원자와 다르므로 원시 단위 세포인 P에 해당한다. 입방 정계의 경우, 세 개의 방향으로 있는

표 1.4 Hermann–Mauguin 공간군 표기법에서 대칭 요소 기호

동등	반전 중심	거울면	미끄럼면	대각선 미끄럼면	다이아몬드 미끄럼면
1	−1	*m*	*a*, *b*, 또는 *c*	*n*	*d*

표 1.5 Hermann–Mauguin 공간군 표기법에서 축을 포함하는 대칭 요소 기호

회전축	2, 3, 4, 또는 6
나사축	2_1, 3_1, 3_2, 4_1, 4_2, 4_3, 6_1, 6_2, 6_3, 6_4, 또는 6_5

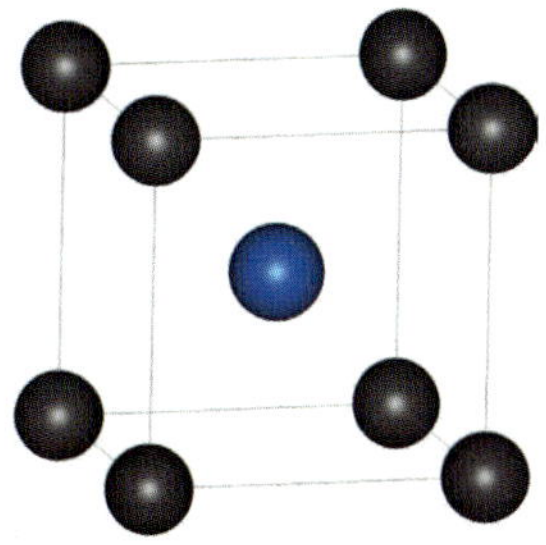

그림 1.16 CsCl의 단위 세포

대칭 요소 기호를 격자 유형 기호 다음에 적는다. 첫 번째 방향은 단위 세포의 *x*, *y*, 또는 *z*축 방향이다. 두 번째 방향은 몸통 대각선 방향이고, 세 번째는 면 대각선 방향이다. 대칭축과 대칭면이 모두 나타나는 경우에는 대칭면을 선택한다. 예를 들어 먼저 *x*, *y*, 또는 *z*축 방향에 대한 대칭성을 생각해 보자. 이 단위 세포에는 세 축에 각각 수직인 거울면이 모두 존재한다. 이런 거울면을 기호 *m*으로 적는다. 한편, 단위 세포의 몸통 대각선은 3겹 축과 같다. 입방 정계 세포에는 반전 중심이 존재하기 때문에 이 3겹 축을 기호 −3 또는 $\bar{3}$으로 적는다. 이 축은 알아보기 어렵기 때문에 4겹 회전축만 보일지도 모른다. 이때는 입방체의 원점과 (111) 격자점이 서로 겹치도록 돌려보면 좀 더 쉽게 알아볼 수 있을 것이다. 마지막으로 면 대각선 방향의 대칭 요소인 또 다른 거울면 대칭 요소 기호를 적으면 P*m*−3*m* 또는 P$m\bar{3}m$의 공간군 기호가 된다.

1.5.2 채움 도표

3차원 구조를 그리는 일은 쉽지 않기 때문에 흔히 단위 세포를 투영시킨 2차원 평면으로 결정 구조를 나타낸다. 이것은 건축물을 평면도로 그리는 것과 흡사하다. 이렇게 그리면 결정에서 분자들이 어떻게 채워져 있는지를 보여줌으로써 분자 간 상호 작용을 이해하는 데 유용하기 때문에 이러한 투영도를 **채움 도표(packing diagram)**라고 한다.

단위 세포 내 원자나 이온들의 위치는 **분별 좌표(fractional coordinate)**로 나타내는데, 단위 세포 축 — **결정학적 축(crystallographic axis)** — 을 기초로 하는 이 좌표는 단위 세포의 각 축 길이에 대한 비율에 해당한다. 이렇게 함으로써 구조에 따라 단위 세포 크기가 다르더라도 단위 세포 내 위치를 서로 비교할 수 있다.

간단한 예를 들면, a = 1000 pm인 입방 단위 세포에서 어떤 원자의 x 좌표가 500

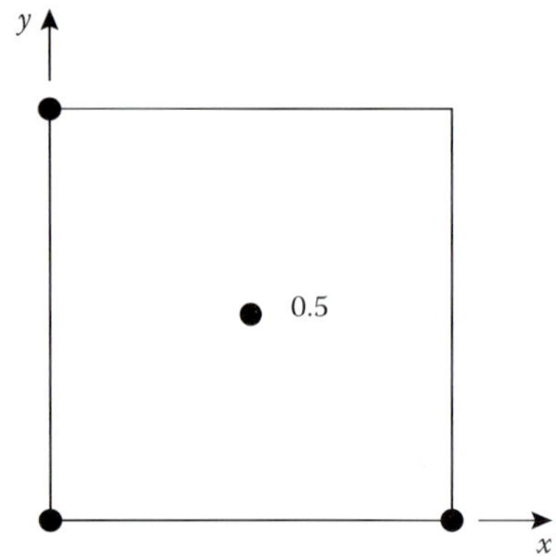

그림 1.17 CsCl의 채움 도표

pm라면 x 방향으로의 분별 좌표는 x/a = 500/1000 = 0.5가 된다. 마찬가지로 y 및 z 방향으로의 분별 좌표는 y/b 및 z/c로 주어진다.

CsCl의 채움 도표는 그림 1.17과 같다. 이 그림은 z축 방향에서 yx 평면으로의 투영도라고 할 수 있다. 단위 세포의 윗면이나 아랫면에 있는 원자/이온들의 z-분별 좌표는 (원점의 선택에 따라) 0 또는 1이 되는데 관습적으로 이 값은 도표에 표시하지 않는다. 0이나 1이 아닌 z-분별 좌표는 도표의 적당한 위치에 표시한다.

1.6 조밀 채움

그림 1.16은 이온, 원자, 또는 분자들이 세포 내의 자리를 차지하고 있는 모습으로 결정을 나타내고 있다. 결정 구조를 나타내는 또 다른 방법으로 많은 딱딱한 구들이 쌓이는 모습으로 표현할 수도 있다. 이렇게 나타낼 때, 대부분 금속 원소는 빈 공간을 최소화시키는 방법으로 구들이 배열된 결정 구조를 갖는다. 이러한 방식을 **조밀 채움(close packing)**이라고 한다. 동일한 구들을 한 층으로 배열하는 두 가지 방법을 그림 1.18에 나타내었다. 그림 1.18a의 사각형 층을 좁히면 구들은 그림 1.18b의 위치로 이동해서 층은 더 작은 면적을 차지하게 된다. 그림 1.18b의 층(A층)과 같이 구를 채우는 방식이 조밀 채움이다. 구들 사이의 빈 공간은 두 가지 형태가 있는데 각각 •와 ×로 표시하였다.

3차원적인 조밀 채움 구조를 만들기 위해서 두 번째 층(B층)을 쌓아 보자. 두 번째 층의 구들은 첫 번째 층 빈 공간의 반만을 채울 수 있으므로 그림 1.19에서 (푸른색

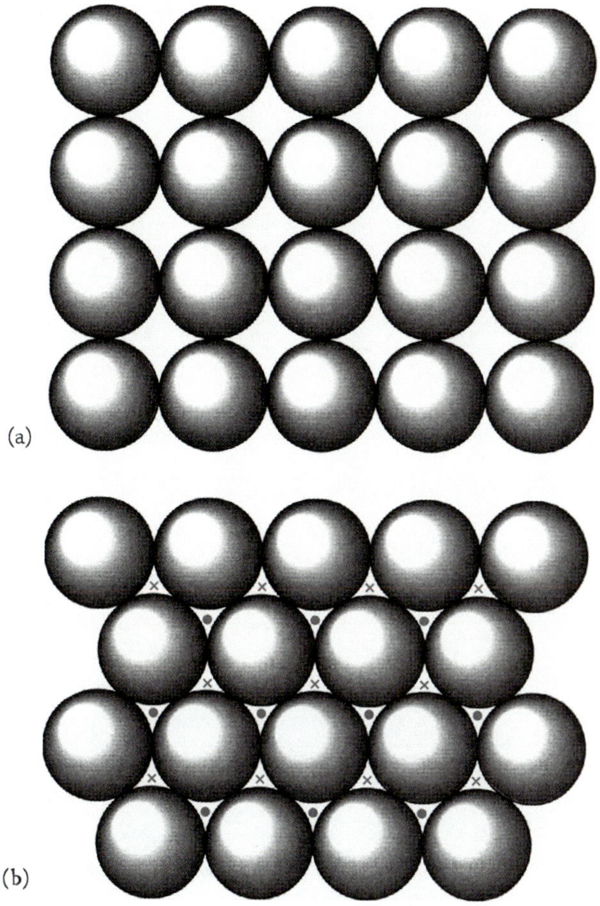

그림 1.18 (a) 구들이 사각형으로 배열된 층, (b) 구들의 조밀 채움 층

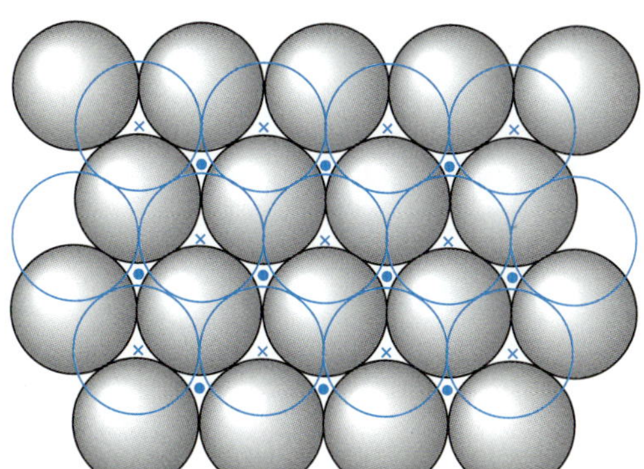

그림 1.19 조밀 채움 방식으로 구들을 배열시켜 쌓은 두 개의 층

선으로 나타낸) B층은 ×로 표시된 빈 공간 바로 위에 위치하게 된다(실제로 •로 표시된 자리나 ×로 표시된 자리 중 한 가지 바로 위에 위치하면 된다).

세 번째 층을 쌓는 방법은 두 가지가 가능하다. 한 가지는 B층에 아무 표시되지 않은 빈자리 위에 구를 채워서 A층과 겹치도록 쌓는 방법이다. 이러한 쌓기를 계속 반복하면 ABABABA··· 순서로 층을 쌓게 된다. 이러한 방법을 **육방 조밀 채움(hexagonal close packing; hcp)**이라고 한다(그림 1.20a). 이 구조에서 •로 표시된 빈 공간은 구에 의해 채워지지 않고 연결되어, 각 층들을 관통하는 작은 통로를 만든다(그림 1.20b).

다른 한 가지는 그림 1.19b에서 •로 표시된 빈자리 위에 구를 채워서 세 번째 층을 쌓는 방법이다. 이 층은 A층이나 B층과 겹치지 않기 때문에 C층이라고 하고, 이러한 방법으로 쌓기를 계속 반복하면 ABCABCABC··· 순서로 층을 쌓게 된다. 이러한 방법을 **입방 조밀 채움(cubic close packing; ccp)**이라고 한다(그림 1.21). 입방 조밀 채움

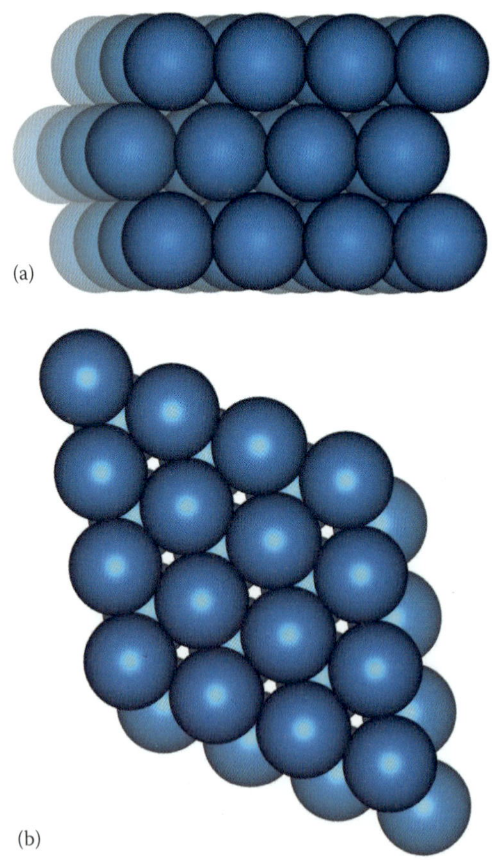

그림 1.20 (a) ABAB ··· 순서로 쌓은 세 개의 *hcp* 층, (b) 세 개의 *hcp* 층들을 관통하는 좁은 통로

은 결과적으로 면심 입방 세포를 형성하게 되므로 fcc(face-centered cubic)라는 기호로 나타낼 수도 있다. 그림 1.21이 면심 세포를 형성하고 있는지는 명확하게 보이지 않을 것이다. 그 이유는 이 그림의 평면이 실제로는 면심 세포의 몸통 대각선에 수직

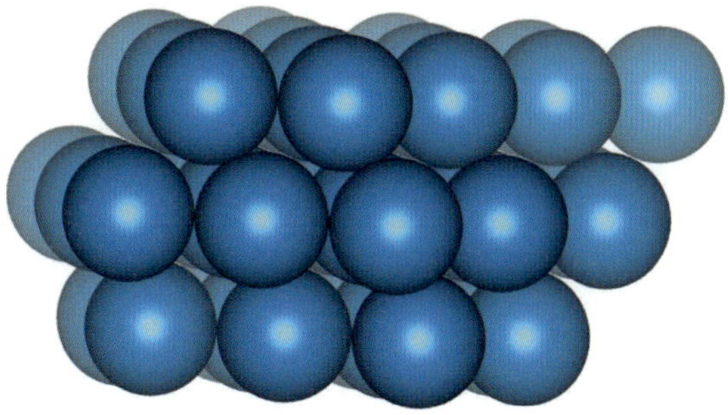

그림 1.21 3층으로 쌓은 *ccp* 층

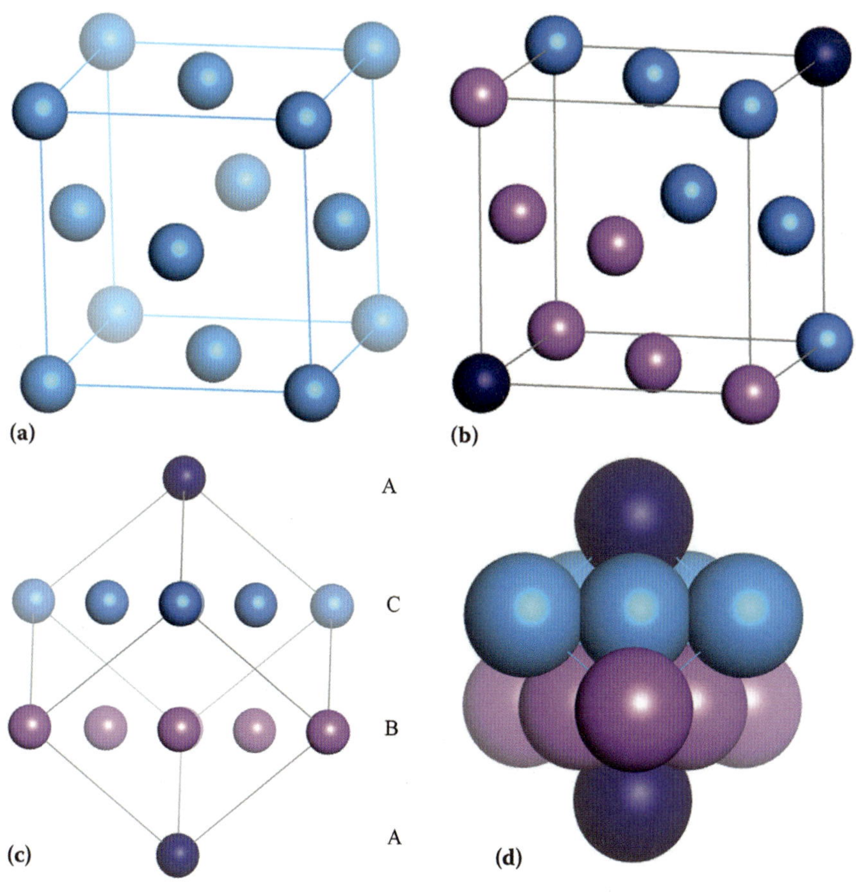

그림 1.22 관습적으로 그린 면심 입방 단위 세포와 *ccp* 조밀 채움으로 쌓인 모습으로 돌려서 그린 면심 입방 단위 세포

으로 그려져 있기 때문이다. 그림 1.22에서 조밀 채움 방식으로 그린 모습을 돌려서 fcc 단위 세포가 보이도록 나타내었다.

조밀 채움이란 같은 크기의 구를 가지고 공간을 가장 효과적으로 채울 수 있음을 의미하고, 전체 부피의 74%를 구로 채우게 되므로 **채움 효율(packing efficiency)**이 74%라고 한다. 이 구조에서 각 구들은 인접한 같은 거리에서 12개의 구들과 맞닿아 있는데, 동일한 층에 6개, 위층과 아래층에 각각 3개씩 존재하게 된다. 따라서 조밀 채움 구조에서 원자의 **배위수(coordination number)**는 12라고 한다.

조밀 채움 구조에서 또 한 가지 중요한 점은 구들 사이에 형성되는 작은 공간의 수와 모양들이다. 조밀 채움 구조에서는 두 가지 유형의 공간이 형성되는데 먼저 **팔면체 구멍(octahedral hole)**을 살펴보자. 그림 1.23a에 두 개의 조밀 채움 층을 쌓고 팔면체 구멍을 음영으로 나타내었다. 각 구멍들은 A층에서 3개, B층에서 3개, 총 6개의 구로 형성되며, 구들의 중심을 연결하면 팔면체의 모습을 볼 수 있다(그림 1.23b). *n*개의 구가 배열되어 있으면 *n*개의 팔면체 구멍이 존재한다.

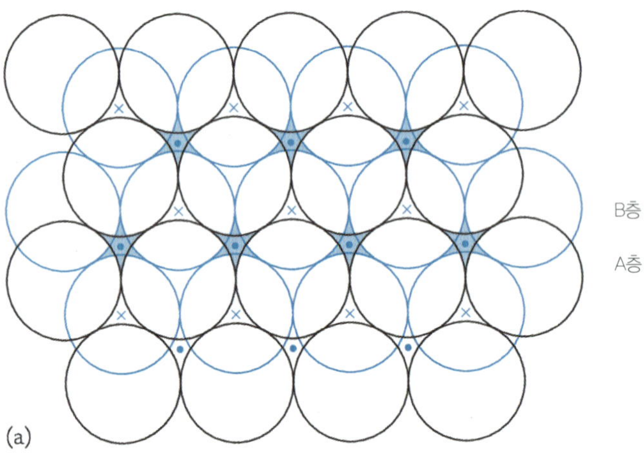

(a)

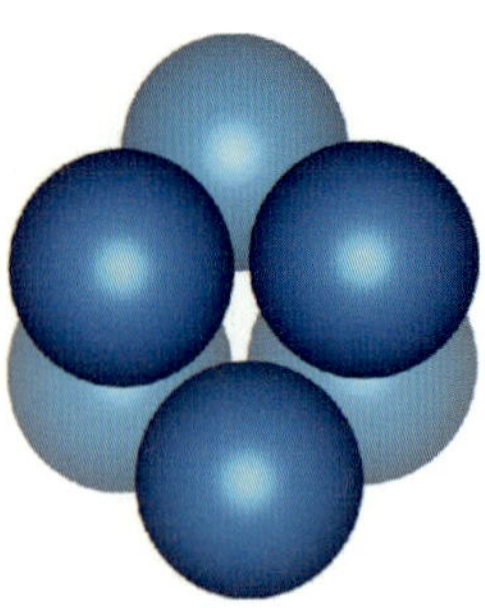

(b)

그림 1.23 (a) 조밀 채움 방식으로 배열된 두 개의 층. 닫힌 팔면체 구멍은 음영으로 나타냈다. (b) 팔면체 구멍의 입체적 모양

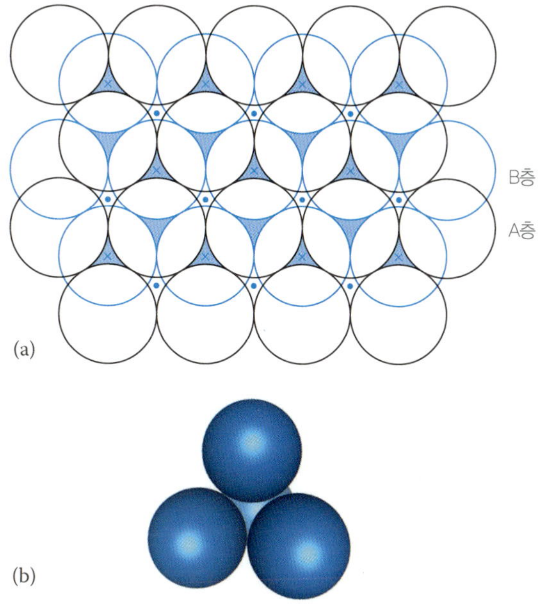

그림 1.24 (a) 조밀 채움 방식으로 배열된 두 개의 층. 사면체 구멍은 음영으로 나타냈다. (b) 사면체 구멍의 입체적 모양

같은 방법으로 그림 1.24a에 두 개의 조밀 채움 층을 쌓고 **사면체 구멍(tetrahedral hole)**을 음영으로 나타내었다. 각 구멍들은 4개의 구로 형성되며, 구들의 중심을 연결하면 사면체의 모습을 볼 수 있다(그림 1.24b). n개의 구가 배열되어 있으면 $2n$개의 사면체 구멍이 존재한다.

조밀 채움 구조에서 6개의 원자로 둘러싸이는 팔면체 구멍은 4개의 원자로 둘러싸이는 사면체 구멍에 비해 훨씬 크다.

물론 무수히 많은 순서로 조밀 채움 쌓기를 반복할 수 있다. 그러나 육방 조밀 채움 구조와 입방 조밀 채움 구조가 가장 단순하며, 금속 원소의 결정 구조에서 일반적으로 관찰되는 구조이다. 금속 원소의 완전 결정에서는 이와 다른 두 가지 쌓기 순서도 나타나는데, La, Pr, Nd, Am에서의 ABAC··· 순서와 Sm에서의 ABACACBCB··· 9층 반복 순서가 있다.

1.6.1 체심 구조와 원시 구조

조밀 채움 구조를 갖지 않고 효율이 다소 떨어지는 채움 구조를 갖는 금속들도 있는데 그림 1.12b의 **체심 입방 구조(body-centered cubic (bcc) structure)**가 그 예에 해당한다. 이 구조에서는 입방체 중앙의 원자가 입방체 꼭짓점에 있는, 즉 같은 거리에 있는 8개의 동일한 원자들과 맞닿아 있어서 배위수는 8이 된다. 따라서 배위수가 12인 조밀 채움에서 74%였던 채움 효율이 체심 구조에서는 68%로 떨어진다.

가장 간단한 입방 구조를 **원시 입방 구조(primitive cubic structure)**라고 한다. 이 구조는 그림 1.18a와 같이 사각형 배열을 한 구들의 바로 위에 다른 구들을 올려서 층을 쌓아서 만들 수 있다. 그림 1.25a에 이러한 모습을 나타내었고, 그림 1.25b에는 각 원자들이 입방체의 꼭짓점에 위치한 모습으로도 나타내었다. 이 구조에서 원자의 배위수는 6이다.

대부분의 금속은 이러한 세 가지 기본 구조, 즉 *hcp*, *ccp* 또는 *bcc* 구조 중 한 가지 구조를 가지며, 폴로늄만이 원시 구조를 갖는다. 298 K에서 금속들이 가지는 가장 안정한 구조에서 채움 방식의 분포는 그림 1.26에서 볼 수 있다. 앞에서 언급했듯이 아주 드물게 *hcp*와 *ccp*가 혼합된 복잡한 구조를 하는 경우도 있다. 악티늄족 금속들은 다소 복잡하기 때문에 이 도표에는 포함하지 않았다.

(a)

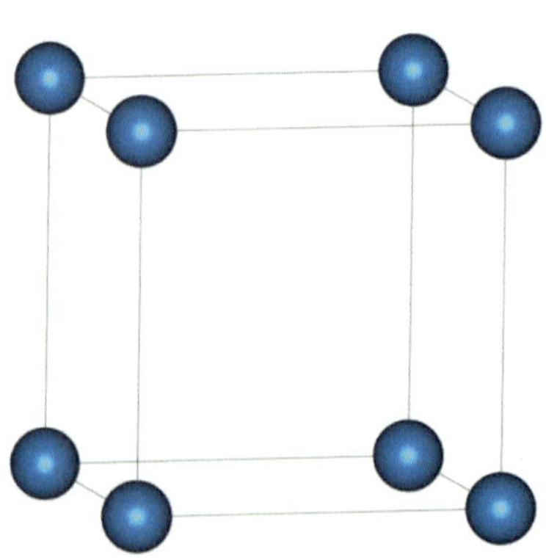

(b)

그림 1.25 (a) 두 층이 원시 입방 배열된 모습. (b) 이런 배열에서 나타나는 원자들의 입방형 단위.

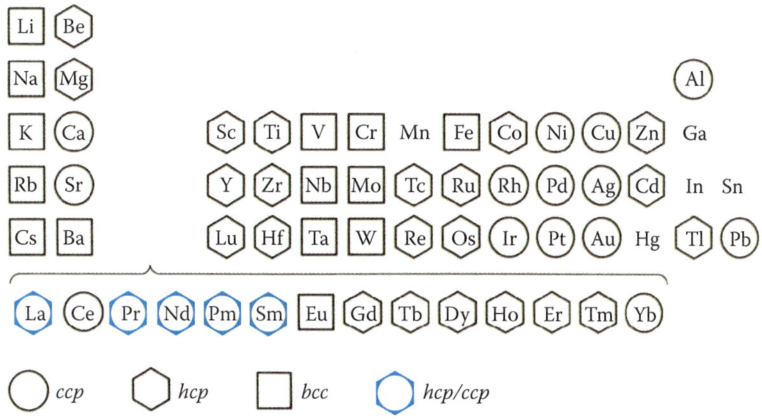

그림 1.26 금속에서 관찰되는 채움 유형의 분포도

1.7 결정면-Miller 지수

성장시킨 결정의 표면이나 깨져서 생긴 결정의 표면은 모두 단위 세포 면이나 원자 밀도가 높은 결정면에 평행하다는 경향이 있다. 결정의 표면과 결정면을 명명하면 편리하므로 일반적으로 **Miller 지수(Miller index)**를 이용해서 표시한다.

먼저 2차원 배열에서 선으로 Miller 지수를 나타내 본 후, 3차원 격자에서 면으로 나타내는 법을 이해하도록 하자. 그림 1.27에는 직사각형 배열 위에 여러 가지 세트의 선들을 그리고, 각 세트의 왼쪽 하단에 x축과 y축 방향으로의 단위 세포를 그려

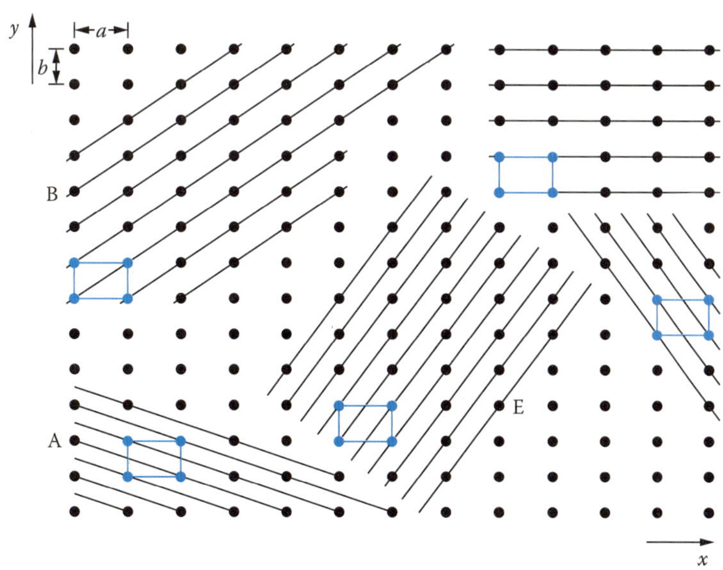

그림 1.27 직사각형 배열에 나타낸 5가지 세트(A–E)의 선들. 각 세트에 단위 세포도 함께 표시하였다.

놓았다. 평행선 세트는 *h*와 *k*라는 지수로 정의하는데, 단위 세포 모서리 *a*와 *b*를 각각 *h*등분, *k*등분하는 선을 지칭한다. 즉 선 *hk*는 *a* 모서리와 *a*/*h*에서 만나고 *b* 모서리와 *b*/*k*에서 만나는 선이다. 먼저 단위 세포 원점을 지나는 선의 바로 옆선을 선택한다. 그림의 A 세트에서 원점 바로 옆을 지나는 선은 *a*는 나누지 않고(*a*/1) *b*는 2등분한다(*b*/2). 두 절편이 모두 원점으로부터 양의 방향에 있기 때문에 이러한 세트의 선들에 대한 *hk* 지수를 *12*로 표시한다. 어떤 세트의 선들이 축과 평행하면 절편이 존재하지 않으므로 지수는 0이 된다. 또 절편이 원점으로부터 음의 방향에 있으면 $\bar{2}$와

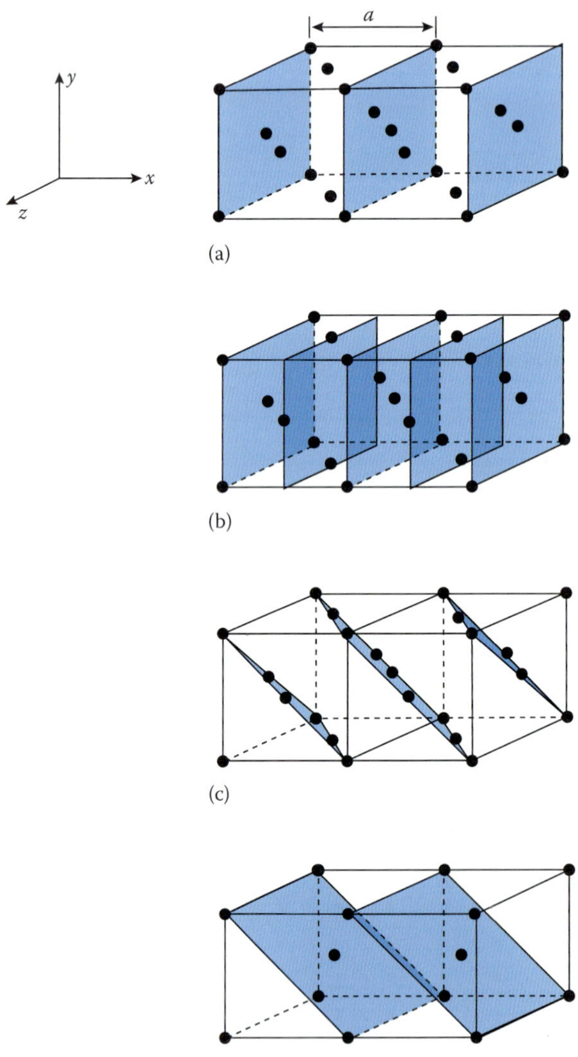

그림 1.28 (a–c) 면심 입방 격자에서의 여러 가지 면, (d) 체심 입방 격자에서의 여러 가지 면 (두 개의 단위 세포를 그렸다.)

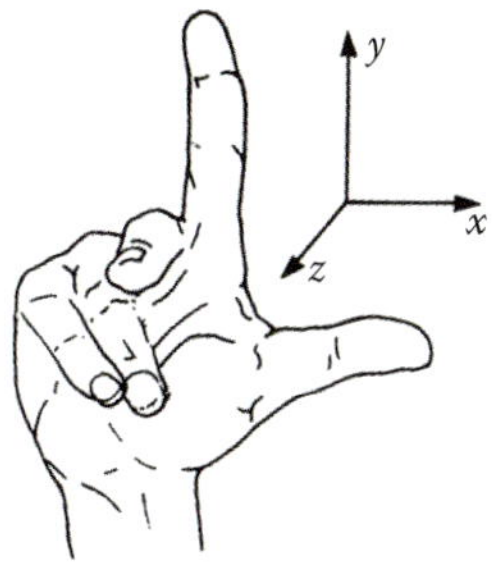

그림 1.29 축의 이름을 정할 때의 오른손잡이성 규칙

같이 지수 위에 선을 적어 구분한다. 따라서 A 세트에서 원점으로부터 음의 방향 선을 선택했다면 그 선의 지수는 $\overline{12}$가 된다. 그러나 두 쌍의 지수 사이에는 아무런 차이가 없으며 hk와 $\overline{hk}$는 항상 동일한 세트의 선들이다. 그림 1.27에서 선의 지수 값이 작을수록 선 간격은 더 넓어짐을 기억하라.

3차원 격자에서의 Miller 지수는 hkl로 나타내며 l은 z축과 관련된 지수이다. 원리는 동일하다. 즉, 단위 세포 모서리 a, b, c와 a/h, b/k, c/l에서 만나는 면을 hkl로 나타낸다. 그림 1.28에는 입방 격자에 여러 가지 면들을 표시하였다. 각 축들은 양의 방향으로 나타내고 각 축의 이름은 그림 1.29에서와 같이 관습적인 오른손잡이성 규칙에 따라 정하였다. 그림 1.28a에서 나타낸 면들은 y 및 z축에 평행하고 단위 세포 a 모서리를 나누지 않기 때문에 이 면의 Miller 지수는 *100*이다. 마찬가지로 hkl 면과 $\overline{hkl}$ 면은 동일한 세트이다.

1.7.1 면 간격

평행한 hkl 면들(Miller 지수 hkl) 사이의 간격 d_{hkl}을 계산해야 할 때가 있다. 세 개의 축이 서로 수직인 경우는 기하 구조가 간단하기 때문에 쉽게 계산할 수 있는데, 예를 들어 $a \neq b \neq c$, $\alpha = \beta = \gamma = 90°$인 사방 정계에서는 아래와 같은 관계가 있다.

$$\frac{1}{d_{hkl^2}} = \frac{h^2}{a^2} + \frac{k^2}{b^2} + \frac{l^2}{c^2}$$

다른 관계들은 표 1.6에 정리하였다.

표 1.6 여러 가지 결정계에서 d-간격

결정계	Miller 지수와 격자 상수로 나타낸 d_{hkl}
입방 정계	$\frac{1}{d^2}=\frac{h^2+k^2+l^2}{a^2}$
정방 정계	$\frac{1}{d^2}=\frac{h^2+k^2}{a^2}+\frac{l^2}{c^2}$
사방 정계	$\frac{1}{d^2}=\frac{h^2}{a^2}+\frac{k^2}{b^2}+\frac{l^2}{c^2}$
육방 정계	$\frac{1}{d^2}=\frac{4}{3}\left(\frac{h^2+hk+k^2}{a^2}\right)+\frac{l^2}{c^2}$
단사 정계	$\frac{1}{d^2}=\frac{1}{\sin^2\beta}\left(\frac{h^2}{a^2}+\frac{k^2\sin^2\beta}{b^2}+\frac{l^2}{c^2}-\frac{2hl\cos\beta}{ac}\right)$

1.8 결정성 고체

몇 가지 **이온성 고체(ionic solid)**의 구조를 살펴보자.

이온 결합(ionic bond)은 서로 반대 전하를 가지는 이온들의 정전기적 인력에 의해 형성된다. 이온 결합은 강하지만 방향성이 없으며 이온들이 서로 멀어질수록 약해진다. 따라서 반대 전하 간의 Coulomb 인력은 최대화시키고 같은 전하 간의 반발력은 최소화시킬 수 있도록 이온들이 쌓여서 무한한 배열을 형성하면 이온성 결정이 된다. 이온 결합 화합물의 예로서 1족과 2족의 산화물과 할로젠화물들의 결정 구조를 먼저 살펴보기로 한다.

많은 구조에서 결합은 순수하게 이온성은 아니며 어느 정도의 **공유 결합성(covalency)**을 가지기 때문에, 서로 결합한 두 원자들은 전자를 완전히 주고받지 않고 일부를 공유한다. 이러한 현상은 주기율표의 중앙 부분 원소들에서 특히 뚜렷이 나타난다. 이 점은 1.8.4절에서 이온의 크기를 정의하고, 이온들을 딱딱한 구로만 간주할 수 없는 한계를 설명할 때 다루기로 한다.

1.8.5절과 1.8.6절에서는 공유 결합에 의한 결정의 구조를 소개한다. 1.8.5절에서는 원소 탄소가 형성하는 여러 구조 중 하나인 **다이아몬드(diamond)** 구조에서 관찰되는 확장된 공유 결합 배열을 살펴본다. 각 원자들은 주위 원자들과 강한 공유 결합을 형성하여 편재된 무한한 3차원 네트워크를 구성함으로써 결정 구조를 형성한다. 1.8.6절에서는 작은 각각의 분자들이 공유 결합을 형성하고 있는 분자 결정을 다

룬다. 이 결정에서 분자들은 **van der Waals 힘(van der Waals force)**이라는 약한 힘으로 서로 당기고 있다. 이 힘은 분자들의 쌍극자 모멘트 사이의 인력으로 인해 발생한다. 영구 쌍극자를 갖는 분자들은 상호 작용할 수 있으며[**쌍극자-쌍극자 상호 작용(dipole-dipole interaction)**] 이온들과도 상호 작용할 수 있다[**전하-쌍극자 상호 작용(charge-dipole interaction)**]. 쌍극자를 갖지 않는 분자들도, 전자들의 움직임에 의해 형성되는 일시 쌍극자(transient dipole)가 다시 인접한 분자의 쌍극자 형성을 유도함으로써 상호 작용한다. 그 결과로 나타나는 약한 인력을 **런던 분산력(London dispersion force)**이라고 하는데 분자들이 멀어지면 그 힘은 급격하게 약해진다.

1.8.1 MX 화학식을 갖는 이온성 고체

그림 1.16(1.5.1절)은 **염화 세슘(cesium chloride, CsCl)** 구조의 입방 단위 세포를 나타낸다. 입방체 중심에 있는 세슘 이온(Cs^+)은 8개의 꼭짓점에 있는 염화 이온(Cl^-)들로 둘러싸여 있다. 반대로 염화 이온을 중심에 두고 세슘 이온을 꼭짓점에 그려도 무방하다. 즉, 염화 세슘 구조에서 이 두 가지 방법의 원시 단위 세포들은 서로 침투된 모습으로 배열한다. 이 구조는 1족(알칼리) 금속과 같은 원소 금속에서 흔히 관찰되는 체심 입방 구조와 비슷하게 보인다. 그러나 단위 세포 중심에 있는 세슘 주변의 환경과 꼭짓점에 있는 염소 주변의 환경이 다르기 때문에 이 구조는 체심 입방 구조가 아니다. 꼭짓점(0, 0, 0)과 체심$\left(\frac{1}{2}, \frac{1}{2}, \frac{1}{2}\right)$ 모두가 격자점에 해당하기 때문에 체심 단위 세포가 되기 위해서는 두 자리에 동일한 원자가 위치해야 한다. CsCl 구조에서 세슘은 8개의 염소로 둘러싸이고, 반대로 염소도 8개의 세슘으로 둘러싸이기 때문에 두 원자의 배위수는 모두 8이 된다. 꼭짓점에 있는 염소 원자는 8개의 단위 세포에 공유되므로 단위 세포는 한 개의 CsCl 화학식 단위를 갖는다.

세슘은 크기 때문에(이온 반지름은 1.8.4절에서 자세하게 다룬다) 8개의 염화 이온으로 둘러싸일 수 있다. CsBr, CsI, TlCl, TlBr, TlI, NH_4Cl과 같이 8개의 음이온들로 둘러싸일 정도의 큰 양이온을 함유하는 경우 이러한 결정 구조를 형성한다.

소금, 즉 **염화 소듐(sodium chloride, NaCl)**은 **암염(rock salt)**이라고도 한다. 고대 바닷물이 말라 쌓여서 형성되므로 육지에서 채굴한다. 그림 1.30에 염화 소듐의 단위 세포를 그렸다. 입방체로서 두 가지 방법의 면심 단위 세포들이 서로 침투된 모습으로 배열되어 있다. 즉, Na^+ 또는 Cl^-를 중심으로 면심 세포를 그릴 수 있다. NaCl의 공간군은 $Fm\text{-}3m$이다. F는 어떻게 배열을 그리더라도 면심 세포가 됨을 의미한

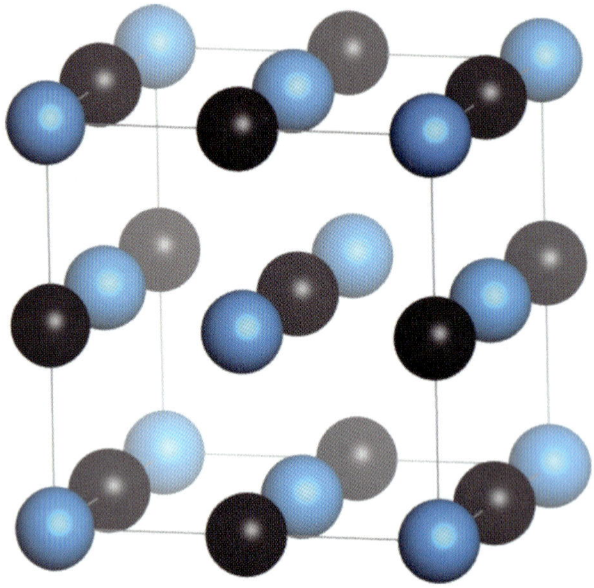

그림 1.30 NaCl 단위 세포. 청색 구: Na, 회색 구: Cl (서로 바꿔도 무방하다).

다. CsCl 구조에서와 같이, *x*, *y*, *z*축에 수직인 대칭면과 몸통 대각선 방향의 3겹 회전축, 그리고 면 대각선 방향에 수직인 대칭면을 갖는다. 그림 1.31에 몸통 대각선과 그 축 방향으로 보이는 결정의 모습을 그렸다.

소듐 이온은 정팔면체 꼭짓점에 위치하는 6개의 동일한 거리의 염화 이온들로 둘러싸이며, 같은 방법으로 염화 이온도 6개의 소듐 이온들로 둘러싸이므로 배위수 비는 6:6이 된다.

이러한 구조를 다른 각도에서 보면, 염화 이온들이 입방 조밀 채움 방식으로 배열되고 그 결과로 형성되는 팔면체 구멍을 소듐 이온들이 채우고 있는 구조로 표현할 수 있다. 모든 팔면체 구멍을 다 채우면 Na:Cl 비는 1:1이 되어서 그림 1.30에 나타낸 구조를 형성한다. 그림 1.28을 자세히 살펴보면 동일한 종류의 이온들이 각 꼭짓점과 면 중심에 존재함을 알 수 있을 것이다. 즉, 면심 입방 구조와 같다. 조밀 채움면은 입방 세포 대각선에 수직하게 쌓여 있기 때문에 이 방향으로는 잘 보이지 않는다(그림 1.31 참조). 이와 같이 이온들이 조밀 채움 배열할 때 형성되는 팔면체 구멍이나 사면체 구멍을, 다른 전하의 이온들이 모두 또는 일부 채우는 방식으로 간단한 이온성 결정 구조를 설명할 수 있다. 특히 특정 이온이 구조 내에 위치할 수 있는 자리와 그 주변의 배위 기하 구조를 모두 쉽게 보여줄 수 있다.

이런 구조에서 소듐(과 염소)의 배위수는 작아진다. 1족 원소에서 소듐의 자리가

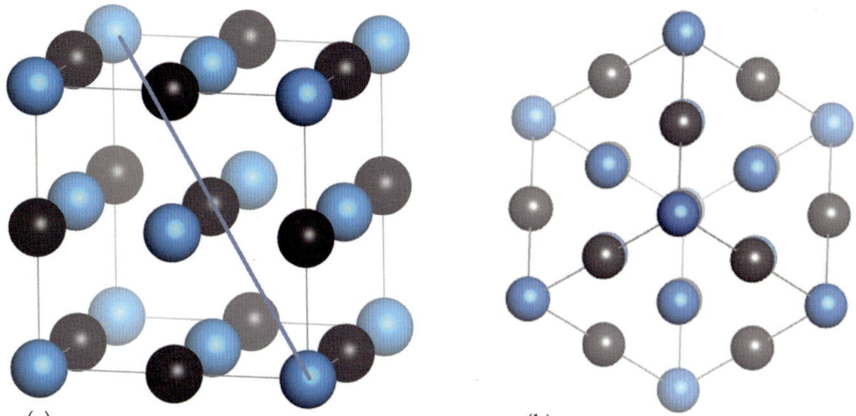

(a) (b)

그림 1.31 (a) NaCl 단위 세포에서의 몸통 대각선. (b) 그 축 방향으로 보이는 단위 세포의 모습.

말해 주듯이 소듐 이온은 세슘 이온보다 작기 때문에 8개의 염화 이온들로 둘러싸이는 염화 세슘 구조와 달리 6개의 염화 이온만으로 둘러싸이게 된다.

염화 소듐의 단위 세포는 네 개의 NaCl 화학식 단위를 갖는다. 꼭짓점에 8개의 Na 원자가 있는데 이 원자들은 8개의 단위 세포에 공유되어 있기 때문에 각 단위 세포에는 1/8씩 포함된다. 면 중심에 존재하는 6개 원자는 2개의 단위 세포에 공유되어 있기 때문에 각 단위 세포에는 1/2씩 포함된다. 따라서 단위 세포 내에 존재하는 Na 원자의 총 수는 $8 \times 1/8 + 6 \times 1/2 = 1+3 = 4$(개)가 된다. 같은 방법으로, 모서리에 존재하는 12개의 Cl 원자는 각각 1/4만이 각 단위 세포에 포함되며 중심에 있는 한 개의 Cl 원자는 모두 단위 세포 내에 포함되므로 총 수는 $12 \times 1/4 + 1 = 4$(개)다. 따라서 단위 세포는 네 개의 NaCl 화학식 단위를 갖는다.

표 1.7에 NaCl 구조 화합물 중 몇 가지를 나열하였다.

이 책에서 소개하는 많은 구조들은 팔면체들이 서로 연결된 모습으로도 볼 수 있다. 여기서 팔면체의 중심에 있는 금속 원자는 꼭짓점에 있는 6개의 다른 원자들로 둘러싸여 있다(그림 1.32a와 1.32b). 팔면체들은 그림 1.32c처럼 위에서 내려다본 등

표 1.7 NaCl(암염) 결정 구조를 갖는 화합물

대부분의 알칼리 할로젠화물(MX), AgF, AgCl, AgBr
모든 알칼리 수소화물(MH)
Mg, Ca, Sr, Ba의 일산화물(MO)
Mg, Ca, Sr, Ba의 일황화물(MS)

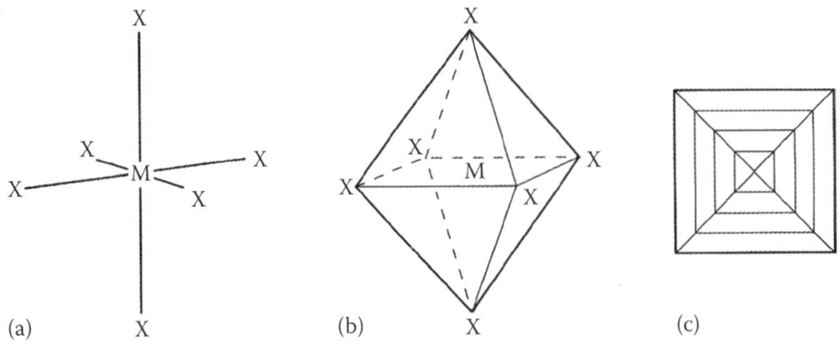

그림 1.32 (a) $[MX_6]$ 팔면체, (b) 팔면체 모양, (c) 팔면체 등고도

고도 모습으로도 그릴 수 있다.

이런 팔면체들은 그림 1.33에서 보듯이 꼭짓점, 모서리, 면을 공유하면서 서로 연결될 수 있다. 이때 연결되는 방법에 따라 공유되는 원자들의 수가 다르기 때문에 식으로 나타낼 때는 일부 원자의 수를 다르게 줄여서 나타내야 한다. 예를 들어 꼭짓점을 공유하며 연결된 두 개의 MO_6 팔면체는 식 M_2O_{11}으로 나타내고, 모서리를 공유하며 연결된 두 개의 MO_6 팔면체는 식 M_2O_{10}으로 나타내며, 면을 공유하며 연결된 두 개의 MO_6 팔면체는 식 M_2O_9로 나타낸다.

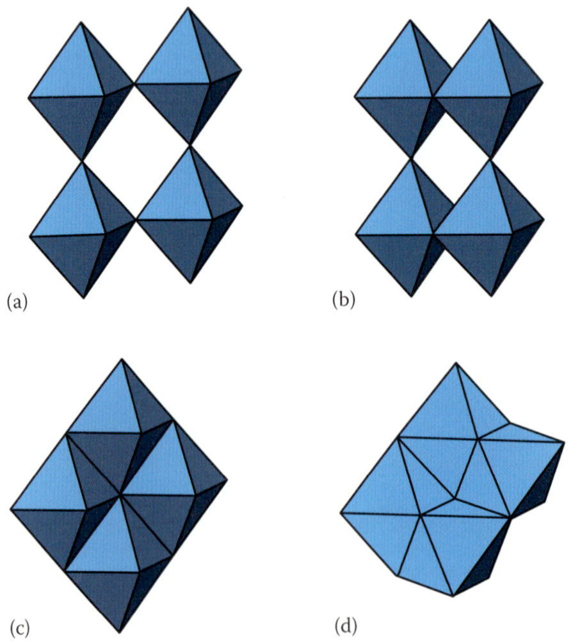

그림 1.33 (a) 꼭짓점을 공유하는 MX_6 팔면체를, (b) 모서리를 공유하는 MX_6 팔면체로 전환, (c) 모서리를 공유하는 MX_6 팔면체를, (d) 면을 공유하는 MX_6 팔면체로 전환

NaCl 구조는 $NaCl_6$ 팔면체들이 모서리를 공유하며 연결된 모습으로 생각할 수 있다. 팔면체에는 12개의 모서리가 있는데 NaCl 구조에서 각 모서리는 두 개의 팔면체에 공유된다. 그림 1.34에는 이런 유형으로 3개의 $NaCl_6$ 팔면체가 공유된 모습을 NaCl 단위 세포 중심으로 나타내고, 사면체 자리도 칠해서 구분해 놓았다.

비소화 니켈(NiAs) 구조는 육방 조밀 채움 배열을 한 NaCl 구조라고 할 수 있다. 즉, 비소 원자들이 *hcp* 배열을 함으로써 형성되는 팔면체 구멍을 니켈 원자들이 채우고 있는 구조이다. 따라서 니켈 원자의 기하 구조는 팔면체가 된다. 그러나 비소 원자는 6개의 니켈 원자들이 구성하는 **삼각 프리즘(trigonal prism)**의 중심에 위치한다(그림 1.35).

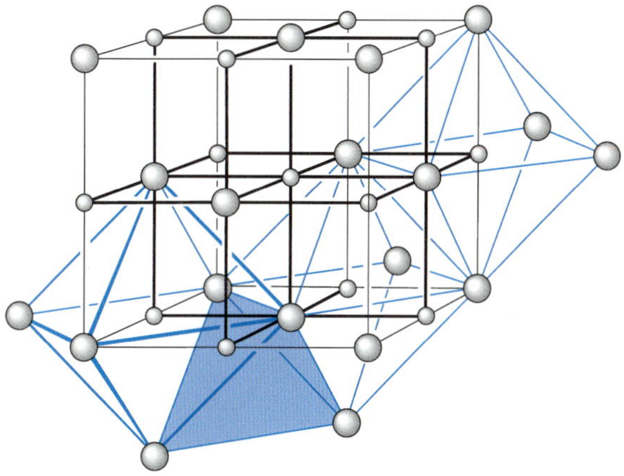

그림 1.34 모서리를 공유하는 팔면체와 사면체(음영 부분)를 보여 주는 NaCl 구조

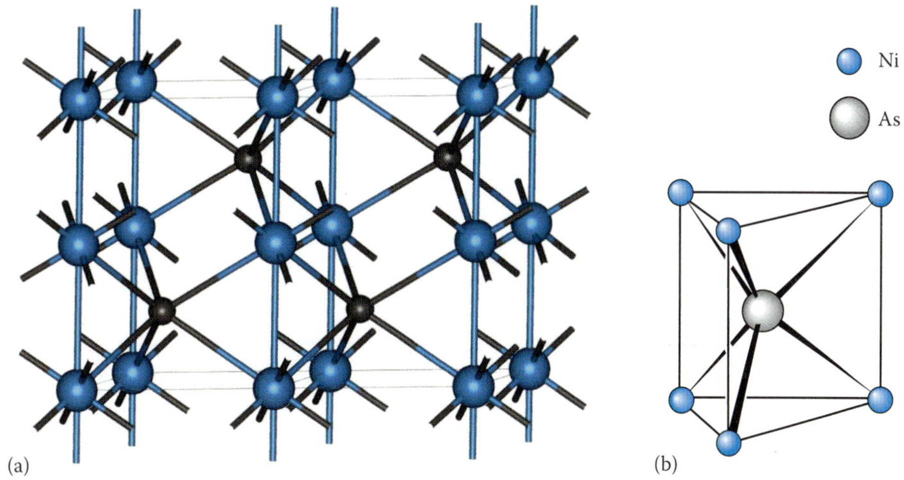

그림 1.35 (a) NiAs의 단위 세포(일그러짐이 없는 *hcp*의 경우 c/a = 1.633이지만 이 비율은 화합물에 따라 크게 다르다.). 청색 구: Ni, 회색 구: As. (b) NiAs 구조에서 As의 삼각 프리즘 모양의 배위 기하 구조

ZnS의 두 가지 구조인 **섬아연석**(**zinc blende** 또는 **sphalerite**) 구조와 **우르츠광**(**wurtzite**) 구조를 각각 그림 1.36과 그림 1.37에 나타내었다. 자연에 존재하는 황화아연(ZnS)의 다른 구조를 구분하기 위해 이렇게 이름 지었다. 동일한 원소나 동일한 화합물에서 원자들의 배열만 다르게 나타나는 구조를 **다형체(polymorphs)**라고 한다. 섬아연석의 경우 흔히 철 불순물을 함유하기 때문에 검은색으로 보이므로 'Black Jack'이라고 부르기도 한다.

섬아연석 구조는 황화 이온들이 *ccp* 배열을 함으로써 형성되는 사면체 구멍을 규칙적으로 하나씩 걸러서 아연 이온들이 채우고 있는 모습으로 생각할 수 있다. 따라서 아연 이온과 황화 이온들은 서로 사면체 배위 기하 구조를 갖는다. 만일 이 구조에서 두 가지 이온이 동일하다면 다이아몬드 구조와 같아진다(1.8.5절 참조). 또한

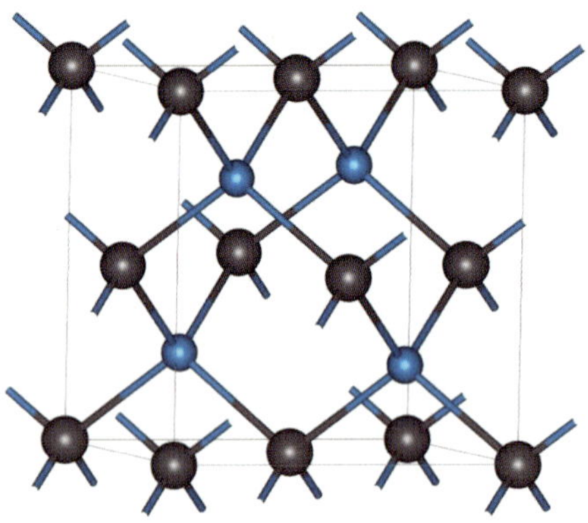

그림 1.36 섬아연석 ZnS의 결정 구조. 청색 구: Zn, 회색 구: S(서로 바꿔도 무방하다.)

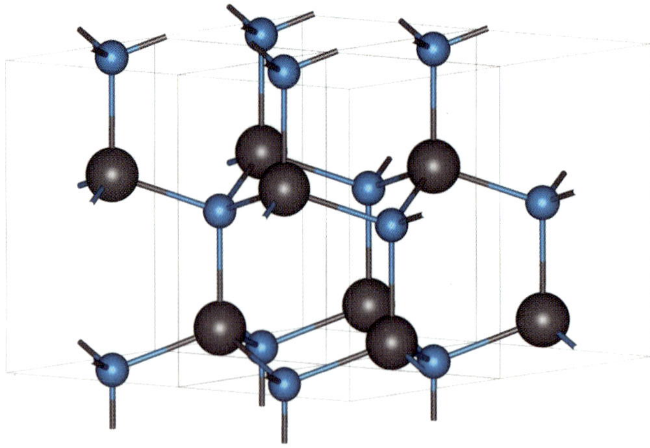

그림 1.37 우르츠광 ZnS의 결정 구조. 청색 구: Zn, 회색 구: S

원자 위치들이 동등하기 때문에 아연 이온과 황화 이온들을 바꿔 그려도 동일한 구조가 된다. 이런 구조를 갖는 화합물로는 할로젠화 구리, 황화 아연, 황화 카드뮴, 황화 수은 등이 있다.

우르츠광 구조는 황화 이온들이 *hcp* 배열을 함으로써 형성되는 사면체 구멍을 아연 이온들이 번갈아 채우고 있는 모습이다. 아연 이온과 황화 이온들은 서로 사면체 배위 기하 구조를 갖는다. 이런 구조를 갖는 화합물로는 BeO, ZnO, NH_4F 등이 있다.

지금까지 구조에서의 배위수가 어떻게 변했는지 기억해 보자. 동일한 원자가 조밀채움 방식으로 배열한 경우의 배위수는 12였다. 그리고 CsCl 구조에서는 8, NaCl 구조에서는 6, 두 가지 ZnS 구조에서는 4였다. 일반적으로 양이온이 클수록 더 많은 음이온들이 그 주변을 채울 수 있다(1.8.4절 참조).

1.8.2 MX_2 화학식을 갖는 고체

형석 구조(fluorite structure)는 영국 Derbyshire의 'Blue John' 광산에서 채굴되는 플루오린화 칼슘(CaF_2)의 광물형을 따서 이름 붙여졌다. 그 구조는 그림 1.38에 나타나 있으며, 칼슘 이온들의 *ccp* 배열로 형성되는 모든 사면체 구멍을 플루오린화 이온들이 채우고 있는 모습으로 설명할 수 있다. 그러나 칼슘 이온의 크기와 플루오린화 이온의 크기가 비슷해서, 칼슘 이온들이 형성하는 사면체 구멍에 플루오린화 이온이 위치한다는 표현은 모순될 수도 있다. 그런데도 구조 내에서 이온들의 상대적인 위치를 나타내는 데는 큰 문제가 없다. 그림 1.38a는 플루오린화 이온에 대한 사면체 배위 기하 구조를 명확하게 보여 준다. 또한 이 구조에서는 더 큰 팔면체 구멍은 비어 있음을 기억하기 바란다. 팔면체 구멍은 1.38a의 단위 세포 중심에 형성되는데 여섯 개의 칼슘 이온들(청색)로 둘러싸여 있다.

이러한 구조적 특징은 6장에서 결함을 통한 이온들의 이동을 공부할 때 매우 중요한 정보를 줄 것이다.

그림 1.38b와 같이 각 꼭짓점에 플루오린화 이온들이 위치하도록 작은 입방체를 그리면 칼슘 이온에 대한 8배위 기하 구조를 쉽게 볼 수 있다. 실제로 원점을 이동시켜서 단위 세포를 다시 그리면 그림 1.38c와 같이 좀 더 명확하게 이런 점들을 비교해 볼 수 있을 것이다. 단위 세포를 8개의 작은 입방체, 즉 **팔분체(octants)**로 나누었을 때 칼슘 양이온은 이 팔분체들을 번갈아 채우고 있다.

반형석 구조(antifluorite structure)는 형석 구조에서 양이온과 음이온의 위치만 서

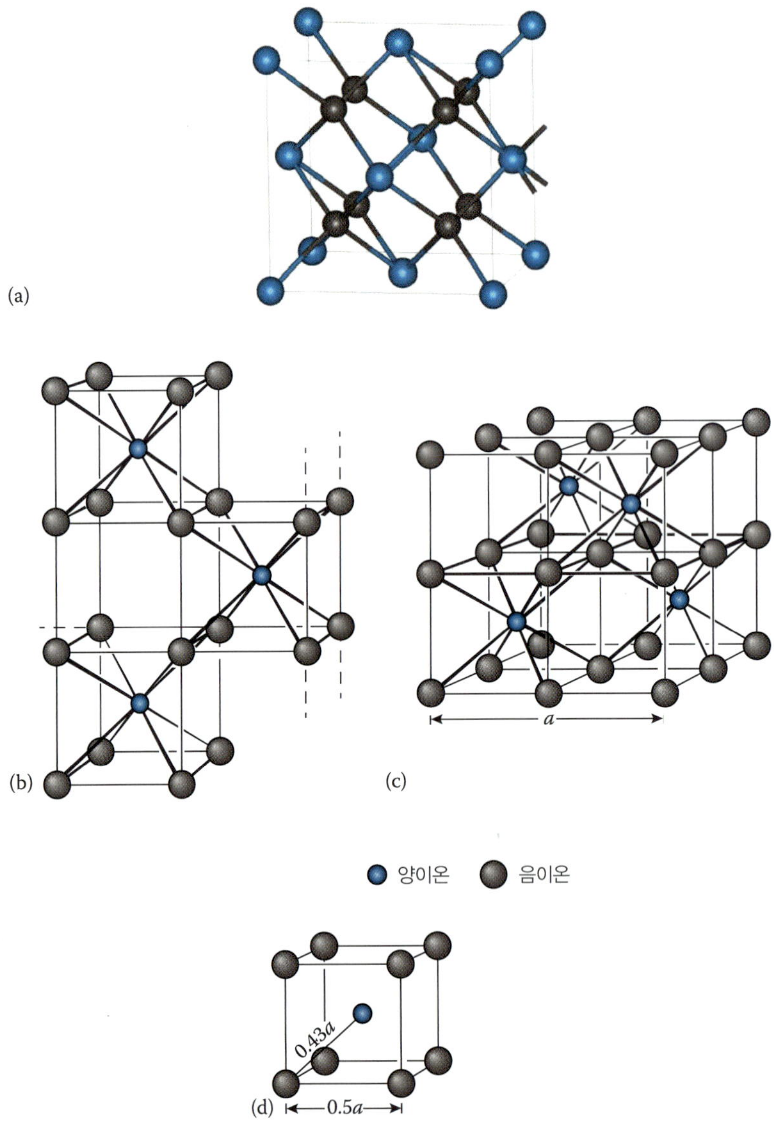

그림 1.38 CaF_2 형석의 결정 구조. (a) 양이온들이 *ccp* 배열한 모습의 단위 세포. 청색 구: Ca, 회색 구: F. (b, c) 음이온들의 원시 입방 배열로 다시 그린 동일한 구조. (d) 음이온 원시 입방체(팔분체)와 단위 세포 치수와의 관계

로 바뀐 구조이다. 음이온들의 *ccp* 배열로 형성되는 모든 사면체 구멍을 양이온들이 채우게 되므로 형석 구조보다 더 현실적인 구조라고 할 수 있다. 가장 큰 음이온과 가장 작은 양이온으로 구성되는 텔루륨화 리튬(Li_2Te)의 예에서 텔루륨 이온들은 (상당한 수준의 공유 결합성을 갖는데도 불구하고) 대략적이지만 조밀 채움 배열을 하고 있다. 이러한 구조를 갖는 알칼리 금속의 산화물 M_2O나 황화물 M_2S에서도 원자

들의 상대적인 위치는 정확하게 나타낼 수 있다. 그러나 음이온들이 서로 맞닿지 않기 때문에 조밀 채움으로 표현할 수는 없고, 양이온들은 너무 커서 사면체 구멍을 채우기 어렵다. 즉, 이 구조에서 음이온–음이온 거리는 조밀 채움에 비해 더 멀다는 의미가 된다. 이 구조가 8:4 배위를 형성하는 유일한 예라고 할 수 있다. 많은 빠른 이온 전도체들이 이러한 구조를 바탕으로 한다(6장 참조).

염화 카드뮴(cadmium chloride, $CdCl_2$) 구조와 **아이오딘화 카드뮴(cadmium iodide, CdI_2)** 구조에서는 음이온들의 조밀 채움 배열로 형성되는 팔면체 구멍의 반을 양이온들이 채운다. 이때 양이온들은 조밀 채움 음이온 층을 따라 형성된 팔면체 구멍 층

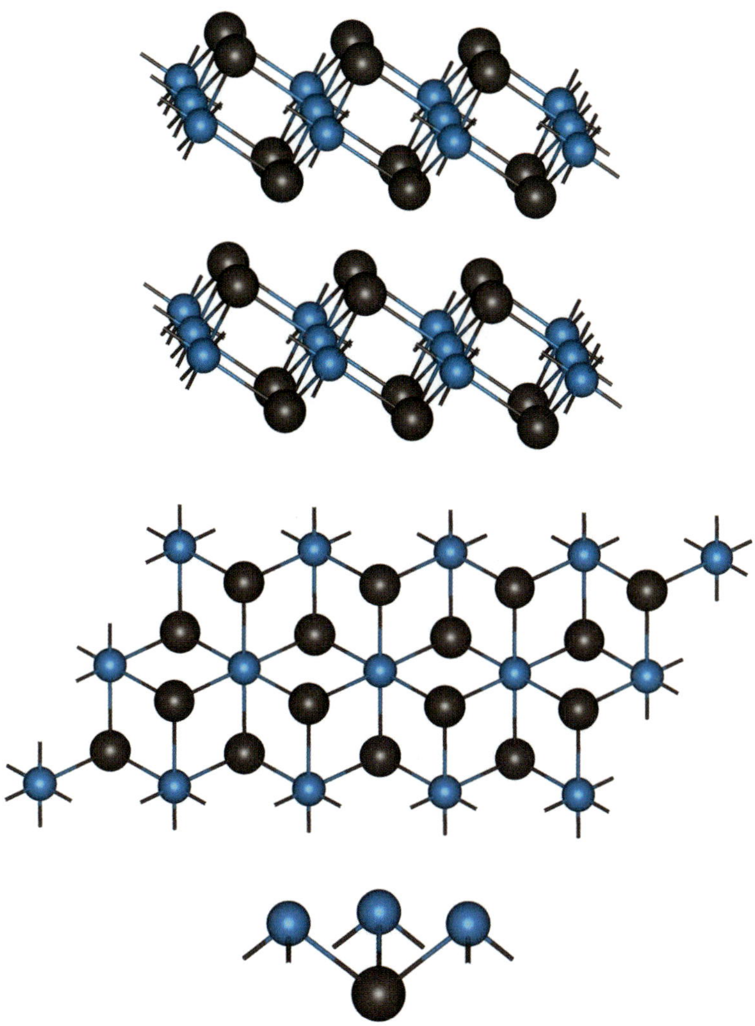

(a)

(b)

(c)

그림 1.39 (a) CdI_2 결정 구조. (b) CdI_2와 $CdCl_2$에서의 층 구조: 할로젠 원자들은 금속 원자면의 위아래 면에 위치한다. (c) CdI_2에서 아이오딘 원자 주변 배위 환경. 청색 구: Cd, 회색 구: I

들을 한 층씩 번갈아 채움으로써 전체적으로는 6:3 배위의 층상 구조가 된다. $CdCl_2$ 구조에서는 염화 이온들이 *ccp* 배열을 하는 반면에 CdI_2 구조에서는 아이오딘화 이온들이 *hcp* 배열을 한다. CdI_2 구조를 그림 1.39에 나타내었는데 (a)에서 아이오딘화 이온이 한쪽 편에서는 3개의 카드뮴 양이온과 접하고 있지만 다른 편에서는 3개의 인접 층 아이오딘화 이온들과 접하고 있음을 볼 수 있을 것이다. 즉, 이온 결합 화합물 구조에서처럼 이온들이 다른 전하 이온들로 완전히 둘러싸이지는 않는다. 이것은 이 구조에서의 결합이 순수하게 이온성을 띠지는 않는다는 증거가 된다. 이런 관점은 1.8.4절에서 보다 깊게 다루도록 하겠다.

루틸 구조(rutile structure)는 이산화 타이타늄(TiO_2)의 광물형을 따서 이름 지어졌다. 루틸은 굴절률이 매우 높아서 대부분의 가시광선을 산란시키기 때문에 페인트나 플라스틱의 백색 안료로 널리 사용되고 있다. 단위 세포는 그림 1.40에 나타나 있다. 정방 정계 구조이며 6:3 배위 환경을 갖지만 조밀 채움 구조는 아니다. 타이타늄 원

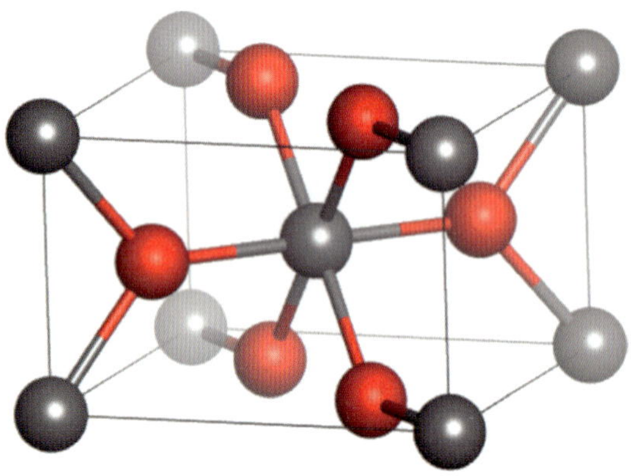

(a)

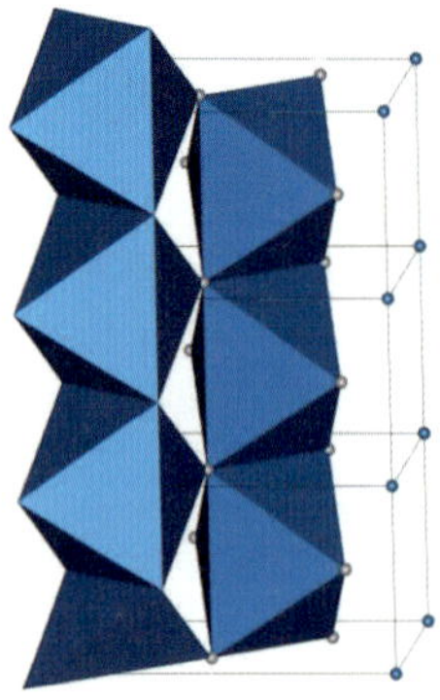

(b)

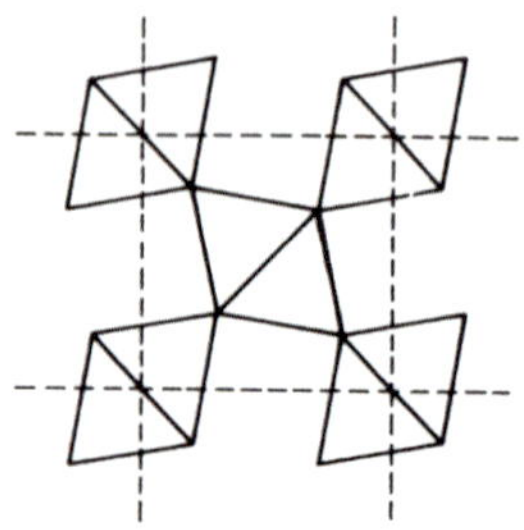

(c)

그림 1.40 TiO_2 루틸 결정 구조. (a) 단위 세포, (b) 두 개의 $[TiO_6]$ 팔면체 체인, (c) 단위 세포 평면도. 청색 구: Ti, 회색 구: O

자는 (약간 일그러진) 팔면체 꼭짓점에 있는 6개의 산소 원자들로 둘러싸여 있고, 산소 원자는 (거의) 정삼각형 꼭짓점에 있는 3개의 타이타늄 원자들로 둘러싸여 있다. 기하 구조상으로 Ti 주변의 배위는 완전한 팔면체가 될 수 없고 O 주변의 배위도 완전한 정삼각형이 될 수 없다.

이 구조는 TiO_6 팔면체들이 연결된 체인 구조로 볼 수도 있는데, 각 팔면체는 한 쌍의 마주보는 모서리를 공유하여 체인을 만들고, 각 체인들은 꼭짓점을 공유해서 연결된다(그림 1.40b). 그림 1.40c는 단위 세포의 평면도를 보여 주며 팔면체 체인들이 평면에 수직하게 투영된 모습이다.

루틸 구조에서 금속과 비금속이 위치를 바꾼 경우는 **반루틸 구조(antirutile structure)**라고 한다. **β-홍연석 구조(β-cristobalite structure)**는 이산화 규소(SiO_2)의 광물형을 따서 이름 지어졌다. 규소 원자가 섬아연석(zinc blende) 구조의 아연과 황 원자 자리(또는 1.8.5절에서와 같이 다이아몬드 구조의 탄소 자리)를 차지하고 그 중간에 있는 산소 원자와 결합하여 규소 원자 쌍을 이룬다. BeF_2가 이런 구조를 갖는 유일한 할로젠화 금속이며 Be은 F 원자들에 의해 사면체 배위되어 있으므로 4:2 배위 환경을 갖는다.

1.8.3 기타 몇 가지 중요한 결정 구조

금속의 원자가가 증가할수록 이러한 간단한 이성분 화합물에서의 공유 결합성이 증가하기 때문에 간단한 이온 결합 화합물에서와 같이 높은 대칭성을 갖는 예는 줄어들고, 분자 구조나 층상 구조들이 보다 일반적으로 나타난다. 수많은 무기물 결정 구조가 있지만 여기서는 흔히 접할 수 있으면서 이 책 뒷부분에서 다룰 몇 가지 구조만 간단히 소개하기로 한다.

아이오딘화 비스무트 구조(bismuth triiodide structure, BiI_3)에서는 아이오딘 원자들이 *hcp* 배열을 하고 비스무트 원자들은 팔면체 구멍의 1/3을 채운다. 한 쌍의 층마다 번갈아 가며 팔면체 구멍의 2/3를 채우는 구조이다.

강옥(α-Al_2O_3, corundum)은 불순물 정도에 따라 다른 색을 띠며 루비나 사파이어 같은 보석의 기본 성분이다(8장 참조). 모스 경도(Mohs scale)로 보면 다이아몬드에 이어 두 번째로 강하다. 이 구조에서는 산소 원자들이 *hcp* 배열을 하고 알루미늄 원자들이 팔면체 구멍의 2/3를 채운다(그림 1.41). 앞에서 보았듯이 기하학적 제약으로 인해, 알루미늄 원자가 팔면체 배위되면 산소 원자의 사면체 배위는 불가능하다. 그

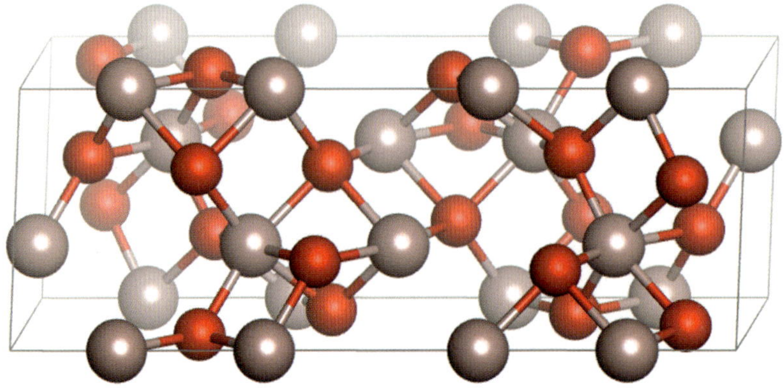

그림 1.41 강옥의 결정 구조

러나 이 구조에서는 산소 원자를 둘러싼 4개의 알루미늄 원자들이 근사적으로 사면체 구조를 형성하는 것으로 간주된다. Ti_2O_3, V_2O_3, Cr_2O_3, α-Fe_2O_3, α-Ga_2O_3, Rh_2O_3 등이 이러한 구조를 갖는다.

산화 레늄 구조(**ReO_3, rhenium trioxide structure**, 또는 플루오린화 알루미늄(AlF_3) 구조)는 Al, Sc, Fe, Co, Rh, Pd의 플루오린화물이나 WO_3(고온 구조), ReO_3와 같은 산화물에서도 관찰된다(5.8.1절 참조). ReO_6 팔면체들이 각 꼭짓점을 공유하여 연결되므로 입방 대칭성의 3차원 네트워크를 형성한다. 그림 1.42a에 그 구조의 일부분을 나타내었고, 그림 1.42b에는 팔면체의 연결을, 그림 1.42c에는 단위 세포를 나타내었다.

중요한 세 가지 **혼합 산화물 구조(mixed oxide structures)**로 **스피넬(spinel)**, **페로브스카이트(perovskite)**, **일메나이트(ilmenite)** 구조가 있다. 스피넬은 $MgAl_2O_4$ 첨정석(spinel)을 따서 명명하였으며 AB_2O_4의 일반식으로 나타낸다. 여기서 A는 2+ 양이온(A^{2+}), B는 3+ 양이온(B^{3+})을 뜻한다. 이 구조는 산화 이온들의 입방 채움 배열로 형성되는 사면체 구멍과 팔면체 구멍을 각각 A^{2+} 이온과 B^{3+} 이온들이 채우고 있는 모습으로 생각할 수 있다. n개의 AB_2O_4 단위를 포함하는 스피넬 결정에는 $8n$개의 사면체 구멍과 $4n$개의 팔면체 구멍이 있으므로 사면체 구멍의 1/8이 A^{2+} 이온으로 채워지고 팔면체 구멍의 1/2이 B^{3+} 이온으로 채워진다. 면심 단위 세포는 그림 1.43에 나타내었다. A 이온은 사면체에 배위되는 반면에 B 이온은 팔면체 구멍을 채우고 있음을 볼 수 있다. M이 Mg, Fe, Co, Ni, Mn, Zn이고 일반식 MAl_2O_4로 나타내는 화합물들이 이러한 구조의 스피넬들이다.

일반식 AB_2O_4를 사용하지만, B^{3+} 이온의 1/2이 사면체 구멍들을 채우고 나머지

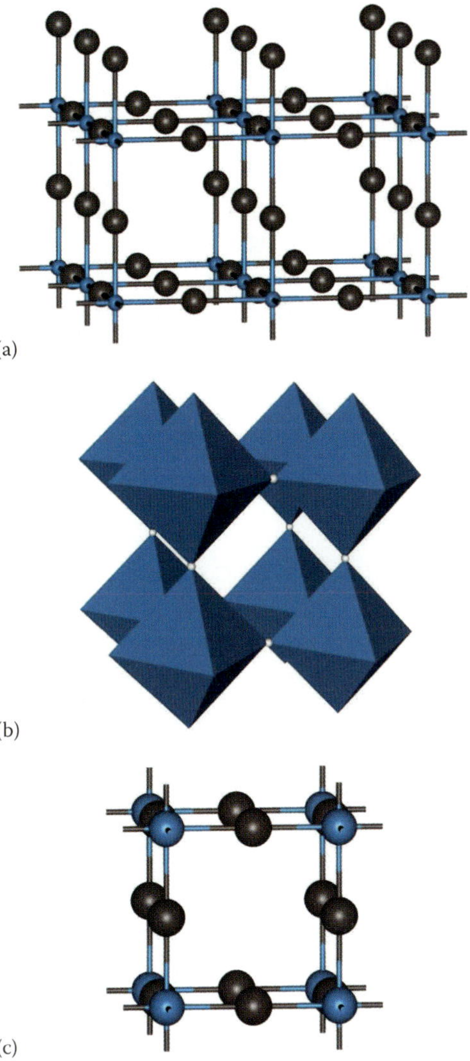

(a)

(b)

(c)

그림 1.42 (a) ReO_3 구조의 일부, (b) 연결된 $[ReO_6]$ 팔면체들을 보여 주는 ReO_3 구조, (c) 단위 세포. 청색 구: Re, 회색 구: O

1/2의 B^{3+} 이온과 A^{2+} 이온들이 팔면체 구멍들을 채우는 경우에는 $B(AB)O_4$로 나타내기도 하는데 이 구조를 **역스피넬 구조(inverse-spinel structure)**라고 한다. Fe_3O_4 자철석(magnetite)(9.7절 참조), $Fe(MgFe)O_4$, $Fe(ZnFe)O_4$ 등이 역스피넬 구조이다.

페로브스카이트 구조(perovskite structure)는 $CaTiO_3$ 광물에서 이름을 따왔다. 그림 1.44와 같으며 이 단위 세포를 A-형이라고 한다. 즉 페로브스카이트의 일반식을 ABX_3로 썼을 때, 이 단위 세포의 중심에 A 원자가 위치한다. 중심 Ca(A) 원자는 입방체 꼭짓점에 있는 8개의 Ti(B) 원자와 모서리에 있는 12개의 산소 원자(X)들로 둘

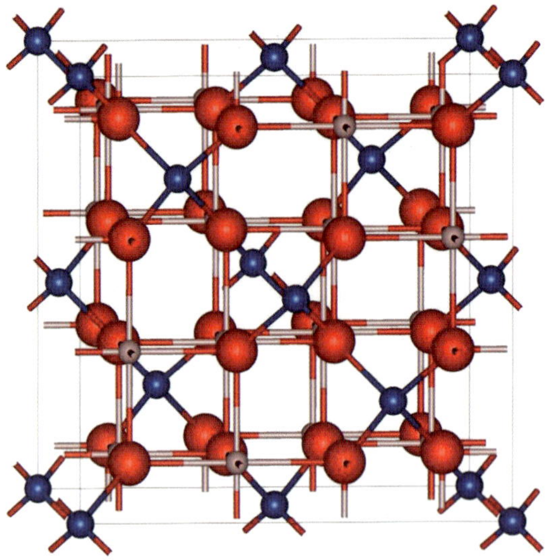

그림 1.43 스피넬 구조 $CuAl_2O_4(AB_2O_4)$. 청색 구: Cu, 연보라색 구: Al, 적색 구: O

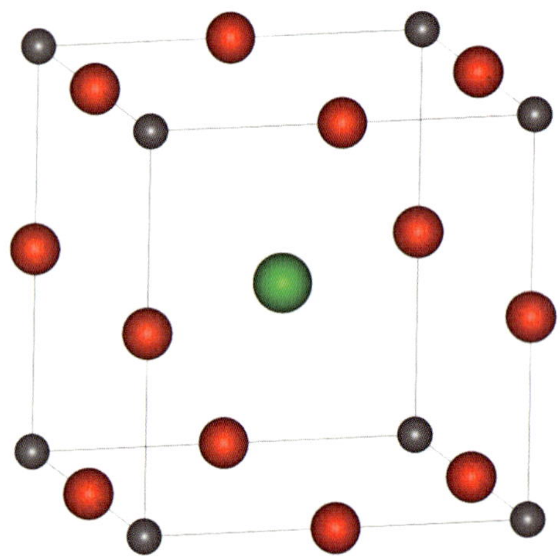

그림 1.44 $CaTiO_3$와 같이 일반식 ABX_3로 나타내는 페로브스카이트 구조. 녹색 구: Ca, 회색 구: Ti, 적색 구: O

러싸여 있다. 이 구조는 두 가지 방법으로 나타낸다. 첫 번째는 ReO_3 구조에서와 같은 BX_6 팔면체 연결 골격의 단위 세포 중심에 A 원자를 더한 모습으로 나타내는 방법이다(그림 1.42b 참조). 두 번째는 A와 X 원자들을 *ccp* 배열시키고 이때 형성되는 팔면체 구멍을 B 원자들로 채우는 방법이다(이런 모습을 보기 위해서는 그림 1.30의 NaCl 단위 세포와 비교해 보라). $SrTiO_3$, $SrZrO_3$, $SrHfO_3$, $SrSnO_3$, $BaSnO_3$가 이런 구조를 갖는다. B 원자가 A 원자보다 많이 작을 때는 B 원자가 세포 내에서 위치를 옮길

수 있기 때문에 강유전성 효과(ferroelectric effect)를 나타내기도 한다(9장 참조). 고온 초전도체의 구조도 페로브스카이트 구조를 기초로 설명할 수 있다(10장 참조).

일메나이트 구조(ilmenite structure)도 일반식 ABO_3로 나타내는 산화물에서 관찰되는 구조로서 A와 B의 크기가 비슷하고 각 전하의 합은 +6이 된다. 이 구조는 광물 $Fe^{II}Ti^{IV}O_3$을 따서 명명하였으며 앞에서 설명한 강옥 구조와 매우 흡사하게 산소 원자들이 *hcp* 배열을 한다. 그러나 두 가지 서로 다른 양이온들이 팔면체 구멍의 2/3를 채우고 있다는 점은 다르다.

조밀 채움과 관련된 구조는 표 1.8에 요약하였다.

표 1.8 음이온들이 조밀 채움 배열한 구조들

화학식	양이온 : 음이온배위	채워진 구멍의 유형과 개수	입방 조밀 채움	육방 조밀 채움
MX	6:6	모든 팔면체	염화 소듐: NaCl, FeO, MnS, TiC	비소화 니켈: NiAs, FeS, NiS
	4:4	사면체의 1/2–한 개씩 번갈아 채움	섬아연석: ZnS, CuCl, γ-AgI	우르츠광: ZnS, β-AgI
MX_2	8:4	모든 사면체	형석: CaF_2, ThO_2, ZrO_2, CeO_2	없음
	6:3	팔면체의 1/2; 한 층씩 걸러서 모두 채움	염화 카드뮴: $CdCl_2$	아이오딘화 카드뮴: CdI_2, TiS_2
MX_3	6:2	팔면체의 1/3; 한 쌍의 층씩 번갈아 2/3를 채움		아이오딘화 비스무트: BiI_3, $FeCl_3$, $TiCl_3$, VCl_3
M_2X_3	6:4	팔면체의 2/3		강옥: α-Al_2O_3, α-Fe_2O_3, V_2O_3, Ti_2O_3, α-Cr_2O_3
ABO_3		팔면체의 2/3		일메나이트: $FeTiO_3$
AB_2O_4		사면체의 1/8과 팔면체의 1/2	스피넬: $MgAl_2O_4$ 역스피넬: $MgFe_2O_4$, Fe_3O_4	감람석: Mg_2SiO_4

1.8.4 이온 반지름

우리는 양자 역학으로부터 원자나 이온들의 반지름을 정확하게 정의하지 못한다는 사실을 알고 있다. 반면에 지금까지 이온성 결정 구조를 설명하는 과정에서, 이온들이 매우 잘 정렬된 방법으로 배열해서 결정을 형성하고 원자들의 위치를 정확하게 정할 수 있기 때문에 원자 간 거리는 매우 정확하게 측정할 수 있음을 보았다. 따라서 이온들을 특정 반지름의 딱딱한 구로 생각하는 것은 특히 조밀 채움을 기초로 하는 구조에서 유용한 개념이 된다.

암염 구조를 갖는 일련의 알칼리 금속 할로젠화물들을 생각해 보자. 이온들을 특정한 반지름의 딱딱한 구로 생각하는 개념이 옳다면, 소듐과 포타슘을 바꾸듯이 금속 이온을 다른 금속 이온으로 바꾸었을 때 금속–할로젠 이온 거리도 매번 이온의 크기 차이만큼 변할 것이다. 표 1.9는 알칼리 금속 할로젠화물들에 대한 이러한 과정의 결과를 정리한 것이다. 이온들을 바꾸었을 때 이온 간 거리 변화는 굵은 글씨로 나타내었다.

표 1.9에서 이온들을 바꾸었을 때 이온 간 거리의 변화가 일정하지는 않지만 그 차이가 아주 크지도 않음을 볼 수 있다. 따라서 그림이 아주 정확하지는 않더라도, 이온들이 근사적으로 특정한 크기를 갖는다고 간주하는 것은 어느 정도 논리적이라고 할 수 있다. 원자나 이온들이 짓눌려 분극될 수 있고 모양이나 크기가 주변 환경에 따라 영향을 받기 때문에 딱딱한 구 모델은 근사적일 수밖에 없다. 그런데도 간단한 그림을 그리는 방법으로 이온성 결정 구조를 상당 부분 설명할 수 있기 때문에 이 개념을 좀 더 넓게 적용하면 편리할 때가 많다.

여러 과학자들이 개별적인 이온 반지름을 추정하는 다양한 방법들을 제시해 왔다. 따라서 이온 반지름 값 세트들은 책에 따라 다르게 주어질 수 있는데, 대부분 반지름

표 1.9 할로젠화 알칼리 금속에서 원자 간 거리, r_{M-X}(pm)

	F^-		Cl^-		Br^-		I^-
Li^+	201	**56**	257	**18**	275	**27**	302
	30		**24**		**23**		**21**
Na^+	231	**50**	281	**17**	298	**25**	323
	35		**33**		**31**		**30**
K^+	266	**48**	314	**15**	329	**24**	353
	16		**14**		**14**		**13**
Rb^+	282	**46**	328	**15**	343	**23**	366

을 결정하는 방법을 고안한 사람의 이름을 써서 구분한다. 먼저 반지름을 결정하는 몇 가지 방법들을 간단하게 살펴본 후에 현재 가장 널리 사용되는 반지름 값 세트들을 소개하기로 한다. 세트에 따라 이온 반지름 값들이 크게 다르기 때문에, 무엇보다도 서로 다른 세트에서의 값들을 혼용하지 말아야 한다. 그러나 동일한 세트 내에서의 이온 반지름 값을 이용하면 일관적인 결과를 얻을 수 있다. 가령, 동일한 세트에서의 두 가지 이온 반지름을 더하면 결정 구조에서 측정된 거리와 거의 같은 원자 간 거리 값을 얻을 수 있다.

핵 간 거리는 X-선 결정학을 이용하여 결정할 수 있는데 이 값을 이용하여 각 이온 반지름을 추정하려면 한 개 이온의 반지름 값은 변하지 않도록 해야 한다. 1920년 Landé는 가장 큰 음이온과 가장 작은 양이온으로 구성된 할로젠화 알칼리 금속, 즉 LiI 구조에서 아이오딘화 이온들은 서로 맞닿아 있고 작은 Li^+ 이온들이 팔면체 구멍 안에 있다고 가정할 수 있음을 제안하였다. Li–I 거리는 알고 있기 때문에 간단한 기하학적 원리를 이용하면 아이오딘화 이온의 반지름을 쉽게 결정할 수 있다. 일단 아이오딘화 이온의 반지름을 알고 나면, 그 크기가 변하지 않는다는 가정하에 다른 아이오딘화 금속의 구조로부터 다른 금속 양이온의 반지름을 계산할 수 있다. Bragg와 Goldschmidt는 유사한 방법을 이용하여 작성한 이온 반지름 표를 발표하였다. 물론 이온은 딱딱한 구가 아니라 다른 전하의 리간드나 배위 환경에 따라 다소 탄력적으로 변하기 때문에 일관적인 이온 반지름 값 세트를 구성하기는 매우 어렵다. Pauling은 핵 간 거리를 이용하여 이온 반지름을 계산할 수 있는 이론적인 방법을 제안하고 한 가지 이온 반지름 세트를 구성하였는데, 이 세트 값들만 이용하면 비교적 일관적인 결과를 얻을 수 있고 주기율표에서 예상되는 변화 경향도 볼 수 있다. Pauling의 방법에서는 등전자 구조의 양이온과 음이온으로 구성되는 일련의 할로젠화 알칼리 금속들을 기본으로 하며 모든 이온이 서로 맞닿아 있다고 가정한다. 따라서 각 이온 반지름이 바깥 껍질 전자들에 대한 유효 핵전하의 세기에 반비례한다고 가정하면 핵 간 거리를 이용하여 이온 반지름을 계산할 수 있다. +2가 상태 이온들이라면 격자 내에서 더 수축될 것이므로 반지름을 계산할 때 이러한 효과에 대한 보정이 필요하다. 이렇게 정밀화를 거쳐 오랫동안 널리 사용되었던 일관적인 이온 반지름 값 세트가 완성되었는데 이 세트는 **유효 이온 반지름(effective ionic radii)**으로 알려져 있다.

X-선 결정학을 이용하면 이온성 결정 구조에서의 정밀한 전자 밀도 지도를 그릴 수 있다. 그림 1.45에 NaCl과 LiF에 대한 전자 밀도 지도를 나타내었다. 핵 사이에서 전자 등밀도 선이 (0은 아니더라도) 최소가 됨을 볼 수 있는데 이 최소 점을 각 이온

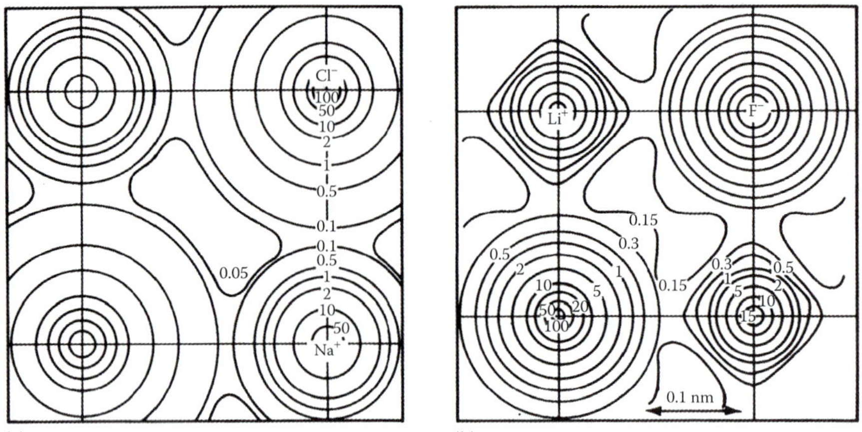

그림 1.45 (a) NaCl과 (b) LiF의 전자 밀도 지도

들의 반지름 점으로 간주한다. 이렇게 실험적으로 측정된 이온 반지름을 흔히 **결정 반지름(crystal radii)**이라고 한다. 이 값들은 앞에서의 이온 반지름 값들에 비해 음이온들은 다소 작게, 양이온들은 다소 크게 나타나는 경향이 있다. Shannon과 Prewitt은 O^{2-}와 F^- 이온 반지름으로 각각 가장 관습적인 값인 126 pm 및 119 pm를 적용하여 수많은 결정 구조 자료에서 얻은 가장 광범위한 이온 반지름 값 세트를 구성하였다. 이 값들은 기존 값들에 비해 14 pm 정도 차이를 보여 주지만 결정에서 이온들의 실제 크기에는 더 근접한 것으로 인정된다. 이 자료들의 일부는 표 1.10에 정리하였다.

표 1.10에서 볼 수 있는 이온 크기의 변화 경향은 다음과 같다;

1. 알칼리 금속과 같이 주기율표의 동일한 족에서는 원자 번호 Z가 증가할수록 이온 반지름이 커진다. 즉, 족의 아래로 내려갈수록 전자가 많아지고 바깥 껍질 전자는 핵으로부터 더 멀어진다.
2. Na^+, Mg^{2+}, Al^{3+}와 같이 등전자 양이온의 경우 양전하 크기가 증가할수록 반지름은 급속하게 작아진다. 전자의 수는 일정하지만 핵전하가 증가하기 때문에 전자들을 더 효과적으로 당겨서 반지름이 줄어드는 것이다.
3. F^-, O^{2-}와 같이 등전자 음이온의 경우 음전하가 큰 이온일수록 작은 핵전하를 갖기 때문에 반지름은 커진다.
4. Ti^{2+}, Ti^{3+}와 같이 여러 가지 산화수를 가질 수 있는 원소의 경우 산화수가 증가할수록 반지름은 작아진다. 이것은 핵전하는 일정한 반면에 전자의 수는 적어

표 1.10 결정 반지름 / pm

						H											He
						126(− 1)											
Li	Be											B	C	N	O	F	Ne
90(+1)	59(+2)											41(+3)	30(+44)	132(−3)[a]	126(−2)	119(−1)	—
														30(+3)			
Na	Mg											Al	Si	P	S	Cl	Ar
116(+1)	86(+2)											68(+3)	54(+4)	58(+3)	170(−2)	167(−1)	—
K	Ca	Sc	Ti	V	Cr	Mn	Fe	Co	Ni	Cu	Zn	Ga	Ge	As	Se	Br	Kr
152(+1)	114(+2)	89(+3)	100 (+2)	93(+2)	87/94(+2)[b]	81/97 (+2)[b]	75/92(+2)[b]	79/89(+2)[b]	83(+2)	91(+1)	88(+2)	76 (+3)	87 (+2)	72(+3)	184(−2)	182(−1)	—
			81 (+3) 75 (+4)	78(+3)	76(+3)	72/79(+3)[b]	69/79(+3)[b]	69/75(+3)[b]	70/74 (+3)[b]	87(+2) 68(+3)			67(+4)				
Rb	Sr	Y	Zr							Ag	Cd	In	Sn	Sb	Te	I	Xe
166(+1)	132(+2)	104(+3)	86 (+4)							129(+1)	109(+2)	94(+3)	136(+2)[c]	90(+3)	207(−2)	206(−1)	62(+8)
													83 (+4)				
Cs	Ba	Lu	Hf							Au	Hg	Tl	Pb	Bi	Po	At	Rn
181(+1)	149(+2)	100(+3)	85(+4)							151(+1)	116(+2)	103(+3)	133(+2)	117(+3)	—	—	—

지기 때문이다.

5. +2가 상태(M^{2+})의 1주기 전이 금속 이온과 같이 일련의 비슷한 이온일 경우, 주기율표의 오른쪽으로 갈수록 반지름은 전반적으로 작아진다. 이것은 주기율표의 오른쪽으로 갈수록 핵전하는 증가하는 반면에 동일한 껍질에 있는 전자들 사이의 핵전하 차폐 효과는 크지 않기 때문이다. 란타넘족 원소의 M^{3+} 이온에서도 이러한 경향이 관찰되는데 이것을 특별히 **란타넘족 수축(lanthanoid contraction)**이라고 한다.
6. 전이 금속의 경우는 스핀 상태가 반지름에 영향을 준다.
7. 표 1.10의 Cu^{+}와 Zn^{2+}에서 보듯이 배위수가 증가할수록 결정 반지름이 커진다.

플루오린화 이온이나 산화 이온은 작고 잘 압축되지 않기 때문에 이온을 딱딱한 구로 간주하는 모델은 플루오린화물이나 산화물에 잘 적용된다. 이온들이 커지면 전자 구름이 쉽게 일그러지고 압축될 수 있기 때문에 더 높은 **편극성(polarizable)**을 갖는다고 한다. 중심 이온 주변에 반대 전하 이온 수가 적을수록 중심 이온에 더 근접해서 중심 이온을 더 압축한다고 생각할 수 있다.

앞 절에서 결정 구조를 설명할 때 Cs^{+}와 같이 큰 이온들은 8개의 염화 이온으로 배위될 수 있지만 Na^{+}와 같이 더 작은 이온 주변에는 6개만이 배위될 수 있음을 보았다. 계속해서 이온을 딱딱한 구로 가정하였을 때, 특정한 구조에서 양이온과 음이온의 반지름 비를 변화시키다 보면 음이온들과 맞닿을 수 없을 정도로 양이온의 크기가 작은 상황이 될 수 있다. 이 상태에서는 음전하들이 지나치게 접근해야 하므로 안정한 격자를 형성하지 못한다. 즉, 이 구조는 더 낮은 배위수를 선택함으로써 음이온들이 서로 더 멀리 떨어지도록 변할 것으로 예상된다. 이온을 딱딱한 구로 가정하면 간단한 기하학적 방법을 이용해서 이러한 상황이 발생하는 반지름 비(즉 $r_{cation}/r_{anion} = r_{+}/r_{-}$)를 계산할 수 있다. 그림 1.46에는 팔면체 배위의 경우를 예로 나타내었다.

팔면체 배위된 금속 양이온의 중심을 통과하는 면을 택하였을 때, 안정한 상황은 그림 1.46a에서 볼 수 있고 음이온들이 서로 맞닿아서 안정성의 한계가 되는 상황은 그림 1.46b에서 볼 수 있다. 그림 1.46b에서 음이온 반지름(r_{-})은 OC이고 양이온 반지름(r_{+})은 (OA−OC)이다. 직각삼각형 기하 구조에서 $\cos 45° = OC/OA = 0.707$이므로 반지름 비(r_{+}/r_{-})는 $(OA-OC)/OC = ((OA/OC)-1) = (1.414-1) = 0.414$가 된다. 유사한 방법으로 다른 기하 구조에 대해서도 한계 반지름 비를 계산할 수 있으며, 표 1.11에 그 결과를 요약하였다.

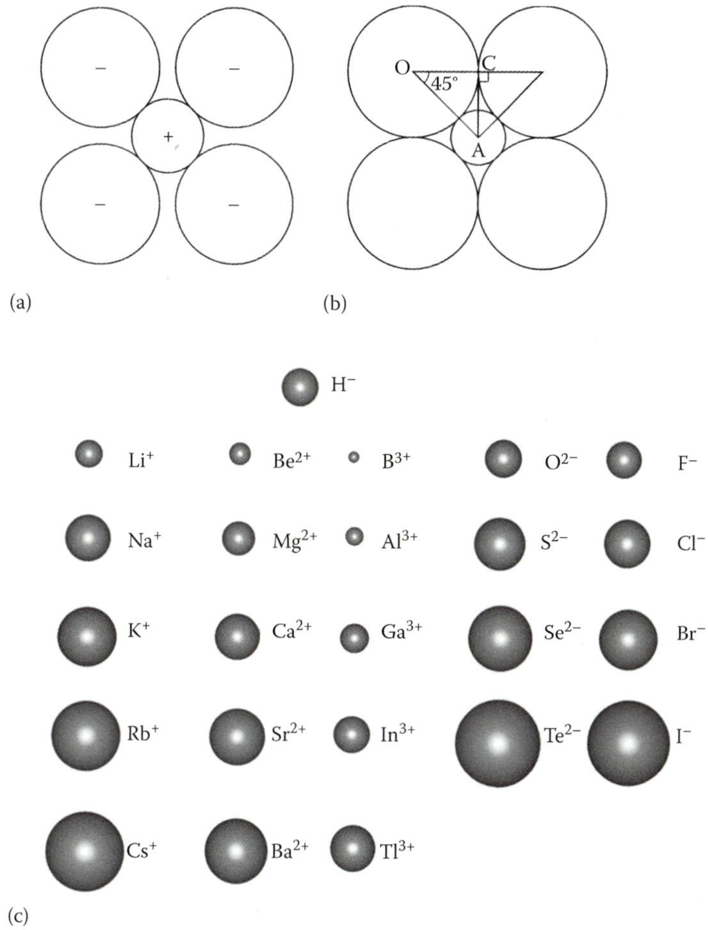

그림 1.46 (a) 수평면에서 양이온 주변을 채운 음이온들, (b) 수평면에서 팔면체 기하 구조를 통해 서로 맞닿은 음이온들, (c) 몇 가지 원소 이온들의 상대적 크기

표 1.11 여러 가지 배위수에 대한 한계 반지름 비

배위수	기하 구조	한계 반지름 비	가능한 구조
		0.225	
4	사면체		우르츠광, 섬아연석
		0.414	
6	팔면체		암염, 루틸
		0.732	
8	입방체		염화 세슘, 형석
		1.00	

이러한 배경에서 우리는 이온 반지름 비를 알면 주어진 물질이 가질 수 있는 구조를 예측해 볼 수 있다. 그러나 구조의 50% 정도만 올바르게 예측할 수 있다. 딱딱한

구 모델이 지나치게 단순화되어 있어서 이온들이 다른 이온들의 영향을 받아 편극화되는 정도를 고려하지 못하기 때문이다. 이온이 커질수록 원자가 전자들은 핵으로부터 더 멀리 떨어지고 내부 핵심부 전자들에 의한 차폐 효과도 받기 때문에 전자 구름은 더 쉽게 일그러질 수 있다. 이웃한 이온의 전자 구름을 일그러뜨리는 능력(편극력)은 그 이온의 크기가 작을수록, 또 전하가 클수록 증가하고, 전자 구름의 일그러짐은 두 이온 사이의 결합이 보다 더 방향성을 갖게 됨을 의미한다. 이러한 경우의 결합은 순수하게 이온성이 될 수는 없고 공유 결합성도 일부 갖게 된다. 따라서 금속 이온의 형식 전하가 클수록 금속–리간드 결합의 공유성은 커지게 된다. 공유 결합성이 증가할수록 이온 반지름이나 반지름 비의 개념이 잘 적용되지 않는다. 또한 8배위와 6배위 구조의 에너지 차이가 크지 않기 때문에 6배위 구조를 형성하는 경향이 강하게 나타난다. 실제로 8배위 구조체들은 흔하지 않으며 특히 산화물의 경우는 8배위체가 알려진 바 없다. 6배위 암염 구조를 갖는 경향의 원인은 공유 결합성에서 찾아볼 수 있다. 이 구조에서는 3개의 서로 수직한 p 오비탈들의 방향이 양이온과 주변 6개의 리간드들을 연결하는 축 방향과 일치하기 때문에, σ 결합에 필요한 오비탈 겹침이 잘 일어날 수 있다. 반면에 염화 세슘 구조에서 p 오비탈의 겹침은 상대적으로 더 어려울 것이다.

1.8.5 확장된 공유 결합 배열

앞 절에서 많은 '이온 결합' 화합물들의 결합이 어느 정도 공유 결합성을 갖는다는 사실을 언급하였다. 이온의 형식 전하가 클수록 공유 결합성이 증가할 것으로 예상되므로, 주기율표의 중간에 위치하는 원소들의 화합물이 일반적으로 공유 결합을 할 것이라고 예측할 수 있다. 실제로 이들 중 몇 가지 원소는 상온에서 자체로 공유 결합성 고체를 형성한다. 13족의 B, 14족의 C, Si, Ge, 15족의 P, As, 16족의 Se, Te 등의 결정 구조에서 **확장된 공유 결합 배열(extended covalent arrays)**의 예를 찾아볼 수 있다.

탄소의 한 유형인 **다이아몬드(diamond)**를 예로 들어 보자. 다이아몬드는 면심 격자의 입방형 결정 구조를 갖는다(그림 1.47). 탄소가 아연과 황 원자 자리를 모두 차지하고 있다고 보면, 탄소 원자 중심의 위치는 섬아연석 구조에서와 같다. 각 탄소 원자들이 4개의 다른 탄소 원자들에 의해 동등하게 4면체 배위됨으로써 결정 전체에 걸쳐 공유 결합을 하는 **거대 분자(giant molecule)**를 형성한다. 탄소–탄소 거리는 모두 동일하게 154 pm가 된다. 결합의 유형이 바뀌면 배위수에 어떤 영향을 주는지 살펴보자. 지금의 경우는 동일한 원자들로 구성되지만, 탄소가 형성할 수 있는 공유 결

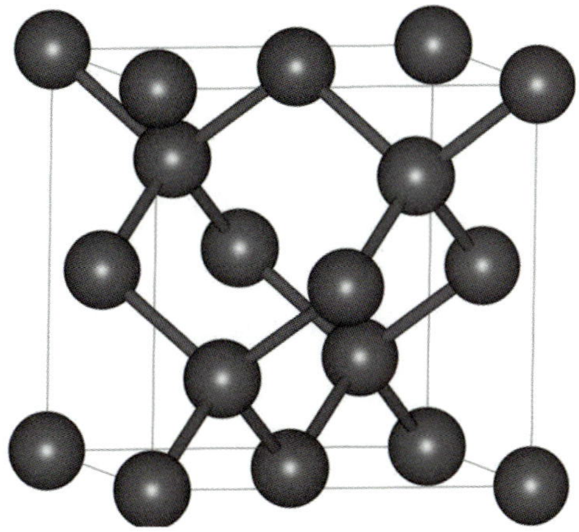

그림 1.47 다이아몬드 구조의 단위 세포

합의 최대 수는 4이므로 배위수도 4로 제한된다. 반면에 마그네슘과 같이 결정을 형성하는 원소의 경우에는 각 원자들이 12배위되는 조밀 채움 구조를 갖는다(금속에서의 결합은 4장에서 다룬다). 다이아몬드에서의 공유 결합은 강하고, 원자들이 견고한 3차원 네트워크로 연결되기 때문에 가장 강한 물질로 평가된다. 다이아몬드의 녹는점은 3773 K에 달한다. 금강사(carborundum)로 알려진 탄화 규소(silicon carbide, SiC)도 같은 유형의 구조를 갖는데 이때는 규소와 탄소 원자가 번갈아 연결되어 있다. 따라서 매우 강하기 때문에 분쇄 및 연마용으로 이용된다.

1.8.6 결정에서의 결합

4장에서 고체에서의 결합을 자세히 다루겠지만 우선 지금까지 결정 구조에서 설명한 여러 가지 유형의 결합들을 요약해 보자. 1.6절에서 금속 결합에 의한 금속 결정 구조를 살펴보았다. 1.8절에서는 이온 결합인 NaCl이나 CsCl의 구조를 살펴보았고, 이어서 $CdCl_2$나 CdI_2의 층상 구조에서 공유 결합의 영향을 살펴보았다.

흔히 **금속 결합(metallic bond)**을 '전자 바다'에 금속 양이온들이 규칙적으로 배열하여 형성되는 금속에서의 결합으로 표현한다. 전자들이 양이온들 사이 공간에 위치함으로써 서로 결합시키는 역할을 하지만, 외부 전기장이 주어지면 쉽게 움직일 수 있기 때문에 금속은 전도체가 된다. 더 자세한 내용은 4장에서 다루기로 한다.

이온 결합(ionic bond)은 서로 반대 전하를 띠는 이온들 사이의 정전기적 인력으로 형성된다. r의 간격을 유지하고 있는 두 이온의 전하량을 각각 q_1, q_2라고 하였을 때 두 이온 사이의 인력(F)은 **Coulomb 법칙(Coulomb's law)**에 따라 $F \propto [(q_1q_2)/r^2]$으로 주어진다. 두 이온의 전하가 같은 종류(모두 양 혹은 모두 음)라면 동일한 세기의 반발력이 주어진다. 이온 결합은 강하며 방향성이 없다. 즉 상호 작용 에너지는 힘(force)×거리(distance)로 주어지며 전하 간 거리 r에 반비례한다. 또한 이온 간 힘은 다른 결합 상호 작용에 비해 더 넓은 거리 범위에 적용된다. 이온들은 Coulomb 인력이 최대가 되고 반발력은 최소가 될 수 있도록 규칙적으로 배열해서 이온성 결정을 형성한다.

공유 결합(covalent bond)에서는 전자들이 두 원자에 공유됨으로써 두 원자 사이의 전자 밀도가 증가한다. 공유 결합은 강하고 방향성을 갖는다. 산소나 질소와 같이 전기 음성도가 큰 원소들이 공유 결합하는 경우, 전자들을 더 강하게 끌기 때문에 결합 전자들이 동등하게 공유되지 않고 한쪽으로 몰려서 결합의 한쪽 끝은 부분적으로 음전하(δ−)를 띠고 다른 한쪽 끝은 부분적으로 양전하(δ+)를 띠게 된다. 이렇게 음전하와 양전하가 분리되면 **전기 쌍극자(electric dipole)**가 형성되므로 전기장하에서 분자들이 스스로 배열할 수 있게 된다. 이러한 분자들을 **극성(polar)**이라고 하고, 이들은 영구 **쌍극자 모멘트(dipole moment)**를 갖는다. 극성 분자에 있는 부분 전하들은 서로 당겨서 **쌍극자-쌍극자 상호 작용(dipole-dipole interaction)**을 한다. 쌍극자-쌍극자 상호 작용은 이온 간 상호 작용에 비해 1/100 정도 약하고, 거리가 멀어지면 $1/r^3$에 비례하여 급격하게 약해진다.

극성 분자들은 **전하-쌍극자 상호 작용(charge-dipole interaction)**을 통해 이온들과 상호 작용할 수 있는데, 그 힘은 이온-이온 상호 작용의 1/10~1/20 정도이고 거리가 멀어지면 $1/r^2$에 비례해서 약해진다.

분자들이 영구 쌍극자 모멘트를 갖지 않아도 분자들 사이에는 약한 힘이 존재한다. 원자가 전자들의 이동으로 인하여 한 분자에 일시 쌍극자(transient dipole)가 형성되면 이 쌍극자는 다시 인접한 분자의 쌍극자 모멘트를 유도하게 된다. 따라서 한 분자의 일시 쌍극자는 인접한 분자의 일시 쌍극자에 끌리게 되므로 **런던 분산력(London dispersion force)**이라는 약하고 좁은 범위의 인력이 나타나게 된다. 이 분산력은 거리가 멀어짐에 따라 $1/r^6$에 비례해서 급격하게 약해진다.

분자들 사이의 약한 비결합 상호 작용을 통틀어 흔히 **van der Waals 힘(van der Waals force)**이라고 한다.

극성 상호 작용이 매우 강해서 고체상이나 액체상의 구조를 결정할 정도로 중요한 경우가 한 가지 있다. 수소 원자가 산소나 플루오린과 같이 전기 음성도가 큰 원자와 결합하면, 전기 음성도가 큰 원자에 부분적 음전하(δ−)가 쌓이고 같은 크기의 양전하(δ+)는 수소 원자에 쌓이게 된다. 양전하를 띤 $H^{\delta+}$은 인접한 분자의 부분적 음전하에 인력을 줄 수 있기 때문에 세 개의 원자가 거의 일직선상에 놓이는 약한 O−H·····O 결합을 형성하며 이 결합을 **수소 결합(hydrogen bond)**이라고 한다. 그 결과 물(H_2O)이나 플루오린화 수소(HF)의 예에서 볼 수 있듯이 약한 결합과 강한 결합이 번갈아 존재하는 네트워크를 형성하게 된다. 수소 결합이 더 길어지고 더 약해지면 쌍극자−쌍극자 상호 작용의 일종으로 생각할 수 있으며 물을 함유하는 결정이나 생물계에서 매우 중요한 역할을 한다.

1.8.7 원자 반지름

공유 결합 분자에 있는 원자의 크기는 **공유 결합 반지름(covalent radius, r_c)**과 **van der Waals 반지름(van der Waals radius)**이라고 부르는 비결합 반지름으로 나타낼 수 있다.

공유 결합 반지름은 두 원자 사이의 단일 결합 길이를 이용해서 계산한다. F_2와 같은 이원자 분자의 경우는 아무 문제없이 쉽게 계산할 수 있지만, 탄소와 같이 이원자 분자를 형성하지 않는 원소의 경우는 C−C 단일 결합을 포함하는 많은 화합물로부터 얻은 평균값으로 계산한다.

van der Waals 반지름은 두 원자가 가장 근접했을 때의 비결합 거리로 정의하며, 원자들이 서로 결합을 하지 않은 상태로 간주할 수 있는 결정 구조에서, 가장 짧은 원자 간 거리를 이용해서 계산한다. 이 값들도 많은 결정 구조에서의 평균값으로 결

표 1.12 원소들의 단일 공유 결합 반지름과 van der Waals 반지름 (괄호 안 값) / pm

1족	2족	3족	14족	15족	16족	17족	18족
							He
							−(140)
Li	Be	B	C	N	O	F	Ne
135	90	80	77(170)	74(155)	73(152)	71(147)	−(154)
Na	Mg	Al	Si	P	S	Cl	Ar
154	130	125	117(210)	110(180)	104(180)	99(175)	−(188)
K	Ca	Ga	Ge	As	Se	Br	Kr
200	174	126	122	121(185)	117(190)	114(185)	−(202)
Rb	Sr	In	Sn	Sb	Te	I	Xe
211	192	141	137	141	137(206)	133(198)	−(216)
Cs	Ba	Tl	Pb	Bi	Po	At	Rn
225	198	171	175	170	140	−	−

정된다. 인접한 두 원자의 van der Waals 반지름의 합이 두 원자 간 거리 측정값보다 큰 경우는 두 원자 사이에 어느 정도 결합이 이루어진다고 가정한다. 표 1.12에 원소들의 공유 결합 반지름과 van der Waals 반지름을 정리하였다.

1.8.8 분자 구조

끝으로 원자들이 무한히 배열되는 구조가 아닌 결정 구조를 살펴보자. 작고 불연속적인 공유 결합 분자들이 약한 힘으로 연결되는 구조를 갖는 결정들도 많다.

분자 결정의 예는 유기 화합물, 유기 금속 화합물, 무기 화합물에서 무수히 많다.

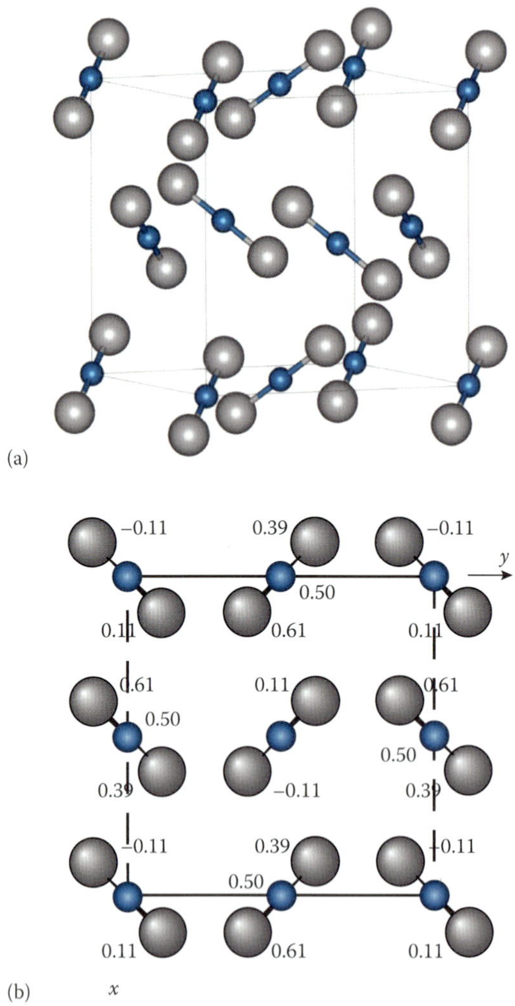

그림 1.48 (a) CO_2의 결정 구조, (b) CO_2 단위 세포를 xy 평면에 투영시켰을 때의 채움 도표. 원자들의 높이 위치를 c축 방향 분별 좌표로 표시하였다. 청색 구: C, 회색 구: O

이러한 결정들은 녹는점과 끓는점이 낮은 특징을 보인다. 우리에게 익숙한 두 가지 예로 작은 공유 결합 분자인 이산화 탄소(CO_2)와 물(얼음)을 살펴보자.

이산화 탄소(CO_2) 기체를 충분히 냉각시키면 그림 1.48과 같은 분자 결정성 고체를 형성한다. 단위 세포에는 분명하게 구분되는 공유 결합 CO_2 분자들이 존재하고, 이 분자들이 van der Waals 힘으로 배열되어 결정을 형성한다.

얼음(결정성 물) 구조 중 한 가지를 그림 1.49에 나타내었다. 각 H_2O 분자들은 다른 4개 분자들에 의해 사면체 배위되어 있다. 물 분자의 수소 원자와 인접한 물 분자

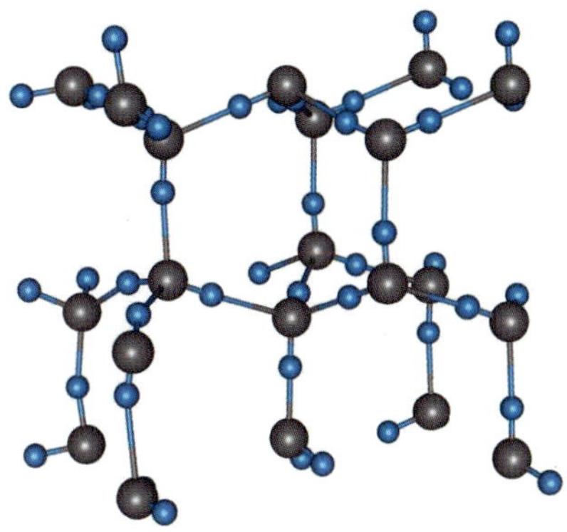

그림 1.49 얼음의 결정 구조. 청색 구: H, 회색 구: O

표 1.13 결정 구조의 분류

유형	구조 단위	결합	특성	예
이온성	양이온과 음이온	정전기적, 비방향성	굳고 깨지기 쉬운 결정, 높은 녹는점; 부도체; 녹으면 전도성	할로젠화 알칼리 금속
확장된 공유 결합	원자	공유 결합이 주된 결합	굳고 강한 결정, 높은 녹는점; 부도체	다이아몬드, 실리카
분자성	분자	분자 내 원자들은 공유 결합이 주, 분자 간에는 van der Waals 또는 수소 결합	연질 결정, 낮은 녹는점, 큰 팽창 계수; 부도체	얼음, 유기 화합물
금속성	금속 원자	띠 모델(4장 참조)	단결정의 경우 연질; 결합이나 결정 크기에 따라 다른 강도; 전도체; 녹는점은 일반적으로 높으며 다양한 범위	철, 알루미늄, 소듐

의 산소 사이에 형성되는 수소 결합을 통해 모든 물 분자들이 3차원 배열을 함으로써 결정을 이룬다. 이와 같은 물 분자들의 수소 결합 네트워크는 열린 구조를 갖기 때문에 물보다 낮은 밀도를 갖게 되므로 물 표면으로 떠오른다.

표 1.13에 여러 가지 유형의 결정성 고체를 요약하고 각 구조 유형의 물리적 특성을 정리하였다. 그러나 모든 결정들이 정확하게 이 표에 따라 분류되는 것은 아니며 다만 전반적인 개요로만 이 표를 참고해야 할 것이다.

1.9 격자 에너지

이온성 결정의 **격자 에너지(lattice energy, *L*)**는 결합 세기를 측정하는 척도이며, 기체 상태 이온들이 1몰의 고체를 형성할 때 수반되는 표준 엔탈피 변화로 정의된다. NaCl을 예로 들어 보면 아래 발열 반응의 식 1.1과 같은 반응의 $L = \Delta H\text{m}^{\ominus} = -787$ kJ mol^{-1}이 된다.

$$Na^{+}(g) + Cl^{-}(g) = NaCl(s) \tag{1.1}$$

기체 상태 이온들을 만들기는 어렵기 때문에 격자 에너지를 직접 측정할 수는 없다. 그러나 열역학적 **Born–Haber 순환 과정(Born–Haber cycle)**을 이용하면 실험적으로 격자 에너지를 결정할 수 있으며 정전기학적으로 계산할 수도 있다(1.9.2절 참조).

1.9.1 Born–Haber 순환 과정

298 K에서 이온성 고체의 형성 엔탈피에 **Hess 법칙(Hess's law)**을 적용한 예가 Born–Haber 순환 과정이다. Hess 법칙에 따르면 반응 엔탈피는 반응이 진행되는 단계의 수에 무관하게 일정하다. 염소화 금속(MCl)에 대한 Born–Haber 순환 과정을 그림 1.50에 나타내었다. 표준 상태에서는 그림의 바닥 반응식에 따라 염소화 금속이 형성되며 그림 위쪽의 여러 단계를 시계 방향으로 진행시켜도 형성된다. Hess 법칙에 따라 순환 과정 각 단계 엔탈피 변화의 합은 표준 형성 엔탈피를 구하는 아래 식으로 나타낼 수 있다.

$$\Delta H_{\text{f}}^{\ominus}(\text{MCl, s}) = \Delta H_{\text{atm}}^{\ominus}(\text{M, s}) + I_1(\text{M}) + \frac{1}{2}D(\text{Cl}-\text{Cl}) - E(\text{Cl}) + L(\text{MCl, s}). \tag{1.2}$$

Born–Haber 순환 과정의 각 항들을 몇 가지 자료의 예와 함께 표 1.14에 정의하였다. 식 1.2를 재배열하면 다른 자료들을 이용해서 격자 에너지를 계산하는 식으로 나타낼 수 있다. 이때 여기서 정의하는 방법에 따른 격자 에너지는 **음의 값(negative,** 발열 반응)으로 주어짐에 주의하라. 책에 따라 식 1.1을 반대 방향으로 나타내기도 하는데 이 경우 격자 에너지는 양의 값을 갖는다. 또한 전자 친화도도 전자가 원자에 더해질 때 방출하는(evolved) 열로 정의함에 유의하라. 엔탈피 변화는 흡수된(absorbed) 열을 의미하므로 그 과정에 대한 전자 친화도와 엔탈피 변화는 서로 다른 부호를 갖는다(그림 1.50).

산화물 MO, 황화물 MS, 높은 산화수의 할로젠화 금속 MX_n 등과 같은 다른 화합

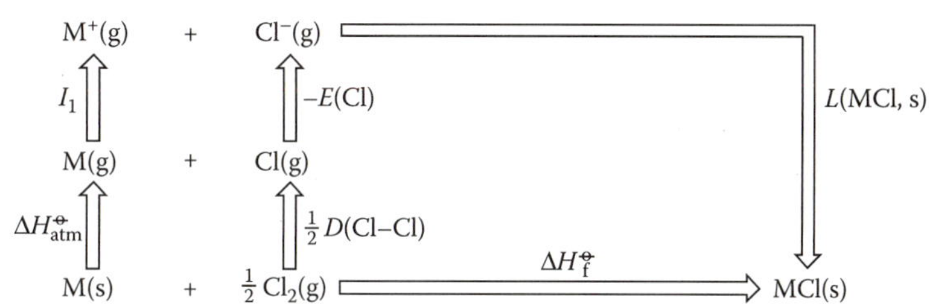

그림 1.50 염소화 금속 MCl에 대한 Born–Haber 순환 과정

표 1.14 Born–Haber 순환 과정의 각 항

항	항을 적용할 반응의 정의	NaCl/kJ mol^{-1}	AgCl/kJ mol^{-1}
$\Delta H^{\ominus}_{atm}(M)$	금속 M의 표준 원자화 에너지: M(s) = M(g)	107.8	284.6
$I_1(M)$	금속 M의 1차 이온화 에너지: M(g) = $M^+(g)+e^-(g)$	494	732
$\frac{1}{2}D(Cl-Cl)-E(Cl)$	Cl_2 해리 에너지의 1/2: $\frac{1}{2}Cl_2(g)=Cl(g)$	122	122
$-E(Cl)$	염소 전자 친화도의 음의 값은 Cl(g) + $e^-(g)$ = $Cl^-(g)$의 엔탈피 변화 값	−349	−349
$L(MCl,s)$	MCl(s)의 격자 에너지: $M^+(g)+Cl^-(g)=MCl(s)$		
$\Delta H^{\ominus}_f(MCl, s)$	MCl(s)의 표준 형성 엔탈피: $M(s)+\frac{1}{2}Cl_2(g)=MCl(s)$	−411.1	−127.1

물에 대해서도 유사한 순환 과정을 만들 수 있다. 이러한 순환 과정에서는 전자 친화도(E)의 결정이 가장 어렵다. 산화물의 경우 산소에 대한 이중 전자 친화도(다음 반응에 대한 엔탈피 변화의 음의 값)를 알아야 한다.

$$2e^{-}(g) + O(g) = O^{2-}(g) \tag{1.3}$$

이 식은 다음과 같이 두 단계로 나눌 수 있다.

$$e^{-}(g) + O(g) = O^{-}(g) \tag{1.4}$$

$$e^{-}(g) + O^{-}(g) = O^{2-}(g). \tag{1.5}$$

양성자 친화도(proton affinity)도 유사한 방법으로 구할 수 있다. 양성자 친화도는 화학종 A가 양성자를 잃는 식 1.6의 반응에서의 엔탈피 변화로 정의된다.

$$AH^{+}(g) = A(g) + H^{+}(g) \tag{1.6}$$

격자 에너지를 알면 적절한 열화학적 순환 과정을 이용해서 이 값을 구할 수 있다. $NH_4^+(g)$ 암모늄 이온의 형성을 예로 들어 보자.

$$NH_3(g) + H^{+}(g) = NH_4^{+}(g) \tag{1.7}$$

식 1.7의 엔탈피 변화는 암모니아 양성자 친화도의 음의 값, $-P(NH_3, g)$에 해당한다. 염화 암모늄의 격자 에너지를 알면 그림 1.51에 나타낸 열화학적 순환 과정을 이

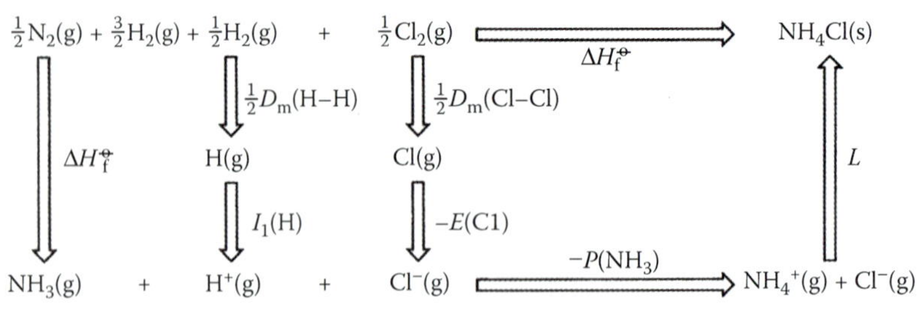

그림 1.51 암모니아의 양성자 친화도를 계산하기 위한 열화학적 순환 과정

용하여 이 값을 계산할 수 있다.

재미있게도 이러한 유형의 계산과 토론이 Neil Bartlett로 하여금 비활성 기체 화합물 $XePtF_6$를 발견하게 하는 계기가 되었다. Bartlett는 $KPtF_6$와 유사한 회절 패턴을 보이는 새로운 착화합물 O_2PtF_6를 합성하고 이산소 양이온을 함유하는 $[O_2^+][PtF_6^-]$로 화학식을 제시하였다. 그는 산소와 제논의 이온화 에너지가 매우 비슷함을 인식하였다. 따라서 Xe^+ 이온의 크기는 조금 다르지만 PtF_6^- 음이온이 매우 크기 때문에 $[Xe^+][PtF_6^-]$의 격자 에너지는 $[O_2^+][PtF_6^-]$와 비슷할 것이므로 존재할 수 있다고 생각하였다. 결국 제논과 PtF_6를 섞어서 최초의 비활성 기체 화합물인 오렌지-노란색의 헥사플루오린화백금산 제논(xenon hexafluoroplatinate)을 합성하는 데 성공하였다. (그러나 사실은 $XePtF_6$는 Bartlett가 예견한 구조를 갖지는 않으며, 상온에서 다른 PtF_6 분자와 반응하여 $[XeF]^+[PtF_6]^-$와 $[PtF_5]^-$를 포함하는 생성물을 형성하는 것으로 확인되었다.)

그런데 식 1.5에 대한 반응 엔탈피를 실험적으로 측정하기는 불가능하므로 이 값은 격자 에너지를 알아야 결정할 수 있다. 이것은 딜레마이다. 이러한 상황을 해결하기 위해서는 격자 에너지를 측정하는 것이 아니라 계산할 수 있는 방법을 이용해야 하는데 이것은 다음 절에서 다루기로 한다.

1.9.2 격자 에너지 계산

구조를 알고 있는 이온성 결정이라면, 간단한 정전기학을 이용해서 이온들이 모여 결정을 형성하였을 때 방출되는 에너지를 계산하는 일은 어렵지 않다. M^+와 X^- 이온이 (점전하라고 가정한다) 거리 r 만큼 떨어져 있을 때 이 이온쌍의 에너지는 **Coulomb 법칙(Coulomb's law)**에 따라 다음과 같이 주어진다.

$$E = -\frac{e^2}{4\pi\varepsilon_0 r} \tag{1.8}$$

이온의 전하량이 Z_+와 Z_-라면 다음과 같이 쓸 수 있다.

$$E = -\frac{Z_+Z_-e^2}{4\pi\varepsilon_0 r} \tag{1.9}$$

(e는 전자의 전하량 1.6×10^{-19} C, ε_0는 진공에서의 유전율 8.854×10^{-12} Fm^{-1}이다.)

결정에서의 Coulomb 에너지는 각 구조에서 모든 이온쌍들의 상호 작용을 모두 합한 값이기 때문에 무한급수의 합으로 계산된다. 이 급수는 양이온과 음이온에 대한 반대 전하의 당기는 에너지와 양이온–양이온 및 음이온–음이온 밀침 에너지를 모두 포함한다. NaCl 구조에서의 이러한 몇 가지 상호 작용을 그림 1.52에 나타내었다. 중앙에 있는 Na^+ 이온은 거리 r만큼 떨어진 위치에 있는 6개의 Cl^- 이온, $\sqrt{2}r$ 위치에 있는 12개의 Na^+ 이온, $\sqrt{3}r$ 위치에 있는 8개의 Cl^- 이온, 2r 위치에 있는 6개의 Na^+ 이온들로 둘러싸여 있다.

Coulomb 에너지는 이 모든 상호 작용을 합한 값으로 주어진다.

$$E_c = -\frac{e^2}{4\pi\varepsilon_0 r}\left(6 - \frac{12}{\sqrt{2}} + \frac{8}{\sqrt{3}} - \frac{6}{2} + \frac{24}{\sqrt{5}} \cdots\right)$$

또는

$$E_\mathrm{C} = -\frac{e^2}{4\pi\varepsilon_0 r}\left(\frac{6}{\sqrt{1}} - \frac{12}{\sqrt{2}} + \frac{8}{\sqrt{3}} - \frac{6}{\sqrt{4}} + \frac{24}{\sqrt{5}} \cdots\right) \tag{1.10}$$

괄호 안의 값을 (이 경우는 NaCl의) **Madelung 상수(Madelung constant, *A*)**라고 한다. 이 급수는 서서히 수렴하지만 NaCl뿐만 아니라 다른 대부분의 간단한 이온성 구조에 대해서 Madelung 상수를 계산할 수 있다. 1몰의 NaCl이라면,

$$E_\mathrm{C} = -\frac{N_\mathrm{A} A e^2}{4\pi\varepsilon_0 r} \tag{1.11}$$

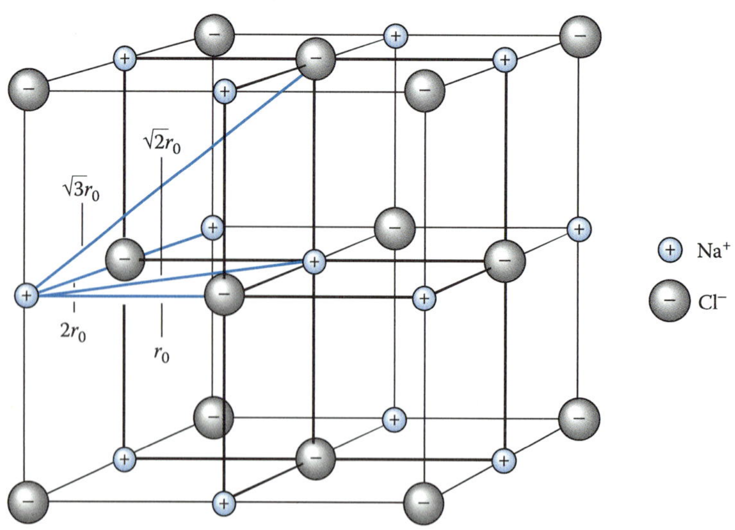

그림 1.52 NaCl 구조에서 핵 간 거리

표 1.15 이온성 격자의 Madelung 상수

구조	Madelung 상수(A)	화학식 단위당 이온의 수(v)	A/v	배위수
염화 세슘(CsCl)	1.763	2	0.882	8:8
염화 소듐(NaCl)	1.748	2	0.874	6:6
형석(CaF_2)	2.519	3	0.840	8:4
섬아연석(ZnS)	1.638	2	0.819	4:4
우르츠광(ZnS)	1.641	2	0.821	4:4
강옥(Al_2O_3)	4.172	5	0.835	6:4
루틸(TiO_2)	2.408	3	0.803	6:3

와 같이 나타낼 수 있다. 여기서 N_A는 **Avogadro 수(Avogadro number)** 6.022×10^{23} mol^{-1}이다(N_A개의 양이온과 N_A개의 음이온이 존재하지만 위 식에서는 $2N_A$를 곱하지 않고 N_A를 곱한다는 점을 유의하라. 모든 상호 작용을 2번 계산하는 실수를 범하지 말아야 한다). Madelung 상수는 격자의 기하 구조에 따라 변하지만 격자의 크기와는 무관하다. 여러 가지 구조에서의 Madelung 상수를 표 1.15에 정리하였다.

물론 이온은 점전하가 아니라 전자 구름으로 뒤덮인 양전하를 띤 핵으로 구성된다. 짧은 거리에서는 전자 구름이 서로 반발하지만 결정의 격자 에너지를 계산할 때 이러한 영향을 고려하기 어렵다. 먼 거리에서의 반발은 무시할 수 있다. 그러나 이온들이 서로 근접함에 따라 반발 에너지는 급하게 증가한다. Max Born은 이러한 반발 에너지는 아래의 식으로 나타낼 수 있다고 하였다.

$$E_R = \frac{B}{r^n} \tag{1.12}$$

여기서 B는 상수이며 n(**Born 지수(Born exponent)**라고 한다)도 값이 큰 상수이다.

이제 우리는 지금까지 고려하였던 모든 상호 작용 에너지를 이용해서 다음과 같이 격자 에너지를 나타낼 수 있다.

$$L = E_C + E_R = -\frac{N_A A Z_+ Z_- e^2}{4\pi\varepsilon_0 r} + \frac{B}{r^n} \tag{1.13}$$

결정이 평형 상태에 있을 때, 즉 핵 간 거리가 평형 거리인 r_0가 될 때 격자 에너지는 최소가 될 것이다. 격자 에너지를 최소화시키면 다음과 같은 식을 얻는다.

$$L = \frac{N_A A Z_+ Z_- e^2}{4\pi\varepsilon_0 r_0}\left(1-\frac{1}{n}\right) \tag{1.14}$$

이 식을 Born−Landé 식이라고 한다. r_0와 n 값은 각각 X-선 결정학과 압축률 측정을 통해서 알 수 있다. 이 식에서 다른 항들은 모두 잘 알려진 상수들이며 그 값을 적용하면 다음과 같은 식을 얻는다.

$$L\,/\,\text{kJ mol}^{-1} = -\frac{1.389\times10^{5}\,AZ_{+}Z_{-}}{r_0\left(\text{pm}\right)}\left(1-\frac{1}{n}\right) \tag{1.15}$$

r_0의 단위가 pm이면 L의 단위는 kJ mol^{-1}이 된다.

Pauling은 비활성 기체 전자 배열을 갖는 이온들로 구성되는 화합물의 경우는 각 이온들의 실험 상수들을 더해서 n 값을 상당히 정확하게 근사할 수 있음을 보여 주었다. 이러한 상수들은 표 1.16에 정리되어 있다. 예를 들어 RbCl과 $SrCl_2$의 n 값은 각각 9.5(9, 10의 평균값)와 9.33(9, 9, 10의 평균값)이다.

이온들의 전하량은 격자 에너지의 변화에 큰 영향을 준다. 식 (1.15)에서 2의 전하량을 갖는 이온이 한 가지이면 구조는 $Z_{+}Z_{-}$ = 2이지만, 2의 전하량을 갖는 이온이 두 가지이면 $Z_{+}Z_{-}$ = 4가 된다. 즉 전하량이 큰 이온들을 함유하는 구조일수록 매우 큰 격자 에너지를 갖는다.

러시아 과학자 A. F. Kapustinskii는 여러 가지 구조에서의 Madelung 상수를 각 화학식 단위당 존재하는 이온의 수(v)로 나눈 결과 값들이 대략 0.88과 0.80 사이에서 거의 일정함을 알았다(표 1.15 참조). 이러한 결과로부터 구조와는 무관하게 일반적으로 적용되는 격자 에너지 식을 유도할 수 있을 것이라는 생각을 하였다. 실제로 우리는 일반적인 식을 만들고, 모르는 구조의 격자 에너지를 계산하는 데 그 식을 이용할 수 있다. 먼저 Born−Landé 식(식 1.15)에서 NaCl 구조 값($0.874v$)을 Madelung 상수(A)로 넣고, 6배위에서의 양이온과 음이온의 반지름 합인 ($r_{+}+r_{-}$)를 r_0로 넣으면 식 (1.16)을 얻는다.

표 1.16 *n* 값 계산에 필요한 상수들

이온 유형	상수
[He]	5
[Ne]	7
[Ar]	9
[Kr]	10
[Xe]	12

$$L / \text{kJ mol}^{-1} = -\frac{1.214 \times 10^5 \, \nu Z_+ Z_-}{r_+ + r_- (\text{pm})}\left(1 - \frac{1}{n}\right) \tag{1.16}$$

여기서 n이 평균값 9라면 다음과 같은 결과가 나온다.

$$L / \text{kJ mol}^{-1} = -\frac{1.079 \times 10^5 \, \nu Z_+ Z_-}{r_+ + r_- (\text{pm})} \tag{1.17}$$

식 1.14와 1.15를 Kapustinskii 식이라고 한다.

1.9.2.1 컴퓨터 모델링

이러한 식들을 단순히 이용하는 대신에, 컴퓨터 패키지를 이용해서 격자 에너지를 계산할 수 있다. 고체를 위한 현대 컴퓨터 패키지에서는 Coulomb 상호 작용을 계산하기 위해 각기 다른 방법들을 이용한다. **Ewald 방법(Ewald method)**에서는 근거리와 원거리 기여도를 분리해서 적용한다. 근거리 기여도를 위해서는, Gaussian 함수(Gaussian function), $\exp[-r^2/a^2]$ 형태(여기서 a는 Gaussian 폭 또는 분포)의 전하 분포를 각 점 전하 주변에 더해 준다. 이 분포는 점 전하와 반대 전하이며 크기는 같은 전하량을 갖는다. Gaussian 함수는 컴퓨터로 활용하기 쉬우며 a는 전하 분포가 급격하게 감소하도록 선택할 수 있다. 따라서 Gaussian 폭 밖의 다른 점 전하에 미치는 전하량은 0이 되므로 상호 작용은 없게 된다. 이런 방법은 Coulomb 상호 작용을 점 전하와 전하 분포 사이의 근거리 상호 작용(short-range interaction)으로 줄이는 데 효과적이다. Gaussian 전하 분포 사이의 상호 작용은 원거리 기여도로 계산되며 근거리 기여도로부터 삭감될 수 있다.

이런 계산에서 반발력은 일반적으로 $E = A\exp\left(\frac{-r}{\rho}\right) - \frac{C}{r^6}$의 식을 사용해서 나타낸다. 여기서 r은 이온 중심으로부터의 거리이고 A, ρ, C는 조정 가능한 상수들이다. 흔히 이온을 중심부와 껍질로 분리해서 나타내는데, 이 방법은 간단하지만 편극성을 설명할 때 효과적인 모델이 된다. 껍질은 간단한 조화력(harmonic force), $F = -k(r-r_0)^2$의 영향에 따라 수축하기도 하고 팽창하기도 한다. 여기서 r은 껍질의 반경, k는 힘 상수(스프링 상수), r_0는 평형 결합 길이에 해당한다. 힘 상수가 작을수록 껍질의 크기 변화가 쉽다. 껍질의 중앙을 움직여서 이온이 일그러진 모습으로 모사할 수도 있다. 다원자 이온의 경우는 원자들이 서로 공유 결합하고 있는 것으로 가정할 수 있다. 이러한 방법을 통해 매우 높은 정밀도의 격자 에너지를 재현한다.

컴퓨터를 이용한 방법은 제올라이트와 같이(7장 참조) 단위 세포 내에 많은 원자들이 있는 결정을 다루거나, 결정의 결합 에너지(5장 참조) 및 고체 내에서 이온들이 움직이는 경로(6장 참조) 등을 계산하기 위해 흔히 적용된다.

1.10 요약

첫 장에서 우리는 결정성 고체 상태를 이해하기 위한 저변 지식으로 여러 가지 원리들을 소개하였다.

1. 단위 세포라고 하는 단위를 반복적으로 쌓아서 격자를 만드는 관점으로 결정성 고체를 나타낼 수 있다.
2. 빈 공간 없이 쌓아서 3차원 격자를 만들 수 있는 7가지 대칭성 결정계를 정의하였다.
3. 단위 세포 내에 격자점들을 배열할 수 있는 격자 유형은 원시, 체심, 면심(모든 면), 면심(서로 마주 보는 한 쌍의 면) 등 4가지가 있다.
4. 결정계와 그 계에서 가능한 모든 격자 유형을 합치면 14개의 Bravais 격자가 구성된다.
5. 단위 세포는 32가지의 결정학적 대칭성 점군 중 한가지로 분류될 수 있다. 이들을 Bravais 격자와 합치면 230가지의 공간군이 형성된다.
6. 결정 구조는 다양한 방법으로 상상해 볼 수 있다.
   - 격자점 위에 이온, 원자, 분자들이 있는 단위 세포의 3차원 도표
   - 단위 세포의 2차원 투영: 채움 도표
   - 딱딱한 구의 조밀 쌓기로 형성되는 팔면체 구멍과 사면체 구멍들이 필요에 맞게 채워진 배열
   - 연결된 팔면체와 사면체들
7. 이온성 결정을 구의 배열로 가정해 보면, 다른 이온들의 반경을 추정할 수 있는 방법이 여러 가지가 있다. 각각의 방법을 이용하면 핵 간 거리를 매우 근접하게 추정할 수 있는 반경 세트를 얻을 수 있지만, 개개 이온들의 반경은 방법에 따라 변하기 때문에 다른 방법에 의해 얻은 세트들을 혼용해서는 안 된다.
8. 이온성 결정의 격자 에너지는 기체상 이온들이 결정을 형성할 때 방출하는 에너지에 해당한다. 이 에너지를 직접 측정할 수는 없다. 열역학적 순환(Born-

Haber 순환) 과정에 필요한 다른 값들을 측정할 수 있다면, 그 순환 과정을 이용해서 격자 에너지를 계산해야 한다. 여러 가지 근사적인 식 중 하나를 이용하거나, 컴퓨터 프로그램을 이용해서 격자 에너지를 계산할 수 있다.

9. 공유 결합성이 존재하기 때문에 많은 구조에서 예상보다 낮은 배위수 구조나 층상 구조를 형성할 수 있다.
10. 공유 결합만이 존재할 경우는 특정 방향으로만 상호 작용이 일어나므로 상당히 다른 유형의 결정 구조가 나타나는 경향이 있다.

문제

1. 그림 1.7의 CF_4 분자는 반전 중심을 갖는가? $\bar{4}$ 반전 축과 겹치는 다른 회전축은 무엇인가?

2. $Sr_2Mn_2O_5F$는 a = 383.0 pm, b = 381.6 pm, c = 816.6 pm, $\alpha = \beta = \gamma = 90°$의 단위 세포로 구성된다. 이 단위 세포가 속하는 결정계를 결정하시오.

3. 산화 크로뮴(III)은 육방형 단위 세포로 구성된다. 이 단위 세포의 α, β, γ는 각각 몇 도가 되겠는가?

4. 그림 1.38c에 보이는 형석(fluorite) 단위 세포에는 몇 개의 CaF_2 화학식 단위가 존재하는가?

5. 그림 1.44에 보이는 이상적인 페로브스카이트 구조의 공간군 기호를 적으시오.

6. 그림 1.30, 1.36, 1.44, 1.42c, 그리고 필요하면 모델들을 이용해서 (a) NaCl, (b) ZnS(섬아연광, zinc blende), (c) 페로브스카이트, (d) ReO_3의 채움 도표를 그리시오.

7. 그림 1.44는 A-형 페로브스카이트 단위 세포(즉, ABO_3의 A가 중앙에 위치함)를 보여주고 있다. B가 중앙에 위치해도 동일한 구조이며 B-형 페로브스카이트 세포라고 한다(그림 1.53). B-형 세포의 채움 도표를 그리시오.

8. 단순 입방 원시 세포의 채움 효율을 계산하시오. 이때 세포 내의 원자들은 서로 맞닿아 있는 딱딱한 구라고 가정하시오.

9. 그림 1.27에 B, C, D, E로 표시한 선들의 이름을 표기하시오.

10. 그림 1.28b~d에 나타낸 면들의 이름을 표기하시오.

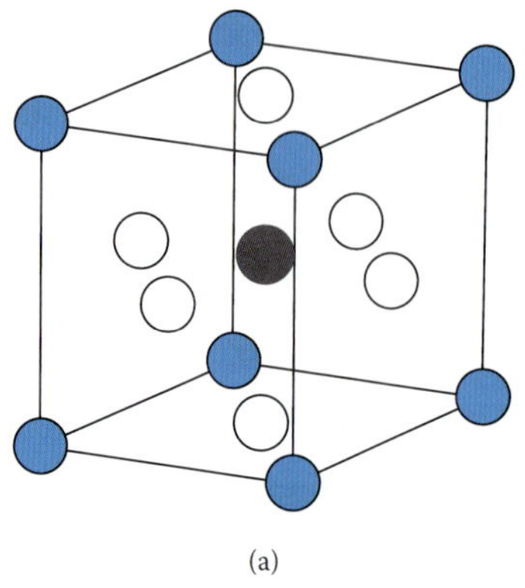

그림 1.53 B-형 페로브스카이트 세포

11. 아이오딘화 이온의 반지름을 추정해 보시오. 아이오딘화 리튬(LiI)에서 리튬과 아이오딘 사이의 거리는 300 pm이다.

12. NaI와 NaF에 대한 표 1.9의 자료를 이용하여 F^-의 반지름을 계산하시오. RbI와 RbF의 자료를 이용해서도 계산하여 비교하시오.

13. 단순한 구조만을 이용해서 입방 배위(8배위) 자리에 들어갈 수 있는 이온의 최대 크기는 0.732*r*임을 보이시오.

14. 그림 1.54에 나타낸 구조의 Madelung 상수를 계산하시오. 결합 길이는 모두 같고 모든 결합각은 90°이다. 그림 1.54에 나타낸 이외의 이온들은 없다고 가정하고 양이온과 음이온의 전하량은 각각 +1과 −1로 가정하시오.

15. 식 1.15를 이용하여 KCl의 격자 에너지를 계산하시오. 이 값을 표 1.17의 열화

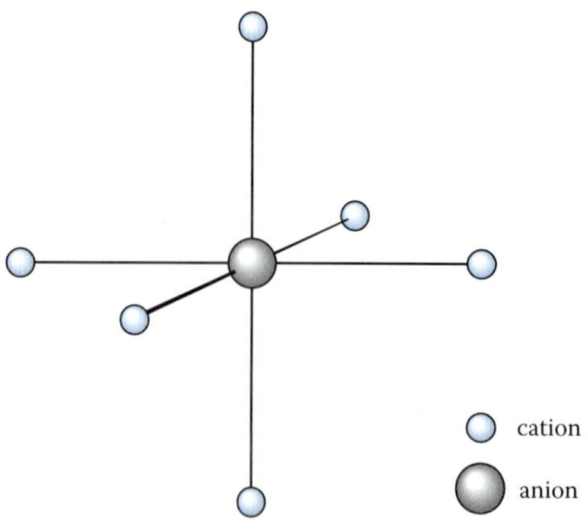

그림 1.54 문제 14의 구조. 결합 길이는 모두 같고 모든 결합각은 90°이다.

학적 자료를 이용해서 계산한 값과 비교하시오.

16. 두 개 전자에 대한 산소의 전자 친화도를 계산하시오. 산화 마그네슘(MgO)을 모델로 해서 적절한 순환 과정을 구성하시오. 표 1.18의 자료를 이용하시오.

17. 그림 1.51과 표 1.19의 자료를 이용해서 암모니아의 양성자 친화도를 계산하시오.

표 1.17 KCl의 Born–Haber 순환 과정 각 항의 값 /kJ mol^{-1}

항	값
$\Delta H^{\ominus}_{atm}$	89.1
I_1	418
$\frac{1}{2}D(Cl-Cl)-$	122
−E(Cl)	−349
$\Delta H^{\ominus}_f(KCl, s)$	−436.7

표 1.18 MgO의 Born–Haber 순환 과정 각 항의 값 /kJ mol^{-1}

항	값
$\Delta H^{\ominus}_{atm}(Mg, s)$	147.7
$I_1(Mg)$	736
$I_2(Mg)$	1452
$\frac{1}{2}D(O-O)$	249
$\Delta H^{\ominus}_f(MgO, s)$	−601.7
$E(O)$	141

표 1.19 NH_4Cl의 Born–Haber 순환 과정 각 항의 값 /kJ mol^{-1}

항	값
$\Delta H^{\ominus}_f(NH_3)$	−46.0
$\Delta H^{\ominus}_f(NH_4Cl,_s)$	−314.4
$\frac{1}{2}D(H-H)$	218
$\frac{1}{2}D(Cl-Cl)$	122
$I(H)$	1314
$E(Cl)$	349
$r_+(NH_4^+)$	151 pm

2장 고체의 특성을 규명하기 위한 물리적 방법

2.1 개요

고체의 구조를 연구하기 위한 수많은 물리적 방법이 있으며, 이 방법들은 각각의 장단점이 있다. 어떤 방법은 특정 원자 주위의 국부 배위(local coordination)나 전자 특성을 조사하는 데 적합하고, 다른 방법은 구조의 장거리 질서(long-range order)를 설명하는 데 적합하다. 또 어떤 방법들은 표면의 구조만을 조사한다. 어떤 책도 모든 방법에 대해 완벽하게 다룰 수는 없으므로, 여기서는 일반적으로 이용되거나 최근에 소개된 몇몇 방법들에 관하여 서술하고, 그로부터 얻을 수 있는 정보와 한계를 기술하고자 한다.

먼저 분말과 단결정에 의한 X-선 회절법부터 다룰 것이다. 단결정 X-선 회절법은 원자의 위치를 정밀하게 밝혀 단위 세포(unit cell) 내의 분자의 결합 길이(0.1 pm* 수준까지)와 결합각을 결정하는 데 사용한다. 이 방법은 전체적으로 장거리 질서를 갖는 평균적인 구조를 알려주지만 결함이나 불순물의 위치, 또는 비화학량론적인 부분의 구조에 대한 정보를 주기에는 적합하지 않다. 단결정을 성장시키는 것이 때로는 매우 어렵지만, 대부분의 고체는 결정성 분말로 만들 수 있다. 분말 X-선 회절법은 아마도 고체 무기화학 분야에서 가장 흔하게 사용되는 방법일 것이며, 물질의 순도를 분석하고 판단하는 것부터 구조를 밝히는 데까지 다양한 용도로 사용된다. 단결정 X-선 회절법은 대부분의 분말 회절 데이터 해석의 근거가 되는 결정 구조를 제공

---

* 서로 다른 물리적 기법에서 나노미터, 피코미터 또는 옹스트롬(Å) 등의 다양한 단위를 사용한다(1 Å = 0.1 nm 또는 100 pm). 이 책 전반에 걸쳐 가능한 한 SI 단위를 사용하겠지만, 이 분야의 문헌에서 일반적으로 쓰이는 옹스트롬 또한 이 장에서는 사용될 것이다.

해왔다.

X-선을 사용한 구조 결정은 광물 또는 무기 고체 화합물에만 적합한 것은 아니다. 최신 X-선 소스(회전 산화 전극, 마이크로 포커스 튜브, 싱크로트론 방사선) 및 검출기의 폭넓은 개선으로 인해 매우 작은 결정에서도 충분히 좋은 데이터를 수집할 수 있게 되었으며, 매우 큰 분자의 화합물에까지 그 응용성이 확장되었다. 그에 따라 단백질 및 바이러스와 같은 거대 분자의 구조 결정도 가능하게 되었다.

회절 기법에 대한 절에 이어 2.7~2.14절에서는 고체의 특성을 규명하는 데 일반적으로 사용되는 다른 기법을 다룬다. 이러한 확립된 기술의 예로는 열분석과 전자 현미경을 들 수 있으며, 지난 몇 년 동안 상당히 발전된 기술인 저온 전자 현미경(Dubochet, Frank 및 Henderson이 2017년 노벨 화학상 수상)과 서브 마이크론 X-선 현미경/단층 촬영 등에 관해서도 간략히 논의하고자 한다.

2.2 X-선 회절

2.2.1 X-선의 발생

X-선은 1895년 독일의 물리학자 Wilhelm Röntgen에 의하여 발견되었고, 그 공로로 그는 1901년 첫 번째 노벨 물리학상을 받았다. 그의 발견의 혜택은 의료적 진단 및 치료부터 분자 및 원자 구조들을 조사하는 데 이르기까지 무궁무진하다. 그런데도 과학적 연구는 무료로 쓸 수 있어야 한다고 생각한 Röntgen은 그의 발견으로부터 얻는 모든 금전적 이익을 거절했던 진실한 사람이었다.

보통 텅스텐으로 만들어진 필라멘트를 전기적으로 가열하면 전자를 방출하고, 이 전자들이 높은 전위차(20~50 kV)에 의해 가속되어 산화 전극(anode)이라 불리며 물에 의해 냉각되는 금속 타겟을 때리게 된다(그림 2.1a). 그 결과 산화 전극은 연속적인 스펙트럼을 갖는 백색의 X-선을 방출하며 이와 겹쳐서 그림 2.1b에 있는 것과 같은 뾰족하고 강한 X-선 피크(K_α, K_β)가 나타난다. K_α와 K_β 라인의 파장은 산화 전극 금속에 따라 고유한 값을 갖는다. X-선 결정학 연구에서 가장 일반적으로 사용되는 타겟 금속은 구리와 몰리브데넘으로, 그들의 K_α 선의 파장은 각각 154.18 pm와 71.07 pm이다. 이러한 선들은 전자의 충돌이 가장 안쪽의 K 껍질($n = 1$)로부터 전자를 떼어내고, 이 빈 공간을 바깥 껍질의 전자가 들어와 채워지는 과정에서 발생하며

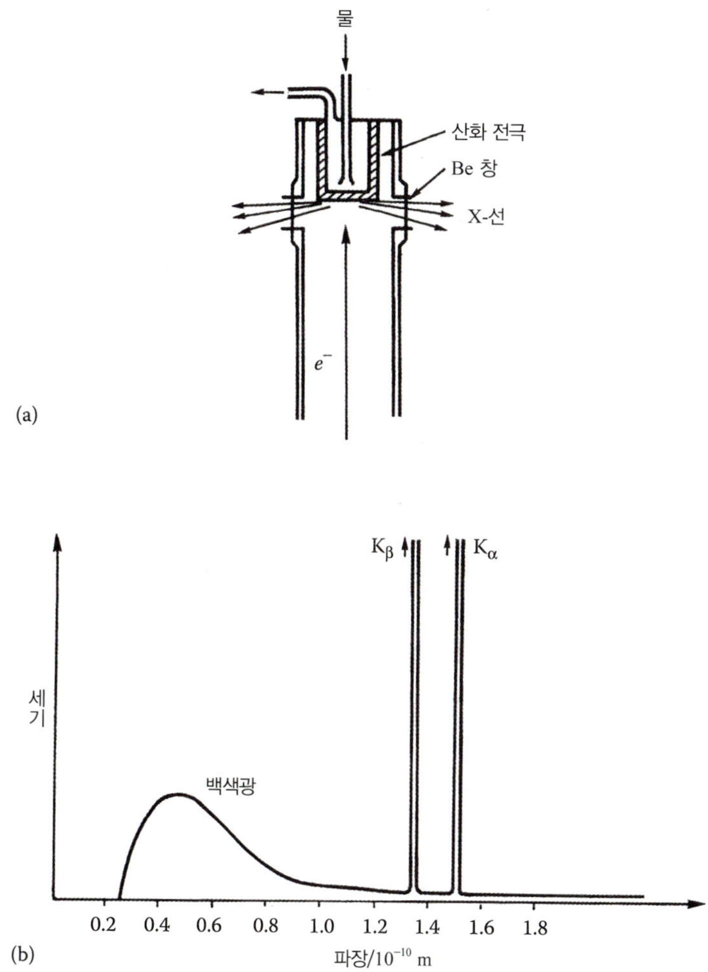

그림 2.1 (a) X-선 튜브 단면도, (b) X-선 방출 스펙트럼

이때 에너지의 감소가 X-선으로 나타난다. L 껍질($n=2$)로부터 내려오는 전자는 K_α 선을 나타내며, M 껍질($n=3$)로부터 내려오는 전자는 K_β 선을 나타낸다. (이 선들은 실제로 매우 가까운 이중선(doublet)으로 $K_{\alpha 1}$, $K_{\alpha 2}$와 $K_{\beta 1}$, $K_{\beta 2}$는 보통 분리되지 않는다.) 타겟 금속의 원자 번호 Z가 증가할수록 X-선은 더 짧은 파장으로 이동한다.

보통의 X-선 회절에는 단색 방사선(단일 파장 또는 매우 좁은 범위의 파장)이 필요하다. 일반적으로는 K_α 선이 선택되고, K_β 선은 주기율표에서 인접한 원소(Z−1)의 얇은 금속박(foil)으로 이루어진 필터를 이용하여 걸러낸다. 즉, 니켈(Z = 28)은 구리(Z = 29)의 K_β 선을 효과적으로 걸러내며, 나이오븀(Z = 41) 필터는 몰리브데넘(Z = 42)에 사용된다. 필터 사용의 단점은 (백색 X-선 스펙트럼으로부터의) 배경(background)이 매우 크고 X-선 빔이 여전히 순수 단색이 아니며 비편광이라는 것이다. 낮은 배경과 순수한 $K_{\alpha1}$ 선으로 이루어진 높은 품질의 X-선 단색광은 보통 흑연, 실리콘 또는 저마늄 단결정의 평면에서 X-선을 반사하여 얻을 수 있다. (이 과정의 이유는 다음 절을 읽고 난 후에 명백해질 것이다.)

실제 X-선 회절 기법은 달라지지 않았지만, 최근에는 고도로 민감한 면적 검출기의 개발을 통해 시간 분해 X-선 회절뿐 아니라 거대 분자(단백질), 분자 골격체 등과 같이 매우 작고 약하게 회절하는 시료에서도 데이터를 수집할 수 있다. 이로 인해 더 강력하고 집중된 X-선 빔이 필요하다. 따라서 '표준' 밀폐형 X-선 튜브(그림 2.1) 이외에도 회전 산화 전극, 마이크로 포커스 또는 금속-제트 산화 전극 X-선 튜브와 같은 다른 유형의 X-선 튜브가 개발되었다. 이러한 새로운 유형의 X-선 튜브들이 X-선을 발생시키는 원리도 동일하다. 회전 산화 전극 및 금속-제트 산화 전극은 X-선 빔의 밝기 또는 광도를 증가시켜 방출된 X-선의 밀도를 증가시킨다. 이러한 방식으로 더 높은 출력을 얻을 수 있으며 (a) 산화 전극을 회전시키거나, (b) 갈륨 같은 액체 금속-제트를 사용하여 산화 전극을 더 효율적으로 냉각시킬 수 있다. 마이크로 포커스 튜브는 광학 장치를 이용하여 더 작은 지름에 X-선 빔을 집중시킴으로써 더 적은 전력을 사용하면서도 더 밝은 소스를 생성한다. 표 2.1에는 실험실에서 사용되는 여러 X-선 튜브들의 다양한 특성이 요약되어 있다. X-선 빔의 밝기는, 위에서 설명한 일반 X-선 튜브보다 밀폐형 마이크로 포커스 튜브를 사용할 경우 20배, 최신 금속-제트 산화 전극 튜브를 사용할 경우 최대 260배까지 증가시킬 수 있다. 이러한 발전된 소스를 사용하려면 구매와 유지를 위한 비용이 상당히 많이 필요하다. 따라서 실험실에서는 여전히 저렴한 일반 밀폐형 X-선 튜브를 선택하기도 한다.

최고 밝기와 순도의 X-선이 필요하다면 일상적인 실험실 환경에서는 이를 달성할 수 없으며 다른 X-선 소스가 필요하다. 싱크로트론 복사선이라고 불리는, 입자 가속기의 저장 고리(ring)에서 방출되는 복사선이 필요하다. 싱크로트론은 전자가 고속으

표 2.1 일반 실험실에서 주로 사용하는 X-선 소스들의 대략적인 X-선 빔의 밝기(from *Acta Crystallogr. D* 69, 1283~1288)

시스템	일률 (W)	산화 전극 위의 스팟의 크기(μm)	밝기 (광자 s^{-1} mm^{-2} $mrad^{-1}$)
표준 밀폐 튜브	2000	1000×1000	0.1×10^9
표준 회전-산화 전극	3000	3000×300	0.6×10^9
밀폐형 마이크로 포커스 튜브	50	150×30	2.0×10^9
금속-제트	200	20×20	26×10^9

로 원형의 경로로 투입되는 입자 가속기이다. 전자는 매우 엄격하게 정의된 링에 대한 접선 각도에 따라 연질(soft) UV에서 경질(hard) X-선에 이르는 강한 다색(흰색) 복사 스펙트럼을 방출한다. 정확한 필터, 모노크로메이터 및 거울의 조합을 통해 정확한 파장의 복사선을 X-선 회절과 같은 다양한 분석 방법에 사용할 수 있다. 싱크로트론 복사선은 일반 밀폐형 실험실 X-선 튜브보다 10^{12}배에 달하는 밝기를 제공한다. 싱크로트론에 대한 자세한 내용은 2.10.1절에 나와 있다.

2.2.2 X-선의 회절

1912년까지, X-선의 본질(입자인지 파동인지)은 여전히 오리무중이었으며 X-선 회절 효과가 X-선의 파동성을 증명하기 위해 필요하였다. 이것은 **회절발(diffraction grating)**로 황산구리 결정을 사용한 Max von Laue에 의해 이루어졌으며 이 업적으로 그는 1914년 노벨 물리학상을 받았다. 결정성 고체는 원자 사이의 거리가 100 pm 정도인 원자, 이온, 또는 분자의 규칙적인 배열로 이루어져 있다. 회절이 일어나기 위해서는 입사광의 파장이 회절발의 간격과 같은 정도(order)가 되어야 한다. 구조의 주기적 특성 때문에 결정은 적절한 파장의 빛에 대해 3차원의 회절발로서 역할을 하는 것이 가능하다. Laue 사진은 그림 2.2에서 있다.

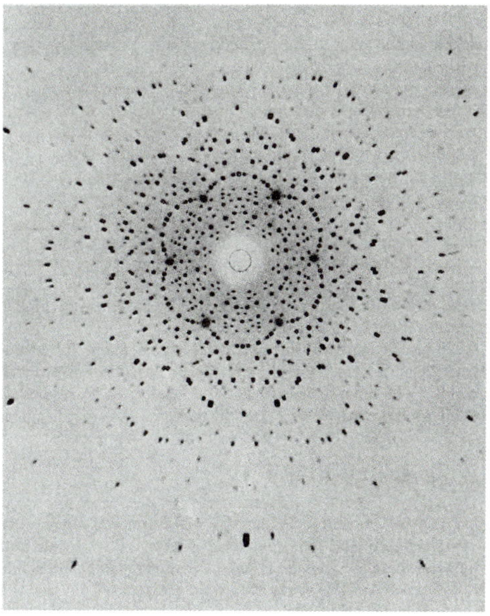

그림 2.2 Laue 방법을 이용한 녹주석 결정의 X-선 회절(From Moore, W. J., *Physical Chemistry*, 5th ed. 1972. Reprinted with courtesy of Eastman Kodak)

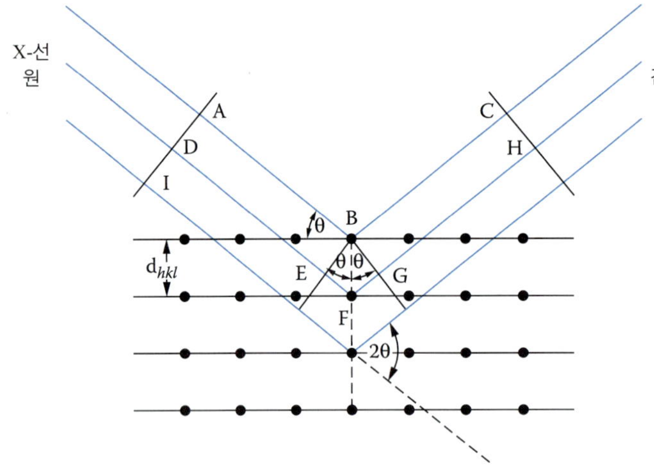

그림 2.3 간격 d_{hkl}를 갖는 결정 평면의 집합에서 Bragg 반사

이 발견은 즉시 W. H. Bragg와 W. L. Bragg(아버지와 아들)에게 알려졌고 그들은 구조를 해석하는 수단으로 X-선 결정 회절을 이용하는 실험을 시작하였다. 1913년, 그들은 처음으로 NaCl의 결정 구조를 해석하였고, 이를 통해서 KCl, ZnS, CaF_2, $CaCO_3$ 및 다이아몬드의 구조를 포함한 많은 물질의 구조를 해석하였다. W. L. Bragg은 결정에서 X-선 회절이 원자로 이루어진 면(plane)으로부터 반사되는 것과 같이 행동하며 광원과 검출기에 대하여 결정이 특정한 방향으로 놓일 때 X-선이 그 평면들로부터 반사한다는 것에 주목하였다. 이는 빛이 거울에 반사되는 것과는 다르다. 거울 반사의 경우에는 입사각과 반사각이 동일해야 하고, 모든 각도에 대해 가능하다. X-선 회절에서는 오직 보강 간섭의 조건이 충족될 때만 반사가 일어난다.

그림 2.3은 결정에 의한 X-선의 반사를 위한 **Bragg 조건(Bragg condition)**을 보여주고 있다. 그림에서 점들의 배열은 결정의 한 단면을 나타내며, 점을 연결하는 선은 Miller 지수 *hkl*과 면 간격 d_{hkl}을 갖는 평행한 평면을 의미한다. 단색 X-선 ADI는 평행하게 θ_{hkl}의 각도로 평면에 입사한다. 광선 A는 B점의 원자에 의해서 산란되며, 광선 D는 F점의 원자에 의해서 산란된다. 반사된 광선이 충분한 세기(intensity)의 단일 광선이 되기 위해서 이들은 보강, 즉 서로가 같은 위상을 가져야 한다. 이를 보강 간섭이라 하며, 보강 간섭이 일어나기 위해서는 간섭 광선의 경로 차가 파장의 정수배가 되어야 한다. BE와 BG가 각각의 광선에 직각으로 되면, 두 광선 사이의 경로 차는 다음과 같다.

$$\text{경로 차} = EF + FG$$

그러나

$$EF = FG = d_{hkl} \sin \theta_{hkl}$$

따라서

$$\text{경로 차} = 2d_{hkl} \sin \theta_{hkl} \tag{2.1}$$

이것이 파장의 정수배(n)와 같아야 한다. X-선의 파장이 λ라고 하면,

$$n\lambda = 2d_{hkl} \sin \theta_{hkl} \tag{2.2}$$

Bragg 식(Bragg equation)으로 알려진 이 식은 결정면 사이의 거리 d_{hkl}과 이들 평면에서 반사가 관찰되는 특정한 Bragg 각 θ_{hkl} 사이의 관계를 나타낸다. (여기에서 각도는 각 면의 집합에 대해 고유한 값을 가지므로 대부분 Bragg 각 θ의 아래 첨자인 *hkl*을 생략한다.)

$n = 1$일 때 반사는 일차라고 불리며, $n = 2$인 경우에 반사는 이차이다. 그러나 *hkl* 평면의 집합에서 이차 반사의 Bragg 식은 다음과 같다.

$$2\lambda = 2d_{hkl} \sin\theta$$

다시 써보면 다음과 같다.

$$\lambda = 2\frac{d_{hkl}}{2} \sin\theta \tag{2.3}$$

식 2.3은 $d_{hkl}/2$의 면 간격(d-spacing)을 갖는 평면의 집합에서의 일차 반사를 나타낸다. $d_{hkl}/2$의 면 간격을 갖는 평면의 집합은 $2h\ 2k\ 2l$의 Miller 지수를 갖는다. 따라서 *hkl*로부터의 이차 반사는 $2h\ 2k\ 2l$의 일차 반사와 구별할 수 없고, Bragg 식은 다음과 같이 더 간단하게 쓸 수 있다.

$$\lambda = 2d_{hkl} \sin\theta \tag{2.4}$$

2.3 단결정 X-선 회절

단결정으로부터 *hkl* 반사의 위치와 세기를 정확하게 측정하고 이 데이터로부터 단위 세포의 크기와 공간군(space group)뿐만 아니라, 3차원에서의 정확한 원자의 위치를 결정하는 것도 가능하다. 이 작업은 대개 빠르고 정확하며, 화학자들이 구조를 규명하는 데 사용하는 가장 강력한 방법 중의 하나이다.

2.3.1 세기의 중요성

지금까지 우리는 X-선에 대해 결정을 3차원적인 회절 격자로 이용하는 효과만을 논의해왔다. 그런데 왜 이 모든 성가신 일들을 해야 할까? 만약 우리가 더 자세히 구조를 보기 위해 물체를 확대하고 싶다면 현미경 또는 카메라와 같이 렌즈들을 사용하면 되지 않을까? 여기에서 렌즈들은 물체로부터 (따로 떨어져 있었더라면 회절 패턴을 만들었을) 산란된 빛을 모아 이미지를 형성한다. X-선 초점을 맞추고 모든 복잡한 문제를 피하기 위해서 왜 렌즈를 사용하지 않을까? 그 이유는 X-선 초점을 맞추는 적절한 방법이 없으며 렌즈의 효과는 회절된 광원에서 얻은 정보로부터 수학적 계산을 통해 모의(simulate)되어야 하기 때문이다. 이 정보의 대부분은 각각의 선(beam)의 세기로부터 얻을 수 있으나 언제나처럼 예상하지 못한 문제가 있다! 각 선이 가진 모든 정보를 얻을 수는 없는데 왜냐하면 오직 세기만을 측정할 수 있고 X-선의 위상(phase)은 알 수 없기 때문이다. 세기는 파장의 진폭에 비례하지만, 위상에 대한 정보는 잃게 된다. 불행히도 이 정보는 구조에서 원자 위치를 이끌어내는 데 필요한 것이다. 빛이 렌즈에 의해 초점이 맞춰질 때 이 정보는 유지된다.

지금까지 우리는 각 반사의 Bragg 각도들을 측정하고 그것들의 올바른 격자 평면의 집합(밀러 지수)을 정하면 단위 세포의 크기에 대한 정보를 얻을 수 있으며(Bragg 법칙 식 2.4에 의하여), 그것이 어떠한 병진 대칭 요소와 어떤 대칭성을 가졌는가에 관한 정보를 얻을 수 있다는 것을 보았다. 회절 데이터에서 측정된 각각의 반사에 대해 올바른 지수/격자 면을 찾고 단위 세포 상수(unit cell parameters)를 부여하는 것을 인덱싱(indexing)이라 부르며 2.4절에서 설명할 것이다. 초창기에 사진을 사용할 때는 필름의 점들이 갖는 상대적인 세기를 사람의 눈으로 표준값과 비교하여 결정하였으며, 나중에는 주사 마이크로 밀도계(scanning microdensitometer)가 사용되었다. 현대 회절계에서는 (Bragg 방정식을 충족하는 모든 가능한 결정의 방향에서) 개별적으로 각 세기를 섬광 계측기(scintillation counter)를 사용하여 수집하지 않는다. 대신에, 회절된 빔은 대개 CCD(전하 결합 장치), 이미지 플레이트(사진 필름을 대체) 또는 하이브리드 픽셀 검출기와 같은 2차원 검출기 중 하나를 사용하여 측정한다. 2차원 검출기의 가장 큰 장점은 한 번에 많은 반사를 측정할 수 있다는 것이다. 전자적 장치가 사진용 필름을 대체하였다. 모든 경우에서 각 세기(반사)의 Bragg 각도, 세기 및 프로파일(표준편차)을 전자적으로 기록할 수 있다. 현재 사용 가능한 2차원 검출기의 다양성과 장단점은 이 책의 범위를 벗어나지만, 관심 있는 독자를 위해 이 책 끝부분에 있는 참고문헌 섹션에서 몇 개의 책과 리뷰를 제공한다.

X-선과 결정 사이에서 일어나는 상호 작용에는 결정의 전자가 관여한다. 원자가 갖는 전자가 많을수록 X-선은 더 강하게 산란된다. X-선을 산란시키는 원자의 능력을 **산란 인자(scattering factor** 또는 **form factor**)라고 하며, 기호 f_0로 표시한다. 산란 인자는 원자 번호뿐 아니라 X-선의 파장과 Bragg 각도에 의해서 결정된다. Bragg 각도가 커짐에 따라 산란능은 떨어진다. 각도에 따른 산란능의 감소는 원자의 크기가 한정되어 있기 때문이다. 전자는 핵 주위에 분포되어 있다. θ가 증가하면서 원자 한 부분의 전자에 의해 산란된 X-선은 전자 구름의 다른 부분에 흩어져 있는 전자에 의해 산란된 X-선과 다른 위상을 갖게 된다(그림 2.14a 참조).

왜 세기가 중요한가? 단순한 예를 사용하여 이것을 확실하게 설명할 수 있다. 더 무거운 원자일수록 X-선 산란을 더 잘한다는 것을 알고 있으며, 따라서 더 무거운 원자를 포함하고 있는 평면이 더 강한 반사를 한다고 생각할 수 있다. 이는 사실이지만 전체적인 상황은 더 복잡해진다. 세기는 고려해야 할 다른 평면에 의해 반사된 광선과 상호 작용을 하는 경우가 있고 이들은 상쇄 간섭을 할 수 있기 때문이다.

같은 구조를 갖는 NaCl과 KCl 결정에 의해 생성된 회절 패턴을 고려해보자(그림 2.4). 이 구조는 두 개의 서로 맞물린 Na^+ 이온과 Cl^- 이온의 *ccp* 배열로 간주할 수 있다. 그림에서 단위 세포는 지수가 *111*인 단위 세포의 중심을 통과하는 대각선(body diagonal)에 평행한 Cl^- 이온의 조밀 채움 층(close-packed layers)을 갖고 있다. *111* 층과 여기에 평행인 층 사이의 정확히 중간에 Na^+ 이온들의 층이 조밀하게 쌓인다. 이것은 Na^+ 층에서의 반사와 Cl^- 조밀 채움 층에서의 반사가 정확하게 위상이 반대라는 것을 의미한다. Cl^-는 18개의 전자를 갖기 때문에 X-선은 10개의 전자를 갖는 Na^+보다 더 강하게 산란된다. 따라서 반사는 부분적으로 약화되며 *111* 반사의 세기는 상당히 약하게 된다. *222*층은 Na^+ 와 Cl^- 이온의 조밀 채움 층을 포함한다. 그리

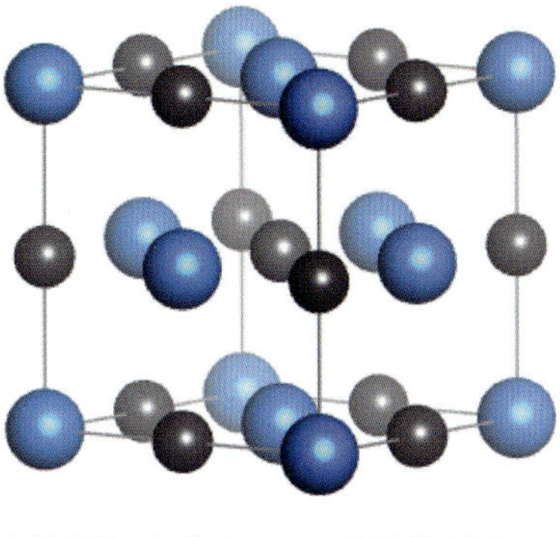

그림 2.4 *111*과 *222* 평면 조밀 쌓임을 보여주는 NaCl의 단위 세포

고 반사된 파동이 서로 보강되기 때문에, 이것은 강한 반사가 될 것이다. 우리가 KCl에서 위와 같은 상황을 보면 K^+ 이온을 포함하는 *111*층으로부터의 반사는 Cl^- 이온의 조밀 채움 층에서의 반사와 정확히 반대의 위상을 갖는다. 그러나 K^+ 이온과 Cl^- 이온은 전자 수가 같기 때문에 그들의 X-선 산란 인자는 사실상 동일하며, 결과적으로 두 개의 반사가 상쇄되고 *111* 반사는 사라지게 된다. 이와 유사하게 KCl의 회절 패턴에서 처음으로 보이는 반사는 *200* 반사인데 이를 실제로는 면심 입방체의 단위 세포 길이의 반을 갖는 원시 입방체에서의 *100* 반사로 정하는 오류를 범하기 쉽다.

hkl 반사의 방향으로, 단위 세포의 모든 원자에 의해 산란되는 파동의 총합을 **구조 인자(structure factor, F_{hkl})**라고 부른다. 구조 인자는 각 원자의 위치와 그것의 산란 인자에 의해 결정된다. 단위 세포에서 어떤 원자 *j*에 대한 구조 인자는 일반적으로 다음과 같이 표현된다.

$$F_{hkl} = \sum_j f_j e^{2\pi i(hx_j + ky_j + lz_j)} \tag{2.5}$$

f_j가 j 번째 원자의 산란 인자이며, $x_j y_j z_j$는 그 원자의 프랙셔널(fractional) 좌표이다. 이와 같은 급수를 사인과 코사인의 항으로 쓸 수 있는데 이는 파동의 주기적인 성격을 더 잘 나타내며 **Fourier 시리즈(Fourier series)**라고 부른다. 점대칭을 갖고 단위 세포에서 유일한 *n*개의 원자를 갖는 결정에서는 식 2.5에서의 식이 다음과 같이 단순화된다. (원자의 유일한(unique) 집합을 **비대칭 단위(asymmetric unit)**라고 부른다.)

$$F_{hkl} = 2\sum_n f_n \cos 2\pi(hx_n + ky_n + lz_n) \tag{2.6}$$

결정 내의 전자 밀도 분포는 3차원의 Fourier 시리즈와 유사한 방법으로 나타낼 수 있다.

$$\rho(x,y,z) = \frac{1}{V}\sum_h\sum_k\sum_l F_{hkl}e - 2\pi i(hx + ky + lz) \tag{2.7}$$

$p(x,y,z)$는 단위 세포에서 *x*, *y*, *z* 위치에서의 전자 밀도이며, *V*는 단위 세포의 부피이다. 식 2.5와 식 2.7 사이의 유사성에 주목하라. 수학적 관점에서 전자 밀도는 구조 인자의 **Fourier 변환(Fourier transform)**이며 그 역도 성립한다. 그러므로 구조 인자를 알면, 단위 세포에서 전자 밀도 분포를 계산할 수 있고, 원자의 위치를 알 수 있게 된다.

hkl 반사의 세기(I_{hkl})는 앞에서 설명한 바와 같이 측정할 수 있으며 이들을 합하면 한 결정에 대한 데이터 세트(data set)가 된다. 반사의 세기는 구조 인자의 제곱에 비

례한다.

$$I_{hkl} \propto F_{hkl}^2 \tag{2.8}$$

세기의 제곱근은 구조 인자의 크기(magnitude)를 알려준다. (수학적으로, 이것은 구조 인자의 절댓값(modulus)으로 알려져 있으며, 양옆의 수직인 선으로 표시한다.)

$$|F_{hkl}| \propto \sqrt{I_{hkl}} \tag{2.9}$$

회절 세기가 구조 인자 절댓값의 제곱($|F_{hkl}|^2$)에 비례하기 때문에, *hkl*과 $\overline{hkl}$ 반사의 세기는 동일하다. 이것은 **Friedel 법칙(Friedel's law)**으로 알려져 있으며, *hkl*과 $\overline{hkl}$ 반사는 **Friedel 쌍(Friedel's pair)**이라고 한다. 이 법칙은 오직 흡수가 없을 때만 유효하다.

이 데이터를 사용하기 전에 **데이터 정리(data reduction)**라 불리는 정해진 교정 과정을 거쳐야 한다. **Lorentz 보정(Lorentz correction, *L*)**은 데이터를 수집하는 과정의 기하학적 구조와 관련이 있으며, **편극 보정(polarisation correction, *P*)**은 비편광 X-선이 반사하며 어느 정도 편광되는 것을 허용하는 것이다. 그리고 **흡수 보정(absorption correction)**은 원자 번호가 큰 원자들을 포함하는 무기물 구조의 데이터에 자주 적용된다. 무거운 원자들은 X-선을 산란시키는 데 그치지 않고 X-선의 일부를 흡수하기 때문이다. **변칙 분산(anomalous dispersion)**을 교정할 수도 있는데 이는 입사 X-선의 파장이 흡수단(absorption edge)과 가까우면 원자의 산란능에 영향을 미치게 되기 때문이다. 이러한 교정을 원자의 산란 인자(f_0)에 적용한다.

구조 인자(따라서 반사의 세기)는 각 원자의 위치와 산란 인자에 의해 결정된다. 그러므로 구조 인자는 원자의 유형과 위치로부터, 식 2.5 또는 식 2.6과 같은 식을 사용하여 계산할 수 있다. 이 계산의 반대 과정, 즉 구조 인자의 크기를 측정하여, 그것으로부터 원자 위치를 계산할 수 있어야 하는데 이것이 X-선 결정학의 큰 과제이다. 그러나 여기에는 이전에 언급한 **위상 문제(phase problem)**라고 부르는 어려움이 있다. 세기의 제곱근을 취하면 구조 인자의 절댓값을 얻게 되어 그 크기만을 알 수 있으며, 부호는 알지 못한다. 따라서 위상 정보를 잃어버리게 되는데 이 정보는 우리가 전자 밀도 분포를 계산하여 원자의 위치를 찾는 데 필요하다.

2.3.2 단결정 구조 해석

구조 인자를 계산하기 위해서는 원자의 위치가 필요하고, 원자 위치를 알아내기 위해서는 파동의 진폭과 위상이 모두 필요하다. 그러나 우리는 진폭에 관한 정보만을 알고 있다. 이것은 풀 수 없는 문제처럼 보일 수도 있다. 다행히도 수십 년 동안, 많은 과학자가 이 문제의 해결 방법을 찾기 위해 연구를 진행했으며, 그 결과는 매우 성공적이어서 대부분의 경우 결정 구조를 해석하는 것이 일상적인 일이 되었고 짧은 시간에 가능하게 되었다.

오늘날 단결정 X-선 회절 데이터는 컴퓨터로 통제되는 회절계를 사용하여 모으며 각 *hkl* 반사의 Bragg 각도와 세기 I를 측정한다. 현대 회절계는 2차원 검출기를 사용하기 때문에(2.3.1절) 많은 수의 반사가 동시에 수집되고 측정된다. 전체 데이터(모든 *hkl* 반사의 세기)는 수천 개에 이를 수 있는데 과거에 섬광 계측기를 이용하여 각 반사의 세기를 개별적으로 수집하느라 며칠 또는 몇 주가 걸리던 것을 지금은 몇 시간 만에 수집할 수 있다. 결정학자들은 수집 시간을 줄이기 위해서 모든 데이터를 수집하지 않고 유일한(unique) 데이터 세트만을 수집하는 경우가 있다. 유일한 데이터 세트는 나머지 데이터들과는 대칭 관계에 있어, 높은 대칭성을 갖는 결정일수록 더 적은 데이터만을 필요로 한다. 그러나 모든 데이터를 수집하는 것은 매우 중요하며 특히 구조의 절대 배열(absolute configuration)을 정하기 위해 변칙 분산을 이용하려면 Friedel 쌍을 포함하는 모든 데이터를 수집하는 것이 중요하다.

구조 해석의 순서를 요약하면 다음과 같다.

- 단위 세포의 크기와 모양은 일반적으로 회절계에서 직접 수행되는 짧은 예비 스캐닝 과정을 통해 결정한다.
- 반사들의 지수를 정하고, 조직적인 소멸(extinction)로부터 구조의 Bravais 격자와 병진 대칭 요소를 결정한다. 대개는 이 정보를 통해 올바른 공간군을 선택하거나, 가능성 있는 소수의 후보로 좁힐 수 있다.
- 지수가 정해진 반사(reflection)의 세기를 측정하고 데이터 파일로 저장한다.
- 원(raw) 데이터들을 보정한다.
- 최종적으로, 보정된 데이터의 제곱근은 측정 구조 인자의 집합이 된다. 이것은 $\boldsymbol{F}_{obs}$ 또는 $\boldsymbol{F}_{o}$로 알려져 있다.
- 단위 세포의 전자 밀도 분포를 계산하기 위해서는 구조 인자의 크기뿐만 아니라, 위상(phase)도 알아야 할 필요가 있다.

결정 구조는 구조 인자들에 대해 시행 위상(trial phase)의 세트를 생성하여 해석한다. 약 10년 전까지, 이를 위한 두 가지 방법이 기본적으로 존재했다. 첫째는

Patterson 방법(**Patterson method**)이라고 알려져 있으며 단위 세포 내에는 적어도 하나의(그러나 많지는 않은) 무거운 원자들이 있기 때문에 무기 분자의 구조를 해석하는 데 유용하다. 두 번째는, **직접법**(**direct methods**)이라고 불리는 것으로 비슷한 산란 정도를 갖는 원자들이 있는 구조를 해석하는 데 뛰어나다. 직접법은 위상 값에 대한 수학적 확률을 계산하므로 단위 세포의 전자 밀도 지도를 구성할 수 있다. 이론가들은 구조를 해석하고 정밀화하기 위해서 이것들을 다룰 수 있는 컴퓨터 프로그램을 만들었다.

최근에는 실제 및 역공간(reciprocal space)에서 대체적(무작위의) 위상을 정밀화하는 소위 **이중 공간법**(**dual space methods**)이 개발되었다. 다른 알고리즘들(예: charge flipping or intrinsic phasing)도 만들어졌으며 거의 모든 유형의 분자 화합물에 대해 매우 성공적으로 이용되고 있다.

위의 알고리즘과 접근 방식을 결합하고 한 번에 올바른 공간군을 찾는 프로그램도 매우 자주 이용된다. 이는 일반 PC 및 개인용 컴퓨터에서 멀티 코어 프로세서의 계산 능력이 향상되었기 때문에 가능해졌다.

일단 구조 내의 원자의 위치가 정해지면, 계산된 구조 인자의 세트($\boldsymbol{F}_{calc}$ 또는 $\boldsymbol{F}_c$)를 F_{obs}와 비교해서 원자의 위치를 **최소제곱법**(**least-squares methods**)을 사용하여 정밀화한다. 이를 위해 사용할 수 있는 프로그램들이 있다. 실제로 원자들은 그들의 평형 위치에서 진동하고 있는데 이 운동은 온도뿐만 아니라 원자의 질량과 원자들을 제자리에 잡고 있는 결합의 세기와도 관련이 있지만 보통 이것을 **열운동**(**thermal motion**)이라고 부른다. 온도가 높으면 높을수록 진동의 진폭이 더 커지며, 전자 밀도가 퍼져 부피가 클수록 원자의 산란능의 빠른 감소의 원인이 된다. 정밀화 과정의 일부는 핵 주위에서 각 원자의 전자 밀도를 구형으로 정밀화하는 것이다. 구조 해석에서는 보통 **등방성 변위 파라미터**(**isotropic displacement parameter**, **등방성 온도 인자**(**isotropic temperature factor**)로도 불림)라고 알려진 조절 가능한 변수 $\boldsymbol{B}$를 계산하게 된다. 여섯 개의 조절 가능한 매개변수를 갖고 있는 **비등방성 변위 파라미터**(**anisotropic displacement parameter**)를 적용하면 원자의 전자 밀도는 핵 주위의 타원체로 정밀화할 수 있다.

일반적으로 ***R* 인자**(***R* factor**)라고 불리는 잔여 지수(residual index)는 구조 인자의 관찰된 값과 계산된 값 사이의 차이를 측정하여, 그로 인해 구조가 얼마나 잘 정밀화되었는지에 대한 정보를 준다. R 인자는 다음과 같이 정의되며

$$R = \frac{\sum \left| \left(|F_o| - |F_c| \right) \right|}{\sum |F_o|} \tag{2.10}$$

해석한 구조의 정확성 및 정밀도에 대한 가이드를 제공하는 데 사용된다. 일반적으로 R 값이 낮을수록 구조 해석은 더 잘 되었다고 간주한다. R 값은 조심스럽게 사용하여야 한다. R 값이 낮지만 구조 해석이 잘못된 경우도 알려져 있다. 다행히도 이런 일이 자주 발생하지는 않는다. R 값을 예측하는 데 불변의 규칙은 없으며, 이것을 올바르게 해석하기 위해서는 많은 경험이 필요하다. 작은 분자에 대해 적절한 수준의 데이터 세트를 가지고 정밀화할 때 올바른 구조라면 0.1 이하의 R 값을 갖는 것이 일반적이며, 그 이상의 값을 갖게 되면 어느 정도의 의심하며 살펴봐야 한다. 현대 회절계에서 양질의 결정으로부터 얻은 데이터라면 일반적으로 0.05 이하의 R 값으로 정밀화되며, 종종 0.03 이하의 R 값을 갖기도 한다.

우수한 구조 해석의 결과는 낮은 R 값뿐만 아니라, 원자의 위치와 위치로부터 계산된 결합 길이 등이 작은 표준편차를 갖는 것이다. 이는 더 신뢰할 만한 정밀화 결과에 대한 가이드가 될 것이다.

단결정이 만들어지면, X-선 회절법은 결합 길이가 0.1 pm까지의 명확한 구조를 제공한다. 과거에 X-선 회절을 이용한 구조 해석은 아주 특수한 시료에 대해 오랜 시간이 필요한 것이었으나 현재는 거의 일상적 분석법이 되었다. 최신 장비, 우수한 프로그램들, 그리고 빠른 컴퓨터를 사용하면 일주일에 몇 개의 결정 구조를 해석할 수 있게 되었다.

최근에는 출판된 구조와 그들의 결정학적인 자료를 데이터베이스에 모으는 것이 학계의 기본적인 일이 되었다. 작은 유기 및 유기금속 분자를 위한 Cambridge Structural Database(CSD), 무기물을 위한 Inorganic Crystal Structure Database(ICSD), 결정학적 오픈 데이터베이스(COD), 금속과 합금을 위한 CRYSTMET, 단백질을 위한 Protein Data Bank(PDB), Nucleic Acid Database(NDB) 등이 있다. 이러한 데이터베이스에서는 자료의 정확성을 위해 수집된 구조와 그들의 데이터를 확인하고 수록한다. 불행히도, 제약회사에서 만든 것과 같이 상업적인 목적으로 얻은 구조는 일반적으로 이러한 데이터베이스에는 나타나지 않는다.

2.3.3 높은 에너지 X-선 회절

유리와 같이 장거리 질서(long-range order)를 갖지 못하는 고체의 구조를 해석하는 것은 매우 오랫동안 문제가 되어왔다. 최근에 새로운 나노 결정 물질의 합성이 급증하여 이러한 구조를 해석할 방법에 대한 필요성도 증가하고 있다. 일반적으로 한 쪽이 100 nm보다 작은 크기를 갖는 물질을 나노 입자로 간주한다(나노 구조는 11장에서 다룰 것이다). 고체상에서 나노 크기의 제한된 질서는 다음 몇몇 이유에 근거한다. 그들은 버키튜브 또는 판과 같은 나노 입자로 구성될 수 있으며 큰 구조 내에서 작은 나노미터 크기의 질서를 갖는 부분이 있을 수 있고 메조 다공성(mesoporous) 물질은 나노미터 크기의 구멍을 갖는다(7장). 그리고 나노 복합 재료는 나노 입자의 밀접한 혼합물로 구성되어 있다. 이 장의 중반부에서는 표면-층 물질을 그릴(map) 수 있는 전자 현미경과 주사 탐침 기법을 다룬다. 그러나 이러한 물질들의 3차원 단거리 구조(short-range structure)를 결정하는 것은 대단히 어려우며 최근에 이르러서야 가능해졌다.

과학자들은 싱크로트론(가속 장치)을 사용하는 X-선 또는 중성자 회절법으로 관심을 돌렸다(2.4절 참조). 싱크로트론은 매우 높은 에너지(따라서 짧은 파장)의 단색 X-선을 제공한다(더 자세한 내용은 2.2절과 2.9절 참조). 이것을 이용하여 매우 작은 산란 각도의 데이터를 수집할 수 있고, 더 높은 분해능을 얻을 수 있다.

앞서 보았듯이, 완벽하게 정렬된 결정에서 원자로 이루어진 평면은 선명한 점으로 X-선을 반사한다(Bragg 반사). 정렬된 구조가 아주 작은 부피를 갖는 고체에서, Bragg 반사는 수적으로 적고, 약하며, 훨씬 덜 선명하여, 구조의 다른 부분에서 산란되는 분산된 배경(diffuse background)과 중첩될 것이다.

높은 에너지의 X-선 회절의 실험적 데이터는 분말 회절(2.4절 참조)과 같은 방법으로 모으지만, 일반적으로 더 오랜 시간이 걸리며, 세기에 영향을 미치는 배경 산란(background scatter), 편광(polarization), 흡수(absorption), 그리고 Compton 효과(비탄성 산란에 의한 시료로부터의 전자의 이온화)와 같은 여러 인자를 고려하여 교정하여야 한다.

원자쌍 분포 함수(atomic pair distribution function, PDF)라 부르는 방법을 사용하여 질서가 잡힌 부분의 패턴을 분석하여 원자 간 거리와 배위수를 결정할 수 있다. PDF는 선명하거나(sharp) 분산된(diffuse) 모든 원자의 산란에 기초한다. 그리고 특정 거리에서 원자쌍이 발견될 확률을 계산한다. 데이터가 특정 원자를 결정하지는 않으므로 구조를 해석하기 위해서 컴퓨터로 모델을 데이터에 맞게 조정한다.

2.4 분말 회절

2.4.1 분말 회절 패턴

잘게 갈린 결정성 분말은 미세결정이라 불리는 많은 수의 작은 결정들을 포함하고 있으며, 이들은 서로 무작위로 배향된다. 이런 시료와 단색 X-선이 만나게 되면 Bragg 조건을 충족하는 적절한 각도로 배향된 미세결정의 면들에서 회절이 발생한다. 회절된 광선은 입사광선과 2θ의 각을 이룬다. 미세결정들은 Bragg 조건을 여전히 유지하는 상태에서 모든 방향으로 놓여있을 수 있기 때문에, 반사는 꼭지각의 1/2(semiapex)이 굴절각 2θ와 같은 원뿔의 표면에 놓여진다(그림 2.5a). **Debye–Scherrer** 사진법에서는 긴 필름 조각이 X-선 카메라(그림 2.5b)의 내부를 감싸고 있고 여기에 평행하게 만든(collimated) 입사 광선을 위한 구멍과 회절되지 않는 광선을 흡수하는 빔 차단 장치(beam-stop)가 있다. 시료는 가능한 한 많은 평면들의 회절 조건을 만족시키는 범위로 회전하며, 원뿔은 필름 위에서 호 모양으로 기록된다. 카메라의 반지름과 중심에서의 거리를 이용하여 각 반사에 대한 Bragg 각 2θ와 면간격 d_{hkl}을 계산할 수 있다.

이 장치의 기하학적 형태는 기본적으로 변하지 않았지만, 오늘날 분말 회절 패턴의 수집은 대부분 자동 회절 장치를 통해 수행된다(그림 2.6a). 여기에서는 섬광(scintillation), 실리콘 띠, 전하 결합 장치(CCD) 또는 이미징 플레이트를 사용하여 회절된 X-선의 각도와 세기를 측정하며, 이 결과는 2θ에 대한 세기로 기록된다(그림 2.6b).

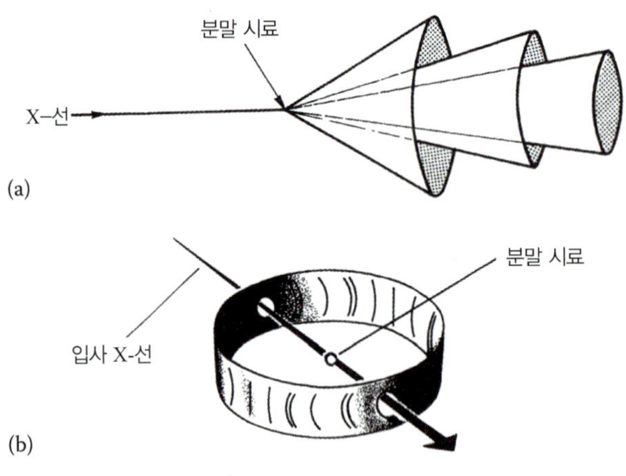

그림 2.5 (a) 분말 회절 실험으로 생성된 원뿔, (b) Debye–Scherrer 사진의 배치

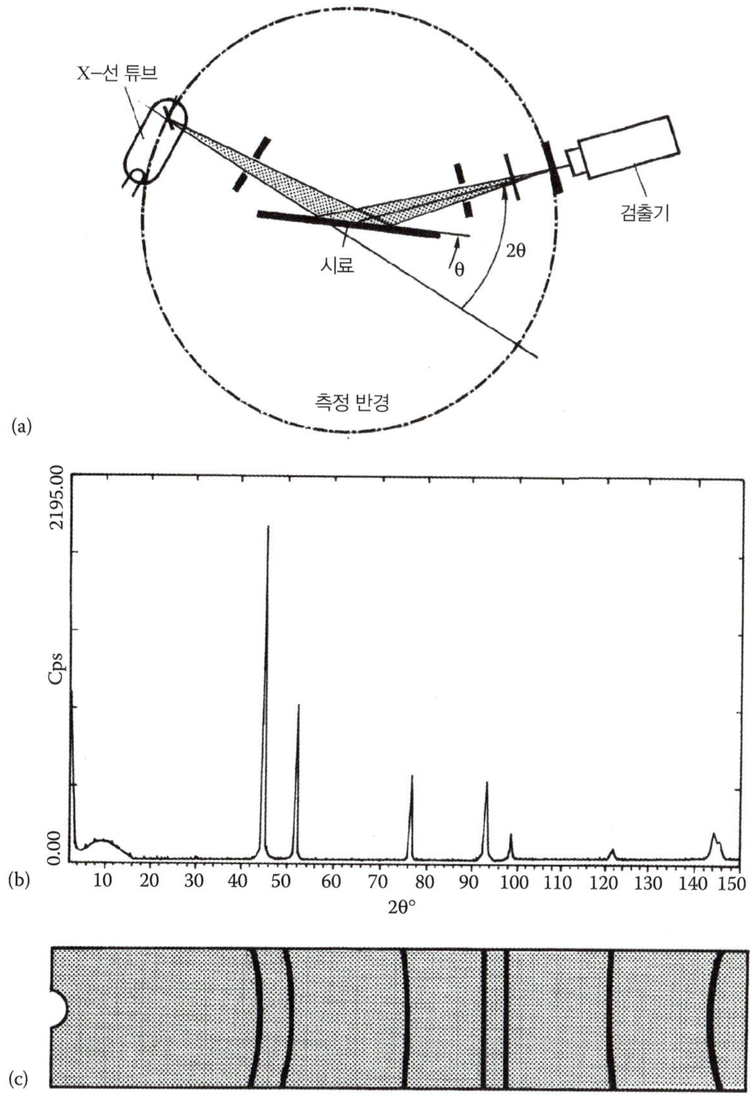

그림 2.6 (a) 분말 회절 실험으로 생성된 원뿔, (b) Debye–Scherrer 사진의 배치

2D 분말 회절은 분말 내 입자의 결정도, 크기 분포 및 선호하는 방향(preferred orientation)에 대한 매우 유용한 정보를 제공할 수 있다. 예를 들어, 판상이나 바늘 모양의 결정은 완전히 무작위로 방향을 갖지 않아 시료의 방향에 따라 특정 반사에 대해 다른 세기를 나타낼 수 있다. 회전하는 가느다란 관과 같이 시료를 통과하는 X-선 빔에 의해 반사가 수집되는 Debye–Scherrer 장치와는 다르게 X-선 빔을 시료에 반사시켜 회절 패턴을 수집할 수도 있다(Bragg–Brentano 장치). 위치와 세기가 모두 포함된 데이터를 쉽게 측정하고 분석을 위해 컴퓨터에 저장한다.

분말 회절법에서 어려운 점은 어떤 면들에서 어떤 반사가 이루어지는가를 결정하는 것이다. 이 과정을 '지수 정하기'라고 하는데, 각각의 반사에 대해서 적절한 *hkl* 지수를 부여하는 것이다. 높은 대칭성을 갖는 단순한 화합물에서는 통상적으로 가능하지만(2.4.3절에서 설명), 크기가 크거나 대칭성이 낮은 경우에는 매우 어렵다.

2.4.2 격자 센터링에 의한 부재

먼저, 원시 입방계(primitive cubic system)를 고려하자. 식 2.11로부터, 우리는 가장 작은 Bragg 각도로 반사가 일어나는 평면이 가장 큰 d_{hkl} 간격을 갖는다는 것을 알고 있다. 원시 입방계에서 *100* 평면들이 가장 큰 간격을 갖고 있고 이 반사를 초래한다. 입방체에서 $a = b = c$이므로 *010*과 *001* 또한 같은 각도에서 반사된다. 단위 세포의 길이가 a인 입방체의 경우 반사면의 간격은 식 2.11에 의해 주어진다.

$$d_{hkl} = \frac{a}{\sqrt{(h^2 + k^2 + l^2)}} \tag{2.11}$$

이 식을 Bragg 식(식 2.4)에 대입하면,

$$\lambda = \frac{2a \sin \theta_{hkl}}{\sqrt{(h^2 + k^2 + l^2)}}$$

이를 재배열하면 다음과 같다.

$$\sin^2 \theta_{hkl} = \frac{\lambda^2}{4a^2}(h^2 + k^2 + l^2) \tag{2.12}$$

원시 입방계의 경우, 모든 정수가 h, k, l 지수가 될 수 있다. 표 2.2는 $(h^2+k^2+l^2)$의 값이 증가함에 따라 $\sin\theta$ 값이 증가하는 순으로 *hkl*의 값을 나타낸다.

연속되는 수 가운데 7은 제외되었다. 이것은 $(h^2+k^2+l^2) = 7$인 정숫값이 가능하지 않기 때문이다. 또한 $(h^2+k^2+l^2)$이 정수가 될 수 없어 제외된 더 큰 수들도 있다(15, 23, 28 등). 그러나 이것은 단지 산술적인 현상일 뿐이며, 그 구조와 아무 상관이 없다는 점에 유의해야 한다.

표 2.2 $(h^2 + k^2 + l^2)$의 값

hkl	100	110	111	200	210	211	220	300 = 221
$(h^2+k^2+l^2)$	1	2	3	4	5	6	8	9

식 2.12를 적용하여 원시 입방계에서 분말 패턴의 회절 세기를 $\sin^2\theta_{hkl}$에 대해 그려보면, 우리는 7, 15, 23번째 등이 누락된 여섯 개의 같은 간격을 가진 선을 보게 될 것이다. 따라서 원시 입방체를 확인하고 회절 패턴을 보아 각각의 반사에 대한 지수를 할당하는 것은 어렵지 않다.

입방 단위 세포의 길이 a는 식 2.12를 사용하여 h, k, l 지수가 정해진 반사로부터 결정할 수 있다. Bragg 각도를 측정할 때 실험적인 오차는 모든 각도에 대해서 일정하다. 따라서 오차를 최소화하기 위해 가장 큰 Bragg 각도를 갖는 반사 하나를 선택할 수도 있으나, 더 흔한 방법으로 모든 데이터에 대해 최소제곱법을 사용한다.

나머지 두 개의 입방 결정계(체심과 면심)에서 관찰되는 선의 양상은 원시 입방체와는 다소 다르다. 그 차이에 의해 센터링이 어떤 반사에 대한 상쇄 간섭을 초래하는데 이와 같이 누락된 반사를 **체계적 부재(systematic absences)**라고 부른다.

그림 2.7에서 나타낸 것과 같이, 면심 입방 단위 세포에서 어둡게 칠해진 것으로 보이는 *200* 면을 고려하자. a가 단위 세포 길이라고 하면, 이 면은 $a/2$의 간격을 갖는다. 그림 2.8은 이 구조에서 연속된 네 면으로부터의 반사를 나타낸 것이다. *200* 면에서 반사의 위상은 정확히 *100* 반사의 위상과 반대이다. 결정 전체에 있어서, 완전 상쇄 간섭이 일어나는 결과를 갖는 두 종류의 평면이 동일한 개수이며, 따라서 *100* 반사는 관찰되지 않는다. 이 방법으로 면심 입방계의 모든 면에서 반사를 조사하면, 우리가 반사를 보기 위해서는 **지수가 모두 짝수이거나 모두 홀수이어야 한다**는 것을 알 수 있다. 체심 입방 시스템도 유사한 과정을 거쳐 살펴보면 반사가 일어나기 위해서는, **지수의 합이 짝수**이어야만 한다는 것을 알 수 있다.

체계적 부재의 양상을 보면 Bravais 격자의 종류를 구별하는 것이 가능하다. 우리의 논의가 입방 결정을 중심으로 하고 있지만, 이러한 결함은 입방 결정뿐만 아니라, 모든 결정 시스템에 적용할 수 있으며, 이것은 다음 절 끝에 있는 표 2.4에 요약되어 있다. 이들이 각 입방 결정에 대해 가질 수 있는 $h^2+k^2+l^2$ 값은 표 2.3에 나열되어

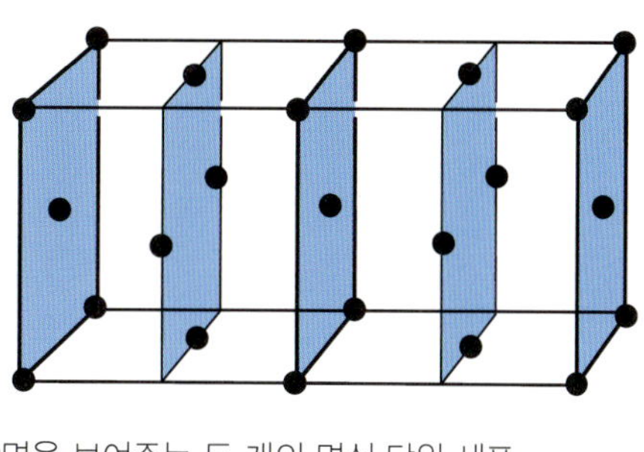

그림 2.7 어둡게 칠한 *200*면을 보여주는 두 개의 면심 단위 세포

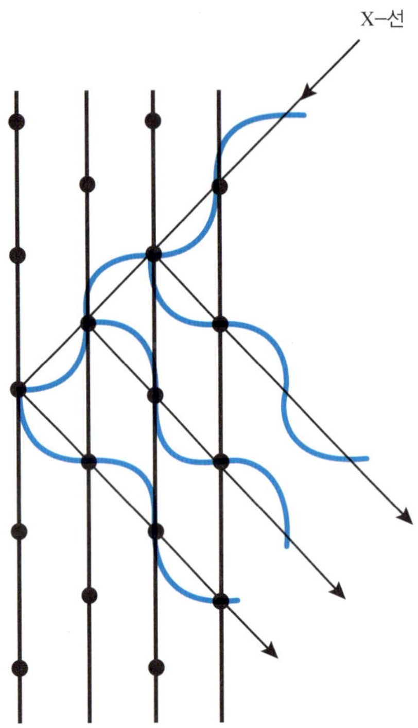

그림 2.8 면심 입방 격자에서의 *100* 반사

표 2.3 입방 결정에서의 가능한 $h^2+k^2+l^2$ 값

금지된 수들	원시 (P)	면심 (F)	체심 (I)	해당하는 ***hkl*** 값들
	1			*100*
	2		2	*110*
	3	3		*111*
	4	4	4	*200*
	5			*210*
	6		6	*211*
7				–
	8	8	8	*220*
	9			*221*, *300*
	10		10	*310*
	11	11		*311*
	12	12	12	*222*
	13			*320*
	14		14	*321*
15				–
	16	16	16	*400*

있다.

이러한 정보들과 식 2.12를 사용하면, 회절 데이터에서 관찰되는 $\sin^2\theta$의 값이 1:2:3:4:5:6:8, ...의 비율인 경우, 단위 세포는 원시 입방체일 것이며, 공통 요소는 $\frac{\lambda^2}{4a^2}$이다.

면심 입방 단위 세포 또한 알아볼 수 있다. 처음 두 개의 선이 A라는 공통 요소를 갖는다면, 관찰되는 모든 $\sin^2\theta$ 값을 A로 나누면 3, 4, 8, 11, 12, 16, ...과 같은 일련의 숫자를 볼 수 있고, A는 $\frac{\lambda^2}{4a^2}$이 된다.

체심 입방계는 1:2:3:4:5:6:7:8, ...의 비율로 $\sin^2\theta$ 값을 갖는다. 값 7과 15는 누락되지 않고, 공통 인자는 $\frac{2\lambda^2}{4a^2}$이 된다.

2.4.3 나사축과 미끄럼면에 의한 조직적인 부재

결정 구조에서 병진(translational) 대칭은 *hkl* 반사에서의 체계적 부재를 보고 인지할 수 있다. 그림 1.10과 그림 1.11은 어떻게 *z*축 방향의 2-겹 나사축(2_1)이 *001* 평면 사이의 가운데에 원자의 면을 놓이게 하는지 보여준다. 이렇게 가운데에 놓인 평면으로부터의 반사는 *001* 평면으로부터의 반사와 상쇄 간섭을 하게 된다. 그 결과 *001* 반사는 사라질 것이며, *l*이 홀수인 모든 반사가 사라질 것이다. 미끄럼면(표 1.9)의 효과는 미끄럼 방향으로 단위 세포를 따라 가운데에 원자의 평면을 놓이게 하는 것이다. *b*축에 수직인 *a* 미끄럼에서, *101* 반사는 사라진다. 일반적으로 *h0l* 반사는 *h*가 짝수인 경우에만 존재할 것이다. 체계적 부재는 표 2.4에 요약되어 있다.

현재 지수를 정해주는 꽤 강력한 프로그램들이 존재하며 특히 입방정계, 정방정계, 육방정계와 같이 높은 대칭성을 갖는 결정에서 분말 회절 패턴의 지수를 비교적 쉽게 정할 수 있다. 낮은 대칭성을 갖는 경우, 회절 양상은 중복되는 많은 선으로 구성되어 있는 경우가 흔하며, 지수를 정하기가 훨씬 더 어려울 수도 있다.

입방 단위 세포의 크기가 *a*인 경우, 단위 세포의 부피(*V*)를 계산할 수 있다. 결정의 밀도(ρ)를 알고 있는 경우에, 단위 세포에 포함되어 있는 물질의 질량(*M*)을 계산할 수 있다.

$$\rho = \frac{M}{V} \tag{2.13}$$

분자 질량을 알면 단위 세포의 분자의 수(*Z*)를 계산할 수 있다. 이 장 끝에 제시된 문

표 2.4 병진 대칭 요소에 의한 체계적 부재

대칭 요소		영향 받는 반사	존재하기 위한 반사 조건
원시 격자	P	*hkl*	없음
체심 격자	I	*hkl*	$h+k+l$ = 짝수
면심 격자	A	*hkl*	$h+l$ = 짝수
	B		$h+l$ = 짝수
	C		$h+k$ = 짝수
면심 격자	F		$h\ k\ l$ 모두 홀수 또는 모두 짝수
2-겹 나사축, 2_1	*a*축 방향일 때	*h00*	h = 짝수
4-겹 나사축, 4_2			
6-겹 나사축, 6_3			
3-겹 나사축, 3_1, 3_2	*c*축 방향일 때	*00l*	l은 3의 배수
6-겹 나사축, 6_2, 6_4			
4-겹 나사축, 4_1, 4_3	*a*축 방향일 때	*h00*	h는 4의 배수
6-겹 나사축, 6_1, 6_5	*c*축 방향일 때	*00l*	l은 6의 배수
미끄럼면	*b*축에 수직일 때	*h0l*	
$\frac{a}{2}$ 병진(*a* 미끄럼)			h = 짝수
$\frac{c}{2}$ 병진(*c* 미끄럼)			l = 짝수
$\frac{b}{2}+\frac{c}{2}$ 병진(*n* 미끄럼)			$h+l$ = 짝수
$\frac{b}{4}+\frac{c}{4}$ 병진(*d* 미끄럼)			$h+l$은 4의 배수

제를 참조하라.

결정이 뜨거나 가라앉지 않는 액체의 혼합물을 만들어 결정의 밀도를 측정할 수 있다(여기서 결정은 불용성이어야 한다). 결정은 그 액체와 같은 밀도를 갖는다. 액체의 밀도는 비중병을 사용하는 전통적인 방법으로 결정된다.

2.4.4 분말 X-선 회절법의 용도

2.4.4.1 미지 물질 및 상 순도 식별

분말 회절법은 매우 어려울 수 있으나 매우 강력한 기술이다. 구조가 더 복잡해짐에 따라 결정 구조에 존재하는 대칭이 감소함으로써 반사 수가 증가하기 때문이다. 여기서 일어날 수 있는 겹침이 심각한 문제가 되는데, 반사의 지수와 세기를 측정하는 것이 때때로 어려워진다. 이 방법은 알려진 화합물 또는 상의 존재를 감지하는데, 지문으로 범인을 찾는 것과 같이 유용하게 사용한다. 이것은 분말 회절 패턴을 모아 놓은 거대한 라이브러리가 있어 가능한데, 이 자료들은 International Centre for Diffraction Data(ICDD)에 의해 유지되고 주기적으로 갱신된다. Pauling file project database 등 다른 데이터베이스도 있는데 Crystallographic Open Database 같은 일부 데이터베이스는 무료로 사용할 수 있다. 이 파일은 다운로드하여 사용할 수도 있다. 시료의 분말 회절 패턴이 d_{hkl} 간격과 선의 세기에 따라 모두 기록되어 있을 때, 이들을 데이터베이스에 있는 알려진 화합물의 패턴과 대조해 볼 수 있다.

지질학적 시료와 같이 작은 크기의 결정으로 이루어진 혼합물에 대해 분말 회절법을 이용해서 화합물을 정성적으로 분석할 수 있다. 이 방법은 시료의 순도에 대한 정보를 제공하며 어떤 화합물이 얼마나 존재하는지를 알 수 있게 한다. 그러나 분말 회절법으로는 비결정성 물질 또는 약 5% 미만의 불순물을 감지하지는 못한다.

분말 회절은 화합물의 결정 구조에 대한 다음과 같은 정보를 제공한다: (a) 단위 세포의 상수 및 대칭의 결과인 반사 위치와 (b) 단위 세포 안에서 원자 또는 분자의 3차원 배열로 인한 반사 세기의 크기. 분말 패턴을 통해 하나의 금속이 다른 금속을 대체하는 두 개의 유사한 화합물이 동일한 구조를 가지고 있는지, 또는 같은 화학량론이나 조성을 가진 화합물이 원자 혹은 분자가 다르게 배열되어 있기 때문에 다른 결정 구조(다형성)를 형성했는지 확인할 수 있다.

2.4.4.2 결정 입자의 크기

결정 입자의 크기가 작으면 회절 피크의 폭은 증가한다. Bragg 각도의 어느 쪽이든 회절된 광선은 상쇄 간섭할 것이며, 우리는 뾰족한 피크를 보게 될 것으로 예상한다. 그러나 상쇄 간섭은 모든 회절을 합하여 만들어진 결과이며, Bragg 각 근처에서 완전한 상쇄 간섭을 이루기 위해서는 매우 많은 평면으로부터 회절이 이루어져야 한다. 작은 결정에서는 완전한 상쇄 간섭이 일어나기 위한 평면이 충분하지 않기 때문에 넓은 피크를 얻게 된다.

Debye–Scherrer 식을 이용하여 피크의 폭으로부터 결정 입자의 두께를 계산할 수 있다.

$$T = \frac{C\lambda}{B\cos\theta} = \frac{C^2}{\left(B_M^2 - B_S^2\right)^{\frac{1}{2}}\cos\theta} \tag{2.14}$$

T는 결정 입자의 두께, λ는 X-선의 파장(T와 λ는 같은 단위를 쓴다.), θ는 Bragg 각도이며, B는 장비의 확장을 보정한 피크(라디안)의 반값에서의 전폭(FWHM)이다. (B_M과 B_S는 각각 시료와 표준 시료의 FWHM이다. 표준 시료는 시료와 비슷한 위치에서 회절 피크를 갖는 결정성이 높은 물질을 선택한다. 이것은 장비 효과에 의한 확장의 정도를 알려준다.)

이 방법은 특히 독특한 전단면(예, *111*)을 갖는 판상의 결정에 유용하다. 이 반사의 피크 폭을 측정하면 이 평면에 수직인 방향의 결정 입자의 두께를 알 수 있기 때문이다.

반응 혼합물을 가열함에 따라 점점 더 결정성을 갖게 되는 것은 고체상 반응의 일반적인 특징이며 이는 X-선 회절이 점차 뾰족한 피크와 함께 나타나는 것을 보면 알 수 있다.

2.4.4.3 반응 추적과 상도표

분말 X-선 회절은 고체상 반응의 진행을 추적하고 메커니즘을 결정하며 상도표(phase diagram)를 그리는 데에도 유용한 방법이다(그림 2.9). 회절계에서 특별히 제

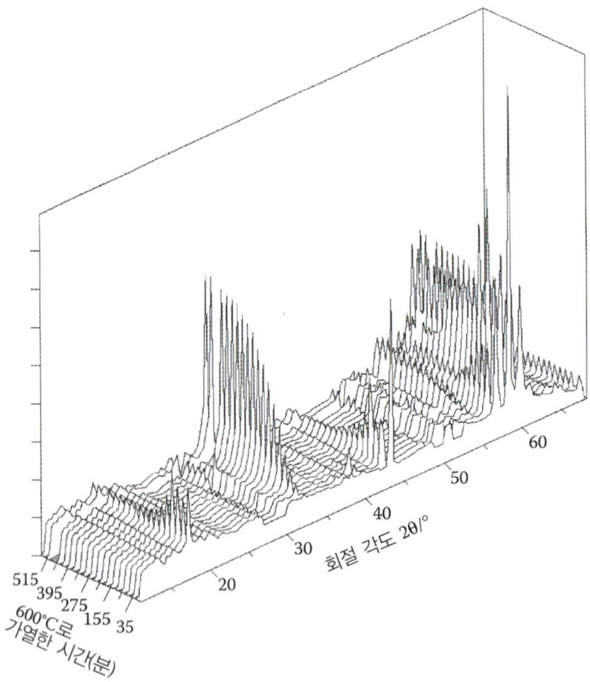

그림 2.9 600°C에서 가열된 규소철의 시간의 변화에 따른 상변화를 보여주는 분말 XRD 패턴 (From professor Berry, F. J, Open University. With Permission.)

작된 장치를 이용하여 가열된 시료에 대해 일정한 간격으로 X-선 패턴을 모음으로써, 출발 물질로 인한 피크의 감소와 함께 새로 생기는 상의 회절 패턴을 새로운 피크로 보게 된다. 그림 2.9는 일정 시간 동안 600°C에서 유지될 때, 규소철의 비화학량론적인 알파 상(Fe_xSi_2, $x = 0.77 \sim 0.87$)에서 화학량론적인 베타 상($FeSi_2$)으로의 전이를 나타낸다. 그림 2.10에서는 $ZrO_2 + SiO_2 = ZrSiO_4$ 식에 따라 분말 지르코니아와 실리카로부터 철이 첨가된 지르콘의 고체 합성 과정의 다른 온도에서 측정한 세 개의 분말 회절 패턴을 볼 수 있다. 소듐 할라이드는 반응 온도를 낮게 하는 데 이용되며, 황산 제1철은 철의 출처였다. 혼합 반응물의 온도가 올라감에 따라, 1060°C까지 지르코니아와 실리카에 의한 피크는 감소하고 지르콘의 피크는 증가하여 주성분이 된다. 반응하는 도중에, Na_2SO_4와 Fe_2O_3와 같은 중간생성물에 의한 피크도 나타난다.

표준 물질(standards)을 사용하여 특정 피크의 크기를 비교해보면 다른 상을 식별할 수 있을 뿐만 아니라, 다른 상의 조성 비율도 결정할 수 있기 때문에 상도표를 그릴 수 있다. 이러한 방식으로, 고온, 고압의 극조건 하에서 시료와 이들의 상변화를 연구하는 것이 가능하다.

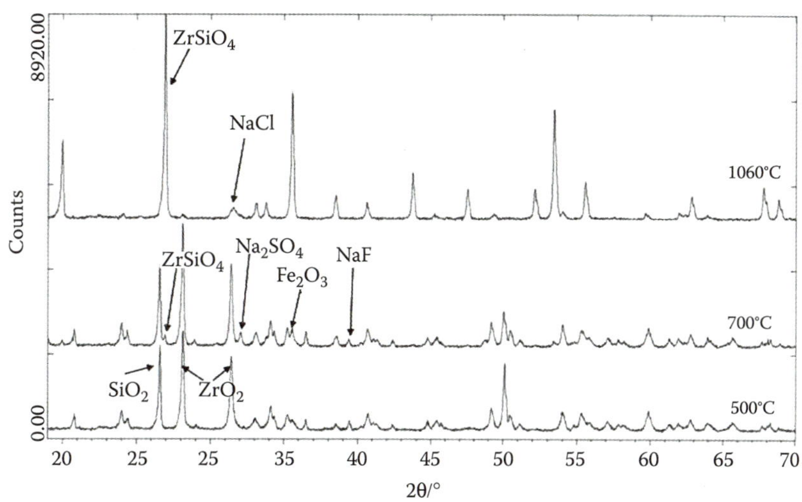

그림 2.10 지르코니아(ZrO_2), 실리카(SiO_2), 황산 제1철($FeSO_4$), 소듐 할라이드로부터 철 첨가 지르콘($ZrSiO_4$)의 상진화

2.4.4.4 구조 결정 및 Rietveld 분석법

높은 대칭성을 갖는 결정의 분말 패턴에는 피크가 많지 않으며, 이 피크들은 멀리 떨어져 있어 구분하기가 쉽다. 그러므로 그 피크들의 위치와 세기를 정확하게 측정하고, 우리가 앞서 묘사한 방법으로 반사들의 지수를 정하여, 구조를 해석할 수 있다. 구조가 복잡하고 낮은 대칭성을 갖는 구조에서는 많은 반사가 겹치게 되어 세기 추출 과정과 결정 구조를 정하는 과정이 더 힘들어진다.

Rietveld 분석(**Rietveld analysis**)은 분말 회절 데이터로부터 결정 구조를 정밀화(refine)하기 위해 개발되었다. Rietveld 방법은 선의 위치뿐만 아니라, 선의 세기에 대한 해석을 포함한다. 그런데 분말 패턴에서는 수많은 반사의 중첩 때문에 Rietveld에 의해 개발된 이 방법에서는 전체 선의 윤곽을 분석하도록 하고 있다. Rietveld는 각 피크를 Voigt 형(Voigt profile)(기본적으로 Gaussian과 Lorentz 형의 포개짐)으로 가정하고, 이 피크들을 겹쳐 전체 선의 윤곽을 계산하는 방법을 고안했다. 원래 이 방법은 중성자 회절을 위해 개발되었다. 실제 구조 해석(2.3.2절 참조)은 다양한 방법이나 접근 방식을 통해 얻을 수 있다.

약 20년 전만 해도 분말 데이터의 구조 해석은 알려진 구조 중에 좋은 구조 모델이 있는 경우에만 가능하였지만, 오늘날에는 현장에서 전하 반전(charge flipping) 또는 시뮬레이션 어닐링과 같은 이중 공간(dual space) 방식이 비약적인 발전을 이루었다. 1000 Dalton에 가까운 분자량을 가진 유 · 무기 분자의 결정 구조가 성공적으로 해석되고 정밀화되었다. 일단 시험 구조를 추정하고 그것으로부터 분말 회절 윤곽을 계산하여 측정된 윤곽과 비교하는 것으로 시작한다. 시험 구조는 점진적으로 원자 위치를 변화시키면서 수정될 수 있고, 측정된 패턴과 가장 잘 맞을 때까지 정밀화한다. 얻어진 구조의 유효성은 R 인자와 두 패턴의 차이 플롯(difference plot; 가능한 한 평평한 선에 가까워야 함)에 의해 평가된다. 이 접근법은 단결정 데이터의 구조 해석을 설명한 것과 매우 유사하다(2.3.2절). 좋은 출발 구조나 그 비슷한 구조가 이미 알려져 있다면 이 Rietveld 분석법은 매우 잘 작동한다. 예를 들어 미지의 구조가 한 개의 금속이 다른 금속으로 치환된 것과 같이 알려져 있는 구조와 비슷한 경우가 여기에 해당한다(그림 2.11).

2.5 중성자 회절

고체에 의한 중성자의 탄성 산란인 중성자 회절도 결정학적 구조 결정에 이용

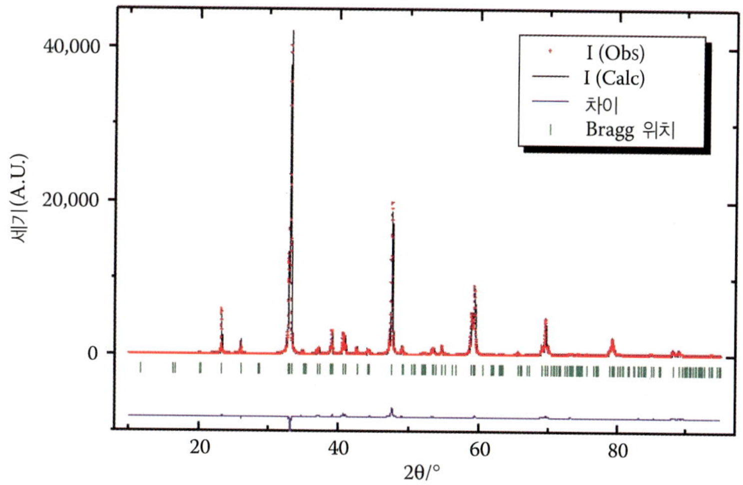

그림 2.11 Ti를 Ca으로 부분적으로 치환한 페로브스카이트의 Rietveld 분석 (Reinaudi, L. et al., *Journal of chemical society, Dalton Transactions*, 4258–4262, 2000. Reproduced by permission of the Royal Society of Chemistry.)

할 수 있다. 이 방법은 Oak Ridge의 Wollan에 의해 1945년에 처음으로 개발되었고, 1946년에 Schull이 이 연구에 합류하였다. 1994년이 되어서야 Schull은 이 업적으로 노벨상을 받았는데(Wollan은 이미 사망하였다.) 업적을 이룬 시기와 상을 받은 때와의 간격이 가장 긴 경우이다! 문헌에 실린 결정 구조는 대부분 X-선 회절을 통해 해결된 것들이다. X-선 회절계는 통상의 실험실에서 설치할 수 있지만 중성자는 이용 가능한 중성자의 소스가 흔하지 않기 때문에 훨씬 더 제한적으로 이용되었다. 게다가 중성자는 단색 선속이 작으므로 충분한 세기를 얻기 위해서는 큰 결정과 긴 측정 시간이 필요하다. 일반적으로 중성자 회절 실험을 위한 결정은 각 방향으로 최소 1 mm 정도의 크기가 되어야 하는데, 이와 같은 크기의 완벽한 결정을 성장시키는 것은 불가능하지는 않더라도 매우 어려울 수 있다. 따라서 대부분의 실험은 분말 회절 또는 우리가 앞 절에서 본 것처럼 나노 입자의 회절을 사용한다. 그러나 현재 프랑스 Laue-Langevin Grenoble 연구소, 영국 Rutherford 연구소, 테네시주의 Oak Ridge 국립 연구소 등에서 높은 에너지를 갖는 새로운 중성자 소스를 사용할 수 있게 되면서 중성자 연구에서 위와 같이 커다란 단결정의 필요성이 줄어들고 있다. 중성자 회절의 특장점은 매우 정확한 격자 정보를 줄 수 있고, 수소와 같은 가벼운 원자의 위치를 결정할 수 있으며, 자기적 구조를 그릴 수 있다.

de Brogile의 관계식에 의하면 움직이는 입자의 선은 다음 식을 따르면서 파동의 특성을 보여준다.

$$\lambda = \frac{h}{p} \tag{2.15}$$

λ는 파장, p는 입자의 운동량($p = mv$, 질량×속도)을 나타내며, h는 시료 플랑크 상수이다. 중성자는 우라늄 타겟에서 원자의 핵분열 과정에서 방출된다. 이때 중성자들은 매우 높은 속도와 매우 작은 파장을 갖는다. 원자로에서 발생된 중성자는 중수(heavy water)를 이용하여 감속할 수 있다. 이로 인해 약 0.1 nm(1 Å)의 파장이 발생되므로 구조 결정을 위한 회절 실험에 적합하다. 생성된 중성자는 넓은 범위의 파장을 갖고 있으며 단색광은 고정된 각도(Bragg 법칙을 따름)의 결정성 단색화 장치의 한 평면에 의한 반사를 이용하여 얻을 수 있다. 구조 연구를 위해서는 높은 선속의 중성자 발생 장치가 필요한데, 이것은 일반적으로 미국의 Oak Ridge나 프랑스의 Grenoble의 것과 같이 높은 선속의 원자로만이 적절한 장비라는 것을 의미한다.

영국의 Rutherford Laboratory와 같은 핵파쇄(spallation) 소스도 사용할 수 있다. 여기에서 중성자는 고에너지 양성자를 금속 타겟에 충돌시켜 얻는다. 우리가 지금까지 보아왔던 회절 실험은 단일 파장(λ)의 X-선을 사용하는 것으로 설계되었기 때문에, 회절된 모든 광선을 수집하기 위해서 Bragg 각도 θ를 변화시켜야 했다(Bragg 식: $n\lambda = 2d\sin\theta$). 파쇄 소스에서는 다른 파장을 갖는 전체 감속형 빔(moderated beam)이 고정된 각도에서 사용되며 회절 패턴은 중성자의 비행시간(time of flight)의 함수로서 기록된다($v = D/t$, 속도 = 거리/시간을 de Broglie 관계식에 치환하면 우리는 중성자의 파장이 시간(t)에 비례하는 것을 알 수 있다: $\lambda = \left(\frac{ht}{Dm}\right)$). 이 방법은 모든 광선을 사용하기 때문에 더 좋은 세기를 얻을 수 있다는 이점이 있다.

X-선과 중성자 회절 사이의 차이점은 산란 과정에 있다. X-선은 핵 주위의 전자구름에 의해서 산란되지만 중성자는 핵에 의해서 산란된다. X-선의 산란 인자는 원자에서 전자 수에 비례하여 증가하며 무거운 원자(큰 원자 번호)는 가벼운 원자들(작은 원자 번호)보다 훨씬 더 효과적으로 산란한다. 그러나 원자의 크기 효과 때문에 X-선과 전자 구름의 서로 다른 부분에서의 산란이 항상 같은 위상을 갖지는 않는다. 이에 따라 발생하는 상쇄 간섭으로 산란 인자는 sin θ/λ에 따라 감소한다(그림 2.12a). 그러나 핵은 매우 작기 때문에, 중성자 산란 인자는 sin θ/λ에 따라 감소하지 않는다. 그리고 핵들의 크기가 크게 다르지 않아 산란 인자들이 큰 차이를 보이지 않으며 수소의 경우에는 핵스핀 때문에 이례적으로 크다. 중성자 산란 인자가 sin θ/λ에 대해 거의 변하지 않는다는 사실은 X-선 패턴과 달리 높은 θ 각도에서도 데이터의 세기가 떨어지지 않는다는 것을 의미한다. 그래서 중성자 분말 패턴은 훨씬 더 많

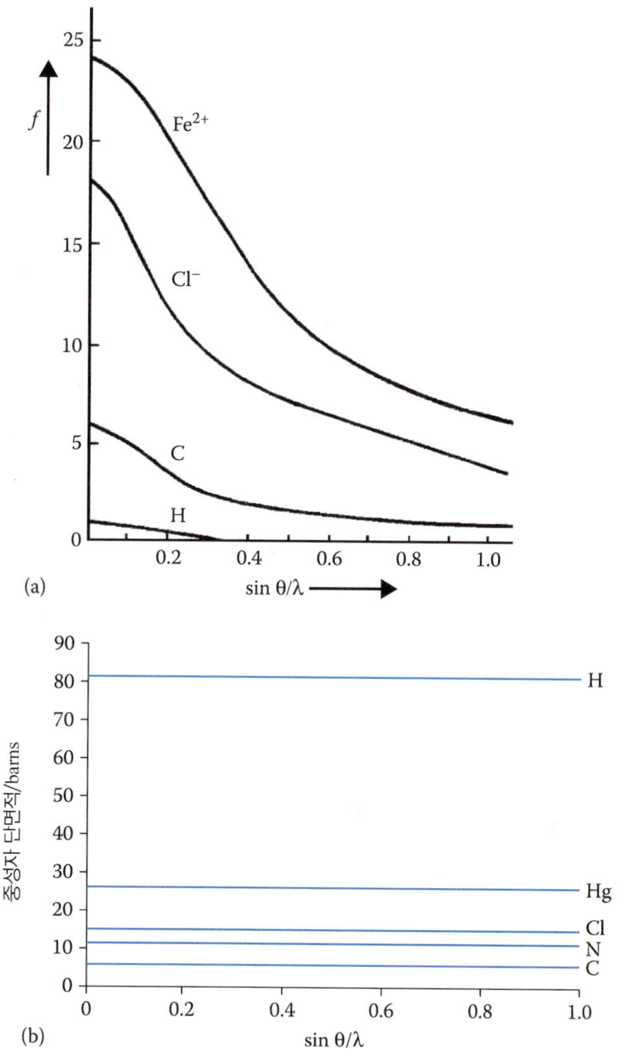

그림 2.12 sinθ/λ의 함수로서 표시한 (a) 수소, 탄소, 염소 및 철 이온의 X-선 산란 인자, (b) 몇 가지 원소의 중성자 산란 단면적

은 데이터를 제공할 수 있다. 중성자가 핵에 의해 흡수되고 나중에 방출될 때, 중성자 산란 인자도 **공명 산란(resonance scattering)**에 무작위로 영향을 받는다. 이는 중성자 산란 인자를 예측할 수 없으며 실험적으로 결정해야 한다는 것을 의미한다. 그리고 그 값은 원자들 그리고 동위 원소에 따라 다르다(그림 2.12b).

산란 메커니즘의 차이 때문에 X-선과 중성자에 의해 결정된 결합 길이가 약간 다를 수 있다는 것에 주목하라. X-선으로 얻은 원자 사이의 거리는 전자 구름의 크기에 의해서 왜곡됨에 따라 더 짧아지지만 중성자는 핵과 핵 사이의 정확한 거리를 제공할 수 있다.

중성자 회절로부터 얻는 훌륭한 고각도의 데이터는 원자의 위치를 정확하게 결정할 수 있다는 것을 의미한다. 따라서 훨씬 더 높은 정밀도를 갖는 구조를 해석할 수 있다. Rietveld의 프로파일 분석은 결정성 분말의 구조를 해석하는 데 이용되는데, 이 방법은 중성자 분말 회절에서 유래되었다.

2.5.1 중성자 회절의 이용

중성자의 산란 인자는 모든 원소에 대해서 비슷하며 가벼운 원자들도 무거운 원자들만큼 효과적으로 중성자를 산란시키기 때문에, 결정 구조에서 이들의 위치를 찾아낼 수 있다. 예를 들면 중수소와 텅스텐의 X-선 산란 인자는 각각 1과 74이지만 중성자에 대해서는 각각 0.667과 0.486이다. 이 특성은 특히 무거운 금속 원자의 존재하에서 수소 원자의 위치를 찾아내는 데 유용하다. 그런 조건에서는 X-선을 이용한 구조 해석이 어렵기 때문이다. 따라서 많은 문헌상의 중성자 연구는 수소 원자의 위치 또는 수소 결합을 찾고자 하는 목적으로 수행되어 왔다.

중성자는 결정에 흡수되지 않기 때문에 매우 강한 X-선 흡수체인 무거운 원자를 포함하는 물질을 연구하는 데 유용하다.

주기율표에서 서로 가까이 있는 원자들은 아주 유사한 X-선 산란 인자를 가지며, X-선 구조 결정에서 구분할 수 없는 경우가 있다. 산소와 플루오린 또는 합금에서의 유사한 금속들을 예로 들 수 있다. 중성자를 이용하는 구조 결정에서는 원자 번호가 유사한 원자들을 구별할 수 있다.

핵에 의한 중성자의 산란뿐 아니라, 상자성 원자들로부터 추가적인 중성자 자기(magnetic) 산란이 존재한다. 이것은 중성자가 스핀을 갖고 있어 중성자의 자기 모멘트가 원자의 자기 모멘트와 상호 작용할 수 있기 때문에 발생한다. 원자의 자기 모멘트는 전자 스핀의 배열에 기인한다. 따라서 이 상호 작용은 X-선 산란처럼, 전자 구름의 크기 때문에 Bragg 각도가 증가할수록 감소한다. 9장에서 볼 수 있듯이 상자성 결정의 자기 모멘트는 무작위로 정렬된다. 그러나 강자성(ferromagnetic), 준강자성(ferrimagnetic)과 반강자성(antiferromagnetic) 물질에서는 원자의 자기 모멘트는 정렬된다. 강자성 물질에서 자기 모멘트는 정렬되어, 모두 같은 방향을 향하며 서로 보강된다. 반강자성 물질에서 자기 모멘트는 정렬되어, 완전히 서로 상쇄된다. 그리고 준강자성 물질에서 정렬은 자기 모멘트의 부분적인 상쇄를 초래한다. 이와 같이 정렬된 자기 모멘트에서 편광된 중성자의 자기 산란은 자기 Bragg 피크를 발생시킨다. 예

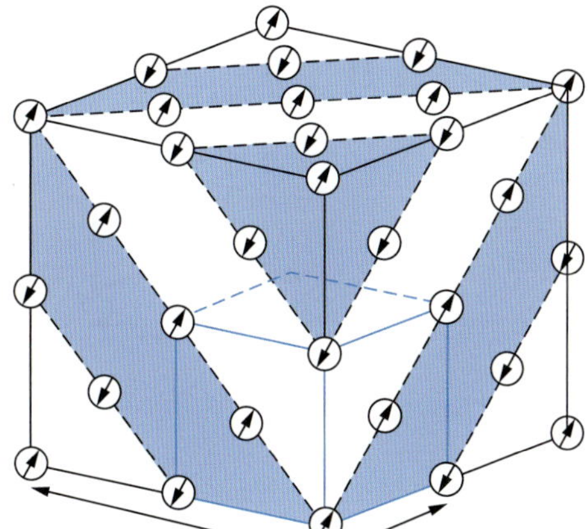

그림 2.13 NiO의 자기 배열. Ni 평면만을 그렸으며 번갈아 있는 조밀 채움 층은 서로 반대 방향의 자기 모멘트를 갖는다. 자기 단위 세포 길이가 보통의 단위 세포의 길이의 두 배가 되는 것에 주목하라.

를 들어 X-선 회절에 의해 결정된 NiO 구조는 NaCl의 구조와 동일하다. 그러나 120 K 이하의 중성자 회절에서는 자기 상호 작용 때문에 추가 피크를 볼 수 있으며 이것은 셀 길이가 처음의 **두 배**가 되는 자기 단위 세포를 의미한다. 이것은 번갈아 나오는 조밀 채움 층의 니켈 원자가 반대 방향으로 정렬된 자기 모멘트를 갖기 때문이며 이들은 반강자성 성질을 초래한다(그림 2.13).

중성자 데이터로 정확한 격자 상수를 얻을 수 있어 금속의 스트레스에 의한 차이를 지도로 그릴 수 있다. 이것은 항공 기술과 자동차 부품의 스트레스 분석 등에 이용되고 있다.

현재는 나노 결정성 물질의 결정 구조에 대한 관심이 증가하고 있다.

2.6 X-선 현미경 / X-선 컴퓨터 단층 촬영

주로 X-선 컴퓨터 단층 촬영(CT)이라고 불리는 X-선 현미경(XRM) 기술은 오랫동안 존재해 왔다. 3차원의 X-선 이미지를 얻기 위해 환자가 'CT 스캔'을 받는 경우의 의료 영상에서 이 기술을 알 수 있다. 몸 전체 또는 일부에서 수백 개의 2차원 X-선 이미지를 촬영한 다음, 이 '단면'들을 컴퓨터로 재결합하여 3차원의 이미지를 만든다. 지난 15년의 개발로 X-선 CT가 재료 과학에 있어 마이크로론(μCT) 및 서브 마이크로론(서브 마이크로 CT)/나노 범위(나노 CT)의 분해능으로 3차원의 이미지를 얻기 위

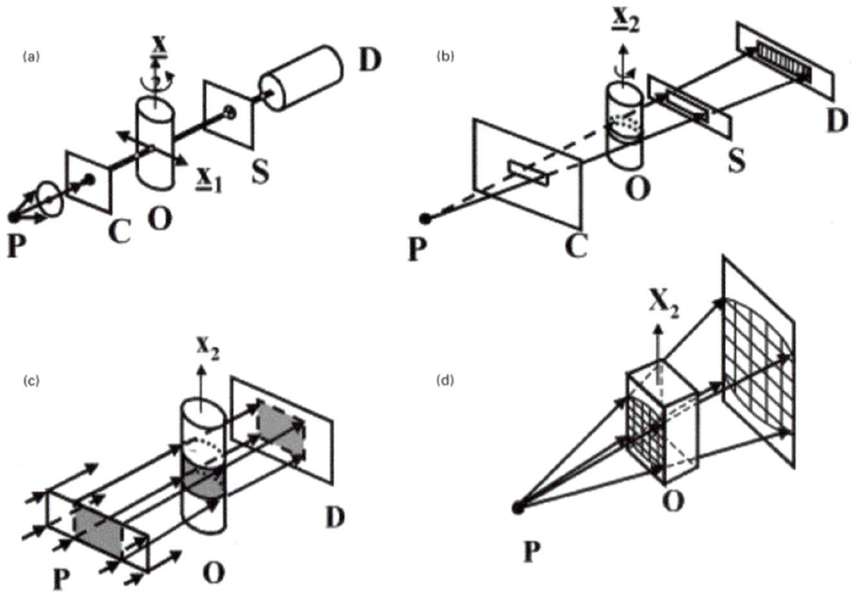

그림 2.14 X-선 마이크로 컴퓨터 단층 촬영 / 현미경의 도식도. (a) 연필, (b) 팬, (c) 평행, (d) 콘 빔 방법. P는 X-선 소스, C는 평행화기, O는 영상화되는 대상이다. x_2는 다른 영상이 보이도록 시료가 회전하는 축이며 S는 슬릿, D는 검출기이다.

한 중요한 분석 기술로 인식되었다. 주로 더 강력하고 집중된 X-선 소스, 그리고 고급 광학 장치 및 빠르고 민감한 2차원의 영역 감지기를 사용할 수 있기 때문이다.

재료 과학 분야의 μCT 및 나노 CT를 사용하면 비파괴적으로 재료의 전체 미세 구조를 광학 현미경과 동등하거나 더 좋은 공간 분해능으로 3차원 영상화할 수 있다. 광학 현미경이나 전자 현미경과는 달리 XRM은 표면 분석 기술이 아니다. 이는 전체 표본의 3차원 이미지를 정확하게 제공한다. X-선을 사용할 때 유리로 된 렌즈를 사용할 수 없으므로, X-선 빔이 시료에 직접 닿고 재료 내부의 감쇠에 따라 방사선 사진이 촬영된다. 원칙적으로 이는 병원에서의 X-선 이미지를 훨씬 더 나은 분해능(해상도)의 3차원 이미지로 찍는 것과 같은 기능을 한다.

XRM의 기본 설정과 계측기에 적용되는 4가지의 다양한 기하 구조는 그림 2.14에 설명되어 있다. 그러나 어떤 경우에도 여러 각도에서 시료의 방사선 사진을 촬영하고 강력한 컴퓨터를 사용하여 재조합해야 한다. 이 방법은 단결정 X-선 회절과 매우 유사하다. 가장 큰 차이점은 후자의 경우, 감쇠 영상이나 방사선 사진 대신 회절 영상이 촬영된다는 것이다. 이러한 X-선 이미지의 분해능(해상도)은 X-선 빔의 크기와 일관성, 초점 광학 장치, 감지기의 감도 및 분해능에 따라 크게 달라진다. 따라서 가장 큰 문제는 시료나 물체의 크기와 무관하게 고분해능을 달성하는 것이다. 이 경우

분해능은 공간 분해능으로서, 3차원적으로 표현되어야 한다. 2차원 영상에서 분해능은 이미지를 생성하는 데 사용되는 가장 작은 증가분의 실제 크기(픽셀 크기)로 나타낼 수 있다. 3차원에서는 가장 작은 증가분을 복셀(voxel)이라고 한다.

μCT는 약 50 μm의 복셀 크기를 달성하는 데 반해, 서브 마이크론 또는 나노 CT는 1 μm 미만의 복셀 크기에 도달할 수 있다. 공간 분해능은 분석할 시료의 크기에 좌우된다. 이상적으로는 시료가 회전할 때 시야(field of view, FOV)의 안에 있어야 한다. FOV와 복셀 크기 간의 상호 작용은 실제 공간 분해능을 제공한다. 시료가 클수록 필요한 FOV가 커지고 복셀 크기가 커진다. 대부분의 제조업체에서는 개선된 광학 장치(추가 렌즈 또는 다른 초점 광학 장치)를 사용하여 표본의 크기에 상관없이 더 높은 공간 분해능을 달성한다. 이를 명확히 하기 위해 RaaD(특정 거리에서의 방사선) 또는 그냥 단순하게 달성 가능한 최소 복셀과 같은 다양한 매개 변수가 사용된다. 그 값은 10 또는 100배 이상의 다른 값을 가질 수 있다! 최신 마이크로 X-선 촬영기나 현미경으로 몇 마이크론에서 약 30 cm 사이의 크기의 표본에 대해 물체의 3차원의 X-선 이미지를 1 μm 미만의 분해능으로 촬영할 수 있다.

이 강력한 방법의 응용 분야는 지속적으로 확대되고 있다. 여기에는 복합재의 구조적 설명, 공정 제어, 비침습적 계측, 소비자 전자 제품, 성능 예측 및 실패, 역사적 인공물 분석, 다공성 매질의 이동, 응력 분석, 가열하거나 기체-고체 반응 중 재료의 거시적 구조에 대한 현장 분석이 포함된다.

제조업체에서는 지속적으로 새로운 기능(예를 들어 마이크로 또는 나노 입자에 대한 X-선 회절, 현장(*in situ*) 챔버, 미세 회절 등)을 추가하여 응용 범위를 확대하고 있다. 새로운 검출기의 개발이나 CCD 검출기와 광학 현미경의 혼용을 통해 나노미터 영역에서도 더 나은 분해능과 대비를 위해 매년 새로운 기술이 개발되고 있다. 그림

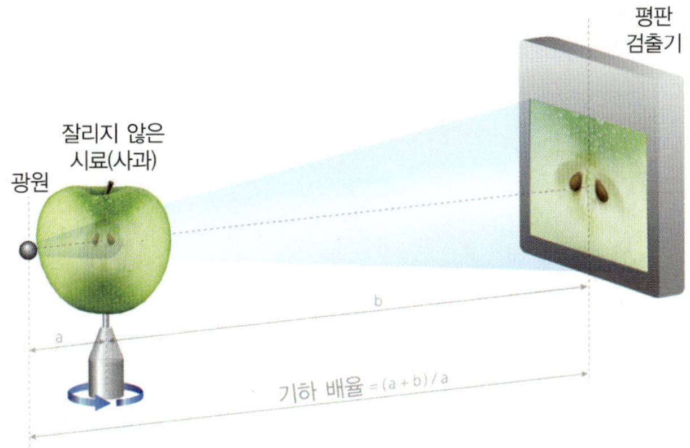

그림 2.15 기존의 마이크로 CT 구조: 좋은 분해능을 얻으려면 시료가 광원에 가까워야 한다.

2.15는 이러한 시스템의 일반적인 설정을 보여준다.

그림 2.16a~e는 μCT가 제공할 수 있는 다양한 영역 및 응용 분야의 다섯 가지 예시를 제공한다.

그림 2.16 X-선 단층 촬영. (a) 쇼트 케이크 비스킷, (b) 에어로 초콜릿, (c) 내부의 씨앗을 보여주기 위해 비파괴적으로 절단된 양귀비 씨앗 꼬투리, (d) 지름 50 mm의 철근 콘크리트 코어에서 비파괴적으로 분할된 와이어, (e) 미립자 성분을 나타내기 위해 스캔한 파라세타몰 캡슐 (μCT Images coutesy of The Hounsfield Facility, University of Nottingham.)

2.7 전자 현미경

전자 현미경은 고체의 구조, 형태 및 입자의 크기를 연구하고 결합을 분석하며 원소의 분포를 결정하기 위해 널리 이용된다. 전자 현미경의 기본 원리는 광학 현미경의 원리와 유사하지만, 가시광선이 아니라 가속된 전자선을 사용한다는 점에서 다르다. 전자의 파동-입자 이중성 때문에, 전자들은 높은 에너지에서 전자파와 같이 행동하며 아주 짧은 파장(λ)을 갖는다. 전자의 파장은 현미경이 갖는 분해능의 최저 한계를 결정하며 손쉽게 계산할 수 있다.

전압 V로 가속된 후의 전자의 운동 에너지는 $\frac{1}{2}mv^2 = \mathrm{eV}$이다. $v = \frac{p}{m}$으로 쓸 수 있고, 여기서 p는 전자의 운동량이다. 대입하면 $\frac{p^2}{2m} = \mathrm{eV}$가 되는데, e와 m은 각각 전자의 전하와 질량을 나타낸다. 식 2.14의 de Broglie 관계식, $p = \frac{h}{\lambda}$(h는 Plank 상수)을 사용하면 $\frac{h^2}{\lambda^2} = \mathrm{eV}$를 얻는다. 재배열하면 $\lambda = \frac{h}{\sqrt{2\,\mathrm{meV}}}$이며, h, m, e의 값을 넣으면 다음 식을 얻는다.

$$\lambda = 1.23(V)^{-1/2}\ \mathrm{nm} \tag{2.15}$$

(이것은 상대론적 보정을 무시한 것으로, 이 효과는 운동 에너지가 전자의 정지 질량 에너지인 511 keV로 근접하면 중요해진다.) 100 kV의 가속 전위 V의 경우 $\lambda = 0.0123$ nm(0.123 Å)이다.

최고의 성능을 가진 전자 현미경의 분해능의 최저 한계는 실제 얻을 수 있는 분해능보다 많이 뒤떨어진다. 광학 현미경의 경우에는 얻을 수 있는 분해능을 한계치에 가깝게 달성하고 있다. 이는 광학 렌즈가 전자기적 렌즈보다 우수하다는 사실을 보여준다.

전자빔은 텅스텐 필라멘트, 헥사붕소화 란타넘(LaB_6) 결정을 가열하거나 텅스텐 또는 지르코늄 산화물의 캐소드(환원 전극)를 이용하는 필드 방사 총(field emission gun; FEG)으로부터 얻는다. 빔은 높은 진공 상태에서 자기 코일 자석에 의해 작은 점으로 모이게 된다. (진공은 불필요한 입자와 빔의 상호 작용을 방지한다.) 검출은 섬광 계측기, 필름이나 CCD, 또는 CMOS(상보성 금속 산화물 반도체) 감지기라고도 하는 모놀리식(monolithic) 활성 픽셀 센서에 의해 가능하다. Dubochet, Frank 및 Henderson이 2017년 노벨 화학상을 받은 Cryo EM(Cryo Electron Microscopy)이 최근 개발되면서, 가장 우수한 기기에서는 나노미터 이하 수준의 분해능을 얻을 수 있다. 분자량이 50,000 g/mol보다 큰 분자(단백질, 효소)의 3차원 구조를 설명할 수 있으며 Cryo EM은 대부분 화합물을 결정화할 필요가 없으므로 단백질 결정학의 진정한 대안이 되었다.

2.7.1 주사 전자 현미경

1~30 kV의 전위로 발생된 고에너지의 단색화된(monochromatic) 전자들은 작은 크기의 집중된 빔을 형성하고 이것이 시료의 표면에 주사된다. 그림 2.17은 기기의 개요를 보여준다. 전자들은 높은 전압에서 생성되고, 집광 렌즈에 의해 집중된다. 큰 각도의 전자들은 작은 구멍에 의해 제외되며 빔은 두 번째 집광 렌즈에 의해 한 번 더 모인다. 코일 세트가 그리드의 시료 표면을 가로질러 빔을 쓸고 지나가고 대물 렌즈는 마침내 시료 위에 빔을 집중시킨다. 전자들은 표면 근처의 상호 작용이 가능한 부피 내에서 원자와 충돌하고 이러한 원자들로부터 생성된 신호는 후방 산란 전자

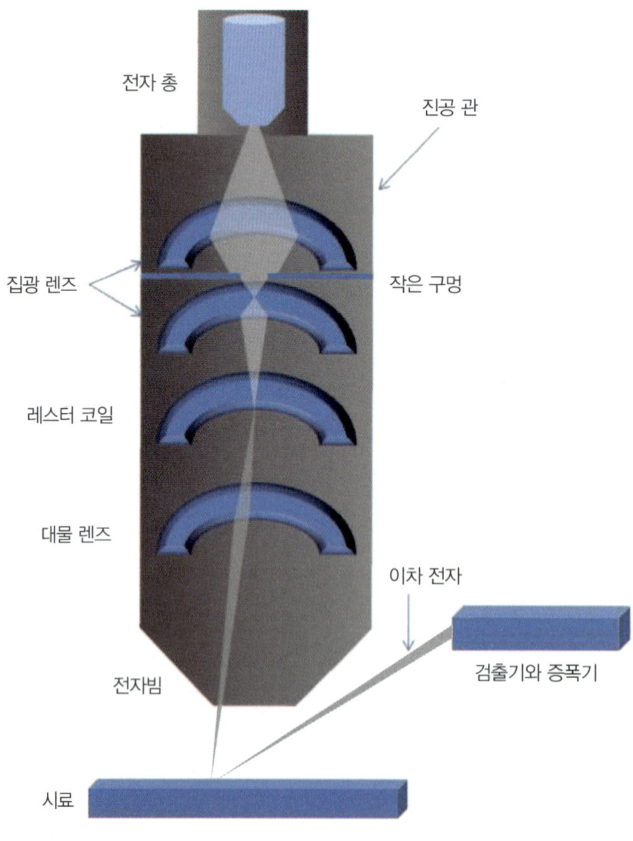

그림 2.17 SEM 기기의 개략도

(탄성 산란에 의한 전자의 반사), 비탄성 산란에 의해 방출된 이차 전자와 (이차 전자의 생산에 의한) 특성 X-선을 포함한다. 구조의 SEM 이미지는 주로 저에너지 이차 전자 때문이다. 시료의 깊은 곳에서 생성된 이차 전자들은 흡수되지만 표면에 가까운 이차 전자들은 시료에서 벗어나 모이고 검출될 수 있다. 이러한 이차 전자들은 섬광 검출기를 향해 가속되고, 광전자 증배관에 의해 증폭되어 표시된다. 전자의 개수는 이미지의 밝기를 결정한다.

후방 산란된 전자는 더 많은 에너지를 가지며, 시료의 표면에서 벗어날 때 이미지 검출기 쪽으로 향하지는 않는다. 전자들은 원자 번호가 높을수록 더 강하게 후방 산란된다. 따라서 이 전자들을 따로 수집하여 비탄성 산란으로부터 방출되는 특성 X-선과 함께 시료 표면의 정성 및 정량 원소 분석에 활용할 수 있다.

다른 신호를 검출하여 촉매, 광물 및 고분자와 같은 시료의 지형 표면 지도를 만들 수 있다. 이 지도 또한 입자 크기, 결정 형태, 자기 영역(magnetic domains), 표면 결함(그림 2.18)을 확인하고, 원소 분석을 수행하며, 전기 전도성과 같은 다른 물성을 결정하는 데 유용하다. 필드의 깊이를 크게 하면 표면의 이미지에 3차원의 모습을 얻을 수 있다. 10 배율에서 50만 배율까지 넓은 범위의 배율도 이용할 수 있고, 최고의 장비를 사용하면 약 1 nm 또는 그보다 더 작은 크기의 분해능도 가능하다.

시료는 최소한 표면에라도 전도성이 있어야 하며, 비전도성 시료는 금, 흑연 또는

그림 2.18 V_2O_5와 반응 후 β-Sb_2O_4에서 성장한 $VSbO_4$ 결정을 보여주는 SEM(bar = 40 μm)(From Professor Berry F. J., Open University. With permission)

유사한 물질로 코팅시킬 필요가 있다. 전기 접지는 표면에 전하의 쌓임을 방지한다.

SEM의 분해능은 집중된 빔의 크기와 렌즈 시스템에 의존하며, 이 둘은 최선의 결과를 도출하도록 신중하게 균형을 이루어야 한다. 집광 렌즈에서의 더 높은 전류는 스팟의 크기를 더 작게 하고 그 결과 표면의 더 작은 특성에 민감해져서 더 높은 분해능을 제공한다. 그러나 이 경우 검출기에 도달하는 전자의 수는 감소한다. 이 방법은 더 높은 에너지(더 짧은 파장)의 전자를 이용하는 투과 전자 현미경(2.7.2절)이 할 수 있는 개별 원자를 구분하는 데는 적당하지 않다. SEM은 실험실에서 널리 이용 가능하며, 사용하는 기기에 따라 일반적으로 0.5~20 nm의 분해능을 제공한다.

2.7.2 투과 전자 현미경

투과 전자 현미경(TEM)은 가시광선을 사용하는 일반적인 현미경보다 높은 분해능을 제공할 수 있으며 아주 높은 에너지의 전자를 이용하기 때문에 SEM보다도 더 높은 분해능을 제공한다. 5천만 배율 또는 그 이상에서 0.1 nm(1 Å)보다 작은 분해능을 얻을 수 있다. TEM은 고진공 상태에서 전자총과 전자기 렌즈의 조합을 사용하여 아주 얇은 시료를 투과하는 전자로부터 고체의 직접적인 고배율 이미지를 제공한다. 몇백 나노미터 이하의 두께를 갖는 아주 얇은 시료가 고에너지 고밀도의 전자빔을 맞게 되는데 이 빔은 보통 텅스텐 필라멘트 또는 헥사붕소화 란타넘 결정을 이용하여 100~300 kV의 전위차에서 만들어진다. 가속 후 전자들은 두 개의 집광 렌즈에 의해 빔을 형성하고 대물 렌즈에 의해 시료에 집중된다. 이에 더하여 복잡한 4극, 6극 또는 8극의 자기 렌즈들을 빔의 찌그러짐을 수정하기 위해 사용할 수 있다.

전자의 일부는 표면의 원자와 충돌하여 방향을 바꾸고 (이러한 전자들은 탄성적 또는 비탄성적으로 산란될 수 있다) 시료를 통과한 나머지 전자들은 검출되어 2차원의 영상을 만든다. 생성된 빔은 형광판, 필름 또는 CCD와 같은 검출기의 프로젝터 렌즈에 의해 확대된다. 보통 장비는 직접 빔(명시야상, bright-field image) 또는 회절된 빔(암시야상, dark-field image)에서 작동할 수 있도록 선택할 수 있다.

일반적으로, 일차 빔이 시료를 통해 지나간 후에 수집되면, 이미지는 밝은 배경에 어두운 양상으로 보인다(**명시야 방식(bright-field mode)**). 높은 원자 번호의 원소에 의해 많은 전자가 흡수된 시료의 영역 또는 시료의 더 두꺼운 부분은 어둡게 보여 시료의 2차원 프로젝션이 얻어진다(그림 2.19).

그러나 **암시야 방식(dark-field mode)**에서는, 검출기는 결맞는 후방 회절(coherent

(a) 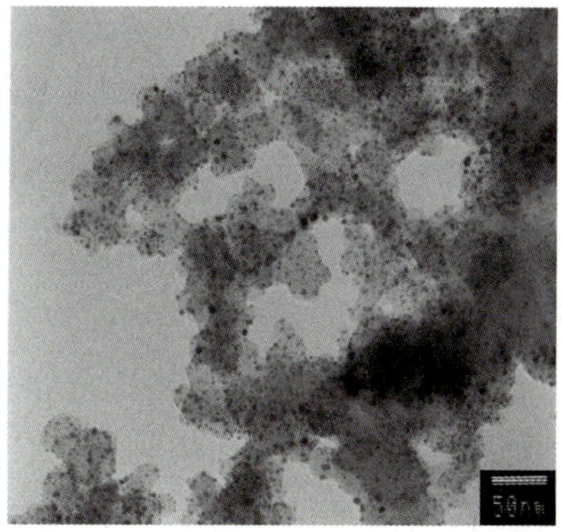

(b) 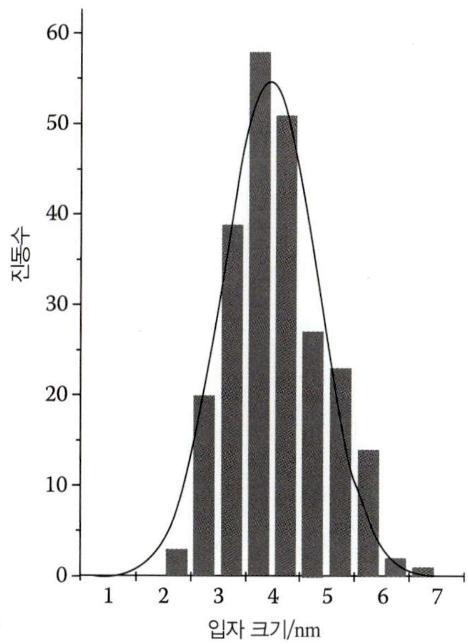

그림 2.19 (a) C 위의 Pt/Cr 바이메탈 위에 올려진 촉매의 TEM 이미지, (b) 촉매의 금속 입자 크기 분석

back diffracted) 전자들(Bragg 반사)을 수집하기 위해서 시료의 앞에 위치할 수 있다. 작은 구멍은 일차 전자빔을 배제하고, 시료를 기울여서 특정한 Bragg 반사를 선택할 수 있으며, 이미지는 어두운 배경에 선택된 반사의 밝은 부분으로 생성된다. 이 방법은 특히 격자 결함의 위치와 형태를 연구하는 데 유용하다(5장 참조).

고분해능의 기기(**고분해능 투과 전자 현미경[HRTEM]**이라고도 함)에서는 전자빔의 상뿐만 아니라 진폭의 정보를 얻는 방법이 사용된다. 큰 조리개는 시료를 직접 통과하는 입사–산란된 빔이 검출기에 도달하도록 한다. 결맞는 탄성 산란된 빔들이 간섭하여 이미지를 형성하는데(phase contrast라고 부름) 이것으로부터 원자 위치에 대한 정보를 얻을 수 있다.

시료를 통과해서 전자가 지나가기 때문에 TEM/HRTEM으로는 전체 구조를 얻을 수 있고, 따라서 상 경계면, 전단면(shear planes) 등과 같은 결정의 결함을 감지할 수 있다. 최고 분해능의 기기에서는 0.1 nm 이하의(< 1 Å) 분해능을 얻을 수 있어 각 원자와 결합의 이미지를 얻을 수 있다(그림 2.20). 다른 각도에서 찍은 결정의 모습을 조합함으로써, 3차원 결정 구조를 얻을 수도 있다.

TEM 분해능의 한계는 사용 렌즈계의 수차(aberration)에 의해 결정되며, 이는 빔의 초점에 영향을 미친다. 여기에는 세 가지 주된 문제가 있다. **난시(astigmatism)**, **색수차(chromatic aberration, C_c)**, **구면 수차(spherical aberration, C_s)**이다. 난시는

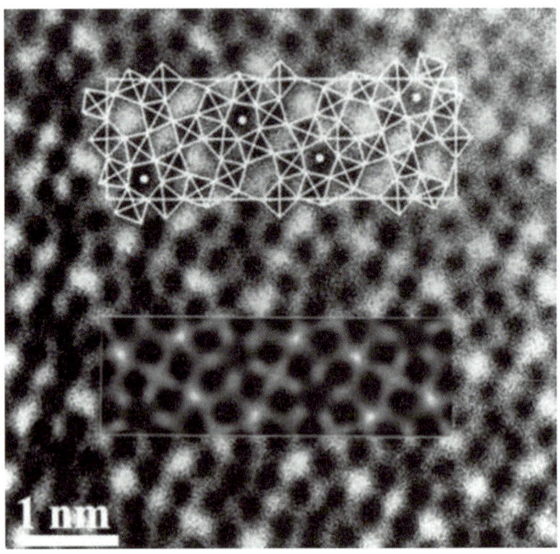

그림 2.20 *011* 방향의 텅스텐 브론즈, $Nb_4W_{13}O_{47}$의 HRTEM 이미지. 삽입된 그림은 구조 모델 및 시뮬레이션을 보여준다. (From Dr. Frank Krumeich. With permission)

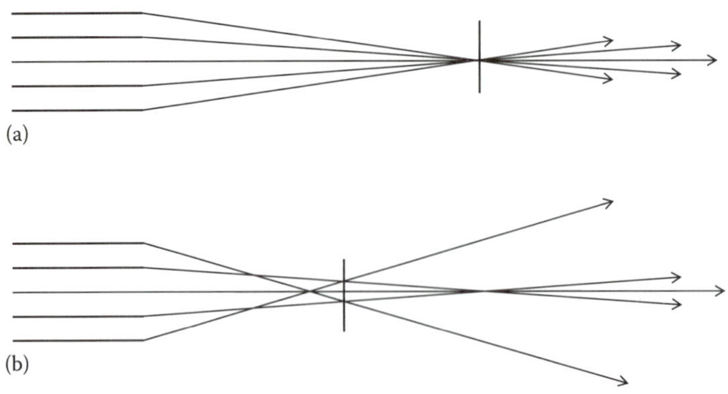

그림 2.21 (a) 하나의 초점으로 모이는 전자와 (b) 렌즈의 구면 수차에 의해 디스크에 모이는 전자를 나타내는 그림

빔의 단면이 원형보다는 타원형인 것에 기인한다. 색수차는 전자가 단색광이 아니며 에너지의 범위에 의해 다른 파장을 갖기 때문에 발생한다. 구면 수차는 그림 2.21에 도식으로 나타내었고, 이것은 전자가 집광 렌즈를 통과하며 큰 각도로 회절되는 빔의 외곽 전자들이 작은 각도로 회절되는 중심의 전자들로부터 축의 다른 위치에 초점으로 모여 스팟보다는 초점 디스크를 만들어 발생한다. 근래의 발전은 이제 0.05 nm(0.5 Å) 이하의 분해능을 달성하도록 수차(2.7.4절 참조)에 대한 미세 보정을 가능하게 했다.

2.7.3 극저온 전자 현미경

극저온 전자 현미경(Cryo EM)은 저온 영역의 투과 전자 현미경이다. 20년 전까지만 해도 이는 신호 대 잡음 비를 줄이기 위해 고체를 저온으로 동결시키는 것을 의미했다. 그러나 최근에는 결정화 없이 전자 현미경을 이용하여 단백질, 바이러스, 효소 등의 큰 생물학적 분자의 구조를 결정할 수 있는 기술을 주로 사용하고 있다. J. Dubochet, J. Frank 및 R. Henderson은 Cryo EM 개발로 2017년 노벨 화학상을 받았다. 이 발견은 구조 화학 분야에서 획기적인데, 이전에는 원자 수준에서의 구조 규명은 결정질 시료에 대한 회절 실험을 수행해야만 가능했기 때문이다. 단백질이나 효소와 같은 거대 분자는 결정화하기가 매우 어려우므로 충분한 크기와 품질의 단결정을 성장시킬 수 없기 때문에 이러한 화합물 중 일부는 구조 결정이 불가능한 경우가 많았다.

일반적으로 Cryo EM에서는 거대 분자를 유리화된 물, 즉 비정질 유리로 응고된 물에 넣어 관찰한다. 결정질 물(얼음)은 전자빔을 회절시키기 때문에 이런 수행이 불가능하다. 모든 전자 현미경 검사는 진공 상태에서 수행되어야 하므로 시료는 이러한 극심한 조건을 견딜 수 있어야 한다. 유리화된 물질에 시료를 삽입하면 화합물이 증발하는 것을 방지할 수 있다. 시료는 수용액 또는 거대 분자의 현탁액을 매우 미세한 격자에 떨어뜨려 준비한다. 그다음 액체 에테인(−190℃)에 조심스럽게 담근다. 물이 −140℃ 이상의 온도에서 결정화되기 시작하기 때문에 여기에서의 온도가 매우 중요하다. 잘 분해된 3차원 이미지를 얻으려면 강력한 컴퓨터/소프트웨어로 여러 이미지를 촬영하고 처리해야 한다.

2.7.4 에너지 분산형 X-선 분석

우리가 2.2.1절에서 본 것처럼, 원소에 입사하는 전자빔은 특성 X-선의 방출을 초래한다. 안쪽 껍질의 전자가 들뜨고 그 껍질로부터 방출되어, 전자 홀이 만들어지면 더 높은 에너지의 껍질의 전자가 그 구멍을 채우기 위해 아래로 떨어지며 X-선의 형태로 여분의 에너지를 방출한다. 전자 현미경에서 전자들은 비탄성적으로 산란되며 이차 전자들이 존재하고 있는 다른 원소들이 특성 X-선을 방출하게 한다. 이것을 대물 렌즈 시스템에 놓인 실리콘–리튬 검출기에 의해 분리할 수 있으며, 각 신호를 모아 증폭시키고 흡수 및 다른 효과에 대한 보정을 거쳐 존재하는 원소(원자 번호 11번 이상의 원소)의 정성 및 정량 분석을 한다. 이 기술은 **에너지 분산형 X-선 분석(energy dispersive analysis of X-rays, EDX 또는 EDAX)**이라고 알려져 있다(그림 2.22).

실리콘 드리프트 검출기(SSD)와 같은 새로운 검출기는 보통의 Si(Li) 계통보다 더 큰 각도로 X-선을 수집할 수 있어 더 짧은 수집 시간과 더 좋은 카운트 속도를 가능하게 하는 장점을 갖고 있으며 액체 질소로 냉각할 필요가 없다.

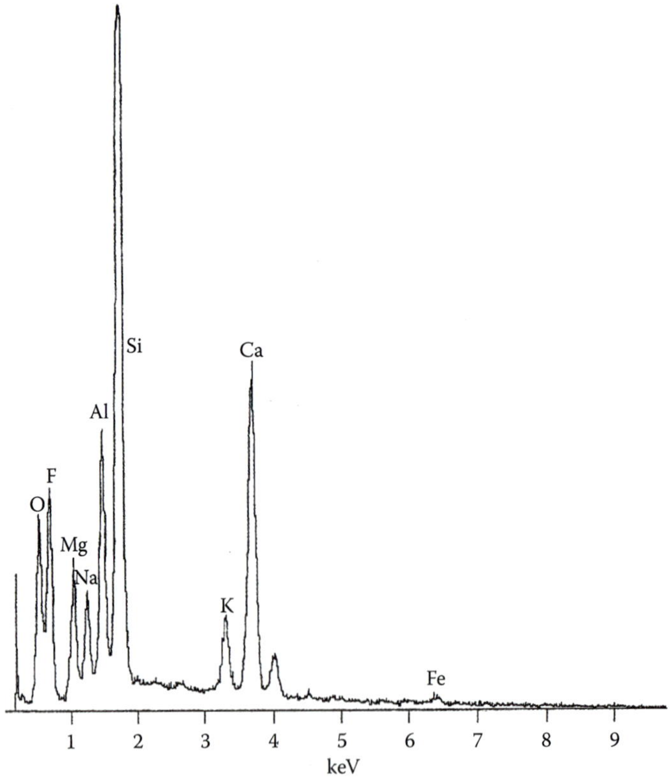

그림 2.22 유리의 EDAX 분석

2.7.5 주사 투과 전자 현미경

주사 투과 전자 현미경(scanning transmission electron microscopy, STEM)은 SEM의 주사 능력과 고분해능의 TEM을 결합한 것이다. 이를 위해 전자빔을 매우 작은 스팟(< 1~10 nm)으로 집중하여 시료에 주사한다. 투과 전자는 시료의 표면과 내부 구조의 고분해능의 이미지를 제공하기 위해 수집된다. TEM에서와 같이 이차 및 탄성 산란 전자뿐만 아니라 특성 X-선 스펙트럼까지 화학 구조 및 구별을 위한 데이터를 얻기 위해 수집한다. 투과 방식이기 때문에 시료를 매우 조심스럽게 만들어야 하며, 아주 얇아야 한다. 이 장비는 매우 고분해능의 이미지를 제공하기 때문에, 온도의 변화가 작고 진동 및 방사선이 없는, 문 닫는 소리조차 허용되지 않는 아주 까다로운 환경에 설치하여야 한다.

STEM의 고각도 산란 전자들도 **고각도 환형 암시야 영상(high-angle annular dark-field imaging, HAADF)** 또는 **Z-대비 영상(Z-contrast imaging)**이라 불리는 매우 유용한 형태의 이미지를 제공한다. Bragg 식($n\lambda = 2d\sin\theta$)을 보면 이 장비에서 사용하는 에너지가 크고 파장이 짧은 전자가 결맞는(coherently) 산란 전자에 대해 매우 작은 Bragg 각도를 초래한다는 것을 알 수 있다. 그러나 고각도 산란 전자도 발생하며, 이들은 핵과의 긴밀한 상호 작용으로 방향이 바뀌게 된다. 이 경우에 각 원자는 독립적인 산란자로서 행동하며, 이들 사이에 간섭이 없다. 이 전자들은 결어긋난(incoherent) 전자이다. 각 결어긋난 산란의 세기는 단순히 모든 원자에 대한 합이며, 원자 번호에 매우 민감하다. 이러한 고각도의 전자들은 환형 암시야 검출기를 가지

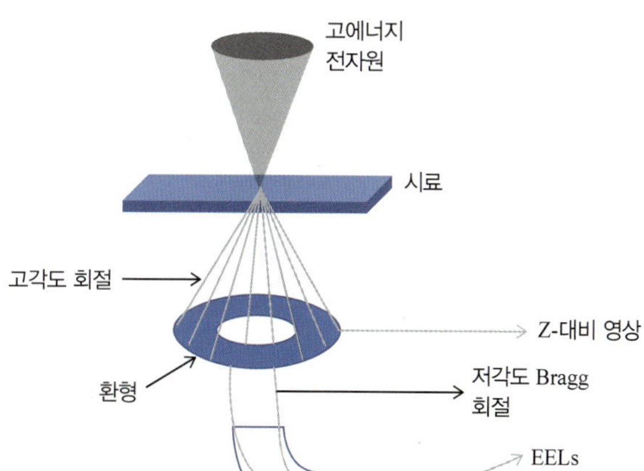

그림 2.23 STEM을 이용한 고각도 환형 암시야 영상(HAADF)의 도식도

고 수집할 수 있다. 이것은 환형(고리) 주위의 일차 빔을 통과하는 전자들을 수집하고 낮은 각도의 Bragg 산란 전자들을 통과시킨다(그림 2.23). 얻어진 이미지에서 각 위치의 세기(intensity)는 시료에서 그 위치에 있는 원자들의 기둥(column)의 평균 원자 번호를 나타내어 시료에 존재하는 다른 여러 원자의 위치에 관한 정보를 제공한다.

2.7.6 전자 에너지 손실 분광법

그림 2.23의 STEM 기기의 도식도는 얇은 시료를 통하는 투과 전자빔의 또 다른 분석 형태인 **전자 에너지 손실 분광법(electron energy loss spectroscopy, EELS)**을 나타낸다. 일차 빔에서 300 kV의 전위를 걸면 전자는 300 keV의 운동 에너지를 가질 것이다. 비탄성 충돌 과정에서 이 에너지의 일부는 다른 전자로 이동될 수 있다. 투과된 전자의 운동 에너지 분포를 측정할 수 있으며, 이들의 특성 손실을 관찰하여 해석할 수 있다. EDX와 같이 이 기법은 종종 전자 현미경 관찰자들에게 또 다른 데이터의 원천이 된다.

비탄성적으로 산란된 입사 전자는 내부 껍질, 원자가 또는 전도 전자와의 상호 작용 그리고 **포논(phonons**, 결정 격자 진동)의 들뜸 때문에 충돌 중에 에너지를 잃게 된다. 따라서 전자빔은 **플라스몬(plasmons**, 전도성 고체의 전자 가스의 양자화된 진동)을 흥분시키고, 고체에서 띠 사이의 전자 전이(4장 참조) 및 내부 껍질 이온화를 유도할 수 있다.

특히 내부 껍질 전자의 이온화는 고체의 원소를 구별하는 데 유용하다. 이온화 도중에 그 에너지 준위로부터 전자를 내보내기 위해서는 입사 전자로부터 임계 문턱 에너지(E_c)가 전이되어야 한다. 입사 전자는 감소된 운동 에너지를 가지고 분광계를 거쳐 검출기까지 이동하고, 초기 및 최종 에너지의 차이를 측정한다. 임계 에너지보다 더 큰 에너지($E > E_c$)가 배출되는 전자에 제공될 수 있다. 에너지 손실이 증가함에 따라 흡수 세기가 감소하여 스펙트럼에서 뚜렷한 불연속이 나타난다. 이것은 내부 껍질의 특정 에너지에 대응하고, 따라서 원소의 특성이 되며, **흡수단(absorption edge)**이라고 알려져 있다. 흡수단의 미세 구조는 띠 구조에 대한 정보를 제공하며 반도체의 띠간격을 정확하게 측정하는 데 유용하다. 흡수 세기의 측정을 통하여 원소의 농도에 대한 정보를 얻을 수 있다. 임계 이온화 에너지는 원자의 화학적 환경에 민감하기 때문에, 구조에서 결합에 대한 정보를 EELS를 통해 얻을 수 있다.

에너지 손실 증가의 순서대로, 비탄성 전자 산란의 순서는 포논 0.02 eV, 띠 사이

전이 5~25 eV, 플라스몬 5~25 eV, 이온화 10~1000 eV이다. 따라서 스펙트럼은 자연스럽게 50 eV까지의 플라스몬과 띠 사이 전이에 의한 에너지 손실을 갖는 낮은 손실 영역과 내부 껍질로부터 이온화에 의한 50 eV 이상의 높은 손실 영역의 두 부분으로 나누어진다.

이 방법은 가벼운 원소를 감지하는 데 특히 유용하다.

2.7.7 superSTEM

STEM의 분해능을 개선시키기 위해서, 아주 높은 에너지의 전자와 초미세 스팟뿐만 아니라 빔의 불안정성과 수차 문제를 제거하는 것도 필요한데 이것이 **superSTEM** 제작의 목표이다. 유럽에서 첫 번째 superSTEM 장비는 영국 Daresbury에 설치되었다. 이 장소는 지질학적으로 사암의 안정성을 갖고 있으며 장비는 독립적인 기반과 전원 공급 장치 그리고 섬세하게 조절되는 온도와 공기조절 장치가 있는 건물에 설치되었다. 뿐만 아니라 장비들은 문제 발생의 가능성이 있는 모든 것, 외부의 방사선 및 소음 등으로부터 보호되어 있다.

빔에서 구면 수차(C_s)(그림 2.21)를 교정하는 능력은 영국 Cambridge University의 Krivanek, Dellby, 그리고 Brown의 업적 덕분에 근래에 대단히 향상되었다. 그 방법은 음의 구면 수차를 도입하여 양의 수차를 상쇄시키는 것이다. 그들은 모든 선(rays)이 공통된 점에 초점을 맞추도록 빔의 진행 방향을 따라 복합적인 일련의 자기 렌즈(4극자와 8극자)를 사용하여 이를 달성했다. 이 기기의 최종 성능은 1 ppm 이하의 안정성과 3배 정도 향상된 0.1 nm 이하(< 1 Å)의 분해능(그림 2.23)을 보이는 등 매우 인상적이다.

2.8 주사식 탐침 현미경

고체 표면의 특성에 대한 연구는 통틀어서 **주사식 탐침 현미경(scanning probe microscopy, SPM)**이라고 알려진 일련의 방법을 사용하여 수행한다. 이 방법들은 원자 수준의 모습에 이르기까지 표면의 직접적인 이미지를 제공한다. 이 방법들이 가진 공통의 특징은 매우 작은 탐침이 미세한 격자 표면을 가로질러 이동하는 동안 탐침과 표면의 상호 작용을 추적하는 것이다. 표면에 대한 정보는 위치에 따른 상호 작용의 변화로부터 수집한다. 주사식 탐침 기술의 시작은 도체 및 반도체 표면이 원자의 해상도로 그려질 수 있도록 한 **주사 터널링 현미경(scanning tunnelling microscopy, STM)**이었다. 이것은 스위스 IBM의 Gerd Binning와 Heinrich Rohrer에 의해 1980년대 초반에 발명되었고 그들은 1986년에 노벨 물리학상을 받았다. 부도체의 표면을 연구하는 방법을 찾아 Binning, Quate 그리고 Gerber는 몇 해 후에 **원자 힘 현미경(atomic force microscope, AFM)**을 발전시켰다. 그 이후에, 원자 수준에서 표면의 특성 물성을 조사하는 수많은 다른 현미경 기술이 개발되었다. 예를 들어, 근접장 주사 광학 현미경(NSOM)은 시료에 광선을 비추어 렌즈가 아닌 파장보다 더 작은 크기의 구멍을 사용하며, 현재 20 nm 미만의 공간적 분해능에 도달할 수 있다. 광주사 현미경(PSTM)은 광학 팁을 사용해서 광자가 뚫고 들어가게 한다. 자력 현미경(MFM)은 자기 구조를 조사한다. 전자기력 현미경(EFM)은 전기적 물성을 조사한다. 다른 방법들은 표면 마찰, 정전 용량, 접착력, 탄성 계수의 지도를 작성할 수 있게 한다. SPM은 흡착 분자를 조사하고 분자를 조작 및 이동시켜 표면에 단일 분자의 스펙트럼을 얻는 데 이용할 수 있다. 최근에 STM의 분해능은 표면의 분자와 원자를 추적할 수 있을 정도로 발전하여 확산, 촉매, 그리고 화학 반응의 연구에 관한 전망을 밝게 하고 있다.

2.8.1 주사 터널링 현미경

주사 터널링 현미경(STM)에서는 뾰족한 금속 와이어 팁을 전도성 또는 반도체성 고체 시료의 표면에 충분히 근접시켜(<1 nm) 전자가 두 물질 사이의 진공을 통해 이동할 수 있도록 한다. 작은 전압이 팁에 걸릴 때 퍼텐셜 차이를 만들면서, 시료 표면의 전자는 양전하의 팁에 끌린다(그림 2.24). 그러나 에너지 장벽은 전자가 시료에서 떨어져 나가는 것을 방지한다. 고체에서 최고 점유 레벨(Fermi 준위)에서 주변의 공간으로 전자가 방출되기 위한 에너지는 **일함수(work function, φ)**로 알려져 있다. 그러나 팁과 표면이 충분히 근접하면 양자 역학 효과가 작동하고, 그들의 전자의 파동함수가 중첩될 수 있으며, 전자가 장벽의 다른 쪽에서 발견될 수 있는 어느 정도의 확률을 갖게 된다. 이것은 **양자 역학적 터널링(quantum mechanical tunnelling)**으로 알려져 있으며, 피코암페어에서 나노암페어 범위의 매우 작은 터널링 전류를 생산한다. 전류의 크기는 간격의 크기에 매우 민감하며 거리가 0.1 nm 변하면 전류는 10배만큼 변화한다.

그림 2.24 원자의 조밀 쌓임 집합체를 깨끗하게 보여주는 Pt(*111*) 면

금속 팁은 고체를 가로질러 한 점 한 점씩, 한 줄 한 줄씩(주사하여) 앞뒤로 이동하며 스캔한다. 거리에 따른 터널링 전류의 급격한 변화는 표면에 원자 이미지를 제공한다(그림 2.24). 이 이미지는 일반적으로 일정한 터널링 전류를 유지하고 거리를 측정함으로써 얻어진다. 그렇게 함으로써 표면에 균일한 상태 밀도의 등고선을 만든다(4장 참조). 팁과 시료 간의 거리는 보통 0.4~0.7 nm이며, 이러한 매우 정교한 팁의 움직임은 높이를 조절하기 위한 피드백 전자를 이용하는 압전 결정체의 팽창과 수축에 의해 조정된다(9장 참조). 대개 납 지르코늄 타이타늄산염($PbZr_{1-x}Ti_xO_3$, PZT) 압전 결정체가 일반적으로 사용되며 1 mV로 약 1 nm 움직인다. 조정 값을 기록하고 이것을 그레이 스케일의 이미지로 얻지만 목적에 따라 인위적으로 높이, 곡률, 등을 따라 색을 입힐 수 있다. 평평한 표면에서는 높이를 일정하게 유지하며 더 빨리 스캔할 수 있는데 이로부터 전류 변화의 이미지를 얻어 표면의 전하 밀도 지도를 그릴 수 있다.

STM은 퍼텐셜의 부호를 변화시킴으로써 터널링의 방향을 역전시켜, 채워지거나 채워지지 않은 상태 밀도를 모두 그릴 수 있다. 전압을 바꾸어서 전자가 다른 에너지 준위 사이의 터널링을 유도하여 화학적 정보를 얻을 수 있다. 따라서 지도는 개별 원자 또는 결함의 위치를 나타내는 정도에 이르며 지형(topography)과 전자 구조 모두에 기인하는 특징을 보여준다. STM 이미지는 표면의 상태 밀도나 전하 밀도를 나타내므로 그 이미지는 최종적으로 표면의 구조, 원자 위치의 등고선(contour)이 보이도록 조작되어야 한다.

이미지 분해능은 스캐닝 금속 팁의 지름에 의존하기 때문에 그 끝에 단지 몇 개의 원자로 이루어진 날카로운 팁을 만드는 것이 중요한데 놀랍게도 와이어를 가위로 비스듬히 자르는 것만으로 이를 달성할 수 있다. 가장 일반적으로 사용되는 팁은 플래

티넘-이리듐이며, 기계적 절단으로 생산된다. 텅스텐은 전기화학 에칭법으로 생산된다. 최근에는 탄소 나노튜브 팁이 도입되었다. 좋은 결과를 얻기 위해서는 매우 날카로운 팁뿐만 아니라 진동이 없는 환경에서 매우 깔끔하고 안정적인 표면에서 작업하는 것도 중요하다.

STM은 표면에서 원자를 조작하는 데에도 사용된다. 이 기술과 나노전사법은 이후에 11장에서 논의할 것이다.

원자력 현미경(AFM)은 이제 실험실에서 널리 이용 가능하며, 이 기술은 다음 절에서 다룰 것이다.

2.9 원자력 현미경

원자력 현미경(AFM)은 (나노미터 정도의) 날카로운 팁과 표면의 원자 사이의 (나노뉴턴 정도의) 매우 작은 힘의 검출에 기초하며, 비전도성 표면 및 일상적인 환경에서 사용할 수 있다는 장점이 있다. 팁은 서브나노미터 거리에서 표면을 가로질러 스캔하며, 밑에 놓인 원자에 의한 인력과 척력에 유래한 편향을 탐지한다. 이 방법은 원자 수준의 표면 지도를 만들며, 나노 기술을 이해하려면 필수적으로 사용해야 한다(11장). 이를 사용하여 고체 표면에 작용하는 van der Waals, 화학 결합, 자성, 모세관, 마찰 등과 같이 여러 힘을 결정할 수 있다. 팔(arm)이 표면과 매우 가까워지면(약 1~10 nm), van der Waals 힘에 의해 작은 인력이 발생한다. 그러나 더 가까운 거리로 접근시키면, 표면과 팁의 원자의 전자 구름 사이의 단거리 Coulomb 반발력이 우세하게 되어 팔은 위의 방향으로 편향된다(그림 2.25a). 그 결과 나타나는 원자 간 힘의 결과는 그림 2.25b에 있다. 평형점 근처에서 팔의 작은 편향 때문에, 곡선은 거의 선형이 되며, 움직임(d)이 가해진 힘(F)에 비례한다는 것을 알려주는, **Hooke의 법칙(Hooke's law)**을 척력을 결정하는 데 사용할 수 있다. $F = -kd$, k는 팔의 힘 상수, 즉 용수철 상수(강성도)이다. 팔의 편향은 팔에서 광다이오드 어레이 검출기까지의 레이저 빔 반사를 통하여 감지한다.

팁과 그것을 지탱하는 캔틸레버 팔은 보통 실리콘 또는 실리콘 질화물(Si_3N_4)로 만든다. 팁의 충돌과 손상의 위험이 있어 일정한 높이에서 표면을 스캐닝하는 대신 팁과 표면 간의 일정한 힘이 피드백 루프에 의해 유지되도록 한다. 움직임의 미세 조절은 압전 PZT 결정을 통해 이루어지는데 세 방향으로 서브나노미터 조정이 가능하게 하여 표면의 3차원 이미지가 생성될 수 있도록 한다.

AFM은 정적, 동적의 두 방식으로 작동시킬 수 있다. 정적 **접촉 모드(contact mode)**에서, 팁은 반발력을 지닐 수 있을 정도로 가까운 위치에서 표면을 가로질러 끌려간다. 따라서 팁이 표면과 접촉되는 것을 막는다. 팁의 손상을 피하기 위해서는 표면으로부터 멀어져야 한다. 그래서 더 유연하고 얇은 캔틸레버가 이 방법에서 사용된다. 팁의 굴절이 측정되고, 팁이 표면을 움직일 때 피드백 루프가 일정한 힘을 유지한다. 굴절뿐만 아니라 캔틸레버의 뒤틀림을 측정함으로써 표면 마찰력의 변화도 또한 지도로 그릴 수 있다.

비접촉 동적 모드(noncontact dynamic mode)에서는 뻣뻣한 캔틸레버가 (일반적으로) 몇 나노미터인 공명 진동수보다 약간 더 위에서 진동하며 인력이 미치는 표면 근처에서 더 멀리 떨어져 존재한다. 팁이 스캔하면서 진동 주파수는 표면의 변화에 따라 달라진다. 또다시, 피드백 루프가 일정 진동수 또는 일정 진폭을 유지한다. 각 격

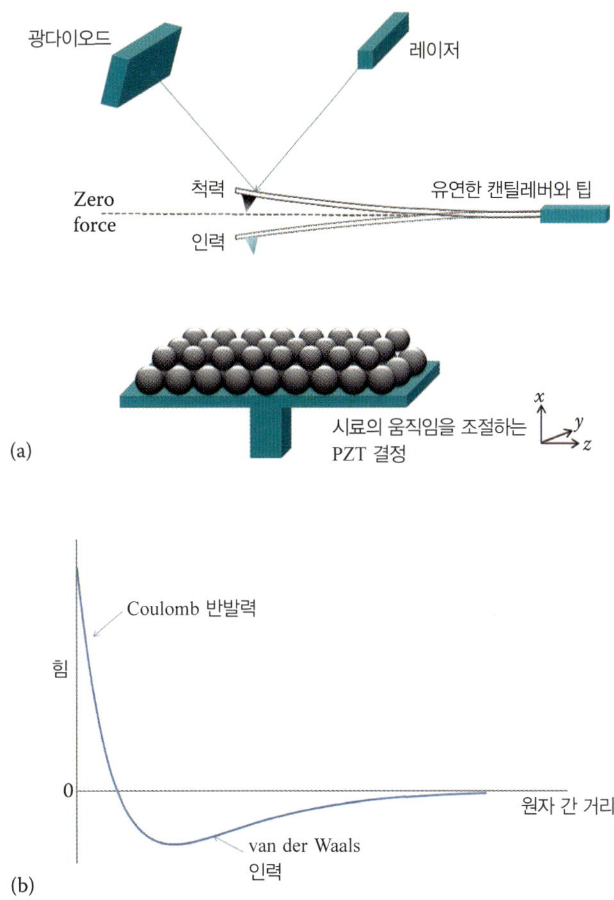

그림 2.25 (a) AFM의 도식도, (b) 원자 간 힘 vs. 거리 곡선

자점에서 편향의 정도를 측정하여, 표면의 3차원 지도를 만들 수 있다. 이 모드는 팁의 끌림을 줄여주어 약한 표면에 사용되며, 일반적으로 초고진공에서 작동된다.

일반적인 주변 환경에서 표면을 조사할 때의 문제점 중 하나는 오염, 특히 표면이 액체(대개는 물)로 오염되는 것인데 이 경우 팁이 고정될 수 있다. **태핑 동적 모드(tapping dynamic mode)**는 이것을 극복하기 위해 개발되었다. 여기에서 캔틸레버는 공명 주파수보다 약간 아래에서 진동하고 표면에 가까워 끌고 당기는 현상이 교대로 나타난다. 표면 액체 층에 의한 인력 때문에 팁이 달라붙을 수 있어 주로 뻣뻣한 캔틸레버를 사용되는 경향이 있다. 이 방법은 팁과 표면에 가해지는 손상이 덜하며 흡착된 하나의 분자도 스캔할 수 있다.

AFM의 최근의 발전은 놀라운 결과를 달성하였다. 팁과 개별 원자 간의 거리의 힘의 의존성을 아주 정확하게 측정하고, 이전에 측정한 각기 다른 성분의 지문을 비교하도록 모형을 사용함으로써, Si 표면에 달라붙은 Sn과 Pb 합금의 표면의 원자들이 화학적으로 식별된다. 펜타센 분자(다섯 개의 융합 벤젠 고리)의 모든 원자도 비접촉 AFM을 사용하여 찾을 수 있었다. 이 놀라운 분해능은 하나의 CO 분자를 끝에 붙인 프로브를 만들고 공명 진폭이 0.02 nm 이하의 뻣뻣한 캔틸레버를 사용하여 얻을 수 있었다. 표면에 물의 이미지는 소수성 화합물로 처리된 팁을 사용하여 얻었다.

나노 과학에서의 AFM의 더 많은 응용은 11장에서 볼 수 있다.

2.10 X-선 흡수 분광학

2.10.1 X-선 흡수 광역 미세 구조

X-선 흡수 광역 미세 구조(EXAFS)는 가스, 액체, 비결정 분말, 나노결정성 물질과 같은 비결정성 물질에서 단거리 질서에 관한 정보를 얻는 데 쓰인다. 이 경우에는 전통적인 회절법은 큰 도움이 되지 않는다. 고에너지 가속기에서 전자들은 전자 저장 고리로 주입되는데, 일련의 자석들에 의해 이 원형 경로 주위에서 포획되어 가속된다. 전자들이 수백만 eV(MeV) 범위의 운동 에너지로 가속되면, 이들은 빛의 속도에 매우 가깝게 운동하고 **싱크로트론 방사광(synchrotron radiation**, 그림 2.26)을 방출한다. 싱크로트론 소스는 전 세계에 50개가 넘으며, 이들 중 단지 4개, 소위 말하는 '3세대'가 가장 강력하다. ESRF(Grenoble, 프랑스)와 PETRA-III(Hamburg, 독

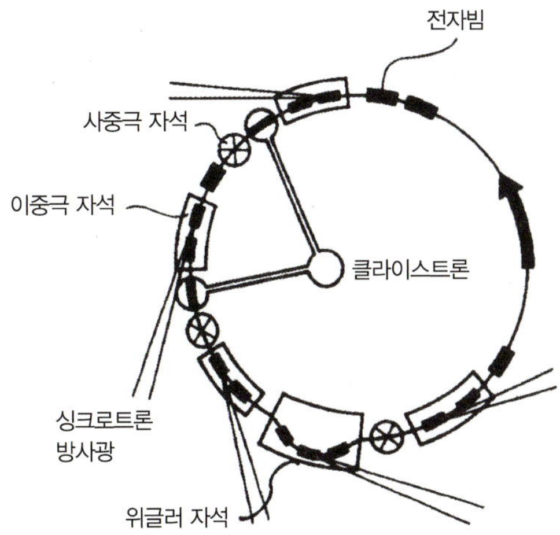

그림 2.26 저장 고리

일)는 6 GeV로, APS(Argonne, Illinois)는 7 GeV로, SPring-8(일본)은 8 GeV로 가동된다. 이 거대한 저장 고리들은 각각 최대 2300 m의 둘레를 가지고 있다. 영국의 DIAMOND 광원(Light Source)은 561.6 m의 둘레와 3 GeV에서 작동하는 고리를 가지고 있다. X-방사선 발생은 소프트 X-선에서 하드 X-선까지의 범위에 있다(약 300

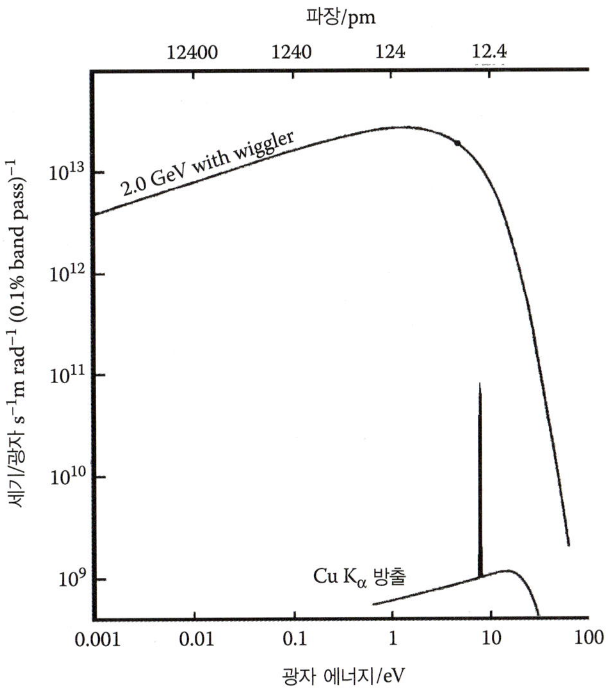

그림 2.27 싱크로트론 방사광

eV~300 keV, 40~0.04 Å). 전통적인 발생 장치의 X-선과는 달리, 싱크로트론 방사광은 광대역 파장에 걸쳐 균일한 세기를 보이며 훨씬 더 높은(10^4~10^6) 세기를 제공한다(그림 2.27). 가장 짧은 X-선 파장은 거의 완전하게 평행하고 편광된 광선으로 나타난다.

EXAFS 실험에서, X-방사선은 내부 껍질(K, L 또는 M 껍질)의 속박 전자에 의해 흡수되고 광전자로서 방출된다. 시료의 흡수 계수를 X-선 진동수의 함수로써 측정하면, 전자들이 나올 때 **흡수단(absorption edge)**이라 불리는 급격한 증가가 껍질 문턱 에너지(shell threshold energy)에서 관찰될 것이다(그림 2.28). 각 원소는 자기만의 고

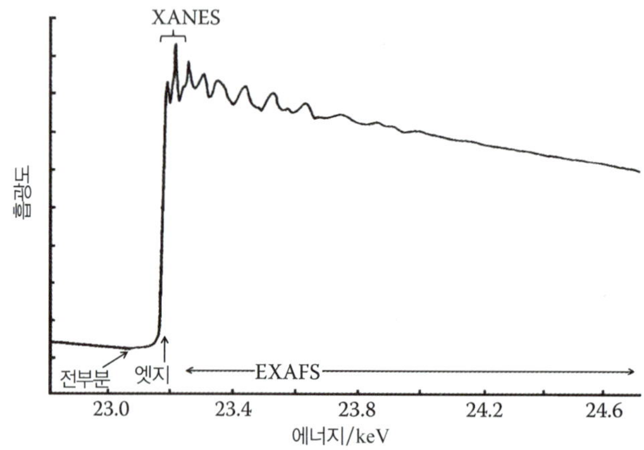

그림 2.28 흡수단의 전부분(pre-edge) XANES와 EXAFS 구간을 보여주는 Rh의 흡수단

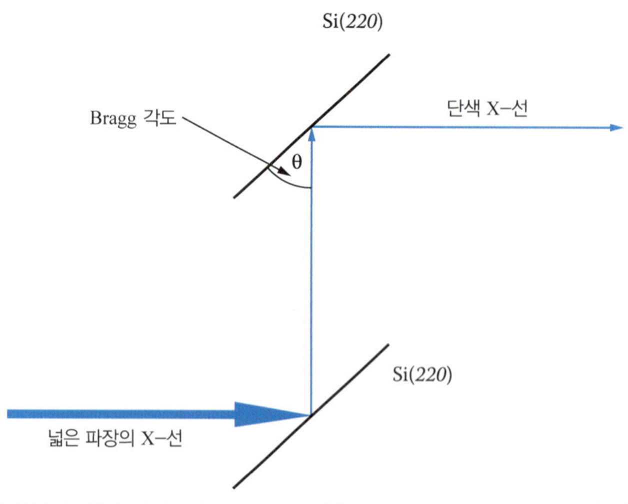

그림 2.29 이중-결정 단색화 장치로부터의 Bragg 반사. Bragg 식 $n\lambda = 2d\sin\theta$에 의하면, 결정 평면들에서의 d는 상수로서 존재하고, 따라서 각도 변경이 반사된 X-선의 파장을 변화시킨다. 두 결정은 나가는 빔이 들어오는 빔과 평행하도록 만들어 준다. 굽은 결정은 X-선을 초점에 모은다.

유한 껍질 에너지를 가지고 있어 X-선 에너지를 특정한 흡수단과 **동조**(**tuning**)시키면 다른 원소들과 섞여 있어도 한 종류의 원소를 연구하는 것이 가능하다. 연속적인 싱크로트론의 X-선에 Si 220과 같이 결정의 한 평면으로부터 Bragg 반사를 이용하여 적당한 진동수를 선별한다. 그림 2.29의 이중-결정 단색화 장치에서 보이는 것과 같이 두 개의 결정이 쓰인다. Bragg 반사 각도를 조절함으로써 선택된 X-선 진동수는 바뀔 것이고, 따라서 다양한 성분들의 흡수단을 연구할 수 있다.

껍질에서 튀어나온 광전자의 파동은 흡수 원자의 핵으로부터 발산하는 구 모양의 파동이라고 생각할 수 있다. 이것이 이웃한 원자들과 마주치고 그들에 의해 부분적으로 산란되어 위상의 변이를 만든다(그림 2.30). 전자가 느끼는 위상 변이에 따라, 반사된 파동은 외향하는 파동과 보강 또는 상쇄 간섭을 하여 원래의 원자핵에서 실질적인 간섭의 양상을 일으킨다. 원래의 원자에 의한 흡수는 변화되며 그 효과는 사인 형태의 진동, 즉 흡수단 위에 겹쳐진 **미세 구조**(**fine structure**)로 보이는데(그림 2.30), 흡수단 이후에 수백 eV까지 확장된다. 이웃 원자에 의해 반사되는 외향하는 파동의 정도, 반사되는 파동의 세기는 부분적으로 그 원자의 산란 인자에 의존한다. 그러므로 EXAFS를 만드는 간섭 양상은 이웃한 원자의 수와 종류, 그리고 흡수 원자로부터의 거리에 의존한다.

EXAFS 함수는 X-선 흡수 스펙트럼에서 자유 원자로 인한 흡수를 제거하여 얻는다. EXAFS 데이터의 Fourier 변환은 **동경 분포 함수**(**radial distribution function**)를 제공하는데, 이는 흡수 원자로부터의 원자핵 간 거리 함수로서 이웃한 원자들의 분포를 보여준다. 흡수 원자는 이웃한 원자들의 껍질들에 둘러싸여 있는데, 이를 **배위 껍질**(**coordination shells**)이라 한다. 마지막으로, 동경 분포 함수는 데이터와 가장 잘 맞는 구조가 얻어질 때까지 일련의 구조 모형에 맞추는데, 흡수 원자를 둘러싸고 있

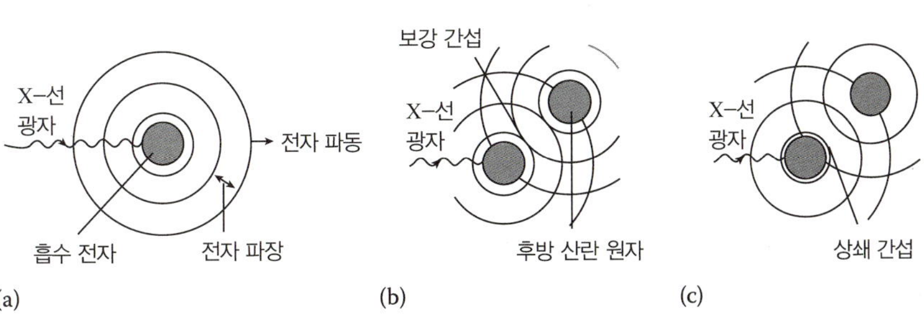

그림 2.30 EXAFS 과정. (a) 광전자가 X-선 흡수에 의해 방출된다, (b) 외향하는 광전자 파동(실선)이 둘러싼 원자들(파선)에 의해 보강적으로 후방 산란되고 (c) 외향하는 파동과 후방 산란 파동 사이의 상쇄 간섭이 발생한다.

는 배위 껍질에 데이터를 맞춰 정밀화한다. 최종 구조는 원자들의 숫자와 종류, 그리고 흡수 원자로부터의 거리를 정밀화하여 얻는다. 비슷한 원자 번호를 갖는 원자들을 구분하는 것은 어렵고, 또한 EXAFS는 거리에 관한 데이터만 제공한다는 것을 숙지하는 것이 중요하다(각도에 관한 정보는 없다). 얻어진 데이터의 수준이 우수한 경우에는 6 Å까지의 몇 개의 배위 껍질을 1 pm 정도의 정확성을 갖고 정밀화할 수 있다. 가장 가까이 이웃한 원자의 수를 결정하는 것은 정밀성이 다소 떨어진다.

그림 2.31의 예에서 점토(층을 이룬 이중 수산화물, LDH)에 전이 금속 혼합물, $(NH_4)_2MnBr_4$를 삽입하였다. (a)에 나온 EXAFS 데이터는 순수한 화합물의 Mn K-흡수단 EXAFS를 보여주며 0.249 nm(2.49 Å)의 거리에 있는 4개의 Br 원자들의 배위

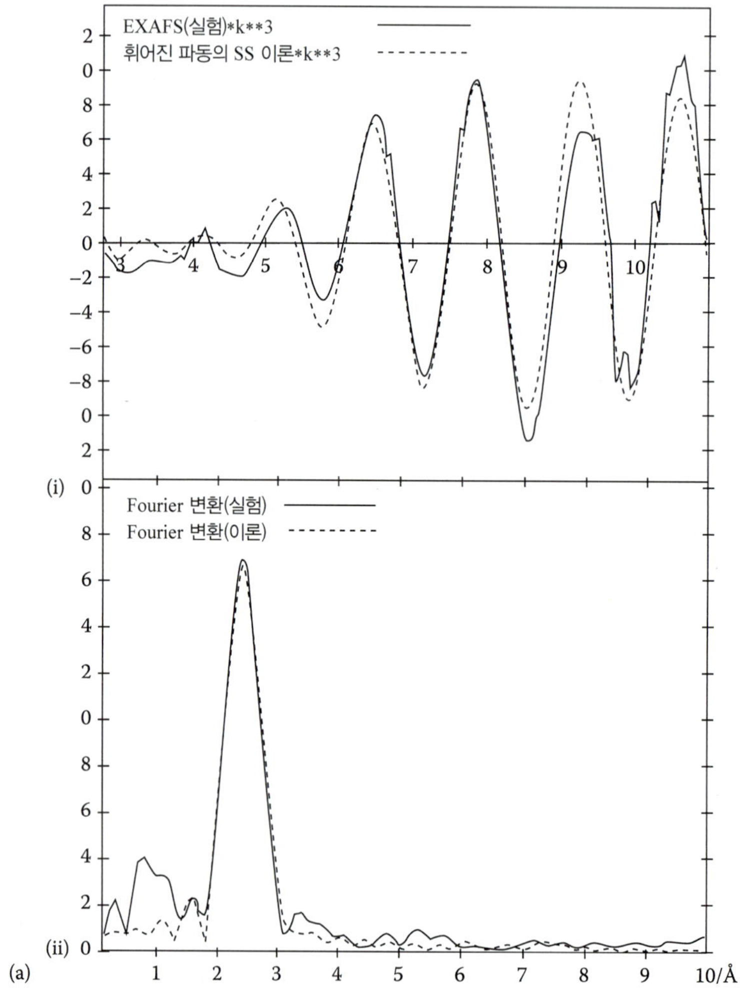

그림 2.31 EXAFS 데이터. (a) $(NH_4^+)_2MnBr_4^{2-}$와 (b) 층상 double hydroxide 점토 안에 삽입된 $MnBr_4^{2-}$: (i) 추출된 EXAFS 데이터와 (ii) 동경 분포 함수. 실선은 실험값, 점선은 계산값

권(coordination sphere)을 볼 수 있는데, 이는 X-선 결정 구조에서 보이는 사면체 배위와 잘 맞는다. 그러나 층간 삽입(intercalation) 후에, 혼합물은 점토 안의 층들과 반응하여 Mn이 0.192 nm(1.92 Å)의 거리에 있는 4개의 O 원자와 0.225 nm(2.25 Å)의 거리에 있는 2개의 Br 원자로 둘러싸인 찌그러진 팔면체 배위로 변하게 된다.

그림 2.11에서 시간에 따라 가열하며 분말 X-선 회절이 연속되는 상변화 분석에 쓰이는 것을 보았다. 그림 2.32는 같은 규소철 시료에서 철의 K-edge EXAFS 분석 결과를 보여준다. α-규소철이 β-상으로 변하면, 2.34 Å에서 8개의 규소 원자들의 껍질은 두 형태 모두에서 철을 둘러싸고 있는 것을 알 수 있으나, β-형은 Fe와 0.298 nm(2.98 Å)의 거리로 배위된 2개의 Fe 원자들만이 발견되었는데, 이는 α-상의 0.268 nm(2.68 Å)의 거리에 있는 3.4개의 Fe 원자들과 비교된다.

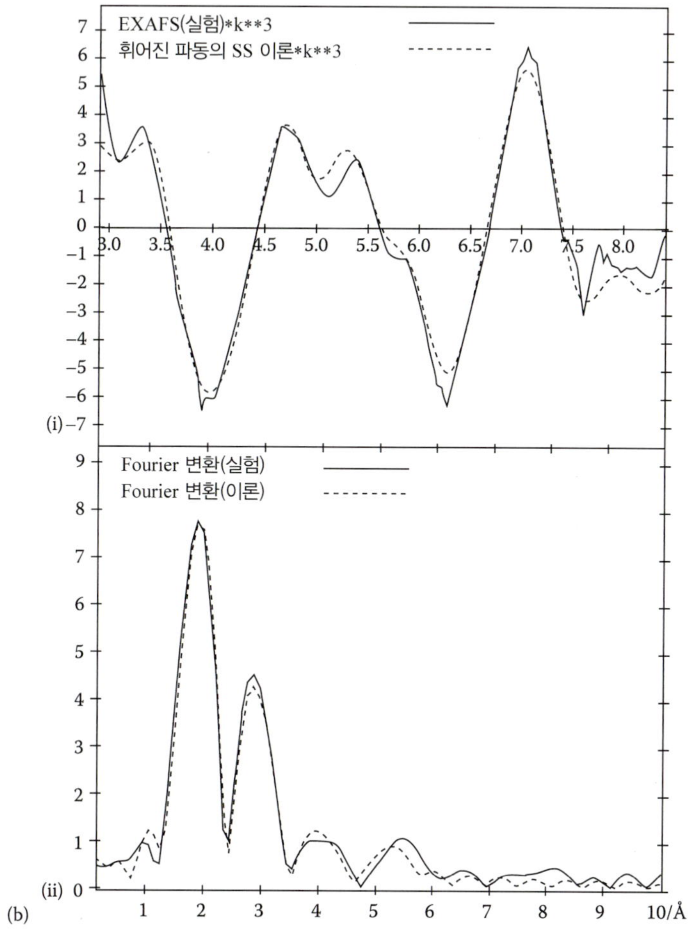

그림 2.31(계속) EXAFS 데이터. (a) $(NH_4^+)_2MnBr_4^{2-}$와 (b) 층상 double hydroxide 점토 안에 삽입된 $MnBr_4^{2-}$: (i) 추출된 EXAFS 데이터와 (ii) 동경 분포 함수, 실선은 실험값, 점선은 계산값

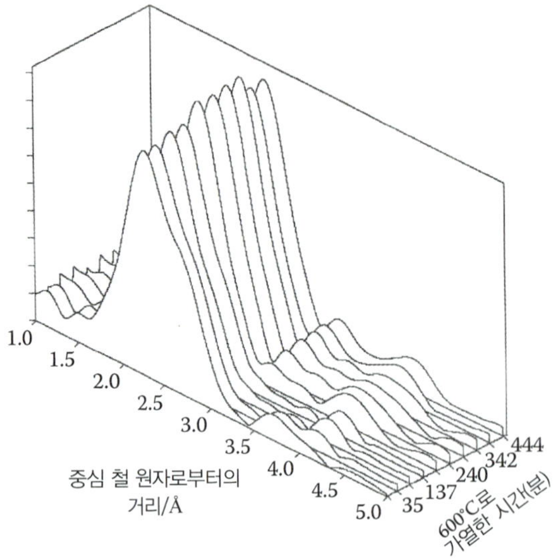

그림 2.32 시간에 대한 함수로 그린 EXAFS 패턴. α-형이 600℃로 가열되었을 때 β-규소철로의 상변화를 보여준다. (From Professor Berry, F. J., Open University. With permission)

X-선은 매우 투과성이 크며 EXAFS도 X-선 결정학에서와 같이, 고체 전체의 구조를 조사하는 데 이용된다. 이는 오직 원자 사이의 거리에 관한 정보만을 제공하는 단점이 있으나, 결정성 시료에만 제한되지 않고 비결정성의 고체, 유리, 액체 또한 사용할 수 있다는 점이 큰 장점이다. 덧붙여서, 다른 흡수단을 이용하여 시료 안에 원자의 한 유형 이상의 배위를 조사하는 데 사용할 수 있다.

2.10.2 X-선 흡수 모서리 근처 구조와 모서리 근처 X-선 흡수 미세 구조

X-선 흡수 모서리 근처 구조(XANES)와 모서리 근처 X-선 흡수 미세 구조(NEXAFS)는 원리가 같은 두 방법이고 흡수단의 양쪽으로 150 eV까지의 X-선 흡수 스펙트럼 구역을 대상으로 한다. 스펙트럼은 흡수단의 전부분(pre-edge), 흡수단, 흡수단 이후의 XANES 미세 구조를 포함하고 있다(그림 2.28). NEXAFS는 C, N 그리고 O까지의 가벼운 원소의 스펙트럼을 대상으로 하는 데에만 사용된다. 흡수단에 가까운 미세 구조(그림 2.30)는 흡수 원자의 **화학적 환경**의 본질에 의해 결정되며, 흡수단의 위치는 산화 상태에 따라 달라진다.

흡수단의 정확한 위치는 흡수 원자의 화학적 산화 상태가 증가함과 함께 더 높은 에너지로 이동한다. 흡수단은 산화수의 증가에 따라 5 eV까지 이동할 수 있다. 흡수단의 이동 정도와 높이는 흡수 금속의 산화 상태를 결정하는 데 쓰일 수 있다. 이 방법은 알려진 표준 물질의 스펙트럼을 이용하면 지문처럼 사용할 수 있어 혼합된 산화물이나 복합체 또는 불순물을 포함하는 시료의 산화 상태 비율을 결정하는 데 유용하다.

흡수단의 전부분(pre-edge)의 미세 구조는 금속의 산화 상태와 금속을 둘러싸고 있는 배위 화합물에 의해 결정된다. 산화 상태와 Mn 주위의 배위가 변함에 따라 그림 2.31에서 나타나는 전부분 구간의 급격한 변화를 보자. 여기에서 피크는 흡수단에서 완전한 이온화가 일어나기 전에 금속의 비어있는 에너지 준위로 전자들이 올라가며 생기는 것이다. 리간드장 이론으로부터 우리는 정팔면체가 찌그러질 때 분자 오비탈 에너지 준위들이 얼마나 변하는지 알고 있고, 이는 다시 사면체 배위와도 매우 다르다. 최고 에너지 점유 분자 오비탈(Highest Occupied Molecular Orbital, HOMO)의 전자들의 수는 금속의 산화 상태에 따라 다양하다. 예를 들면, Mn(II)는 d^5이고 Mn(IV)는 d^3이다. 그러므로 이들 두 개의 인자들이 각 혼합물에 대해 다른 흡수 패턴을 보이게 한다.

흡수단 직후에 보이는 변화는 다중성 산란(광전자가 하나 이상의 원자에 의해 연속하여 산란될 때)에 의한 것으로 낮은 운동 에너지 광전자들이 이에 따라 발생한다. 다중성 산란은 원자의 위치, 즉 흡수 원자 주위의 배위와 결합에 따라 달라진다.

XANES는 해석하기가 간단하지 않지만, EXAFS에 비해 몇 가지 장점들을 가지고 있다. 더 강한 신호를 얻을 수 있어 더 낮은 농도나 작은 시료 크기로도 측정이 가능하고, 오염 물질이나 결함의 본질을 규명하는 데 사용할 수 있다. 또한 온도에 민감하지 않아 실온에서 측정할 수 있다. 게다가 결합 및 분자 오비탈에 관한 정보, 띠 구조와 전자 상태의 밀도(4장 참조)에 대한 정보를 제공한다. 반응 중에 화학종의 변화와 속도를 추적하는 데도 사용할 수 있다.

2.11 X-선 광전자 분광학

IUPAC은 이 기술을 전자 분광 화학 분석법(Electron Spectroscopy for Chemical Analysis, ESCA)이라고 명명했다. 그러나 과학자들이 흔하게 부르는 XPS(X-ray photoelectron spectroscopy)가 더 일반적으로 쓰이는 이름이다. XPS는 시료 내 원소, 농도, 화학적 상태를 식별하는 데 사용되는 표면 감별 정량 분광법이다. 장파장 X-선

(1~3 keV)의 단색 파장의 빔으로 시료에 충격을 가하여 표면 원자의 내부(core)와 원자가 준위(valence level)에서 진공으로 광전자를 방출(photoemission)시킨다. 이 현상의 원리는 고체가 에너지 $h\nu$인 X-선에 노출될 때 결합 에너지가 $h\nu$ 미만인 오비탈의 전자가 방출될 수 있으며 그 후에 전자의 운동 에너지를 분광계에서 검출할 수 있다는 것을 나타내는 Einstein의 광전 효과(Einstein's photoelectric effect)이며 다음 식으로 나타낸다.

$$KE_i = h\nu - BE_i - \varphi_{sp} \tag{2.16}$$

여기서 BE_i는 시료의 Fermi 준위(고체의 제로 에너지 기준)로부터 오비탈 i에서 전자의 결합 에너지이며, φ_{sp}는 분광계의 일함수에 대한 교정값이다(일반적으로 3±5 eV이다). 일반적으로 Mg 또는 Al을 타겟으로 할 때 방출되는 X-선(각각 $K\alpha$ = 1253.6 eV, 1486.6 eV)이 사용된다. 실제 스펙트럼은 결합(운동) 에너지의 함수로 방출된 전자 수를 보여준다. 스펙트럼의 선은 핵심부 준위(core level)의 이온화, Auger 방출과 비탄성적으로 산란된 전자의 바탕(background)에 겹쳐진 원자가 준위(valence level)의 방출 때문에 나타난다.

따라서 모든 XPS 기기의 핵심 부품 중 하나는 전자 에너지 분석기이다. 이 장치는 고체에서 방출되는 전자의 에너지 스펙트럼을 측정한다. 일반적으로 동심원의 반구 분석기(concentric hemispherical analyzer, CHA)는 전자가 적당한 운동 에너지를 가지고 있을 때 입구 슬릿에서 출구 슬릿만을 통과하는 뚜렷한 경로를 따르는 경우 사용된다. 이 에너지는 두 반구 사이에 유지되는 전위차에 의해 결정되며 그 반지름(일반적으로 100~200 nm)은 다른 에너지의 전자를 배제할 수 있게 한다. (이들은 출구 슬릿에 도달하지 않으므로 감지기에 집계되지 않는다). XPS는 일정한 통과 에너지 방식에서 작동하며, 여기서 CHA의 전위는 통과 에너지라고 하는 단일 에너지의 전자를 전송하기 위해 일정한 값으로 설정된다. 이 값은 높거나 낮은 값으로 변경할 수 있다: (a) 조사 스캔에서 처리량을 최대화할 때(높은 값) (b) 세밀한 스캔에서 해상도를 향상시킬 때(낮은 값). 실제 스펙트럼은 입구 구경(aperture)에 장착된 주사 전자 렌즈에 의해 생성된다. 시료와 분석기 사이의 더 긴 작동 거리와 일정한 에너지 분해능($\Delta E/E_{pass}$)이 스펙트럼 전체에서 달성되고 유지된다. 특정 렌즈 부품 또는 전압을 추가하여 분석 영역의 물리적 또는 전자적 선명도를 변경/향상시킬 수 있다. 이 방식으로 약 2~10 μm의 공간 분해능을 얻을 수 있다. 위치-감지 검출기(position-sensitive detector)는 더 높은 효율로 전자를 인지할 수 있어 현재 거의 모든 장비에서 사용되고 있다.

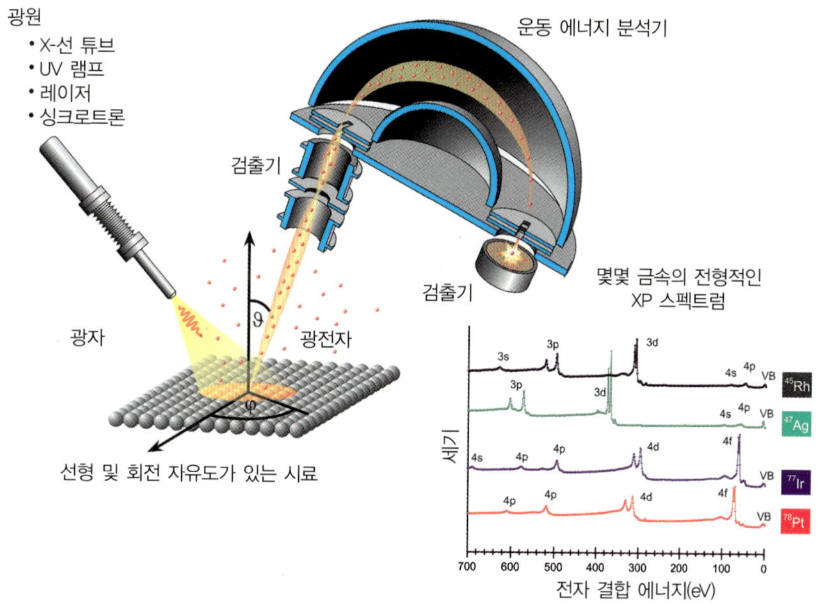

그림 2.33 광원(X-선, UV 광선, 레이저, 싱크로트론 방사광), 선형 및 회전 자유도가 있는 시료 조작 장치, 전자 광학 장치, 에너지 분산 분석기와 검출기를 포함한 전형적인 XPS 장치의 도식도. XP 스펙트럼(세기 vs. 결합 에너지)은 4개의 금속에 대해 그들의 내부 준위의 빛에 의한 방출 특성 분포를 보여주고 있다. (Courtesy of Frank Muller)

그림 2.33은 XPS 시스템의 주요 부품과 전형적인 스펙트럼을 보여준다.

XPS는 시료가 실험을 수행하는 데 필요한 초고진공 조건을 견딜 수 있다면 매우 강력한 분석 기술이다. 가장 중요한 기능은 다음과 같다.

a) 표면의 가장 바깥쪽 10~50 Å에서 원자 번호가 3(붕소) 이상인 모든 원소를 식별하기 위한 정량 분석(ppm 범위까지).
b) 화합물 내 원소의 산화 또는 화학적 상태 결정.
c) 깨끗한 단결정 표면이 준비되면(초고진공에서) XPS를 다른 관련 방법과 함께 사용하여 다음과 같은 특성을 조사할 수 있다.
   • 띠 구조
   • 전자 상태
   • 흡착 현상
   • 화합물 형성의 초기 단계

이 강력한 방법에 대한 더 자세한 설명은 안타깝게도 이 교재의 범위를 벗어나며 관련 도서를 읽어 보기를 권한다.

2.12 고체 핵자기 공명 분광학

핵자기 공명(NMR)에서 핵은 핵스핀(I)과 핵자기 모멘트를 가져야 한다. 자기 모멘트의 크기는 0, $\frac{1}{2}$, 1, $\frac{3}{2}$, 2, $\frac{5}{2}$, … 등의 값을 갖는 I와 자기 회전비(γ) 둘 모두에 의존한다. 자기장 속에서 Zeeman 분열이 일어나고 $(2I+1)$개의 비축퇴된(non-degenerated) 스핀 상태들이 형성되는데, 인접한 에너지 준위 사이에서 $2I$개의 허용된 전이가 가능하다. NMR 진동수에서 RF 신호는 NMR 스펙트럼을 만드는 스핀 상태 사이의 전이를 일으킨다.

오랫동안 넓은 공명 신호 때문에 고체상 NMR 스펙트럼은 해석하기 어려웠다. 자기 쌍극자는 주변의 모든 다른 쌍극자들과 상호 작용한다. 스핀이 $I=1/2$인 핵의 액체 NMR 분광학에서 쌍극자의 상호 작용과 이방성(anisotropic) 효과는 끊임없는 분자 움직임에 의해 상쇄되지만(average out), 고체 상태에서는 그렇지 않으며 결과적으로 고체 NMR 스펙트럼은 매우 넓고 해석하기 어렵게 된다. 게다가 고체에서 움직임의 부족 때문에, 스핀-격자 이완 시간이 길어 신호 대 잡음(S/N) 비율도 낮아진다.

더 분명하게 분리되는 스펙트럼을 얻으려는 방법들이 개발되었는데, **자기 쌍극자 상호 작용(magnetic dipolar interactions)**은 공명 진동수에서 높은 파워의 짝풀림 영역(decoupling field)을 가하여 제거할 수 있다. 특정 원자의 화학적 이동(chemical shift)은 분자가 장(field)에 대해 놓이는 방향에 따라 달라진다. 이 영향으로 다결정질 고체에서는 **화학적 차폐 이방성(chemical shielding anisotropy)**이라 불리는 효과에 의해 측정값이 어떤 범위를 갖게 되는데 이는 공명의 폭을 넓히게 된다. MAS에서, 다결정질 시료를 실린더에 넣고 자기장에 β의 각도로 기울어진 곳에 놓는다. 시료가 실린더 축을 중심으로 회전하면, 비등방성 상호 작용의 시간에 대한 평균값이 나타나게 된다. 회전이 충분히 빠르면, 발생하는 NMR 신호에 대한 각각의 기여분은 $(3\cos^2\beta-1)$에 의존한다. 이 값을 0으로 놓으면 매직각이라 불리는 각을 구할 수 있고 이 각도는 수동적으로 맞출 수 있다. $3\cos^2\beta=1$이면 $\cos\beta=(1/3)^{1/2}$이고 $\beta=54°44'$일 때 그 항은 0이 된다. 회전이 충분히 빠르면 시료 안의 모든 작은 결정체로부터의 기여는 같고 단 하나의 선이 관찰된다.

이런 방식으로 시료를 회전하는 것은 스펙트럼의 화학적 이동에서 분해능을 향상시키는데 이를 **매직각 스피닝 분광학(magic angle spinning spectroscopy, MAS NMR)**이라 부른다. 스피닝 속도는 신호의 진동수 범위보다 더 커야 한다. 만약 그렇지 않으면, 매우 넓은 띠의 경우와 같이 소위 '스피닝 곁띠(spinning side band)'가 나타나며, 이 경우 중심 공명(central resonance)을 할당하는 데 주의가 필요하다. 현재는 100 kHz 이상의 회전 속도를 얻을 수 있다. 중심 공명을 할당하는 방법은 서로 다른 두 개의 회전 속도에서 스펙트럼을 모으는 것이다. 이때 스피닝 곁띠는 이동하지만 중심 공명은 고정된다. MAS NMR은 가끔 고체상의 NMR 스펙트럼을 얻는 특정한 또는 모든 방법을 의미하는 포괄적인 용어로 쓰인다.

어떤 동위 원소는 고체상에서 긴 스핀 격자 완화(spin-lattice relaxation) 시간을 가지고 있는데, 이는 좋지 않은 신호 대 잡음 비율을 초래한다. 이들 동위 원소로부터 신호를 증가시키기 위해 **교차 분극(cross polarization)**이라고 알려진 기술을 사용하여 민감도를 향상시킨다. 여기에서 복합 펄스 시퀀스가 풍부한 스핀의 핵으로부터 드문 스핀으로 분극을 전달시켜 신호의 세기를 높이고 신호 대 잡음을 향상시킬 수 있다.

현재 20 T 이상 도달한 초전도 자석의 발전과 신호의 확장을 제거하는 향상된 기술로 인하여 훨씬 높은 분해능을 갖는 스펙트럼을 얻을 수 있어 이 방법은 더 유용해졌다. 향상된 분해능은 J 짝지음(J coupling)을 측정할 수 있도록 하였고 이는 2차원 NMR의 도입을 의미한다. 몇몇 수준 높은 실험에서는 원자핵 간의 거리를 측정할 수 있다.

밀도 함수 이론(density functional theory, DFT)을 사용하여 화학적 이동과 사중극자(quarupolar) 짝지음을 계산하여 구조와 변수 사이의 상관관계를 얻을 수 있다.

다양한 NMR 동위 원소에 대해 고분해능 스펙트럼을 측정할 수 있다. 고체상 NMR은 제올라이트 구조를 규명하는 데 매우 성공적이었다. 제올라이트는 많은 규소의 위치에 알루미늄이 치환된 규산염의 3차원 골격 구조이다(7장). Al과 Si는 주기율표에서 서로 옆에 위치하기 때문에 이들은 비슷한 X-선 원자 산란 인자를 가지고 있어 X-선 결정학 데이터로 그들을 구분하는 것이 불가능하다. 정확한 원자의 위치를 통해 골격의 전반적인 모양을 그리는 것은 가능하나 어떤 원자가 Si이고 어떤 원자가 Al인가를 결정하기는 어렵다.

^{29}Si는 핵스핀 $I = 1/2$를 가지고 있으므로 사중극자 퍼짐(broadening) 또는 비대칭이 없이 선명한 스펙트럼 선을 나타내며 민감도는 매우 높다. ^{29}Si는 4.7%의 비율로 자연에 존재한다. 제올라이트에 고체상 NMR을 이용한 선구적인 역할을 1970년대 말 Lippmaa와 Engelhardt가 수행하였다. 그들은 다양한 제올라이트에서 5개까지의 ^{29}Si 스펙트럼을 관찰할 수 있다는 것과 이들이 5개의 다른 Si 환경에 의한 것이라는 것을 밝혔다. 각 Si는 4개의 산소 원자들과 배위되어 있으나 산소 원자는 Si 또는 Al 원자와 결합할 수 있어, 이들은 5개의 가능성을 갖게 된다; $Si(OAl)_4$, $Si(OAl)_3(OSi)$,

$Si(OAl)_2(OSi)_2$, $Si(OAl)_1(OSi)_3$, $Si(OSi)_4$. 그들의 중요한 성과는 이들의 이동(shift)의 특징적인 범위를 각 배위 유형에 할당했다는 것이다. Al과 연결이 많을수록 이동은 더 큰 값을 갖는다. 이 값을 이용하여 다른 제올라이트의 구조를 연구하는 것이 가능하다(그림 2.34). 애널사이트 제올라이트의 고체상 NMR 스펙트럼은 그림 2.35에 있다. 애널사이트는 5개의 모든 가능한 환경을 가지고 있다. 이 정보를 가지고도, 구조에서 각 연결이 어디에서 일어나는지 결정하는 것은 여전히 매우 복잡한 과정이다.

대부분의 NMR 핵은 $I = 1/2$를 가지고 있지 않고 핵스핀이 $I > 1/2$인 사중극자 핵을 갖고 있다. 여기에서 핵전하의 분포는 구형 대칭성이 아니다. 전하의 뒤틀린 구체는 아마 길어지거나 납작해진 타원체일 것이다. 핵 주변의 화학적 배위는 비대칭적이고 국부적이 되므로 전기장이 부분적으로 변하며 사중극자가 강하게 작용하여 이러한 핵들은 신호가 넓어지는 문제를 초래한다. 이는 자기 에너지 준위에서 효율적인 스핀–격자 이완 메커니즘을 제공하고, 결국 고체상에서 상대적으로 짧은 스핀 이완 시간이 생기게 한다. 짝지음($\propto \omega_Q$)의 크기는 특정 핵과 위치 대칭성에 달려 있고 일차($\propto \omega_Q$)와 이차($\propto \omega_Q^2$) 상호 작용 모두 자기 에너지 준위에 영향을 미친다(그림 2.36). 8면체나 4면체와 같이 매우 대칭적인 환경에서는 선들은 더 선명해질 것이다. 일차 상호 작용은 매직각에서의 회전에 의해 대부분 억제될 수 있다. 이차 상

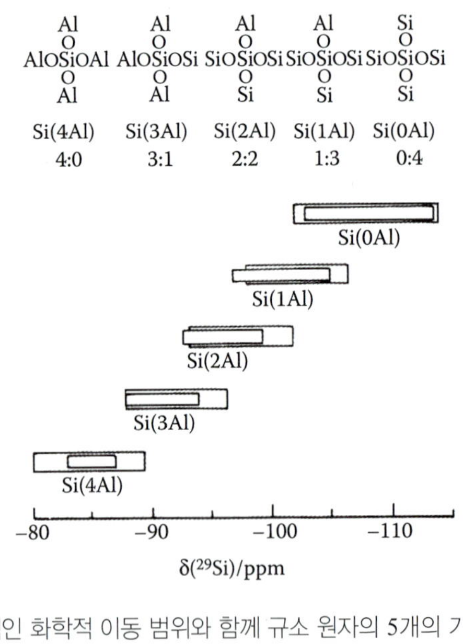

그림 2.34 각각의 특징적인 화학적 이동 범위와 함께 규소 원자의 5개의 가능한 국부 환경. 안쪽의 상자는 문헌들에서 제안된 ^{29}Si 이동 범위를 나타낸다. 바깥의 상자는 확장된 ^{29}Si 이동 범위를 나타내며 이들은 비교적 드물다.

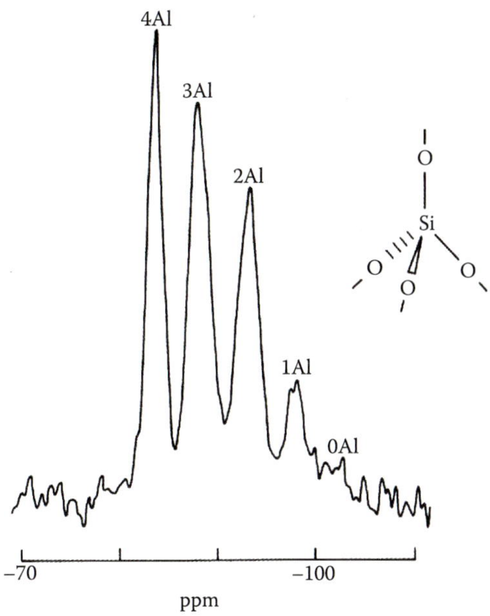

그림 2.35 애널사이트의 79.6 MHz에서 ^{29}Si 고체상 NMR 스펙트럼. 이는 SiO_4의 코너에서 연결된 Si와 Al 원자의 가능한 5개의 순열의 5개 흡수 고윳값을 보여준다.

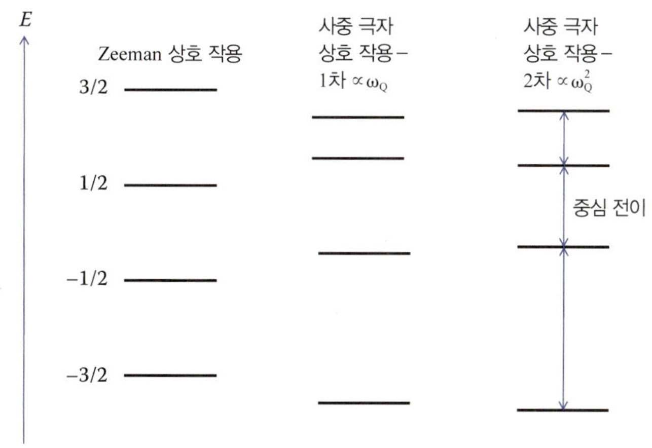

그림 2.36 $I = 3/2$일 때의 스핀 상태의 갈라짐을 보여주는 도표

호 작용으로 인한 넓어짐을 제거하는 방법들은 현재 알려져 있으나 간단하지 않다. **이중 회전 방식(double rotation method, DOR)**은 두 상호 작용을 억제하기 위해서 두 각도(54.74°와 30.56°의 매직각)에서 동시에 시료를 회전시킨다. 이 방법은 'rotor-in-a-rotor' 디자인으로 사용하는데, 기술적으로 꽤 어렵다. **동적 각도 스피닝(dynamic**

angle spinning, DAS)에서는 두 개의 다른 각도에서 순차적으로 회전시킨다. 근래에는 기술적으로 더 간단해진 방법들이 소개되고 있는데 이들은 1995년에 처음 적용된 다중 **양자 매직각 스피닝**(**multiple-quantum magic angle spinning, MQMAS**)과 2000년에 소개된 **위성 변환 매직각 스피닝**(**satellite transition magic angle spinning, STMAS**)이다.

^{27}Al은 100%로 자연에 존재하고 $I=\frac{5}{2}$ 핵스핀을 가지고 있어 강한 공명을 만들며 이는 second-order 사중극자 효과에 의해 확장되고 비대칭성을 만들게 된다. 그러나 미네랄과 제올라이트의 ^{27}Al 고체상 NMR 스펙트럼을 설명하는 것은 현재 가능하며 남정석(Al_2SiO_5)에서 세 알루미늄 원자의 위치를 결정하는 데 사용되었다. 또한 이것은 서로 다른 알루미늄의 배위 형태를 구분하는 데 쓰일 수도 있다. 8면체로 배위된 $[Al(H_2O)_6]^{3+}$는, 양이온으로서 제올라이트의 빈 공간 속에 자주 포획되는데 대략 0 ppm에서 피크를 나타낸다($[Al(H_2O)_6]^{3+}$(aq)가 기준으로 사용된다). 사면체의 $Al(OSi)_4$는 50~65 ppm 범위에서 각 제올라이트의 특징적인 Al의 화학적 이동 값에서 단일 공명을 나타낸다. 그리고 $AlCl_4^-$는 합성 과정으로부터 잔여물로서 존재할 수 있고 이는 100 ppm 정도에서 공명을 가지고 있다.

2.13 열분석

열분석법(thermal analysis)은 고체의 성질을 온도 변화의 함수로 조사하는 것이다. 이들은 상변화, 다형 현상(polymorphism), 반응의 열역학, 분해, 용매 또는 기체의 상실(loss)과 흡수(uptake)를 조사하거나 상평형 그림을 그리는 데 유용하다. 열분석법은 지난 수십 년 동안 고체 화학 분야에서 재조명되었으며 열분석법과 다양한 분광학 및 분광분석법과 결합하여 실재(*in situ*) 반응을 추적하고 온도 변화 중에 발생된 기체를 정량적으로 분석/식별하는 것이 가능하게 되었다.

2.13.1 시차 열분석

상변화는 열의 흡수 또는 방출을 초래한다. 시료를 하나의 방에 두고, 일반적으로 실험의 온도 범위에서 상이 변하지 않는 고체인 기준 물질을 다른 방에 둔다. 두 방은 로(furnace) 안에서 균일한 비율로 가열되고 둘 사이에서 온도의 차이를 관찰하여

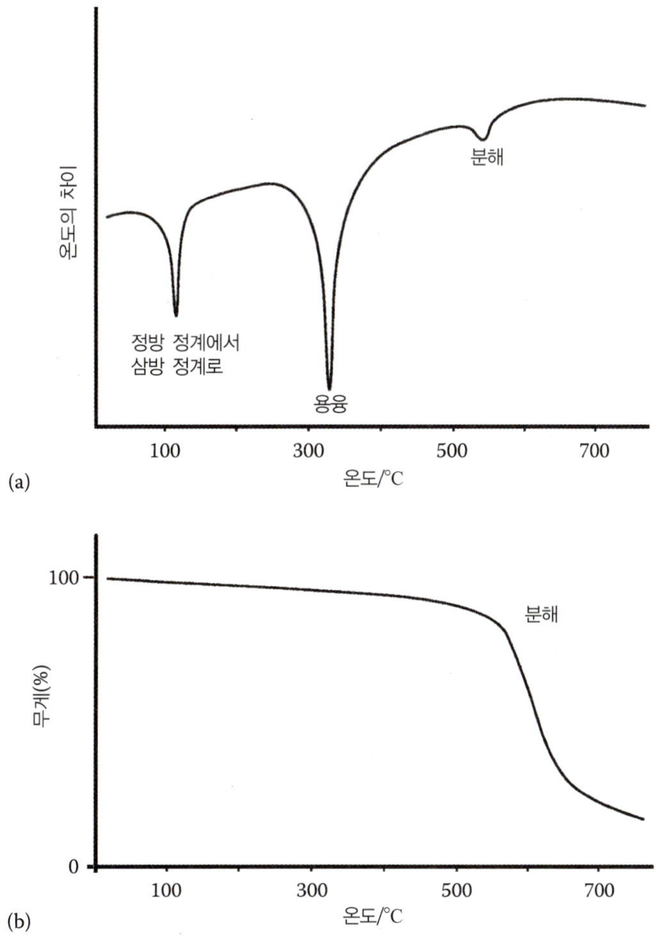

그림 2.37 (a) DTA (b) KNO_3의 TGA 흔적

시간에 따라 기록한다. 시료 내에서 어떤 반응이 있다면 온도 차이를 나타내는 그림(plot)에서 피크로 보일 것이다. 발열 반응은 온도를 상승시키고, 흡열 반응은 온도를 내리게 하여 결국 피크들은 반대 방향으로 나타난다. 그림 2.37a는 KNO_3의 시차 열분석(DTA)의 3가지 발열 현상을 보여주는데, 이들은 각각 (i) 129°C에서 정방 정계에서 삼방 정계로의 상변화, (ii) 334°C에서의 용해, (iii) 550°C 이상에서의 분해로 인한 것이다.

2.13.2 열중량 분석

열중량 분석(TGA)은 일정한 비율로 온도를 조절하며 시료의 무게를 시간에 대한 함수로 관찰하는 것이다. 결정에 포함된 용매나 산소, 이산화 탄소 및 다양한 온도에서 기체로 존재하는 분해 과정의 생성물 등 휘발성 있는 물질의 손실은 무게의 감소를 나타내게 된다. 산화 또는 기체의 흡착은 무게의 증가로 나타난다. 그림 2.37b에서 KNO_3의 TGA는 대략 550°C에서 작은 질량 손실을 보이는데, 흡착된 수분의 손실로 인한 것으로 보이고, 시료가 분해될 때 급격한 질량 손실이 따라오게 된다.

2.13.3 시차 주사 열계량법

시차 주사 열계량법(differential scanning calorimetry, DSC)은 균일한 비율로 온도를 상승 또는 하강시켜 조절하면서 시료에 의해 방출되는 열의 양을 측정한다. 이를 통해 화학적 반응은 물론 상변화 또는 다른 결정 형태로의 변환을 살피는 데 사용할 수 있다. 따라서 상변화 시의 반응열도 측정할 수 있다.

2.13.4 동시 열분석과 분광법 또는 분광분석법의 결합

DSC와 TGA를 동시에 사용하기 때문에 시료의 열 방출 또는 흡착 양과 온도 범위에 따른 무게 변화를 분석할 수 있는 장치를 동시 열분석(simultaneous thermal analysis, STA)라 한다. 이 기술은 특정 온도와 시간에서 형성된 모든 기체 화합물을 검출하고 때로는 정량적으로 분석하는 발전된 기체 분석기와 장치를 결합하여 기능을 더욱 향상시킬 수 있다. STA와 결합된 분석법은 일반적으로 Fourier 변환 적외선 분광법(Fourier-Transform Infra-Red spectroscopy, FT-IR), 질량 분석법 또는 기체 크로마토그래피이다. 시료 자체만으로는 자세한 정보를 얻을 수 없다. 그러나 이러한 방식으로 특정 시간과 온도에서 발생된 기체의 양과 성분도 분석한다. 이러한 측정을 통해 얻은 정보들은 현재 TGA 또는 DSC에 나타나는 모든 신호를 잘 설명할 수 있으므로 매우 유용할 수 있다. 상변화는 화학 반응이나 다른 결정상의 형성과 구별될 수 있다. 특정 온도에서 질량 손실이 기록되면, 기체 또는 기체 혼합물이 방출된 정확한 시간, 성분, 양을 확인할 수 있다.

2.14 승온 환원

승온 환원(temperature-programmed reductionm, TPR)은 다양한 온도에서 시료와

수소와의 반응을 측정하는 것이다. 결과는 시료 안에 존재하는 다양한 종과 그들의 환원 성향으로 해석되고, 그래서 서로 다른 산화 상태의 존재 또는 격자 안에 주입된 불순물(dopant)의 효과에 대한 정보를 줄 수 있다. 이는 촉매의 환원을 완료하는 데 필요한 온도를 측정하기 유용하고 금속 촉매와 지지체의 상호작용 또는 금속 촉매 촉진제의 효과를 조사하는 데 사용된다.

시료는 흐르는 혼합 기체(전형적으로 N_2 안의 10% H_2) 분위기의 로(furnace)에서 긴 시간 동안 가열된다. 수소는 높은 전기 전도도를 가지고 있고, 따라서 수소의 농도 감소는 기체 혼합물의 전도도 감소를 보고 알 수 있다. 이 변화는 열전도 전지(katharometer)에 의해 측정되고 시간 또는 온도에 대해 기록된다.

TPR의 피크는(그림 2.38) 다양한 환원 과정이 일어나는 온도를 알려준다. 사용된 수소의 양은 피크 아래의 면적으로부터 결정할 수 있다. 이 예에서 우리는 2개의 피크를 볼 수 있고, 이는 두 과정으로 Fe_2O_3의 환원이 일어났음을 알려준다. 첫 번째는 Fe_3O_4가 되는 것이며 다음은 금속 Fe로 되는 것이다.

다른 승온법에는 승온 산화(temperature-programmed oxidation, TPO)와 승온 황화(temperature-programmed sulfidation, TPS) 등이 있는데, 이는 산화와 황화 작용을 조사하기 위한 것이고, 승온 탈착(temperature-programmed desorption, TPD)은 열을 가할 때 고체의 표면 또는 촉매로부터 탈착되는 기체를 분석하는 것이다. 승온 탈착은 열적 탈착 분광학(thermal desorption spectroscopy, TDS)이라고도 한다.

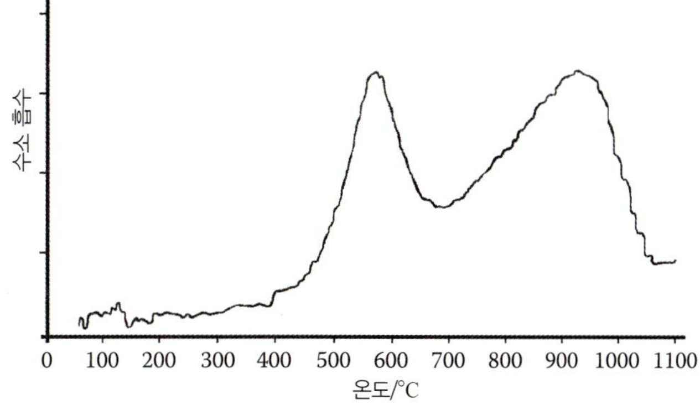

그림 2.38 α-Fe_2O_3의 TPR 흔적

2.15 다른 방법들

이 책과 같이 입문자를 위한 일반적인 책에서, 고체화학자들에게 현재 유용한 수많은 모든 물리적 방법을 완전하게 소개하는 것은 불가능하다. 그러므로 우리는 실험실 또는 연구소에서 널리 사용 가능한 것들에 집중해 왔다. 다른 방법들에 대해서는 독자들이 더 전문적인 책들을 참조하는 것이 필요하다. 우리는 대부분의 학부 물리화학 교재에서 찾을 수 있는 진동 분광학(IR과 Raman)을 다루지 않았으며 필수적 사항들을 간단히 다루었다. 더 자세한 사항을 위해서는 이 책의 마지막 부분에 있는 문헌을 참고하기 바란다.

2.16 요약

표 2.5에서 이 장의 응용 프로그램과 함께 논의한 분석 방법들을 요약하였다.

표 2.5 이 장에서 설명하는 다양한 분석 방법의 비교

이름	표기	소스	적용	최대 분해능	비고
X-선 회절	XRD(PXRD, SXRD)	X-선 튜브/싱크로트론	3차원 결정 구조 결정/식별	pm, 0.01 Å 이하의 결합 길이 정확성	
X-선 현미경/단층 촬영	XRM(μCT)	X-선 튜브/싱크로트론	3차원 영상화	μm	
주사 전자 현미경	SEM	전자빔(1~30 kV)	3차원 표면/외관	nm	
투과 전자 현미경	TEM	전자빔(100~300 kV)	매우 얇은 시료의 영상화	0.1 nm(1 Å)	2차원 영상화와 회절에도 사용할 수 있다.
극저온 전자 현미경	Cryo EM	전자빔(100~300 kV)	단백질같은 거대 분자의 구조 결정	0.1 nm(1 Å)	시료는 −190°C에서 유리화된 물에 삽입된다.
에너지 분산형 X-선 분석	EDX(EDAX)	전자빔(100~300 kV)	원소의 정량적, 정성적 분석	11보다 큰 원자 번호를 가진 원소	비탄성 산란은 X-선의 원소별 방출을 유발한다.
전자 에너지 손실 분광법	EELS	전자빔(100~300 kV)	원소의 정량적, 정성적 분석 및 띠간격 분석	가벼운 원소의 분석일수록 특별히 좋다.	비탄성 산란에 의한 흡수 에너지를 측정한다.
주사 터널링 현미경	STM	금속 팁과 표면 사이($d < 1$ nm)의 전자 터널링	도체성, 반도체성 물질의 표면 영상화	nm	
원자힘 현미경	AFM	금속 팁과 표면 사이($d < 1$ nm)의 Coulomb 반발력	부도체성 물질의 표면 영상화	nm	비접촉 모드: 뻣뻣한 캔틸레버는 공명 진동수 바로 위에서 진동한다.

(계속)

표 2.5(계속)

X-선 흡수 분광학	XAS(EXAFS, XANES, NEXAFS)	X-선 주파수 범위의 싱크로트론 방사선	비결정성 물질의 단거리 질서 결정	원자 간 거리, 결정과 비결정 시료의 배위 환경	특정 원소의 흡수단과 그 미세 구조를 연구한다.
X-선 광전자 분광학	XPS(ESCA)	약한 X-선(1~3 keV)	표면 원소와 그들의 화학적 상태에 대한 정량적 분석	ppm, 3보다 큰 원자 번호를 가진 원소	방출된 광전자를 분석한다.
고체상 핵자기 공명 분광학	ssNMR	자기장, RF 신호	정성적 분석, 식별, 결합 길이	Å 범위, 결합 길이	
열중량 분석	TGA	저울, 써모커플, 전기적 가열	분해나 용매 상실 온도에 대한 분석, 실재(*in situ*) 반응 추적	저울 분해능 0.1 μg	가열/냉각 중 시간에 따른 무게 변화
시차 열분석	DTA	써모커플	용융, 결정화, 중합 온도, 상변화의 결정	온도 분해능 0.001 K	시간에 따라 열의 변화를 기준 물질과 비교해가며 모니터링한다.
시차 주사 열계량법	DSC	써모커플	용융, 결정화, 중합 온도, 상변화의 결정	온도 분해능 0.001 K	온도가 변하는 동안 방출되는 열의 양을 측정한다.

문제

1. 단위 세포 크기가 a인 입방 결정 시스템에서 *100*, *110*, 그리고 *111* 평면들 사이의 간격은 얼마인가? 이 반사들이 분말 회절 사진에서 어떤 순서로 나타날 것으로 예상하는가?

2. 원시 입방 결정 속의 *220*, *300*, *211* 반사들의 순서는 무엇인가?

3. 니켈은 입방 결정체를 이룬다. 니켈의 분말 패턴에서 첫 번째 상은 *111*이었다. Bravais 격자는 어떻게 되는가?

4. Cs_2TeBr_6의 관찰된 반사들의 $\sin^2\theta$ 값이 표 2.6에 있다. 이것은 어떤 입방체에 속하는가? 154.2 pm 파장을 가진 Cu-K_α 방사선을 가정하여 단위 세포 길이를 계산하시오.

표 2.6 Cs_2TeBr_6에 대한 $\sin^2\theta$ 값

$\sin^2\theta$
0.0149
0.0199
0.0399
0.0547
0.0597
0.0799
0.0947

5. NaCl의 X-선 분말 데이터는 표 2.7에 나와 있다. 입방체로 가정하여 Bravais 격자를 결정하시오.

표 2.7 NaCl에 대한 θ 값

θ_{hkl}
13°41′
15°51′
22°44′
26°56′
28°14′
33°7′
36°32′
37°39′
42°0′
45°13′
50°36′
53°54′
55°2′
59°45′

6. 문제 5에서 주어진 데이터를 이용하여 NaCl의 단위 세포 길이를 계산하시오.

7. NaCl의 단위 세포의 길이가 $a = 563.1$ pm이고 NaCl의 밀도가 2.17×10^3 kg m^{-3}로 측정되었다. 단위 세포 안의 화학식 단위의 개수 Z를 계산하시오. (소듐과 염소의 원자 질량은 각각 22.99와 35.45이다.)

8. 분말 회절 패턴을 이용하여 은이 면심 입방체의 단위 세포로 결정을 이룬다는 것을 밝혔다. *111* 반사는 Cu−K$_\alpha$를 이용하여 $\theta = 19.1°$에서 관찰되었다. 단위 세포 길이 a를 구하시오.

9. 산화 칼슘은 면심 입방체를 이루고, $a = 481$ pm이며 밀도는 $\rho = 3.35 \times 10^3$ kg m^{-3}이다. Z 값을 계산하시오. (Ca와 O의 원자 질량은 각각 40.08과 15.999이다.)

10. 다이셀레늄화 토륨($ThSe_2$)은 $a = 442.0$ pm, $b = 761.0$ pm, $c = 906.4$ pm, 밀도 $\rho = 8.5 \times 10^3$ kg m^{-3}의 사방 정계의 결정을 이루고 있다. Z 값을 계산하시오. (Th와 Se의 원자 질량은 각각 232.03과 78.96이다.)

11. Cu는 입방 조밀 채움 구조의 결정을 이루고 있다. Cu-K$_\alpha$ 방사선을 이용하여 모은 분말 패턴의 먼저 나타나는 두 반사의 Bragg 각도는 각각 21.6°와 25.15°이다. 단위 세포 길이 a를 계산하고, Cu 원자의 반지름을 추정하시오.

12. 다음 원자들을 X-선 산란 능력의 순으로 정렬하시오; Na, Co, Cd, H, Tl, Pt, Cl, F, O

13. 입방 결정에서, 우리는 *111*과 *222* 반사들을 관찰하였으나 *001*은 없었다. Bravais 격자는 무엇인가?

14. 한 학생이 입방체 물질의 분말 회절 패턴을 인덱싱하도록 요청받았다. 그러나 학생은 삼사정계 단위 세포를 제출하였다. Cu-K$_{\alpha1}$ 방사선($\lambda = 1.54056$ Å)을 시료에 쪼이면 2θ를 따라 다음 회절 피크가 얻어진다: 18.52°, 25.80°, 32.16°, 38.01°, 42.13°, 45.98°, 54.23°, 57.91°, 61.09°, 64.53°. 이들의 Miller 지수(Miller indices)을 할당하고 결정계를 추정하시오. 재료의 격자 상수는 무엇인가?

15. 그림 2.39의 $Co(CO)_4$의 EXAFS 동경 분포 함수를 해석하시오.

16. 그림 2.40은 제올라이트 포자사이트의 ^{29}Si MAS NMR 스펙트럼을 보여준다. 이 그림을 이용하여 어떤 Si의 배위 환경이 가장 존재 가능성이 큰가를 결정하시오.

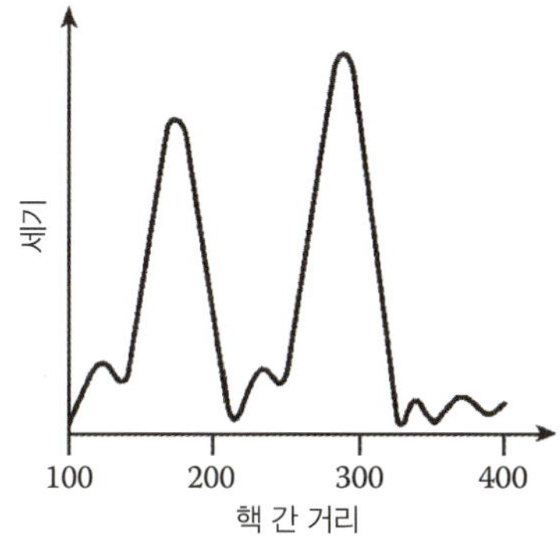

그림 2.39 $Co(CO)_4$의 Co 가장자리 EXAFS 동경 분포 함수

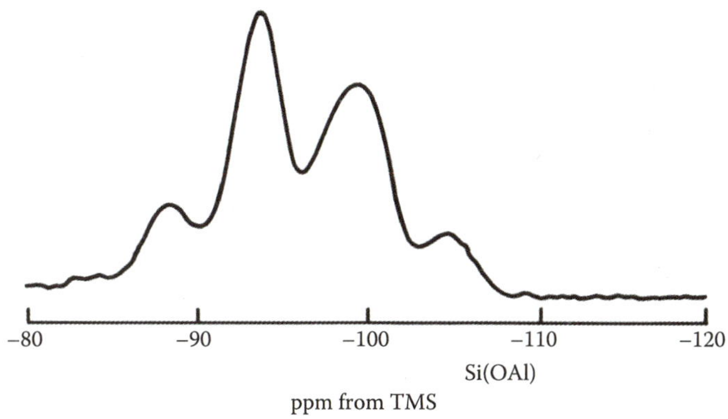

그림 2.40 79.6 MHz에서 ^{29}Si MAS NMR 스펙트럼. Si/Al = 2.61인 포자사이트(제올라이트-Y)

17. 그림 2.41은 그림 2.40에서의 포자사이트와 동일한 시료의 ^{29}Si 스펙트럼을 나타내는데, 이는 $SiCl_4$로 처리하고 물로 씻어낸 이후의 결과이다. 무슨 일이 일어났는가?

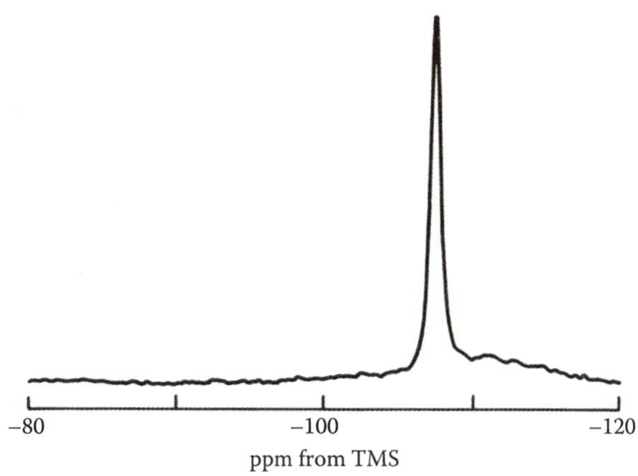

그림 2.41 $SiCl_4$와 물로 연속적으로 처리하여 탈알루미늄 과정을 거친 Si/Al = 2.61인 포자사이트의 ^{29}Si MAS NMR 스펙트럼(79.6 MHz)

18. 포자사이트 시료는 $SiCl_4$로 처리되었고 4개의 ^{27}Al MAS NMR 스펙트럼이 다양한 단계 이후에 측정되었다(그림 2.42). 이 과정에서 어떤 일이 일어났는지를 설명하시오.

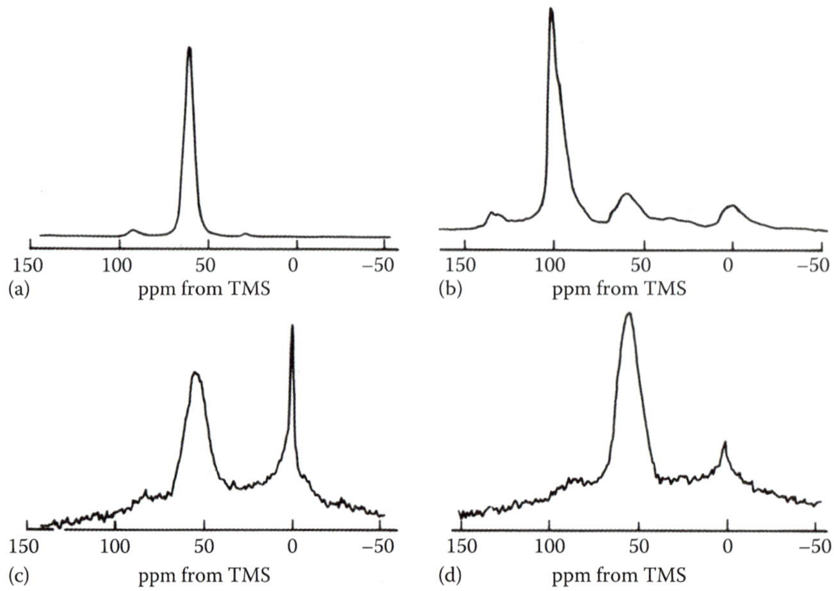

그림 2.42 $SiCl_4$로 탈알루미늄 과정의 여러 단계에서 얻은 104.2 MHZ ^{27}Al MAS NMR 스펙트럼. (a) 처음의 포자사이트 시료, (b) $SiCl_4$로 반응시키고 씻기 전 시료, (c) (b) 시료를 증류수로 씻은 다음, (d) 몇 번 씻은 후

19. 망간 옥살레이트 수화물($MnC_2O_4 \cdot H_2O$) 25 mg에 대한 TGA 결과는 100°C에서 20 mg의 중량 손실을 보여준다. 물의 구성비는 얼마인가? 이후 250°C에서 중량 손실이 일어났고, 900°C에서 중량 증가가 일어났다. 어떤 과정이 일어난 것인가?

20. 그림 2.43은 칠수화 황산 제일철의 DTA와 TGA 결과를 나타낸다. 어떤 과정이 일어났는가?

21. 결합 길이 2.620(1) Å의 표준편차는 얼마인가?

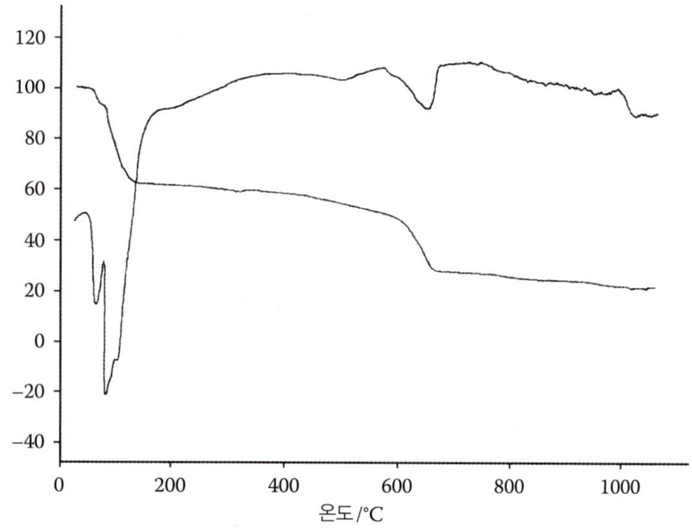

그림 2.43 칠수화 황산 제일철의 DTA와 TGA 흔적

3장 고체의 합성

3.1 개요

고체가 지니는 흥미로운 특성들과 새로운 재료 물질들의 출현으로 인해 매우 다양한 고체 합성법들이 개발되고 있다. 어떤 고체를 합성하고자 할 때는 그 고체의 조성뿐만 아니라 그것이 어떠한 형태로 이용되는지도 함께 고려하여 합성법을 선택해야 한다. 예를 들면 광섬유용 실리카 유리는 실험실용 유리 기구를 제조할 때 사용되는 실리카보다 훨씬 불순물이 없도록 만들어야 한다. 또한 다이아몬드 합성을 위해서는 고압이 필요하듯이, 어떤 합성법은 보통의 조건에서는 안정하지 않은 고체를 만들 때 특히 유용하다. 수열법을 이용하여 이산화 크로뮴(IV)을 합성할 때와 같이 매우 특이한 산화 상태를 형성시키려고 하거나, 매우 고운 분말 또는 반대로 큰 단결정을 형성시키고자 하는 경우에는 또 다른 합성법들을 선택해야 한다. 또한 산업적으로는 에너지 절감을 위해 고온이 필요하지 않은 방법이 선호되고 있다.

고체가 한번 형성되면 정제하는 것이 불가능하므로 일반적으로 고체를 합성할 때는 순수한 출발 물질들을 화학량론적 양만큼 사용하여 그 반응이 완결될 때까지 반응시키는 것이 중요하다.

여기에서 지난 몇 년 동안 사용되어 온 모든 정교한 합성법들을 논의하기에는 지면이 부족하므로, 흥미로운 특성을 보이는 몇 가지 고체를 예로 들어서 흔히 이용되는 합성법들을 집중적으로 설명하겠다. 유기 고체 화합물이나 고분자 합성법은 그 자체로 독립적인 분야를 이루며, 많은 유기 화학 교과서에서 합성법들을 소개하고 있으므로 여기서는 다루지 않는다.

이러한 다양한 주제에 대해 논리적인 순서를 부여하는 것은 어렵다. 이 장에서는 고체 합성에 있어서 가장 기본적이고 가장 흔히 사용되는 **세라믹법(ceramic method)**의 소개로 시작하고자 한다. 이 합성법은 이름만 보면 거창하지만, 사실은 단순히 고체 반응물들을 함께 갈아서 반응할 때까지 가열하면 된다는 것을 의미한다. 우리는 이 방법의 상세한 내용과 반응 혼합물의 균일성을 개선하고 반응 온도를 낮추는 방법 등을 논의한다. 다음 절에서는 고체화학 반응을 일으키는 다른 합성법인 마이크로파 가열법과 연소 합성법에 대해 논의한다. 그리고 비교적 덜 알려진 무기 고체 합성법인 고압 및 기체상 반응들을 소개한다.

3.2 고온 세라믹법

3.2.1 고체의 직접 가열

세라믹법(ceramic method): 고체 물질 합성에 있어서 가장 간단하고도 흔한 방법은 세라믹법으로서, 이는 두 비휘발성 고체를 함께 가열하여 반응시켜서 원하는 생성물을 얻는 방법이다. 이 고체 합성법은 산업 및 실험실에서 모두 널리 사용되며 혼합 금속 산화물, 황화물, 질화물, 알루미노규산염(aluminosilicates) 등 대부분의 재료 물질들을 합성하는 데 이용된다. 실제로 최초의 고온 초전도체도 세라믹법으로 합성되었다.

간단한 예로, 세라믹 산업에서 화장실 도기 표면에 색깔을 내는 고온용 기본 안료로 이용되는 지르콘($ZrSiO_4$)의 형성을 생각해 보자. 지르콘은 1300°C에서 지르코니아(ZrO_2)와 실리카(SiO_2)가 직접 반응하여 만들어진다.

$$ZrO_2(s) + SiO_2(s) = ZrSiO_4(s)$$

실험 방법은 매우 순수한 이성분 산화물들을 화학량론적 양만큼 질량을 정확히 측정하여 막자 사발에 넣고 막자를 이용하여 작고 균일한 입자로 분쇄한 후, 알루미나 도가니에 넣어 전기로에서 수 시간 동안 가열하는 것이다(그림 3.1).

이 간단한 세라믹법은 비록 널리 사용되고는 있지만, 몇 가지 단점이 있다. 일반적으로 500~2000°C 사이의 고온에서 반응이 진행되므로, 아주 많은 에너지가 공급되어야 한다. 이는 보통 이온성 이성분 고체 화합물들의 배위수가 크고, 구성 이온의 크기와 전하에 따라 4~12까지로 다양하여, 반응물 내의 양이온이 그 격자 에너지를

(a) (b) (c)

그림 3.1 세라믹법에 이용되는 기본 장치. (a) 미세한 분쇄를 위한 막자와 막자 사발, (b) 여러 가지 자기, 알루미나, 백금 도가니, (c) 전기로

극복하고 격자 내 다른 위치로 확산되기 위해서는 많은 에너지가 필요하기 때문이다. 또한, 원하는 상이나 화합물이 반응이 일어나는 이러한 고온에서 불안정하거나 분해될 수도 있다. 이와 같은 고체상 반응들은 보통 매우 느리므로, 반응 온도를 올리면 이온들의 확산 속도가 증가하여 반응 속도가 빨라진다. 일반적으로 반응을 고체 상태에서 진행하기 위해, 반응 온도를 고체의 녹는점까지는 올리지 않는다. 고체 상태 반응들은 두 고체의 계면에서만 일어날 수 있으며, 일단 표면층이 반응하면 반응물이 그 본체에서 계면으로 확산되면서 반응이 지속된다. 온도를 올리면 계면에서의 반응이 가능하게 되고, 고체를 통한 확산이 상온에서보다 더 빠르게 일어난다. 경험적으로는, 고체 녹는점의 대략 2/3 정도 되는 온도에서 반응시키면 합리적인 반응 시간 내에 생성물을 얻을 수 있지만, 그래도 종종 확산이 반응 속도를 결정하는 중요한 단계가 된다. 따라서 출발 물질들의 표면적은 극대화되고 반응물들이 확산되어 나갈 거리는 최소화될 수 있도록 작은 크기의 입자로 분쇄되고 아주 잘 혼합되는 것

이 중요하다.

작은 입자들을 균일하게 혼합하기 위해서는 반응물들을 매우 꼼꼼하게 섞어서 분쇄해야 한다. 유압 프레스를 이용하여 혼합 분말을 펠렛으로 만들면, 작은 결정들이 서로 직접적으로 접촉하는 접촉면의 수를 증가시킬 수 있다. 일반적으로 반응 혼합물은 가열 과정 동안 다시 꺼내어 재분쇄함으로써, 반응하지 않은 작은 결정들의 새로운 접촉 표면들이 서로 만날 수 있도록 하여 고체화학 반응이 빠르게 완결되도록 한다. 그럼에도 불구하고 반응 시간은 시간 단위로 측정될 정도로 오래 걸린다. 예를 들어, CuO 및 Fe_2O_3로부터 삼원 산화물 $CuFe_2O_4$를 제조하는 데는 23시간이 걸린다. 반응이 진행됨에 따라 두 가지 반응물의 작은 결정 계면에서 삼성분계 산화물 층이 형성되고 결정 내부의 이온들이 다음 반응을 위해 형성된 그 층을 통과하여 확산되어야 하기 때문에, 반응 생성물은 그 조성이 균일하지 않게 되는 경우가 있다. 따라서 일반적으로 얻어진 초기 생성물은 순수한 생성물이 얻어질 때까지 다시 분쇄하여 재가열하는 과정을 몇 번이고 반복하게 된다. 최적의 반응 조건을 찾기 위해 분말 X-선 회절법을 이용하여 시료의 반응 정도를 확인하며 순수한 생성물이 얻어질 때까지 시행착오를 반복하게 된다.

고체 상태 화학 반응은 일반적으로 저항 가열을 이용하는 전기로 내에서 약 2000℃까지의 고온에서 진행된다. 전기로에 있는 금속 원소의 저항은 전기난로에서와 같이 전기 에너지를 열로 변환시킨다. 약 2000℃까지 가열이 필요한 경우는 이 방법을 흔히 사용하지만, 그 이상의 반응 온도가 필요하다면 다른 방법을 써야 한다. 전기 아크(electric arc)를 반응 혼합물에 조사하면 시료 온도를 3000℃까지 고온으로 만들 수 있고, 적외선 출력 이산화 탄소 레이저를 이용하면 매우 높은 온도인 4000℃를 형성할 수도 있다.

반응에 사용되는 반응 용기는 고온에서 견딜 수 있을 뿐만 아니라 반응물들과도 반응하지 않을 정도로 충분히 비활성인 물질이어야 한다. 흔히 사용되는 적합한 도가니로는 실리카(1400℃까지), 알루미나(1900℃까지), 지르코니아(2000℃까지), 또는 마그네시아(2400℃까지) 등이 있으나, 일부 반응에서는 백금(녹는점 1700℃)이나 탄탈럼(녹는점 2980℃)과 같은 금속 및 흑연 피복이 사용된다.

만일 반응물에 사용될 어떤 산화물이 비화학량론적, 휘발성, 흡습성, 공기 민감성 등의 특성이 있다면, 탄산염을 반응물로 대신하여 사용할 수도 있다. 또한 대기 중에서 가열하는 이 간단한 합성법이 적당하지 않다면, 밀폐관법이 필요하게 된다.

밀폐관법(sealed tube method): 생성물이나 반응물이 공기나 수분에 민감하거나 휘발성일 때는 진공관이 이용된다. 이 방법을 이용하는 예로 황화 사마륨(SmS)의 합성을 들 수 있다. 이 경우, 황의 끓는점(444℃)이 낮아서 반응 용기로부터 끓어 없어지는 것을 방지하기 위해 진공관이 필요하다.

황화 사마륨의 합성은 매우 흥미로운데, 황화 사마륨에 있는 사마륨의 산화수가 란타넘족 원소에서 흔히 보이는 +3이 아니라, +2의 특이한 산화 상태를 보이기 때문이다. 화학량론적 양만큼의 분말 형태 사마륨 금속과 황을 혼합한 후, 실리카 관에 넣고 진공에서 밀봉하여 약 730℃로 가열한다. (반응 온도에 따라 파이렉스 유리관 또는 실리카 관을 선택할 수 있는데, 이는 두 종류의 관 모두 반응물에 대해 비활성이고, 쉬운 조작으로 진공관을 만들 수 있기 때문이다.) 초기 가열로 얻어진 생성물은 재분쇄하여 균일화한 후 다시 가열하는데, 이때는 탄탈럼 관에 시료를 넣고 용접 밀폐한 다음 약 2000℃로 가열한다. 이 온도를 달성하기 위한 열은 탄탈럼 관으로 전기 전류를 흘릴 때 발생하는 저항에서 얻는다.

산화 상태가 높은 산화물을 합성할 때는 고압의 산소가 사용되며, 환원 반응을 위해서는 수소 기체가 사용된다. 산화나 분해 반응을 방지하기 위해서는 비활성 분위기에서 반응이 진행된다.

밀폐된 반응 관에서 발생한 압력은 매우 높을 수 있고, 비록 주의 깊게 만들어졌다고 하더라도 반응 관이 폭발할 수도 있다. 따라서 반응 관 주위를 금속 보호 용기로 감싸고 안전막을 이용하는 등의 안전 대비책 마련에 특별한 주의를 기울여야 한다.

특수한 기체 분위기(special atmosphere): 몇몇 화합물의 합성은 특수한 기체 분위기에서 수행해야 하지만, 고압일 필요는 없다. 더 높은 산화 상태로 산화되는 것을 막기 위해 아르곤과 같은 비활성 기체가 사용될 수 있다. 더 높은 산화 상태를 형성하는 것을 촉진하기 위해서는 산소 분위기가 이용될 수 있다. 반대로 낮은 산화 상태를 생성하기 위해 수소 분위기가 이용될 수 있다. 이런 종류의 실험은 보통 반응물 고체를 보트(boat)라고 불리는 작은 반응 용기에 넣고, 이를 수평관 전기로의 관에 넣어 진행시킨다. 모든 공기를 기기로부터 배출하기 위해 일정 시간 동안 특정 기체가 반응물을 지나가게 한다. 그 후에 가열과 냉각 과정 동안 특정 기체가 반응물에 지속적으로 흐르게 되는데, 이때 양압(positive pressure)을 유지하고 역확산(back diffusion)에 의한 공기 유입을 방지하기 위해 기체가 발포기를 통해 빠져나간다(그림 3.2).

더 균일한 생성물과 더 빠른 반응 속도를 얻기 위해, 갈아서 얻은 입자보다 더 작은 크기의 입자들이 참여하는 방법들이 개발되었다. 다결정성(polycrystalline) 혼합물인 고체 반응물의 일반적인 입자 크기는 약 10 μm 내외로 예상할 수 있다. 장기간 지

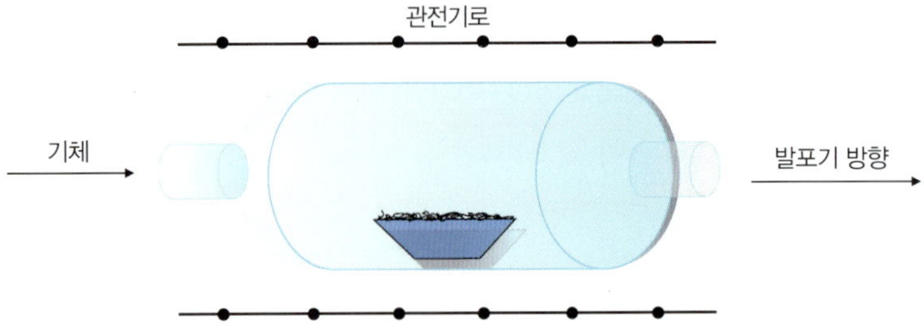

그림 3.2 특수한 기체 분위기에서의 고체 반응

속적으로 세심하게 갈더라도 입자 크기는 약 0.1 μm 정도까지밖에는 줄일 수 없다. 따라서 세라믹 반응 동안 이온의 확산은 100~10,000개의 단위 세포 어디에나 걸쳐서 일어날 수 있다. 물리적 또는 화학적인 독창적이고 다양한 방법들이 반응 구성 성분들을 보다 밀접하게 접촉하거나 원자 수준에서 접촉하도록 하여 이 확산 경로를 줄이기 위해 개발되었고 이렇게 함으로써 반응은 더 낮은 온도에서도 일어날 수 있다.

3.2.2 전구체법

단순한 수준에서는, 산화물 대신 질산염과 탄산염과 같은 **전구체(precursor)**를 출발 물질로 사용할 수 있다. 이러한 전구체를 가열하면 상대적으로 낮은 온도에서 기체 화학종을 잃고, 미세하고 반응성이 높은 산화물 분말로 분해된다. 고체의 **공침(co-precipitation)** 방법을 활용하면 더욱 균일하게 접촉하고 있는 출발 물질 혼합물을 만들 수도 있다. 가용성 금속 이온염 혼합물을 화학량론적 양만큼 녹인 후 수산화물, 시트르산염, 옥살산염 또는 폼산염 형태로 침전시킨다. 이 고체 혼합물을 걸러내어 말리고 분쇄한 이후에 최종 생성물을 얻을 수 있도록 가열한다. 분쇄하는 과정에서는 불순물이 들어가지 않도록 매우 주의해야 한다.

전구체법(precursor method)은 전구체에 있는 금속들이 정확한 화학량론적 양만큼 존재하게 하여 원자 수준에서 서로 섞이도록 함으로써, 원하는 고체 화합물을 형성시키는 방법이다. 예를 들어 MM'_2O_4를 만들고자 할 때, 우선 M과 M′이 1:2인 아세트산염과 같은 산소산의 혼합염을 형성시키고, 이 전구체를 가열, 분해하여 원하는 생성물을 만들어낸다. 그렇게 하면 상대적으로 낮은 온도에서 균일한 생성물을 형성시킬 수 있다. 항상 적절한 전구체를 찾을 수 있는 것은 아니라는 단점이 있지만, 타이타늄산 바륨의 합성은 이 방법을 이용한 좋은 실례이다.

타이타늄산 바륨(**barium titanate, $BaTiO_3$**)은 유전 상수가 높기 때문에 축전기에 널리 사용되는 강유전성 물질이다(9장). 초기에 이 물질은 탄산 바륨과 이산화 타이타늄을 높은 온도에서 가열하여 얻었다.

$$BaCO_3(s) + TiO_2(s) = BaTiO_3(s) + CO_2(g)$$

그러나 현대의 전기 회로에 사용하기 위해서는 입자 크기가 조절된 생성물을 얻는 것이 중요한데, 전구체법은 이를 위한 한 가지 방법이 된다. (다른 방법으로는 솔-젤법이 있는데, 이 방법도 이 물질에 이미 적용되었다.) 이 방법에 사용되는 전구체는 옥살산염이다. 합성의 첫 번째 단계는 타이타늄의 옥소-옥살산염을 만드는 것이다. 과량의 옥살산 용액을 뷰톡시화 타이타늄에 가하면, 처음에는 가수 분해되어 침전이 형성되고, 그 후에 과량의 옥살산에 침전이 녹는다.

$$Ti(OBu)_4(aq) + 4H_2O(l) = Ti(OH)_4(s) + 4BuOH(aq)$$

$$Ti(OH)_4(s) + (COO)_2^{2-}(aq) = TiO(COO)_2(aq) + 2OH^-(aq) + H_2O(l)$$

그 후에 염화 바륨 용액을 첨가하면 비스(옥살레이토)옥소타이타늄(IV)산 바륨이 침전된다.

$$Ba^{2+}(aq) + (COO)_2^{2-}(aq) + TiO(COO)_2(aq) = Ba\left[TiO\left((COO)_2\right)_2\right](s)$$

이 침전에는 바륨과 타이타늄이 정확한 비율로 포함되어 있고, 가열에 의해서 쉽게 산화물로 분해된다. 최종 가열 온도는 650℃이다.

$$Ba\left[TiO\left((COO)_2\right)_2\right](s) = BaTiO_3(s) + 2CO_2(g) + 2CO(g)$$

옥살산염의 분해는 또한 자성체로서 중요한 철 산화물인 MFe_2O_4의 합성에도 이용된다(9장).

전구체는 **촉진된 이금속 촉매**(**promoted bimetallic catalyst**) 합성에도 이용될 수 있다. 지지된 촉매로 사용되는 귀금속, 예를 들면 탄소 위에 지지된 백금(Pt)과 같은 촉매는 수소를 흡착한 후, 유기 금속 착물 용액의 두 번째 금속과 반응하는 것이 가능하다. 유기 금속 착물은 백금에 흡착된 수소와 반응하여 환원되어 금속을 생성시키고 기체 부산물을 형성시킨다. 반응은 오직 수소가 흡착된 활성 촉매 자리에서만 일어나게 되고, 두 금속 사이에 매우 가까운 계면을 지닌 균일한 이금속(bimetallic) 생성물이 형성된다.

$YBa_2Cu_3O_{7-x}$의 합성. 초전도 성질을 지닌 이 산화물은 1:2:3 화학량론적 비율을 갖는 금속 질산염의 요소/옥살산 수용액으로부터 균일한 공침법으로 학부 실험실

에서도 제조할 수 있다. 요소는 80~100°C의 온도에서 가수 분해되어 CO_2와 NH_3를 동시에 발생시킨다. 요소가 가수 분해됨에 따라 용액의 pH가 점차 높아지게 되고 녹아 있던 금속 이온들은 수산화물, 옥살산염, 또는 탄산염 형태로 침전된다. 그런 다음 침전물을 공기 중에서 900°C로 16시간 이상 가열하여 남아 있는 탄소를 모두 연소시킨다. 이 단계에서 얻은 분말을 압축하여 펠렛으로 만들고 900°C에서 4시간 소결한 다음, 다시 산소 분위기에서 16시간 열처리한다. 최종적으로 화학 조성이 $YBa_2Cu_3O_{7-x}(0 < x < 0.5)$인 물질이 생성된다.

전구체법의 생성물은 보통 결정성 고체인데, 가끔 큰 표면적을 지닌 작은 입자를 포함한다. 이는 촉매나 타이타늄산 바륨 축전기와 같은 것에 응용할 수 있을 정도로 장점으로 작용한다.

3.2.3 솔-젤법

침전법은 용액에 하나 이상의 이온이 녹은 상태로 남아 있다면, 침전물이 화학량론적으로 정확하지 않을 수 있다는 단점이 항상 존재한다. **솔-젤법(sol-gel method)**은 반응물을 절대 침전시키지 않기 때문에 이러한 단점을 극복할 수 있다. 처음에 반응물의 진한 용액이나 콜로이드 현탁액, 즉 '솔'을 만들고, 그것을 농축 또는 숙성시켜 '젤'을 형성시킨다. 이후 이 균일한 젤을 열처리하여 생성물을 형성시킨다. 솔-젤 공정의 주요 과정은 그림 3.3에 요약되어 있다.

솔-젤 방법을 이용한 합성법의 첫 번째 연구는 19세기 중반에 시작되었다. 이 초기 연구는 규소의 알콕시화물을 가수 분해하여 만든 솔로부터 실리카 유리를 만드는 것에 관한 연구였는데, 불행하게도 생성물 균열을 방지하고 미세한 가루를 형성시키기 위한 숙성 기간이 1년 이상 필요하였다. 솔-젤법은 작은 입자(지름 1~1000 nm)를 포함하고 있는 콜로이드가 화학적으로 매우 균일해질 수 있고, 반응할 수 있는 표면적이 매우 크다는 것을 깨닫게 된 1950년대와 1960년대에 더욱 발전하였다.

솔은 어떤 액체 속에 존재하는 입자의 콜로이드 현탁액이다. 여기에서 논의되는

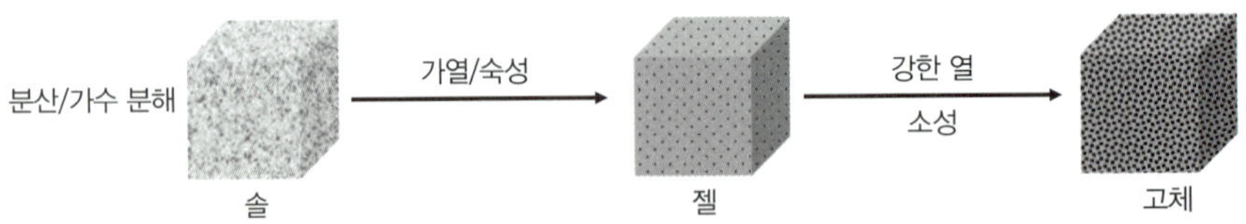

그림 3.3 솔-젤 합성법의 과정

재료에 있어서 이들 입자의 전형적인 지름은 1~100 nm이다. 젤은 콜로이드성(본질적으로 농축된 솔) 또는 고분자성 재료 물질의 골격 내에 용매를 포함하고 있는 반경질(semirigid) 고체이다.

솔-젤법을 이용하여 고체를 합성하기 위해서는 반응물인 솔을 초기에 적절한 액체에 넣어 준비하여야 한다. 솔은 단순히 불용성 고체를 액체에 분산시켜 만들거나, 용매와 반응하여 콜로이드를 형성하는 전구체를 액체에 넣어 만들 수 있다. 첫 번째 경우의 전형적인 예는 산화물이나 수산화물을 pH를 조절한 물에 분산시켜 고체 입자가 침전되지 않고 현탁액으로 유지되도록 하는 것이다. 두 번째 방법의 전형적인 예는 알콕시화 금속(metal alkoxide)을 물에 넣은 것으로, 알콕시화물(alkoxide)은 가수분해되어 콜로이드 형태의 산화물을 형성한다.

이후에 솔은 탈수 및/또는 중합 등의 과정을 이용하여 처리하거나, 단순하게는 오랜 시간 그대로 방치하여 젤이 형성되도록 한다. 최종 생성물을 얻기 위하여 젤을 가열하는데, 여기에는 몇 가지 이유가 있다. 젤을 가열하면 용매가 제거되고, 알콕시화물이나 탄산 이온과 같은 음이온이 분해되어 산화물이 형성되며, 고체의 구조가 재배열될 수 있을 뿐만 아니라, 고체의 결정화가 일어날 수 있기 때문이다. 솔-젤법을 이용하면 직접 세라믹법과 비교하여 반응 시간과 온도를 줄일 수 있는데, 경우에 따라 수일 걸리는 반응을 수 시간으로 줄일 수도 있고, 반응 온도도 수백 도만큼 낮출 수 있다.

초임계 조건, 즉 용매의 임계 온도보다 높은 온도 조건에서 젤을 건조하면 균열을 피할 수 있다. 이때 용매는 건조 과정 내내 기체 상태로 존재하여 소위 에어로젤을 형성시키는데, 이 에어로젤을 태워 다공성의 단판(monolith)을 생성시킬 수 있다.

솔-젤법을 설명하는 몇 가지 예시가 있다. 그중 흥미로운 특성과 응용성을 갖는 두 가지 예시를 선택하여 이 책의 후반부에서 상세히 논의할 것이다. 솔-젤법으로 합성된 많은 다른 물질들이 알려져 있고, 또한 물질에 따라 각각 다른 솔-젤 합성법들이 이용되므로, 다음 설명들은 이 합성법의 주된 사용법으로 생각하기보다는 하나의 예시 방법으로 생각해야 한다.

나이오븀산 리튬(lithium niobate, $LiNbO_3$)은 광학 스위치로 사용되는 강유전성 물질이다(8장 참조). 단순한 세라믹법으로 합성하면 정확한 화학량론적 조성을 얻을 수 없으며, 여러 상이 혼합된 생성물을 얻을 수도 있다. 이 물질을 위한 몇 가지 솔-젤법이 알려져 있는데, 이 방법들은 합성 온도가 낮고, 생성물의 균일성이 더 좋다는 장점이 있다. 그중 한 합성법은 에톡시화 리튬($LiOC_2H_5$ (또는 LiOEt))과 에톡시화 나이오븀($Nb_2(OEt)_{10}$)을 출발 물질로 사용한다. 각각의 에톡시화 금속을 무수 에탄올에 녹인 후, 두 용액을 혼합한다. 물을 첨가하면 부분적으로 가수 분해가 일어나서 하이드록시-알콕시화물이 생성된다. 예를 들면,

$$Nb_2\left(OEt\right)_{10} + 2H_2O = 2Nb\left(OEt\right)_4\left(OH\right) + 2EtOH$$

하이드록시-알콕시화물은 응축되어 금속-산소-금속 결합을 지닌 고분자성 젤을 형성한다. 이후 그 젤을 가열하면 나이오븀산 리튬이 형성된다. 가열 과정에서 남아 있는 에탄올과 응축 과정에서 생성된 물이 제거되고 남아 있는 에틸기는 열분해(이산화 탄소와 물로 산화)되어 산화물이 된다.

산화 아연(zinc oxide, ZnO)은 화장품, 센서 및 태양 전지의 예와 같이 다양한 분야에서 널리 사용되는 물질이다. 광촉매로 사용되는 ZnO를 합성하는 솔-젤법 중 하나는 아세트산 아연과 옥살산을 이용하여 젤을 형성시키는 것이다. 아세트산 아연 [$Zn(CH_3COO)_2$]을 에탄올에 녹이고 옥살산과 에탄올 혼합물을 이 용액에 첨가한다. 환류 후에 상온으로 식힌 후 80℃에서 20시간 동안 건조한다. 이어서 건조된 혼합물을 공기 중에서 650℃로 가열하면 산화 아연을 얻을 수 있다.

광섬유 중심부는 빛의 신호를 전달하고, 중심부의 바깥쪽 피복은 더 낮은 굴절률에 의한 전반사를 통해 빛을 중심에 붙잡아 두어야 하기 때문에, **광섬유의 코팅(coatings for optical fibres)**은 중요하다(8장 참조). 광섬유는 매우 순도가 높은 것으로 전이 금속과 같은 불순물이 완전히 없어야 하므로, 실리카 유리를 만드는 전통적인 방법은 적절하지 못하다. 섬유는 변형된 **화학 증기 증착법(chemical vapour deposition, CVD)**을 사용하여 만들고(3.7절) 코팅과 중심을 함께 뽑아낸다. 그러나 섬유가 솔로부터 뽑아질 때, 실리카 중심부 주변을 코팅할 수도 있다. 코팅은 바깥쪽에 더 낮은 굴절률을 지닌 층을 형성시킬 뿐만 아니라, 내부를 보호하고, 내구성을 강화시키며, 센서 특성 등을 더해줄 수 있다.

3.3 기계화학적 합성

기계화학적 합성(mechanochemical synthesis)은 고체 상태의 출발 물질에 높은 에너지를 가하면서 분쇄하는 과정으로 이러한 방법의 예로는 공 분쇄(ball milling)를 들 수 있다. 공 분쇄에서는 반응 혼합물을 세라믹이나 금속으로 된 공과 같은 분쇄 매질과 함께 원통 모양의 기기 안에서 회전시킨다. 이때 용매를 사용하지 않으며 분쇄 매

질에 의해 생성물이 오염되지 않도록 주의해야 한다. 예를 들어 뼈의 미네랄 성분인 수산화 인회석[hydroxylapatite, $Ca_{10}(PO_4)_6(OH)_2$]은 인산 수소 칼슘과 수산화 칼슘을 함께 분쇄하여 합성할 수 있다.

3.4 마이크로파 합성

우리는 음식을 빠르게 조리하고자 할 때 전자레인지의 마이크로파 복사선을 많이 이용한다. 최근에 이 방법은 혼합 금속 산화물과 같은 고체 상태 재료 물질의 합성에도 이용되고 있다. 최초의 고체 상태 화학 반응 실험은 가정용 오븐을 개조하여 시행되었는데, 이 오븐은 아직도 사용되고 있다. 최근에는 다양한 실험 조건들을 통제할 수 있는 좀 더 전문화된 오븐이 개발되었다. 우리는 마이크로파가 어떻게 고체와 액체를 가열하는지 간단히 고찰해 봄으로써, 어떤 반응이 마이크로파를 이용한 합성의 좋은 후보인지에 대한 통찰력을 가질 수 있게 될 것이다.

액체나 고체에 있는 분자나 이온들은 자유롭게 회전할 수 없어서, 기체상에 있는 분자처럼 회전 운동을 통한 마이크로파의 흡수로 가열할 수는 없다. 고체나 액체에서는 마이크로파 복사의 번갈아 바뀌는 전기장(교류 전기장)이 두 가지 방법으로 작용할 수 있다. 만일 고체나 액체를 통해 자유롭게 움직일 수 있는 전하를 띤 입자가 존재하면, 이것은 전기장의 영향을 받아 진동하는 전류를 만들면서 움직일 것이다. 이런 움직임에 대한 저항은 에너지를 발생시켜 주변에 열의 형태로 전달되는데, 이를 **전도 가열(conduction heating)**이라고 한다. 만일 자유롭게 움직이는 입자는 없지만 쌍극자 모멘트를 지니는 분자나 단위체가 있다면, 전기장이 쌍극자 모멘트를 나란히 정렬시킨다. 이러한 효과로 **유전 가열(dielectric heating)**이 생성되는데, 이 효과가 음식에 있는 물 분자에 작용하여 보통의 가정용 전자파 오븐(전자레인지)을 이용한 가열/요리 등이 가능하게 되는 것이다.

마이크로파 복사의 전기장은 다른 모든 전자기파 복사와 마찬가지로, 그 복사의 진동수로 진동한다. 고체 내부의 전기 쌍극자는 순간적으로 그 정렬이 바뀌지 않고, 고유 시간(τ)에 따라 변한다. 만일 진동하는 전기장이 그 방향을 천천히 바꾸어 방향 변화에 걸리는 시간이 τ보다 훨씬 길게 되면, 쌍극자는 그러한 방향 변화를 따라갈 수 있다. 매번 쌍극자가 재정렬될 때마다 에너지의 일부분이 주변에 열의 형태로 전달되지만, 이것은 단지 작은 가열의 효과에 불과하다. 만일 복사되는 전기장이 매우 빠르게 진동한다면, 쌍극자는 충분히 빠르게 반응할 수 없으며 재정렬하지 못한다. 마이크로파 복사의 진동수는 전기장이 τ만큼의 크기와 같은 속력으로 부호를 변화시키는 것이다. 이와 같은 조건에서는 쌍극자의 재정렬이 전기장의 변화 속도에 약간 뒤처지게 되고, 고체는 마이크로파 복사를 흡수한다. 그리고 흡수된 에너지는 열로 전환된다. 이 과정을 지배하는 양들로는 쌍극자 배열의 정도를 결정하는 유전 상수(9장 참조)와 흡수된 복사가 얼마만큼 효율적으로 열로 전환되는지를 결정하는 유전 손실이 있다.

고체 상태 합성에 마이크로파 가열을 이용하려면, 최소한 반응 혼합물의 한 성분은 반드시 마이크로파 복사를 흡수해야 한다. 앞에서 살펴본 바와 같이 반응 과정의 속도는 고체 상태 반응의 속도와 속도 결정 단계인 확산 속도 둘 다를 증가시킴에 따라 빨라지게 된다.

CuO, ZnO, V_2O_5, MnO_2, PbO_2, Co_2O_3, Fe_3O_4, NiO, 및 WO_3를 포함한 대부분 비화학량론적 조성을 갖는 다양한 산화물들이 마이크로파 복사에 의해 효과적으로 가열된다. 이외에 마이크로파 복사를 강하게 흡수하는 물질에는 $SnCl_2$와 $ZnCl_2$가 있다. 반면 마이크로파 복사를 강하게 흡수하지 않는 산화물들에는 TiO_2, CeO_2, Fe_2O_3, Pb_3O_4, SnO, Al_2O_3, 및 La_2O_3가 포함된다. 반응에 참여하지 않지만 마이크로파 복사를 흡수할 수 있는 물질(예를 들어 탄소)을 첨가하는 것도 가능하다.

초기에 고온 초전도체는(10장 참조) 전통적인 세라믹법을 이용하여 만들어졌는데, 예로 산화 이트륨, 산화 구리(II), 탄산 바륨을 함께 구워 만든 $YBa_2Cu_3O_{7-x}$(그림 3.4)를 들 수 있다. 그러나 이 합성법을 이용하여 반응을 완결시키려면 24시간이 걸린다. 마이크로파 합성법을 이용하면 이 초전도체를 2시간 이내에 합성할 수 있다고 보고되었다. 화학량론적 양만큼의 산화 구리(II)(CuO), 질산 바륨($Ba(NO_3)_2$), 산화 이트륨(Y_2O_3) 혼합물을 반응 도중 생성되는 산화 질소를 안전하게 제거할 수 있도록 개조된 마이크로파 오븐에 넣는다. 이 혼합물을 500 W의 마이크로파 복사에서 5분 동안 처리하고, 분쇄한 후 130~500 W의 마이크로파 복사에 15분 동안 노출시킨다. 마지막으로 이 반응 혼합물을 다시 분쇄한 후 마이크로파 복사에 25분 동안 더 노출시킨다. 이 예시에 소개된 마이크로파의 세기는 산화 구리(II)에 작용하는 세기에 해당한다.

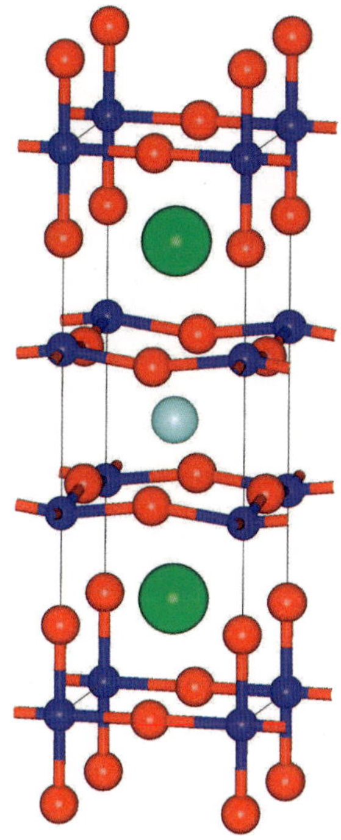

그림 3.4 $YBa_2Cu_3O_{7-x}$의 이상적인 구조

3.5 연소 합성

자가-전파 고온 합성법(**self-propagating high-temperature synthesis**)으로도 알려져 있는 **연소 합성법**(**combustion synthesis**)은 세라믹법의 대안으로 개발되었다. 세라믹법을 이용한 합성은 반응물을 통한 이온들의 확산에 의존하므로 균일한 생성물을 얻으려면 오랫동안 반복적으로 가열 및 분쇄가 필요하였기 때문이다. 연소 합성법은 자가-전파되는 높은 반응 온도를 유지하므로 발열성이 매우 크고($\Delta H \approx -170$ kJ mol^{-1}) 심지어 폭발적인 산화-환원 반응을 이용하여 붕소화물, 질소화물, 산화물, 규소화물, 금속 간 화합물, 세라믹 등을 포함하는 많은 내화성 물질을 합성하는 데 사용되었다. 고체 상태에서 함께 혼합된 반응물은 원통형의 펠렛으로 만들어지고 표면의 한 부분이 레이저, 전기 아크, 가열 코일 등을 이용하여 고온에서 점화된다. 점화가 되면 반응은 **합성파**(**synthesis wave**)라고 하는 뜨거운 연소파의 형태로 펠렛을 통해 전파되는데, 생성되는 열보다 손실된 열이 적어야 하며 그렇지 않으면 반응이 멈추게 된다. 그리고 이와 같이 빠른 반응이 일어나는 동안 고온(1700~3700℃)이

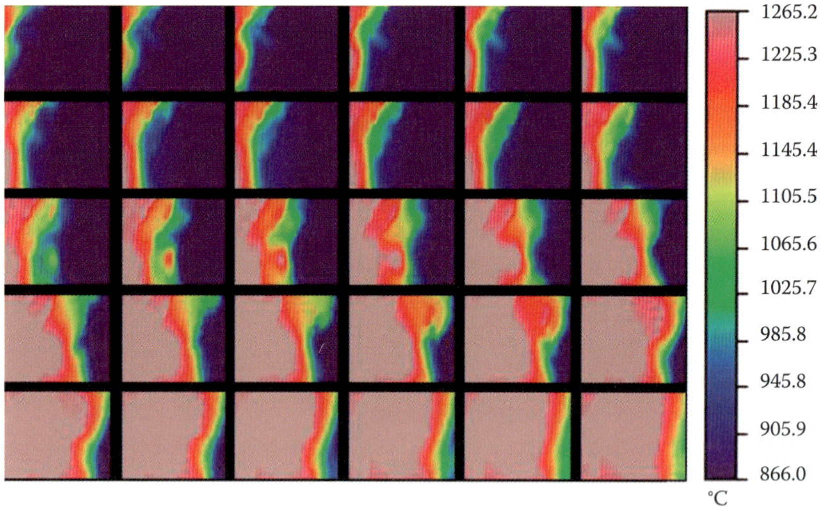

그림 3.5 MgO, Fe, Fe_2O_3, $NaClO_4$ 혼합물 펠렛을 통해 움직이는 합성파의 열 이미지. 각각의 이미지는 3×2 mm 크기이다. 이미지는 0.06초 간격으로 포착되었다. 처음 이미지는 왼쪽 위이고 마지막은 오른쪽 아래이다. (From Professor Ivan Parkin, University College, London. With permission.)

유지된다. 그림 3.5는 MgO, Fe, Fe_2O_3, $NaClO_4$의 혼합물에 걸쳐 움직이는 합성파를 보여 준다(그림은 열화상 카메라로 포착되었다).

점화는 때로는 전체 부피를 골고루 가열하여 일으킬 수도 있고, 공 분쇄를 이용하여 자연 발화를 시킬 수도 있다. 이 방법을 이용하면 고순도의 생성물을 빠르고 경제적으로 만들 수 있기 때문에, 현재 러시아, 스페인, 한국 등에서 상업적으로 이용되고 있다. $BaFe_{12}O_{19}$ 페라이트(ferrite)는 신용 카드의 마그네틱 띠에 사용되어온 자성 물질이다(9장 참조). BaO_2, Fe_2O_3, Cr_2O_3, Fe 혼합물을 열적으로 점화시키면 크롬이 치환된 페라이트($BaFe_{12-x}Cr_xO_{19}$)가 생성된다. 이때 금속 철의 산화 반응이 발열 반응으로 이용되며 반응 과정에서 과산화 바륨(BaO_2)은 분해되어 산소 공급원으로 작용한다. x 값이 2인 경우 반응식은 다음과 같다.

$$BaO_2(s) + 2.5Fe_2O_3(s) + Cr_2O_3(s) + 5Fe(s) + 3.5O_2(g) = BaFe_{10}Cr_2O_{19}(s)$$

놀랍게도 발열성이 큰 산화제가 용액 내에 충분한 양으로 존재하면, 그것이 연료로 작용하여 용액에서도 연소 합성이 일어날 수 있다. 요소나 다른 하이드라자이드(hydrazide)와 같은 다양한 연료가 사용되어 왔는데, 열 생성을 위한 탄소와 수소를 제공할 뿐만 아니라, 용액 내에 존재하는 금속염과 착화합물을 이룰 수 있어서 매우 균일한 반응 혼합물을 제공할 수 있다. 반응은 마이크로파 가열로 시작되고, 약 700~1500°C의 온도에서 불꽃이나 연기의 혼합물을 생성한다.

3.6 고압 합성법

높은 압력은 다음과 같은 다양한 합성 방법에 직·간접적으로 이용된다.

- 고압 반응기 내부에 있는 용매의 높은 압력(수열법)
- 반응성 기체의 높은 압력 이용
- 고체에 직접 가해지는 유체 역학적 압력
- 초음파

3.6.1 수열법

수열법은 균일도(homogeneity)를 향상시키고 반응 온도를 낮추며 단결정 성장에 이용되는 방법으로, 이러한 조건들은 특정 고체 상태 응용에 필요한 것들이다.

원래 **수열법(hydrothermal method)**은 반응물을 물과 함께 밀봉된 **고압 반응기(autoclave)**에서 가열하는 방법을 말한다(그림 3.6). 고압 반응기는 보통 높은 압력

그림 3.6 고압 반응기

을 견딜 수 있도록 두꺼운 스테인리스강(stainless steel)으로 만들어지며, 안전밸브가 장착되어 있다. 내부 용기로는 반응성이 없는 귀금속, 석영, 테플론 등과 같은 재료로 된 용기가 사용된다. 고압 반응기가 가열되면 압력이 증가하고, 물은 끓는점인 100°C 이상에서도 액체 상태인 소위 '과열된 물(superheated water)'로 존재한다. 이러한 반응 조건을 수열 조건이라고 하는데, 이 반응 조건에서 압력은 대기압 이상으로 올라가고 온도는 물의 끓는점 이상으로 올라가지만, 앞서 기술한 방법들에서 사용된 정도의 고온은 아니다.

수열 조건은 자연계에 존재하는 조건으로, 천연 제올라이트 및 원석 등 다양한 광물이 이 과정에 의해 형성된다. 이 수열 반응 조건은 보통 수준의 압력을 형성하고, 세라믹법이나 솔-젤법 등 전형적으로 고온이 사용되는 합성법보다는 낮은 온도를 사용하는 여러 가지 다른 방법들로 확장되었다. 낮은 반응 온도는 이 방법의 장점 중 하나이다. 이 방법의 다른 장점으로는, 고온과 고압에서 안정화되는 특이한 산화 상태나 상을 가진 화합물들을 만들 수 있다는 것이다. 이 합성법은 큰 석영 결정과 합성 보석 등을 산업적으로 생산하는 데도 이용된다. 이 방법은 대기압에서는 물에 녹지 않지만 수열 반응기 내에 있는 과열된 물에서는 녹는 금속 산화물을 합성하는 데 유용하다. 출발 물질을 녹이기에는 반응 온도와 압력이 충분하지 못하다고 하더라도, 알칼리 또는 금속염과 같은 광화제(mineralizer)를 넣게 되면 그 음이온들이 고체와 착화합물을 형성하여 녹일 수 있게 된다. 물 이외의 다른 용매를 사용하는 방법은 **용매열법(solvothermal methods)**으로 알려져 있다.

수열법의 장점과 이 방법을 변형한 다양한 방법을 설명하기 위해 다음의 몇 가지 예를 살펴 보자.

수열법을 이용한 최초의 산업 공정은 라디오의 진동자로 사용되는 석영 결정을 생산하는 것이었다. 석영(quartz, SiO_2)은 압전 효과를 통해 고주파 교류 전류를 생성하는 데 사용될 수 있다(9장). 석영 결정의 수열 성장은 온도 기울기(temperature gradient)를 활용한다. 이 변형된 수열 과정에서는 더 높은 온도에서 용해된 반응물이 대류에 의해 반응 용기의 상단으로 이동되고, 고압 반응기의 상단에 있는 온도가 낮은 두 번째 냉각실에서 씨앗 결정의 도움으로 결정이 석출된다. 그림 3.7은 이 장치의 개략도를 나타낸다. 고압 반응기의 한쪽 끝에 실리카와 알칼리 용액이 채워진다. 고압 반응기는 보통 300~400°C의 온도로 가열되고, 이때 1500×10^5 Pa의 압력이 생성된다. 실리카는 용액에 녹아 고압 반응기의 저온 영역으로 이동되고(10~25°C 저온), 여기서 결정이 생성된다. 알칼리 용액은 다시 고온 영역으로 돌아와서 더 많은

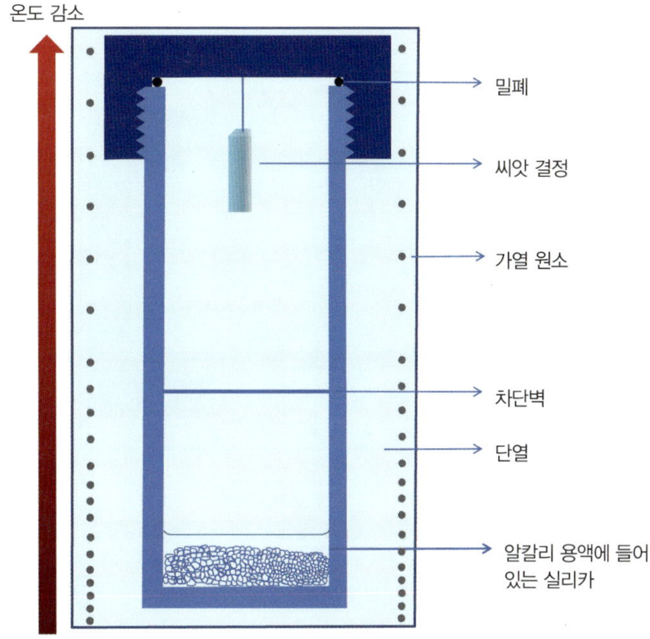

그림 3.7 수열 조건하 고압 반응기 내에서 석영 결정의 성장

실리카가 용해된다. 이렇게 특정한 경우에 있어서는 강철로 만든 수열 반응기를 반응 용기로 사용할 수 있다. 과열된 용액의 부식성으로 인해 반응 용기 내부 벽을 구성하는 물질이 생성물을 오염시킬 수 있으므로, 보통 내부 용기의 안감으로 테플론과 같은 비활성 물질을 사용하거나, 반응물이 들어 있는 밀봉된 앰플을 고압 반응기 내부에 넣어 반응을 진행시킨다.

이트륨 알루미늄 석류석(yttrium aluminum garnet, $Y_3Al_5O_{12}$; YAG)의 합성에서와 같이 출발 물질들의 용해도가 매우 다른 경우에는 변형된 수열 방법을 사용한다. 이 경우, 산화 이트륨(Y_2O_3)은 고압 반응기의 저온 부분에 위치시키고 산화 알루미늄(사파이어)은 용해도를 증가시키기 위해 고온 부분에 위치시킨다(그림 3.8). YAG는 두 개의 구역이 만나는 부분에서 형성된다.

$$3Y_2O_3(s) + 5Al_2O_3(s) = 2Y_3Al_5O_{12}(s)$$

3.6.2 고압 가스

이 방법은 안정하지 않은 높은 산화 상태의 금속 산화물과 플루오린화물을 합성할 때 보통 사용된다. 예를 들면 철(IV)을 포함하는 페로브스카이트 $SrFeO_3$는 $Sr_2Fe_2O_5$

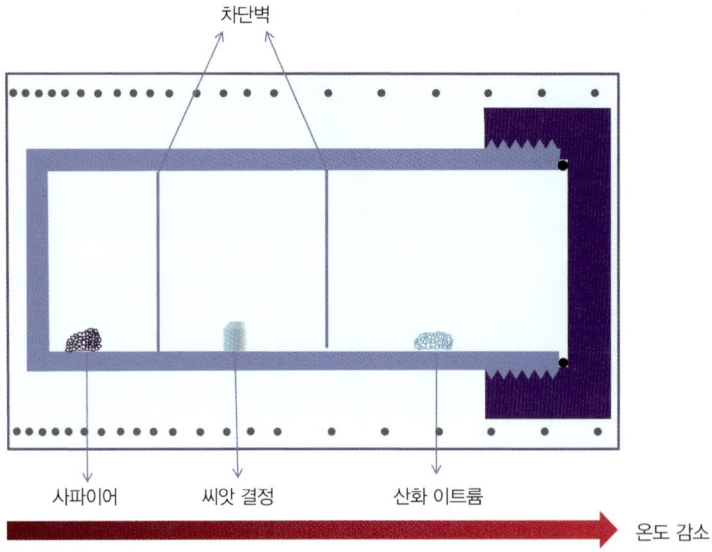

그림 3.8 서로 다른 용해도를 가진 두 반응물로부터 YAG를 합성하기 위한 수열법

와 산소를 34 MPa에서 반응시켜 합성할 수 있다. 구리(IV)를 가지고 있는 Cs_2CuF_6와 같이 높은 산화 상태를 지니는 삼성분계 플루오린화물을 합성할 때는 고압(>400 MPa)하에 있는 플루오린을 사용할 수 있다.

3.6.3 정지 유압의 이용

높은 압력과 온도를 가하면 상온에서는 가능하지 않은 반응 및 상변화를 일으킬 수 있다. 매우 높은 압력을 가하면 부피가 감소되어 채움 효율이 증대되고, 그 결과 배위수가 증가하는 경향이 있다. 예를 들어 Si는 4배위의 다이아몬드 구조에서 6배위의 흰-주석 구조로 변할 수 있고, 6배위의 NaCl은 CsCl(8배위) 구조로 변화될 수 있다.

엄청난 고압을 만들기 위해서는 다양한 장치들이 설계되어 이용된다. 기존의 피스톤과 실린더(piston and cylinder) 장치를 이용하여 합성할 때는 1500°C에서 5 GPa(50,000 atm)까지 압력을 가할 수 있었지만, 두 개의 마주 보는 텅스텐 카바이드 실린더를 사용한 벨트 장치(belt apparatus)는 2000°C에서 15 GPa의 압력에 도달할 수 있으므로, 합성 다이아몬드를 만드는 데 이용된다. 합성 다이아몬드의 제조에 사용되는 더 효율적인 방법으로는 분할-구(split-sphere) 또는 BARS 장치가 있는데, 이는 정육면체 속에 내부 캡슐로 구성되어 있다. 캡슐은 내 · 외부의 모루(anvil)에 의해 압

그림 3.9 방사형 다이아몬드 모루 셀을 사용하면 버클리 연구소가 운영하는 방사광 가속기인 'Advanced Light Source(ALS)'의 슈퍼 밴드 빔라인 12.2.2에서 *in situ* X-선 회절 실험을 수행할 수 있다. (Photo by Roy Kaltschmidt. Reproduced with the permission of The Regents of the University of California, Lawrence Berkeley National Laboratory.)

축되고, 가압된 오일에 의해 가열된다. 다이아몬드 모루는 20 GPa 정도로 압력을 올리는 것이 필요한 경우에 사용되어 왔다. 다이아몬드 모루는 직접 마주 보고 있는 두 반대 방향, 정사면체의 꼭짓점으로부터 중심으로 향하는 네 방향 또는 정팔면체 꼭짓점으로부터 중심으로 배향하는 여섯 방향 등으로 배치될 수 있다(그림 3.9). 이 방법은 다이아몬드 표면 사이의 작은 시료에 큰 힘을 가할 수 있어 다른 방법들을 이용할 때보다 더 높은 압력에 도달할 수 있다. 압력은 F/a로 나타낼 수 있으며, 이때 F는 힘이고 a는 면적이다. 이 방법은 밀리그램 정도의 소량의 재료 물질들만 처리할 수 있다는 단점이 있으므로 합성보다는 상전이 연구에 더 유용하다.

제2차 세계 대전 동안 **합성 다이아몬드(synthetic diamond)**를 생산하려는 시도가 있었다. 군사 장비 제조에 사용되는 다이아몬드 원석이 박힌 도구가 급히 필요하였는데, 당시 남아프리카 공화국에서 제공되었던 자연석의 공급이 고갈될지도 모른다는 두려움이 있었다. GEC는 자연석을 생산할 수 있는 지열 조건을 모방하는 연구 프로그램을 시작하였다. 1955년에 파이로필라이트(pyrophyllite) 용기에서 니켈, 코발트, 탄탈럼 등과 같은 용융 금속에 흑연을 용해시켜 결정이 성장될 때까지 약 2000℃의 온도에서 6 GPa의 압력을 가해 길이 1 mm의 결정을 성장시키는 데 결국 성공하였다. 용융 금속은 촉매로 작용하여 반응 온도와 압력을 낮추어 주는 역할을 한다. 정제 과정을 거쳐, 결국 원석 품질의 합성 다이아몬드가 1970년에 만들어졌다. 또한 합성 다이아몬드는 CVD 방법(3.7절 참조), 탄소 함유 폭약의 폭발, 고에너지 초음파(3.6.4절 참조) 방법 등을 이용하여 만들 수도 있다.

고압 합성법은 고온 구리 화합물 초전도체(cuprate superconductor)를 만드는 데 많이 사용되는데, 이 방법이 이러한 유형의 초전도에 필요한 이차원 Cu−O 층의 형성을 쉽게 해 주기 때문이다(10장 참조). 예를 들어 높은 압력은 $SrCuO_2$의 밀도를 8% 만큼 증가시켜, Cu−O의 배위를 사슬형에서 2차원의 CuO_2 층상 형태로 변화시킨다.

3.6.4 초음파의 사용

매우 높은 세기의 음파[초음파(ultrasound)]가 액체를 통과할 때, **공동화(cavitation)**라고 알려진 현상이 일어난다. 액체에서 이동하는 음파는 액체의 고압 영역[압축(compression)]을 발생시키고, 그 후 저압과 급팽창[희박화(rarefaction)]이 일어나 매우 작은 방울이 형성되는데, 이 방울은 유지할 수 없는 크기로 성장하면서 터지게 된다. 방울의 팽창과 붕괴는 매우 국부적으로 뜨거운 지점을 만드는데, 이 지점에서는 100 MPa(1000 atm) 이상의 순간 압력이 생기고 온도도 순간적으로 5000°C까지 이르게 된다. 그림 3.10은 이 실험 장치 구성을 나타내고 있다.

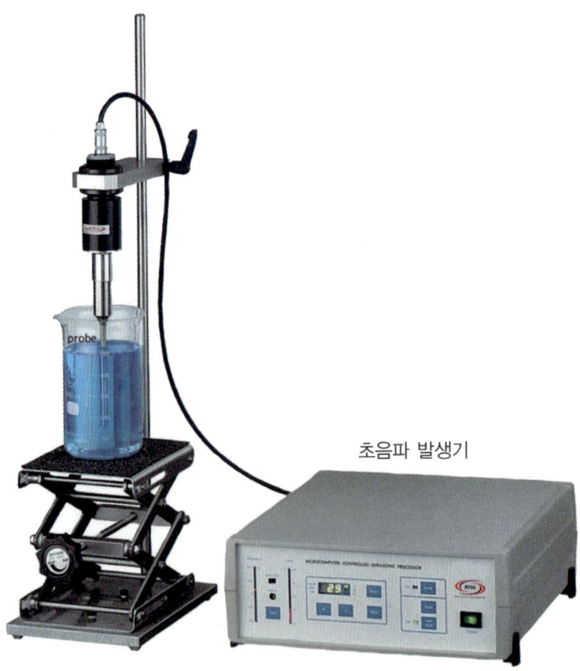

그림 3.10 초음파 합성의 장치 구성 (Reproduced by permission of Roop Telsonic Ultrasonix Ltd.)

2012년 이후 코팅된 TiO_2나 ZnO와 같은 나노 입자(11장) 촉매를 합성하는 데 초음파를 사용하는 연구가 활발히 보고되고 있다. 이 방법의 장점은 응집이 일어나지 않게 입자 크기를 더 쉽게 제어할 수 있으며 크기 분포를 고르게 할 수 있다는 것이다. 또한 초음파법은 제올라이트를 합성하는 데도 사용되었다(7장).

3.7 화학 증기 증착

지금까지 살펴본 합성법에서의 반응물들은 대개 고체 상태 또는 용액 중에 존재하는 것들이었다. 화학 증기 증착(chemical vapor deposition, CVD)에서는, 분말 및 미세 결정성 화합물이 증기 상태의 반응물로부터 제조되고, 필요에 따라 소자를 제작하기 위해 단결정 박막을 형성하는 기판[웨이퍼(wafer)라는 금속 또는 세라믹의 얇은 판]에 증착될 수 있다(3.7.1절 참조). 우선 증기를 형성하기 위해 휘발성 출발 물질들이 가열되면, 이들은 적당한 온도에서 혼합되고 운반 가스에 의해 증착을 위한 기판으로 이동되어, 최종적으로 고체 생성물이 결정화된다. 용기 전체가 가열되면 생성물은 용기의 모든 벽면에 증착되는 경향이 있다. 더 흔하게는, 반응을 개시하기 위한 에너지가 기판에 공급된다. 그림 3.11a는 CVD의 대략적인 구성도를 보여 준다. 반응이 수행되는 조건은 가변적이어서, 압력은 대기압부터 초고진공까지 이용될 수 있고, 수송을 돕는 에어로솔을 생성하기 위해 초음파가 이용되기도 하며, 반응 속도를 증가시키기 위해 플라스마가 사용되기도 한다.

전형적으로 사용되는 출발 물질로는 휘발성이 있는 수소화물, 할로젠화물, 유기 금속 화합물 등이 있다. 유기 금속 전구체가 사용되는 경우, 이 방법은 종종 **금속 유기물 화학 증기 증착(metal organic chemical vapor deposition, MOCVD)**이라고 한다.

이 방법은 반응 온도가 비교적 낮고, 화학량론의 제어가 쉬우며, 혼입물(dopants)을 혼입할 수 있다는 장점이 있다.

3.7.1 반도체 제조

CVD 방법은 III−V족 반도체와 실리콘을 소자로 제작하는 데 널리 사용되어 왔다. GaAs를 제조하기 위하여, 염화물과 수소화물을 포함하는 다양한 반응들이 시도되어 왔다. 비소화 갈륨을 제조하는 방법 중 한 예에서 염화 비소(III)($AsCl_3$)(끓는점

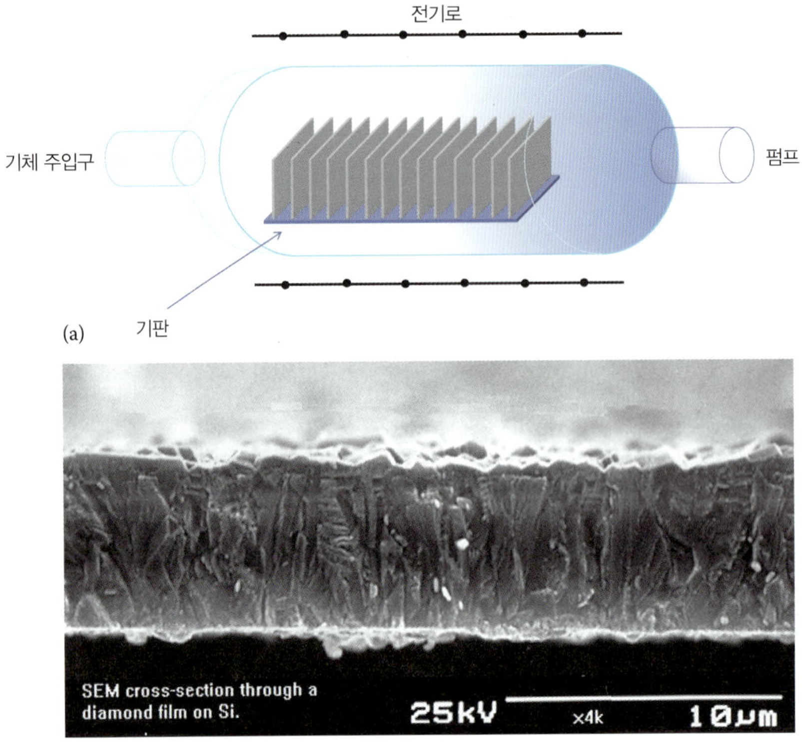

(a)

(b)

그림 3.11 (a) 화학 증기 증착 반응기. (b) DC 아크젯에 의해 성장한 100 μm 두께의 CVD 다이아몬드 막의 단면. 성장 시간에 따라 막의 품질과 입자 크기가 증가하는 것으로부터 알 수 있듯이, 기둥 모양의 결정 성장 특성을 지니는 것이 명백하다. (From Paul Day and M. Ashfold, Bristol University. With permission.)

103℃)가 기체 갈륨을 비소화 갈륨 층이 증착되는 반응 자리로 운반하기 위해 사용된다. 이 과정과 관련된 반응은 아래와 같다.

$$2Ga(g) + 2AsCl_3(g) = 2GaAs(s) + 3Cl_2(g)$$

기체 갈륨을 대신하여 갈륨 유기 금속 화합물을 사용할 수 있다. 트라이메틸 갈륨 [$Ga(CH_3)_3$]과 휘발성이 높고 독성이 강한 수소화 비소(AsH_3)의 반응은 이러한 반응의 한 예이다.

$$Ga(CH_3)_3(g) + AsH_3(g) = GaAs(s) + 3CH_4(g)$$

반도체 소자에 사용되는 실리콘은 이 방법을 이용한 실레인(SiH_4)의 분해로 제조할 수 있다.

$$SiH_4(g) = Si(s) + 2H_2(g)$$

순수한 상태 또는 질소나 수소와 혼합된 실레인을 100 Pa 정도의 낮은 압력과, 600℃ 정도의 온도에서 이용한다.

3.7.2 다이아몬드 필름

다이아몬드는 유용한 특성을 많이 가지고 있다. 가장 단단한 물질로 알려져 있을 뿐만 아니라, (상온에서) 열전도도가 가장 좋고, 전기 절연체이며, 알려진 물질의 IR 스펙트럼 영역에서 최고의 투명도를 갖는다. 다이아몬드 필름은 27 kPa 정도의 낮은 압력과 800℃ 정도의 온도 조건에서 CVD 과정으로 만들어진다. 메테인(또는 아세틸렌), 수소와 같은 탄소 함유 기체 혼합물을 마이크로파, 레이저, 고에너지 필라멘트 등의 다양한 방법으로 분해시킬 수 있고, 이때 생성된 탄소 원자와 탄소-함유 라디칼 종은 조심스럽게 세척한 후 배향된 기판 위에 증착된다.

초기 실험들은 씨앗 다이아몬드에 단결정성 층을 증착하여 층층으로 더 큰 다이아몬드를 성장시키는 데 주력하였다. 미세 결정성 다이아몬드 층은 실리콘과 금속 표면에도 증착되었다. 이러한 다이아몬드 층은 긁힘에 강한 광학 코팅이나, 날카로움을 유지하기 위한 칼 또는 의학용 메스를 코팅하는 데 사용되어 왔다. 또한 이러한 다이아몬드 층은 딱딱하고 마모에 강한 구동 부품을 위한 코팅, 전기적인 절연체이지만 열전도를 할 수 있는 층 등에 활용될 가능성이 있다.

3.7.3 광섬유

광섬유는 현재 세계의 통신 수송의 대부분을 담당한다. 세기의 손실 없이 킬로미터 거리를 걸쳐 빛을 전송하기 위해서는, 매우 높은 사양의 광섬유가 제조되어야만 한다(8장 참조). 실리카 유리를 만드는 기존의 방법은 적합하지 못하여, 변형된 CVD(modified CVD; MCVD) 방법이 보통 사용된다.

이 공정은 분별 증류의 예처럼 쉽게 정제될 수 있는 휘발성 사염화 규소를 사용한다. 사염화 저마늄과 같은 첨가제는 섬유의 중심부에 도입되어 더 높은 굴절률을 보이게 된다. 이 과정은 예비 형성물(preform)을 만드는 것부터 시작한다. 섬유의 피복으로 알려져 있는 실리카 관은 관의 외부에 낮은 굴절률 층을 형성하는데, 이 실리카 관을 회전시키면서 불꽃이 관의 바깥 부분을 위아래로 지나도록 하여 1600℃로 가열된다(그림 3.12). $SiCl_4$와 O_2는 관을 통과하며 반응하여 SiO_2를 형성하는데, 이는 검

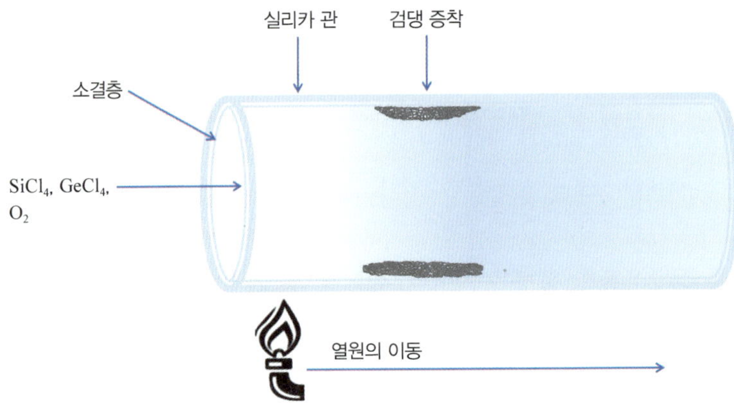

그림 3.12 광성유 제조를 위한 MCVD 방법에 대한 개략도

댕의 형태로 관의 벽을 따라 균일하게 증착된다. 소량의 $GeCl_4$와 다른 화합물들이 조금씩 추가되면 내부 층 벽에 산화물이 증착되고 굴절률이 증가한다. 불꽃 버너를 사용하여 유리 예비 형성물 위의 검댕 석출물을 녹인다. 냉각 후에, 원통형 예비 형성물은 연신탑(drawing tower)에서 약 1900°C로 가열하여 충분히 녹이고, 중력하에서 가는 실처럼 천천히 뽑아 실패처럼 감는다. 하나의 예비 형성물로 2 km의 섬유를 생산할 수 있다.

3.7.4 나이오븀산 리튬

나이오븀산 리튬을 합성하기 위해 솔-젤법에서는 리튬과 알콕시화 나이오븀을 사용하였다. 알콕시화물은 종종 CVD 방법에 사용되지만, 불행히도 나이오븀산 리튬을 합성하기에 알콕시화 리튬은 알콕시화 나이오븀보다 훨씬 휘발성이 낮다. 두 금속을 함께 증착하기 위해서는 비슷한 휘발성을 지니는 화합물을 사용하는 것이 좋다. 이런 문제를 해결하는 한 가지 방법은 휘발성이 더 큰 리튬 화합물을 사용하는 것이다. 보고된 한 합성법에서는 리튬의 β-다이케토네이트를 사용하는데, 여기서 리튬은 2,2,6,6-테트라메틸헵테인-3,5-다이온($Me_3CCOCH_2COCMe_3$)으로 배위된다(그림 3.13).

산소를 포함하고 있는 아르곤을 흘려주면서 리튬 화합물은 약 250°C에서, 펜타메톡시화 나이오븀은 200°C에서 가열되었다. 그리고 450°C로 가열되면 나이오븀산 리튬이 반응 용기에 증착되었다.

이 예에서, 휘발성 전구체 화합물들은 생성물을 얻기 위해 가열된다. 현저하게 많

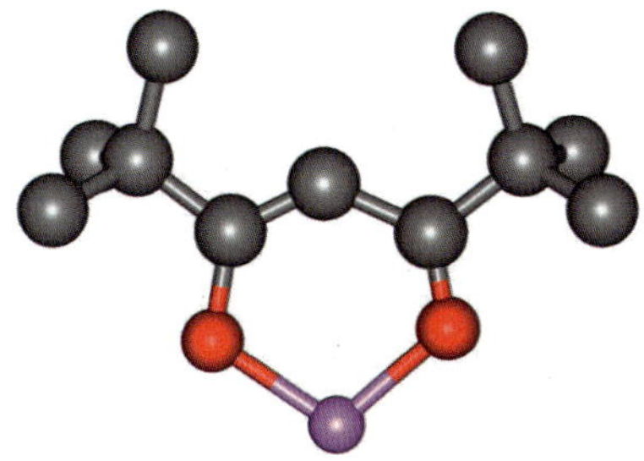

그림 3.13 2,2,6,6-테트라메틸헵테인-3,5-다이온에 의해 배위된 리튬의 β-다이케토네이트(보라색: 리튬, 빨간색; 산소, 회색: 탄소)

이 사용되는 다른 에너지원으로는 전자기 복사가 있다. 광분해를 포함한 증기상 증착의 예로는 다음 장에서 소개되는 증기상 적층법이 있다.

3.8 단결정 제조

고순도이며 결함이 없는 단결정은 많은 응용 분야에서 요구되는데, 그중에서도 전자 및 반도체 산업에서 가장 많은 수요가 있다. 큰 결정, 박막 등 다른 형태의 결정을 제조하기 위한 다양한 방법들이 개발되어 왔다. 그중에서 몇몇 중요한 방법들을 소개한다.

3.8.1 적층법

CVD 방법은 증착된 층들이 정확한 결정학적 배향을 지녀야만 하는 전자 기기에서의 고순도 박막을 만드는 데 사용되고 있다. 적층 성장에서는 전구체가 기체상에서 분해되어, 기판의 결정 구조와 동일한 단결정이 기판 위에서 층층이 쌓인다. 이 방법은 반도체 응용 분야에서 중요한데, 조성이 조절 가능한 단결정을 필요로 하기 때문이다. 질소화 갈륨, 비소화 갈륨, 인화 인듐과 같은 반도체들을 합성할 때 주로 이용된다. 비소화 갈륨(GaAs)은 몇 가지 **증기상 적층법(vapour-phase epitaxial method, VPE)**(3.7.1절)으로 제조되었다.

분자살(molecular beam)은 구멍을 지니는 오븐에서 화합물을 가열하여 생성되는 분자의 좁은 흐름으로, 이때 오븐의 구멍은 형성된 기체 분자의 평균 자유 행로에 비해 작다. 기판 위로 전구체의 분자살이 향하도록 하여 매우 얇은 층이 쌓일 수 있다.

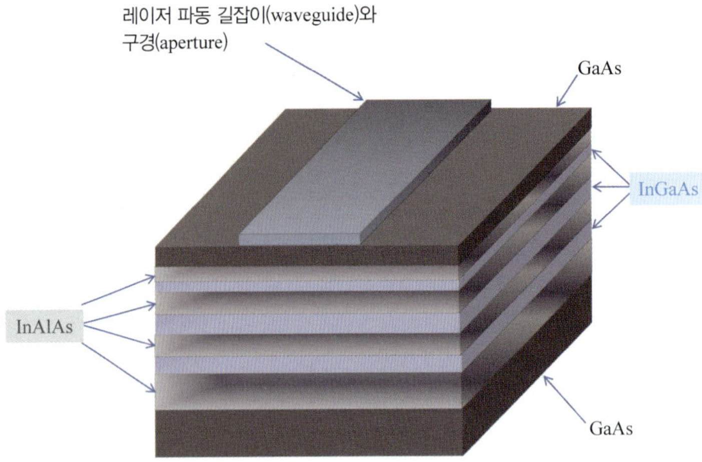

그림 3.14 양자 폭포 레이저의 활성 영역층

이 계는 초고진공(ultra-high vacuum) 상태로 유지된다. 매우 낮은 압력 때문에, 반응물이 다른 증착 방법들에서처럼 휘발성일 필요가 없다. 이 방법을 응용하면 원적외선 영역을 방출하는 반도체 레이저인 **양자 폭포 레이저(quantum cascade lasers)**를 위한 단결정을 성장시킬 수 있다. 그림 3.14에서 볼 수 있듯이, 최초의 양자 폭포 레이저 결정은 나노미터 두께를 지닌 $In_{0.52}Al_{0.48}As$ 층과 $In_{0.53}Ga_{0.47}As$ 층이 교대로 쌓인 구조이다. 이 결정을 만들기 위해서 알루미늄, 갈륨, 비소, 인듐의 분자살이 InP 결정 기판으로 향하여 이동한다. 분자살로부터 증착된 원자들이 올바른 격자 위치로 이동할 수 있도록 기판을 가열해야 한다. 각 성분의 분자살들의 상대 압력을 조절하여 각 층에 원하는 조성을 형성시킨다.

3.8.2 화학 증기 운반

CVD 방법에서는 기체상 화합물로부터 고체 생성물이 형성된다. **화학 증기 운반(chemical vapour transport)**에서는 고체가 휘발성 화합물과 상호 작용하여 장치의 다른 부분에서 고체 생성물이 증착된다. 이 방법은 화합물을 합성하고, 분말로부터 결정을 성장시키며, 순도가 떨어지는 결정성 물질을 정제하는 데 사용된다. 고체 반응물은 운반/반응물 기체와 함께 석영관에 넣어 밀봉된 후 관로(管爐, tube furnace)에서 가열되는데, 관의 한쪽 끝이 다른 쪽보다 더 뜨겁게 유지되면 순수한 결정들이 차가운 쪽에서 증착된다(그림 3.15).

마그네타이트(자철광, magnetite) 결정은 염화 수소 기체와 마그네타이트의 반응을

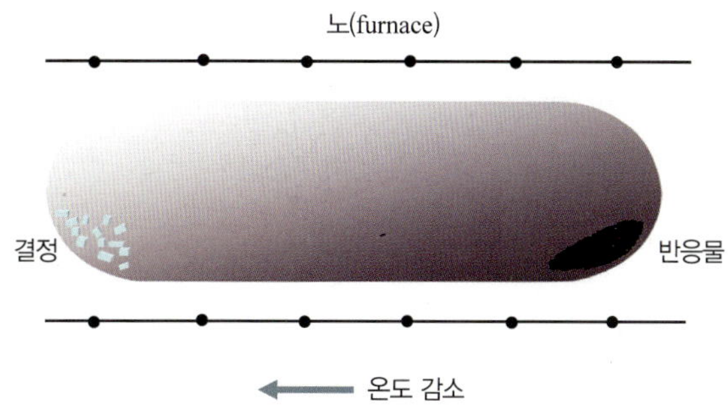

그림 3.15 화학 증기 운반을 이용한 마그네타이트 결정의 성장

이용하여 성장시킬 수 있다.

$$Fe_3O_4(s) + 8HCl(g) = FeCl_2(g) + 2FeCl_3(g) + 4H_2O(g)$$

마그네타이트 분말을 반응 용기의 한쪽 끝에 넣고, 관을 진공 처리한 후 HCl 기체로 채운다. 관을 밀봉하고 가열한다. 반응은 흡열 반응이므로($\Delta H_m^{\ominus} > 0$), 온도가 상승함에 따라 평형이 오른쪽으로 이동한다. 따라서 관의 뜨거운 말단에서 마그네타이트는 염화 수소와 반응하여 기체상의 염화 철 형태로 관을 따라 이동한다. 관의 차가운 말단에서는 평형이 왼쪽으로 이동하게 되어 마그네타이트가 증착된다.

3.8.3 용융법

용융법(melt method)을 이용하기 위해서는 화합물이 액체상에서 안정해야 하고, 반응 용기는 반응물들과의 반응성이 없고 고온에서 사용할 수 있어야 한다.

전자 산업에서 반도체 소자를 만들기 위해 요구되는 실리콘은, 인이나 붕소와 같은 불순물이 10^{10}개의 Si 중에 1개보다도 적은 수준이어야 한다. 실리콘은 우선 높은 휘발성의 트라이클로로실레인($SiHCl_3$)으로 변환된 다음 고순도의 다결정 실리콘을 만들기 위해 증류되고 1000°C에서 분해되어 고순도 실리콘 막대의 형태가 된다. 이것은 **초크랄스키 과정(Czochralski process)**에 의해 큰 단결정으로 만들어진다. 아르곤 분위기에서 다결정성 실리콘을 녹이고, 씨앗으로 사용될 단결정 막대가 녹아있는 실리콘 속에 살짝 담가진 후, 기존 씨앗 결정과 같은 방향으로 단결정이 계속 연장되어 성장하도록 천천히 끌어당기게 된다(그림 3.16). 이 방법은 실리콘뿐만 아니라 Ge과 GaAs와 같은 다른 반도체 재료, 페로브스카이트와 석류석(garnet) 같은 세라믹의 제조에 사용된다. *n*-형 또는 *p*-형 반도체를 만들기 위해 혼입 불순물 원자들이 용융

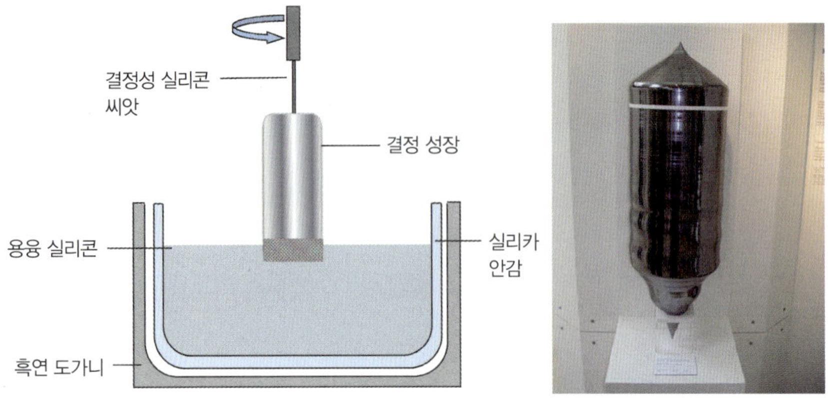

(a) (b)

그림 3.16 (a) 실리콘의 매우 순수한 단결정을 생성시키기 위한 초크랄스키 과정. (b) 실리콘 불(boule) (Courtesy of Massimiliano Lincetto [CC BY-SA 4.0]. From https://commons.wikimedia.org/wiki/File:Silicon_single_crystal.jpg.)

실리콘에 첨가될 수 있다. 만들어진 잉곳(ingot)은 전자 기기나 태양광 소자 등을 위해 얇게 웨이퍼로 잘린다.

큰 실리콘 단결정을 만들기 위해서 **유동띠 과정(float-zone process)**이 사용될 수 있는데, 이렇게 얻어진 결정은 향후 얇게 잘린다. 다결정성 실리콘 막대를 수직으로 유지하면서 단결정 씨앗 결정을 한쪽 끝에 부착한다. 이동 히터로 씨앗 결정 주변 영역을 가열하면 용융되는 영역이 막대의 길이를 따라 형성되고, 히터가 움직임에 따라 단결정이 형성된다(그림 3.17). 이 과정은 또한 소위 **띠 정제(zone refining)**라 부르는

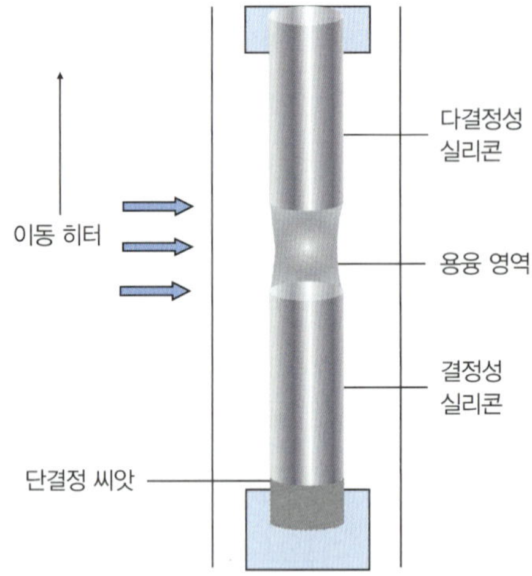

그림 3.17 고순도 실리콘 단결정 형성을 위한 유동띠 방법

방법으로 생성물을 정제할 수 있는 장점을 가지는데, 그것은 불순물이 용융물에 녹은 상태로 존재하려는 경향이 있어 결정이 생성되는 앞부분으로 쓸어 내며 말단으로 이동시켜 잘라내 제거할 수 있기 때문이다.

관련된 다른 방법들로는 **Bridgman-Stockbarger 법**(**Bridgman and Stockbarger method**)이 있다. 이 방법에서는 용융액 전체에 온도 기울기가 유지되어 차가운 말단에 있는 씨앗 결정에서 결정화가 시작되는데, 이는 온도 기울기를 형성할 수 있는 전기로를 이용하거나 전기로를 통해서 시료를 천천히 견인해 냄으로써 만들어 낼 수 있다. 결정화는 씨앗과 같은 방향으로 진행된다. 이런 방법들은 GaAs와 같이 초크랄스키 과정을 이용한 결정 성장이 어려운 경우에 사용된다.

오래전부터 인공 루비와 사파이어를 생산하는 데 사용되었던 **Verneuil 법**(**Verneuil method**)은 인공 보석을 만드는 데 여전히 널리 사용되고 있다. 고온의 산소-수소 불꽃으로 분말 시료를 용융시켜, 그 액체 방울들을 씨앗 결정 위에 떨어지게 하여 결정을 성장시킨다. 같은 방법이지만, 플라스마 토치를 사용하면 더 높은 온도에서 분말을 녹일 수 있다.

보통의 용기를 사용할 수 없을 정도의 매우 높은 온도에서 용융되는 산화물의 큰 결정을 성장시키기 위해서는 **Skull 용융법**(**Skull melting**)을 사용한다. 이 방법에 사용되는 도가니는 수랭식 손가락 냉각기와 바닥으로 되어 있는 구리로 구성되는데, 이는 용융 물질에 외부 표피를 만들어 주고, 용융 물질을 잘 붙들고 있을 만큼 충분히 견고하다. 용기는 진공 상태가 될 수도 있고, 적절한 기체 분위기로 만들 수도 있다. 최대 100 kW, 4 MHz의 전원을 공급하면 시료를 녹일 수 있는 무선 주파수가 형성된다. 이를 이용하면 최대 3300℃까지 온도를 올릴 수 있어서 ZrO_2, ThO_2, CoO, Fe_3O_4와 같이 녹이기 힘든 산화물의 큰 결정(수 센티미터)을 성장시킬 수 있다.

3.8.4 용액법

용액으로부터 결정화를 시킬 때는 뜨거운 포화 용액을 냉각시키거나 증발이 일어날 수 있도록 하는 방법을 이용한다. 많은 결정성 물질들은 전통적으로 용매 내에서 포화 용액으로부터 성장되었다. 뜨거운 용액을 제조한 다음 냉각시켜 과포화 용액으로부터 결정을 침전시킨다.

결정화를 유도하기 위해서는 가열에 의한 용매의 증발, 건조 용기에 보관 또는 감압 이용, 용매의 동결, 용해도를 줄이기 위한 다른 조성(용매 또는 염)의 첨가 등 다양한 다른 방법들을 사용할 수 있다. 원하는 생성물의 결정(씨앗 결정)을 첨가하거나, 용액의 pH를 조절하고, 또는 원하는 결정의 표면과 일치하는 주형(template)을 이용하는 방법들도 사용된다.

물에 대한 용해도가 매우 좋지 않은 고체(예: 산화물)는 붕산염, 플루오린화물, 금속 등의 용융물에 용해시킬 수도 있는데, 이 경우의 용매는 용질의 녹는점을 낮추기 때문에 일반적으로 **융제(flux)**라고 한다. 결정이 형성될 때까지 용융물을 서서히 냉각시킨 후, 융제는 쏟아 내거나 용해시켜 제거한다. 이 방법은 결정성 규산염, 석영, 알루미나 등을 비롯한 많은 다른 재료 물질들의 결정 성장에 성공적으로 사용되었다.

물질이 다른 형태(다형체, polymorphs)로도 결정화될 수 있는 경우 생성된 결정 형태는 과포화 정도, 냉각 속도 및 용액 내에 존재하는 다른 물질들에 따라 달라질 수 있다. 열역학적으로 가장 안정한 동형체(isomorph)를 얻기 위해서는 용액의 과포화 정도를 낮추고 천천히 냉각시켜야 한다. 탄산 칼슘이 좋은 예인데, 탄산 칼슘은 방해석(calcite), 아라고나이트(aragonite), 바테라이트(vaterite)의 다형체로 발견된다. 이들 다형체 중에서 열역학적으로 가장 안정하고 용해도가 가장 낮은 형태는 방해석으로, 탄산 칼슘 포화 용액을 천천히 냉각하면 얻어진다. 그러나 진주 조개와 같은 조개류는 내부 껍질 층인 진주층(nacre)이나 진주모(mother of pearl)를 만들기 위해 아라고나이트를 생성한다. 조개류는 이 다형제를 만들기 위해 특정 단백질을 주형으로 사용한다.

3.9 층간 삽입

층을 이루는 많은 고체는 약한 결합으로 이루어진 층 사이에 중성 분자가 삽입된 화합물을 형성한다. 격자 사이로 손님 분자들의 가역적인 삽입에 의해 형성되는 이러한 고체들을 **층간 삽입 화합물(intercalation compound)**이라고 하는데, 본래는 이 정의를 층상 구조의 고체에만 한정시켰지만, 현재는 주인–손님 상호 작용을 지니는 유사한 다른 고체들에도 적용하고 있다. 흑연과 산화물의 리튬 층간 삽입에 대한 관심은 최근 몇 해 동안 증가하였는데, 이는 가볍고 재충전이 가능하며, 노트북과 무선 단말기 등에 이용되는 리튬–이온 배터리의 사용 때문이다(6장 참조).

할로젠이나 알칼리 금속은 **증기상(vapour phase)** 방법으로 쉽게 층간 삽입할 수 있다. 두 구역의 온도를 다르게 하는 기술(two-zone technique)에서 주인 물질(고체)은 층간 삽입될 물질보다 높은 온도를 유지한다. 반면 등온 기술(isothermal technique)에서는 주인 물질과 층간 삽입되는 물질 모두 손님 물질이 증기 상태인 온도에서 유지된다.

용액상 방법(**solution phase methods**)에서는 주인 물질을 손님 종이 녹아있는 용액에 담근다. 예를 들어, 흑연(10장 참조)을 황산 용액에 담그면 HSO_4^- 이온이 흑연 층간에 삽입될 수 있다. 또 다른 예로는 Li을 이황화 타이타늄에 층간 삽입하는 것이 있다. Li_xTiS_2는 6장에서 설명할 재충전 가능한 배터리의 양극 물질에서 합성되며, 뷰틸 리튬 용액으로 TiS_2에 리튬 첨가 반응(lithiation)을 시켜 직접적으로 합성할 수도 있다.

$$xC_4H_9Li + TiS_2 = Li_xTiS_2 + \frac{x}{2}C_8H_{18}$$

이런 방법들은 쉽게 대량 합성할 수 있고 손님 종을 고농도로 사용하여 용매를 줄일 수 있지만, 반응을 제어하기 어렵거나 층간 삽입 과정에서 주인 물질에 손상을 줄 수도 있다.

전기화학적 층간 삽입(**electrochemical intercalation**)을 위해서는 주인 물질이 반드시 전기 전도체이거나 전도성 기판 위에 놓여야 한다. 그런 다음 주인 물질은 층간 삽입 과정이 일어나도록 전자를 공급할 수 있는 전압원에 연결한다. 금속 원자를 층간 삽입하려면 상대 전극으로 사용될 금속과 전극 사이에 전해질로 작용할 수 있는 금속 이온 용액이 필요하다. 예를 들어 K^+ 이온은 금속 전극과 탄산 에틸렌(ethylene carbonate) 및 탄산 다이에틸(diethyl carbonate) 혼합물에 KPF_6를 녹인 용액을 사용하여 흑연 층간에 삽입될 수 있다. 이 방법은 용액상 방법과 비교하여 층간 삽입 반응을 더 잘 제어할 수 있으며 반응이 가역적이다. 그러나 전기화학 셀의 구성 요소들은 가해진 전압에서 층간 삽입 반응이 일어날 수 있도록 신중하게 선택해야 한다. 너무 전압이 높으면 분해 반응이 일어날 수 있다. 또한 원하는 종뿐만 아니라 용매가 층간 삽입될 수 있다. 이 문제는 고체 전해질을 사용하여 극복할 수 있다.

3.10 녹색 화학

지속 가능성(sustainability)에 대해서 12장에서 자세히 설명하겠지만 여기서는 이 개념이 합성 과정에 어떻게 적용될 수 있는지 간략하게 소개하고자 한다.

합성 과정의 지속 가능성은 Paul Anastas와 John Warner가 개발한 녹색 화학 원칙을 사용하여 평가할 수 있다.

1. 방지(prevention): 폐기물이 발생한 이후 처리하거나 치우는 것보다 폐기물이 생성되지 않게 방지하는 것이 더 중요하다.
2. 원자 경제(atom economy): 합성 방법은 합성 과정에 사용된 모든 물질이 최종 생성물에 최대한 포함될 수 있도록 설계해야 한다.
3. 더 안전한 화학 합성 방법 개발: 합성 방법론적으로 가능하다면 인간의 건강과 환경에 거의 또는 전혀 독성이 없는 물질을 사용하고 생성하도록 설계해야 한다.
4. 더 안전한 화학 물질 설계: 생성된 화학제품은 독성이 적으면서도 성능은 유지되도록 설계해야 한다.
5. 더 안정한 용매와 보조제 사용: 가능한 한 합성 보조제(예, 용매나 추출 시약) 사용을 줄이고 사용하더라도 무해한 것을 이용한다.
6. 에너지의 효율적 설계: 반응에 필요한 에너지는 환경 및 경제적 영향을 고려하여 최소화되도록 설계해야 한다. 이상적으로는 실온과 대기압에서 합성 반응이 일어나도록 설계한다.
7. 재생 가능한 공급 원료 사용: 기술적으로나 경제적으로 실행 가능하다면 모든 원료는 고갈되는 것이 아닌 재생 가능한 것을 사용해야한다.
8. 불필요한 유도체화 반응 방지: 불필요한 유도체화 반응[예: 막음 원자단(blocking group), 보호(protection) 또는 탈보호(deprotection), 물리적 또는 화학적 특성의 일시적 변형(temporary modification)]은 가능하면 피해야 한다.
9. 촉매: 선택적 촉매를 사용하는 것이 화학량론적으로 반응을 보내는 것보다 우수하다.
10. 분해가 가능하도록 설계: 화학 제품은 그 기능이 다하면 환경에 지속적으로 남지 않고 무해한 물질로 분해되도록 설계해야 한다.
11. 오염 방지를 위한 실시간 분석: 유해 물질이 생성되기 전에 실시간으로 반응 과정을 모니터링하고 제어하기 위해 추가적으로 분석 방법을 개발한다.
12. 화학 물질 사고 가능성의 최소화: 화학 반응 과정에 사용되는 물질과 그러한 물질의 형태는 방출, 폭발, 화재 등과 같은 다양한 화학 물질 사고의 가능성을 최소화할 수 있도록 선택해야 한다.

이 원칙은 모든 화학 반응에 적용할 수 있으며 일부는 이 장에서 설명한 고체 합성보다 유기 합성에 더 잘 적용된다. 마지막으로 이러한 원칙이 타이타늄산 바륨을 합성하는데 어떻게 적용되는지를 간략하게 살펴보고자 한다. 3.2절에서 타이타늄산 바륨을 제조하는 세 가지 다른 합성 방법에 대해 설명하였다.

첫 번째 방법은 높은 온도에서 탄산 바륨과 이산화 타이타늄을 함께 가열하는 것으로 이 반응은 원하는 생성물인 타이타늄산 바륨뿐만 아니라 이산화 탄소도 생성한다. 따라서 이 반응 과정은 폐기물인 CO_2를 생성한다(원칙 1). 또한 출발 물질의 모든 원자가 원하는 생성물에 포함된 것은 아니다(원칙 2). 탄산 바륨은 섭취하면 독성을 나타내고 피부, 눈 그리고 기도에 자극을 줄 수 있으며 이산화 타이타늄 미세 입자는 발암 가능성이 있다(원칙3). 그리고 원칙 4를 만족하기 위해서는 타이타늄산 바륨이 지닌 원하는 특성은 지니면서 독성이 없는 새로운 대체 물질을 합성해야 한다. 또한 이 반응은 고온 과정이므로 원칙 6을 지키지 않았다.

두 번째 방법은 전구체를 합성하는 것이었는데, 출발 물질로 염화 바륨, 뷰톡시화 타이타늄[$Ti(OC_4H_9)_4$], 옥살산이 사용되었다. 전반적으로 이 합성 과정은 바륨염 분자당 더 많은 이산화 탄소를 생성하기 때문에 첫 번째 방법보다 더 많은 폐기물을 발생시킨다(원칙 1). 생성물에는 더 낮은 퍼센트 비율의 출발 물질 구성 원자가 포함되어 있다(원칙 2). 염화 바륨은 섭취 시 독성이 있으며 흡입하면 유해하다. 뷰톡시화 타이타늄은 눈, 피부, 호흡기 및 소화 기관에 자극을 준다(원칙 3). 합성 과정에 용매가 필요하지만 용매로는 물이 사용된다(원칙 5). 반응에 필요한 온도는 첫 번째 방법에서의 온도만큼 높지 않다(원칙 6).

세 번째 방법은 솔–젤 합성이다. 보고된 한 방법에서는 아세트산에 아세트산 바륨을 녹인 용액, 뷰톡시화 타이타늄을 녹인 빙초산, 무수 에탄올 용액을 혼합하여 젤을 형성하였다. 이 젤을 120℃에서 8시간 동안 가열하여 건조한 후, 500℃에서 2시간 열처리하였다. 전반적으로 이 합성 과정은 바륨염 분자당 더 많은 이산화 탄소를 생성하기 때문에 첫 번째 방법보다 더 많은 폐기물을 발생시킨다(원칙 1). 생성물에 더 낮은 퍼센트 비율의 출발 물질 구성 원자가 포함되어 있다(원칙 2). 아세트산 바륨은 섭취하거나 흡입하면 독성을 나타내고 뷰톡시화 타이타늄은 눈, 피부, 호흡기 및 소화 기관에 자극을 준다. 더불어 빙초산은 피부, 눈, 호흡기 및 소화 기관에 심각한 화상을 입히고 무수 알코올은 독성이 있으며 피부와 눈을 자극한다(원칙 3). 따라서 사용된 용매는 유해하다(원칙 5). 젤을 건조하는 온도는 비교적 낮으며 최종 반응 온도도 이전 방법들에 비해 낮다(원칙 6). 빙초산과 무수 에탄올은 가연성이다(원칙 12).

이러한 합성 과정들에서 사용되는 모든 요소들이 충분히 공급되고 있다는 점이 중요하다.

3.11 합성법의 선택

합성법을 선택함에 있어서 모든 것을 완전히 고려하는 것은 아니다. 그러므로 이 절의 목표는 특정 생성물에 대한 하나의 합성법을 선택하는 방법을 제공하는 것이 아니다. (실제로, 이 장에서 소개된 몇몇 예들은 한 물질을 합성하는 데 있어서 여러 가지 방법들이 적합할 수 있다는 것을 보여 준다.) 그 대신 여기서는 특정 합성법이 어떤 특정한 물질을 합성함에 있어서 적절한지를 결정하는 데 몇 가지 조언을 주고자 한다.

보통의 온도와 압력이 아닌 반응 조건에서 화합물의 안정성을 고려하는 것이 중요하다. 이 장에서 설명한 것처럼, 원하는 생성물이 고압에서만 안정하거나, 반응 온도가 너무 높은 경우에는 분해된다면 특별한 합성법을 선택할 수 있다.

어떠한 형태로 존재하는 생성물을 얻기를 원하는가? 예를 들어 재료 물질의 응용에 단결정이 필요하다면 증기상 적층법을 선택해야 할 것이고, 균일한 생성물이 필요하다면 전구체법 또는 수열 합성법을 선택해야 할 것이다.

생성물은 얼마나 순수해야 하는가? 만일 고순도의 생성물이 필요하다면, 출발 물질로 휘발성 화합물을 포함하는 방법을 선택해야 할 것이다. 왜냐하면, 휘발성 화합물들은 일반적으로 고체보다 정제하기가 쉽기 때문이다.

특정한 합성법에서 필요한 반응물들의 이용 가능성도 고려되어야 한다. 만일 전구체 방법을 합성에 이용하고자 한다면, 그에 알맞은 화학량론을 지닌 적절한 전구체가 있는가? CVD 방법에서도 휘발성이 유사한 반응물들이 필요하다. 제시한 반응물들이 이 조건을 충족시키는가? 마이크로파 합성에서 적어도 출발 물질 중 하나는 스파크 없이 마이크로파를 강하고 안전하게 흡수하는가?

대량 합성이 가능한 방법을 찾고 있다면, 가격, 필요한 물질의 공급처의 위치, 지속 가능성 등과 같은 요소들도 추가적으로 고려해야 한다.

문제

1. Chevrel 상(Chevrel phase)을 갖는 $CuMo_6S_8$이 세라믹법으로 합성되었다. 적절한 출발 물질들에는 어떤 것들이 있고 합성 시 유의할 점에는 어떤 것이 있는가?

2. 다음과 같은 형태의 재료 물질들을 합성할 때 적합한 방법들로는 어떠한 것들이 있는지 생각해 보시오.

   a. 재료 물질로 이루어진 박막

   b. 단결정

   c. 같은 결정 구조를 지니는 서로 다른 물질들의 층을 포함하는 단결정

   d. 균일한 조성의 분말

3. $(NH_4)_2Cu(CrO_4)_2 \cdot 2NH_3$는 이미 알려져 있는 화합물이다. 어떻게 이 화합물이 $CuCr_2O_4$를 합성하는 데 사용될 수 있는가? 세라믹법에 비해 제시한 방법의 장점은 무엇인가? 암모늄 화합물을 합성하기 위하여 어떠한 용매가 사용되었는지를 제시하시오.

4. β-TeI는 465~470 K에서 형성되는 준안정상이다. 적절한 합성 방법을 제시하시오.

5. 제올라이트의 합성과 같이 알루미나(Al_2O_3)를 포함하는 수열 합성 과정에서는 알칼리가 반응 혼합물에 첨가된다. 이와 같이 알칼리를 첨가하는 이유를 제시하시오.

6. 다음 산화물 중 마이크로파 합성법에 이용될 수 있는 좋은 후보 물질에는 어떤 것이 있는가?

$$CaTiO_3,\ BaPbO_3,\ ZnFe_2O_4,\ Zr_{1-x}Ca_xO_{2-x},\ KVO_3$$

7. 실리카 결정은 플루오린화 수소를 운반 기체로 하여, 화학 증기 운반법을 사용해서 성장시킬 수 있다. 이 반응에 관여하는 반응식은 $SiO_2(s) + 4HF(g) \rightarrow SiF_4(g) + 2H_2O(g)$이고, 이 반응은 발열 반응이다. 온도 기울기법이 이용될 때, 실리카 결정은 반응 용기의 더 뜨거운 말단과 더 차가운 말단 중 어디에서 성장하는가?

8. CVD 방법을 이용하여 나이오븀산 리튬을 합성할 때, 아르곤을 포함하는 산소가 운반 기체로 사용된다. 텔루륨화 수은을 합성할 때는 운반 기체로 수소가 사용된다. 이러한 운반 기체들을 각각 선택한 이유들을 제시하시오.

9. 비소화 갈륨을 합성하는 두 가지 방법이 3.7.1절에서 제시되어 있다. 녹색 화학 원칙 2, 3, 4를 적용하여 이 두 가지 방법을 비교 설명하시오.

4장 고체, 결합과 전자적 성질

4.1 개요

1장에서는 고체의 물리적 구조(공간 안에서 원자와 이온의 배열)를 소개하였다. 여기서는 고체의 결합(전자 구조)을 설명할 것이다.

어떤 고체들은 매우 약한 힘으로 묶인 분자들로 구성되어 있다. 이런 고체들의 성질은 근본적으로 개별 분자들의 성질이기 때문에 여기에서는 집중적으로 다루지 않을 것이다. 마지막 절에서는 1장에서 기술한 이온 사이의 정전기적 힘에 의해 결합된 '순수한 이온성' 고체들을 설명하고자 한다. 여기서 고려하는 고체들은 모든 원자가 함께 결합하고 있다고 간주할 수 있다. 이 고체들에서 결합의 기본 이론들이 다양한 고체들(금속, 부도체, 반도체)의 서로 다른 전기 전도도를 어떻게 설명하는지 살펴볼 것이다. 특히 작은 분자와 뭉치(cluster)에서는 찾아볼 수 없는 금속 결합(*metallic* bonding)과 금속이 가지는 높은 전도도를 설명하고자 한다. 우리는 자유 전자 모형(free electron model)을 기반으로 한 이론(전자의 '바다'('sea' of electrons)에 의해 함께 묶인 이온들의 배열을 고체로 보는 관점)과 분자 오비탈 이론(MOT)을 기반으로 한 또 다른 이론(결정을 거대 분자로 보는 관점)을 다룰 것이다. 가장 중요한 고체 중 하나는 반도체이다. 많은 고체상 소자, 즉 트랜지스터, 광전지(photocell), LEDs(light-emitting diodes), 고체상 레이저 및 태양 전지 등은 반도체에 기반을 두고 있다. 몇몇 장치들의 예를 소개하고 어떻게 반도체의 성질이 이러한 응용에 적합한지를 설명할 것이다. 고체의 자유 전자 이론 및 금속과 그 성질에 이 이론을 적용하는 것을 먼저 기술하고자 한다.

4.2 고체에서의 결합: 자유 전자 이론

전통적으로 금속 결합은 일종의 전자 기체(electron gas)와 같은 독립적인 자유 전자의 개념을 통하여 이해하였다.

자유 전자 모형에서는 금속을 하나의 '상자'로 간주하는데 여기에서 전자들은 원자의 핵 또는 다른 전자에 의해 영향을 받지 않고(즉, 전자–핵 인력과 전자–전자 반발은 모두 무시하고) 자유롭게 돌아다닐 수 있다. 이 모형에 가장 가까운 것은 주기율표의 가장 왼쪽에 존재하는 금속들, 즉 1족(Na, K 등), 2족(Mg, Ca 등), 그리고 알루미늄이다. 이 금속들은 흔히 단순한 금속(simple metals)이라고 불린다.

이 이론은 원자핵들이 내부 전자(core electron)에 의해 둘러싸여 그들의 격자 위치에 고정되어 있다고 가정하는데 그에 반하여 외부의 전자, 즉 원자가 전자들(valence electrons)은 고체 전체를 자유롭게 이동할 수 있다고 생각한다. 우리가 내부를 무시한다면 외부 전자들에 대한 양자역학적 기술은 매우 간단해진다. 이들 전자 중 하나만을 선택하면 이 문제는 잘 알려진 '상자 속 입자(particle in a box)'가 된다. 1차원 고체의 전자 하나를 고려하는 것으로 시작해보자.

전자가 길이 a(고체의 길이)의 선(line) 위에 있고 이를 x축으로 부르자. 상자는 $x=0$에서 시작하여 $x=a$에서 끝난다. 내부를 무시하기로 했기 때문에, 전자와 상호 작용하는 것들은 없고, 결국 이는 고체 안에서는 어떤 퍼텐셜도 받지 않는다(zero potential). 전자에 대한 Schrödinger 식은 다음과 같다.

$$-\frac{\hbar^2}{2m_e}\frac{d^2\psi}{dx^2}=(E-V)\psi \qquad (4.1)$$

여기서 $\hbar$는 Planck 상수를 2π로 나눈 것이고, m_e는 전자의 질량, V는 전자가 받는 퍼텐셜로 상자 안에서는 0(zero)이다. ψ는 전자의 파동 함수, E는 파동 함수 ψ인 전자에 해당하는 에너지이다. $V=0$일 때, 식의 해는 간단한 사인(sine) 또는 코사인(cosine) 함수이고, $\psi=\sin kx$를 식 4.1에 대입하면 다음과 같이 이를 입증할 수 있다.

k는 상수이고 $\psi=\sin kx$ 일 때 ψ를 한번 미분하면

$$\frac{d\psi}{dx}=k\cos kx$$

두 번 미분하면, 다음 식을 얻을 수 있다.

$$\frac{d^2\psi}{dx^2}=-k^2\sin kx$$

그리고 $(-\hbar^2/2m_e)$를 곱하면 식 4.1의 좌변은 다음과 같이 된다.

$$-\frac{\hbar^2}{2m_e}\frac{d^2\psi}{dx^2}=\frac{\hbar^2k^2}{2m_e}\sin kx=\frac{\hbar^2k^2}{2m_e}\psi$$

이 식을 식 4.1과 비교하면 $V=0$이므로, $E=\hbar^2k^2/2m_e$라는 것을 알 수 있다.

전자가 상자 밖으로 나가는 것은 허용되지 않으므로 퍼텐셜은 상자 밖에서 무한하다. 전자는 무한대의 에너지를 가지지 못하므로, 파동 함수는 상자 밖에서는 반드시 0이어야 하고, 불연속이 될 수 없으므로 상자 경계에서는 반드시 0이어야 한다. 만약 사인 형태의 해를 선택하면 $\psi=\sin kx$, 그리고 $x=0$에서 $\sin 0=0$이기 때문에 이 값은 0이 된다. $x=a$에서도 0이 되기 위해서, $\sin kx=0$이고 상자 안에 있는 반파동의 정수가 되어야만 한다. 사인 함수는 $n\pi$ 라디안에서 0(n이 정수일 때 $\sin n\pi=0$)이므로 $ka=n\pi$, 즉 $k=n\pi/a$가 된다. $E=\hbar^2k^2/2m_e$이므로 k를 대입하면 $E=n^2\pi^2\hbar^2/2m_ea^2$이고, $\hbar=h/2\pi$를 대입하면 $E=n^2h^2/8m_ea^2$을 얻는다. 양자수 n은 정수만 가질 수 있으므로 에너지는 양자화된다. n이 모든 정수가 될 수 있으므로 무한개의 에너지 준위가 존재하고, n이 증가함에 따라 각 준위 사이에 간격은 증가한다. 그러나 상자의 길이 a가 실험에서 고체 표본의 길이 대비 매우 길면 준위 사이의 간격이 매우 가까워지므로 사실상 연속적이다.

전도도가 1차원 또는 2차원으로 제한되는 경우를 보게 되지만 대부분의 고체는 당연히 3차원이고, 이제 3차원으로 자유 전자 이론을 확장시키는 것이 필요하다.

3차원에서, 금속은 한 변의 길이가 각각 a, b, c인 직육면체의 상자로 간주한다. 여기에 해당하는 파동 함수는 이제 3개의 사인 함수의 곱이고 에너지는 다음과 같이 주어진다.

$$E=\frac{h^2}{8m_e}\left(\frac{n_a^2}{a^2}+\frac{n_b^2}{b^2}+\frac{n_c^2}{c^2}\right) \tag{4.2}$$

고체의 부피가 겨우 10^{-6} m^{3}인 경우 두 개의 가장 낮은 에너지 준위 간의 에너지 차이는 10^{-34} J(10^{-15} eV) 정도이며, 이는 무시될 정도로 작다. 세 양자수, n_a, n_b, n_c의 조합은 에너지 준위를 결정한다. 그러나 3차원에서는 같은 에너지를 갖는 n_a, n_b, n_c의 많은 조합이 있다. 예를 들어 표 4.1에서 숫자의 조합은 모두 $(n_a^2/a^2+n_b^2/b^2+n_c^2/c^2)=108$이며, 이들은 모두 같은 에너지를 갖는다. 같은 에너지를 갖는 상태의 수를 **축퇴(degeneracy)**라고 부른다. 양자수가 작을 때에는 같은 에너지를 생성하는 모든 조합을 쓰는 것이 가능하지만, 10^{20}개의 원자로 된 결정을 다룰 때는 모든 조합을 고려하기가 어렵다. 그러나 **파수 벡터(wave vector)**를 도입하여 어떤 에너지 준위의 축

표 4.1 $(n_a^2/a^2 + n_b^2/b^2 + n_c^2/c^2) = 108$일 때의 n_a/a, n_b/b, n_c/c 값의 모음

n_a/a	n_b/b	n_c/c
6	6	6
2	2	10
2	10	2
10	2	2

퇴도 추정할 수 있다. k_x, k_y, k_z를 $n_a\pi/a$, $n_b\pi/b$, $n_c\pi/c$로 대체하면, 에너지는 아래와 같이 된다.

$$E = \left(k_x^2 + k_y^2 + k_z^2\right)\hbar^2 / 2m_e \tag{4.3}$$

여기에서 k_x, k_y, k_z는 벡터 $\mathbf{k}$의 성분이다. 에너지는 이 벡터 길이의 제곱, 즉 $|\mathbf{k}|^2$에 비례한다. 벡터 $\mathbf{k}$는 **파수 벡터(wave vector)**라고 한다. **k-공간(k-space)**은 가능한 모든 $\mathbf{k}$ 벡터의 집합이다. $\mathbf{k}$는 전자의 운동량과 관련되어 있는데, 이는 고전적인 표현인 $E = p^2/2m$과의 비교를 통해 알 수 있다. 여기에서 p는 운동량이고 m은 질량이다. 이에 의하면 전자의 운동량은 $\pm\mathbf{k}\hbar$가 된다.

에너지 준위의 수는 매우 크고 고체의 부피에 따라 다르기 때문에 축퇴를 계산할 수 있는 매우 유용한 양은 **상태 밀도(density of states)** $N(E)$이다. 이 값은 고체의 단위 부피당 주어진 에너지(엄격히 따지면 E와 $E+\mathrm{d}E$ 사이의 무한소 에너지 범위 내)를 갖는 에너지 준위의 수로 정의된다. 이 값을 계산하려면 특정한 에너지(같은 길이의 $|\mathbf{k}|$를 갖는 파동 벡터)를 생성하는 세 양자수의 모든 조합을 찾아야 한다. 결국, 동등한 에너지를 갖게 하는 모든 가능한 조합은 그 끝이 반지름 $|\mathbf{k}|$인 구의 표면에 놓이는 파동 벡터를 갖는다. 이제 $|\mathbf{k}|$는 k로 표시하며, 이 구의 총 부피는 $4\pi k^3/3$이 된다. n_a, n_b, n_c는 정수만이 허용되기 때문에 k-공간에서 상태들은 양자화되어 있다. n_a, n_b, n_c를 1씩 증가시키면 새로운 상태를 얻는다. 상태당 k-공간(k-space per state)의 부피는 π^3/abc이고 k-공간의 단위 부피당 상태 수는 이 값의 역수인 abc/π^3이다. $4\pi k^3/3$의 k-공간 부피 내 총 상태 수는 $4\pi k^3/3 \times abc/\pi^3 = 4k^3abc/3\pi^2$이고 고체 부피가 abc이기 때문에 (고체의) 단위 부피당 총 상태 수는 $4k^3/3\pi^2$이 된다. 이제 0에서 주어진 에너지 E까지의 에너지 상태의 수를 알게 되었기에 약간의 진전은 있었지만, 여전히 특정 에너지, 즉 E와 $E+\mathrm{d}E$ 사이의 상태 수를 알아야 한다. 이를 수행하는 가장 쉬운 방법은 거시적 결정(macroscopic crystal)에서 각 준위가 매우 가까이 존재하기 때문에 k가 연속적이라고 가정하고, k에 대한 전체 상태 수의 미분을 찾기 위해 계산한 뒤, k를 E를 포함하는 항으로 치환하는 것이다. k-공간의 각 상태는 반대 스핀을 갖

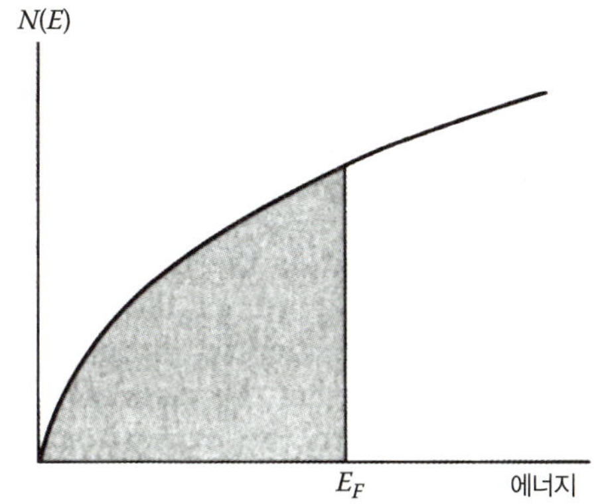

그림 4.1 자유 전자 모형을 기반으로 한 상태 밀도. 0 K에서 전자에 의해 점유된 곳은 검게 처리되어 있다. 이 책의 뒤에서는 에너지가 수직축을 따라 그려지지만, 이 그림에서 에너지는 실험과 비교를 위해 수평축을 따라 그렸다. E_F는 Fermi 준위이다.

는 두 전자가 차지할 수 있으며(Pauli 배타 원리) 그 결과 $N(E)$는 $(2m_e)^{3/2}E^{1/2}/2\pi^2\hbar^3$로 주어진다.

$N(E)$ 대 E의 값은 그림 4.1에 있다. 상태 밀도는 $E^{1/2}$에 비례하기 때문에 에너지가 증가함에 따라 증가하는 것을 주목하라. 에너지가 높아질수록 상태의 수가 커진다. 금속에서 원자가 전자들은 가장 낮은 에너지로부터 시작하여 짝을 지어 에너지 준위를 연속적으로 채우게 된다. 예를 들어 소듐에서, 각각의 원자들은 하나의 3s 전자를 제공하고 있고 결정 안의 모든 원자에서 나온 전자들은 그림 4.1에서의 준위를 점유한다. 금속에서 최고 점유 에너지를 **Fermi 준위**(**Fermi level**)라고 부르고 그에 해당하는 에너지(E_F)를 **Fermi 에너지**(**Fermi energy**)라 한다.

이 이론적 상태 밀도는 실험과 어떻게 비교될까? 실험적으로 상태 밀도는 X-선 형광(X-ray fluorescence, XRF) 분광학이라고도 하는 X-선 방출 분광학으로 결정할 수 있다. 전자살(beam of electrons) 또는 높은 에너지를 갖는 X-선이 금속과 충돌하면 내부 전자를 제거할 수 있다. 예를 들어 소듐의 경우, 원자가 전자는 3s 전자이며 따라서 2s 또는 2p 전자가 제거될 것이다. 내부 에너지 준위는 본질적으로 원자의 에너지 준위이고 전자는 불연속이며 잘 정의된 에너지 준위에서 제거된다. 내부 에너지 준위에서 전자가 탈락하는 것은 불안정한 상황이므로 점유된 원자가 준위의 전자는 빈 에너지 준위로 떨어지면서 광자를 방출한다. 광자 에너지는 전자가 나온 원자가 준위와 도달하는 내부 준위의 에너지 차이에 따라 달라진다. 높은 에너지가 관여하기 때문에 방출된 광자는 일반적으로 전자기 스펙트럼의 X-선 영역에 있다. 방출된 모든 X-선의 파장(및 에너지)은 특수 분광계에서 측정된다. 방출된 X-선 에너지를 측

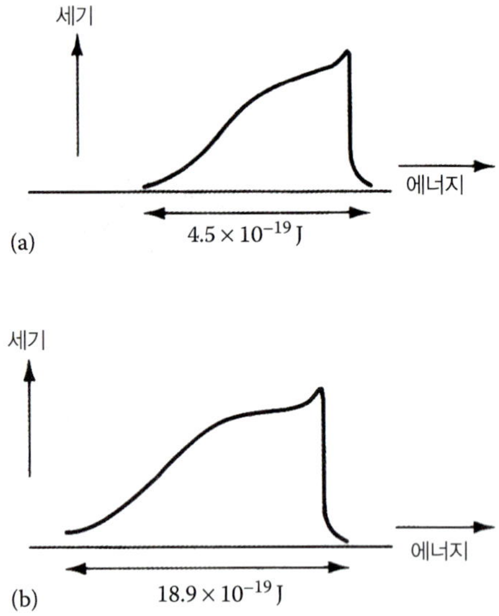

그림 4.2 전도 전자가 2p 단계로 떨어질 때 (a) 소듐 금속과 (b) 알루미늄 금속으로부터 얻는 X-선 방출 스펙트럼. 에너지 위쪽 끝에서의 작은 꼬리는 Fermi 준위 근처 전자의 더 높은 *k*-상태로 열적 들뜸(excitation) 때문이다.

정하면 결국 전자가 채워진 준위에 관한 정보를 얻는다. 방출된 X-선의 밀도는 특정한 에너지의 원자가 전자의 수에 의존한다. 즉, 밀도는 상태 밀도에 의존할 것이다. 그림 4.2는 소듐과 알루미늄의 X-선 방출 스펙트럼을 보여주는데, 이들 곡선의 모양이 그림 4.1의 전자가 채워진 부분과 대체로 유사하다는 것을 볼 수 있고, 결국 자유 전자 모형은 이들 에너지 준위의 띠(이후 전도띠라 부른다)를 합리적으로 잘 묘사하고 있는 것으로 보인다.

단순한 금속(simple metals)보다 한 원자당 원자가 전자를 더 갖는 금속에서 실험적으로 관찰되는 상태 밀도를 보면 그렇게 잘 맞지는 않는다. 그림 4.1처럼 밀도는 에너지와 함께 연속적으로 증가하지 않고 최댓값에 도달하면 에너지가 증가할 때 감소하기 시작한다. 이는 그림 4.3에서 Ni의 3d 띠에 보인다.

원자의 핵과 내부 전자들이 식 4.1(평면파 방법)에서의 퍼텐셜 함수(V)로 표현되도록 이 모형을 확장하면 그림 4.3의 상태 밀도를 설명할 수 있고 반도체나 부도체에서도 사용 가능하다. 이를 설명하기 위해 다른 이론적 모형, 즉 분자 오비탈 이론(molecular orbital theory)에 기반을 둔 것을 사용할 것이며 다음 절에서 설명할 것이다. 간단한 모형을 이용하여 금속의 전기 전도도를 설명하며 이 절을 끝내고자 한다.

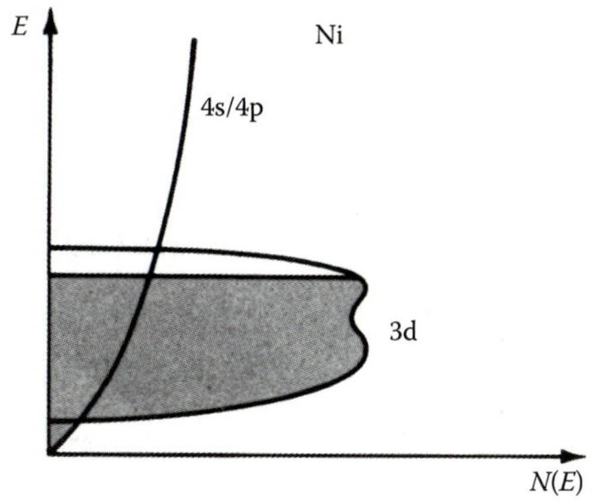

그림 4.3 니켈의 띠구조. 3d 띠의 모양을 주목하라.

4.2.1 전기 전도도

파동 벡터 **k**는 금속에서 전기 전도도를 이해하는 열쇠이다. 이를 위해 벡터가 크기뿐만 아니라 방향성도 가지고 있다는 것에 주목해야 한다. 같은 값의 $|\mathbf{k}|$, 즉 같은 에너지를 갖는 많은 에너지 준위가 있으나, 이들은 다른 방향의 운동량을 가지게 되어 다른 성분의 k_x, k_y, k_z 값을 보이게 된다. 전기장이 없는 경우에 파동 벡터 **k**는 모든 방향이 동등하게 가능하므로, 모든 방향으로 움직이는 같은 수의 전자들이 있다(그림 4.4).

전기장을 만드는 전지의 양 끝에 금속을 연결하면, 장의 방향으로 이동하는 전자들은 가속되고 이 방향의 알짜 운동량을 가지는 준위의 에너지는 낮아질 것이다. 반대 방향으로 이동하는 전자들의 에너지는 높아질 것이며, 결국 이들 전자 중 몇몇은 반대 방향 운동량에 해당하는 더 낮은 에너지를 갖는 준위로 떨어질 것이다. 따라서 더 많은 수의 전자들이 다른 방향보다는 전기장의 방향으로 움직이게 된다. 이처럼

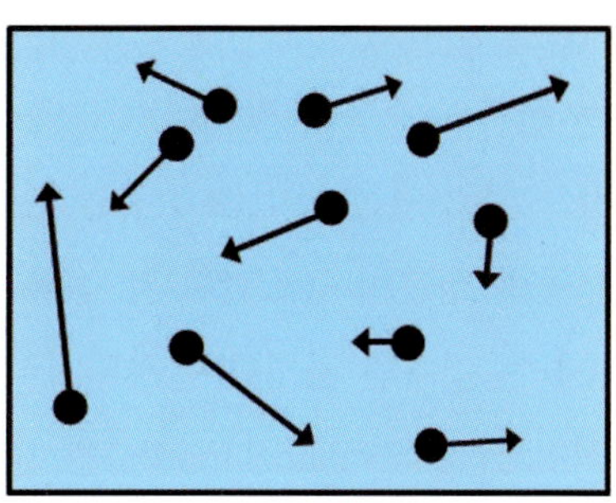

그림 4.4 전기장이 없는 금속에서의 전자들. 전자들은 모든 방향으로 움직이나, 모두 합쳐보면 어느 방향으로의 순 이동(net motion)은 없다.

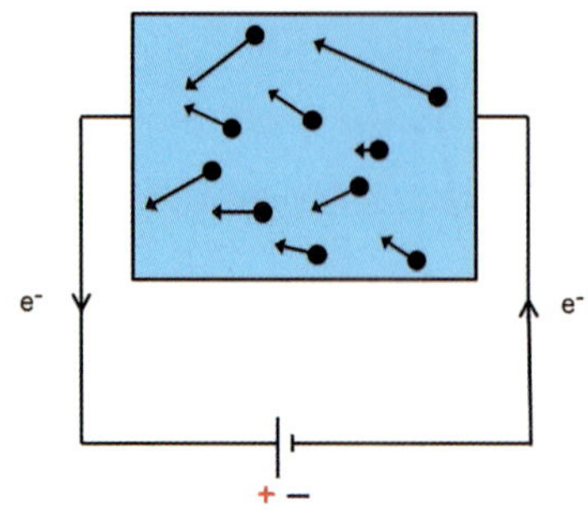

그림 4.5 일정한 전기장 속에서 그림 4.4의 금속. 시료는 전지의 양 끝 사이에 놓여 있다. 전자들은 모든 방향으로 움직일 수 있으나, 이제 그들의 속도는 변화하고 따라서 각각의 전자는 오른쪽에서 왼쪽으로 순 이동을 하며 이동 속도(drift velocity)를 가진다.

한 방향으로의 전자들의 순 이동(net movement)이 전류이다. 전기장에서 전자의 순 속도(net velocity)는 그림 4.5에서 볼 수 있다.

이 설명에서 주목해야 할 중요한 점은 Fermi 준위 가까이에 비어 있는 에너지 준위가 있다고 가정하는 것이다. 이러한 준위의 존재가 반도체의 전도도를 설명할 때 또한 중요하다는 것을 나중에 알게 될 것이다.

우리가 지금까지 묘사한 모형은 왜 금속이 전기를 전도하는가를 설명하지만, 금속의 한정된 전기 저항을 설명하지는 못한다. 적용된 전압(V)에서 금속을 지나가는 전류(I)의 흐름은 Ohm의 법칙(Ohm's law, $V = IR$)에 의해 주어지는데, 여기서 R은 저항이다. 온도가 올라가면 R이 증가하는 것이 금속의 특성이다. (전도도(conductance, $\sigma = 1/R$)는 온도가 상승함에 따라 감소한다.) 따라서 주어진 전위차에서 전류는 온도가 상승함에 따라 감소한다. 여태까지 전자들의 흐름을 지연시킬 수 있는 것은 우리의 이론에 없었다.

전기 저항을 설명하기 위해서는 이온 코어(ionic cores)의 효과를 도입하는 것이 필요하다. 이온 코어가 완벽한 결정의 격자 위치에서 주기적으로 배열되어 있고 움직이지 않는다면 이온 코어는 전자의 흐름을 방해하지 않을 것이다. 그러나 대부분의 결정은 어떠한 결함을 가지고 있고 이온 코어는 전자를 산란시킬 수 있다. 전기장의 방향과 일치하는 전자의 운동량 성분이 감소한다면, 전류는 감소할 것이다. 게다가 분자에서 이온 코어가 진동하는 것처럼 완벽한 결정일지라도 이온 코어가 진동하며 전체 결정의 기준 진동 방식(normal vibrational modes)을 일으킨다. 그리고 작은 분자의 진동과 비슷하게 각 결정 진동은 양자화된 진동 준위들을 가지고 있다. 이들 진동을 **포논(phonon)**이라고 부른다. 결정 진동 방식의 한 예는 각 이온 코어가 한 결정의 축을 따라 가장 가까운 이웃들과 어긋난 위상(out of phase, 반대 방향)으로 움직이는 것이다. 만약 그들이 모두 같은 방향과 같은 위상(in phase)으로 움직인다면, 결정 전체가 움직이는 것이 될 것이다. 결정을 통과하여 움직이는 전도 전자들은 진동하는 이온 코어에 의해 산란하며 포논에 일부 에너지를 빼앗긴다. 이러한 과정을 통해 전자 흐름의 감소와 결정의 진동 에너지의 증가가 이루어진다. 전반적인 영향은 전기 에너지가 열에너지로 바뀌는 것이다. 이러한 옴 가열(ohmic heating) 효과는 전기 주전자의 발열체 등 여러 분야에 활용된다.

4.3 고체 내의 결합: 분자 오비탈 이론

모든 고체가 전기를 전도하지는 않으며, 위에서 논의된 단순한 자유 전자 모형은 이에 대한 어떠한 설명도 제공하지 않는다. 반도체와 부도체를 이해하기 위해서는 고체의 또 다른 이론을 사용해야 하는데 바로 분자 오비탈 이론이다. 고체에서의 결합을 분자 오비탈 이론으로 설명하기 위해, 고체를 결합하고 있는 매우 많은 원자의 모임으로 간주하고, 때로는 근사하여 주기적으로 반복되는 시스템에서 Schrödinger 방정식을 푼다. 화학자들에게 이러한 접근 방식은 고체를 작은 분자들과 다르게 처리하지 않아도 된다는 장점이 있다.

그러나 대략 10^{16}개의 원자를 포함할 수 있는 작은 결정의 경우는 말할 것도 없고 작은 분자에 대해서도 정확한 수치의 해(solution)를 찾기는 쉽지 않다는 것을 고려하면 고체에 대한 이러한 방정식을 푸는 것은 어려운 일인 것처럼 보인다. 작은 분자들에 종종 사용되는 근사법은 분자 파동 함수가 원자 오비탈의 파동 함수의 결합(더하기 및 빼기)으로 만들어질 수 있다는 것이다. 이러한 **원자 오비탈들의 선형 결합(linear combination of atomic orbitals, LCAO)** 접근법은 고체에도 적용할 수 있으며 다행히도 정성적 수준에서도 매우 강력한 통찰력을 제공할 수 있다. 물리학에서는 이 접근 방식이 자유 전자 이론과 달리 전자가 묶여있기(bound) 때문에 **밀접 결합 근사(tight-binding approximation)**라고 한다.

H_2와 같은 매우 간단한 분자에서 어떻게 원자 오비탈을 결합하는지를 상기시키는 것부터 시작하자. H_2에서 분자 오비탈(그림 4.6)은 두 개의 수소 원자 H_A와 H_B에서 1s 오비탈들의 결합으로 인해 형성된다. 이 두 오비탈을 합치면 둘 사이에 보강 간섭이 생겨 핵 간 영역(internuclear region)에서 전자가 발견될 확률이 높아지는 결합 오

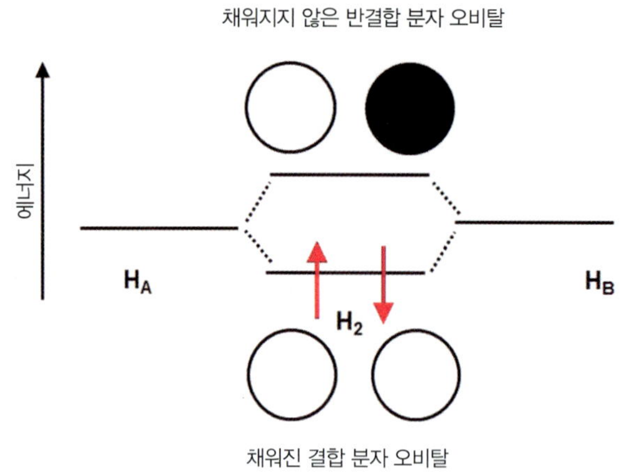

그림 4.6 H_2의 결합 및 반결합 분자 오비탈

비탈(bonding orbital)을 형성한다. 한 오비탈에서 나머지 오비탈을 빼주면 두 1s 오비탈 사이에 상쇄 간섭이 생겨 핵 간 영역의 전자 밀도가 감소하고 반결합 오비탈(antibonding orbital)을 형성한다.

결합 오비탈은 원자의 1s 오비탈보다 에너지가 낮고 반결합 오비탈은 1s 오비탈보다 에너지가 높다. 결합 오비탈에서 에너지가 줄어드는 정도는 두 수소의 1s 오비탈 사이의 겹치는 정도에 의존한다. 수소 핵들이 더 멀리 떨어지도록 잡아당기면, 겹침은 줄어들고 에너지 감소도 줄어들 것이다. 만약 핵들이 가까워지면, 겹침은 증가하나 두 핵 사이의 정전기적 반발이 커져 증가한 겹침의 영향을 상쇄한다.

수소 원자들로 이루어진 선형 사슬이 있다고 가정하자. N개의 수소 원자에 대해 N개의 분자 오비탈이 존재한다. 가장 낮은 에너지를 갖는 오비탈에서 모든 1s 오비탈은 보강적으로 결합한다. 인접한 1s 오비탈 사이의 모든 상호 작용은 결합이 된다. 반대로, 가장 높은 에너지의 오비탈에서 모든 오비탈은 상쇄적으로 결합하고 인접한 1s 오비탈 간의 모든 상호 작용은 반결합이다. $N=4$인 경우가 그림 4.7에 나와 있다. 이 두 극단 사이에는 $(N-2)$개의 분자 오비탈이 존재하는데, 여기에는 인접한 오비탈 사이에 몇 개의 결합 및 반결합 상호 작용이 있다. 한 분자 오비탈에서 반결합보다 결합 상호 작용이 더 많을수록, 이 오비탈의 에너지가 낮아진다.

그림 4.8은 사슬의 길이가 증가함에 따라 나타나는 에너지 준위를 보여준다. 특히 원자의 수가 증가할수록 에너지 준위의 숫자도 증가하는데, 최고와 최저 사이의 에너지 차이는 조금씩 증가하고 긴 사슬에서는 별로 변화하지 않는다. 이미 긴 사슬에 원자를 추가하여도 그 영향은 작아진다. 거시적 결정에서 발견되는 것과 유사한 매

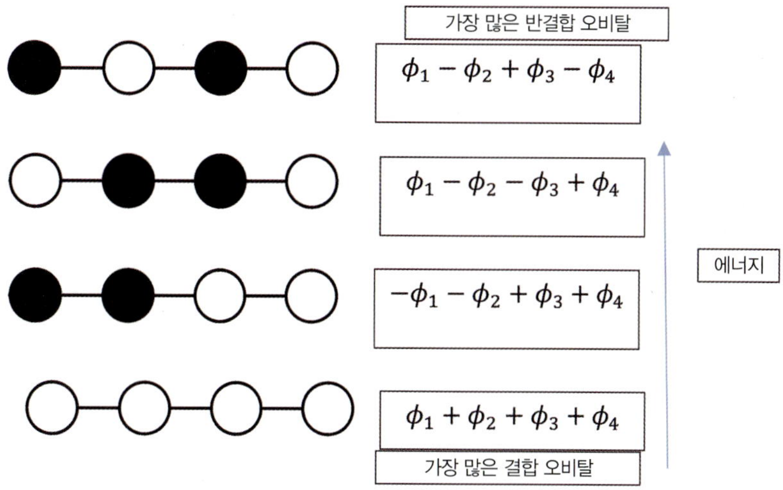

그림 4.7 *N*개의 원자 사슬의 *N*개의 분자 오비탈은 가장 많은 결합 오비탈에서 가장 많은 반결합 오비탈까지 다양하다. 여기서 우리는 $N = 4$인 H 원자 사슬의 1s 오비탈을 보여준다. 그 사이에 결합 및 반결합 상호 작용을 모두 갖는 여러 다른 오비탈이 있으며, 고체처럼 *N*이 클 때는 인접한 에너지 준위 사이의 간격은 무시할 정도로 작다.

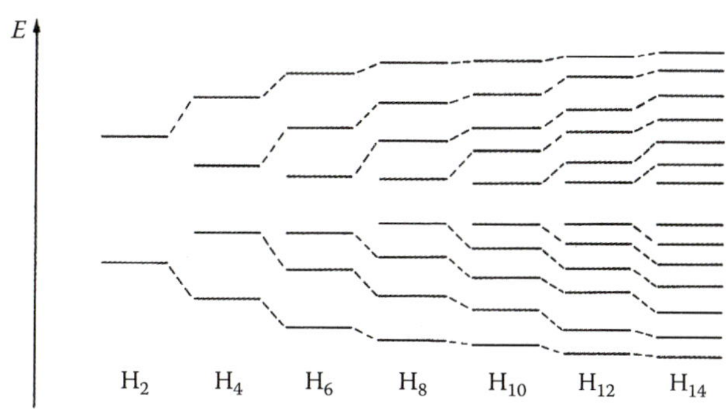

그림 4.8 *N*이 증가함에 따르는 *N*개의 수소 원자 사슬의 오비탈 에너지

우 긴 길이를 가진 사슬로 추정해보면, 비교적 작은 에너지의 범위 내에서 매우 많은 숫자의 준위들이 있다.

수소 원자들로 이루어진 사슬은 간단하고 다소 인위적인 모형이다. 준위들의 에너지 차이를 추정하기 위해 금속 원자들의 사슬을 새로 고려해보자. 금속 결정은 아마 10^{16}개 정도의 원자를 가지고 있을 것이고 에너지의 퍼짐은 단지 10^{-19} J일 것이다. 준위 사이의 평균 에너지 차이는 결국 10^{-35} J에 불과할 것이다. 이 수치를 수소 원자의 가장 낮은 에너지 준위 사이인 10^{-18} J의 간격과 비교하면, 우리는 결정 내의 에너지 준위 사이의 간격은 무시할 정도로 매우 작음을 알 수 있다. 사실 그 간격은 너무 작아 자유 전자 모형과 같이 에너지 준위가 연속적인 것으로 생각할 수 있다. 이와 같이 허용된 에너지의 연속적인 구간을 **에너지띠(energy band)**라고 부른다.

결정에 대한 실제 계산에서 10^{16}개의 원자를 모두 포함시키는 것은 비현실적이므로, 결정의 주기성을 이용하고자 한다. 각 단위 세포(unit cell)에서 전자 밀도는 동일해야 하므로, 결정의 주기성을 반영하는 단위 세포에 대한 오비탈 선형 조합을 만든다. 이와 같은 조합은 상자 속 입자의 계산으로부터 얻은 사인 파동과 같은 양상을 가진다. 작은 분자들에서, 분자 오비탈의 LCAO는 다음과 같다.

$$\psi(i) = \sum_n c_{ni}\phi_n$$

여기에서 합계는 모든 n개의 원자에 대해서이고, $\psi(i)$는 i번째 분자 오비탈, C_{ni}는 i번째 분자 오비탈에서 n번째 원자 오비탈 ϕ의 계수이다.

고체의 경우 여기에서 자세히 밝히지는 않지만, 다음과 같이 치환할 수 있다.

$$\psi(\mathbf{k}) = \sum_n e^{i\mathbf{k}.\mathbf{r}_n} a_{nk}\phi_n$$

$\mathbf{k}$는 주어진 결정(분자) 오비탈을 표시하는 파동 벡터이다. 또한 $i^2 = -1$이고 $\mathbf{r}_n$은 격자 내 원자 n의 위치 벡터이다. a_{nk}는 파동 벡터 $\mathbf{k}$에 대한 n번째 원자의 오비탈 ϕ의 계수이다.

더 이상의 자세한 내용은 고체 물리학 문서를 참조하라. 그러나 이 식이 우리가 앞에서 제시한 1차원 수소 선형 사슬의 정성적 모형과 일치한다는 것을 알 필요가 있으며 k의 중요성을 나타내고 있다. 우리가 보았듯이, 1차원에서 파동 벡터 $\mathbf{k}$는 단지 1차원이고 우리는 그것을 $\mathbf{k}$로 표시한다. 사슬에 있는 원자 사이의 거리를 a로 하고 정수 $n(=1,2,3,4\ \ldots$ 등)은 사슬의 원자의 번호이다. 원자는 a, $2a$, $3a$, …, na에 있다. ϕ_n은 다른 원자 n의 1s 원자 오비탈이다. 무한한 H 원자 사슬에서 개별 분자(결정) 오비탈의 파동 함수는 다음과 같다.

$$\psi(k) = \sum_n e^{inka}\phi(1s)_n$$

$\phi(1s)_n$은 사슬에 있는 n번째 원자의 1s 원자 오비탈이다.

고체에서 k는 원자와 분자에서 양자수와 유사한 역할을 한다. $k=0$일 때, e^{inka}는 모든 n에 대해 1($e^0=1$이므로)이고 우리는 사슬의 가장 낮은 에너지 오비탈의 파동 함수를 얻는다.

$$\psi(k=0) = \phi_1 + \phi_2 + \phi_3 + \phi_4 + \cdots$$

또한, $k = \pi/a$일 때, e^{inka}가 $(-1)^n$이($e^{ix} = \cos x + i\sin x$이므로) 되며 우리는 가장 높은 에너지 오비탈의 파동 함수를 얻는다.

$$\psi\left(k = \pi / a\right) = -\phi_1 + \phi_2 - \phi_3 + \phi_4 + \cdots$$

이는 우리의 정성적인 주장 및 그림 4.7과 일치한다. k의 다른 값은 이 둘 사이에 존재하는 오비탈에 해당한다. **Brillouin 영역(Brillouin zone)**은 가능한 모든 분자 오비탈을 정의하는 k 값의 범위다(여기서 $-\pi/a < k \le \pi/a$). Brillouin 영역의 개념은 고체의 전자 이론에서 매우 중요하며, 이 책 말미의 참고 문헌에 나열된 책들은 그 이유를 자세히 설명한다. 원자와 분자의 양자수와 마찬가지로 **k** 값이 서로 다른 오비탈 사이의 전이는 공식적으로 '금지(forbidden)'되고 일반적으로 강도가 약하기 때문에 고체의 전자 전이 및 스펙트럼을 자세히 이해하는 데 **k**가 중요하다.

우리가 고려한 수소 사슬에서 오비탈들은 한 가지 유형의 원자 오비탈(1s)로만 만들어졌고 한 에너지띠를 형성하였다. 주기율표에 대부분의 다른 원자들에 대해서는 1s 오비탈뿐만 아니라 다른 원자 오비탈들도 고려해야 한다. 우리는 허용된 에너지 준위가 일련의 에너지띠를 형성하고 이 띠들이 허용되지 않은 에너지 범위에 의해 분리된다는 것을 알았다. 에너지띠 사이에서 허용되지 않은 에너지 범위를 **띠간격(band gap)**이라고 한다. 예를 들어 알루미늄은 $1s^22s^22p^63s^23p^1$와 같은 전자 배열을 하며 1s 띠, 2s 띠, 2p 띠, 3s 띠, 3p 띠를 가질 것으로 예측되고, 이들은 모두 띠간격에 의해 분리되어 있다. 사실상, 알루미늄 내부 오비탈인 1s, 2s, 2p로부터 형성된 낮은 에너지띠들은 매우 좁고 대부분의 경우에서 국소화된 원자 오비탈들로 간주할 수 있다. 이들 오비탈이 원자핵과 매우 가깝게 몰려 있고, 이웃한 다른 핵의 오비탈과 겹침이 거의 없기 때문이다. 작은 분자들 안에서, 겹침이 늘어날수록 결합과 반결합 오비탈 사이의 에너지 차이는 커진다. 이와 비슷하게, 고체에서도 겹침이 늘어날수록 에너지의 퍼짐, 즉 생성되는 띠의 **띠너비(bandwidth)**가 커진다. 알루미늄에서 1s, 2s, 2p 전자들은 내부 오비탈로 간주하여 3s와 3p 오비탈만을 고려한다.

이제 몇 가지 간단한 금속을 고려해보자. 예를 들어 리튬이 금속인 이유는 무엇일까? Li 원자의 전자 구성은 $1s^22s^1$이다. 1s는 내부 오비탈이다. 가장 간단한 그림(다음 절에서 자세히 설명)은 원자가 2s 오비탈이 겹쳐서 띠를 형성한다는 것이다. Li 원자의 2s 오비탈의 반이 채워져 있는 것처럼, 고체의 2s 띠도 반이 채워져 있다. 따라서 **금속**이 된다(그림 4.9).

금속에는 부분적으로 전자가 채워진 띠가 있으며 이를 **전도띠(conduction band)**라고 부르고 전자가 채워진 가장 높은 준위(highest-occupied level) 위에서는 에너지 간

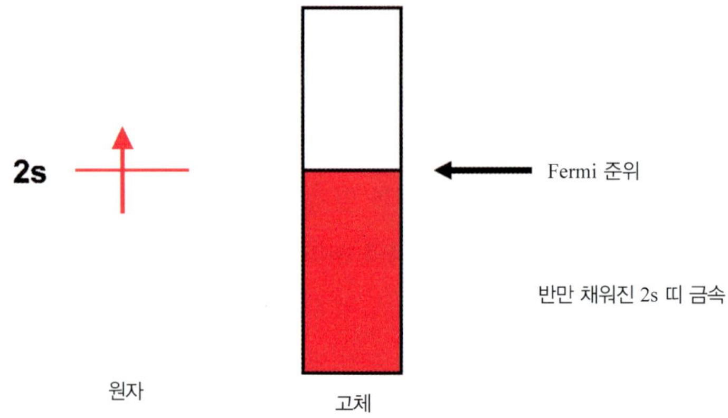

그림 4.9 금속 리튬의 2s 띠

격이 없다. 전자가 채워진 가장 높은 이 준위 근처의 전자는 전기장이 적용될 때 띠의 빈 오비탈로 쉽게 올라가며, 이로 인해 금속은 높은 전기 전도도를 갖게 된다. 자유 전자 모형과 같이, 0 K일 때 금속에서 가장 높게 전자가 채워진 준위를 Fermi 준위(Fermi level)이라 한다.

일반적으로, 작은 분자들에서와 같이 에너지띠들은 가장 낮은 준위부터 전자들을 채우게 된다. 각 오비탈은 반대 스핀의 두 개의 전자들을 수용할 수 있다. 결국 N개의 원자 오비탈이 띠 오비탈을 만들기 위해 결합한다면, $2N$개의 전자들이 띠를 채우는 데 필요하다. 예를 들어 N개의 원자를 포함하는 알루미늄 결정 내의 3s 띠는 $2N$개의 전자까지 수용할 수 있고 3p 띠는 $6N$개의 전자까지 수용할 수 있다. 알루미늄은 원자당 오직 1개의 3p 전자를 가지기 때문에 3p 띠 안에는 N개의 전자만이 있을 것이고 $N/2$ 준위만 채워진다.

마그네슘의 원자의 전자 배치는 $1s^2 2s^2 2p^6 3s^2$이고 알루미늄과 마찬가지로 1s, 2s, 2p 오비탈이 내부이고 3s 오비탈이 원자가 오비탈인 흥미로운 경우이다. 3s 오비탈이 채워져 있으므로 3s 띠도 가득 차서 Mg는 부도체가 될 것으로 예상할 것이다. 그럼 왜 마그네슘은 금속일까? 3s와 3p 오비탈은 사실상 에너지가 비슷하여 3s와 3p의 띠가 서로 겹치고 결과적으로 부분적으로 채워진 3s/3p 띠를 형성한다.

NaCl과 같은 금속 화합물은 고전적인 부도체이며 우리의 이론을 사용하여 왜 그렇게 되는지 정성적으로 쉽게 설명할 수 있다. 단순 이온 모형으로 보면 전자는 Na^+를 형성하는 소듐 원자에서 Cl^-를 형성하는 염소 원자로 전달된다. 전자가 들어간 가장 높은 오비탈은 전자가 전달된 염소의 3p 오비탈이고 전자가 들어간 가장 낮은 오비탈은 이 전자를 잃은 소듐의 3s 오비탈이다. 이와 비슷하게, 분자 오비탈 이론으로 보면 염소의 3p 오비탈로 구성된 가득 채워진 **원자가띠**(**valence band**)와 소듐의 3s 오비탈로 이루어진 더 높은 에너지의 빈 **전도띠**(**conduction band**)를 가지고 있다. 전자가 부분적으로 채워진 띠가 없으므로 NaCl은 부도체이며 전기를 전도하지 않는다. 전자가 가득 채워진 띠와 빈 띠 사이의 에너지 차이인 띠간격이 매우 크다(약 9 eV).

현재 양자역학적으로 고체의 전자 구조를 계산하고 다양한 성질, 총 에너지와 이에 상응하는 파동 함수와 전자 밀도, 띠의 세부 형태와 이에 해당하는 상태 밀도를 계산할 수 있는 대규모의 컴퓨터 프로그램이 수십 년에 걸쳐 여럿 개발되었다. 이 책을 집필하는 시점에서 가장 널리 사용되며 작은 분자 연구에도 이용되는 방법은 **밀도 함수 이론**(**density functional theory**)이다. 뒤에 한 가지 예를 들어 보겠다. 주어진 화합물이 금속인지 부도체인지 성공적으로 계산하는 것은 오래된 문제였다.

지금까지 개발된 정성적인 모형이 어떻게 실제 고체들에 적용되는지 살펴보자. 실제 고체들의 성질을 이해하기 위해 에너지띠의 개념을 어떻게 적용하는지 알아보자. 먼저, 단순한 금속(simple metals)부터 살펴보고자 한다.

4.3.1 단순한 금속

단순한 금속들의 결정 구조에서 원자들은 높은 배위수를 갖고 있다. 예를 들어 1족 원소들은 각 원자가 8개의 다른 원자들에 의해 둘러싸인 체심 입방체(body-centered cubic, *bcc*) 구조를 가진다(1장 참조). 이와 같이 높은 배위수는 원자 오비탈이 겹치는 방법의 수를 증가시킨다. 단순한 금속의 *n*s와 *n*p 띠는 겹침의 정도가 크기 때문에 매우 넓고, 이들 원소에서 *n*s와 *n*p 원자 오비탈의 상대적인 에너지가 비슷하여 마그네슘에 대해 이미 살펴본 것처럼 두 띠는 겹쳐진다(그림 4.10).

단순한 금속은 *n*s 띠 또는 *n*p 띠를 가지고 있지 않은 대신에 하나의 연속적인 띠를 가지는데, 이를 *n*s/*n*p 띠라고 부른다. *N*개의 원자로 이루어진 결정에서, 이 *n*s/*n*p 띠는 4*N*개의 에너지 준위를 포함하고 8*N*개까지의 전자를 수용할 수 있다.

그러나 단순한 금속은 가능하면 8*N*개보다 훨씬 적은 수의 전자를 가지려 한다. 그들은 오직 *N*개(1족), 2*N*개(2족), 3*N*개(Al)의 전자를 갖는다. 결국, 띠는 부분적으로 채워지며 Fermi 준위 바로 위에 빈 에너지 준위들이 존재하고 금속은 좋은 전자 전도체가 된다.

주기율표의 오른쪽으로 이동하면 고체 상태에서 반도체 또는 부도체인 원소를 볼 수 있다. 이제 이러한 고체들을 살펴보자.

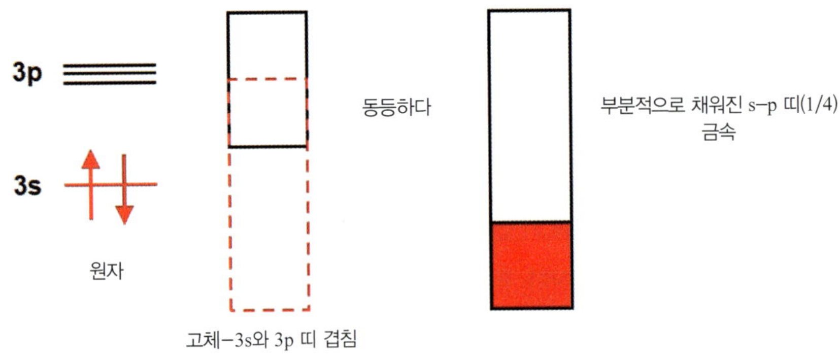

그림 4.10 3 p와 3 s 띠가 겹치고 그 결과 띠의 1/4만 채워지기 때문에 Mg는 금속이다.

4.4 다이아몬드, Si 및 Ge: 반도체

탄소(다이아몬드 형태), 실리콘, 저마늄은 단순한 금속과 같이 높은 배위수의 구조를 갖지 않고 원자들이 사면체로서 배위하는(1장 참조) 구조를 형성한다. 이들 구조에서 *ns*/*n*p 띠는 여전히 겹치며, 2개로 나누어진다. 각각의 띠는 2*N*개의 오비탈을 포함하고 4*N*개의 전자까지 수용할 수 있다. 우리는 이 두 띠를 각각 결합과 반결합으로 생각할 수 있다. 사면체 대칭은 어떤 비결합(nonbonding) 오비탈도 허용하지 않는다. 화학적 언어에서 낮은 에너지띠는 sp^3 혼성 오비탈의 결합 조합으로 구성되고 높은 에너지띠는 이들의 반결합 조합으로 구성된다. 탄소, 실리콘, 저마늄은 ns^2np^2의 전자 배치를 가지고, 4*N*개의 전자(낮은 띠를 채우기에 딱 맞는 수)를 수용할 수 있다. 이와 같이 채워진 낮은 띠는 **원자가띠(valence band)**로 알려져 있고, 이 띠 안의 원자가 전자들이 고체 안에서 원자들을 결합하는 역할을 하고 있다.

여기에서 궁금한 점 하나는 '왜 이들 원소는 더 높은 배위를 갖는 구조 대신에 사면체 구조를 선택하는가?'일 것이다. 만약 이들 원소가 단순한 금속과 같은 구조를 선택한다면, *ns*/*n*p 띠는 반만 채워질 것이며 가장 높은 준위의 전자들은 사실상 비결합이 될 것이다. 그러나 사면체 구조에서는 모든 4*N* 전자가 결합 준위(bonding level)에 들어가게 되며, 이는 에너지 관점에서 유리하다. 이 부분은 그림 4.11에 나타나 있다. 원자가 전자가 별로 없는 원소들은 결국 높은 배위 구조를 선택할 것이고 금속성이 될 것이다. 큰 수(4 또는 그 이상)의 원자가 전자들을 갖는 경우에는 *ns*/*n*p 띠가 갈라지고 더 낮은 결합 띠가 채워져서 낮은 수의 배위 구조를 갖게 될 것으로 예상할 수 있다.

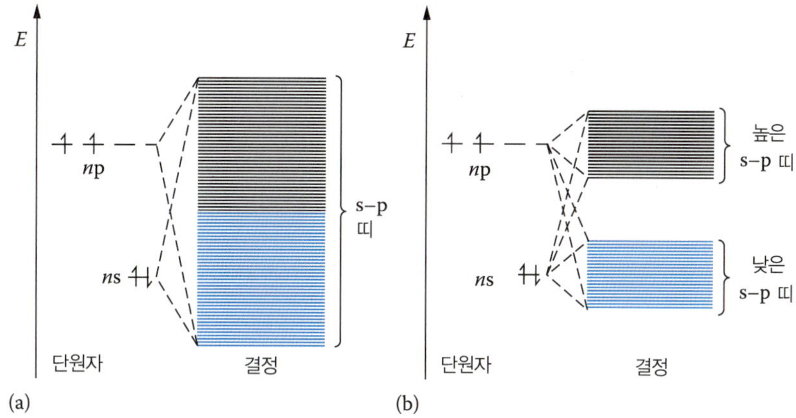

그림 4.11 (a) 체심 입방 결정과 (b) 다이아몬드 구조 결정에서의 *n*s와 *n*p 원자 오비탈로부터 형성된 에너지띠. 4*N*개의 전자들로 채워진 준위를 보여 준다.

주석(실온에서 가장 안정한 형태)과 납은 비록 실리콘, 저마늄과 같은 족에 속하지만 금속이다. 이들 원소는 원자의 s와 p 에너지 준위의 차이가 커서 s와 p 오비탈의 겹침이 실리콘과 저마늄에 비교해 매우 작다. 주석에서 사면체 구조는 두 개의 s/p 띠를 가질 것이나, 띠간격은 거의 0에 가깝다. 291 K 아래에서 주석은 다이아몬드 구조로의 변화를 겪으나 이 온도 위에서 주석은 더 높은 배위 구조를 갖는 것이 더 안정하다. 사면체 구조에서 비결합 준위를 가지지 않는다는 장점은 작은 띠간격으로 인하여 감소한다. 납에서 사면체 구조는 *n*s/*n*p 띠보다는 s 띠와 p 띠를 형성하게 되는데, 이는 s와 p 오비탈의 겹침이 더 작기 때문이다. 납은 입방 조밀 채움 구조(cubic close-packed structure)를 갖는 것이 더 유리한데 그 이유는 납이 p 띠 안으로 들어갈 2*N*개의 전자만을 갖기 때문이며 따라서 납은 금속성이 된다. 이것이 납의 화학에서 **비활성 전자쌍 효과(inert pair effect)**의 한 예이며 s 전자가 내부 전자로서 역할을 한다. 비활성 전자쌍의 또 다른 예는 실리콘이나 저마늄과 같이 4가의 공유 화합물을 만들기보다 Pb^{2+}를 포함하는 2가의 이온 결합 화합물을 형성하는 것이다.

실리콘과 저마늄은 완전히 채워진 원자가띠를 갖고 부도체로 예상되나 **반도체(semiconductor)**로 불리는 물질에 속한다.

전기 전도도(σ)는 다음 식과 같이 표현할 수 있다:

$$\sigma = nZe\mu$$

여기서 n은 단위 부피당 전하 운반체의 수, Ze는 그들의 전하(전자의 경우, 이는 단순히 기본 전하량 e이다), μ는 이동도(mobility)인데, 이는 전기장 내에서 전자의 속도를 나타낸다.

앞에서 보았듯이, 온도가 상승하면 금속성 도체의 전도성은 **감소한다**. 온도가 상승하면 포논들은 에너지를 얻고 격자 진동은 더 큰 진폭을 가진다. 격자에서 자신들의 위치로부터 이온 코어(ionic core)의 움직임이 증가하고 전자들은 더 산란하며, 전자의 이동성(μ)이 줄어들기 때문에 알짜 전류(net current)는 감소한다. 금속에서 n은 온도에 따라 실질적으로 일정하고 전도도는 μ의 변화에 좌우된다.

이와는 달리, 실리콘이나 저마늄과 같은 **고유 반도체(intrinsic semiconductor)**의 전도도는 온도와 함께 **증가한다**. 이들 고체에서, 전자들은 더 높은 s/p 띠인 **전도띠(conduction band)**로 올라갈 때만 전도할 수 있는데, 그 이유는 이 경우에만 부분적으로 채워진 띠가 존재하기 때문이다. 전류는 n에 의존하는데, 여기에서 n은 전하를 운반할 수 있는 자유로운 전자들의 수이며, 이 수는 금속보다 반도체에서 훨씬 적다. 반도체에서 n은 전도띠로 올라간 전자들의 수와 이 전이로 인해 생성된 빈 준위로 자유롭게 이동할 수 있는 원자가띠의 전자들의 수를 더한 것이다. 온도가 상승하면 올라가는 전자의 수는 증가하고 따라서 전류는 증가한다. 증가하는 정도는 띠간격의 크기에 의존한다. 어떤 온도에서 고체의 띠간격이 큰 경우보다 작은 경우에 더 많은 수의 전자들이 올라가게 되므로 작은 띠간격을 가진 고체는 더 좋은 도체가 된다. 올라가게 되는 전자 수는 온도에 따라 기하급수적으로 달라지고(Boltzmann 인자 $(-E_g/k_BT)$에 비례하며, 여기서 E_g는 띠간격이다), 띠간격의 작은 변화에도 올라가는 전자 수의 차이가 커 전체 전류 운반체의 수(n)는 큰 차이를 보이게 된다. 예를 들면 텔루륨은 저마늄의 절반 수준의 띠간격을 가지고 있으나 주어진 온도에서 기하급수적인 변화 때문에 텔루륨과 저마늄에서 올라가게 되는 전자 수의 비는 10^6 정도이다. 따라서 저마늄은 실온에서 0.46 Ω m의 전기 저항을 갖는데 이는 텔루륨의 0.0044 Ω m 또는 전형적인 부도체의 10^{12} Ω m와 비교된다. 온도에 따른 저항의 변화는 서미스터(thermistor)에서 사용되는데, 온도계와 화재경보기 등에 활용된다.

상세한 양자 역학적 계산은 여기에 제시된 정성적인 그림이 사실임을 보여준다. 그림 4.12는 다이아몬드의 띠구조에 대하여 CRYSTAL17 프로그램과 밀도 함수 이론 중 한 유형인 HSE06을 이용한 최근 계산 결과를 보여준다. 그림에서 에너지는 모두 원자가띠 상단의 에너지에 상대적인 값이며, 이 에너지를 임의로 0으로 정한다. 그림 4.12에서 왼쪽의 가득 채워진 원자가띠와 빈 전도띠는 모두 그림 4.11과 일치하는 탄소의 2s, 2p 오비탈로 구성된다. HSE06으로 계산된 원자가띠와 전도띠 사이의 에너지 차인 띠간격은 5.19 eV로 실험값(5.45 eV)과 잘 일치한다.

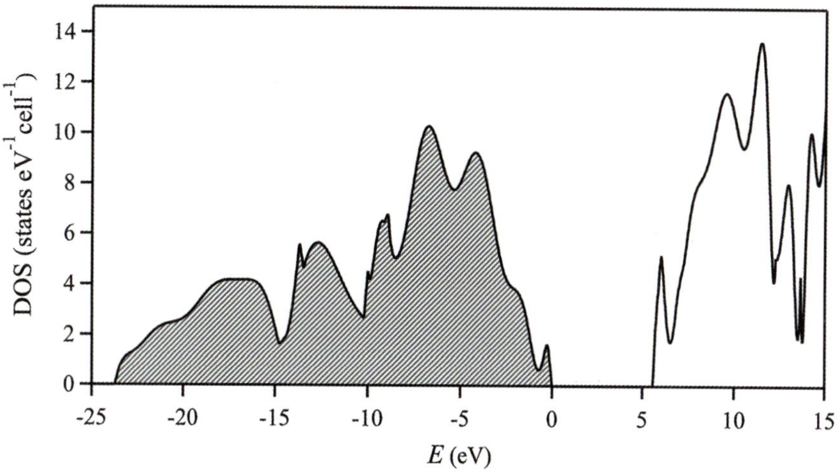

그림 4.12 밀도 함수 이론과 HSE06 함수를 사용하여 다이아몬드 상태 밀도를 계산했다. 채워진 원자가띠는 그림의 왼쪽에 있고 빈 전도띠는 그림의 오른쪽에 있다. (Courtesy of Dr. Sergio Conejeros)

4.4.1 광전도성

전자들은 열 이외의 다른 에너지의 형태, 예를 들면 빛으로 반도체의 띠간격을 넘어 올라갈 수 있다. 반도체에 비치는 빛의 광자 에너지($h\nu$)가 띠간격 에너지보다 더 크면, 원자가띠의 전자들은 전도띠로 올라갈 것이고 전도도는 증가할 것이다. 빛으로 인하여 전자들이 올라가는 양상은 그림 4.13에서 볼 수 있다.

가시광선의 광자에 해당하는 띠간격 에너지를 갖는 반도체를 **광전도체**

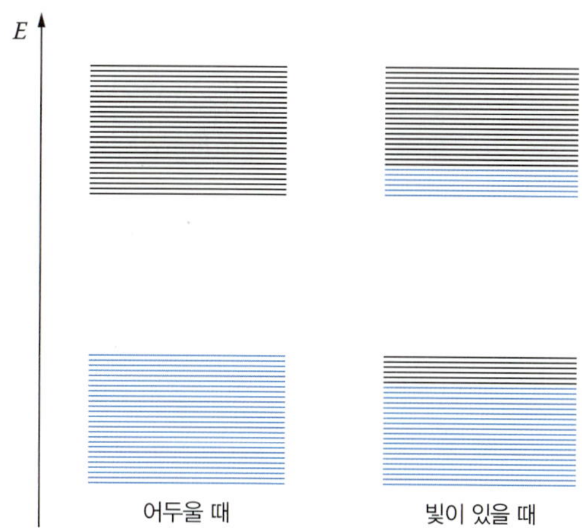

그림 4.13 빛에 의해 원자가띠에서 전도띠로 전자가 올라간다.

(**photoconductor**)라고 한다. 이들은 빛이 없는 곳에서는 비전도성이지만, 빛이 있으면 전기를 전도한다. 이런 광전도체는 **전자 사진술**(**electrophotography**) 등에 이용된다. 건식 복사(xerographic) 장치에는 반도체 소재의 필름으로 덮이고 양전하로 대전된 판이 있다. 여기에서 사용된 반도체는 실리콘이 아니고, 더 적당한 띠간격 에너지를 갖는 고체, 예를 들면 셀레늄 화합물 As_2Se_3 또는 전도 중합체 등이다. 복사하는 동안, 복사할 페이지의 흰 부분으로부터 반사된 빛이 반도체 필름을 비춘다. 필름의 조명 영역이 전도성이 되고, 전자는 전도띠로 올라간다. 이 전자들은 필름 위의 양전하를 중성화시키고 원자가띠 내의 정공(positive hole)들은 뒷받침 금속판으로부터 원자가띠로 들어오는 전자로 인해 제거된다. 이제 이전 필름의 조명 영역은 더는 대전되어 있지 않으나, 검정 선 아래의 영역은 여전히 양전하로 대전되어 있다. 다음 단계에서는 음전하로 대전된 작은 플라스틱 캡슐 잉크(토너)가 반도체 필름으로 퍼지는데, 이들은 필름의 대전된 영역으로만 끌리며, 그 부분에 붙어 있게 된다. 양으로 대전된 흰색 종이는 반도체 필름으로부터 토너를 제거하여 원본의 검은 부분의 이미지를 얻게 된다. 마지막으로, 플라스틱 코팅을 녹이기 위해 종이를 가열하면 잉크가 고정된다.

4.4.2 도핑된 반도체

반도체의 성질은 10^{10} 중 1 정도의 낮은 농도로 있는 불순물의 존재에 대해서도 매우 민감하다. 이러한 이유로 트랜지스터나 다른 소자들을 제작하기 위한 실리콘은 매우 순수해야 한다. 그러나 매우 순수한 반도체에 매우 낮은 농도의 불순물을 의도적으로 넣어 주면 반도체 소자를 만드는 데 있어 매우 유용한 방향으로 성질을 변화시킬 수 있다. 이러한 반도체들은 **고유 반도체**(**intrinsic semiconductor**)라 불리는 Si나 Ge와 같은 천연 반도체와 달리 **도핑된**(**doped**) 또는 **외인성 반도체**(**extrinsic semiconductor**)라고 알려져 있다.

일부가 인(P) 원자로 치환된 실리콘(Si) 결정을 고려해보자. 즉, P 원자가 일반적인 Si 원자의 격자 위치(lattice site)를 차지하고 있다. 인에는 5개의 원자가 전자가 있다. 이는 실리콘보다 전자가 1개 더 많은 것이다. 이 전자 중 4개는 인접한 4개의 Si 원자와 결합을 형성하지만 5번째 전자는 원자에 느슨하게 결합하고 있다. 이렇게 추가된 전자는 원자가띠와 전도띠 사이의 에너지 준위에 놓이게 되며 이 준위는 전도띠에 매우 가깝다(그림 4.14). 이 준위의 전자는 열에 의해 전도띠로 쉽게 올라간다. 전도

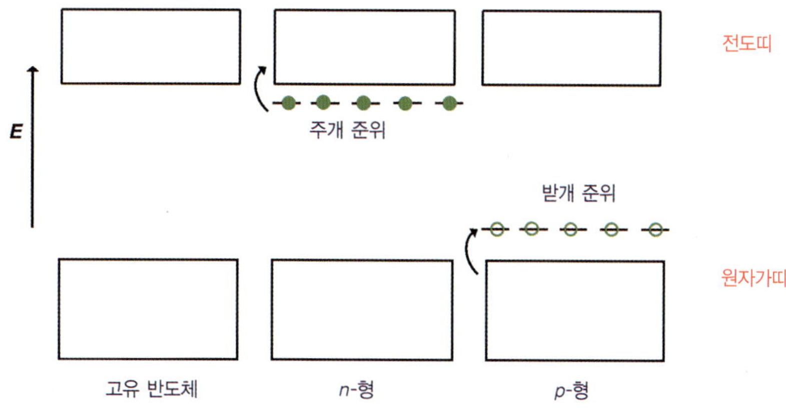

그림 4.14 음전하 운반체(전도띠 내 전자들)와 정공(전자가 없는 곳)을 보여주는 고유, *n*-형, *p*-형 반도체

띠에 들어가는 여분의 전자 때문에 인을 1 ppm(part per million) 추가하는 것만으로도 전도도가 몇 배 증가할 수 있다. 이러한 반도체를 ***n*-형**이라고 한다. ***n***은 음전하 운반체(전자)를 의미하고 새로운 에너지 준위는 추가 전자를 제공하기 때문에 **주개 준위(donor level)**라고 한다.

이제 인 대신 실리콘보다 더 적은 원자가 전자를 갖는 원소(예: 붕소)를 실리콘에 도핑한 경우를 살펴보자. 붕소는 3개의 원자가 전자를 가지고 있는데 실리콘보다 하나 적으므로 불안전한 공유 결합이 존재한다. 이것은 원자가띠 바로 위에 빈 오비탈을 생성하며, 원자가띠의 전자가 새로이 생성된 에너지 준위로 열적으로 들뜨기 때문에 이 준위를 **받개 준위(acceptor level)**라고 한다. 따라서 도핑제(dopant)는 원자가띠에서 전자를 빼내고 원자가띠에 **정공(hole**, 빈 오비탈)을 남긴다. 원자가띠가 더 이상 가득 차 있지 않기 때문에 원자가띠 상단 근처의 전자가 움직일 수 있으므로 도핑된 실리콘이 순수한 물질보다 더 나은 전도체가 될 것이다. 이로 인해 ***p*-형** 반도체가 발생한다. ***p***는 원자가띠에 있는 정공이 도핑되지 않은 물질의 채워진 오비탈에 비해 양전하를 띠고 있음을 나타낸다. 일반적으로 전자가 존재해야 하는 곳에서 전자가 누락된다는 것이다.

그림 4.14는 고유, *p*-형, *n*-형 반도체의 에너지띠들을 도식적으로 보여준다.

다양한 조합의 *n*-형과 *p*-형 반도체들을 이용하여 정류기, 트랜지스터, 광전지, LED 등과 같은 많은 전자 소자를 만들 수 있다.

4.4.3 *p–n* 접합과 전계 효과 트랜지스터

반도체의 $p-n$ 접합(junction)은 단결정의 다른 구역을 다른 원자들로 도핑하거나 화학 증기 증착(chemical vapour deposition)과 같은 기술을 사용하여(3장) 한 종류의 물질을 다른 종류 위에 증착시켜 만들 수 있다. 이 접합의 효용성은 두 가지 다른 물질로 도핑된 *n*-형과 *p*-형이 만나는 곳에서 발생하는 현상에 기인한다. 이 계면에서 *n*-형 물질의 전도 전자는 *p*-형 물질로 확산하여 *p*-형의 정공(빈 오비탈)으로 떨어진다. 이 이동을 통해 접합의 *n*-형에는 양전하가 생성되고 *p*-형에는 음전하가 생성된다. 따라서 전기장은 전자들이 *n*-형에서 *p*-형으로 전자가 더는 이동하지 못하게 방해한다. 전자 전달이 진행됨에 따라 *p*-형 띠의 에너지가 상승하고 *n*-형 띠의 에너지가 낮아지므로 결국에는 띠가 그림 4.15와 같이 접합을 가로질러 '구부러진' 평형에 도달한다.

접합의 양쪽의 가까운 곳은 **공핍 영역**(**depletion region**)이라 하는데, 전류 운반체(전자 또는 정공)의 수가 적기 때문에 이 영역은 저항이 높은 부도체가 된다. 외부의 전기장이 이와 같은 접합을 가로질러 적용되면 이 평형이 흔들리게 되는데 이 결과는 LED와 트랜지스터에 활용된다. 배터리의 양극 단자가 접합의 *n*-형 측에 연결되고 음극 단자가 *p*-형 측에 연결되면 **역방향 바이어스**(**reverse bias**)라는 과정으로 접합에 전기장이 강화된다. *p*-형 반도체의 양전하 정공은 음극 단자로 끌리고 *n*-형의 음전하 전자는 양극 단자로 끌린다. 전하는 접합을 가로질러 흐르지 않고 공핍층은 더 넓어지며 전류는 흐르지 않는다(그림 4.16). 반대로 **순방향 바이어스**(**forward bias**)에

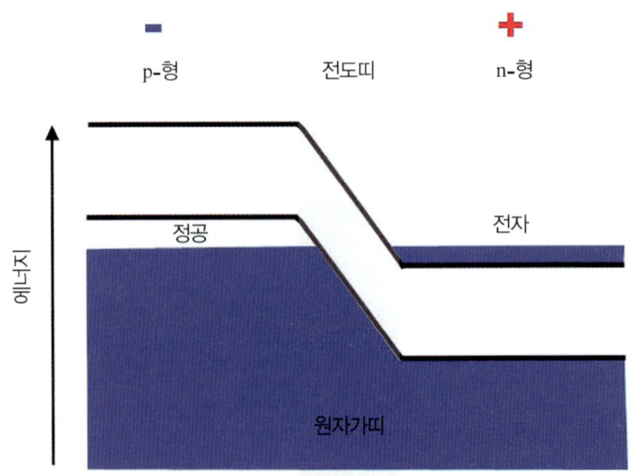

그림 4.15 전자가 n-형에서 p-형 영역으로 이동함에 따라 나타나는 $p-n$ 접합을 가로지르는 에너지 준위의 굽음은 n-형에서는 양전하를, p-형에서는 음전하를 생성한다.

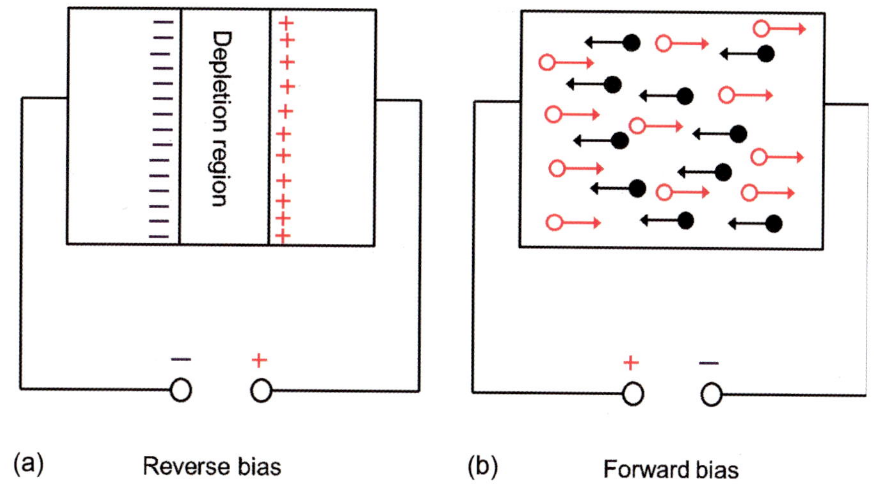

그림 4.16 $p-n$ 접합의 (a) 역방향 바이어스(전류 흐름 없음) (b) 순방향 바이어스(전류 운반체의 자유 흐름). (b)에서 검은색 원은 전자, 붉은 원은 정공을 나타낸다.

서는 배터리의 극성이 반전되어 배터리의 양극 단자가 p-형 측에 연결되고 음극은 n-형에 연결된다. 이는 접합의 전기장을 감소시켜 n-형 반도체의 전자가 양극 단자 쪽으로 이동하고 정공이 반대 방향으로 이동하도록 한다. 전류는 자유롭게 흐른다. 이것은 8장에서 논의하는 LED에서도 마찬가지이다. 따라서 $p-n$ 접합은 적용된 전압의 방향에 따라 재료를 통해 흐르는 전류의 방향(및 크기)을 상당 부분 조절할 수 있게 한다. 이 조절은 실리콘 칩의 기초인 다이오드(diode)와 트랜지스터(transistor)의 작동 및 모든 최신 전자 장치에 필수적으로 이용된다.

1956년에 노벨 물리학상은 Bardeen, Brattain과 Shockley에게 트랜지스터 개발에 대한 공로로 수여되었다. 여기에서 우리는 간단히 트랜지스터 중 가장 중요한 종류인 MOSFET(metal-oxide-semiconductor field effect transistor)에 대해 살펴보고자 한다.

마이크로 전자공학(microelectronic)에서 사용하는 가장 일반적인 전계 효과 트랜지스터(field effect transistor, FET)는 그림 4.17에 표시된 금속 산화막 반도체(metal-oxide-semiconductor, MOS) 구조를 기반으로 한다. 가장 기본적인 형태로 소스(source, S), 게이트(gate, G), 드레인(drain, D)의 세 가지 전극으로 구성되어 있다. 정확히 말하면 장치 뒷면에 기준 전압(예: GND)을 전달하는 백 게이트(back gate, B)가 네 번째 전극으로 부착되어 있지만 단순화를 위해 일부 설명에서는 종종 생략된다. 'MOS'는 이러한 소자들이 처음 발명되었을 때 게이트 전극을 구성하는 재료들을 나타낸다. 즉, 실리콘 반도체(semiconductor) 기판 위에 놓인 매우 얇은(10s nm) 절연성 실리콘 이산화(silicon dioxide) 층에 있는 전도성 금속(metal) 접점을 의미하였다. 요즘은 '금속'이 증착(deposit) 및 패턴(pattern)이 더 용이한 고농도로 도핑된 다결정성 실리콘과 같은 재료로 개선되었고, 이산화 규소는 하프늄 산화물과 같은 더 나은 성능의 '고-*k* 유전체(high-*k* dielectric)' 산화물로 대체되고 있으며, Si, Ge, GaAs 또는 도핑된 다이아몬드까지 반도체가 될 수 있기에 'MOS'는 다소 잘못된 명칭이다. 그런데도 MOS라는 용어를 여전히 현대 장치에 사용하고 있으며, 이는 정확하지는 않지만 역사를 따른 것이다.

소스 및 드레인 접점은 n^+ 또는 p^+로 분리 표시되며 고농도로 도핑(따라서 고 전도성)된 기판에 연결된다. 여기서 +기호가 고농도 도핑을 나타낸다.

MOS 소자의 두 가지 일반적인 형태인 PMOS와 NMOS(그림 4.17)의 이름은 각각의 작동 방식에서 따왔다. 그들은 각각 양극 정공(positive hole) 또는 음극 전자(negative electrons)를 사용하여 전류를 전도하지만, 작동 원리는 동일하다. NMOS 소자의 경우 소스가 드레인보다 더 높은 음의 전압으로 유지되며 전자가 S에서 D로 이동하려고 시도하지만 게이트 전극 아래의 전도성이 떨어지는 영역에 의해 경로가 차단되고 전류가 흐를 수 없다. G에 양의 전압을 적용하면 이 바이어스가 반도체 전체에서 G쪽 방향으로 전자를 끌어들이기 때문에 상황이 변한다. 하지만 G 아래의 절연성 산화물 층에 의해 전자의 이동이 차단되기 때문에 전자 이동을 완료할 수 없다. 따라서 전자들은 게이트 산화물 아래에 축적되고 전도성이 더 생긴다. 게이트 전압이 충분히 높으면 전도성을 가져 S 전자가 D로 이동하는 것을 방해하는 차단이 효

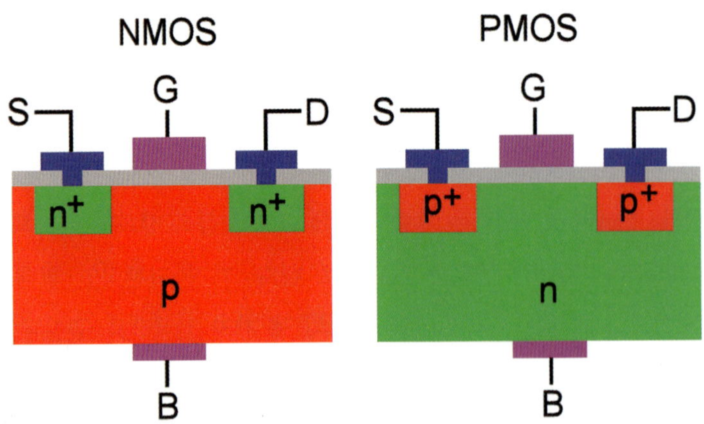

그림 4.17 표시된 금속 산화막 반도체(MOS) 구조를 기반으로 하고 마이크로 전자 공학에 사용되는 가장 일반적인 유형인 전계 효과 트랜지스터(field effect transistor, FET)의 개략도. MOS 장치의 두 가지 일반적인 버전인 PMOS와 NMOS는 각각 양극 정공 또는 음극 전자를 사용하여 전류를 전도하지만, 작동 원리는 동일하다. (Courtesy Professor Paul May.)

과적으로 제거되고 S와 D를 연결하는 전도성 '*n*-형 채널'이 열린다. G에 전압이 있는 한 전류는 S에서 D로 자유롭게 흐를 수 있다. 그러나 게이트 전압이 꺼지면 S–D 전류도 중단된다.

PMOS 장치의 경우, 모든 것이 반전되고 S와 D 영역은 p^+로 도핑되며 전도는 정공을 통해 이루어진다. 음의 게이트 전압은 게이트 산화물에서 전자를 밀어내어 *p*-형 전도 통로를 생성하고 S와 D 영역을 연결하여 (정공) 전류가 흐르게 한다. 반도체에 따라 정공과 전자의 이동성이 매우 다를 수 있으므로 PMOS와 NMOS 장치의 성능 또한 다양하다. 대부분의 최신 마이크로프로세서(microprocessors)에서 PMOS와 NMOS 트랜지스터는 쌍으로 연결되어 상호 보완적인 MOS(complementary MOS, CMOS) 장치를 생성한다. 이 용어는 컴퓨터를 사용하는 독자들에게 친숙할 수 있다. 그 이유는 CMOS 장치가 게이트 전압이 켜지거나 꺼질 때 몇 마이크로초 동안만 전류를 소비(따라서 전력을 사용함)하기 때문이다. 다른 모든 경우에는 전력을 소비하지 않는다.

MOSFET 장치는 스위치 또는 증폭기의 두 가지 방식으로 사용할 수 있다. S–D 전류는 게이트 전압이 있을 때만 흐르기 때문에 2진법의 **스위치(switch)**로 사용할 수 있다. 전압 켜짐 = 전류 켜짐 = 2진법의 '1'. 전압 꺼짐 = 전류 꺼짐 = '0'. 개별 FET를 회로와 연결하면 논리적인 게이트(AND, NAND, NOR 등)를 구성할 수 있으며, 이는 현대 컴퓨터의 구성 요소이다. 저전력 CMOS 회로는 컴퓨터 산업의 핵심이다.

4.5 화합물에서의 띠: 갈륨비소

갈륨비소(GaAs)는 태양 전지 등 반도체의 응용 분야에서 실리콘의 경쟁 상대인데, 8장에서 소개할 LED와 고체상 레이저에서도 쓰인다. 갈륨비소는 다이아몬드의 구조인 섬아연석형(zinc-blende) 구조를 가지며 두 종류의 원자로 구성되어 있다는 것을 제외하면 실리콘과 유사하다. Ga와 As의 원자가 오비탈은 4s와 4p이고 이들은 두 개의 띠를 형성하는데, 실리콘과 같이 각각 $4N$개의 전자를 갖고 있다. Ga와 As에서 4s와 4p 원자 오비탈의 에너지 차이 때문에 낮은 띠는 As로부터 더 큰 영향을 받고 전도띠는 Ga로부터 더 큰 영향을 받는다. 따라서 GaAs는 이온 특성을 어느 정도 가지며 이는 Ga에서 As로 부분적인 전자의 이동이 있기 때문이다. 원자가띠는 Ga 특성보다 As의 특성을 가지므로 모든 원자가 전자들은 결국 Ga보다는 As의 핵 근처에 가

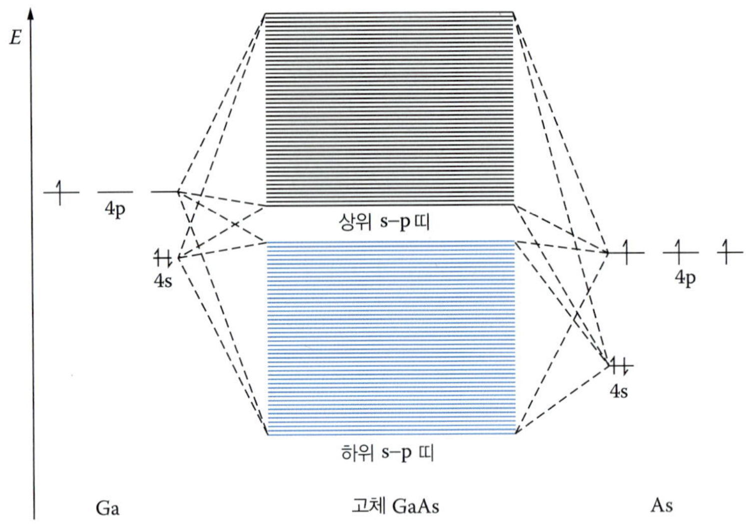

그림 4.18 갈륨비소에 대한 오비탈 에너지 준위

까울 확률이 더 큰 오비탈 내에 있게 된다. GaAs의 띠 에너지는 그림 4.18에 나와 있다. GaAs는 III/V 반도체로 알려진 유형의 예 중 하나인데, 이는 실리콘 족보다 원자가 전자를 하나 더 갖는 원소가 원자가 전자를 하나 덜 갖는 원소와 결합한 것이다. 이들 화합물의 대부분은 반도체인데, 예를 들어 GaSb, InP, InAs, InSb 등이 있다. 주기율표를 따라 더 멀리 이동하면, CdTe와 ZnS와 같은 II/VI 반도체들도 있다. AlN과 AgCl과 같이 주기율표에서 맨 위와 가장자리로 더 멀리 가보면, 고체들은 다른 구조를 갖는 경향이 있고 더 이온성이 된다. 반도체 성질을 갖는 고체의 띠간격은 족 아래로 갈수록 감소하는데, 예를 들면 GaP > GaAs > GaSb와 AlAs > GaAs > InAs이다.

4.6 d-블록 화합물의 띠: 전이 금속 일산화물

염화 소듐(sodium chloride)* 의 구조를 가지는 일산화물(monoxide, MO)들은 Ti, V, Mn, Fe, Co, Ni와 같은 전이 금속의 원소들에 의해 만들어진다. TiO와 VO는 금속성의 도체이고, 다른 일산화물들은 반도체이다. 모든 화합물에서 O의 2p 오비탈은 채워진 원자가띠를 형성하는 반면 금속의 4s 오비탈은 고에너지의 빈 띠를 형성한다. 그렇다면 TiO와 VO는 왜 금속이고 3d 오비탈의 역할은 어떻게 될까?

염화 소듐 구조에서, 팔면체 배위는 인접한 금속 이온의 5개의 d 오비탈 중 3개(d_{xy}, d_{xz}, d_{yz}, 즉 t_{2g} 오비탈)가 서로를 향하기 때문에 겹치는 것을 알 수 있다(그림 4.19). 그 원자들은 **가장 가까운** 이웃이 아니기 때문에, 겹침은 순수한 금속에서만큼 크지 않아서 띠는 좁아진다. 다른 2개의 d 오비탈($d_{x^2-y^2}$, d_{z^2}, 즉 e_g 오비탈)은 인접한 산소를 향하므로 다른 금속 이온과 e_g 오비탈 사이의 겹침은 t_{2g} 오비탈 사이의 겹침보다 작다. 따라서 2개의 3d 띠들이 있다(그림 4.20). 더 낮은 것은 t_{2g}로 $6N$개의 전자를 포함할 수 있으며, 위의 띠는 e_g라 부르고 $4N$개의 전자까지 가질 수 있다. 팔면체 배위에서 타이타늄(II)은 t_{2g} 오비탈에 2개의 d 전자(t_{2g}^2)를 갖고, 따라서 낮은 띠의 $3N$개의 이용 가능한 준위를 채울 $2N$개의 전자들만 있다. 비슷하게 바나듐(II)은 t_{2g} 오비

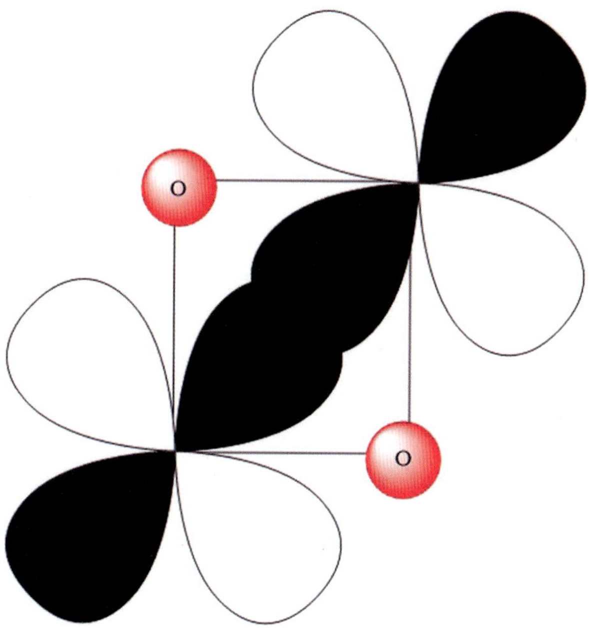

그림 4.19 산화물 MO에서와 같은 팔면체 배위의 전이 금속에서, d-오비탈은 결정장에 의해 두 집합(t_{2g}와 e_g)으로 분할되며, 각 집합의 오비탈은 각각 띠를 형성한다.

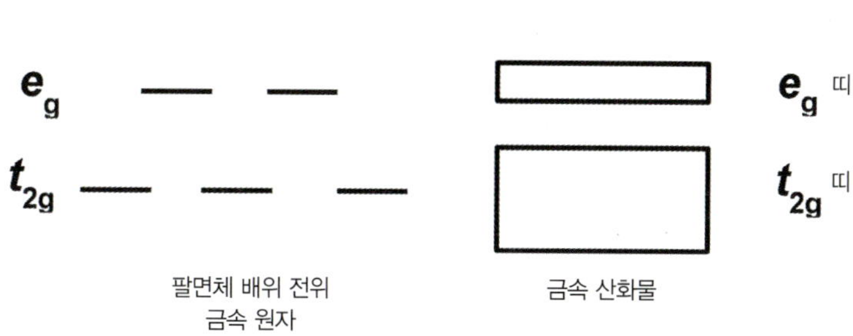

그림 4.20 TiO 및 VO와 같은 전이 금속 산화물 MO에서 금속 3d t_{2g} 오비탈의 겹침

탈에 3개의 d 전자(t_{2g}^3)를 가지고 있어 낮은 띠의 반을 채운다. 이미 살펴본 바와 같이, 부분적으로 채워진 띠는 금속성의 전도도를 만든다.

TiO나 VO와는 대조적으로, 원자당 오직 5개의 전자를 갖는 망가니즈(Mn^{2+}, d^5, $t_{2g}^3e_g^2$)의 화합물 MnO는 부분적으로 채워진 t_{2g}와 e_g 오비탈을 가지고 있더라도 부도체이다. 유사하게 FeO(Fe^{2+}, d^6, $t_{2g}^4e_g^2$)와 CoO(Co^{2+}, d^7, $t_{2g}^5e_g^2$)도 부도체이다. e_g 오비탈이 부분적으로 채워진 NiO(Ni^{2+}, d^8, $t_{2g}^6e_g^2$)도 부도체이며 이를 이해하는 것은 이론가들에게 수년 동안의 도전 과제였다. 국소화된 d-전자 모형을 사용하면 이들 산화물을 이해하는 것은 어렵지 않다.

첫 번째 전이 계열을 가로질러갈 때, 이 오비탈들이 경험하는 유효 핵전하의 증가 때문에 각 전이 원소의 3d 오비탈의 크기는 감소한다. 3d 오비탈의 겹침이 감소하고 따라서 3d 띠의 너비가 좁아진다. 알칼리 금속의 s/p 띠와 같이 넓은 띠라면 전자들은 근본적으로 결정 내에서 자유롭게 움직이고, 핵과 다른 원자들로부터 멀리 있게 된다. 이와 반대로 좁은 띠에서는 전자들이 핵에 더 강하게 묶여 있다. 이러한 환경에서는 전자–전자 반발력이 중요해진다. 특히, 같은 원자의 전자들 사이의 반발력이 중요하다. 한 원자에서 다른 원자로 이동하는 부분적으로 채워진 띠 안의 전자를 고려하자. 알칼리 금속에서, 전자는 이미 주변의 핵의 영향권 안에 있기에 이 핵들에 있는 전자들로부터 반발력을 크게 받지는 않을 것이다. 한 원자에서 다른 원자로 이동하는 3d 전자는 두 번째 원자의 핵 근처에 하나의 전자를 추가하는데, 이 근처에는 이미 3d 전자가 가까이 존재한다. 따라서 핵 근처 전자의 반발은 증가한다. 그러므로 좁은 띠에서는 전자의 반발력과 띠 형성으로 얻을 수 있는 에너지의 이득을 모두 고려해야 한다. MnO, FeO, CoO, NiO에서는 전자 반발이 지배적이고, 여기에서 3d 전자가 퍼지는 것보다는 국소화된 오비탈로 남는 것이 더 유리하다. 따라서 순수한 산화물은 부도체이다. 그러나 그들은 종종 비화학량론적이어서 화학식이 정확히 MO가 아니다. 이 결과 산화 상태가 1 이상인 산화물은 반도체의 성질을 갖게 되는데 이에 대해 5장에서 다룰 것이다.

전이 계열을 가로질러갈 때 성질이 변화하는 물질군이 MO뿐만은 아니다. 성질의 변화는 복잡할 수 있다. 이산화물(dioxide)은 또 다른 계열을 형성하고 CrO_2는 자기적 성질 때문에 나중에 다뤄질 것이다. 340 K에서 단사정계(monoclinic)인 루틸(rutile) 구조로의 상전이로 인해 금속이 되는 VO_2와 같은 일부 화합물은 온도에 따라 금속 또는 비금속이 된다. Ti_2O_3는 작은 띠간격(0.2 eV)으로 인해 390 K 미만에서는 반도체이지만 고온에서는 금속이 된다. 몇 개의 혼용된 산화물들(mixed oxides)도 전자적 성질의 차이를 보인다. 예를 들어 페로브스카이트(perovskites)와 같은 일부 삼성분 계열은 초기에는 금속에서 부도체 계열로 전이하고 이후에 다시 금속 계열로 전이하는 것을 보여준다. $LaMO_3$(M = V, Cr, Mn, Fe) 화합물들은 모두 부도체지만 $LaNiO_3$와 $LaCuO_3$는 금속이다. 일반적으로, 넓은 d-띠를 갖는 화합물들은 금속성이다. 금속성 화합물은 3d보다 4d와 5d 산화물에서 더 흔하며, 이는 한 금속 원자에서 4d와 5d 오비탈이 인접한 금속 원자의 오비탈과 겹치는 능력이 더 크기 때문이다. 금속성은 금속이 낮은 산화 상태에 있고 전기 음성도가 작은 음이온과 이루는 화합물에서 더 쉽게 발견된다. 예를 들어 일반적으로 금속 황화물이 금속 산화물보다 더 큰 금속성을 가진다.

*5장에서 설명하겠지만, 비화학량론적 TiO와 VO는 염화 소듐에 기반한 구조를 갖지만 각 원소의 일부가 자기 위치에서 누락되어 있다. 다른 산화물은 화학량론적일 때 염화 소듐 구조를 채택한다.

4.7 요약

이 장에서는 다음을 논의했다.

1. 금속의 자유 전자 이론과 전자 전도도
2. 금속의 띠, 상태 밀도, Fermi 에너지
3. 고체의 분자 오비탈(밀접 결합) 이론과 이것이 금속성과 절연성을 설명하는 방법. 금속에는 부분적으로 채워진 띠가 있다. 부도체와 고유 반도체는 채워진 원자가띠와 더 높은 에너지의 빈 전도띠를 가지고 있다.
4. 광전도성
5. n-형과 p-형으로 도핑된 반도체와 이를 응용한 $p-n$ 접합 및 MOSFET 트랜지스터
6. 화합물에서의 띠: 왜 많은 금속, 전이 금속 산화물, 그리고 다른 화합물들이 금속 전도성을 나타내는 것과 달리 어떤 것들은 그렇지 않은가?

문제

1. 자유 전자 모형에서, 전자 에너지는 전적으로 운동 에너지이다. $E = mv^2/2$ 식을 이용하여, 소듐 금속의 Fermi 준위에서 전자의 속도를 계산하시오($E_F = 3.2$ eV).

2. 마그네슘 금속의 밀도는 1740 kg m^{-3}이다. 전형적인 결정의 부피는 10^{-12} m^{3}이다(변의 길이 0.1 mm의 정육면체에 해당). 얼마나 많은 원자를 결정에 포함하고 있는가?

3. 점유된 상태의 수는 0부터 Fermi 준위까지의 상태 밀도 함수를 적분하여 추정할 수 있다.

$$N = \int_0^{E_F} N(E)\,dE = \int_0^{E_F} E^{1/2}(2m_e)^{3/2}/2\pi^2\hbar^3\,dE = (2m_eE_F)^{3/2}V/3\pi^2\hbar^3$$

(a) 10^{-12} m^3 (b) 10^{-16} m^3 (c) 10^{-29} m^3(원자 크기와 비슷)의 부피를 가지는 마그네슘 결정의 점유된 상태의 수를 계산하시오. 그 결과를 가용 전자의 수와 비교하고 (a), (b), (c)에 대한 결과에 대해 언급하시오($E_F = 7.1$ eV).

4. 칼슘, 아연, 카드뮴, 수은 원소는 모두 s-띠를 채우는 데 딱 맞는 전자 수의 외부 전자 배치(ns^2)를 하고 있으므로 절연이 될 것으로 예상할 수 있다. 띠 이론은 이러한 원소들이 부도체가 아니고 금속인 이유를 어떻게 설명하는가?

5. 가시광선의 한 광자와 관련된 에너지는 2.4~5.0$\times10^{-19}$ J의 범위를 가진다. 셀레늄의 띠간격은 2.9$\times10^{-19}$ J이다. 셀레늄이 복사기에 사용되는 광전도체에 좋은 물질인 이유를 설명하시오.

6. 몇몇 반도체와 부도체의 띠간격이 아래에 주어졌다. 어떤 물질이 가시광선의 전체 범위에서 광전도체가 되겠는가?

성분	Si	Ge	CdS
띠간격(10^{-19} J)	1.9	1.3	3.8

7. 다음 도핑된 반도체 중 어떤 것이 p-형이고 어떤 것이 n-형인가? (a) 저마늄 내의 비소, (b) 실리콘 안의 저마늄, (c) 저마늄 안의 인듐, (d) 안티모니화 인듐(InSb) 내의 안티모니 위치에 있는 실리콘, (e) 질소화 갈륨(GaN) 내의 갈륨 위치에 있는 Mg.

8. 전기 소자 분야에서는 잠재적인 반도체로서 도핑된 다이아몬드를 사용하는 것에 많은 관심을 기울이고 있다. 다음 도핑제(dopants) 중 어떤 것이 *p*-형이 될 것으로 예상하는가? 또 *n*-형이 될 것은 어떤 것들인가? (a) 다이아몬드의 탄소 자리를 차지하는 질소, (b) 다이아몬드의 탄소 자리를 차지하는 붕소, (c) 다이아몬드의 탄소 자리를 차지하는 리튬, (d) 다이아몬드 결정 구조에서 일반적으로 채워지지 않는 자리인 틈새 자리(interstitial site)에 있는 리튬.

9. 카보런덤(SiC)이 다이아몬드 또는 더 높은 배위의 구조를 가질 것이라고 예상하는가? 그 이유를 설명하시오.

10. 페로브스카이트 구조의 $LaTiO_3$(금속), $LaVO_3$(준금속, semimetal), $LaMnO_3$(부도체)의 전기적 성질을 전이 계열에 따른 d 띠너비의 경향으로 서술하시오. (준금속은 채워진 원자가띠의 상단이 빈 띠의 하단과 동일한 에너지이지만 띠들이 만나는 에너지에서 상태 밀도(DOS)가 0인 특수한 경우이다. 또 다른 중요한 예는 흑연이다.)

5장 결함과 비화학량론

5.1 개요

완전 결정(perfect crystal)의 모든 원자는 구조 내에서 올바른 격자 위치에 각각 존재하는데, 이는 절대 영도(0 K)에서만 가능하다. 0 K 이상의 온도에서는 구조 내에 **결함**(**defect**)이 생성된다. 이들 결함은 **어긋남**(**dislocation**)과 같은 **확장된 결함**(**extended defect**)일 수도 있다. 재료의 강도는 어긋남이나 **결정 경계**(**grain boundary**)와 같은 확장된 결함의 존재 여부에 따라 크게 영향을 받게 되는데, 이러한 현상들에 대한 논의는 재료 과학 분야에서 더 중요한 영역이므로 여기서는 깊게 다루지 않겠다. 결함은 고립된 원자 위치에서도 발생할 수 있으며, 이러한 결함에서는 결정 구조의 특정한 자리를 다른 원자가 점유하고 있거나, 또는 정상적으로 원자가 존재할 것으로 예상되는 자리가 빈자리로 존재하기 때문에 **점결함**(**point defect**)이라고 한다. 점결함은 고체의 화학적 특성과 물리적 특성에 상당한 영향을 미칠 수 있다. 예를 들어, 많은 보석의 아름다운 색상들은 결정 구조에 존재하는 불순물 원자 때문에 발생하는 결함에 기인한다. 실리콘 기반의 반도체에서도 극미량의 불순물 원자들이 중요한 역할을 한다. 또 다른 예로는 이온성 고체가 있는데, 이온성 고체에서는 격자 내에 존재하는 이온들의 빈자리를 통하여 이온들이 이동하는 메커니즘에 의해 전기를 전도할 수 있다(이는 앞장에서 살펴본 전자 이동에 의한 전자 전도도와는 크게 다른 현상이다). 이러한 이온성 고체에 대해서는 6장에서 논의할 것이다.

5.2 점결함과 그 농도

점결함은 **내재 결함(intrinsic defect)**과 **외인성 결함(extrinsic defect)**의 두 가지 범주로 나눌 수 있다. 내재 결함은 모든 결정에 반드시 존재하지만, 결정의 전체 화학 조성을 변화시키지 않기 때문에 **화학량론적 결함(stoichiometric defect)**이라고도 한다. 외인성 결함은 격자 내로 이종 원자(foreign atom)가 삽입될 때 생성되는 결함이다.

5.2.1 내재 결함

내재 결함은 **Schottky 결함(Schottky detect)**과 **Frenkel 결함(Frenkel detect)**으로 구분할 수 있다. Schottky 결함은 격자 내의 빈자리를 말하며, 이에 비해 Frenkel 결함은 원자나 이온이 틈새 자리(interstitial position)로 이동하여 생성된 빈자리를 의미한다.

1:1 고체 MX의 경우, Schottky 결함은 양이온 빈자리와 음이온 빈자리의 쌍으로 구성된다. 그림 5.1에 할로젠화 리튬 구조에서 발생하는 결함들을 나타내었다. 전기적 중성을 유지하기 위하여, 양이온 빈자리 수와 음이온 빈자리 수가 같아야만 한다. MX_2 구조의 Schottky 결함은 한 개의 M^{2+} 양이온 빈자리와 두 개의 X^- 음이온 빈자리로 구성되며, 이를 통하여 전하 균형을 맞추게 된다. Schottky 결함은 1:1 화학량론적 화합물에서 더 흔하게 나타나며, 이러한 예로는 암염(NaCl), 섬유아연석(wurtzite, ZnS) 및 염화 세슘(CsCl) 등이 있다.

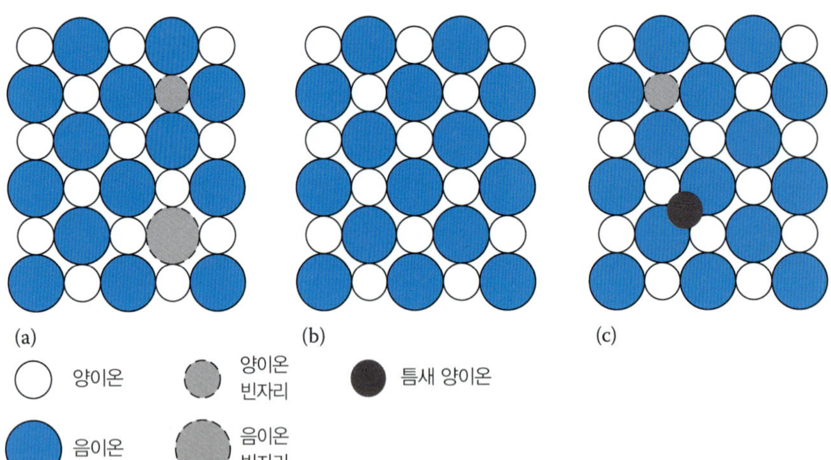

그림 5.1 MX 조성의 결정에서 존재하는 내재 점결함: (a) Schottky 쌍, (b) 완전 결정, (c) Frenkel 쌍

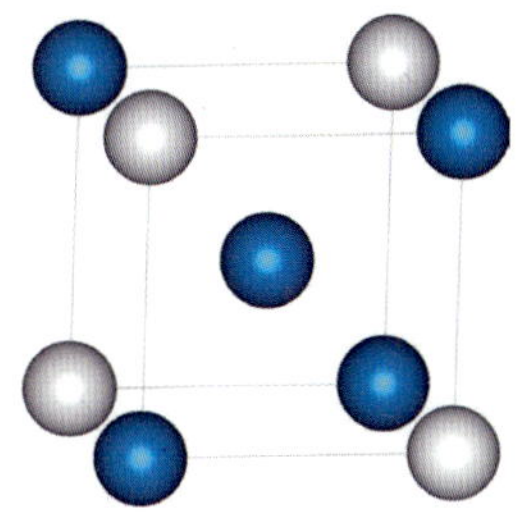

그림 5.2 AgCl 화합물에 존재하는 틈새 Ag^+ 이온의 사면체 배위

Frenkel 결함은 일반적으로 결정의 한쪽 부격자(sublattice)에서만 발생하며, 틈새 자리로 이동한 원자 또는 이온으로 구성되고, 이로 인해 빈자리가 생성된다. 그림 5.1c는 NaCl과 같은 할로젠화 알칼리 구조에서 하나의 양이온이 격자를 벗어나 틈새 자리로 이동하여 발생한 Frenkel 결함을 보여 준다. 예를 들면 AgCl에서 이러한 결함이 나타나는데, 그림 5.2에서 설명하고 있는 것처럼 Ag^+ 이온이 팔면체 배위 자리에서 사면체 배위 자리로 이동할 때 양이온 Frenkel 결함을 관찰할 수 있다.

음이온이 틈새 자리로 이동하여 발생하는 Frenkel 결함은 흔하지 않다. 이는 음이온이 일반적으로 양이온보다 크기가 커서, 복잡하고 배위수가 작은 틈새 자리로 들어가는 것이 어렵기 때문이다.

이런 일반적 경향에 반하는 중요한 예외가 있는데, 바로 형석 구조를 띠는 플루오린화 칼슘(CaF_2)과 같은 화합물에서 나타나는 음이온 Frenkel 결함이다.(이 구조에 해당하는 다른 화합물들은 스트론튬과 납의 플루오린화물(SrF_2, PbF_2)과 토륨, 우라늄 및 지르코늄의 산화물(ThO_2, UO_2, ZrO_2) 등이며, 이 장의 뒷부분에서 다시 논의할 것이다.) 이러한 예외를 보이는 원인 중 하나는 음이온이 양이온보다 전하가 낮아서 서로 더 가까이 이동할 수 있기 때문이다. 또 다른 원인은 그림 5.3에서 보여 주는 것과 같은 형석 구조의 독특한 성질이다. 이 구조를 살펴보면, Ca^{2+} 이온들이 입방 조밀 채움(*ccp*)으로 배열되어 형성된 모든 사면체 구멍(tetrahedral hole)을 F^- 이온들이 점유하고 있다. 이로 인해 크기가 더 큰 팔면체 구멍이 모두 비어 있게 되면서 매우 개방적인 구조를 형성한다. F^- 이온의 단순 입방 배열을 기반으로 구조를 다시 그리면 이를 명확하게 볼 수 있다(그림 5.3c). 단위 세포는 여덟 개의 작은 팔배위 입방체(octant)로 구성되고, Ca^{2+} 이온들이 팔배위 입방체를 하나 걸러 하나씩 점유하는 구조를 갖는다. 서로 달라 보이는 두 그림은 완전히 동일하며, 그림 5.3c의 단위 세포가 존재할 수 있는 틈새 자리를 더 명확하게 보여 준다.

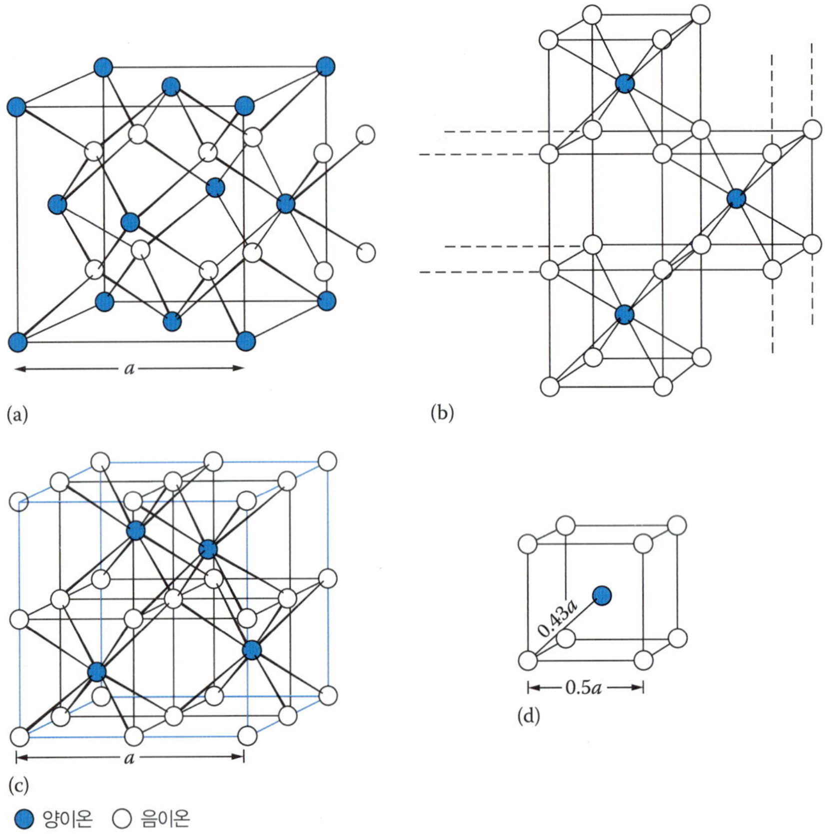

그림 5.3 형석 MX_2의 결정 구조 (a) 양이온의 *ccp* 배열로 도시한 단위 세포, (b, c) 음이온의 단순 입방 배열로 다시 그린 구조: 단위 세포는 (c)에 파란색 윤곽선으로 표시하였다. (d) 단위 세포 크기

5.2.2 결함 농도

결함을 형성하려면 에너지가 필요하다. 즉, 결함 형성은 모두 **흡열 과정(endothermic process)**이다. 따라서 모든 결정 내에 결함이 존재한다는 것이 놀랍게 보일 수도 있다. 에너지가 필요한 과정임에도 불구하고, 결함이 존재하는 원인은 엔트로피가 증가하기 때문이다. 결함의 형성 엔탈피는 엔트로피의 증가로 인하여 균형이 맞춰지며, 평형 상태에서는 아래의 식에서 알 수 있듯이 결함 형성에 의한 결정의 전체 자유 에너지 변화는 0이 된다.

$$\Delta G = \Delta H - T\Delta S$$

열역학적으로 흥미로운 점은, 대칭과 질서정연함을 기반으로 하는 '상식적인' 예상과는 반대로, 결정성 고체가 완벽할 것이라고 기대하지 않는다는 것이다. 즉, 어떤 온도에서도 결정 내에는 평형을 이루는 결함의 농도가 존재한다.

MX 조성의 1:1 결정에서 Schottky 결함의 개수는 아래 식으로 주어진다.

$$n_S \approx N \exp\left(\frac{-\Delta H_S}{2kT}\right) \tag{5.1}$$

여기서 n_S는 온도 $T(K)$에서 단위 부피당 N개의 양이온과 N개의 음이온 자리를 포함하는 결정에서 단위 부피당 존재하는 Schottky 결함의 개수이고, ΔH_S는 한 개의 결함을 형성하는 데 필요한 엔탈피이다. 결함이 없는 완전 결정에서 결함이 형성될 때의 엔트로피 변화를 고려하면, Schottky 결함의 평형 농도에 대한 식을 유도하는 것이 그리 복잡하지는 않다. 엔트로피의 변화는 결함 주변 원자의 기준 진동 방식(normal mode vibration) 진동수의 변화(포논)와 아울러 결함의 배열, 즉 **구성 엔트로피(configuration entropy)**로 설명할 수 있다. 구성 엔트로피의 양은 통계역학적인 방법을 활용하여 추정할 수 있다.

온도 $T(K)$에서 단위 부피당 Schottky 결함의 개수가 n_S라면, 단위 부피당 N개의 양이온 자리와 N개의 음이온 자리를 포함하는 결정에는 n_S개의 양이온 빈자리와 n_S개의 음이온 빈자리가 존재하게 될 것이다. 이러한 계의 엔트로피는 **볼츠만 식(Boltzmann formula)**에 의해 다음과 같이 주어진다.

$$S = k \ln W \tag{5.2}$$

위 식에서 W는 n_S개의 결함을 N개의 가능한 자리에 무작위로 분포시키는 경우의 수이고, k는 볼츠만 상수(1.380662×10^{-23} J K^{-1})이다. 양이온 빈자리에 대한 경우의 수(W_c)는 음이온 빈자리에 대한 경우의 수(W_a)와 같으며, 둘 다 확률론으로 주어지고 다음과 같다.

$$W_c = W_a = \frac{N!}{(N-n_S)!\,n_S!} \tag{5.3}$$

위 식에서 $N!$는 'N의 계승(factorial)'이라고 하며, 이는 $N \times (N-1) \times (N-2) \times (N-3) \ldots \times 1$을 나타내는 수학적인 표기이다.

결함들이 분포되는 총 경우의 수(W)는 W_c와 W_a의 곱으로 주어진다.

$$W = W_c W_a$$

결함이 없는 완전 결정의 경우($n_S = 0$), $W = 1$이고 $S = 0$이 된다. 이로부터 완전 결정의 구성 엔트로피는 0이 됨을 알 수 있다. 완전 결정에 결함이 형성될 때의 구성 엔트로피 변화는 다음과 같다.

$$\Delta S = k \ln W = k \ln \left(\frac{N!}{(N - n_S)! n_S!} \right)^2$$

$$= 2k \ln \left(\frac{N!}{(N - n_S)! n_S!} \right)$$

$N \gg 1$인 경우에 대하여, 아래의 **Stirling 근사식(Stirling approximation)**을 적용하여 위 식을 간단히 표현할 수 있고,

$$\ln N! \approx N \ln N - N$$

이를 정리하면 아래와 같다.

$$\Delta S = 2k \{ N \ln N - (N - n_S) \ln (N - n_S) - n_S \ln n_S \}$$

한 개의 결함 형성에 대한 엔탈피 변화를 ΔH_S라고 하면, n_S개의 결함 형성에 대한 엔탈피 변화는 $n_S \Delta H_S$가 되고, 이때 깁스 자유 에너지 변화량은 다음과 같이 주어진다.

$$\Delta G = n_S \Delta H_S - 2kT \{ N \ln N - (N - n_S) \ln (N - n_S) - n_S \ln n_S \}$$

일정한 온도 T에서, 평형 상태의 계에 대한 깁스 자유 에너지는 결함의 수(n_S)의 변화에 대하여 최솟값을 가져야 하므로 다음과 같다.

$$\left(\frac{\mathrm{d}\Delta G}{\mathrm{d}n_S} \right) = 0$$

따라서

$$\Delta H_S - 2kT \frac{\mathrm{d}}{\mathrm{d}n_S} \left[N \ln N - (N - n_S) \ln (N - n_S) - n_S \ln n_S \right] = 0$$

이며, $N \ln N$은 상수이기 때문에 그 미분 값은 0이 되고, $\ln x$와 $x \ln x$에 대한 미분 함수는 각각 $1/x$와 $(1 + \ln x)$가 된다. 이를 이용하여 위 식을 정리하면 다음과 같다.

$$\Delta H_S - 2kT \left[\ln (N - n_S) + 1 - \ln n_S - 1 \right] = 0$$

따라서 $\Delta H_S = 2kT \ln[(N - n_S)/n_S]$이고, $n_S = (N - n_S)\exp(-\Delta H_S/2kT)$가 된다. $N \gg n_S$일 때 $(N - n_S)$를 N으로 근사할 수 있고, 최종적으로 아래와 같은 식을 얻는다.

$$n_S \approx N \exp\left(\frac{-\Delta H_S}{2kT} \right) \tag{5.1}$$

이 식을 몰 단위로 표현하면 다음과 같다.

$$n_S \approx N \exp\left(\frac{-\Delta H_S}{2RT} \right) \tag{5.4}$$

식 (5.4)에서의 ΔH_S는 Schottky 결함 1몰을 형성하는 데 필요한 엔탈피이며 J mol^{-1}의 단위를 갖는다. R은 일반적인 기체 상수로 8.314 J K mol^{-1}이다.

유사한 방법을 통해 MX 결정에 존재하는 Frenkel 결함의 개수도 다음과 같이 유도할 수 있다.

$$n_F \approx (NN_i)^{1/2} \exp\left(\frac{-\Delta H_F}{2kT}\right) \tag{5.5}$$

여기서 n_F는 단위 부피당 Frenkel 결함의 수이며, N은 격자 자리의 수, N_i는 가능한 틈새 자리의 수이다. ΔH_F는 한 개의 Frenkel 결함이 형성되는 데 필요한 엔탈피이다. ΔH_F를 Frenkel 결함 1몰이 형성되는 데 필요한 엔탈피라고 하면, 식 (5.5)는 다시 다음과 같이 변형된다.

$$n_F \approx (NN_i)^{1/2} \exp\left(\frac{-\Delta H_F}{2RT}\right) \tag{5.6}$$

이러한 유도 과정에서, 격자 진동에 따른 **포논 수정(phonon correction)**을 무시하였다는 점을 주목해야 한다. 빈자리의 존재가 진동수를 낮게 만들어 격자 진동에 필요한 에너지를 감소시키기 때문에, 포논 수정은 n_S와 n_F의 값을 약간 증가시키는 경향이 있다.

지수 함수 형태의 식들로부터 n_S와 n_F가 온도에 매우 의존적이라는 것을 알 수 있다. 또한, 결함의 형성 에너지를 계산할 수 있다. 1장에서 **Coulomb 법칙(Coulomb's law)**, 단거리 상호 작용에 대한 **Buckingham 전위(Buckingham potentials)** 및 **핵-껍질(core-shell)** 모델을 이용하여, 고체의 격자 에너지를 높은 정확도로 계산할 수 있음을 확인하였다. 결함에서는 한 개의 이온이 제거되거나 격자 자리에서 틈새 자리로 이동하는 것을 고려하면서, 격자 에너지에 대한 계산을 반복 수행한다. 결함 주변의 특정한 구형 영역에 있는 이온들은 결함에 의해 그 자리가 변동될 수 있지만, 일정 거리를 초과하면 격자는 영향을 받지 않는다고 가정한다. 결함이 있는 경우와 없는 경우의 격자 에너지 차이를 **결함 에너지(defect energy)**라고 한다.

표 5.1은 다양한 결정에서 Schottky 및 Frenkel 결함에 대한 형성 엔탈피 값을 보여준다. 표 5.1의 결함 형성 엔탈피와 식 5.1을 이용하면, 결정에 존재하는 결함의 개수를 계산할 수 있다. ΔH_S를 중간값인 5×10^{-19} J라고 가정하고 이를 식 5.1에 넣어주면, 300 K에서 빈자리의 비율 n_S/N가 6.12×10^{-27}임을 알 수 있다. 이 비율은 상온에서 Schottky 결함이 얼마나 적은지를 보여 준다. $T = 1000$ K에서의 비율은 1.37×10^{-8}으로 상온에 비해 대략 10^{19}배로 크게 증가하지만, 여전히 1억 개의 자리당 한두

표 5.1 대표적인 화합물에서 나타나는 Schottky 및 Frenkel 결함의 형성 엔탈피

화합물	$\Delta H(10^{-19}\ \mathrm{J})$	$\Delta H(\mathrm{eV})^{a}$
	Schottky 결함	
MgO	10.57	6.60
CaO	9.77	6.10
LiF	3.75	2.34
LiCl	3.40	2.12
LiBr	2.88	1.80
LiI	2.08	1.30
NaCl	3.69	2.30
KCl	3.62	2.26
	Frenkel 결함	
UO_2	5.45	3.40
ZrO_2	6.57	4.10
CaF_2	4.49	2.80
SrF_2	1.12	0.70
AgCl	2.56	1.60
AgBr	1.92	1.20
β-AgI	1.12	0.70

[a]참고문헌에서는 전자 볼트(eV) 값이 종종 사용하기 때문에 비교를 위해 추가하였음: 1 eV = 1.60219×10^{-19} J

개의 빈자리가 있을 뿐이다.

결정에 Schottky 또는 Frenkel 결함 중 어떤 결함이 존재하는지에 대한 여부는 주로 ΔH 값에 의존하며, 낮은 ΔH 값을 갖는 결함이 비교적 우세하다. 두 가지 유형의 결함이 모두 존재하는 결정들도 있다.

결정의 특성, 특히 이온 전도도를 변화시키기 위하여, 결정 내에 더 많은 결함을 도입하려고 할 수 있다. 따라서, 현시점에서는 이를 어떻게 수행할 수 있는지를 고려하는 것이 중요하다.

첫째, 앞의 계산을 통해 온도를 높이면 더 많은 결함이 발생한다는 것을 확인하였다. 이는 결함 형성이 흡열 과정이며, **Le Chatelier 원리(Le Chatelier's principle)**에 의하면 흡열 반응의 온도를 높일 때 생성물(이 경우 결함)의 형성이 유리하다는 이유로도 예측할 수 있다. 둘째, 결함 형성 엔탈피인 ΔH_S 또는 ΔH_F를 감소시킬 수 있다면, 결함의 존재 비율도 증가시킬 수 있을 것이다. 앞에서 식 5.1을 이용하여 수행한 간단한 계산 과정에 더 낮은 ΔH_S 값인 1×10^{-19} J을 대입하여 계산한 결함의 비율을 표 5.2에 수록하였다. 결과를 비교하면, 결함의 비율에 대한 형성 엔탈피 값의 효과

표 5.2 n_S/N 값

T/K	$\Delta H_S = 5 \times 10^{-19}$ J	$\Delta H_S = 1 \times 10^{-19}$ J
300	6.12×10^{-27}	5.72×10^{-6}
1000	1.37×10^{-8}	2.67×10^{-2}

는 매우 크다. 감소된 형성 엔탈피에서는 1000 K에서 100개의 자리마다 무려 3개의 결함이 존재한다. 결정 내에서 ΔH 값이 어떻게 조절될 수 있는지를 파악하기는 어렵지만, 구조의 특성으로 ΔH 값이 보통의 경우보다 낮은 결정 구조를 탐색하여, 이를 활용할 수 있다. 6장에서 자세히 살펴볼 화합물 중 하나인 α-AgI가 이러한 경우에 해당한다. 셋째, 결정 내에 불순물을 선택적으로 도입함으로써 결함의 양을 증가시킬 수도 있다.

5.2.3 외인성 결함

결정 내에 특정한 불순물을 **도핑(doping)**하여 빈자리를 도입할 수 있다. 예를 들어 트랜지스터 및 태양 전지와 같은 반도체 소자를 제조하기 위하여, 순도가 굉장히 높은 실리콘에 미량의 인(P), 비소(As) 및 보론(B)과 같은 불순물을 도핑한다. 이온성 고체의 경우, 도핑된 고체는 전기적으로 중성이어야만 한다. 예를 들어 NaCl 결정에 $CaCl_2$를 첨가하면, 전기적으로 중성을 유지하기 위하여 두 개의 Na^+ 이온은 하나의 Ca^{2+} 이온으로 치환되고, 하나의 양이온 빈자리가 생성된다. 이렇게 생성된 빈자리를 **외인성(extrinsic)**이라고 한다. 중요한 사례 중 하나로 **지르코니아(ZrO_2)**의 외인성 결함을 들 수 있다. 이 구조는 CaO를 도핑하면 안정화되는데, 이때 Ca^{2+} 이온이 격자의 Zr(IV) 원자를 치환하게 된다. 여기서는 산화물 부격자에 음이온 빈자리가 생성되면서 전하 보상이 이루어진다.

5.2.4 결함 명명법

생성된 결함의 전하를 보상하기 위한 하나 이상의 방법이 있음을 언급하였다. 특정한 화합물에 대해 전하를 보상하는 방법은 **Kröger–Vink 표기법(Kröger–Vink notation)**을 사용한 균형 반응식으로 표현될 수 있다. 이 표기법은 결함 종류, 초기 화학종, 격자의 전하 변화 등으로 점결함을 나타낸다. 양전하는「′」로, 음전하는「•」으로 표시한다. 대표적인 점결함의 표기법을 표 5.3에 정리하였다.

표 5.3 대표적인 점결함에 대한 표기법

결함 형태	표기	결함 형태	표기
비금속(X) 자리의 비금속 빈자리	V_X	비금속(X) 자리의 비금속(L)	L_X
금속(M) 자리의 금속 빈자리	V_M	금속(M) 자리에 치환된 금속(A)	A_M
금속 이온(+1 전하) 빈자리	V_M'	비금속 이온(−1 전하) 빈자리	$V_X^{\bullet}$
금속(M^{2+}) 자리에 치환된 금속(A^{4+})	$A_M^{\bullet\bullet}$	비금속(X^{2-}) 자리의 비금속(L^-)	$L_X^{\bullet}$
틈새형 원자, X	X_I	틈새형 음이온 X, −1 전하	X_I'
자유 전자	e'	자유 양전하 정공	$H^{\bullet}$

이 표기법으로 반응식을 표현하면, 도핑되는 이온이 고체의 기존 이온을 치환하는 것인지 또는 틈새 자리를 차지하는 것인지를 예상할 수 있다. 화학 반응식과 마찬가지로 전하와 원자의 수는 반드시 균형을 이루어야 한다. 간단한 예로 알루미늄(Al)이 도핑된 α-Fe_2O_3를 살펴보자. 1장에서 언급한 것처럼, α-Fe_2O_3 구조에서는 산소가 조밀 채움 구조를 이루면서 형성된 팔면체 구멍(octahedral hole)의 2/3를 Fe가 차지하고 있다. 이론상으로 Al은 Fe를 치환하거나, 비어 있는 팔면체 구멍을 차지하는 틈새 Al로 존재할 수 있다. 어떤 경우가 더 유리한지를 계산하기 위하여, Al이 Al_2O_3 형태로 첨가된다고 가정하면, 다음과 같이

$$Al_2O_3(s) + 2Fe_{Fe} = 2Al_{Fe} + \alpha\text{-}Fe_2O_3(s)$$

와

$$Al_2O_3(s) + 2Fe_{Fe} = 2Al_i^{\circ\circ\circ} + 2V_{Fe}''' + \alpha\text{-}Fe_2O_3(s)$$

로 간단한 결함 반응식을 작성할 수 있다. 틈새 원자가 과잉 전하를 유발하는 것에 주목해야 한다. 전하 균형을 맞추기 위하여 격자 자리로부터 Fe^{3+}를 제거할 수도 있지만, Fe^{3+} 일부가 Fe^{2+}로 환원되는 또 다른 가능성도 있다.

타이타늄(Ti)이 도핑된 α-Fe_2O_3의 경우는 Ti가 Ti^{4+} 형태로 도입되기 때문에 좀 더 복잡하다. 이 경우, Ti가 Fe 격자 자리와 틈새 자리를 모두 점유할 수 있고, 결함 반응식은 다음과 같이 표현할 수 있다.

$$3TiO_2(s) + 4Fe_{Fe} = Ti_i^{\circ\circ\circ\circ} + 2V_{Fe}''' + 2Ti_{Fe}^{\bullet} + 2\alpha\text{-}Fe_2O_3(s)$$

5.3 비화학량론적 화합물

이 장의 앞 절에서는 불순물을 첨가하여 완전 결정에 결함을 도입할 수 있음을 살펴보았다. 불순물 첨가로 인해 한 종류 이상의 점결함이 형성되지만, 이 점결함은 더 이상 상호 보완적인 쌍으로 나타나지는 않는다. 이처럼 불순물에 의해 생성되는 결함을 **외인성(extrinsic)**이라고 한다. 또한, 결정에 어떤 결함이 형성되었는지 평가할 때, 결정의 전체 전하가 항상 0이어야 한다는 사실을 기억하는 것이 중요하다.

다양한 소재들, 특히 무기 고체 소재에 대한 정밀한 분석 결과로부터, 많은 화합물 내에서 원자들의 비율이 정수가 아니라는 것을 알 수 있다. 예를 들면, 우라늄 이산화물(uranium dioxide)은 완벽한 UO_2를 예상하지만 $UO_{1.65}$에서 $UO_{2.25}$ 범위의 조성을 가질 수 있다. 다른 많은 사례가 있으며, 이 중 일부를 자세히 설명하고자 한다.

어떤 종류의 화합물이 비화학량론적일 것 같은가? '정상적인' 공유 결합 화합물들은 원자들이 두 개의 전자로 이루어진 전자쌍을 공유하면서 형성된 강한 공유 결합으로 인하여, 고정된 조성을 가질 것으로 예상된다. 보통 이러한 공유 결합을 끊으려면 상당히 높은 에너지가 필요하므로 일반적인 조건에서는 넓은 영역의 조성비를 보이지 않는다. 예를 들면, 거의 모든 유기 화합물은 화학량론적이다. 또한, 이온 결합 화합물들도 이온을 제거하거나 추가하려면 마찬가지로 상당한 양의 에너지가 필요하므로, 대개는 화학량론적이다. 그러나 이온 결합 화합물에 불순물을 도핑하면 이온 결정을 비화학량론적 화합물로 만들 수 있다. 이온 결정이 비화학량론적이 될 수 있는 또 다른 메커니즘도 있다. 만약 이온 결정이 가변적인 원자가를 가진 원소를 포함하고 있다면, 해당 원소의 이온 개수가 바뀌어도 이온의 전하 변화로 전하를 보상받을 수 있고, 전하 균형을 유지할 수 있다. 이로 인해, 화합물의 화학량론을 바꿀 수 있다. 가변적인 원자가를 가진 원소는 대부분의 전이 금속 원소, 란타넘족 원소, 악티늄족 원소 및 무거운 주족 원소들이다.

요약하면, 비화학량론적 화합물은 원자들이 단순한 정수 비율이 아닌 화학식을 가질 수 있으며, 보통 어느 정도의 조성 범위를 보인다. 이러한 비화학량론적 화합물은 화합물에 불순물을 첨가하여 만들 수도 있지만, 가변적인 원자가를 보이는 금속이 존재하기 때문일 수도 있다. 표 5.4에 몇 가지 비화학량론적 화합물과 그 조성 범위를 나열하였다.

더욱 정교한 구조 분석이 가능해지기 전까지는, 화학량론적 결정과 비화학량론적 결정을 포함한 모든 결정의 결함은 점결함이 무작위로 분포되어 있다는 관점으로 해석하였다. 그러나 비화학량론적 화합물에서는, 점결함이 무작위로 흩어져 있는 것이 아니라 어느 정도 규칙적인 방식으로 구조 전체에 분산되어 있다. X-선 회절법은 결정 구조를 분석하는 보편적인 방법이지만, 이 방법은 결정의 평균 구조에 대한 정보만을 제공한다. 그래서 상대적으로 결함이 거의 없는 구조에 대해서는 적절하지만, 비화학량론적이고 결함이 있는 구조에서는 원하는 정보를 정확하게 얻기 어렵다. 이러한 소재의 구조를 분석하려면 국부 구조에 민감한 분석법이 필요하지만, 이러한 분석법은 흔하지 않다. 일반적으로는 다양한 증거들을 종합하여 구조를 설명하는데, X-선 및 중성자 회절법과 밀도 측정, 적용 가능한 분광법, 고분해능 전자 현미경(HREM) 등을 활용하며, FeO의 경우에는 자기(magnetic) 특성 분석이 유용하다는 것도 입증되었다. 최적화된 측정 조건에서는 전자 현미경을 이용하여 원자 수준의 분석도 가능하므로 결함 구조를 명확하게 이해하는 데 크게 기여하고 있다. 2장에서 이러한 분석법들에 대해서 논의하였다.

비화학량론적 화합물들의 경우, 전기적 및 광학적, 자기적, 기계적 특성 등을 원자 구성 성분의 비율 조절을 통하여 개선할 수 있으므로 산업 분야에서 많이 사용되고 있다.

표 5.4 비화학량론적 화합물들의 대략적인 조성 범위

화합물		조성 범위[a]
TiO_x	[≈TiO]	$0.65 < x < 1.25$
	[$≈TiO_2$]	$1.998 < x < 2.000$
VO_x	[≈VO]	$0.79 < x < 1.29$
Mn_xO	[≈MnO]	$0.848 < x < 1.000$
Fe_xO	[FeO]	$0.833 < x < 0.957$
Co_xO	[≈CoO]	$0.988 < x < 1.000$
Ni_xO	[≈NiO]	$0.999 < x < 1.000$
CeO_x	[$≈Ce_2O_3$]	$1.50 < x < 1.52$
ZrO_x	[$≈ZrO_2$]	$1.700 < x < 2.004$
UO_x	[$≈UO_2$]	$1.65 < x < 2.25$
$Li_xV_2O_5$		$0.2 < x < 0.33$
Li_xWO_3		$0 < x < 0.50$
TiS_x	[≈TiS]	$0.971 < x < 1.064$
Nb_xS	[≈NbS]	$0.92 < x < 1.00$
Y_xSe	[≈YSe]	$1.00 < x < 1.33$
V_xTe_2	[$≈VTe_2$]	$1.03 < x < 1.14$

[a] 모든 조성 범위는 온도에 의존하며 제시된 수치는 이래를 돕기 위한 것이다.

5.3.1 뷔스타이트(FeO)와 MO-유형 산화물의 비화학량론

철(II) 산화물은 **뷔스타이트(wüstite, FeO)**로 알려져 있으며, NaCl(암염) 결정 구조를 가진다. 정확한 화학 분석을 통하여 철(II) 산화물이 **철 결핍(iron deficiency)**이 있는 비화학량론적 화합물이라고 밝혀졌다. FeO의 상도표(그림 5.4)를 보면 온도가 높아질수록 뷔스타이트의 조성 범위가 증가하고, 화학량론적 FeO가 안정하게 존재하는 영역이 없다는 것을 알 수 있다. 570°C 이하에서 뷔스타이트는 불균등화 반응(disproportionation)을 통하여 α-Fe와 Fe_3O_4로 분해된다.

결함 구조에 철 결핍이 나타날 수 있는 두 가지 방식을 살펴보자. 하나는 화학식 $Fe_{1-x}O$로 표현할 수 있는 **철 빈자리(iron vacancy)**이다. 다른 하나는 틈새 자리에 과잉 산소가 존재하는 FeO_{1+x} 형태이다. 두 가지 경우 중 어떤 것인지를 구별하려면 결정의 이론 밀도와 측정 밀도를 비교하면 된다. 결정의 밀도를 측정하는 가장 쉬운 방법은 **부유법(flotation method)**이다. 결정이 부유하지도 가라앉지도 않는 현탁 용액이

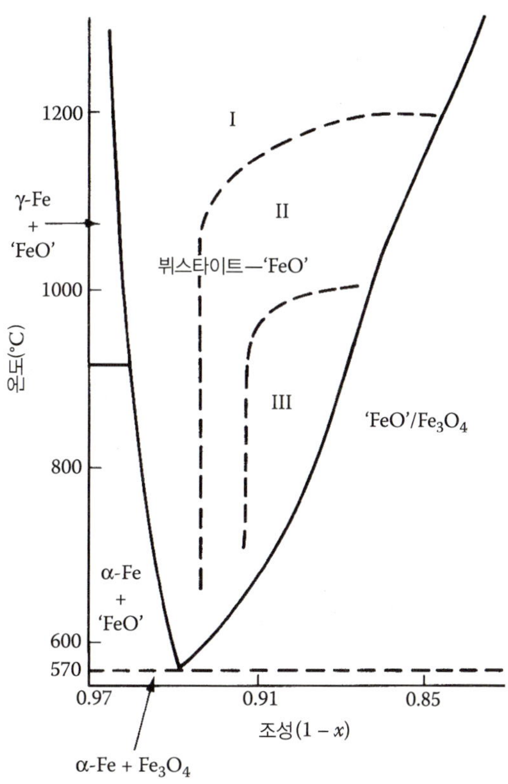

그림 5.4 FeO 계의 상도표. I 및 II, III는 모두 뷔스타이트 영역이다.

될 때까지 서로 다른 밀도의 액체(서로 용해됨)를 섞어서 혼합 용액을 만들어 준다. 이때 혼합 용액의 밀도가 결정의 밀도와 같으므로 혼합 용액의 부피와 질량을 정확하게 측정하면 결정의 밀도를 결정할 수 있다.

결정의 이론 밀도는 단위 세포의 부피와 단위 세포에 포함된 원자들의 총질량으로부터 구한다. 단위 세포의 크기 및 단위 세포에 있는 화학식 단위의 형태와 개수는 X-선 회절법을 이용한 구조 분석을 통하여 정확하게 결정할 수 있다. FeO에 대하여 이러한 방식으로 계산한 예는 아래와 같다.

> 어떤 FeO 결정의 단위 세포 크기가 430.1 pm이고, 측정 밀도는 5.728×10^3 kg m^{-3}이며, 산소 대비 철의 비율은 0.945임을 알았다. 따라서, 단위 세포의 부피(입방체라고 가정하면)는 $(430.1\ \text{pm})^3 = 7.956 \times 10^7 (\text{pm})^3 = 7.956 \times 10^{-29}\ \text{m}^3$이다.

암염 구조의 완벽한 단위 세포 내에는 FeO 화학식 단위가 네 개 존재한다. 이 네 개의 FeO 단위의 질량은 상대 원자 질량으로부터 계산할 수 있다(Fe, 55.85 및 O, 16.00). 1몰의 FeO 질량은 $(55.85 + 16.00)\ \text{g} = 0.07185\ \text{kg}$이고, 4몰의 질량은 (4×0.07185) kg이 된다. 네 개의 화학식 단위의 질량은 $(4 \times 0.07185)/N_A$ kg이 되며, 이때 N_A는 아보가드로 수 6.022×10^{23}이다. 따라서 완벽한 단위 세포의 이론 밀도는 $4.773 \times 10^{-25}\ \text{kg}/7.956 \times 10^{-29}\ \text{m}^3 = 6.000 \times 10^3\ \text{kg m}^{-3}$임을 알 수 있다.

위에서 고려하고 있는 시료의 Fe/O 비율은 0.945이다. FeO 시료가 철 빈자리를 가진다는 첫 번째 경우로 가정하면, 단위 세포는 $(4 \times 0.945) = 3.78$, 즉 3.78개의 Fe와 4개의 O를 포함한다. 이에 대한 질량은 $[(3.78 \times 55.85) + (4 \times 16.00)] / (N_A \times 10^3)$ kg이며, 단위 세포의 부피로 나누면 $5.742 \times 10^3\ \text{kg m}^{-3}$의 이론 밀도를 얻을 수 있다. 이러한 경우가 아니라, FeO 시료에 틈새 산소가 있다면, 철 대비 산소 비율이 $1/0.945 = 1.058$이 된다. 이 경우 단위 세포는 4개의 Fe와 $(4 \times 1.058) = 4.232$, 즉 4.232개의 O를 포함한다. 이 단위 세포의 질량은 $[(4 \times 55.85) + (4.232 \times 16.00)]/(N_A \times 10^3)$ kg로 계산되고, 이론 밀도는 $6.076 \times 10^3\ \text{kg m}^{-3}$가 된다. 두 가지 계산 과정으로부터 얻은 각각의 이론 밀도를 실험적으로 측정된 밀도인 $5.728 \times 10^3\ \text{kg m}^{-3}$와 비교하면, 이 시료는 철 빈자리를 포함한다고 명확하게 알 수 있고, 화학식은 $Fe_{0.945}O$로 표기되어야 한다. 조성 비율에 따른 FeO의 밀도들은 표 5.5에 있다.

대부분의 비화학량론적 화합물이 보이는 특징은 조성에 따라 단위 세포 크기는 조금씩 변하지만, 대칭성은 바뀌지 않는다는 것이다. 이를 **Vegard 법칙**(**Vegard's law**)이라고 한다.

표 5.5 FeO에 대한 실험 밀도 및 이론 밀도(10^3 kg m^{-3})

O:Fe 비율	Fe:O 비율	격자 상수 (pm)	측정 밀도	이론 밀도	
				틈새형 O	Fe 빈자리
1.058	0.945	430.1	5.728	6.076	5.742
1.075	0.930	429.2	5.658	6.136	5.706
1.087	0.920	428.5	5.624	6.181	5.687
1.099	0.910	428.2	5.613	6.210	5.652

요약하면, 비화학량론적 화합물은 어느 정도의 조성 범위를 가지며, 이 범위 내에서는 대칭성의 변동 없이 단위 세포의 길이만 조금씩 변하게 된다. 비화학량론적 화합물이 빈자리로부터 또는 틈새 결함으로부터 기인하는지는 밀도 측정으로 결정할 수 있다.

지금까지 FeO에서의 결함을 구조적 측면에서 논의하였다. 이제부터는 결정의 전하 균형 관점에서 살펴보도록 하자. 원론적으로, 철 결핍에 대한 전하 보상은 일부 Fe(II)가 산화되거나, 일부 산소 음이온이 환원되면서 이루어질 수 있다. Fe(II)의 산화가 에너지적으로 더 유리하다. 하나의 Fe^{2+} 빈자리에 대하여, 두 개의 Fe^{2+} 양이온이 Fe^{3+}로 산화되어야 한다. 거의 모든 경우에서 결함 생성은 양이온 산화 상태의 변화를 포함한다. 간단한 화합물에서 과잉 금속이 있는 경우에는, 그 이웃 양이온이 환원될 것으로 보통 예상할 수 있다.

다음 절에서는 간단한 산화물들의 몇 가지 일반적인 비화학량론에 대하여 다룰 예정인데, 그 전에 FeO의 자세한 구조를 살펴보면서 이에 대한 논의를 마무리하고자 한다.

FeO는 팔면체 자리에 Fe^{2+} 이온이 있는 NaCl 구조이다. 철 결핍은 양이온 빈자리로 나타나며, Fe^{2+} 이온의 빈자리마다 이에 대한 전자 보상을 위하여 두 개의 인접한 Fe^{3+} 이온이 존재하고, 이러한 현상은 Mössbauer 분광법으로 확인된다. 암염 구조를 유지하려면 Fe^{2+}, Fe^{3+}, 양이온 빈자리는 입방 조밀 채움(*ccp*)으로 배열된 O^{2-}의 팔면체 자리에 전반적으로 분산되어야 한다. 그러나 Fe^{3+}는 고스핀 d^5 이온으로, 팔면체 또는 사면체 자리에 대하여 결정장 안정화 효과가 없으므로 선호하는 자리가 없다. 구조 분석(X-선, 중성자 및 자기 특성)을 통해 일부의 Fe^{3+} 이온이 사면체 자리를 점유하는 것이 밝혀졌다. 만약 이처럼 Fe^{3+} 이온이 사면체 자리를 점유한다면, 바로 이웃하고 있는 네 개의 Fe^{2+} 팔면체 자리는 너무 가까워서 동시에 점유될 수 없으므로 빈자리로 남게 되는데, 이러한 유형의 결함은 x 값이 낮을 때 발견된다. 높은 x 값에서는 결정 전체에 분포하는 다양한 유형의 **결함 뭉치(defect cluster)**들이 구조에 포함된다. 결함 뭉치는 결정에서 결함들이 정렬된 구조를 갖는 일부 영역을 의미한다. 한 가지 가능한 예는 **Koch−Cohen 뭉치(Koch−Cohen cluster)**로 알려져 있다(그림 5.5). 그림 5.5에서 보면, 중앙에 표준 NaCl-유형의 단위 세포가 있는데, 네 개의 틈새 사배위 Fe^{3+} 이온이 사면체 구멍에 위치하고, 이와 바로 이웃하는 13개의 Fe^{2+} 팔면체 자리는 비어 있다. 이 중앙 단위 세포를 둘러싸고 있는 뭉치의 다른 팔면체 철 자리는 Fe^{2+} 또는 Fe^{3+} 이온으로 채워진다. 따라서, 이 자리를 간단하게 Fe_{oct}로 명명한다. 그림 5.5에서는 중앙 부분을 더 잘 볼 수 있도록 앞뒷면을 잘라내었다.

그림 5.5에 있는 뭉치의 조성을 좀 더 자세히 살펴보는 것이 유익하다. 이와 같은 뭉치의 조성은 보통 사면체 구멍에 있는 틈새 Fe^{3+} 이온 대비 양이온 빈자리의 비율로 나타내며, 여기서는 13:4가 된다. 그림 5.5에서 표시되지 않은 앞뒷면까지 고려한 완전한 뭉치는 8개의 NaCl-유형의 단위 세포를 포함하고, 따라서 32개의 산소 음이온이 존재한다. 또한, 결함이 없고 화학량론적이라면 32개의 Fe^{2+} 양이온이 팔면체 자리에 있어야 한다. 여기서 13개의 팔면체 빈자리를 고려하면, 19개의 Fe_{oct} 이온과 4개의 틈새 Fe_{tet}^{3+} 이온을 포함하여 총 23개의 철 양이온이 존재해야만 한다. 따라서 이 뭉치의 전체 화학식은 $Fe_{23}O_{32}$로 거의 Fe_3O_4에 가깝다. 이 구조는 철의 산화 상태가 다음으로 높은 산화물인 Fe_3O_4의 구조와 매우 유사해진다.

뭉치의 원자 조성을 결정하였으므로 이제 이 뭉치의 전하에 대해 살펴보자. 32개의 산소 음이온이 있으므로, 전하 균형을 맞추기 위해 Fe 양이온들은 총 64개의 양전

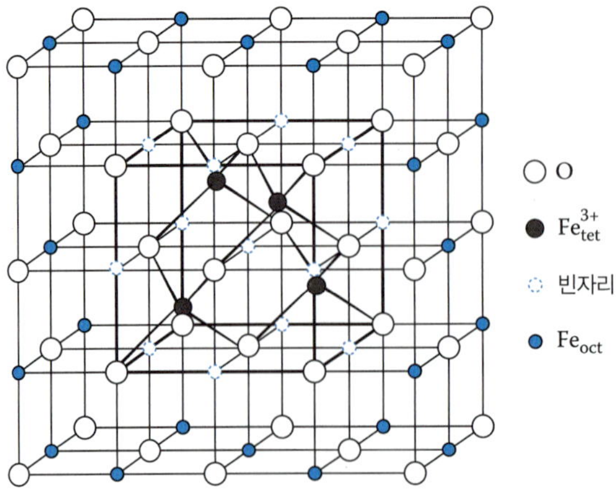

그림 5.5 명확하게 볼 수 있도록 앞뒷면을 잘라낸 Koch−Cohen 뭉치. 사면체 배위 자리에 있는 네 개의 Fe^{3+} 이온들은 크게 강조되어 있다.

하를 가져야만 한다. 사면체 자리에 있는 네 개의 Fe^{3+} 이온으로 12개의 양전하를 맞출 수 있고, 나머지 52개의 양전하는 19개의 Fe_{oct} 양이온을 이용하여 계산할 수 있는데, 직관적으로 계산되지는 않는다. 팔면체 자리에 xFe^{2+} 이온과 yFe^{3+} 이온이 있다고 가정하면,

$$x + y = 19$$

이며, Fe^{2+}와 Fe^{3+}의 총 전하는 52가 되어야 하므로,

$$2x + 3y = 52$$

의 두 연립 방정식을 얻게 된다. 이를 풀면 $y = 14$, $x = 5$이다. 따라서 그림 5.5의 중앙 부분에 굵게 그려진 단위 세포 주변의 팔면체 자리(Fe_{oct})에는 5개의 Fe^{2+} 이온과 14개의 Fe^{3+} 이온이 점유하게 된다. 이러한 뭉치를 FeO 전체 구조에 적용하면 비화학량론적 구조가 만들어진다. 화합물의 정확한 화학식($Fe_{1-x}O$의 x 값)은 무작위로 적용된 뭉치들 사이의 평균적으로 분리된 정도에 의존할 것이다. 중성자 산란 실험으로부터, 결함의 농도가 증가할수록 낮은 대칭성을 갖는 단위 세포들이 규칙적으로 반복된 형태로 뭉치들이 정렬된다는 것을 알 수 있다. 이러한 새로운 구조를 원래 구조의 **초구조(superstructure)** 또는 **초격자(superlattice)**라고 한다. 전체 구조가 이 결함 뭉치로만 구성되는 산소 과잉 한계에서는, 원래 결함 뭉치의 구조에 기반한 $Fe_{23}O_{32}$ 화학식을 갖는 정렬된 구조가 새롭게 형성될 것이다.

망가니즈 및 코발트, 니켈 산화물(MnO 및 CoO, NiO)은 FeO와 유사한 구조를 갖는다. ZnO는 **섬유아연석(würtzite)** 결정 구조로, 육방 조밀 채움 구조로 배열된 산소 음이온의 사면체 자리 절반을 Zn^{2+} 이온이 점유하고 있다. ZnO는 자외선(340~400 nm의 UVA 영역)을 흡수하므로 자외선 차단제와 화장품에 널리 사용되고 있다. ZnO를 800℃로 가열하면, 산소가 손실되면서 산소 음이온 빈자리를 갖는 비화학량론적 화합물인 $Zn_{1+x}O$가 만들어진다. 이때 전하 균형을 맞추기 위하여, Zn^{2+} 이온은 틈새자리로 이동하고 Zn^{+} 이온 또는 Zn 원자로 환원된다. 산소 음이온 빈자리의 형성으로 **띠간격(band gap)** 내에 에너지 준위들이 생성되므로 띠간격을 효과적으로 낮출 수 있다. 이러한 산화물은 가시광선을 흡수할 수 있고, 이로 인해 고온에서 노란색을 띠게 된다.

5.3.2 우라늄 이산화물

1127℃ 이상에서, 산소 과잉의 비화학량론적 UO_2 단일상이 UO_{2+x}의 화학식으로 발견되며, UO_2와 $UO_{2.25}$ 사이의 조성 범위를 갖는다. 양이온 빈자리로 인해 금속 결핍 산화물이 되는 FeO와는 다르게, 우라늄 이산화물에서는 금속 결핍이 틈새 음이온에 의해 발현된다.

$UO_{2.25}$는 저온에서 특성이 잘 알려진 우라늄 산화물 U_4O_9에 해당한다. UO_2는 형석(fluorite) 구조를 가진다. 이 단위 세포는 그림 5.6a에 나타내었는데, 네 개의 UO_2 화학식 단위를 포함한다(단위 세포 내에 네 개의 우라늄 이온이 있으며, 산소 음이온은 꼭지점에 $\left[8\times\frac{1}{8}\right]=1$개, 면심에 $\left[6\times\frac{1}{2}\right]=3$개, 모서리에 $\left[12\times\frac{1}{4}\right]=3$개, 체심에 1개로 총 8개가 있음).

UO_2에 산소를 더 추가하면, 이 과잉 산소 음이온은 틈새 자리를 점유한다. 이때 금속 원자가 없는 팔배위 입방체 중심(비어있는 팔면체 구멍)이 가장 확실한 가능성 있는 틈새 자리이다. 그러나 이 자리는 비좁을 뿐만 아니라, 같은 전하를 지닌 여덟

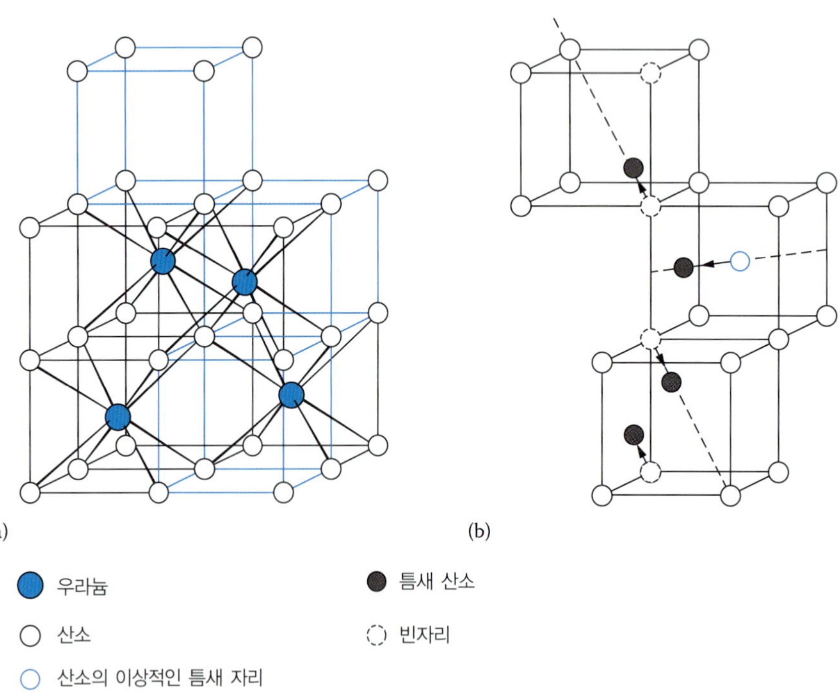

그림 5.6 (a) UO_2의 형석 구조, (b) UO_{2+x} 구조에 있는 틈새 결함 뭉치. 우라늄은 입방체 중심에 하나 걸러 위치한다(나타내지 않았음).

개의 이온으로 둘러싸여 있으므로 과잉 산소 음이온에 이상적이지 않다. 중성자 회절 결과에 의하면, 틈새 산소 음이온은 이 팔배위 입방체의 정확한 중심에 위치하지 않고, 옆으로 이동하여 위치한다고 알려져 있다. 이로 인해 다른 두 개의 산소 음이온이 원래의 격자 자리에서 소폭 이동하게 되며, 따라서 두 개의 빈 격자 자리가 생긴다. 그림 5.6b에 세 개의 비어있는 입방체에 한 개의 추가적인 틈새 산소 음이온 및 두 개의 이동된 산소 음이온, 이로 인해 형성된 빈자리가 표시되어 있다. 이 결함 뭉치를 두 개의 빈자리 및 한 개의 틈새 산소 음이온(O′), 두 개의 이동된 산소 음이온(O″)으로 간주할 수 있으며, 2:1:2 **Willis 뭉치(Willis cluster)**라고 부른다. '이상적인' 자리로부터 이온들이 이동하는 것을 작은 화살표로 나타내었다. 틈새 산소 음이온(O′)은 팔면체 입방체 중심으로부터 입방체의 한 면(*110* 방향)으로 이동하는 반면에, 격자 자리에 있던 산소 음이온(O″)은 입방체의 입체 대각선 방향(*111* 방향)으로 이동하는 것을 볼 수 있다. 이러한 결함 뭉치에 의해 변경된 형석 구조의 단위 세포(그림 5.6a)는 U_4O_9의 원자 조성을 보이며, 추가된 산소는 그림 5.6b의 중앙 팔면체 입방체에 있는 새로운 틈새 산소 음이온 하나뿐이다. 보다 일반적으로 발견되는 결함 뭉치에는 두 개의 빈자리 및 두 개의 틈새 산소 음이온(O′), 두 개의 틈새 산소 음이온(O″)들이 있고, 2:2:2 Willis 뭉치가 된다(여기서는 나타내지 않음). 비화학량론적 UO_{2+x} 중 산소 과잉 한계 화합물인 $UO_{2.25}$에서는 결함 뭉치들이 구조 전체에 걸쳐 정렬되어 있으며, 이 구조는 형석 단위 세포 4×4×4에 기반한 아주 큰 단위 세포로 이루어져 있다(하나의 형석 단위 세포보다 64배 큰 부피를 가진다). 따라서 UO_{2+x}는 U_4O_9의 **미세 영역(microdomain)**이 UO_2 구조 내에 분포된 것으로 생각할 수 있다. 과잉의 틈새 산소 음이온에 대한 전하 보상은 대부분 이웃한 U(IV) 원자가 U(V) 또는 U(VI)로 산화되면서 이루어질 것이다.

5.3.3 타이타늄 일산화물 구조

타이타늄과 산소는 화학량론적인 1:1 값($TiO_{1.00}$)을 중심으로 $TiO_{0.65}$~$TiO_{1.25}$의 조성 범위 내에 존재하는 비화학량론적 상들을 형성한다. 이 중 위쪽 조성 범위인 $TiO_{1.00}$에서 $TiO_{1.25}$ 사이에서의 상황을 살펴보고자 한다.

화학량론적 $TiO_{1.00}$ 조성의 결정 구조는 타이타늄 금속과 산소 부격자 모두에서 빈자리가 있는 NaCl-유형의 구조로 생각될 수 있으며, 타이타늄의 1/6과 산소의 1/6에 해당하는 빈자리가 존재한다. 이러한 빈자리들은 900℃ 이상에서 무작위로 분포되지

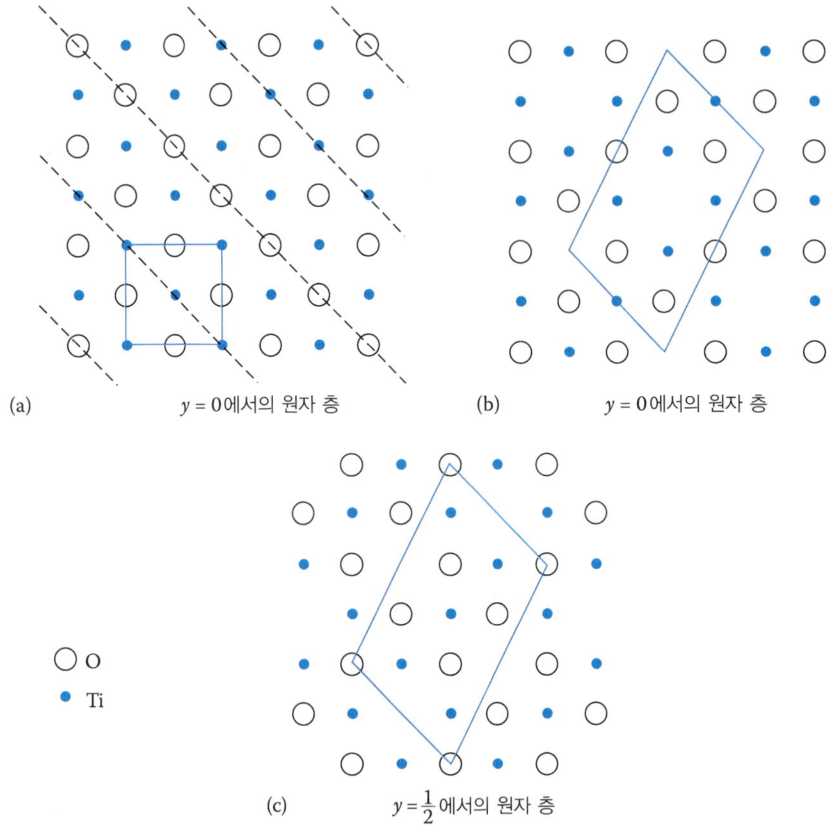

그림 5.7 그림 1.31의 수직면에 대해 평행인 원자 층들 (a) 그림 1.31에서 보여준 NaCl-유형의 가상적인 TiO 구조; 매 세 번째 수직 대각면을 점선으로 나타내었음. (b) TiO에서 관찰되는 동일한 원자 층; (a)에 표기한 대각선을 따라 한 개 건너 하나씩의 원자가 제거되어 있음. (c) (b)에 있는 면의 바로 아래 원자 층; (a)에 표시된 교차선과 같이 면에 의해 형성된 절단선을 따라 한 개 건너 하나씩의 원자가 제거되어 있음. (b)와 (c)에 단사 정계 단위 세포의 단면이 표시되어 있음.

만, 이 온도 이하에서는 그림 5.7에서 볼 수 있는 것처럼 정렬된 구조를 갖는다.

그림 5.7a에서 NaCl-유형의 구조에 대한 원자 배열의 한 층을 볼 수 있다. 매 세 번째 수직 대각면을 점선으로 표시하였다. $TiO_{1.00}$ 구조에서는 이 점선을 따라 하나 걸러 하나씩 타이타늄 원자가 없다(그림 5.7b). 이 두 그림을 y-축을 따라서 구조를 바라본다고 가정하면, 이 층은 단위 세포의 맨 위에 있는 면이며, $y=0$ 또는 1로 나타낼 수 있다. 따라서 이 층 바로 아래에 있는 평행한 면은 $y=\frac{1}{2}$에 해당하는 단위 세포의 중앙에 있는 수평면이 될 것이다. 그림 5.7c에 이 층을 나타내고 있으며, 여기서도 매 세 번째 대각면을 따라 하나 걸러 하나씩의 원자가 비어 있음을 알 수 있다. 이는 구조 전체에 적용된다. 그림 5.7에서 완벽한 NaCl-유형의 구조에 대한 단위 세

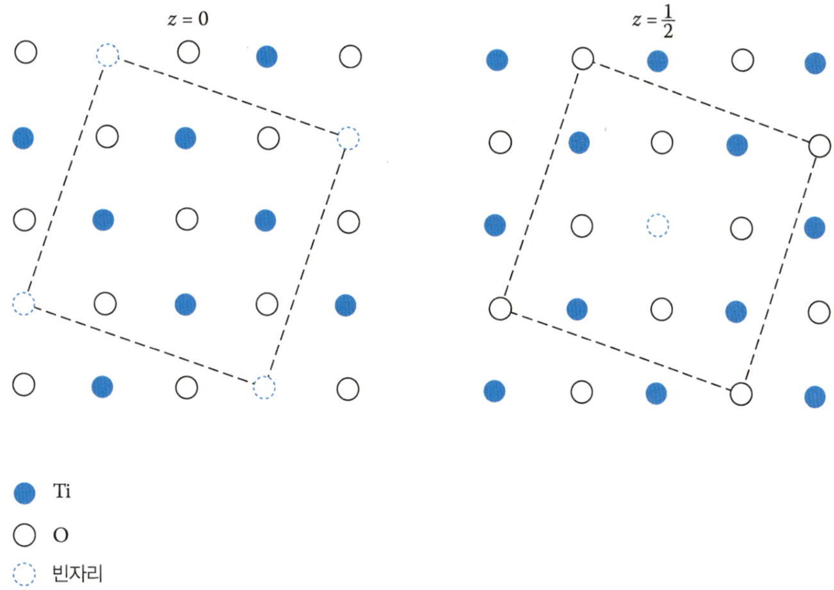

그림 5.8 산소와 타이타늄의 자리를 모두 보여주는 $TiO_{1.25}$의 구조

포를 (a)에 나타냈으며, 정렬된 결함을 고려한 새로운 단위 세포의 경계는 (b)와 (c)에 나타내었다. 이 초격자의 새로운 단위 세포는 *xz* 평면의 각도(β)가 90°가 아니기 때문에 단사(monoclinic) 구조이다(1장 참조). 이 구조는 화학량론적으로 보이지만, 실제로는 음이온과 양이온 부격자 모두에 결함 빈자리가 포함되어 있다는 점에서 특이하다.

4장에서 언급한 바와 같이, 전이 금속 일산화물로서는 드물게 $TiO_{1.00}$은 금속과 같은 전도성을 보여 준다. 이는 TiO 구조 내에 존재하는 빈자리들이 격자의 충분한 수축을 허용하여 타이타늄의 3*d* 궤도들이 중첩되고, 그 결과 전도띠가 넓어져 전자 전도가 가능해지는 것으로 생각된다.

타이타늄 일산화물의 구조가 한계 화학식인 $TiO_{1.25}$인 경우, 여전히 NaCl 구조에 기반하지만, 모든 산소가 존재하면서 다섯 개의 타이타늄 중 한 개가 없는, 다른 형태의 결함 구조를 갖는다(그림 5.8). 타이타늄 빈자리의 형태는 그림 5.9에 도시되어 있는데, 그림 5.8과 같은 층을 보여 주지만 산소들은 생략되어 있다. 타이타늄 원자를 통과하는 선을 그리면 매 다섯 개 중 하나씩 비어 있는 것을 알 수 있다. 이 결함들이 정렬되어 다시 초격자를 형성한다. 여기에서 논의하는 $TiO_{1.00}$과 $TiO_{1.25}$ 사이의 화학식을 가진 타이타늄 산화물의 구조는 $TiO_{1.00}$과 $TiO_{1.25}$ 구조들이 상호 성장(intergrowth)된 부분들로 이루어지는 것처럼 생각할 수 있다. 교재들은 대부분 $TiO_{1.25}$를 이 구조

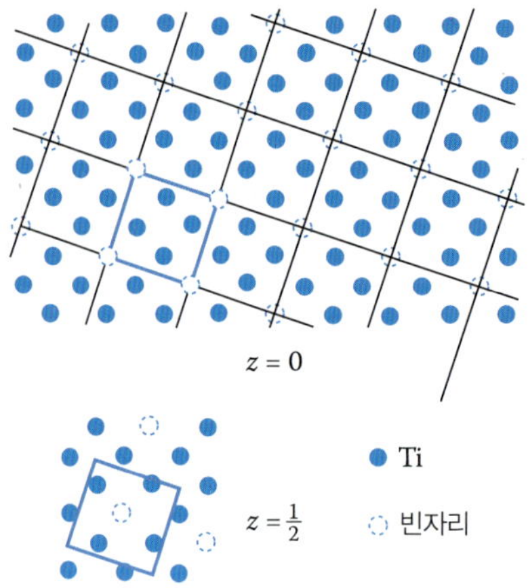

그림 5.9 $TiO_{1.25}$의 구조에 있는 연속적인 Ti 층들

로 기술하고 있지만, 이전에 'FeO'를 논의할 때 사용했던 정의에 기초하여, 틈새 산소보다는 타이타늄 빈자리를 포함하는 구조를 의미하는 $Ti_{0.8}(Ti_{1-x}O)$로 표현하는 것이 더 올바르다.

5.4 확장된 결함

이 장의 서론에서 결정들은 보통 점결함뿐만이 아니라 **확장된 결함(extended defect)**도 포함하고 있다고 언급하였다. 그중 가장 단순한 선결함 또는 **선형 결함(linear defect)**은 **모서리 어긋남(edge dislocation)**으로, 결정 격자를 통과하는 선에 위치한 원자들이 잘못된 배열을 하고, 이때 결정 구조 전반에 걸쳐 부분적으로 추가적인 원자 평면이 생성되어 구조가 뒤틀리는 것을 말한다(그림 5.10a). 또 다른 선형 결함으로는 결정에 스트레스가 가해질 때 일어나는 **나선형 어긋남(screw dislocation)**이 있으며, 원자들의 어긋남은 가해지는 스트레스에 수직이다(그림 5.10b). 결정화 과정에서 결정 표면에 도입되는 새로운 물질은 이미 형성된 모서리에 우선하여 결합하고, 이때 원자 평면은 하나의 나선형 표면을 형성한다(그림 5.11). 이러한 결함은 약간 과포화된 용액에서 결정이 형성되는 데 중요하다고 제안되었다. 선형 어긋남은 원자들이 가장 밀집된 평면을 따라서 일어나는 것으로, 원자 평면들이 서로 더 쉽게 미끄러질 수 있게 하므로 결정의 강도를 매우 약화한다. 그러나 선형 어긋남은 화학적 활성이 증가한 자리이므로 촉매의 활성을 향상시키는 데 매우 중요한 것으로 알

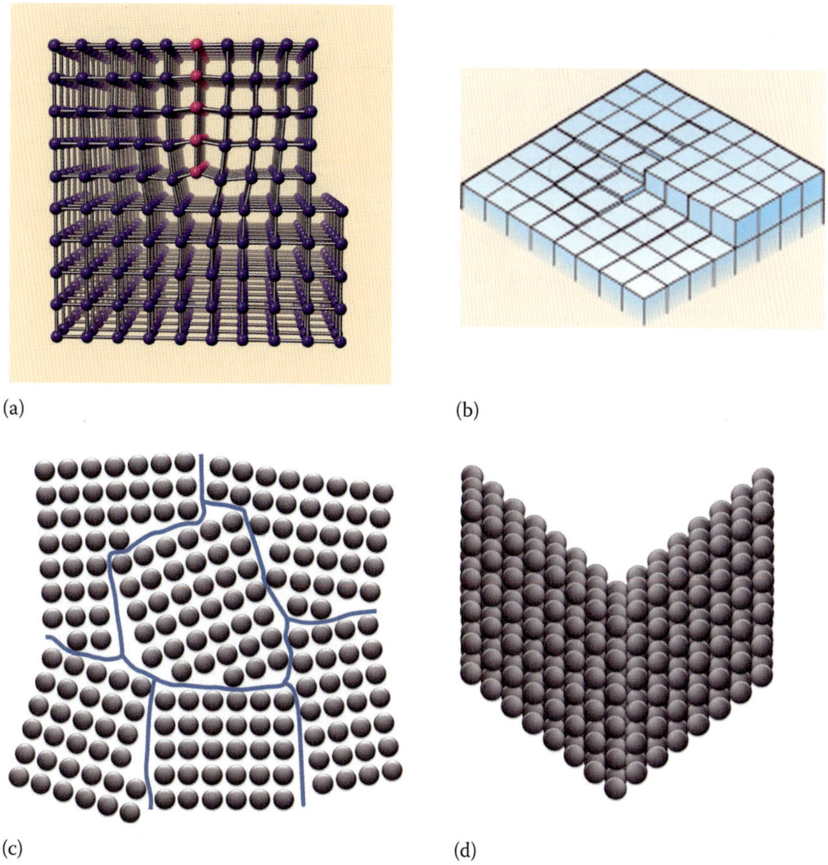

그림 5.10 (a) 모서리 어긋남(Image generated using CrystalMater X, http://crystalmaker.com. With permission), (b) 나선형 어긋남(Copyright The Open University), (c) 결정 경계, (d) 결정 쌍정

려져 있다.

평면 결함(planar defect)에는 다양한 형태들이 있는데, 예를 들면 **결정 경계(grain boundary)** 및 **쌓임 결함(stacking defect)**, 결정 전반에 걸쳐 서로 거울상인 단위 세포를 포함하는 **화학 쌍정(chemical twinning)** 등이 있다.

다중 결정(polycrystalline) 소재는 서로 무작위로 배향된 작은 미소 결정(crystallite)으로 구성된다. 각각의 미소 결정이 분리되는 표면을 결정 경계라고 한다(그림 5.10c). 결정 경계는 어긋남의 이동을 저해하므로, 보통 다중 결정 금속의 강도는 단결정보다 더 강한 경향이 있다. 금속의 강도를 더 높이기 위해, 틈새 원자 및 결정 경계를 '핀(pin)' 어긋남이 있는 위치에 의도적으로 도입하기도 한다. 결정 크기는 수 마이크로미터에서 수 밀리미터까지 매우 광범위하다. 강철에서 보듯이 금속 합금은 보통 **주인 금속(host metal)**보다 강도가 높은데, 구조에 도입되는 '외부' 원자들이 결정

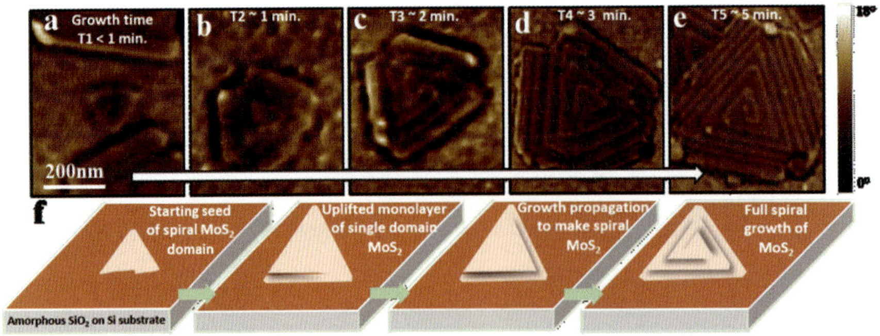

그림 5.11 나사형 어긋남에 의해 유도된 나선형 MoS_2 조각의 성장. (a–e) 성장 시간에 따른 AFM 사진(크기에 대한 표시는 모든 사진에 같이 적용됨). (f) 나선형 어긋남을 이용하여 성장 형성을 설명하는 도식도. 각 단계에서의 대략적인 성장 시간: (a–b) ≤ 1 분, (c) ~2분, (d–e) ~5분 (Reprinted with permission from Kumar, P., and Viswanath, B. (2016). *Effect of Sulfur Evaporation Rate on Screw Dislocation Driven Growth of MoS2 with High Atomic Step Density. Cryst. Growth Des.*, 2016, 7145–7154. Copyright 2016 American Chemical Society.)

경계 근처에 모이는 경향으로 인해 추가적인 어긋남의 이동을 저해하기 때문이다. 결정과 함께 **역위상 영역(antiphase domain)**이 형성될 수도 있는데, 이 영역은 주변 구조와 비교하여 역상의 구조를 갖는다. 역위상 경계에서 경계의 각 부분은 반대의 상을 갖는데, 예를 들어 입방 조밀 채움(*ccp*, 1장 참조) 구조를 보면, 역위상 경계에서의 배열은 ABCAB**CC**BACBA....가 될 것이다.

결정에서 하나 또는 두 개의 평면이 과잉으로 존재하거나 빠져 있을 때, 쌓임 결함이 발생한다. 이러한 현상은 조밀 채움 구조에서 매우 쉽게 일어난다. ABCABCABC의 입방 조밀 채움 구조를 생각해 보자. 하나의 평면이 빠지는 내재 결함이 있다고 하면, ABC**AC**ABCABC...와 같은 쌓임 순서에 결함이 생길 수 있다. 유사하게, *ccp* 구조에서 하나의 평면이 추가로 끼어든다면, ABCA**BA**CABCA...의 순서가 될 수 있고, 이는 외인성 결함이다.

여러 층에 걸쳐 발생하는 쌓임 결함은 결정 내에 쌍정을 유발할 수 있다. 이 쌍정 결정에서는 두 결정이 원자로 이루어진 하나의 공통 평면에서 만나며, 보통 서로 거울상이 된다(그림 5.10d).

삼차원 결함은 구조 내에서 원자들이 전혀 존재하지 않는 작은 공간 또는 **석출물(precipitate)**이라고 하는 다른 상들의 작은 영역들로 인해 발생한다.

위에서 언급한 결함들은 인장 강도 및 연성과 같은 물리적 특성에 영향을 미치기 때문에, 소재에 관한 연구에서 매우 중요하다. 그러나 화합물의 화학적 특성과 결정학적 구조에 특히 영향을 미치는 다음과 같은 또 다른 평면 결함들도 있다.

- **결정학적 엇갈림(crystallographic shear, CS) 평면**: 산소 빈자리가 결정 내에 퍼져 있는 평면에 효과적으로 함께 모임
- **상호 성장(intergrowth) 구조**: 결정 전반에 걸쳐 차이는 있지만, 관련이 있는 두 가지 구조들이 번갈아 나타남

5.4.1 결정학적 엇갈림 평면

비화학량론적 화합물은 높은 산화수를 갖는 텅스텐 및 몰리브데넘, 타이타늄의 산화물들(WO_{3-x}, MoO_{3-x} 및 TiO_{2-x})에서 발견된다. 이들 화합물에서 점결함의 존재에 대한 반응은 위에서 논의한 것들과 완전히 다르고, 실제로는 **결정학적 엇갈림(crystallographic shear, CS)**이라고 하는 과정에 의해 이 점결함이 제거된다.

이러한 계열에는 매우 유사한 화학식과 구조를 갖는, 밀접하게 연관된 일련의 화

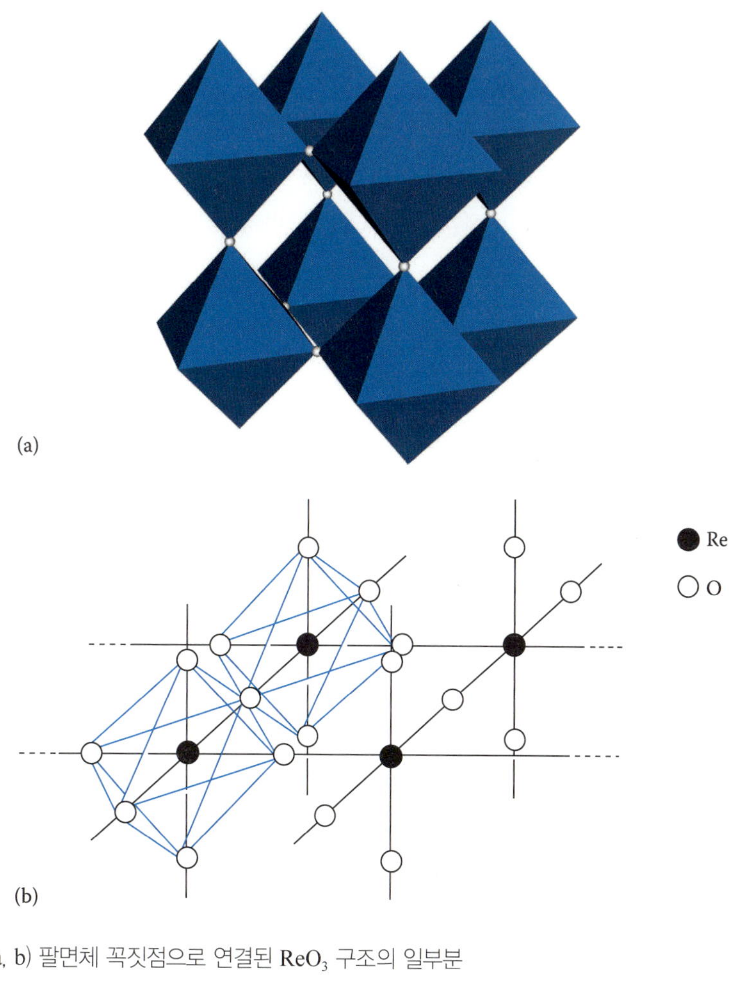

그림 5.12 (a, b) 팔면체 꼭짓점으로 연결된 ReO_3 구조의 일부분

합물들이 존재한다. 이 화합물들은 모두 일반적인 화학식을 따르는데, 몰리브데넘 및 텅스텐 산화물은 Mo_nO_{3n-1}, Mo_nO_{3n-2}, W_nO_{3n-1} 및 W_nO_{3n-2}로, 타이타늄 산화물은 Ti_nO_{2n-1}로 각각 표기할 수 있다. 여기서 n은 4 이상의 값을 가지며 유동적이다. 이 일련의 산화물들을 **동족 계열(homologous series)**이라고 한다(유기화학에서의 알케인과 유사하게). 몰리브데넘 삼산화물 계열의 처음 일곱 개 화합물은 Mo_4O_{11}, Mo_5O_{14}, Mo_6O_{17}, Mo_7O_{20}, Mo_8O_{23}, Mo_9O_{26}, $Mo_{10}O_{29}$, 및 $Mo_{11}O_{32}$이다.

이들 화합물에는 다른 구조의 좁은 영역으로 서로 분리된, 꼭짓점으로 연결된 팔면체 영역들이 있다. 이런 영역은 CS 평면으로 알려져 있다. 동족 계열의 화합물들은 CS 평면들 사이의 간격에 의해 구별된다. 엇갈림 평면의 구조는 이해하기가 상당히 어려운데, 일반적으로 이들의 구조는 1장에서 언급된 것과 같이 팔면체들의 연결로 묘사된다.

WO_3에는 여러 가지 다형체(polymorph)가 존재하는데, 900℃ 이상에서 그림 5.12와 같은 ReO_3의 구조를 갖는다(다른 다형체들은 ReO_3 구조의 비틀림 구조이다). ReO_3는 $[ReO_6]$ 팔면체가 서로 꼭짓점으로 연결된 구조이며, 팔면체의 각 꼭짓점은 다른 팔면체들과 공유되어 있다. 그림 5.12b에 ReO_3 구조의 일부분이 나타나 있다. 모든 산소 원자는 두 개의 금속 원자 사이에서 공유되어 있고, Re 원자가 여섯 개의 산소 원자로 둘러싸여 ReO_3의 화학식이 된다. 그림 5.12a는 이 구조에서 서로 연결된 팔면체 한 층의 일부를 보여준다. 하나의 팔면체는 같은 층에 있는 네 개의 팔면체와 연결되어 있으며, 위아래 층에 있는 팔면체들과도 꼭짓점으로 연결되어 있다.

이 구조에서 일부의 팔면체가 꼭짓점 공유에서 모서리 공유로 바뀌면 비화학량론적 WO_{3-x} 화합물이 된다. 그림 5.13a의 굵게 표시된 팔면체를 보자. 모서리 공유는

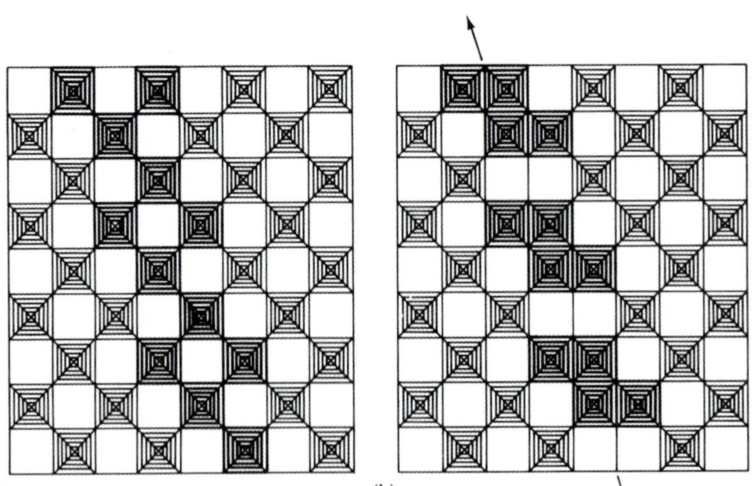

(a) (b)

그림 5.13 (a, b) 엇갈림 구조의 형성

구조의 엇갈림에 해당하며, 이에 따라 굵게 표시된 팔면체 사슬은 그림 5.13b와 같이 이동하게 된다. 이러한 엇갈림 현상은 구조 내에서 일정한 간격으로 일어나며, 'ReO_3' 구조(꼭짓점-공유된 $[WO_6]$ 팔면체)의 판 사이에 배치된다. 이로부터 네 개의 팔면체가 모서리를 공유하는 그룹이 형성된다. 모서리 공유 그룹이 가장 밀도있게 자리하는 방향을 CS 평면이라고 부르며, 그림 5.13b에서 화살표로 표시되어 있다.

이러한 CS 평면이 WO_3의 화학량론을 어떻게 변화시키는지를 이해하기 위하여, 모서리를 공유하며 서로 연결된 네 개의 팔면체 그룹 중 하나에 대한 화학량론을 살펴볼 필요가 있다(그림 5.14a). 네 개의 팔면체는 텅스텐 원자 4개와 산소 원자 18개로 구성되어 있다(그림 5.14b). 14개의 산소 원자는 다른 팔면체에 연결되어 있으므로(그림에 이 결합이 표시되어 있음), 각 산소 원자는 두 개의 텅스텐 원자에 의해 공유된다. 반면에 남은 네 개의 산소 원자는 그룹 내에서 모서리 공유만을 포함한다. 따라서 전체적인 화학량론은 $\left[4W+\left(14\times\frac{1}{2}\right)O+4O\right]$로 주어지며, 화학식은 W_4O_{11}이 된다.

W_4O_{11}의 화학량론을 갖는 네 개의 팔면체 그룹이 완벽한 WO_3 구조 전반에 걸쳐 분포된다면, 이 구조 내에 있는 산소의 양은 분명히 감소하게 되고, 화학식을 WO_{3-x}로 기술할 수 있다. 이렇게 팔면체 네 개로 이루어진 그룹의 도입으로 인해 발생하는 영향을 정량화할 수 있다. 전체 구조가 이와 같은 방식으로 엇갈려 있다면, 화학식은

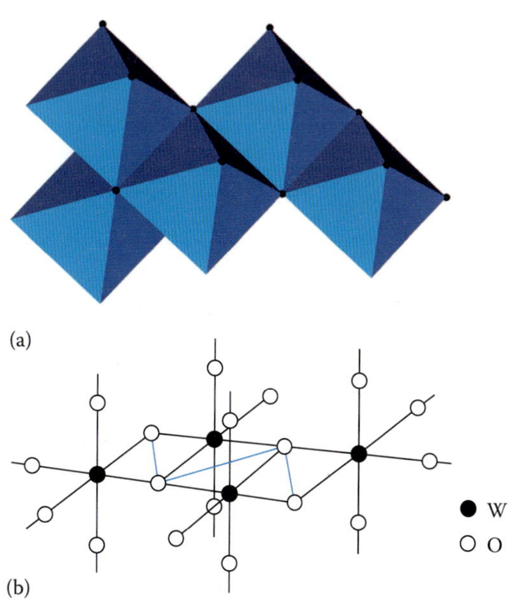

그림 5.14 (a, b) W_nO_{3n-1} 구조에서 엇갈림 면으로 인해 형성되는 모서리 공유 $[WO_6]$ 팔면체 그룹

W_4O_{11}이 될 것이다. 네 개의 팔면체 그룹당 한 개의 $[WO_6]$ 팔면체가 더해지면, 전체 화학식은 $[W_4O_{11} + WO_3] = W_5O_{14}$가 된다. 여러 개의 $[WO_6]$ 팔면체가 그룹들 사이에 규칙적으로 분포한다면, 이 과정을 다음과 같이 확장할 수 있다.

$$W_4O_{11} + 2WO_3 = W_6O_{17};$$
$$W_4O_{11} + 4WO_3 = W_8O_{23};$$
$$W_4O_{11} + 6WO_3 = W_{10}O_{29};$$

$$W_4O_{11} + 3WO_3 = W_7O_{20}$$
$$W_4O_{11} + 5WO_3 = W_9O_{26}$$
$$W_4O_{11} + 7WO_3 = W_{11}O_{32}$$

네 개의 모서리 공유 팔면체 그룹에 대한 기본적인 화학식은 W_4O_{11}이고, 이를 $n=4$인 W_nO_{3n-1}로 기술할 수 있다. 이 화학식은 또한 위에 나열된 모든 화학식에 적용되며, $[WO_6]$ 팔면체 사이에 모서리 공유 그룹을 설정된 비율로 도입하면 동족 계열에 대한 일반화된 화학식을 유도할 수 있다.

엇갈림 평면은 특정한 구조 전반에 걸쳐 규칙적이고 정렬된 형태로 반복되는 것을 알 수 있으며, 따라서 특정한 WO_{3-x} 시료는 위에서 나열한 화학식 중 하나를 갖는다. 동족 계열의 시료들은 CS 평면 사이의 간격에 의해 구별된다. 이들 구조 중 하나의 예를 그림 5.15에 나타내었다. 그림에 표시된 단위 세포에서 보면, 네 개의 모서리 공유 팔면체 그룹 대비 $[WO_6]$ 팔면체의 비율이 명확하다. 표시된 단위 세포 내에 네 개의 모서리 공유 팔면체 그룹 한 개와 $[WO_6]$ 팔면체 일곱 개가 존재하며, 전체 화학식은 $W_4O_{11} + 7WO_3 = W_{11}O_{32}$가 된다.

환원되지 않은 MoO_3는 ReO_3 구조가 아닌 층상 구조를 가짐에도 불구하고, Mo_nO_{3n-1} 계열의 시료들은 W_nO_{3n-1} 유사체로서 같은 구조를 가진다.

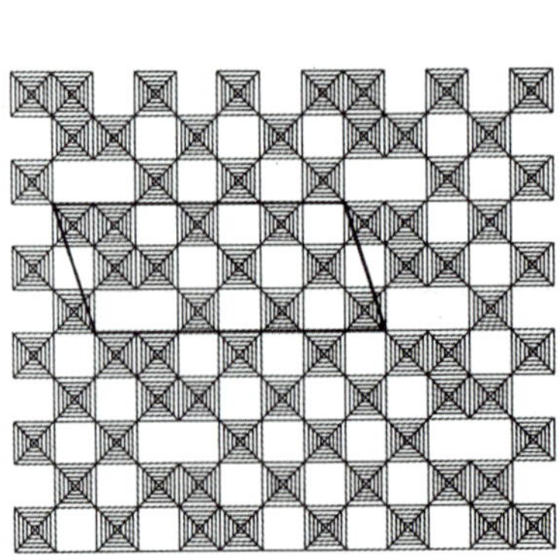

그림 5.15 단위 세포가 표시된 W_nO_{3n-1} 동족 계열의 한 예

여섯 개의 팔면체가 모서리를 공유하면서 구조 전체에 규칙적으로 분포하여 엇갈림 구조가 된다면, W_nO_{3n-2}의 일반화된 화학식을 보이는 동족 계열이 형성된다.

산소가 결핍된 TiO_2에 대한 동족 계열은 화학식 Ti_nO_{2n-1}로 주어진다. 이 경우, CS 평면을 따라 존재하는 팔면체가 면을 공유하면서 서로 연결되어 있고, TiO_2 구조의 환원되지 않은 부분은 루틸 구조와 같이 팔면체가 모서리를 공유한다.

5.4.2 평면 상호 성장

많은 화합물에서 상호 성장(intergrowth)하는 사례들을 볼 수 있는데, 상호 성장하는 화합물에서는 둘 이상의 구조로 이루어진 영역들 사이에 형성된 고체–고체 계면이 명확하게 존재한다. 이러한 현상의 한가지 예인 애피택시(epitaxy)는 전자 회로 및 '스마트' 소자의 제조에 있어서 기술적으로 매우 흥미로운 방법이다(3장). 또한, 제올라이트 ZSM-5와 ZSM-11은 상호 성장을 하며 합성될 수 있고(7장), 바륨 페라이트(9장)도 마찬가지이다. 이 절에서는 **텅스텐 브론즈(tungsten bronze)**의 상호 성장에 대해서만 살펴보고자 한다. 브론즈라는 용어는 짙은 색과 금속 광택을 보이는 금속 산화물을 의미하며, 금속성 전도체이거나 반도체이다. 소듐–텅스텐 브론즈(Na_xWO_3)는 x 값에 따라 노란색부터 빨간색을 거쳐 짙은 보라색까지의 색깔을 띤다.

앞에서 언급한 바와 같이, WO_3는 [WO_6] 팔면체들이 꼭짓점으로 연결된 레늄 산화물(ReO_3) 구조를 가진다. 이 구조는 그림 5.13a와 5.14에 도시되어 있는데 구조 전체에 걸쳐 있는 3차원 통로 네트워크로 이루어져 있으며, 이 통로에 알칼리 금속들이 삽입될 수 있다고 밝혀졌다. 합성된 화합물의 결정 구조는 알칼리 금속의 비율에 의존한다. 이 구조에는 세 개의 중요한 형태가 있는데, 알칼리 금속이 단위 세포의 중심을 점유하는 입방 구조(페로브스카이트와 유사, 1장 및 10장 참조), 정방 구조, 육방 구조이다. 이 중 두 개의 기본 구조를 그림 5.16에 나타내었다. 이러한 브론즈는 구조 내에 존재하는 M^+ 이온의 전하 균형을 맞춰야 하므로, 전기 전도 특성이 발현된다. 이는 일부의 텅스텐 원자의 산화 상태를 VI에서 V로 변화시킴으로써 얻어질 수 있다(이 장의 마지막 절에서 이 과정에 대해 좀 더 자세히 논의할 것이다).

그림 5.16b에 도시된 육방 브론즈 구조는 포타슘을 WO_3와 반응시켜 얻을 수 있으며(K는 큰 자리가 필요함), 조성 범위는 $K_{0.19}WO_3$~$K_{0.33}WO_3$이다. 포타슘의 비율이 이보다 낮으면, 육방 구조와 함께 WO_3가 상호 성장하여 규칙적으로 배열된 구조로 합성된다. 육방 구조를 갖는 층은 외줄 또는 겹줄의 넓은 통로를 형성할 수 있다(그

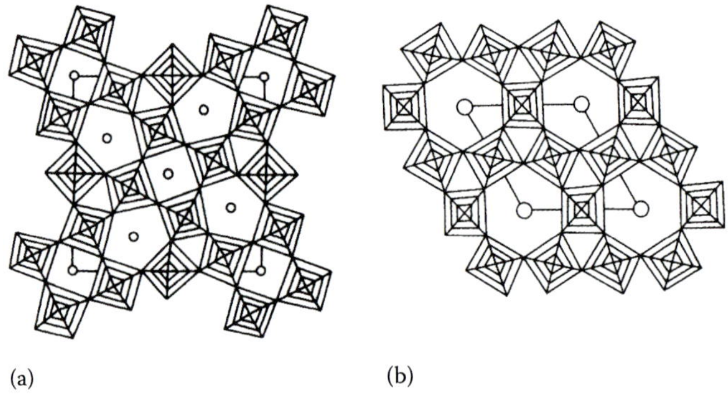

그림 5.16 (a) 정방 텅스텐 브론즈 구조, (b) 육방 텅스텐 브론즈 구조. 빗금 쳐진 사각형은 WO_6 팔면체를 나타내며, 서로 연결되어 오각형, 사각형 및 육각형 통로를 형성한다. 이 통로들은 빈 원으로 표시된 금속 원자들을 다양한 비율로 포함할 수 있다.

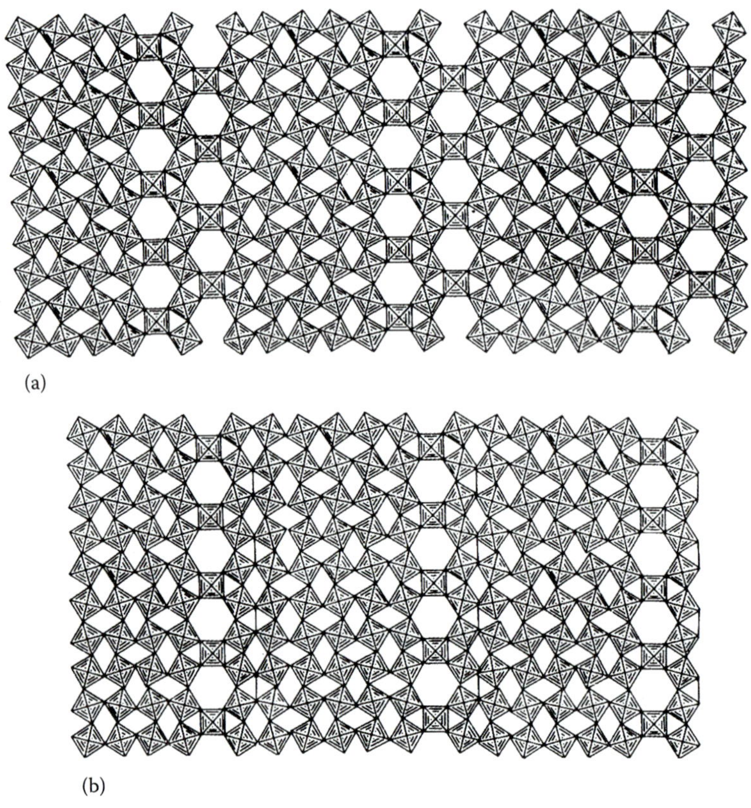

그림 5.17 두 개의 텅스텐 브론즈 상이 상호 성장한 이상적인 구조 (a) 육각형 통로의 겹줄을 포함하는 구조, (b) 외줄의 통로를 포함하는 구조. 상호 성장된 텅스텐 브론즈가 다양한 양의 금속 원자를 포함하지만, 텅스텐 삼산화물과 육각형 통로를 각각 빗금 쳐진 사각형과 빈 공간으로 도시하였다.

림 5.17). 포타슘 이외에도 Rb 및 Cs, Ba, Sn, Pb 등의 금속을 포함하는 텅스텐 브론즈에서 유사한 구조가 관찰된다. 바륨 텅스텐 브론즈에 대한 고분해능 전자 현미경

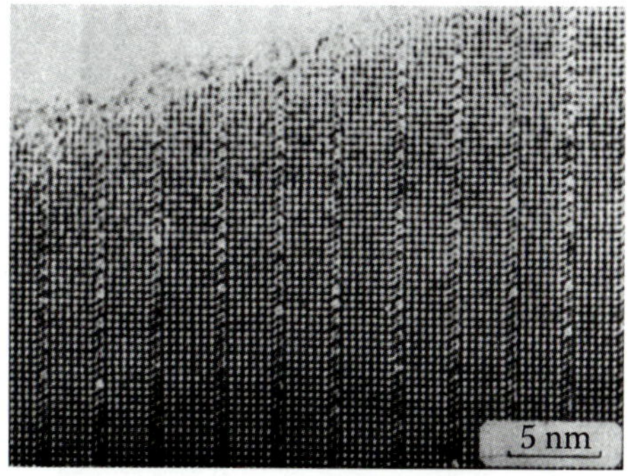

그림 5.18 외줄의 통로를 명확하게 보여주는 상호 성장한 Ba_xWO_3 텅스텐 브론즈의 전자 현미경 사진으로 외줄의 통로를 명확하게 보여준다. 사진에서 각각의 검은 점은 텅스텐 원자를 나타내고, 많은 육각형 통로들이 비어 있으며, 일부가 바륨으로 채워져 있음을 보여준다.

사진은 외줄의 통로 구조를 명확하게 보여준다(그림 5.18). 바륨의 농도가 감소할수록, 통로가 분리되는 정도가 증가하는 것도 다른 시료에서 확인할 수 있다.

5.4.3 블록 구조

산소 결핍 산화물인 Nb_2O_5이나 Mb−Ti 및 Nb−W의 혼합 산화물에서는, 서로 직각을 이루는 두 종류의 CS 평면이 존재한다. 이때 완벽한 구조에 결함으로 끼어드는 영역들은 무한 층이 아니라, 무한 기둥(column) 또는 무한 블록(block)이 된다. 이러한 구조들을 **이중 엇갈림(double shear)**, 또는 **블록 구조(block structure)**라고 하며, 블록의 단면 크기로 식별할 수 있다. 이 블록의 크기는 꼭짓점을 공유하는 팔면체의 개수로 표현된다. 한 크기의 블록으로 이루어진 구조뿐만 아니라, 두 개나 세 개의 크기가 다른 블록들이 정렬된 방식으로 배열되어, 그 복잡성(complexity)이 증가할 수도 있다. 블록 크기는 고체 소재의 전체적인 화학량론을 결정한다. 그림 5.19는 두 개의 다른 블록 크기를 가진 결정에 대한 예를 보여준다.

5.4.4 오각형 기둥

삼차원 결함은 **오각형 기둥 구조(pentagonal column (PC) structure)**로 나타나기도 한다. 이 구조에서는 그림 5.20a에서 보듯이, 다섯 개의 $[MO_6]$ 팔면체가 오각형의 고리를 이루고 있는 기본 단위가 반복된다. 이것들이 서로 겹치면서 계속 쌓이게 되면,

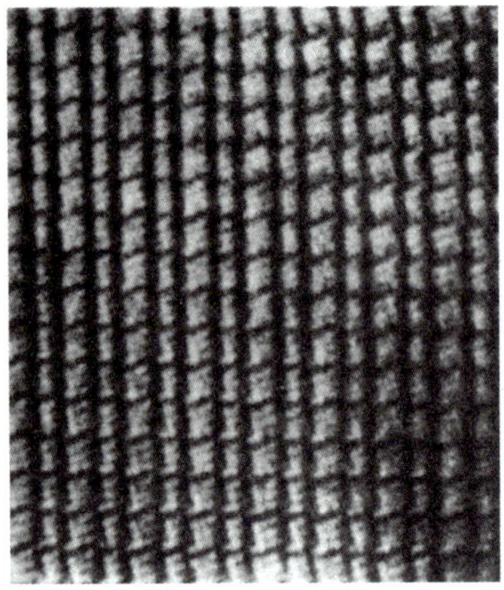

그림 5.19 일련의 (4×4)와 (3×4) 블록이 존재하는 $W_4Nb_{26}O_{77}$ 구조의 고분해능 전자 현미경 사진. 블록들 사이의 CS 평면은 진하게 보인다. (from Dr. J. L. Hutchison)

금속 원자와 산소 원자가 반복되는 사슬 구조의 오각형 기둥(PC)이 형성된다. 이러한 PC는 ReO_3-유형 구조 내부에 들어갈 수 있으며, 동족 계열은 기둥 사이의 간격에 따라 결정된다.

그림 5.20b는 Mo_5O_{14} 화합물 구조의 예를 보여준다. 이 유형의 구조는 정방 텅스텐 브론즈에서도 발견된다.

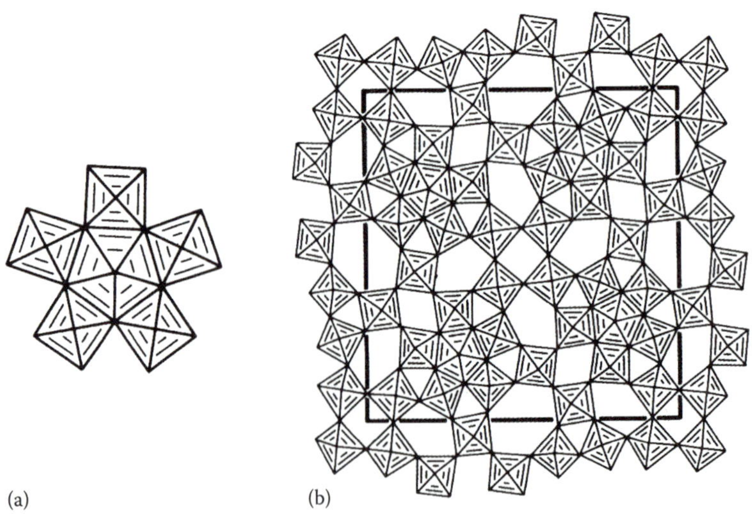

(a) (b)

그림 5.20 (a) 오각 컬럼, (b) Mo_5O_{14}의 구조

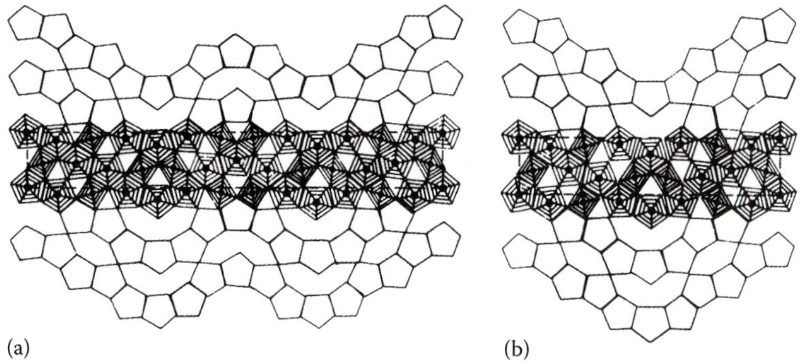

그림 5.21 (a) $Ta_{22}W_4O_{67}$과 (b) $Ta_{30}W_2O_{81}$의 이상적인 구조. 이 구조들은 음영 처리된 오각형으로 나타낸 오각형 기둥(PC)과 음영 처리된 사각형으로 나타낸 팔면체로 구성된다. PC 사슬의 파장은 조성에 따라 변하는데, 임의의 음이온 대 양이온의 비율이 정렬된 구조에 의해 수용될 수 있는 방식으로 변한다.

5.4.5 무한 적응 구조

5.4.3절에서 나이오븀과 텅스텐의 혼합 산화물에서는 직사각형(rectangular) 기둥 또는 블록들이 서로 아귀가 잘 맞게 구조를 이루며, 다양한 범위의 조성을 가질 수 있음을 알았다. 이들 화합물과 밀접하게 연관된 $Ta_2O_5-WO_3$은 훨씬 더 특이한 구조를 보여준다. 많은 화합물에서 오각형 기둥(PC)들이 서로 잘 맞게 맞춰지는 구조를 이룬다. 이러한 화합물들에서 존재할 수 있는 두 개의 이상적인 구조가 그림 5.21에 도시되어 있으며, 오각형 기둥들이 파동 모양으로 연결되면서 형성된 골격을 보여준다. 화합물의 조성이 변함에 따라 주골격의 파장이 바뀌고, 이로 인해 엄청나게 많은 정렬된 구조들이 가능해진다. 이를 **무한 적응 화합물(infinitely adaptive compound)**이라고 한다.

5.5 비화학량론적 산화물의 전기적 특성

앞에서 비화학량론적 화합물인 FeO의 구조에 대하여 자세히 살펴보았다. 같은 원리를 이원 금속 산화물에 적용하면, 다음과 같은 네 가지 유형의 화합물을 정의할 수 있다.

금속 과잉(환원된 금속)

A-유형: 음이온 빈자리; 화학식 MO_{1-x}

B-유형: 틈새 양이온; 화학식 $M_{1+x}O$

금속 결핍(산화된 금속)

C-유형: 틈새 음이온; 화학식 MO_{1+x}

D-유형: 양이온 빈자리; 화학식 $M_{1-x}O$

이러한 네 가지 형태의 화합물에 대하여 표 5.6에 정리하였고, 그림 5.22에 A, B, C, D-유형을 NaCl-유형이라고 가정했을 때 가능한 비화학량론적 산화물의 구조를 나타내었다.

FeO는 **D-유형** 산화물에 속하며, 금속 결핍과 양이온 빈자리로 인해 산화된 금속 이온을 포함한다. (이 유형에 해당하는 또 다른 화합물에는 MnO, CoO, NiO 등이 있다.)

A-유형 산화물은 금속 과잉에 대해 음이온 빈자리로 전하를 보상한다. 결정의 전체적인 중성 상태를 유지하기 위하여, 두 개의 전자가 각 음이온 빈자리에 도입된다. 이 전자들은 그림 5.22a(i)과 같이 빈자리에 음이온으로 고정될 수 있다. 그러나 전자를 결정 내에 고정하는 것은 엄청나게 높은 에너지를 요구하는 과정으로, 이보다는 그림 5.22a(ii)에서 볼 수 있듯이 전자들이 금속 양이온들과 결합하여 M^{2+}에서 M^{+}로 환원시키는 방식이 더 유리하다. VO_{1-x}가 이러한 유형에 해당한다.

B-유형 산화물은 격자의 **틈새 자리**(**interstitial position**)에 도입된 과잉 금속을 포함한다. 그림 5.22b(i)에 틈새 금속 원자가 있는 형태가 도시되어 있으나, 여기에서도 틈새 금속 원자가 이온화되면서 방출된 두 개의 전자가 이웃하는 두 개의 M^{2+} 양이온을 M^{+}로 환원시키는 방식인 그림 5.22b(ii)의 가능성이 더 크다. 카드뮴 산화물(CdO)이 이러한 유형의 구조를 보인다. Zn(II) 산화물을 가열하면 산소가 방출되어

표 5.6 비화학량론적 산화물(MO)의 유형

금속 과잉 환원된 금속 M		금속 결핍 산화된 금속 M	
A 음이온 빈자리	**B 틈새 양이온**	**C 틈새 음이온**	**D 양이온 빈자리**
MO_{1-x}	$M_{1+x}O$	MO_{1+x}	$M_{1-x}O$
TiO, VO, (ZrS)	CdO, ZnO	–	TiO, VO, MnO FeO, CoO, NiO

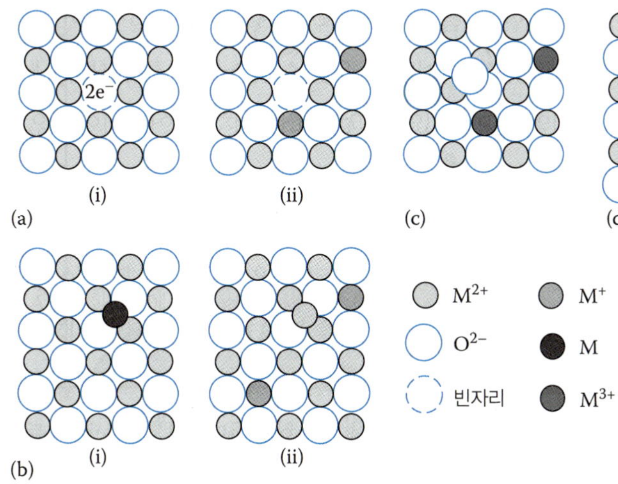

그림 5.22 이원 금속 산화물의 가능한 구조들. (a) A-유형 산화물: 금속 과잉/음이온 빈자리. (i) 빈자리에 편재화되어 있는 전하 중성을 유지하는 두 전자를 보여준다. (ii) 전자들이 정상 M^{2+} 양이온과 결합하여 양이온을 M^{+}로 환원시킨다. (b) B-유형 산화물: 금속 과잉/틈새 양이온. (i) 틈새 금속 원자, (ii) 금속 원자가 M^{2+}로 산화되고, 방출된 두 개의 전자는 두 개의 정상 M^{2+} 양이온을 M^{+}로 환원시킨다. (c) C-유형 산화물: 금속 결핍/틈새 음이온. 틈새 음이온에 대한 전하 보상은 두 개의 M^{3+} 양이온이 형성되면서 이루어진다. (d) D-유형 산화물: 금속 결핍/양이온 빈자리. 양이온 빈자리는 두 개의 M^{3+} 양이온이 형성되면서 보상된다.

산소 음이온 빈자리가 생성된 $Zn_{1+x}O$가 형성되는데, 이때 전하 보상을 위하여 Zn^{2+} 이온이 틈새 자리로 이동하면서 Zn^{+} 또는 Zn으로 환원된다.

C-유형 산화물은 **틈새 음이온(interstitial anion)**이 있는 금속 결핍 상태의 화합물이다. 전하 균형은 각 틈새 음이온에 대해 두 개의 M^{3+} 양이온이 형성되면서 이루어지는데(그림 5.22c), 이를 양전하 정공과 결합한 M^{2+} 양이온으로 생각할 수 있다.

비화학량론적 산화물들의 전도성에 대해 논의하기 전에, 첫 번째 주기에 있는 전이 금속(3*d*) 원소들의 화학량론적 이원 금속 산화물의 구조와 특성에 대해 다시 정리하는 것이 도움이 될 것이다. 이들 이원 금속 산화물에 대한 특성을 표 5.7에 정리하였다.

4장에서 화학량론적 산화물들의 전도성을 논의하면서, 전도성이 두 가지 경쟁 요인에 의존한다는 것을 알았다. 첫째는 *d*-궤도들이 중첩되어 띠를 이루며(중첩이 커지면 띠너비(band width)도 커진다), 띠에 존재하는 전자들이 전체 구조에 비편재화되고자 하는 것이고, 둘째는 전자 간 반발로 인해 전자들이 각각의 원자에 편재화되려는 경향이다. TiO와 VO는 금속성 전도체 특성을 보이는데, 이를 위하여 *d*-궤도들이

표 5.7 3d 전이 금속 일산화물의 특성

원소	Ca	Sc	Ti	V	Cr	Mn	Fe	Co	Ni	Cu	Zn
화학량론적 산화물 MO의 구조	NaCl 구조	존재하지 않음	1/6 빈자리 결함을 갖는 NaCl	결함 NaCl	존재하지 않음	NaCl 구조	NaCl 구조[a]	NaCl 구조	NaCl 구조	PtS 구조	섬아연석 구조 (고압에서 NaCl 구조)
결함 구조			$Ti_{1-\delta}O$: Ti 빈자리($TiO_{1.00}$과 $TiO_{1.25}$가 상호성장한 구조)	$V_{1-\delta}O$: V 빈자리와 결함 뭉치의 사면체 자리 틈새 V		$Mn_{1-\delta}O$: Mn 빈자리	$Fe_{1-\delta}O$: Fe 빈자리와 결함 뭉치의 사면체 자리 틈새 Fe	$Co_{1-\delta}O$: Co 빈자리	$Ni_{1-\delta}O$: Ni 빈자리		$Zn_{1+\delta}O$: 틈새 Mn
화학량론적 화합물의 전도성			금속성	금속성 < 120 K		절연체	절연체	절연체	절연체		절연체
비화학량론적 화합물의 전도성			금속성	금속성		*p*-형 도약 반도체	*p*-형	*p*-형	*p*-형		*n*-형
자기 특성(8장)			반자성	반자성		상자성 $\mu = 5.5\ \mu_B$ (냉각하면 반강자성, $T_N = 122$ K)	상자성 (냉각하면 반강자성, $T_N = 198$ K)	반강자성 ($T_N = 292$ K)	반강자성 (냉각하면 상자성, $T_N = 530$ K)		

[a] 정확한 화학량론적 FeO는 발견된 바가 없음

효과적으로 중첩하여 *d* 전자띠가 형성되어야만 한다. 타이타늄과 바나듐은 **앞전이(early transition)** 계열이기 때문에 이러한 중첩이 효과적으로 일어날 수 있으며(앞전이 계열에서는 **뒷전이(late transition)** 계열에서 발생하는 증가된 핵 전하에 의한 *d*-궤도 수축이 적다), 또한 결정 구조가 수축되면서 더 효과적으로 *d*-궤도 중첩이 발생할 수 있는 원인도 일부 작용한다(TiO는 NaCl 구조에서 1/6의 타이타늄과 산소가 제거된 구조이다).

이 계열의 화합물들에 대해 좀 더 살펴보면, 화학량론적 화합물인 MnO 및 FeO, CoO, NiO는 절연체임을 알 수 있다. 이러한 현상은 띠이론으로는 쉽게 설명되지 않는데, 이들 화합물에서 보면 *d*-궤도들이 너무 수축하여 중첩이 심하게 일어나 보통 1 eV 정도의 띠너비를 보이지만, 전자 간 반발 효과에 의한 편재화 경향을 극복할 수 있을 만큼 중첩이 충분하지 않기 때문으로 해석된다(*d* 전자들이 원자에 편재화되는 경향이 화합물의 자기 특성에 주는 영향은 9장에서 논의할 것이다).

앞에서 언급한 비화학량론적 화합물로 되돌아가면, A- 및 B-유형의 과잉 금속 일산화물에서는 이 과잉 금속에 대한 전하 보상을 위하여 구조 내에 과잉 전자들이 있어야 한다. 그림 5.22는 이러한 전하 보상이 음이온 빈자리와 연관되거나, 또는 구조에 있는 금속 양이온과 연관될 수 있음을 보여 준다. 이러한 연관성을 이웃하는 양이온을 환원시키는 것으로 설명하였지만, 이러한 현상은 상당히 약하므로 전자들이 격자 전반에 걸쳐 자유롭게 움직일 수 있게 된다. 즉, 전자들이 특정한 원자에 강하게 결합할 필요가 없다는 것이다. 일반적으로 열에너지는 이들 전자를 이동시키기에 충분하므로, 온도가 증가하면 전도도가 증가한다. 이러한 거동을 반도체 특성과 연관시킬 수 있다(금속의 전도도는 온도가 증가하면 감소한다).

4장에서 반도체를 띠이론으로 설명하였다. 고유 반도체에는 **원자가띠(valence band)**에 전자가 존재하며, 바로 위에 있는 비어 있는 **전도띠(conduction band)**가 있다. 고유 반도체를 가열하면 전자들이 전도띠로 전이되면서 원자가띠에 양전하 정공이 생성되며, 이렇게 생성된 전도띠의 전자와 원자가띠의 양전하 정공 모두에 의해 전류가 흐르게 된다. 실리콘과 같은 반도체의 전도성을 향상시키기 위해 불순물을 도핑할 수도 있다. 예를 들면, 작은 양의 인(P)을 실리콘 격자에 도입하면, 비어 있는 전도띠 근처에 과잉 전자의 불순물 준위가 형성되어 쉽게 들뜰 수 있게 된다. 이 경우, 전도띠에 있는 전자에 의해 전류가 흐르게 되며 이를 *n*-형(*n*-type) 반도체라고 부른다(*n*은 음전하를 의미함). 상대적으로, 갈륨(Ga)을 도핑하면 원자가띠에 형성된 양전하 정공에 의해 전도도가 증가하며, 이를 *p*-형(*p*-type) 반도체라고 부른다(*p*는 양전하를 의미함).

A- 및 B-유형의 화합물에서는 전기 전도가 전자에 의해 발생하므로, n-형 반도체이다. 앞서 설명한 화학량론적 화합물과 같이, 이들 비화학량론적 산화물에서의 전도성도 띠이론으로는 쉽게 설명할 수 없다(전자 간 반발로 인해 전자가 원자에 편재화됨). 따라서 전도 전자(또는 정공)가 고체 전체의 띠에 비편재화되어 있다고 하기보다는, 결정의 원자나 결함에 이들이 편재화 또는 붙잡혀 있다고 생각하는 것이 훨씬 쉬울 수 있다. 이때 전기장의 영향을 받아 전도 전자(또는 정공)가 한 자리에서 다른 자리로 들뜨거나, 또는 **도약(hopping)**하여 전도성이 발생한다. 모든 양이온이 같은 원자가 상태에 있는 완벽한 결정이라면, 이와 같은 거동은 엄청난 에너지를 필요로 하는 과정이 될 것이다. 그러나 비화학량론적 전이 금속 산화물들처럼 두 개의 원자가 상태가 가능하다면, 전자들이 이들 양이온 사이에서 들뜰 때 그다지 많은 에너지가 필요하지는 않다. 이러한 이론을 여기서 더 전개할 수는 없지만, 소위 **도약 반도체(hopping semiconductor)**에서의 전도성은 이온 전도성 및 확산 이론의 수식과 거의 같은 방식으로 기술할 수 있다. 여기서 전하 운반체(전자 또는 양전하 정공)의 이동도 μ는 활성화된 과정이며, 다음과 같이 표현할 수 있다.

$$\mu \propto \exp\left(\frac{-E_a}{kT}\right) \tag{5.7}$$

위 식에서 E_a는 도약에 대한 활성화 에너지로, 0.1~0.5 eV의 크기를 갖는다. 도약 전도도는 다음 식에 의해 주어진다.

$$\sigma = ne\mu \tag{5.8}$$

여기서 n은 단위 부피당 이동할 수 있는 전하 운반체의 개수이고, e는 전자의 전하이다. 이동 가능한 전하 운반체의 밀도 n은 결정의 조성에만 의존하며 온도에 의해 변하지 않는다. 식 5.7로부터, 도약 전자 전도도가 온도에 따라 증가함을 알 수 있다.

C- 및 D-유형의 일산화물은 금속이 결핍되어 있으며, 전하 보상은 이웃하는 양이온을 M^{3+}로 산화시켜서 이루어진다고 설명하였다. 이렇게 산화된 M^{3+} 이온을 M^{2+} 이온과 양전하 정공이 결합된 형태로 간주할 수 있다. 이때 충분한 에너지가 공급된다면, 양전하 정공이 다른 M^{2+} 이온으로 도약하면서 전도성이 생성된다고 생각할 수 있고, 이들 화합물의 전기 전도성은 p-형이 될 것이다. MnO 및 CoO, NiO, FeO가 이러한 거동을 보이는 소재들이다. 편의상 단순하게 양전하 정공을 전하 운반체로 생각하여, Ni^{3+}에서 Ni^{2+}로 양전하 정공이 이동한다는 설명은, 전자가 Ni^{2+}에서 Ni^{3+}로 이동한다고 하는 것과 동일하다.

비화학량론적 소재들은 금속성에서 절연체에 이르기까지 모든 범위의 전기적 특성을 포괄할 수 있다. 앞에서 띠이론으로 설명이 가능한 일부 금속성 사례(TiO, VO)와 도약 반도체로 더 잘 설명되는 소재들(MnO와 같은)을 고려하였다. WO_3와 TiO_2와 같은 다른 경우들은 이러한 두 극단 사이에 속하므로 또 다른 설명이 필요하게 된다. 이러한 복잡한 거동을 일반화하는 것은 어려운 문제이며, 각각의 경우를 개별적으로 설명하는 것이 최선일 것이다.

반도체 특성은 현대 전자 산업에서 굉장히 중요하며, 새롭게 개선된 소재를 끊임없이 탐색하고 있다. 관련된 대부분의 연구는 조성 범위의 조절을 통해 소재의 특성을 확장하는 방향으로 진행되고 있다. 비화학량론적 화합물의 조성 범위는 보통 매우 좁으므로(소위 선상), 이를 확장하기 위해(결과적으로 특성도 확장하기 위해), 화합물에 불순물을 도핑하기도 한다. 일례를 들면, NiO에 Li_2O를 첨가하고 산소 조건에서 고온으로 가열하면, Li^+ 이온이 격자 안으로 삽입되어 $Li_xNi_{1-x}O$의 화학식($x = 0 \sim 0.1$)을 가진 검은색 소재를 합성할 수 있다. 이 반응에 대한 반응식은 아래와 같다(단순화를 위해 화학량론적 NiO를 사용함).

$$\frac{1}{2}x\mathrm{Li_2O} + (1-x)\mathrm{NiO} + \frac{1}{4}x\mathrm{O_2} = \mathrm{Li}_x\mathrm{Ni}_{1-x}\mathrm{O}$$

Li^+ 이온에 대한 전하 보상을 위해 Ni^{2+} 이온이 Ni^{3+}로 산화되거나, 또는 양전하 정공이 이에 상응하는 수준의 높은 농도로 니켈 양이온에 위치하게 될 것이다.

이렇게 전자 결함이 생성되는 과정을 **원자가 유발(valence induction)**이라고 하며, 이로 인해 'NiO'의 조성 범위가 크게 증가한다. 실제로 높은 리튬 농도에서의 전도도는 금속의 전도도까지 도달한다(온도가 높아짐에 따라 전도도가 증가한다는 점에서는 여전히 반도체 거동을 보인다).

5.6 요약

1. 대부분의 이온성 고체 결정들은 완벽하지 않고 결함을 포함한다. 이 결함들은 고립된 점결함이거나 점결함 뭉치, 또는 확장 결함일 수 있다.
2. 점결함은 빈자리, 다른 이온에 의한 치환, 틈새 자리 점유 및 이온의 전하 변화 등을 포함한다. 이러한 결함들은 반드시 전하 보상이 되어, 결정이 전하를 지니지 않아야 한다. 이런 결함의 존재로 인하여 비화학량론적 소재가 된다. 즉, 이

화합물들은 MO_2가 아닌 MO_{2+x}의 화학식을 갖게 된다.

3. 더 큰 범위에서, 결정은 원자 배열의 결함으로 인해 발생하는 어긋남을 포함할 수 있다. 이러한 결함은 결정의 강도를 약화시킬 수 있지만, 촉매 반응 또는 결정 성장을 위한 활성 자리의 역할을 할 수 있다.
4. 일부 비화학량론적 전이 금속 산화물은 도약 메커니즘(hopping mechanism)에 의해 반도체 역할을 할 수 있다. 편재화된 전자는 특정 산화 상태에 있는 금속 이온으로부터 더 높은 산화 상태의 금속 이온으로 '도약(hop)'한다.

문제

1. 어떤 MX 결정에서 Schottky 결함 형성의 $\Delta H_m^{\ominus}$가 200 kJ mol^{-1}라고 가정하고, 300, 500, 700, 900 K의 온도에 대하여 각각의 n_S/N과 몰당 n_S를 계산하시오.

2. 표 5.8은 CsI에 대하여 온도에 따른 결함 농도의 변화를 보여준다. 이 결정에서 한 개의 Schotty 결함에 대한 형성 엔탈피를 구하시오.

표 5.8 CsI에 대한 결함 농도 데이터

T/**K**	n_S/N
300	1.08×10^{-16}
400	1.06×10^{-12}
500	2.63×10^{-10}
600	1.04×10^{-8}
700	1.43×10^{-7}
900	4.76×10^{-6}

3. 형석 구조에서 결함 형성에 대한 에너지를 간단하게 예측하시오.

a. 그림 5.3a에서 보여주는 것과 같이, 정상 격자 자리와 단위 세포의 중심에 있는 틈새 자리에 대해 최인접 음이온과 그 다음으로 인접한 음이온의 배위 상태를 기술하시오.

b. 형석($a = 537$ nm)에서 Frenkel 결함 형성 에너지를 예측하기 위해 다음에 주어진 두 이온에 대한 퍼텔셜 에너지 식을 이용하시오.

$$E = -\frac{e^2 Z}{4\pi\varepsilon_0 r}$$

$$= -\left(2.31\times10^{-28}\ \text{Jm}\right)\frac{Z}{r}$$

여기서 Z는 다른 이온에 있는 전하를 의미하고, r은 이온 사이의 거리이다.

4. Fe_2O_3에서 Fe^{3+}를 Mg^{2+}로 치환하였을 때의 균형 반응식을 Kröger–Vink 표기법으로 기술하시오. 이때 Mg^{2+} 이온은 MgO 형태로 첨가되고, Fe^{3+}은 환원되지 않는다고 가정하시오.

5. 단위 세포 크기가 428.2 pm, Fe:O 비율이 0.910이며, 실험으로 구한 밀도가 5.613×10^3 kg m^{-3}인 뷔스타이트 소재에서 철 빈자리가 존재하는지를 확인하시오.

6. 화합물 AgX는 NaCl과 동일한 결정 구조를 가지며, 밀도가 6477 kg m^{-3}이고 577.5 pm의 단위 세포 크기를 가진다. X를 결정하시오.

7. 철 함량에 따라 'FeO'의 격자 매개 변수가 변하는 현상이 어떻게 철 빈자리 모델의 증거이고, 산소 음이온 틈새 모델이 아니라고 반박하는가?

8. 그림 5.23은 FeO에서 가능한 결함 뭉치의 중앙 부분을 보여준다.

a. 이 뭉치에 대하여 빈자리:틈새 자리 비율을 구하시오.

b. 이 부분이, Koch–Cohen 뭉치와 같이 팔면체 자리에서 철 양이온과 산소 음이온에 의해 둘러싸여 있다고 가정하고, 전체가 이러한 뭉치로 구성된 화합물의 화학식을 구하시오.

c. 팔면체 자리에 존재하는 Fe^{2+} 이온과 Fe^{3+} 이온의 개수를 구하시오.

9. 그림 5.7의 단사 세포(monoclinic cell)에서 원자들의 숫자를 세어, TiO가 1/6 결함을 갖는 NaCl 구조임을 보이시오.

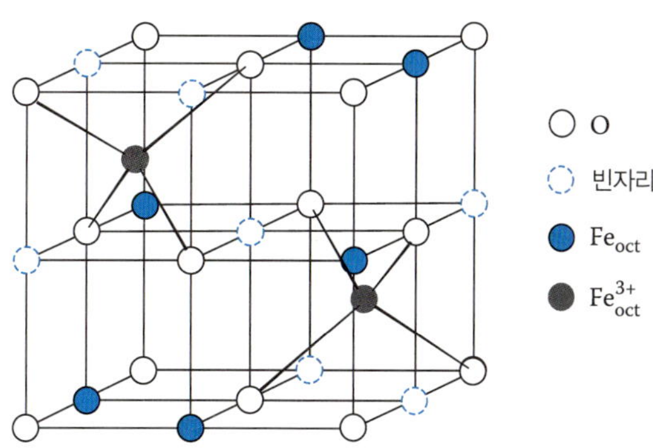

그림 5.23 $Fe_{1-x}O$의 가능한 뭉치.

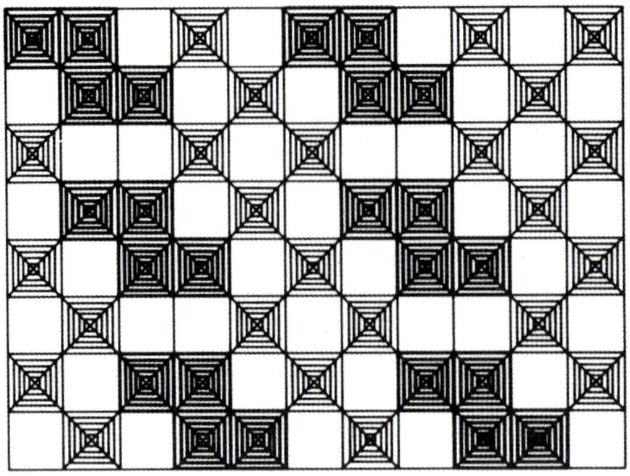

그림 5.24 W_nO_{3n-1} 동족 계열의 한 예.

10. 그림 5.8은 타이타늄과 산소 자리가 모두 표시된 $TiO_{1.25}$ 구조의 층을 보여준다. 이 그림과 그림 5.9를 이용하여, 도시된 단위 세포가 결정에 대해 올바른 화학량론을 가지는지를 설명하시오.

11. $TiO_{1.25}$에서 전하 중성은 어떻게 유지될 것으로 예상하는가?

12. 두 개의 금속 산화물 팔면체가 공유에 의해 산소를 제거하고자 하는 간단한 경우를 고려하자. (i) 꼭짓점 공유, (ii) 모서리 공유 및 (iii) 면 공유에 대하여 각각의 화학식 변화는 어떻게 되는가?

13. 그림 5.24는 W_nO_{3n-1} 동족 계열 중 하나를 보여준다. 이에 해당하는 화학식은 무엇인가?

14. ZnO는 B-유형 소재이다(과잉 금속). 진공 상태에서 Al_2O_3로 도핑되면 ZnO의 전기적 특성이 어떻게 될 것으로 예상하는가?

6장 전지용 고체상 소재

6.1 개요

전지(battery) 또는 **전기화학 전지**(electrochemical cell)는 화학 반응에 의해 정전압에서 전류를 생성하며, 전해질로 분리된 두 개의 **전극**(electrode)으로 구성된다(그림 6.1). 화학 반응으로부터 생성된 이온들은 전해질을 통과한 후, 각 전극에서 산화 또는 환원된다. 산화가 일어나는 전극(일반적으로 금속)을 **산화 전극**(anode)이라고 하며, 환원이 일어나는 전극을 **환원 전극**(cathode)이라고 한다. 환원 전극은 금속 산화물과 같이 높은 산화 상태에 있으면서 환원될 수 있는 활성 성분 및 금속 **집전체**(current collector)로 구성되어 있다(그림 6.1a).

재충전형 전지(rechargeable battery)에서는 전기화학 반응이 가역적이며, 외부 전기 에너지를 이용하여 전지 내에서 역반응을 일으켜 반응물의 농도를 다시 되돌릴 수 있다(그림 6.1b). 충전 모드에서는 외부 회로에 있는 전자들이 음으로 하전된 전극으로 이동하여 전극에서 환원이 일어나는데, 따라서 이 전극은 환원 전극이 된다.

전지가 방전 모드(discharge mode)에 있을 때는, 음으로 하전된 전극에서 전자가 방출되어 외부 회로를 따라 이동하며, 이 전자는 유용한 일(전기적 일)을 위해 활용된다. 표준 개방-회로 조건(standard open-circuit condition)에서 전지로부터 발생하는 **기전력**(electromotive force, emf) 또는 전압은 반응에 대한 **표준 깁스 자유 에너지**(standard Gibbs free energy) 변화량과 관계되며, 다음 수식으로 표현된다.

$$\Delta G^{\ominus} = -nE^{\ominus}F \tag{6.1}$$

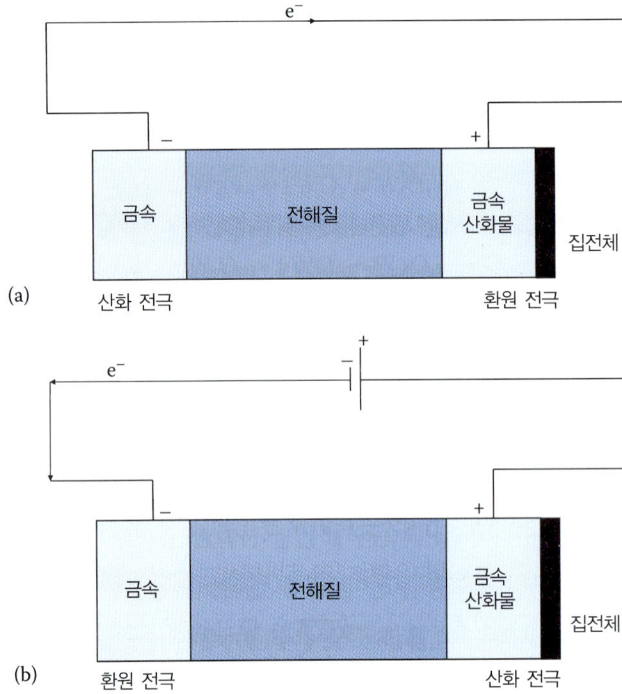

그림 6.1 금속과 금속 산화물로 이루어진 일반적인 전기화학 전지. (a) 방전 모드에 있을 때, (b) 충전 모드에 있을 때

여기서 n은 반응에서 전달되는 전자의 수이고, $E^{\ominus}$는 전지의 표준 기전력(표준 0-전류 조건에서 발생하는 전압)이며, F는 Faraday 상수(96485 C mol^{-1} 또는 96485 J V^{-1})이다. 전지에 저장되는 에너지는 전지 반응으로 생성되는 에너지와 사용된 물질의 양에 의존하며, 보통 와트-시간(Wh; 전류×전압×방전 시간)으로 표현된다.

고체상 전지(solid-state battery)는 넓은 온도 범위에서 작동할 수 있고, 저장 수명이 길며, 아주 작은 크기까지 다양하게 제조할 수 있으므로 매우 유용하다.

이 장에서는 NASA에서 개발한 전기 비행기(그림 6.2)를 포함하여 많은 전기 운송수단에 사용되는 리튬 이온 전지와 몇 가지 중요한 형태의 전지를 살펴보고자 한다.

전지는 동력원뿐만이 아니라 에너지 저장에도 사용될 수 있다. 그림 6.3은 태양 전지와 풍력 발전 단지에서 생산된 여분의 에너지를 저장하고, 필요할 때 그리드(grid)로 송출할 수 있는 전지 은행의 시범 프로젝트를 보여준다. 이 장치는 리튬 이온 전지 및 NaS 전지(총 용량: 11.5 MW/22.5 MWh)의 두 가지 유형의 축전지로 구성되어 있으며, 각각의 서로 다른 장점을 활용할 수 있다. 리튬 이온 전지는 충방전 출력 밀도가 높으며, NaS 전지는 에너지 밀도와 충방전 효율이 높고 수명이 길다.

그림 6.2 NASA의 X-57 Maxwell은 16개의 전지 모듈(module)로 이루어진 전지 장치를 동력원으로 사용하는, 총 800 파운드의 무게를 갖는 비행체이다. X-57의 전기 추진은 비행기를 더 조용하고 효율적으로 만들 수 있으며, 비행 중 탄소 배출량을 줄일 수 있다고 한다(NASA 제공).

그림 6.3 독일 Niedersachsen, Varel 시에 있는 대규모 하이브리드 전력 저장 장치. 이 프로젝트는 NEDO(New Energy and Industrial Techology Developement Organization)에서 개발되었다.

일반적으로 볼 수 있는 많은 전지는 고체 전극으로 구성되지만, 전해질은 액체 용액이다. **고체상 전지(solid-state battery)**에서는 전해질이 고체이다. 효과적인 고체 전해질을 위한 전도성 고체의 조건은, 높은 이온 전도성을 지님과 동시에 반드시 절연체여야 한다는 것이다. 전지의 산화 전극과 환원 전극을 분리하여 전자가 아닌 이온만이 고체를 통과하여야 하기 때문이다(그렇지 않으면 장치에 합선이 일어난다). 개별적인 전지에 대하여 논의하기 전에, 고체에서의 이온 전도성과 우수한 이온 전도체인 고체 유형을 먼저 살펴볼 것이다. 그 후에 몇 가지 중요한 유형의 전지에 관하여 기술하고자 한다.

6.2 고체에서의 이온 전도성

외부 전기장의 영향에 의한 이온 전달, 즉 **이온 전도성(ionic conductivity)**은 점결함에 의해 가능해진다(5장 참조). 격자를 통한 이온 이동의 두 가지 가능한 메커니즘은 그림 6.4에 나타내었다. 그림 6.4a에서 이온은, 격자에 있는 정상적인 위치로부터 인접해 있는 동등한 빈자리로 도약하거나 들뜬다. 이를 **빈자리 메커니즘(vacancy mechanism)**이라고 한다(이온의 이동이 아니라 빈자리의 이동으로도 잘 설명될 수 있다). 그림 6.4b는 틈새 이온이 인접해 있는 틈새 자리로 도약하거나 들뜨는 **틈새 메커니즘(interstitial mechanism)**을 보여 준다. 이온성 격자에서의 이러한 이동에 대한 간단한 묘사는 **도약 모델(hoping model)**로 알려져 있으며, 더 복잡한 협동 움직임은 무시한다.

이온 전도도(σ)는 전기 전도도와 같은 방법으로 아래와 같이 정의될 수 있다.

$$\sigma = nZe\mu \tag{6.2}$$

여기서 n은 단위 부피당 전하 운반체의 농도이고, Ze는 전하 운반체의 전하량(전자 한 개의 전하량, $e = 1.602189 \times 10^{-19}$ C의 배수로 표현됨)이며, μ는 일정한 전기장에서 전하 운반체의 표류 속도인 **이동도(mobility)**이다. 표 6.1은 다양한 소재들의 전도도 값들을 보여준다. 예상할 수 있듯이, 이온성 결정들은 전도성이 있기는 하지만 금속과 비교하면 전도도가 좋지 않다. 이는 전하 운반체(이 경우에는 이온이지만, 가끔

(a) (b)

그림 6.4 이온 이동에 대한 모식도. (a) 빈자리 메커니즘, (b) 틈새 메커니즘.

표 6.1 전형적인 전기 전도도 값

소재	전도도($S\ m^{-1}$)
이온 전도체	
이온성 결정	$< 10^{-16} - 10^{-2}$
고체 전해질	$10^{-1} - 10^{3}$
강 전해질(액체 전해질)	$10^{-1} - 10^{3}$
전자 전도체	
금속	$10^{3} - 10^{7}$
반도체	$10^{-3} - 10^{4}$
부도체	$< 10^{-10}$

전자일 수도 있음)가 결정 격자를 통해 이동해야 하는 어려움이 있기 때문이다.

식 6.2는 모든 전도성 소재의 전도도를 정의하는 일반적인 식이다. 일부 이온성 고체가 다른 소재들에 비하여 전도도가 높은 이유를 이해하려면, 앞서 소개한 도약 모형의 관점에서 그 정의를 더 자세히 살펴보는 것이 필요하다. 먼저, 이온성 고체에서 전류는 결함에 의해 전달된다고 이미 설명하였다. 이온 전도도가 빈자리 또는 틈새 메커니즘에 의해 일어나는 결정의 경우, 전하 운반체의 농도(n)는 결정의 결함 농도(n_S 또는 n_F)와 밀접하게 관련되고, 따라서 이 경우에는 μ가 결함들의 이동도를 나타내게 된다.

결함의 이동도에 대하여 더 자세히 살펴보자. Schottky 결함을 포함하는 NaCl을 고려하자. Na^+ 이온은 제일 작으므로 가장 쉽게 움직이지만, 그림 6.5에서 볼 수 있듯이 상당히 큰 저항에 직면하게 된다.

그림 6.5b에 점선으로 표시된 것처럼, Na^+ 양이온은 단위 세포의 중심에서 인접한 빈자리로 두 가지 경로를 통하여 이동할 수 있다. 4로 표시된 직접 경로에서는 조밀 채움 구조로 서로 매우 가깝게 위치하는 두 개의 Cl^- 음이온 사이를 직접 이동해야 하므로 이 가능성은 매우 작을 것이다. 다른 경로는 먼저 팔면체의 삼각형 면 중 하나(점 1)를 통과한 다음, 사면체 구멍(점 2)을 지나고, 마지막으로 다른 삼각형 면(점 3)을 통과하여 인접한 팔면체의 중심 빈자리로 이동하는 것이다. 이 경로로 이동하는 Na^+ 양이온의 배위 상태는 다른 자리로 이동함에 따라 $6 \rightarrow 3 \rightarrow 4 \rightarrow 3 \rightarrow 6$으로 변하게 된다. 이러한 과정에 대한 에너지 장벽이 분명히 있을 것이지만, Na^+ 양이온이 2배위 상태가 되는 직접 경로만큼 크지는 않을 것이다. 일반적으로 이온은 가능한 경로 중 가장 낮은 에너지 경로를 따라 이동할 것으로 기대할 수 있다. 그

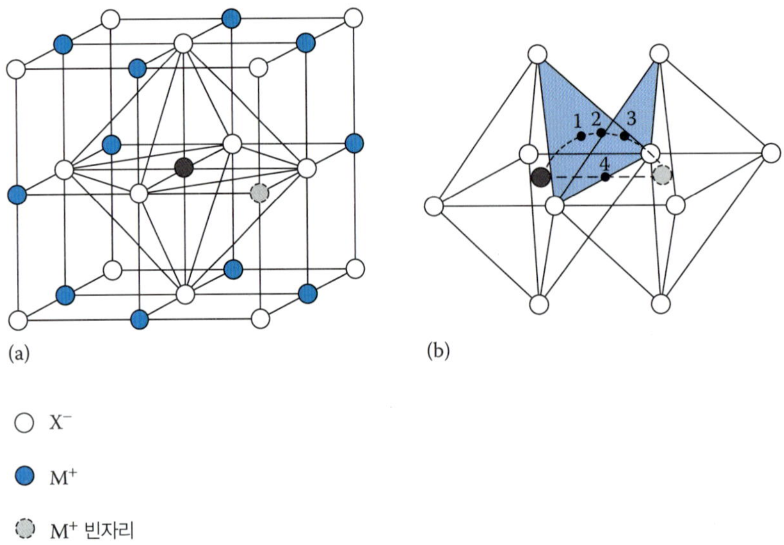

그림 6.5 NaCl-유형의 구조 (a) 중심 양이온을 포함하는 팔면체 배위, (b) 중심 양이온에 배위된 팔면체와 이에 인접한 빈자리를 포함하는 팔면체 배위

림 6.6은 이러한 이온의 이동 경로와 관련된 에너지 변화의 도식도를 보여준다. 이동 전후에서 이온의 에너지는 동등하다. 이온이 이동하는 데 필요한 에너지를 **활성화 에너지(activation energy, E_a)**라고 한다. 이온 이동도의 온도 의존도는 아래와 같이 **Arrhenius 식(Arrhenius equation)**으로 나타낼 수 있다.

$$\mu \propto \exp\left(\frac{-E_a}{kT}\right) \tag{6.3}$$

또는

$$\mu = \mu_0 \exp\left(\frac{-E_a}{kT}\right) \tag{6.4}$$

여기서 μ_0는 지수 앞자리 인자인 비례 상수로, 다양한 변수에 의존한다: 즉, **시도 빈도수(attempt frequency**, v)라고 하는 이온이 이동을 시도하는 초당 횟수(격자 진동수로 10^{12}~10^{13} Hz 크기를 가짐), 이온이 이동한 거리, 외부 전기장의 세기 등이다. 만

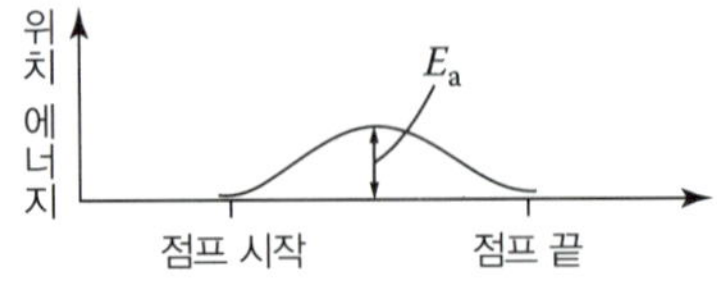

그림 6.6 이온이 가장 낮은 에너지를 갖는 경로로 이동하는 경우에서의 에너지 변화

약 외부 전기장이 약하다면(약 300 V cm^{-1} 이하), 온도 의존도($1/T$)는 지수 앞자리 인자에 포함된다.

식 6.4의 모든 정보를 결합하면, 온도에 따른 이온 전도도의 변화에 대하여 다음과 같이 유도할 수 있다.

$$\sigma = \frac{\sigma_0}{T} \exp\left(\frac{-E_a}{T}\right) \tag{6.5}$$

위 식에서 σ_0 항은 시도 빈도수와 이동 거리뿐만 아니라 n과 Ze도 포함하게 된다. 이로부터 이온 전도도가 온도에 따라 증가한다는 사실을 설명할 수 있으며, 식 6.5에 로그를 취하면 아래의 식을 얻을 수 있다.

$$\ln \sigma T = \ln \sigma_0 - \left(\frac{-E_a}{T}\right) \tag{6.6}$$

$\ln \sigma T$를 $1/T$에 대하여 도시하면 기울기가 $-E_a$인 직선을 얻게 된다. 간혹 $\ln \sigma$를 $1/T$에 대하여 도시하기도 하는데, 이렇게 얻은 직선의 기울기는 실험적으로 거의 차이가 없으므로 문헌에는 두 가지 형태 모두 보고되고 있다. 그림 6.7은 이러한 방법으로 도식화된 여러 화합물에 대하여 온도에 따른 이온 전도도의 변화를 보여준다.

AgI에 대해서는 다음 절에서 논의할 것이므로 잠시 제외하자. 그래프에서 꺾은선이 명확하게 있는 LiI를 제외하고 나머지 그래프는 직선임을 볼 수 있다. 따라서, 많은 화합물을 위에서 기술한 모델로 설명할 수 있을 것으로 보인다. 그러면 LiI는 어떻게 설명할 수 있을까? 사실, 다른 결정들의 직선도 꺾이는 현상을 보여주기도 한다(그림 6.8에 있는 NaCl에 대한 실험 데이터를 보라). 위에서 유도한 식으로 이러한 현상을 설명할 수 있을까?

그래프에 나타나는 두 개의 기울기에 대하여 설명해 보자. 매우 순도가 높은 LiI 결정도 불순물을 포함하고 있으므로, 저온에 해당하는 직선(그래프의 오른쪽)은 외인성 빈자리에 의한 것이라고 해석할 수 있다. 저온에서는 내재 빈자리의 농도가 매우 낮아서 불순물로 인하여 발생하는 결함이 지배적이고, 내재 빈자리에 의한 결함은 무시할 수 있기 때문이다. 특정한 양의 불순물에 상응하는 빈자리의 개수는 원칙적으로 일정하다. 따라서 이러한 **외인성 영역(extrinsic region)**에서 μ는 외인성 결함으로 인한 양이온 이동도에만 의존하고, 그 온도 의존성은 다음과 같다.

$$\mu = \mu_0 \exp\left(\frac{-E_a}{kT}\right) \tag{6.4}$$

그러나 그래프의 왼쪽에 있는 고온에서는 내재 결함의 농도가 어느 정도까지 증가하

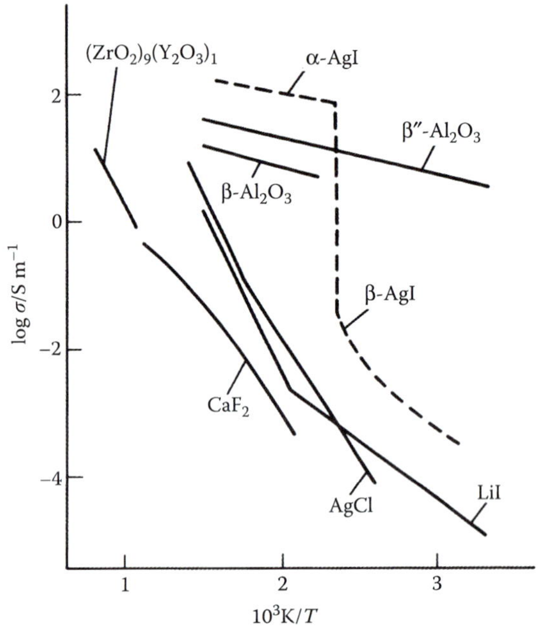

그림 6.7 선별된 고체 전해질들의 온도에 따른 전도도 변화

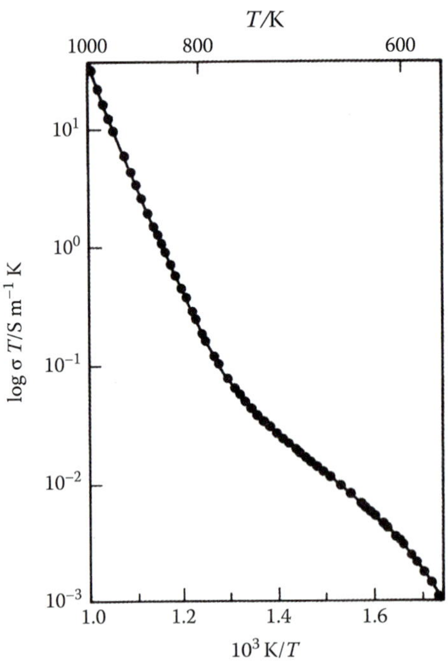

그림 6.8 1/*T*에 따른 NaCl의 이온 전도도 그래프

여 외인성 결함의 농도와 유사해지거나 더 커지게 된다. 외인성 결함과는 달리 내재 결함의 농도는 일정하지 않고 식 6.7에서 보이는 것과 같이 변한다(5장 참조).

$$n_s \approx N \exp\left(\frac{-\Delta H_S}{2kT}\right) \tag{6.7}$$

따라서, 그래프 왼쪽의 **내재 영역(intrinsic region)**에 대한 전도도는 아래와 같은 식으로 주어진다.

$$\sigma = \frac{\sigma'}{T} \exp\left(\frac{-E_a}{kT}\right) \exp\left(\frac{-\Delta H_S}{2kT}\right) \tag{6.8}$$

이 경우, $1/T$에 대한 $\ln \sigma T$의 그래프로부터 얻은 값은 활성화 에너지보다 더 크게 되고, 실제로 양이온 이동에 대한 활성화 에너지(E_a) 및 Schottky 결함 형성에 대한 엔탈피의 두 항에 의존하기 때문에 E_S라고 표시할 수 있다.

$$E_S = E_a + \frac{1}{2} \Delta H_S \tag{6.9}$$

Frenkel 결함을 갖는 화합물에 대해서는 이와 유사하게 아래와 같이 표현할 수 있다.

$$E_F = E_a + \frac{1}{2} \Delta H_F \tag{6.10}$$

이와 같은 도시를 통하여, 활성화 에너지가 결함 형성 엔탈피보다 낮은 값인 0.05~1.1 eV 범위에 있다는 것을 알 수 있다. 앞에서 살펴본 것처럼, 온도를 올리면 결함의 수가 증가하고, 이로 인해 고체의 전도도 역시 증가한다. 그러나 전도도를 증가시키기 위하여 온도를 올리는 것보다는 대략 0.2 eV보다 낮은 활성화 에너지를 갖는 소재를 찾는 것이 더 좋을 것이다. 예를 들면, 그림 6.7의 오른쪽 위에 있는 소재 말이다.

6.3 고체 전해질

일반적인 화합물보다 훨씬 높은 전도도를 갖는 이온성 고체는 **고속-이온 전도체(fast-ion conductor)**, **초이온 전도체(superionic conductor)** 또는 **고체 전해질(solid electrolyte)** 등으로 다양하게 알려져 있다. 이러한 소재들은 고체상 전지와 같은 응용 분야에 유용하므로 현재 중요한 연구 주제 중 하나이다.

6.3.1 은 이온 전도체

최초로 발견된 고속-이온 전도체 중 하나는 1913년 Tubandt과 Lorenz에 의해 보고된 **아이오딘화 은(silver iodide)**의 고온 상이다.

147℃ 이하에서 AgI는 두 개의 상을 갖는데, **섬아연석(zinc blende)** 구조의 γ-AgI 상과 **섬유아연석(wurtzite)** 구조의 β-AgI 상이다. 두 구조 모두 아이오딘 음이온이 조밀 채움 배열을 하고, 사면체 구멍의 절반에 은 양이온이 채워진 구조이다. 그러나 147℃ 이상의 온도가 되면 아이오딘 음이온이 체심 입방(*bcc*) 격자를 이루는 새로운 α-AgI 상이 발견된다. 그림 6.6에서 볼 수 있듯이, α-AgI 상의 전도도는 급격하게 증가하여 β- 또는 γ-AgI 상보다 10^4배 이상 높은 131 S m^{-1} 값을 보여주며, 이 값은 전도성 액체 전해질과 비견된다. 이렇게 놀라운 현상을 어떻게 설명할 수 있을까?

이러한 α-AgI의 높은 전도도는 그 결정 구조를 이용하여 설명할 수 있다. 그림 6.9a에서 보여 주는 것처럼, α-AgI 구조에서는 I^- 음이온들만으로 체심 입방(*bcc*) 배열을 한다. 중심에 있는 I^- 음이온은 같은 거리에 있는 여덟 개의 I^- 음이온들로 둘러싸여 있다. Ag^+ 양이온들이 어디에 위치할 수 있는지를 알기 위하여, 좀 더 구체적으로 *bcc* 구조를 살펴볼 필요가 있다. 그림 6.9b는 같은 단위 세포에 다음으로 가깝게 인접해 있는 단위 세포를 추가한 그림이다. 한 개의 단위 세포를 둘러싸고 있는 여섯 개의 인접한 단위 세포들의 체심에 I^- 음이온들이 있고, 이 I^- 음이온들은 가장 가까운 여덟 개의 I^- 음이온들보다 단지 15% 정도 더 떨어져 있을 뿐이다. 이로부터 **A**라고 표시된 중심 원자가 14개의 같은 원자들에 의해 완벽하게 균일하지는 않지만, 효과적으로 둘러싸여 있다고 가정할 수 있으며, 이 14개의 원자는 **마름모 십이면체(rhombic dodecahedron)**의 꼭짓점에 위치하게 된다(그림 6.9c). 그림 6.9d에서처럼 이 구조를 두 세트의 이웃 단위 세포에 해당하는 여섯 개의 사각 면과 여덟 개의 육각 면을 갖는 **깎은 팔면체(truncated octahedron)**의 공간 채움 형태로 표현하는 것이 편리할 수도 있다. 이렇게 형성된 십사면체의 내부를 원자 한 개의 **구역(domain)**이라고 한다.

이 구역의 각 꼭짓점은 틈새의 중심에 있게 되는데(조밀 채움 구조에서 사면체 구멍과 팔면체 구멍과 유사함), 이 구조는 뒤틀린 사면체이다. 그림 6.9e는 두 개의 뒤틀린 사면체 구멍이 인접해 있는 구조를 보여주며, 각각의 사면체 구멍은 단위 세포의 면에 있는 **사면체(tetrahedral)** 자리라는 것을 알 수 있다. 두 개의 사면체가 서로 만나는 위치에서 공통의 삼각형 면을 공유하며, 그림 6.9e에 표시된 것처럼 이 면의 중심에 삼각형 자리가 있다. 세 번째 형태의 자리는 단위 세포의 면과 모서리 각각의 중심에 존재하며, 뒤틀린 팔면체 배위를 갖는 자리라고 할 수 있다. 따라서 α-AgI 구조는, 그림 6.10과 같이 Ag^+ 양이온들이 차지할 수 있는 자리들이 매우 다양하다는 독특한 특징을 갖는다. 각 AgI 단위 세포에는 두 개의 I^- 음이온이 존재하고(꼭지점에 $\left(8\times\frac{1}{8}\right)$개와 체심에 한 개), 따라서 전하 균형을 맞추기 위해 두 개의 Ag^+ 양이온

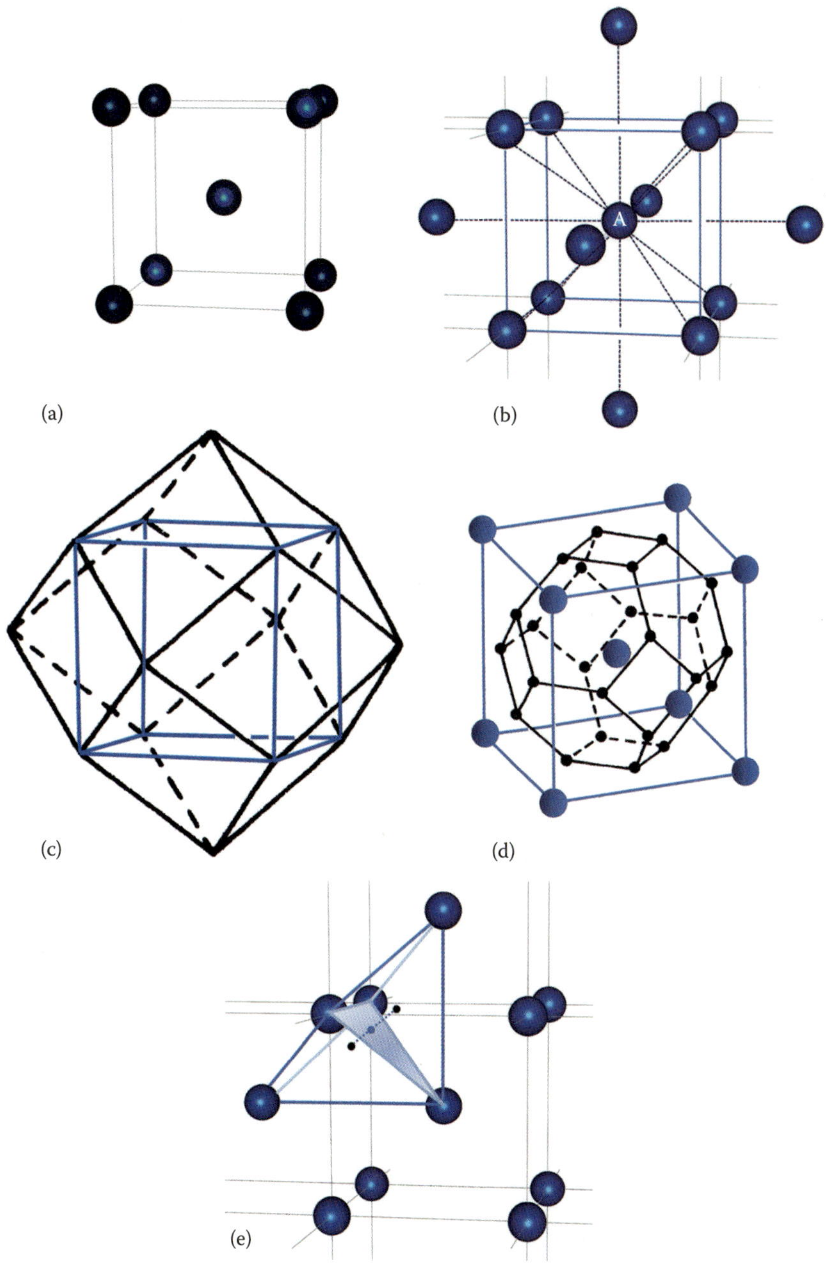

그림 6.9 AgI의 구조 (a) I^- 음이온들의 체심 입방 배열, (b) 다음으로 가까운 이웃 이온들까지 확대한 *bcc* 배열, (c) 마름모 십이면체, (d) 닫힌 꼭지 잘린 팔면체로 도시된 *bcc* 배열 – 24개의 꼭짓점(검은 점)은 뒤틀린 사면체 중앙에 위치한다(이 24개의 자리는 단위 세포의 면에 존재하므로 두 개의 단위 세포 사이에서 공유되어 단위 세포당 평균적으로 12개의 자리이다). (e) 두 사면체 자리와 그 사이의 삼각형 자리

자리가 필요하게 된다.

위에서 언급했던 가능한 자리는 6개의 뒤틀린 팔면체 자리 및 12개의 '사면체' 자리, 24개의 삼각형 자리까지 Ag^+ 양이온에게는 엄청나게 많은 선택의 폭(총 42개의 가능한 자리)이 열려있다. 구조 분석으로부터 Ag^+ 양이온들이 통계학적으로 12개의 사면체 자리에 분산되어 있고, 같은 에너지를 가지고 있다는 것을 알 수 있다. 이 12개의 자리만을 고려하더라도, Ag^+ 양이온 한 개당 다섯 개의 여분의 자리가 더 있다는 것이다. 그림 6.10의 실선으로 표시된 경로를 따라, 처음의 사면체 사리에서 비어있는 삼각형 자리를 거쳐 다음 사면체 자리로 이동하는 Ag^+ 양이온을 상상할 수 있고, 이를 통하여 Ag^+ 양이온은 연속적으로 Frenkel 결함을 생성하고 소멸시키면서 쉽게 격자를 따라 이동할 수 있다. 그림 6.10에 얇은 점선으로 표시한 경로는 공간이 좀 더 좁은 비어있는 팔면체(octahedral) 자리를 통과해야 하므로 더 높은 에너지가

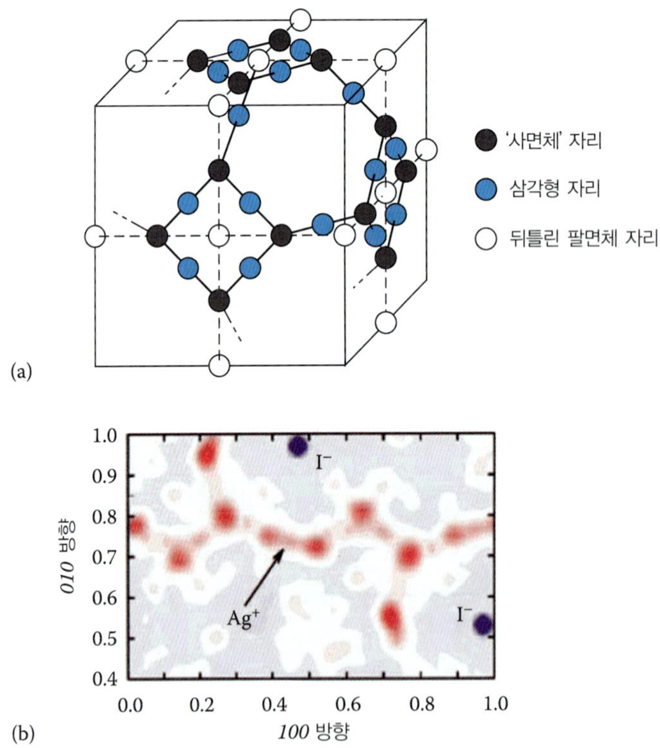

그림 6.10 (a) α-AgI의 *bcc* 구조에서 가능한 양이온 자리들. 굵은 실선과 얇은 점선은 가능한 확산 경로를 표시한다. (b) $RbAg_4I_5$의 결정 구조에서 이온 전도 통로에 있는 Ag^+ 양이온 밀도의 시간-평균 분포도 (Reprinted from *J. Solid State Chem.*, **165**, Hull, S., et al., Crystal structures and ionic conductivities of ternary derivatives of the silver and copper monohalides, 363–371, Copyright 2002, with permission from Elsevier).

필요하다. 사면체 → 삼각형 → 사면체로의 이동은 배위수를 4 → 3 → 4로만 변화시킬 뿐이며, 실험적으로 측정된 활성화 에너지는 0.05 eV로 매우 낮다고 알려져 있다. 이렇게 격자 내에서 Ag^+ 양이온이 쉽게 이동할 수 있으므로, 일반적으로 Ag^+ 이온의 **용융 부격자(molten sublattice)**라고 기술하기도 한다.

α-AgI의 매우 높은 전도도는 여러 가지 유효 인자들이 종합되어 발현된다고 볼 수 있으며, 이에 기여하는 특성들을 요약하면 아래와 같다.

- 이온들의 전하가 낮고, 이동하는 Ag^+ 양이온은 1가이다.
- 양이온이 이동할 수 있는 빈자리가 많다.
- 구조는 이온이 통과할 수 있는 경로를 가진 개방형 골격을 갖는다.
- 이온 주변의 배위수 또한 낮아서, 한 자리에서 다른 자리로 이동할 때 배위수가 약간만 변화되며, 따라서 격자를 통과하는 데 낮은 활성화 에너지가 필요한 경로가 있다.
- 음이온의 **편극성(polarisbility)**이 상당히 커서, 음이온을 둘러싸고 있는 전자 구름이 쉽게 뒤틀리고, 따라서 양이온이 음이온 사이를 더 쉽게 지나가는 통로를 제공한다.

이러한 특성들은 다른 고속-이온 전도체들을 탐색하는 연구에 있어서 중요하다.

α-AgI의 특이한 전기적 특성은, 가능하다면 147℃ 이하의 온도에서 높은 이온 전도도를 보이는 다른 고체 소재들을 탐색하는 연구의 시발점이 되었다. 은(Ag) 일부를 루비듐(Rb)으로 치환하면 $\mathbf{RbAg_4I_5}$ 화합물을 합성할 수 있는데, 이 화합물은 상온에서 25 S m^{-1}의 이온 전도도를 가지며 활성화 에너지는 0.07 eV에 불과하다. 이 화합물의 결정 구조는 α-AgI와 같지는 않지만, Rb^+ 및 I^- 이온들이 α-AgI의 I^- 음이온들과 유사하게 단단하게 배열되어 있고, 이동할 수 있는 사면체 자리의 네트워크 전체에 Ag^+ 이온들이 무작위로 분포하고 있다(그림 6.10).

전지에서 이온성 고체 소재를 고체 전해질로 유용하게 활용하려면, 높은 이온 전도도를 가져야 할 뿐만 아니라 전기 전도도는 무시할 수 있을 만큼 작아야 한다. 이것은 전지의 합선을 막기 위한 것이며, 전자들은 반드시 외부 회로를 따라서만 이동하여 일을 해야 하기 때문이다. 전극이 은 및 루비듐 삼아이오딘화물($Rb[I_3]$)로 구성된 전지에서는 $RbAg_4I_5$를 고체 전해질로 사용한다. 이 전지는 넓은 온도 범위(−55∼+200℃)에서 작동하고, 저장 수명이 길며, 기계적 충격에도 안정적이다.

표 6.2 α-AgI와 관련있는 이온 전도체들

음이온 구조			
bcc	**ccp**	**hcp**	**다른 구조**
α-AgI	α-CuI	β-CuBr	$RbAg_4I_5$
α-CuBr	α-Ag_2Te		
α-Ag_2S	α-Cu_2Se		
α-Ag_2Se	α-Ag_2HgI_4		

표 6.2는 α-AgI와 유사한 특성을 보이는 이온 전도체들을 보여준다. 몇 개의 구조들은 표에 표시한 것처럼 음이온들의 조밀 채움 배열에 기초하고 있으며, 이 화합물들의 전도 메커니즘은 α-AgI와 유사하다. 은 황화물(Ag_2S)과 은 셀레늄화물(Ag_2Se)의 칼코젠 화합물(chalcogenide) 구조들은 이온 전도성뿐만 아니라 전기 전도성도 가지므로, 전해질이 아닌 전극 소재로 꽤 유용할 수 있다.

6.3.2 리튬 이온 전도체

리튬 아이오딘화물은 상당히 낮은 이온 전도도를 보여준다(그림 6.6 참조). 그런데도 이 화합물은 심박조율기의 LiI 전지에 사용된다. 이 전지들은 낮은 전류만을 공급하지만, 매우 작게 만들 수 있고, 장기간 사용할 수 있으며, 기체를 생성하지 않으므로 밀폐할 수 있다. 무엇보다도 이 전지의 신뢰도는 매우 높다. 이 전지에서 LiI는 전도성 고분자(폴리-2-바이닐-피리딘)에 내장된 아이오딘(I_2) 전극과 리튬 전극을 분리하는 고체 전해질이며, 그림 6.1a를 기반으로 다음과 같이 묘사할 수 있다.

A		**B**		**C**
Li	//	LiI	//	I_2 및 고분자

전극 반응은 다음과 같다.

산화 전극(anode, *A*): $2Li(s) = 2Li^+(s) + 2e^-$

환원 전극(cathode, *C*): $I_2(s) + 2e^- = 2I^-(s)$

LiI는 내재 Schottky 결함을 가지므로, 작은 Li^+ 양이온들이 고체 전해질을 통과할 수 있고, 방출된 전자들은 외부 회로를 따라 이동한다.

기존에는 수은 전지가 이식형 심박조율기로 사용되었지만, Wilson Greatbatch의 제안에 의해 LiI 전지가 처음으로 사용되었고, 1970년대 초에 상용화되었다.

현재 많이 연구되고 있는 분야는 용매 없이 전해질 역할을 할 수 있는 리튬 이온 전도성 고체에 관한 것이다.

LINICON-유형의 전도체(LINICON-like conductor)는 γ-Li_3PO_4에 기반한 구조를 갖는다. 그림 6.11에서 볼 수 있듯이 이 구조에서 산소 음이온은 뒤틀린 육방 조밀(*hcp*) 배열을 하며, 다른 이온은 두 종류의 다른 사면체 자리를 점유하는 구조로 생각할 수 있다.

리튬 이온 전도성 고체에서 인(P)은 부분적이거나 전체적으로 하나 이상의 금속에 의해 치환되어 있다. 치환된 이온들은 보통 인보다 낮은 산화 상태를 가지며, 전하 균형을 맞추기 위해 과량의 리튬이 첨가되고, 이 Li^+ 이온들은 틈새 자리를 차지한다. 하

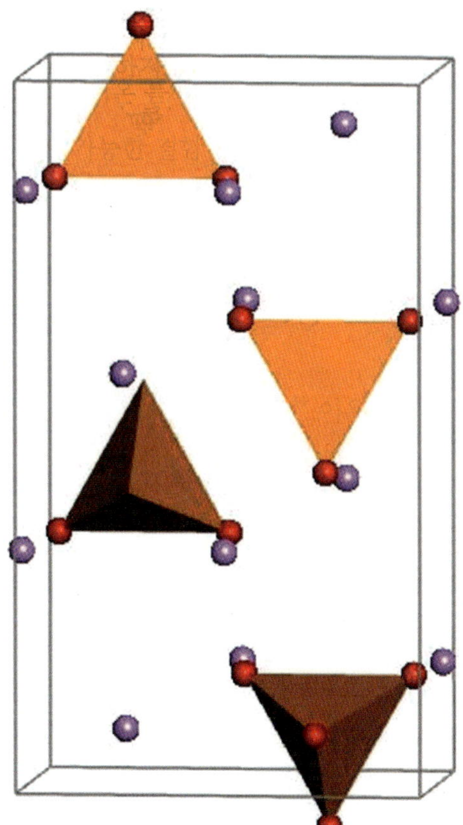

그림 6.11 γ-Li_3PO_4의 구조 – 오렌지 색 사면체: 인, 빨간색 구: 산소, 연보라색 구: 리튬(Based on data from Ayu, N. I. P., Kartini, E., Prayogi, L. D., Faisal, M., Supardi, Z. (2016) Crystal structure analysis of Li_3PO_4 powder prepared by wet chemical reaction and solid–state reaction by using X-ray diffraction (XRD). *Ionics* 22, 1051–1057).

나의 예로서 $Li_{3.6}Ce_{0.6}V_{0.4}O_4$는 상온에서 4×10^{-3} S m^{-1}의 전도도를 보여준다. 산소를 황으로 치환하면 더 높은 전도도를 얻을 수 있는데, 일례로 $Li_{10}GeP_2S_{12}$(LGPS)는 300 K에서 1.2 S m^{-1}의 전도도를 갖는다.

리튬 이온을 함유한 석류석(lithium ion stuffed garnet)은 현재 연구되고 있는 또 다른 형태의 고체 전해질이다. 석류석은 광물의 한 종류로, 개별적인 SiO_4^{4-} 단위를 포함한다(7장 참조). 이 소재는 $M_3^{II}M_2^{III}(SiO_4)_3$의 화학식을 가지며(여기서 M^{II}는 Ca^{2+}, Mg^{2+} 또는 Fe^{2+}이고, M^{III}은 Al^{3+}, Cr^{3+} 또는 Fe^{3+}이다), $M^{III}O_6$ 팔면체가 다른 여섯 개의 SiO_4 사면체와 꼭짓점 공유를 통하여 결합하고, 십이면체 틈새에서 M^{II} 이온이 여덟 개의 산소에 의해 배위되어 있는 구조이다. 이 화합물에서 M^{II}는 Y 및 La, 또는 란타넘족 원소로, M^{III}는 Ga 및 Ge, Mn, Ni, V으로, 그리고 Si는 Ga 및 Al으로 치환되면서 범위가 확장될 수 있다. 리튬이 함유된 석류석은 과잉의 리튬 이온을 포함하며, 일반적으로 단위 화학식당 5개서 7개의 리튬이 존재한다. 최초로 보고된 리튬 이온 전도성 석류석은 $Li_5La_3M_2O_{12}$의 화학식을 갖는다. (여기서, M은 나이오븀 또는 탄탈럼이다.) 중성자 회절 결과를 통해 La^{3+} 이온들이 8배위된 자리를 점유하고, 나이오븀 또는 탄탈럼이 팔면체 자리를 각각 차지한다는 것을 알 수 있다. 사면체 자리에 비해 아주 많은 Li^+ 이온들이 존재하므로 이들 Li^+ 이온은 사면체 자리와 뒤틀린 팔면체 자리를 점유한다. 이 고체 소재의 이온 전도도는 상온에서 대략 10^{-4} S m^{-1}이다. 더 높은 전도도를 갖는 Li-함유 석류석도 합성되었다. 일례로 상온에서 $10^{-1}\sim10^{-2}$ S m^{-1}의 전도도를 갖는 $Li_7La_3Zr_2O_{12}$를 들 수 있다.

리튬 함유 석류석의 전도성은 리튬 이온의 이동으로 인해 발생한다. 고체상 NMR과 계산 연구를 통하여, 이 전도성은 리튬 이온들이 뒤틀린 팔면체 자리들 사이에서 이동하기 때문이라고 제안되었다.

페로브스카이트(perovskite) 및 질화물(nitride), NASICON-유형의 구조와 같은 다른 소재들에 관한 연구도 진행 중이다. NASICON 구조는 다음 절에서 다룰 예정인데, LISICON 구조와 유사하게 인산염에 기반한다. 그러나 NASICON에서는 금속 이온들이 팔면체 자리를 점유한다.

6.3.3 소듐 이온 전도체

β-알루미나(β-alumina)는 고속 이온 전도 특성을 나타내는 일련의 화합물을 말한다. **어미 화합물(parent compound)**은 소듐 β-알루미나($Na_2O\cdot11Al_2O_3[NaAl_nO_{17}]$)이

고, 유리 산업에서 부산물로 나온다. (이 화합물은 원래 Al_2O_3의 다형체(polymorph)로 생각되어 이름이 붙여졌다. 나중에 소듐 이온을 포함하는 것으로 밝혀졌지만, 원래 이름이 유지되었다.) 이 일련의 화합물에 대한 일반적인 화학식은 $M_2O \cdot nX_2O_3$로 n 값은 5~11이며, M은 알칼리 금속 양이온, Cu^+, Ag^+, NH_4^+와 같은 1가 양이온이다. X는 Al^{3+}, Ga^{3+} 또는 Fe^{3+}와 같은 3가 양이온이다. β-알루미나의 실제 조성은 이상적인 화학식과 상당히 벗어나 Na^+ 이온은 항상 과잉으로 발견되고, O^{2-} 이온은 더 많거나 더 적은 것으로 밝혀졌다. 이러한 화합물은 1966년 Ford Motor사가 상온 또는 그 이상의 온도에서 Na^+ 이온의 이동성이 매우 크다는 것을 보여주면서 관심을 끌기 시작하였다.

β-알루미나에서 Na^+ 이온의 높은 전도도는 결정 구조 때문이다. 이 구조는 조밀 채움 형태의 산소 음이온 층으로 볼 수 있고, 다섯 번째 층마다 산소의 3/4이 결손되어 있다(그림 6.12). 네 개의 조밀 채움 층은 팔면체 구멍과 사면체 구멍 모두에 Al^{3+} 이온을 포함한다(이들은 $MgAl_2O_4$의 스피넬 광물의 결정 구조와 유사하여 스피넬 블록(spinel block)으로 알려져 있다. 스피넬 블록은 1장의 논의를 참조하라. 그림 1.44에 나타내었다). 네 개의 조밀 채움 형태의 산소 음이온 층들은 단단한 Al−O−Al 결합으로 유지되고 있으며, 다섯 번째 층을 이루는 산소 원자는 다른 층에 비해 1/4만이 채워져 있다. Na^+ 이온은 구조 내에서 거울면을 이루는 다섯 번째 산소 음이온 층에 존재

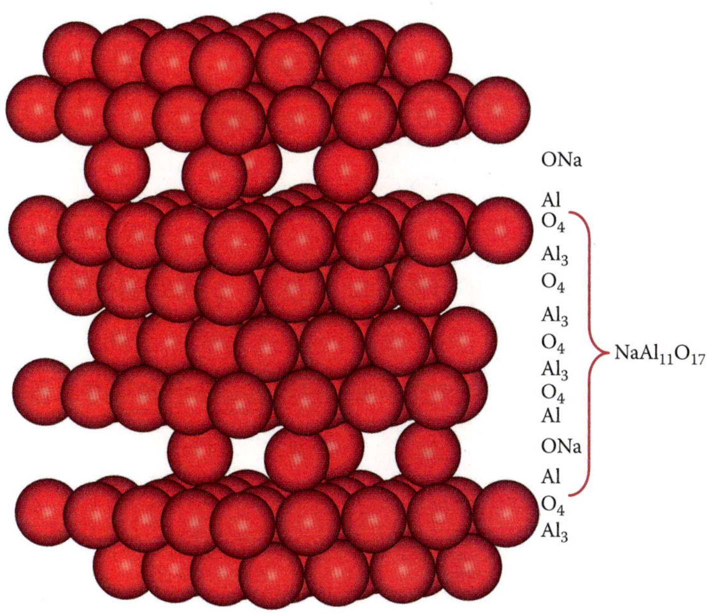

그림 6.12 β-알루미나의 구조에 각 층에 대한 원자의 비율을 보여주는 산소 음이온 층들

한다. 이 구조의 전체 화학량론은 그림 6.13에 층별로 표시되어 있다. 층의 순서는,

$$B(ABCA)C(ACBA)B...$$

이고, 여기서 괄호는 네 개의 조밀 채움 층을 포함하며, 중간에 있는 기호가 다섯 번째 층을 의미한다.

β-알루미나의 결정 구조는 그림 6.13에 나타나 있다. 빈자리들이 많이 있으므로 Na^+ 이온들은 쉽게 이동할 수 있고, 따라서 다양한 자리에 존재할 수 있다. β-알루미나에서 Na^+ 이온의 이동은 산소 빈자리를 갖는 면 내에서만 일어나며, 이 면을 **전도면(conduction plane)**이라고 한다. 알칼리 금속 양이온은 빽빽한 스피넬 블록을 통과할 수는 없지만, 면 내에서는 한 자리에서 다른 자리로 쉽게 움직일 수 있다. β-알루미나의 화학량론적 형태는 발견되지 않았는데, 일반적으로는 Na_2O가 과다하게 존재한다. 이 소듐 과잉 화합물들은 화학량론적 β-알루미나보다 훨씬 높은 전도도를 나타낸다. 소듐 양이온들이 과다하게 존재하기 때문에, 화합물의 전체 전하를 0으로 유지하기 위해서 다른 결함들이 있어야만 한다. 여러 가능성이 있지만 실제로는 과잉의 산소 음이온들이 전하 보상을 하고 있으며, 전체 화학식은 $(Na_2O)_{1+x} \cdot 11Al_2O_3$로 표현할 수 있다. 이와 같은 과잉의 소듐 양이온과 산소 음이온은 모두 다섯 번째 층에 있으며, O^{2-} 이온은 스피넬 블록에 있는 Al^{3+} 이온에 의해 특정한 자리에 고정되고, Na^+ 이온은 이동할 수 있는 형태로 존재한다. Na^+ 이온들은 매우 유동적이고, 따라

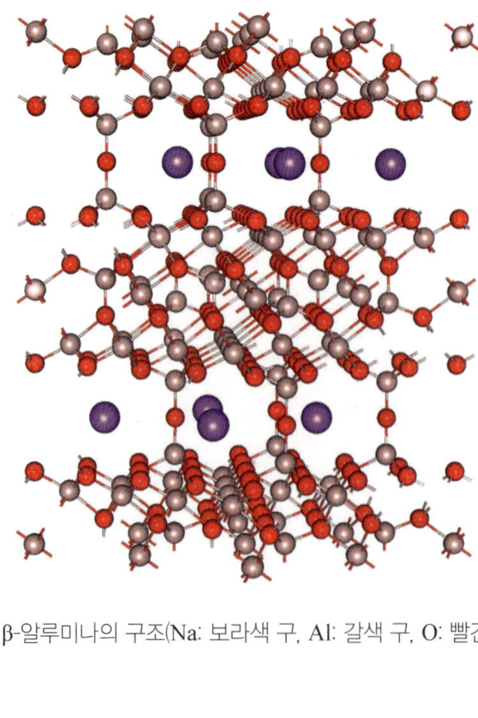

그림 6.13 화학량론적 β-알루미나의 구조(Na: 보라색 구, Al: 갈색 구, O: 빨간색 구)

서 300℃에서 β-알루미나의 이온 전도도는 전형적인 액체 전해질이 보여주는 상온에서의 전도도와 유사해진다.

β-알루미나는 용융 염 전기화학 전지, 특히 전력 생산용 전지의 전해질로 사용된다.

1968년에 Hagman과 Kierkegaard는 **NZP**로 알려진 아주 흥미로운 새로운 물질, 소듐 지르코늄 인산염($NaZr_2(PO_4)_3$)을 발견하였다(그림 6.14). 이 물질의 구조를 보면 PO_4 사면체의 꼭짓점을 통해 ZrO_6 팔면체들이 서로 연결되어 있으며, 각각의 PO_4 사

그림 6.14 NZP의 구조(Na: 보라색, Si: 파란색, P: 갈색/노란색, O: 빨간색)

면체는 네 개의 ZrO_6 팔면체와 꼭짓점을 공유한다. 이로 인해 구조 내에는 두 가지 유형의 빈자리를 포함하는 삼차원 통로가 형성된다. 하나의 뒤틀린 팔면체 자리인 유형 I(NZP에서는 Na^+ 양이온이 점유함)과 크기가 더 큰 세 개의 자리인 유형 II이다(NZP에서는 빈자리이다). 이 소재들은 수백 가지의 관련 화합물에서 일반적인 화학식 $A_xM_2((Si,P)O_4)_3$을 나타내며, 믿을 수 없을 정도로 다양하면서 안정한 구조임이 밝혀졌다. 양이온(A)은 일반적으로 알칼리 금속 또는 알칼리 토금속이며, 구조를 형성하는 금속(M)은 Ti, Zr, Nb, Cr, Fe와 같은 전이 금속이다. 인은 실리콘으로 치환될 수도 있다. 이 소재 중 가장 유명한 화합물은 NASICON(Na SuperIonic CONductor의 약자)으로 알려진 것이다. NASICON은 전도도가 20 S m^{-1}인 매우 우수한 Na^+ 고속 이온 전도체이다. 화학식은 $Na_3Zr_2(PO_4)(SiO_4)_2$이고 네 개의 빈자리 중 세 개를 Na^+ 양이온이 점유하고 있어 이온들이 통로를 따라 확산할 때 서로 연관되는 **상관 운동(correlated motion)**을 가능하게 한다.

6.4 리튬 기반 전지

2019년에 M. Stanley Whittingham와 John Goodenough, Akira Yashino은 **리튬 이온 전지(lithium-ion battery)**를 개발한 공로를 인정받아 노벨 화학상을 수상하였다. 1970년대에 Whittingham은 리튬 금속과 이황화 타이타늄(TiS_2)을 각각 산화 전극과 환원 전극으로 사용하여 전지를 개발하였다. **이황화 타이타늄(titanium disulfide)**은 CaI_2 구조를 갖는다(1장). 이 고체는 황금색이며, 타이타늄 층을 따라 높은 전기 전도도를 보여준다. 이황화 타이타늄의 전도도는 **전자 주개(electron donor)**를 포함하는 화합물을 층간 삽입시킴으로써 향상시킬 수 있고, 가장 잘 알려진 예는 리튬이 삽입된 Li_xTiS_2이다. 이 화합물은 재충전 전지의 환원 전극 물질에서 합성되며, 뷰틸 리튬을 사용한 TiS_2의 **리튬 치환 반응(lithiation)**을 통해 직접 합성할 수도 있다.

$$x\,C_4H_9Li + TiS_2 = Li_xTiS_2 + \frac{x}{2}C_8H_{18}$$

Goodenough는 TiS_2 대신 전이 금속 산화물인 CoO_2를 사용하면 고전압 전지를 만들 수 있다는 사실을 밝혔다.

그러나 리튬이 전극 위에서 아주 미세하게 쪼개진 형태로 **재석출(re-deposition)**되거나 **수지상(dendritic**, 나뭇가지와 같은 형태)을 형성하기 때문에, 신뢰할 수 있는 재충전형 리튬 전지를 만드는 것은 매우 어려운 문제이다. 이러한 리튬들은 반응성이 매우 높으며 심지어 불이 붙을 수도 있다. 리튬은 물과 격렬하게 반응하여 수산화 리튬과 수소를 방출하므로, 전지는 누출되지 않도록 완전히 밀봉되어야만 한다. Yoshino는 상용 리튬 이온 전지를 최초로 생산하였다. 흑연과 **비정질(non-crystalline)** 탄소의 혼합물인 **석유 코크(petroleum coke)**를 가열하여 리튬을 삽입한 소재로 리튬 환원 전극을 대체하였으며, 전해질은 비수용성 용매인 프로필렌 카보네이트(propylene carbonate)에 리튬 과염소산염(lithium perchlorate)이 녹아 있는 용액을 사용하였다.

전기 자동차는 2019년 현재 리튬 이온 전지를 동력원으로 사용하고 있다. 내연 기관 차량과 비교해 더 효율적이고(내연 기관은 30% 정도지만, 리튬 이온 전지는 대략 90%의 효율을 보임), CO_2와 미립자와 같은 환경 유해 물질의 배출이 전혀 없다는 점에서 여러 가지 장점을 보여준다.

현재 사용되고 있는 전지는 산화 전극으로 층간 삽입 화합물 C_6Li, 즉 리튬이 삽입된 흑연으로 구성되어 있으며, 방전 분위기에서 Li^+ 양이온이 쉽게 방출된다. 이렇게 방출된 Li^+ 이온들은 Li^+를 포함하는 전해질을 통과하여 환원 전극으로 이동하고, 환원 전극에서 다시 층간 삽입된다. 환원 전극은 $Ni_xMn_yCo_zO_2$와 같은 혼합 금속 산화물 또는 리튬이 삽입될 수 있는 다른 물질들, 특히 $FePO_4$, NiO_2 및 TiS_2 등으로 만들 수 있다. 예를 들면 Nissan Leaf 전기 자동차는 산소 음이온과 리튬 양이온 및 Mn/Co/Ni가 혼합된 양이온들로 구성된 층상 화합물을 환원 전극으로 사용한다. 층상 구조의 환원 전극 $LiMoO_2$의 구조는 그림 6.15에 나타내었다. 현재 전해질로는 에틸렌 카보네이트와 같은 비수용성 용매에 리튬 헥사플루오로포스페이트(lithium hexafluorophosphate, $LiPF_6$) 및 리튬 테트라플루오로보레이트(lithium tetrafluoroborate, $LiBF_4$), 리튬 트라이플레이트(lithium triflate, $LiCF_3SO_3$) 등을 용해시킨 용액을 주로 사용한다. 두 전극을 구성하는 층간 삽입 화합물 사이에서 Li^+ 이온들이 움직이므로 리튬 금속은 전혀 존재하지 않는다. 따라서 리튬 전지와 연관된 많은 위험 요소들이 사라졌다.

리튬 전지의 안정성을 보장하기 위해서는 비수용성 용매와 물을 완전히 배제할 수 있도록 주의하여 밀봉된 용기를 사용해야 한다. 이러한 용기는 보통 금속으로, 원통형(cylinder) 및 주머니형(pouch), 직각 프리즘형과 같이 다양한 형태로 제작될 수 있다.

리튬 이온 고분자 전지(lithium-ion polymer battery)는 리튬 이온 전지에서 진화한 방식이다. 전지 반응은 동일하지만, 비수용성 용매가 아닌 폴리에틸렌옥사이드

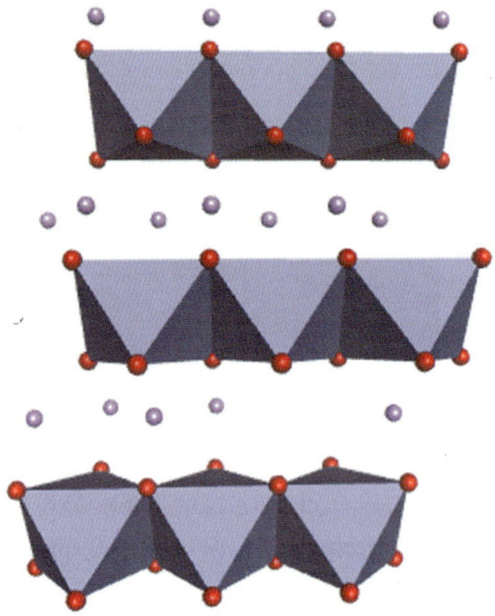

그림 6.15 $LiMO_2$의 구조(Li: 작은 보라색 구, O: 작은 빨간색 구, M: 파란색 팔면체)

(polyethylene oxide, PEO) 또는 폴리아크릴로나이트릴(polyacrylonitrile)과 같은 전도성 고분자 겔(gel)에 리튬 염을 분산시킨 전해질을 사용한다. 리튬 이온 고분자 전지는 유연한 포일로 제작하여 밀봉할 수 있어서, 매우 가볍고 얇으며 다양한 모양으로 제조할 수 있다.

6.5 소듐 기반 전지

소듐을 포함한 전지는 전기 저장 장치에 사용된다(그림 6.3 참조). Na^+의 전도 특성은 높은 온도에서 작동하는 이차 전지인 **소듐 황 전지(sodium sulfur battery)**에 적합하다. 이 전지는 NASICON 또는 β-알루미나를 전해질로 사용한다. 전지에서 큰 전압을 얻으려면 알칼리 금속과 할로젠 사이에서의 반응과 같이 Gibbs 자유 에너지 변화가 큰 음수 값을 갖는 전지 반응이 필수적임을 식 6.1로부터 알 수 있다. 이러한 반응은 가벼운 물질 사이에서 높은 에너지를 방출하는 반응을 포함하므로, 최대 150 Wh kg^{-1}의 비에너지(specific energy)를 얻을 수 있다. 전해질은 용융 소듐과 용융 황을 분리하고, 황/전해질 계면에서는 소듐 폴리황화물(polysulfide)이 형성되는 복잡한 반응이 일어난다. 전지의 작동 온도인 300°C를 유지하는 데 필요한 열은 전지 반응

자체에서 공급된다. 이 전지 반응은 다음과 같이 요약된다.

A	B	C
Na(l) //	β-알루미나 //	S(l)와 흑연

$$\textbf{산화 전극(anode, } \boldsymbol{A}\textbf{)}: 2Na(1) = 2Na^+ + 2e^-$$

$$\textbf{환원 전극(cathode, } \boldsymbol{C}\textbf{)}: 2Na^+ + 5S(1) = 2e^- = Na_2S_5(1)$$

$$\textbf{전체 반응}: 2Na(1) + 5S(1) = 2e^- = Na_2S_5(1)$$

이후 저분자의 폴리황화물이 형성되면서 대략 Na_2S_3의 조성이 될 때 방전이 종료된다. 이렇게 방전된 전지에 외부 전류를 가해주면 복잡한 전지 반응임에도 역반응을 유도할 수 있다.

이러한 소듐 황 전지는 출력이 높고 가볍다는 장점이 있으며, 대부분의 나라에서 원재료를 구매할 수 있고 가격도 상대적으로 저렴하다. 그러나 300°C에서 반응성이 높고 부식성이 강한 화학 물질들을 포함하고 있으므로 엄격한 안전 설비가 요구되며, 따라서 전기 자동차에서 사용하려던 원래의 개발 목적에 부합하지는 않는다. 현재 이 소듐 황 전지는 에너지 저장 장치에 사용되고 있다.

β-알루미나를 Na^+ 이온 전도체로 사용하면서 고온에서 작동하는 **ZEBRA 전지(ZEBRA battery)** 또는 Na−$NiCl_2$ 전지 또한 관심의 대상이 되고 있다. 황 전극은 염화 니켈로 대체된다. $NiCl_2$와 고체 전해질 사이의 접촉은 모두 고체이기 때문에 좋지 않다. 이 전류 흐름 특성을 개선하기 위하여 전극과 β-알루미나 사이에 또 다른 액체 전해질(용융 $NaAlCl_4$)을 추가해 준다. 전체 전지 반응은 아래와 같다.

$$2Na + NiCl_2 = Ni + 2NaCl$$

이 전지의 비에너지는 100 Wh kg^{-1} 이상으로 높아서 전기 자동차의 동력원으로 적용하면 최대 250 km까지 주행 가능하고, 따라서 매일 도시에서 사용하기에는 충분하다. 이 전지는 완전한 재충전이 가능하며, 견고하고 안전하여 100,000 km 이상의 주행까지도 정비가 필요하지 않은 것으로 확인되었다.

소듐 이온 전지(sodium-ion battery)는 리튬 이온 전지와 유사하게, 산화 전극으로 흑연을 사용하며, Na_xC_6 화합물이 형성되는 현상을 이용한다. 이 전지는 충/방전을 많이 반복하게 되면 용량을 유지하지 못하기 때문에 2019년 현재에도 연구 단계에 있다. 만약 안정적으로 성능을 발현할 수 있도록 개발된다면, 소듐 이온 전지는 낮은 온도에서도 작동하기 때문에 ZEBRA 및 Na−S 전지보다 많은 장점이 있다.

6.6 요약

1. 고체에서 이온들은 결함에 의해 구조를 따라 이동한다. 전기장이 가해졌을 때, 이온들의 이동에 의해 전류가 흐르게 된다. 이러한 고체들을 이온 전도체라고 부른다.
2. 이온들이 고체 내에서 이동하는 현상에 대한 간단한 (도약) 모델은 빈자리 메커니즘과 틈새 메커니즘이다.
3. 이온 전도체는 고체상 전지에서 전해질로 사용될 수 있다. 이러한 목적을 위한 고체는 전자 전도체가 아니어야 한다.
4. 고체상 전지는 심박조절기와 에너지 저장 장치를 포함한다.
5. 리튬 이온 전지는 전자 장비와 전기 자동차에서 사용되고 있다. 이 전지에서 전해질은 리튬 염이 용해된 비수용성 용매이다.
6. 리튬 이온 고분자 전지에서 리튬 염은 전도성 고분자 젤에 분산되어 있다.
7. 소듐 기반 전지에는 소듐 황 전지 및 ZEBRA 전지, 소듐 이온 전지 등이 있다.

문제

1. 그림 6.16은 한 개의 음이온(파란색) 주위로 사면체 배위를 하는 형석 구조를 보여준다(이 사면체 뒤에 있는 음이온은 생략하였다). 이 음이온이 체심에 있는 팔면체 구멍으로 이동한다고 가정하자. 이때 음이온의 이동 경로를 표시하고, 양이온의 배위 상태가 변하는 측면에서 설명하시오.

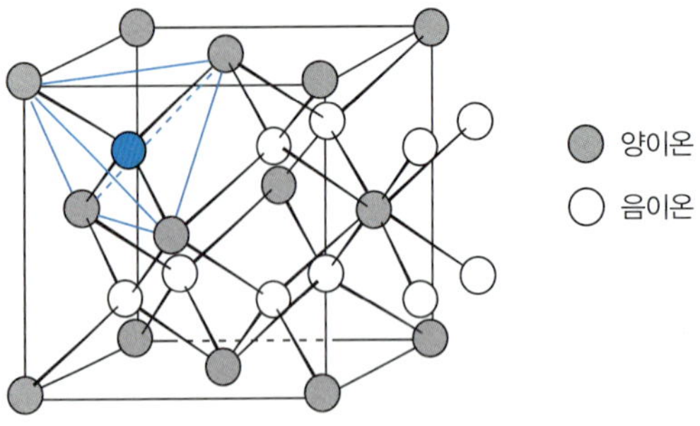

그림 6.16 한 개의 음이온 주위로 사면체 배위를 하는 형석(fluorite) 구조

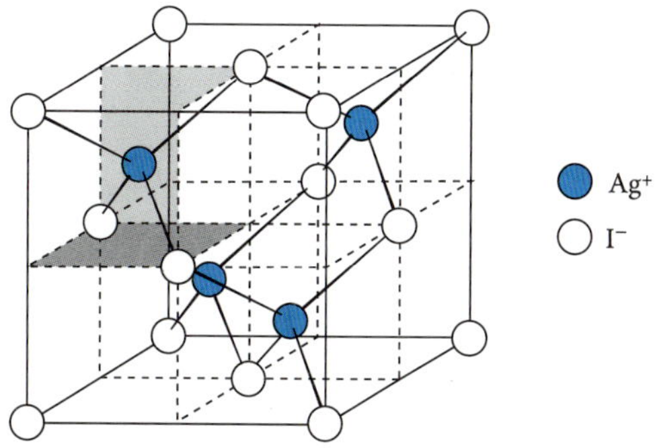

그림 6.17 γ-AgI의 섬아연석(zinc blend) 구조

2. 그림 6.17은 AgI의 저온 다형체인 γ-AgI의 형석 구조를 보여준다. 이 구조와 α-AgI 구조의 유사점과 차이점을 설명하시오. 또한, γ-AgI 구조에서 Ag^+ 양이온의 전도도가 더 낮은 이유를 설명하시오.

3. 표 6.2에 있는 화합물들은 대부분 I^- 음이온 또는 16족 아래에 있는 더 무거운 음이온들을 포함한다. 그 이유를 설명하시오.

4. 리튬 함유 석류석(lithium-stuffed garnet)에서 리튬 이온의 위치를 중성자 회절을 이용하여 분석하였다. 이 방법이 X-선 회절 분석과 비교해 더 좋은 이유를 제시하시오.

5. 도핑하지 않은 β-알루미나는 과잉의 소듐이 대략 20~30% 범위에 있을 때 가장 높은 전도도와 가장 낮은 활성화 에너지를 보여준다. 이 이상으로 소듐 함량을 더 증가시키면 전도도는 감소한다. 이와는 반대로 Mg^{2+}로 도핑된 β-알루미나 결정은 도핑하지 않은 결정보다 훨씬 높은 전도도를 갖는다. 이러한 현상을 설명하시오.

6. 리튬 기반 전지와 소듐 기반 전지의 장단점을 비교하시오.

7장

미세 다공성 및 메조 다공성 고체

7.1 개요

미세 다공성 및 메조 다공성 고체는 그 구조 내에 공동(바구니)[cavities(cages)]과 통로(기공)[channels(pores)]를 가지고 있다. 기공의 지름이 2 mm보다 작으면 **미세 다공성**(**microporous**) 구조, 2~50 nm이면 **메조 다공성**(**mesoporous**) 구조이다. 50 nm 크기 이상의 기공을 지니는 고체는 **거대 다공성**(**macroporous**) 물질이다. 이러한 기공은 이온이나 분자를 포함할 수 있어 다공성 고체 물질들은 흡착제나 촉매와 같은 일반적인 산업 응용 분야뿐만 아니라 의료용 응용 분야에까지 중요하게 사용될 수 있다.

우리가 살펴보고자 하는 다공성 고체 중 하나는 규산염(silicates) 뼈대 구조에서 실리카 일부를 알루미늄 원자가 대체한 알루미노규산염(aluminosilicates)이다. 이 장에서는 규산염 구조를 살펴보는 것을 시작으로 미세 다공성 알루미노규산염 고체의 예인 제올라이트에 대해 논의하고자 한다. 1756년부터 알려진 제올라이트는 그중 일부가 자연적으로 생성되지만 다양한 합성 제올라이트도 알려져 있다. 제올라이트 고체의 구조와 조성, 합성 방법 및 응용성에 대해 살펴볼 것이다.

금속-유기물 구조체(metal-organic frameworks, MOFs)는 21세기에 들어 활발히 연구되고 두각을 나타내기 시작한 다공성 고체 중 하나다. MOF는 이 장에서 두 번째로 중요하게 다루어질 분야이다.

세 번째로는 보다 최근에 관심을 불러일으키고 있는, 공유 결합으로 연결되고 가벼운 원소로 구성된 공유 결합성 유기 골격 구조체(covalent organic frameworks,

COFs)를 알아 본다.

마지막으로 이미 사용하고 있거나 현재 연구 중인 메조 다공성 알루미노규산염, 점토 및 메조 다공성 유기 실리카 등 다른 다공성 고체에 대해서도 살펴볼 것이다.

7.2 제올라이트

1756년, 스웨덴의 광물학자 Axel Fredrik Cronstedt 남작이 처음으로 제올라이트를 광물질군으로 기술하였다. 제올라이트는 견고한 음이온성 골격을 기반으로 하는 결정성 **알루미노규산염(aluminosilicates)**의 일종으로, 골격을 따라 윤곽이 분명한 **기공(통로)[pores(channels)]**들이 가로지르고, 이들이 **공동(바구니)[cavities(cages)]**에서 상호 교차한다. 제올라이트의 공동은 교환이 가능한 금속 양이온들(Na^+, K^+ 등)을 포함하며, 제거나 치환이 가능한 손님 분자(천연 제올라이트에서는 물 분자)를 붙잡아 둘 수 있다. 제올라이트라는 이름은 가열하였을 때 물을 방출하는 특성으로부터 유래하였다. Cronstedt는 제올라이트를 소형 토치로 가열하였을 때 마치 끓어오르듯이 쉬익 하는 소리를 내고 거품이 이는 것을 관찰하고는, 그리스어로 끓는 것을 의미하는 *zeo*와 돌을 의미하는 *lithos*로부터 그 이름을 따서 제올라이트라고 명명하였다. 이렇게 제올라이트가 물을 잃는 것은 완전히 가역적이다.

지금까지 60종이 넘는 천연 제올라이트의 특성이 규명되었으나 오직 7개[아날사임(analcime), 차바자이트(chabazite), 클리노프틸로라이트(clinoptilolite), 에리오나이트(erionite), 페리에라이트(ferrierite), 모데나이트(mordenite), 필립사이트(phillipsite)]의 천연 제올라이트만이 대량으로 매장되어 있으며, 이들은 주로 중국과 쿠바에 분포하고 있다. 천연물 이외에 약 200종 이상의 합성 제올라이트도 개발되었다. 제올라이트 자체의 구조에 대해 설명하기 전에 규산염에 대해 먼저 알아보자.

7.2.1 규산염

규산염(silicates)은 다소 복잡하지만 흥미로운 구조를 가지고 있는 결정성 화합물군의 하나로 지구 지각의 대부분이 이러한 복잡한 규소 산화물로 이루어져 있다.

순수한 규소 자체는 다이아몬드와 같은 구조로 결정화된다. 대기압에서 실리카(SiO_2)는 **석영(quartz)**과 **홍연석(cristobalite)**의 두 가지 유형의 결정 구조를 형성한

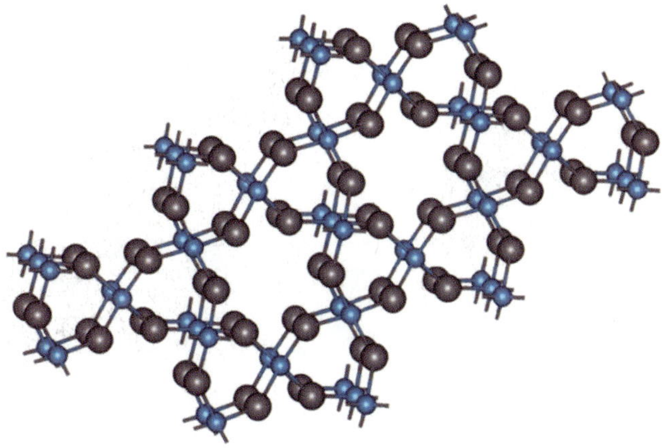

그림 7.1 β-석영 구조. 청색 구: Si, 회색 구: O

다. 또한 각 결정은 저온과 고온에서 각각 α-형과 β-형으로 존재한다. 우리는 1.8.2절에서 이미 β-홍연석의 구조는 조밀 채움 배열로 형성됨을 알았다. 석영은 자연에서 쉽게 찾아볼 수 있는 광물이다. β-석영의 구조는 그림 7.1과 같은데 두 개의 SiO_4 사면체가 산소를 공유하는 방법으로 연결되어 전체적으로는 SiO_2의 화학식을 갖는다. 다시 한번 원자의 공유 결합성에 따라 어떻게 주변의 배위 환경이 바뀌는지를 살펴보자. 규소와 산소의 배위수는 각각 4와 2인데 금속 구조나 이온성 결정 구조에서의 일반적인 배위수보다 작다. 석영 구조에서는 결정 전체에 걸쳐 서로 연결된 사면체들이 특이하게 왼나사 또는 오른나사 방향의 **나선형 구조(helices)**를 형성해서 좌회전성(levorotatory) 또는 우회전성(dextrorotatory) 결정이 된다. 이러한 결정들을 **거울상(enantiomorphs)**이라고 한다.

석영은 지구상에서 가장 흔한 광물 중 하나로서 바닷가의 모래에도 존재하고, 화강암이나 부싯돌(flint)의 구성 성분이며, 마노(agate)나 단백석(opal)에도 순수하지 않은 형태로 존재한다. 이 모든 구조에서 규소는 4면체로 배위된다.

규산염 구조는 SiO_4^{4-} 단위를 이용하여 가장 편하게 논의할 수 있다. SiO_4^{4-}는 산소에 의해 사면체 배위된 규소 단위이며, 그림 7.2a에서와 같이 작은 사면체로 나타낸다. 규소–산소 결합은 상당한 수준의 공유 결합성을 갖는다.

감람석(olivine)의 예와 같이 일부 광물에서는 SiO_4^{4-} 사면체가 불연속적으로 존재한다(그림 7.3a). 이러한 화합물에서는 Si–O–Si–O–Si–... 사슬이 형성되지 않으며 금속–규산 결합에 상당한 공유 결합성이 나타난다. 이러한 유형의 화합물을 **오쏘규산염(orthosilicate)** 또는 매우 약한 산인 오쏘규산 $Si(OH)_4$(즉 H_4SiO_4)의 염으로 설명한다. 감람석[$(Mg,Fe)_2SiO_4$] 자체의 구조는 표 1.8에서처럼 SiO_4^{4-} 이온과 Mg^{2+}(또

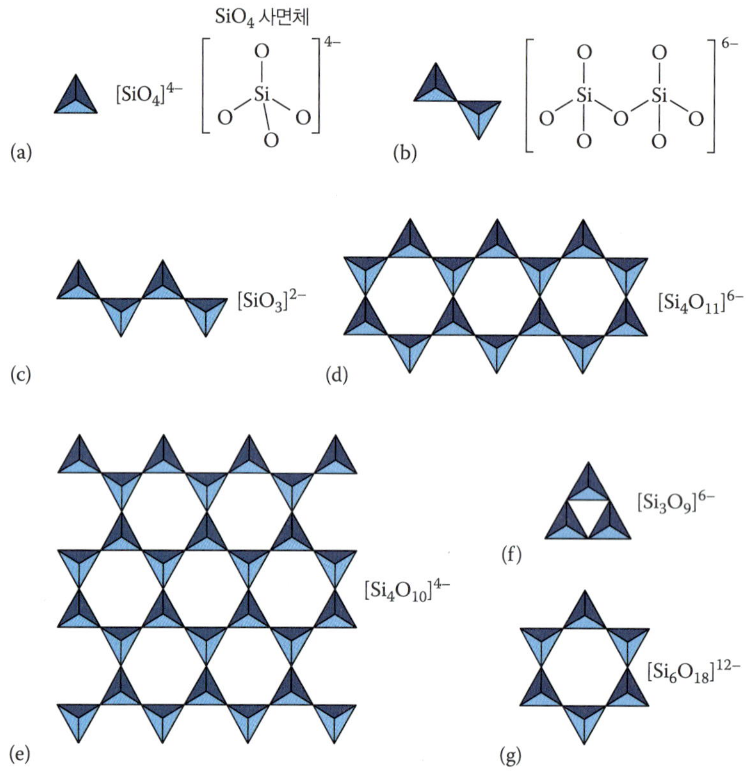

그림 7.2 (a – g) 규산염 광물들의 구조적 분류

는 Fe^{2+}) 이온의 집합체로 설명할 수 있으며, 산소의 *hcp* 배열로 형성되는 사면체 구멍의 1/8을 규소가 채우고 팔면체 구멍의 1/2을 마그네슘 이온이 채우는 방법으로도 설명할 수 있다.

그러나 대부분의 규산염에서 SiO_4^{4-} 사면체는 꼭짓점 산소를 공유하면서 연결된다. 그림 7.2b에는 두 개의 사면체가 꼭짓점의 산소로 연결된 $Si_2O_7^{6-}$ 단위를 나타내었다. 이때 공유되지 않는 꼭짓점 산소 원자에 의해 이온의 음전하량이 결정되며, 공유된 산소 원자는 중성임을 기억하라. 이런 전하량은 쉽게 계산할 수 있기 때문에 그림 7.2와 같이 규산염 골격을 보여 주는 구조를 그릴 때는 이 전하량을 표시하지 않는다. 한 개 이상의 꼭짓점 산소를 공유해서 사면체가 연결되면 사슬, 고리, 층 구조를 형성할 수 있다. 규산염 골격에 있는 음전하는 격자 내의 금속 양이온에 의해 균형을 이루게 된다. 몇 가지 예를 아래에서 살펴보자.

불연속적인 SiO_4^{4-} 단위는 현무암의 중요 성분인 **감람석(olivine)**(표 1.8 및 그림 7.3a 참조), 막자 사발이나 포틀랜드 시멘트에 많은 **Ca_2SiO_4**, 8배위 Zr을 포함하는 **지르콘(zircon, $ZrSiO_4$)**과 **석류석[garnet**, $M_3^{II}M_2^{III}(SiO_4)_3$](여기서 M^{II}는 Ca^{2+}, Mg^{2+},

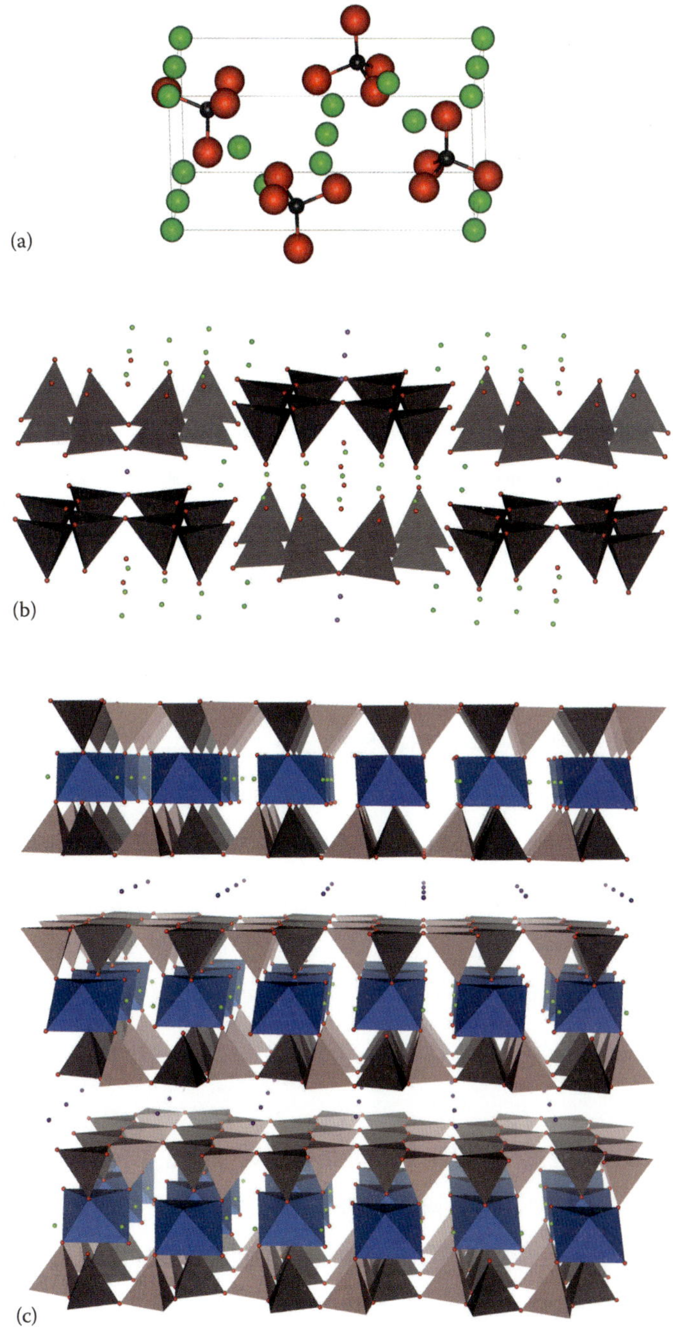

그림 7.3 (a) 감람석의 단위 세포. 녹색 구: Mg과 Fe, 회색 구: Si, 적색 구: O. (b) 각섬석(amphibole)의 구조. 녹색 구: Mg, 회색 구: Si, 적색 구: O, 보라색 구: Na. (c) 흑운모(biotite)의 구조. 녹색 구: Mg, 회색 구: Si, 적색 구: O, 보라색 구: K, 분홍색 구: Al, 청색 구: Fe

Fe^{2+} 등, M^{III}는 Al^{3+}, Cr^{3+}, Fe^{3+} 등)에서 찾아볼 수 있다. 석류석 구조에서는 $M^{III}O_6$ 팔면체가 SiO_4 팔면체의 꼭짓점 산소를 공유하는 방법으로 6개의 다른 팔면체들과

연결되는 골격을 형성하고, M^{II} 이온은 정십이면체 틈새 자리에서 8개의 산소로 배위된다.

$Si_2O_7^{6-}$ **이규산염 단위(disilicate unit)**(그림 7.3b)를 갖는 구조는 드물기는 하지만, 스칸듐의 원천인 **토르트바이타이트[thortveitite**, $(Sc,Y)_2Si_2O_7$]나 희귀한 아연 규산염인 **이극석[hemimorphite**, $Zn_4(OH)_2Si_2O_7$]에서 찾아볼 수 있다.

SiO_4^{4-} 단위들이 두 개의 꼭짓점을 공유하면 무한한 **사슬(chain)**이 형성된다(그림 7.3c 참조). 이때 반복 단위는 SiO_3^{2-}가 된다. 이러한 구조를 갖는 광물들을 **휘석(pyroxenes)**이라고하며 감람석과 함께 지구 상층 맨틀의 주성분이다. **투휘석[diopside**, $CaMg(SiO_3)_2$]이나 **완화휘석[enstatite**, $Mg_2(SiO_3)_2$] 등의 예가 있다. 규산염 사슬은 서로 평행하게 배열하며 그 사이에 있는 양이온들을 통해 서로 연결된다.

이중 사슬(double chain) 구조는 그림 7.2d에서와 같이 사면체들이 번갈아 가며 각각 두 개와 세 개의 산소 원자를 공유함으로써 형성된다. 이러한 유형의 광물들을 **각섬석(amphibole)**이라고 부르며 보통은 마그네슘 그리고(또는) 철을 함유한다(그림 7.3b). **투각섬석(tremolite**, $Ca_2Mg_5(OH)_2(Si_4O_{11})_2$)이 그 예에 해당한다. 대부분의 석면도 이러한 유형에 속한다. 반복 단위는 $Si_4O_{11}^{6-}$이 된다.

무한층(infinite layer)을 형성하기 위해서는 모든 사면체가 세 개의 꼭짓점 산소들을 공유한다(그림 7.2e 참조). 반복 단위는 $Si_4O_{10}^{4-}$가 된다. **운모(mica)** 군이 그 예가 되는데 광택이 나는 모습에서 명명하였고 고전압용 부도체로 응용된다. 그림 7.3c의 **흑운모(biotite**, $K(Mg,Fe)_3(OH)_2Si_3AlO_{10}$) 구조는 팔면체 배위된 양이온들이 두 개의 층 사이에 끼어 있는 샌드위치 모습이다. 중국 점토에서 발견되는 **고령석(kaolinite**, $Al_4(OH)_8Si_4O_{10}$)이나 **활석(talc**, $Mg_3(OH)_2Si_4O_{10}$)과 같은 점토 광물도 다른 예라고 할 수 있다.

SiO_4^{4-} 단위들이 사슬에서와 같이 두 개의 꼭짓점을 공유해서 **고리(ring)**를 형성할 수도 있다. 그림 7.2f와 7.2g는 각각 3개 및 6개의 사면체가 연결된 모습이다. 이 고리들은 $(SiO_3)_n^{-2n}$의 일반식을 가지며 4개의 사면체로도 형성될 수 있다. 6개의 사면체 고리의 예는 **녹주석(beryl** 또는 emerald, $Be_3Al_2Si_6O_{18}$)이며 금속 이온을 사이에 두고 고리들이 서로 평행하게 배열한다. 또 다른 예로서, 흔치는 않지만 사막 광물인 **취동석(dioptase**, $Cu_6Si_6O_{18}\cdot 6H_2O$)과 캘리포니아주의 매우 희귀한 원석인 **베니토아이트(benitoite**, $BaTiSi_3O_9$) 등이 있다.

SiO_4^{4-} 사면체가 4개의 산소를 모두 공유하면 실리카(SiO_2)의 3차원 구조(three-dimensional structure)가 된다. 이때 일부 Si 원자가 비슷한 크기의 13족 Al 원자로 치

환되면(즉 SiO_4^{4-}가 AlO_4^{5-}로 치환되면) 전기적 중성을 유지하기 위해 다른 양이온이 더 필요해진다. 이러한 광물의 예로는 바위를 형성하는 광물에 많이 함유된 **장석**(**feldspars**, 일반식 $M(Al,Si)_4O_8$), **제올라이트**(**zeolites**), 안료로 사용하기 위해 가공되는 유색 규산염인 **군청**(**ultramarines**), 자연적으로 발생하는 이러한 유형의 광물인 **청금석**(**lapis lazuli**)이 있다.

예상하듯이, 특정한 규산염의 고체 구조와 물리적 성질 사이에는 상관관계가 있다. 가령 불연속적인 SiO_4^{4-} 단위를 함유하는 시멘트는 연질이고 잘 부서지는 성질을 보인다. SiO_4^{4-} 단위의 이중 사슬을 함유하는 석면은 섬유 조직의 특징을 보여 준다. SiO_4^{4-} 단위의 무한한 층을 포함하는 운모는 층 사이의 약한 결합이 쉽게 끊어져서 층에 평행하게 분리되는 특징이 있다. 3차원 SiO_4^{4-} 골격 구조의 장석이 주성분인 화강암은 매우 단단하다.

7.2.2 제올라이트의 조성과 구조

제올라이트의 조성을 나타내는 일반식은 $M_{x/n}[(AlO_2)_x(SiO_2)_y] \cdot mH_2O$이며, 이때 n의 원자가를 가지는 양이온 M이 알루미노규산염 골격의 음전하에 대한 전하 균형을 유지시킨다.

제올라이트의 기본 구성 단위는 **모서리 공유**(**corner sharing**)를 통해 형성되는 산소 다리(그림 6.1)로 연결된 $[SiO_4]^{4-}$와 $[AlO_4]^{5-}$ 사면체이다. 산소 다리는 보통 선형이 아니지만, Si/Al−O−Si/Al 연결은 매우 유연하며, 그 각도가 120°에서 180°까지 변화될 수 있다. 규소−산소 사면체는 석영(SiO_2)에서처럼 3차원 그물 구조로 서로 연결될 경우 전기적으로 중성이다(그림 7.1). 그러나 그 구조에서 Si(IV)가 Al(III)으로 치환되면 전기적인 불균형을 유발하며, 전체적인 전기적 중성을 유지하기 위해 각각의 $[AlO_4]$ 사면체는 양전하를 필요로 한다. 이 전하 균형은 Na^+와 같이 교환 가능한 양이온에 의해 이루어지고, 각 양이온은 제올라이트 내부에서 정전기적 인력으로 붙들려 있다.

각 사면체는 두 개, 세 개, 혹은 모든(네 개) 모서리를 공유하여 연결되는 것이 전부 가능하여, 다양한 종류의 서로 다른 구조를 만들어낸다. 서로 연결된 사면체를 나타낼 때는 일반적으로 두 사면체를 연결하는 산소 다리를 직선으로 표현한다. 이러한 방법을 사용하면, 그림 7.4a와 7.4b에 있는 서로 연결된 6개의 사면체는 단순히 육각형(그림 7.4c)으로 표현된다. 이는 **6-고리**(**6-ring**)로 알려져 있으며, 두 직선이 만

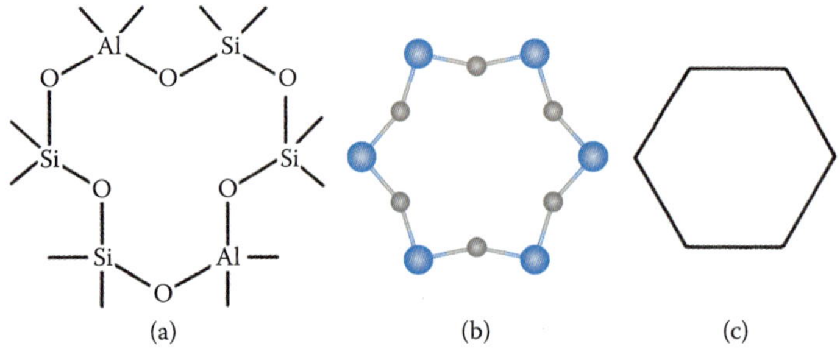

그림 7.4 (a) 두 개의 Al 원자와 네 개의 Si 원자를 포함하는 6-고리, (b) 6-고리의 컴퓨터 모형, (c) 동일한 6-고리의 간략한 표현

나는 각각의 교차점마다 사면체 모양으로 배위된 규소 혹은 알루미늄 원자가 위치한다. 나중에 설명하겠지만, 다양한 제올라이트 구조에서 다른 크기의 고리들이 많이 발견된다.

많은 제올라이트 구조들이 24개의 실리카 또는 알루미나 사면체가 서로 연결된 이

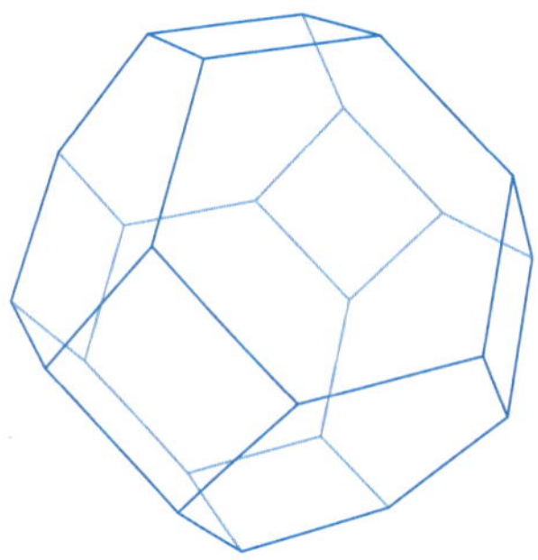

그림 7.5 소달라이트 단위

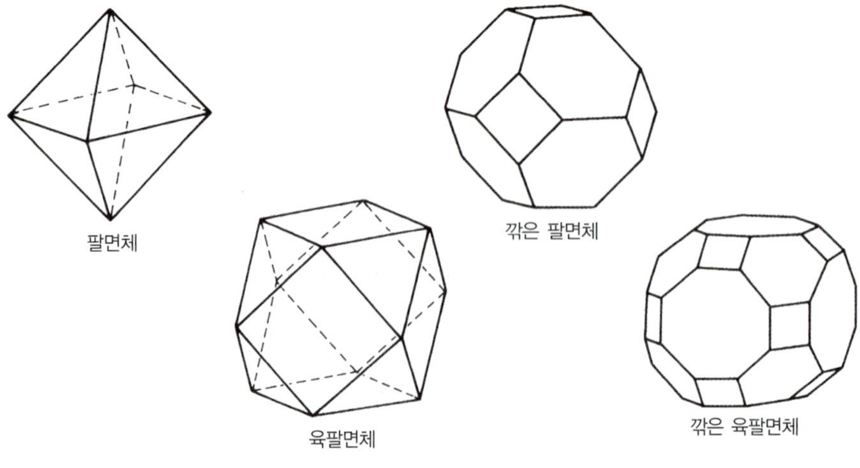

그림 7.6 팔면체, 깎은 팔면체, 육팔면체, 깎은 육팔면체 사이의 관계

차 구성 단위에 기반하고 있다. 여기서 우리는 4-고리와 6-고리가 서로 연결되어 그림 7.5에서 보이는 바구니와 비슷한 구조를 이루는 **소달라이트 단위(sodalite unit, β-바구니(β-cage)**로도 알려져 있음)를 이루고 있음을 발견하게 되고, 이러한 단위는 모서리를 **깎은 팔면체(truncated octahedron)**의 모양을 띠는 것을 알 수 있다(그림 7.6). 몇몇 매우 중요한 제올라이트 구조들이 이 소달라이트 단위를 기반으로 구성되어 있다(그림 7.7).

소달라이트 광물은 이러한 소달라이트 단위로 이루어져 있으며, 각각의 4-고리는 원시 배열(primitive array)을 하고 있는 2개의 β-바구니가 직접적으로 공유한다. 그림 7.7a에서 보듯이 8개의 소달라이트 단위에 둘러싸여 있는 공동(바구니) 그 자체가 소달라이트 단위임에 주목하라. 즉, 소달라이트 단위는 공간 채움 단위이다. 이러한 3차원 구조에서, 사면체의 네 개의 꼭짓점 전부에서 모서리 공유를 통한 산소 다리가 만들어지므로 사면체 형태로 배위된 Si 혹은 Al 원자는 4개의 선의 교차점에 위치한다. 소달라이트는 매우 대칭적인 구조이며, 공동들은 서로 연결되어 모든 3개의 입방

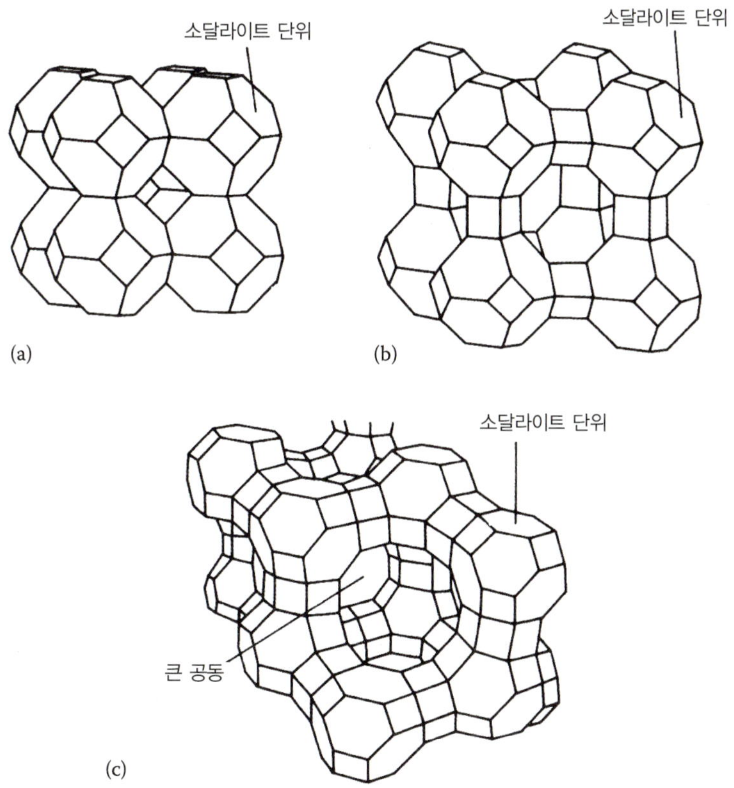

그림 7.7 소달라이트 단위로 이루어진 제올라이트 골격 구조들: (a) 소달라이트(SOD), (b) 제올라이트 A(LTA), (c) 포자사이트(제올라이트 X와 제올라이트 Y, FAU)

결정축에 대해 평행하게 뻗어나가는 통로들(기공들)을 형성한다. 이러한 기공의 출입구는 4-고리 창에 의해 결정된다.

합성 제올라이트의 일종인 **제올라이트 A**(**zeolite A**, 린데 A라고도 불림)를 그림 7.7b에 나타내었다. 여기서도 소달라이트 단위가 원시 배열로 쌓여 있지만, 제올라이트 A는 4-고리들 사이가 산소 다리에 의해 연결되어 있다. 따라서 **깎은 육팔면체**(**truncated cuboctahedron**) 모양(그림 7.6)의 공동이 서로 연결되어 이루어진 3차원 골격 구조가 형성된다. 깎은 육팔면체 또한 공간 채움 단위이며(각각의 깎은 육팔면체는 그 팔각형 면을 다른 6개의 깎은 육팔면체와 공유한다), 이 거대한 공동을 통해 세 입방 축 방향에 평행한 통로들을 형성한다. 그림 7.8에 있는 컴퓨터로 그린 제올라이트 A의 골격 모형은 그 공동과 8-고리 창, 그리고 그러한 창이 어떻게 소달라이트 바구니를 연결하고 있는지를 더 명확하게 보여 준다. 제올라이트 A의 화학식은 $Na_{12}[(SiO_2)_{12}(AlO_2)_{12}] \cdot 27H_2O$이다. 이 전형적인 예시에서 Si/Al의 비는 1로 동일하

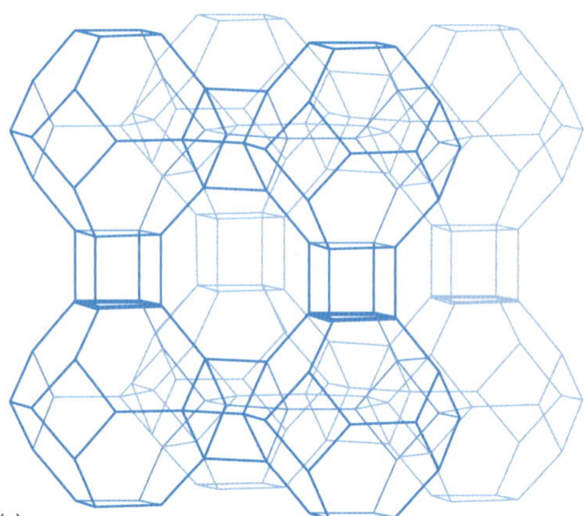

(a)

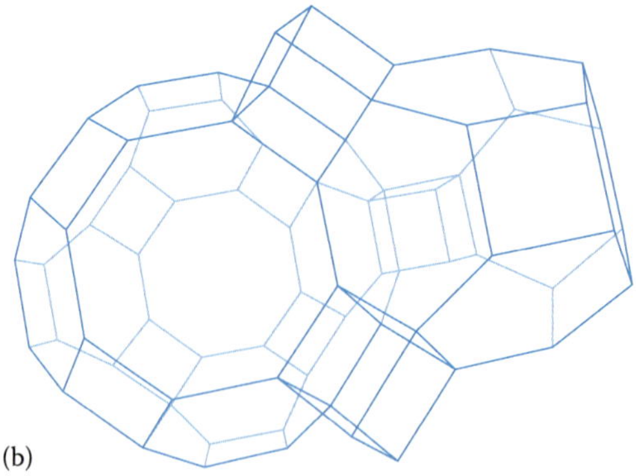

(b)

그림 7.8 깎은 육팔면체 공동으로의 연결을 보이는 (a) 제올라이트 A의 골격 구조와 (b) 제올라이트 A 내의 소달라이트 단위

며, 결정 구조 내에서 Si와 Al 원자는 정확히 교대로 위치함을 확인할 수 있다.

그림 7.7c는 천연 광물인 **포자사이트**(**faujasite**)의 구조를 나타낸다. 소달라이트 단위는 8개의 6-고리 중 4개를 통하여 사면체 형태로 산소 다리에 의해 연결된다. 이렇게 사면체 모양으로 배열된 소달라이트 단위는 12-고리 창을 통해 출입이 가능한 거대한 공동(때때로 α-바구니로 불리는)을 감싼다. 합성 제올라이트인 **제올라이트 X**와 **제올라이트 Y**(린데 X와 린데 Y) 또한 이에 기반을 둔 구조를 가진다. 제올라이트 X의 구조는 Si/Al의 비가 1에서 1.5 사이인 반면, 제올라이트 Y의 구조는 Si/Al의 비가 1.5에서 3 사이이다.

7.2.3 제올라이트의 명명법

제올라이트의 명명법이 다소 체계적이지 못하다는 것을 눈치챘을 것이다. 어떤 구조들, 예를 들어 소달라이트와 포자사이트와 같은 이름들은 그들의 어미 광물로부터 이름을 따서 명명되었으나, 다른 제올라이트들은 연구자들이나 또는 그것들을 합성하는 프로젝트명으로부터(예를 들어 ZSM(Zeolite Socony Mobil)) 명명되었다. 유감스럽게도 이러한 명명 방식은 다른 합성법을 이용하여 만들어진 동일한 제올라이트의 이름이 달라지게 하는 결과를 가져 왔으며, 어떤 제올라이트는 20개나 되는 서로 다른 상품명을 지니게 되었다!

국제 제올라이트 학회(International Zeolite Association, IZA)는 국제 순수 응용 화학 연합(International Union of Pure and Applied Chemistry, IUPAC)의 승인하에 고유한 골격 공간 배열에 해당하는 3글자 구조 코드를 도입하여 문제를 단순화시키려고 노력하고 있다. 제올라이트 A와 조금 더 규소-과잉인 제올라이트 ZK-4는 같은 골격 구조를 지니므로 LTA로 표기된다. 이와 유사하게, ZSM-5와 동일한 골격 구조를 가지는 규소-과잉 제올라이트인 실리카라이트는 모두 MFI로 표기된다.

제올라이트는 종종 M-[제올라이트]와 같이 표기되는데, 여기서 M은 구조 내의 특정한 양이온을 나타낸다. 예를 들어 Ca-제올라이트 A, 또는 더 간단하게 CaA나 NaA와 같이 표기한다.

7.2.4 제올라이트에서의 Si/Al 비

제올라이트 골격의 구조는 X-선 및 중성자 회절 기법에 의해 결정되었다. Al과 Si

는 주기율표상에서 서로 바로 옆에 붙어 있어서 매우 유사한 원자 회절 인자를 지니고 있기 때문에, 회절 기술을 이용하여 구조를 명확하게 결정하는 것은 매우 어렵다(2장). 제올라이트 구조를 성공적으로 규명하기 위해 사용되는 기술 중 하나로 매직각 스피닝 핵자기 공명 분광학(magic angle spinning NMR spectroscopy, MAS-NMR)이 있다(2장 참조). 다양한 제올라이트의 ^{29}Si 스펙트럼에서 다섯 개의 피크가 관측될 수 있는데, 이는 다섯 개의 다른 환경에 있는 Si가 존재할 수 있다는 것을 의미한다.

제올라이트 A와 X는 Si/Al의 비가 1에 가까운 '알루미늄-과잉' 제올라이트이다. 이 제올라이트들은 흡착제로 아주 유용한 특성들을 보이며 여전히 산업에서 사용되고 있지만, 불안정하여 산, 증기, 물 등의 공격으로 알루미늄을 잃게 된다. 반면에 천연에서 얻어지는 제올라이트 광물 중에서 가장 규소 함량이 높은 제올라이트인 모데나이트는 더 안정하다는 것이 밝혀졌는데, Si/Al 비가 5보다 크기 때문에 더 안정한 제올라이트를 개발하기 위하여 높은 Si/Al 비를 달성하려는 연구에 집중하고 있다. 따라서 촉매 반응을 위하여 새롭게 합성된 많은 제올라이트는 매우 규산질이다. 안정성이 향상된 제올라이트 Y는 2.25의 비를 지니고, 제올라이트 A와 같은 골격 구조를 지니는 제올라이트 ZK-4(LTA)는 2.5의 Si/Al 비를 지닌다. 또한 **ZSM-5**(MFI)는 20에서 무한대(후자의 경우 실리카라이트[7.2.3 참조]라 불리며, 거의 순수한 SiO_2임) 사이의 Si/Al 비를 가질 수 있어, 5.5의 비를 가지는 모데나이트보다도 훨씬 높다.

제올라이트의 Si/Al 비를 변화시키면 그 양이온의 함량도 변화되는 것은 명백하다. 알루미늄 원자의 수가 적을수록, 전하 균형을 맞추기 위해 더 적은 수의 양이온이 존재할 것이다. 규산 함량이 매우 높은 규산질 제올라이트는 본질적으로 소수성을 띠며 탄화수소에 대해 친화성을 갖는다.

7.2.5 교환 가능한 양이온들

제올라이트의 Si/Al-O 골격은 견고하지만, 양이온들은 이러한 골격에 포함되지 않으며 **교환 가능한 양이온(exchangeable cation)**이라고 불린다. 그 양이온들은 이동성이 제법 크고 다른 양이온에 의해 쉽게 치환된다(따라서 그들은 양이온-교환 물질로 사용된다).

제올라이트 내에서 교환 가능한 양이온의 존재와 위치는 여러 가지 이유에서 중요하다. 구조 내에서 고리와 통로의 단면적은 양이온의 크기나 전하(따라서 그 숫자)에 의해서 바뀔 수 있으며, 제올라이트가 흡수할 수 있는 분자의 크기에 상당한 영향을 미친다. 양이온 점유율의 변화는 또한 공동 내의 전하 분포를 바뀌게 하고, 이는 흡착 특성이나 촉매 활성을 변화시킨다.

전하 균형을 맞추기 위해서 양이온은 제올라이트 구조 내에서 한 곳 이상의 위치에 존재할 수 있다. 그림 7.9는 제올라이트 A 내부에서 Na^+가 존재할 수 있는 자리들을 보여 준다. 선호하는 자리는 1.9.2절에서 설명한 것과 같은 컴퓨터 프로그램 패키지를 사용하여 찾을 수 있다. 어떤 자리는 6-고리의 거의 중심인 반면, 어떤 자리는 β-바구니로 들어가는 8-고리 출입구에 위치해 있다. 이러한 위치에 양이온들이 존재하면 손님 분자가 출입할 수 있는 고리와 바구니의 크기를 효과적으로 감소시킨다. 예를 들어 1가의 Na^+ 또는 K^+ 이온을 Ca^{2+}와 같은 2가 양이온으로 교환하면 유기물 분자들이 제올라이트 내부로 또는 제올라이트를 통해 확산할 수 있게 된다. 이런 교환이 일어나면 존재하는 양이온의 수를 절반으로 줄일 수 있을 뿐만 아니라, 더 작은 크기의 양이온으로 치환할 수 있다. 2가의 양이온은 6-고리 내부의 자리에 머무르려는 경향이 있기 때문에, 결과적으로 8-고리 창이 열리게 하여 통로에서의 확산을 촉진한다.

일반적인 결정성 제올라이트는 교환 가능한 양이온에 배위된 물 분자를 함유하고 있다. 이러한 구조 내의 물 분자는 진공에서 가열하면 제거할 수 있는데, 그렇게 되면 종종 양이온들은 위치를 이동하여 더 낮은 배위수를 지니는 자리에 안착하게 된

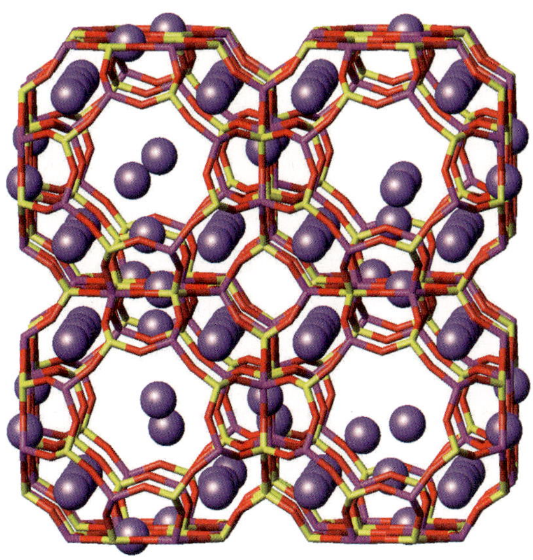

그림 7.9 제올라이트 A(LTA) 소듐 형태의 가능한 양이온 자리(From Robert G. Bell, UCL, with permission.)

다. 탈수된 제올라이트는 매우 좋은 건조제로서, 선호하는 수화된 상태로 돌아가기 위해 물을 잘 흡수한다.

금속 양이온을 양성자로 교환할 때는 보통 금속 이온을 암모늄 이온(NH_4^+)으로 교환한 뒤 가열하여 암모니아(NH_3)를 날려 보내는 방법을 사용하는데, 이렇게 하면 매우 효과적인 산 촉매임이 입증된 강한 산성 물질을 만들어낸다.

7.2.6 통로와 공동

다양한 용도로 활용될 수 있는 제올라이트의 중요한 구조적 특성은 서로 연결된 공동의 그물 구조가 구조 전체를 아우르는 통로 체계를 형성하고 있다는 것이다. 이러한 공동들은 분자 단위의 크기를 지니며, 공동에 들어갈 수 있을 만큼 작은 크기의 화학종들을 흡착할 수 있다. 공동에 분자가 흡착될 수 있는지를 판단하는 한 조절 인자는 통로로 향하는 **창(window)** 또는 **출입구(port)**의 크기이다. 따라서 창을 형성하는 사면체의 숫자, 즉 고리의 크기가 중요하다. 그림 7.10은 창의 크기가 어떻게 변화하는지를 보여 준다.

통로들로 향하는 창들이 300에서 1000 pm 사이의 망을 가진 3차원 체(sieve)를 형성하므로, 이러한 결정성 알루미노규산염은 **분자체(molecular sieve)**라는 이름으로 잘 알려져 있다. 그러므로 제올라이트는 거대한 내부 표면적과 더불어 공동으로 향하는 창을 통과할 수 있는 작은 분자들에 대하여 높은 흡착 능력을 보인다. 이러한 제올라이트는 곧은 사슬과 가지 사슬 탄화수소와 같은 혼합물을 분리하는 데 사용될 수 있다.

제올라이트는 세 가지 주요 범주로 나눌 수 있다. 통로들이 (a) 한 방향으로 배열되어 결정이 섬유상인 것, (b) 평면상의 두 방향으로 배열되어 결정이 판상인 것, (c) 입방 축들 방향인 세 방향으로 강한 결합을 형성하는 물질이 있다. 가장 대칭적인 구조는 입방 대칭성을 갖는다. 모든 제올라이트가 이러한 분류의 범주 안에 완벽하게 포함되는 것은 아니다. 예를 들어 ZSM-11과 같은 일부 제올라이트는 작은 통로들이 상호 연결된 2차원 구조를 주로 가진다. 전형적인 섬유상 제올라이트에는 다섯 개의 사면체가 규칙적으로 반복되어 형성된 특징적인 사슬을 지니는 에딩토나이트(edingtonite, EDI, $Ba[(AlO_2)_2(SiO_2)_3] \cdot 4H_2O$)가 있다. 판상형 제올라이트는 퇴적암에서 자주 발생하는데, 잘 알려진 예로는 필립사이트(phillipsite, PHI, $(K/Na)_5[(SiO_2)_{11}(AlO_2)_5] \cdot 10H_2O$)가 있다. 제올라이트의 유용한 특성들은 그 기공 크기에 근거하여 쉽게 논할 수 있다.

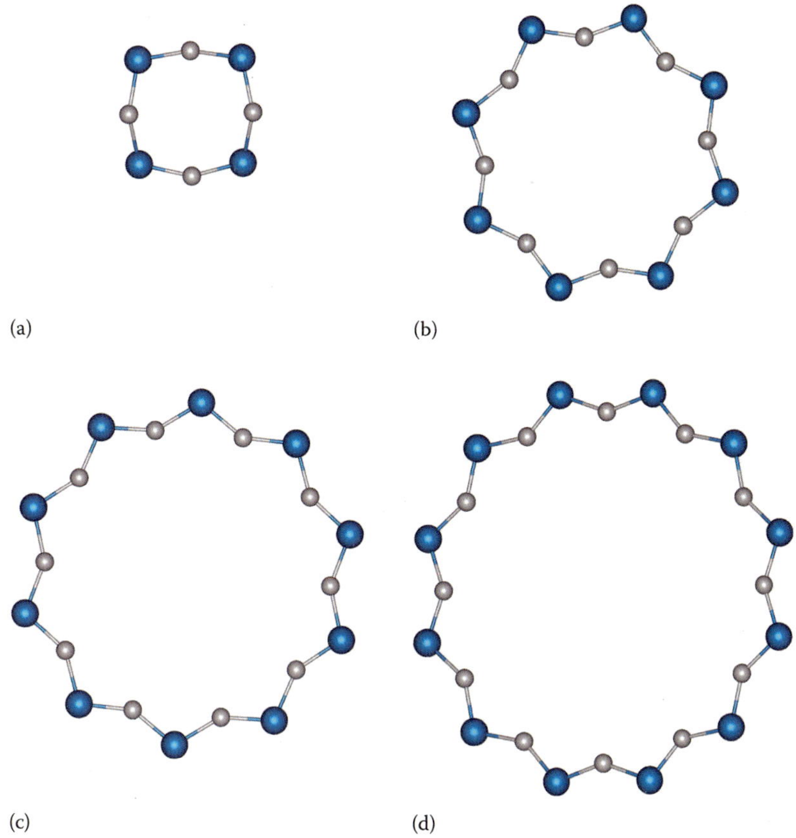

그림 7.10 제올라이트 내에 존재하는 다양한 창 크기에 대한 컴퓨터 모형. (a) 4-고리, (b) 8-고리, (c) 10-고리, (d) 12-고리

소달라이트는 **작은 기공 제올라이트(small-pore zeolite)**의 좋은 예이다. 소달라이트의 공동(β-바구니)은 지름이 260 pm인 4-고리의 연결에 의해 형성된다(그림 7.5). 비록 매우 작은 구멍이지만, 이 공동을 통해 물 분자를 들어가게 할 수도 있고 건조한 기체의 기류를 형성하기 위한 건조제로도 이용될 수 있다.

입방체의 세 축 방향으로 나란히 뻗어 있는 제올라이트 A의 통로는 8-고리 창으로 밝혀진 지름 410 pm의 출입구에서 시작된다. 이 출입구의 크기는 1140 pm로 측정된 내부 공동의 지름보다는 여전히 상당히 작다. 그림 7.11에 있는 제올라이트 A의 컴퓨터 모형에서는 8-고리 창, 구조를 따라 존재하는 통로, 통로의 교차에서 만들어진 공동 등이 명확하게 보인다.

작은 기공 제올라이트는 곧은 사슬 탄화수소, 일차 알코올, 일차 아민 등과 같은 선형 사슬 분자들을 수용할 수 있지만, 가지 사슬 분자들은 수용할 수 없다. 소듐 이온을 칼슘 이온으로 대체하면 출입구의 크기(지름)를 약 500 pm까지 확장시킬 수 있

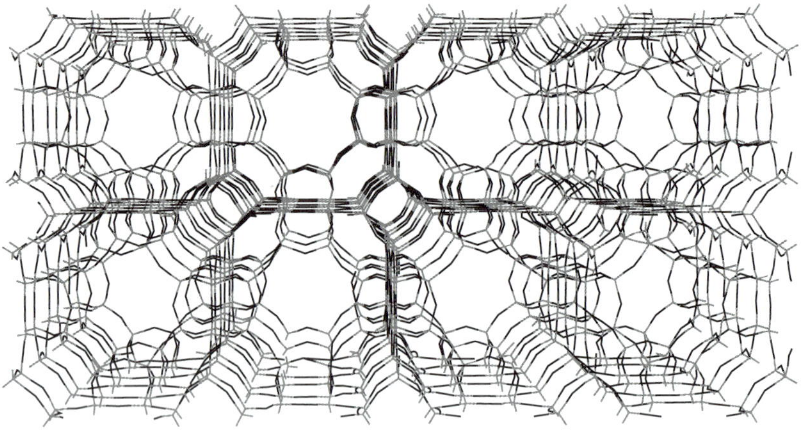

그림 7.11 통로와 8-고리 창을 보여주는 제올라이트 A(LTA) 구조의 컴퓨터 모형

표 7.1 가제올라이트 창과 공동의 직경

제올라이트/제올라이트 유사 구조 물질	구조 분류 코드	고리에 있는 사면체의 개수	창의 직경(pm)	공동의 직경 (pm)
소달라이트	SOD	4	260	600
제올라이트 A	LTA	8	410	1140
에리오나이트-A	ERI	8	360×520	
ZSM-5	MFI	10	510×550	
			540×560	
포자사이트	FAU	12	740	1180
모데나이트	MOR	12	670×700	
			290×570	
제올라이트-L	LTL	12	710	

다. 다양한 제올라이트와 제올라이트 유사 구조 물질에 있는 통로와 공동 크기는 표 7.1에 정리되어 있다.

1970년대 중반, 완전히 새로운 **중간 기공 제올라이트(medium-pore zeolite)**의 구조가 일부 합성되어 새로운 발전을 상당히 이끌어내었다. 이러한 골격 구조군은 석유 회사인 Mobil에 의해 합성된 ZSM-5 및 ZSM-11(MEL), 실리카라이트(silicalite, MFI), 일부 밀접하게 관련된 천연 제올라이트 등을 포함하며, 속칭 **펜타질(pentasil)**이라고 불리게 되었다.

ZSM-5는 현재 산업계에서 널리 이용되는 촉매이다. 그 구조는 그림 7.12에서 보이는 바와 같이 이 군의 다른 물질들과 마찬가지로 펜타질 단위로부터 생성된다. 이러한 단위체들이 연결되어 사슬이 되고, 사슬이 결합하여 층을 형성한다. 이 층들이

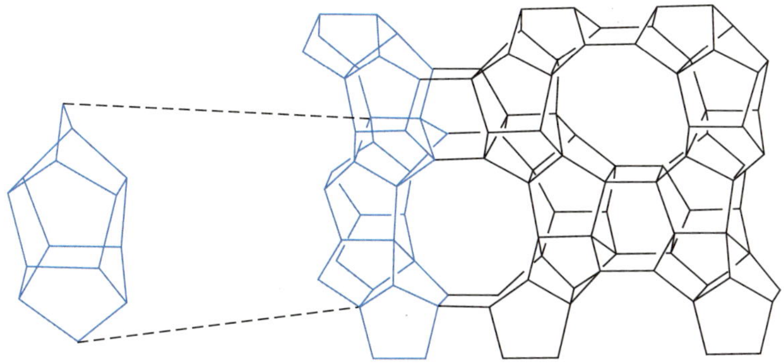

그림 7.12 펜타질 단위(강조됨)들이 연결된 사슬 구조를 보여주는 ZSM-5 구조의 일부

적절히 쌓여서 다양한 펜타질 구조를 형성한다. ZSM-5와 ZSM-11은 둘 다 지름 550 pm 정도의 10-고리 창에 의해 조절되는 통로를 가지고 있다는 특징이 있다. 이러한 제올라이트 안의 기공 체계는 큰 공동들을 연결시키지는 않지만, 분자 상호 작용이 일어나기에 충분한, 자유 공간이 많은 교차 지점들을 지니고 있다. 그림 7.13a는 원형에 가까운 지그재그 통로와 타원형 단면의 곧은 통로가 서로 교차하는 ZSM-5의 기공 체계를 보여 준다. 이것은 원형에 가까운 단면의 곧은 통로들이 서로 교차하는 ZSM-11의 구조와는 대조적이다(그림 7.13b). 두 경우 모두, 기공의 2차원계는 훨씬 작은 통로들로 연결되어 있다.

포자사이트(faujasite)는 네 개의 소달라이트 바구니(정사면체 위치 배열)를 기반으로 하는 **큰 기공 제올라이트(large-pore zeolite)**로서, 6-고리 창을 통해 산소 다리에 의해 연결되어 있다. 이러한 연결은 지름 740 pm의 12-고리 창으로 들어가면서 시작되는 지름 1180 pm의 큰 공동 구조를 만들어, 그림 7.14와 같은 통로의 3차원 골격 구

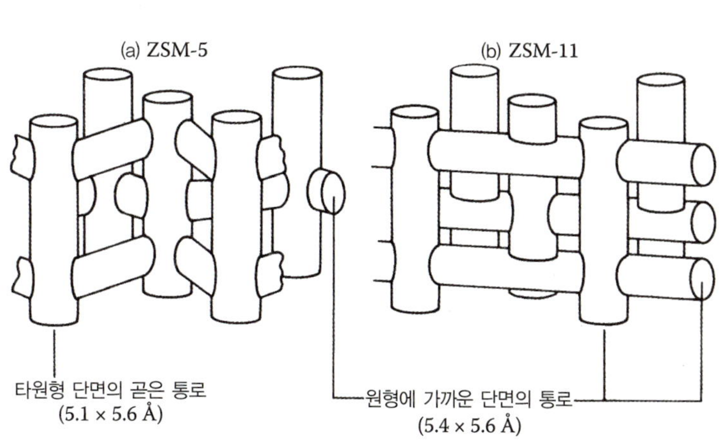

그림 7.13 ZSM-5(a)와 ZSM-11(b)의 상호 연결 통로 체계

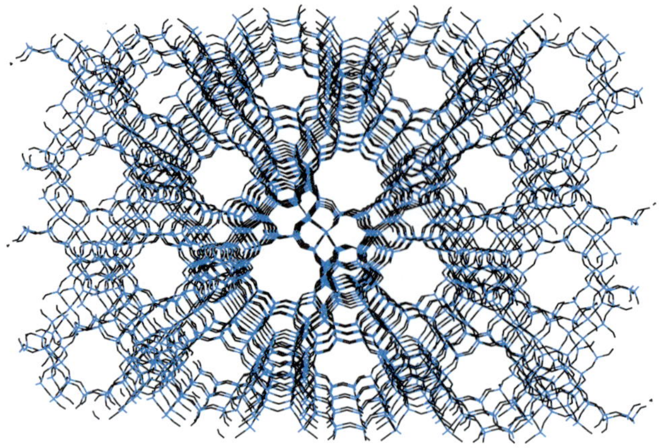

그림 7.14 각 면의 대각선을 따라 평행하게 놓여있는 통로를 보이는 입방계 포자사이트의 구조(산소 다리가 이 모형에 포함되어 있다.)

조를 완성시킨다.

그림 7.15는 **모데나이트**(**mordenite**, **MOR**)의 통로 체계를 보여 준다. 모데나이트는 사방 정계 구조를 가지며, 각각 8-고리와 12-고리 창에 의해 결정되는 두 가지 형태의 통로가 있다. 이 통로들은 각각 평행하게 배열되어 있고 더 작은 5-고리와 6-고리계에 의해서만 서로 연결되어 있다. 흥미롭게도 저온(<260℃)에서 합성된 모데나이트는 천연 모데나이트나 고온에서 합성된 모데나이트보다 더 큰 출입구를 가지는데, 이는 천연 또는 고온 합성 모데나이트에서 발견되는 결정 결함들이 큰 기공들의 일부를 차단하기 때문이다.

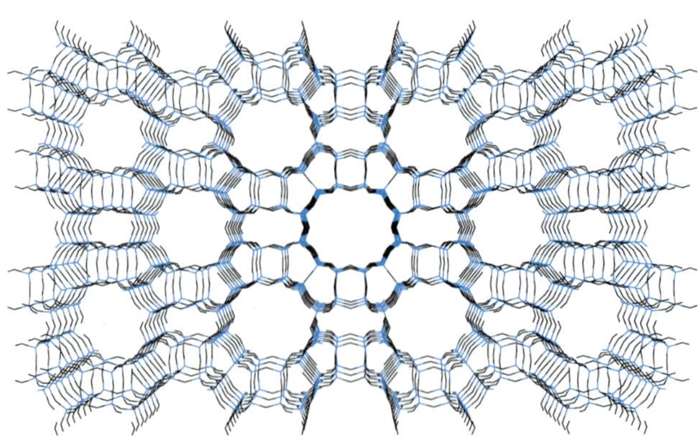

그림 7.15 z축 방향을 따라 발달된 큰 통로를 보이는 모데나이트의 통로 구조

7.2.7 제올라이트의 합성

제올라이트 합성법은 University of Aberdeen의 Richard Barrer와 유니언 카바이드의 Bob Milton의 선구적 업적에 의해 주도되었다. 그들은 알칼리 금속 수산화물 그리고(또는) 유기 염기를 이용한 높은 pH의 수열 반응 조건에서, 소듐 규산염이나 알루미늄산염($[Al(OH)_4]^-$)과 같이 반응성이 높은 실리카와 알루미나 시약을 사용함으로써 제올라이트를 합성할 수 있었다. 규산염과 알루미늄산염 이온의 공중합 과정으로 젤이 생성된다. 생성된 젤을 고압 반응 용기에서 며칠간 약하게 가열하면 (60~100℃) 응축된 제올라이트가 생성된다. 얻어지는 생성물의 종류는 온도, 시간, pH, 기계적인 움직임 등 가능한 모든 변수들을 포함한 합성 조건에 의해서 결정된다. 유기 염기가 반응 혼합물과 함께 존재하면 규소 과잉 제올라이트를 유용하게 합성할 수 있다. 유기 염기는 열처리나 물로 세척하여 제거한다.

새로운 규소 과잉 합성 제올라이트는 Na^+ 대신 거대한 사차 암모늄 양이온과 같은 **주형(template)**을 사용함으로써 그 생성이 촉진되었다. 예를 들어 테트라메틸암모늄 양이온($[(CH_3)_4N]^+$)은 ZK-4의 합성에 사용된다. 알루미노규산염 골격이 이 거대한 양이온 주변에 응집되며, 양이온은 그 뒤 화학적 또는 열분해를 통해 제거될 수 있다.

그러나 높은 온도에서 열처리하려면 상당한 양의 에너지가 필요하며 이산화 탄소와 질소 산화물들이 배출된다. 물로 세척해낸 유기 염기는 독성을 나타낼 수도 있다. 최근에는 주형이 필요 없거나 용매가 필요 없는 또는 독성이 없는 주형을 사용하는 합성 방법과 같이 보다 지속 가능한 합성법(녹색 화학, 3.10절)이 개발되고 있다. 합성하고자 하는 제올라이트 씨 결정(seed crystal)을 이용하면 주형을 사용하지 않아도 된다. 이러한 방법은 MFI를 포함한 다양한 제올라이트 합성에 적용되었다.

7.2.8 제올라이트의 응용

7.2.8.1 흡착체

제올라이트 A는 일반적으로 사용하는 건조제이며, 사용 후에 가열하면 재생될 수 있다. 이것은 천연 가스, 냉매 가스, 탄화수소 등의 건조에 상업적으로 이용된다. 보통의 결정성 제올라이트들은 교환 가능한 양이온에 배위되어 있는 물 분자를 포함하고 있다. 앞서 언급한 바와 같이 이러한 구조는 진공에서 가열하면 탈수시킬 수 있는

데, 이때 양이온은 그 위치를 움직여 훨씬 배위수가 낮은 자리에 안착될 수 있다. 탈수된 제올라이트는 매우 좋은 건조제로서, 선호하는 높은 배위 상태로 돌아가기 위해 물을 흡수한다.

제올라이트에 있는 양이온 M^{n+}은 주변 용액의 다른 양이온과 교환될 수 있다. 이러한 방법으로 Na^+ 이온이 있는 제올라이트 A는 물의 연수제(water softener)로 사용될 수 있는데, 제올라이트의 Na^+ 이온들이 센물의 Ca^{2+} 이온으로 교환된다. 연수제로 사용한 뒤 제올라이트에 매우 순수한 식염수를 통과시켜 재생시키면 재활용할 수 있다. 이는 식기세척기를 사용해 본 사람이라면 누구에게나 익숙한 과정이다.

어떤 제올라이트는 특정 양이온에 대하여 강한 친화성을 가지고 있다. 클라이놉타일로라이트(clinoptilolite, HEU)는 세슘을 격리하는 천연 제올라이트로서, 방사성 폐기물로부터 ^{137}Cs을 제거하는 용도로 영국 핵연료 공사(British Nuclear Fuels, BNFL)에서 사용되는데, 제올라이트가 가지고 있는 Na^+ 양이온을 방사성 Cs^+ 양이온으로 교환한다. 이와 유사하게 제올라이트 A는 방사성 스트론튬을 회수하는 데 사용될 수 있다. 제올라이트는 체르노빌과 스리마일 섬(Three-Mile Island) 사고 후 정화 작업에 다량 사용되었다.

탈수된 제올라이트는 상당히 열려 있는 기공 구조를 지니고 있으므로, 내부 표면적이 매우 넓어 물 이외에도 다량의 물질을 흡착할 수 있다. 공동 안으로 들어가는 창의 고리 크기가 흡착될 수 있는 분자의 크기를 결정한다. 각각의 제올라이트는 매우 특정한 체거름(sieving) 특성을 보이므로, 정제나 분리에 활용될 수 있다. 이러한 특성은 이미 오래전인 1932년에 차바자이트(chabazite, CHA)가 폼산이나 메탄올과 같은 작은 분자는 흡착하지만, 벤젠과 같은 큰 분자는 흡착하지 않는 것이 관찰되면서 처음 알려졌다. CHA는 굴뚝에서 나오는 오염물질인 SO_2를 흡착하기 위해 상업적으로 사용되어 왔다. 이와 유사하게, 제올라이트 A에 있는 410 pm의 열린 기공(8-고리에 의해 결정되고, 지름 1140 pm인 공동보다 훨씬 작음)은 메테인과 같은 작은 분자는 받아들이지만 큰 벤젠 분자는 배제시킨다.

제올라이트는 탄소 포집(즉, 산업 공정에서 폐기물로 형성되거나 공기 중에 존재하는 이산화 탄소를 제거하는) 분야에서도 폭넓게 연구되고 있다. 염기성 특성을 지닌 Al 과잉 제올라이트는 CO_2에 대한 흡착력이 우수하다.

7.2.8.2 촉매

제올라이트는 매우 유용한 촉매로, 전통적인 비결정성 촉매에서 찾을 수 없는 몇 가지 중요한 특성을 보인다. 비결정성 촉매는 표면적을 넓혀서 촉매 활성 자리를 많이 만들기 위해 항상 매우 미세한 상태로 제조되었다. 제올라이트에 내재하는 공동들은 매우 큰 내부 표면적을 제공하므로 같은 양의 비결정성 촉매와 비교해 볼 때 100배 정도 많은 분자를 수용할 수 있다. 제올라이트는 또한 결정성 고체이고 재현성이 높게 제조될 수 있으므로, 비결정성 촉매에서 나타나는 들쑥날쑥한 촉매 활성도 잘 관찰되지 않는다. 뿐만 아니라, 제올라이트의 분자체 특성을 이용하여 어떤 분자가 활성 자리에 접근할 수 있는지(또는 어떤 분자가 활성 자리에서 떨어질 수 있는지)를 조절할 수 있다. 이것은 일반적으로 **형태-선택적 촉매 반응(shape-selective catalysis)**으로 알려져 있다. 또한 제올라이트 촉매를 사용함으로써 현재의 산업공해 문제를 안고 있는 액체 촉매를 대체하게 되어 환경 보호에 상당한 변화를 가져왔다.

탈양이온화된 제올라이트의 촉매 활성은 골격 내에 있는 $[AlO_4]$ 사면체 단위에서 생성되는 산성 자리의 존재로부터 기인한다. 이러한 산성 자리는 Brønsted 산 또는 Lewis 산의 특성을 지닐 수 있다. 제올라이트는 골격의 전하 균형을 맞추기 위해 보통 Na^+ 이온을 지니는 형태로 합성되지만, 이는 산과 직접적인 반응으로 쉽게 양성자로 교환할 수 있으며, 표면에 Si–OH와 Al–OH 등 하이드록시기인 **Brønsted 자리(Brønsted site)**를 제공한다. 또 다른 방법으로, 만약 산성 용액에서 안정하지 않은 제올라이트라면 암모늄(NH_4^+) 염을 형성한 후 가열하여 암모니아를 날려 보내고 양성자를 남기는 방법이 보통 사용된다. 하이드록시기의 산소는 3배위로 간주되어 Si와 Al 사이에 다리를 형성한다. 추가적으로 계속 가열하면 Brønsted 자리로부터 물이 제거되고 3배위의 알루미늄 이온이 노출되는데, 이 알루미늄 이온은 근접한 규소 원자에 붙어 있는 하이드록시기의 전자쌍을 받는 특성의 **Lewis 산성 자리(Lewis acid site)**로 확인된다. 이러한 자리들의 형성 과정이 그림 7.16에 개략적으로 표현되어 있다. 따라서 제올라이트의 표면은 각 제올라이트가 어떻게 제조되는지에 따라 Brønsted 산 자리, Lewis 산 자리, 또는 둘 다를 나타낼 수 있다. Brønsted 자리는 온도를 600℃ 이상 올려 물이 빠져나가게 하면 Lewis 자리로 전환된다.

모든 제올라이트 촉매들이 탈양이온화 또는 산 형태로 사용되는 것은 아니다. Na^+ 이온들을 La^{3+} 또는 Ce^{3+}와 같은 란타넘족 이온들로 바꾼 촉매들도 제법 흔하다. 이 이온들이 배치되면 골격 내의 Al 사면체에 있는 세 개의 분리된 음전하를 가장 잘 중성화시킬 수 있다. 전하의 분리는 공동 내에서 높은 정전기장 기울기를 만들어내는데, 이는 C–H 결합을 편극시키거나 심지어 이온화시킬 정도로 충분히 커서 반응이 일어날 수 있게 한다. 이 효과는 $[AlO_4]$ 정사면체가 더 멀리 떨어져 있도록 제올

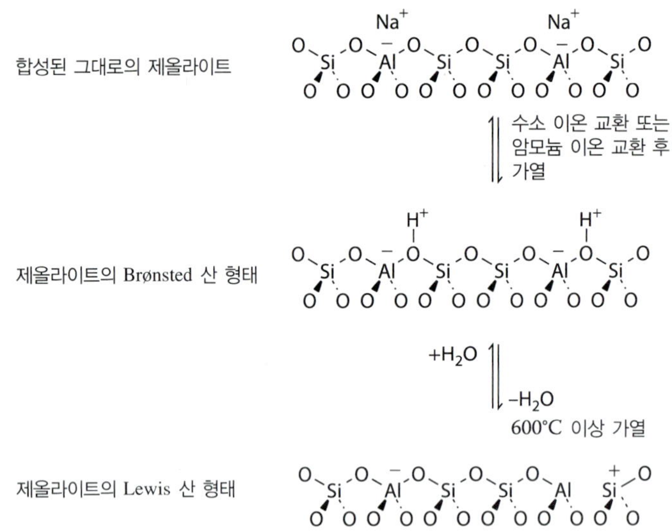

그림 7.16 제올라이트에서 Brønsted와 Lewis 산 자리의 생성을 나타내는 도식

라이트의 알루미늄 함량을 줄임으로써 더욱 강화될 수 있다. 만일 제올라이트를 고체 이온화 용매로 간주한다면, 다양한 제올라이트들의 촉매 성능 차이는 용액 화학(solution chemistry)에서 관찰되는 서로 다른 용매들의 작용에 비유될 수 있다. 제올라이트를 촉매로 사용하는 세 번째 방법은 Na^+ 이온을 Ni^{2+}, Pd^{2+}, Pt^{2+}와 같은 다른 금속 이온들로 바꾼 후, 이들을 그 자리에서 환원시켜 금속 원자들이 골격 내에 증착되게 하는 것이다. 그 결과 생성된 물질은 지지된 금속 촉매와 연관된 특성을 나타내고, 그 금속은 지극히 잘 분산될 수 있다.

다음과 같이 몇 가지 형태의 형태-선택적 촉매 반응이 있다.

- **반응물 형태-선택적 촉매 반응(reactant shape-selective catalysis)**: 임계 크기보다 작은 크기를 가지는 분자들만이 기공을 통과할 수 있고 촉매 자리에 도달할 수 있게 되어, 그 촉매 자리에서 반응할 수 있다. 이는 그림 7.17a에 있는 것처럼, 곧은 사슬 탄화수소는 기공을 통과하여 반응이 일어날 수 있지만, 가지 사슬 탄화수소는 그렇게 될 수 없다.
- **생성물 형태-선택적 촉매 반응(product shape-selective catalysis)**: 그림 7.17b에 설명되어 있는 자일렌(xylene)의 제조에서와 같이, 특정 크기보다 작은 생성물만이 활성 자리를 떠나 통로를 통해 확산되어 나올 수 있다. 공동 내에서는 세 개의 모든 이성질체 혼합물이 형성되지만, 오직 파라 형태만이 바깥으로 탈출할

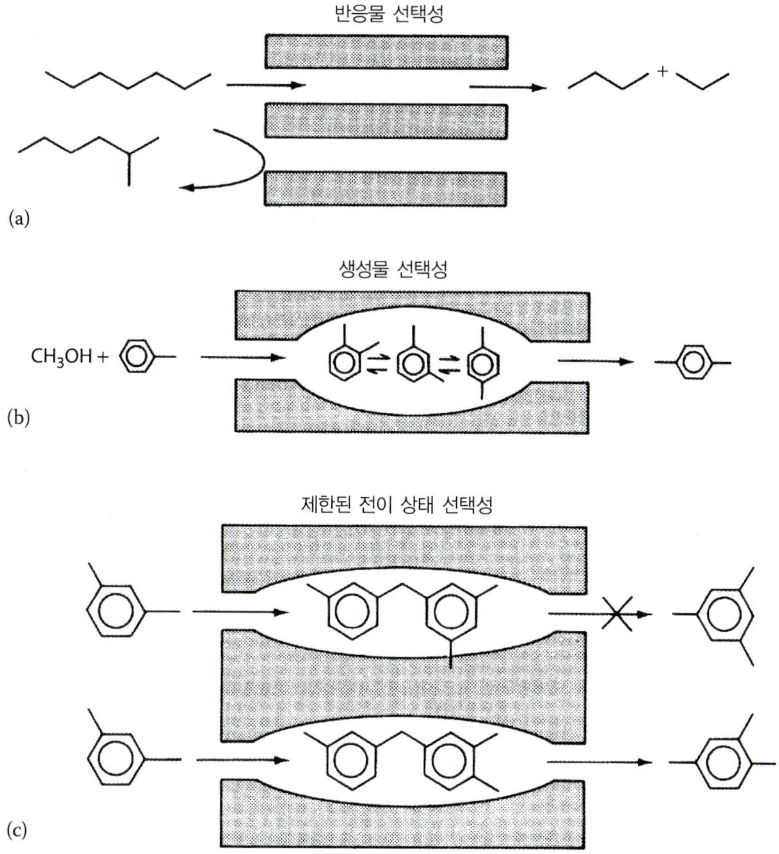

그림 7.17 형태-선택적 촉매 반응: (a) 반응물, (b) 생성물, (c) 전이 상태

수 있다.

- **전이 상태 형태-선택적 촉매 반응(transition-state shape-selective catalysis)**: 그림 7.17c에서 보여 주는 다이알킬벤젠의 알킬 교환 반응에서와 같이, 어떤 특정 반응들은 전이 상태가 공동 내의 가능한 공간보다 더 많은 공간을 요구하기 때문에 반응이 일어나지 않는다.

반응물 형태-선택적 촉매 반응(reactant shape-selective catalysis)은 뷰탄올의 탈수 반응으로 설명할 수 있다. 만일 뷰탄-1-올(*n*-뷰탄올)과 뷰탄-2-올(아이소-뷰탄올)을 Ca-제올라이트 A 또는 Ca-제올라이트 X를 이용하여 탈수 반응시키면, 서로 다른 생성물이 형성되는 것을 알 수 있다. 제올라이트 X는 두 알코올 모두가 쉽게 출입할 만큼 충분히 큰 창을 가지고 있어서 두 알코올 모두 각각에 상응하는 알켄으로 전환된다. 그러나 제올라이트 A에서 곧은 사슬 알코올의 탈수 반응은 쉽게 일어나지만, 가

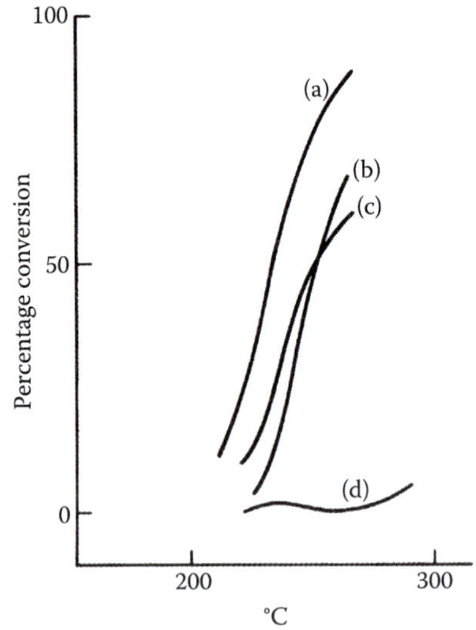

그림 7.18 (a) Ca-X를 이용한 아이소-뷰탄올의 탈수 반응, (b) Ca-X를 이용한 *n*-뷰탄올의 탈수 반응, (c) Ca-A를 이용한 *n*-뷰탄올의 탈수 반응, (d) Ca-A를 이용한 아이소-뷰탄올의 탈수 반응

지 사슬 알코올은 제올라이트 A의 창을 통과하기에는 너무 커서 사실상 전혀 알켄으로 전환되지 않는다. 이 결과는 그림 7.18에 요약되어 있다. 높은 온도에서 곡선 (d)가 증가하기 시작하는 것이 명백한데, 이것은 온도가 증가함에 따라 격자 진동이 증가하여 기공이 조금 크게 열리게 되어 뷰탄-2-올이 제올라이트 A의 내부로 들어가기 시작하기 때문이다. 낮은 온도에서 매우 조금 전환되는 것은 외부 자리에서 반응이 일어나는 것으로 설명할 수 있다.

ZSM-5를 산업적으로 이용하는 반응에는 1,4-*p*-자일렌(1,4-(para-)xylene)의 생성 반응이 있는데, 이는 **생성물 형태-선택적 촉매 반응(product shape-selective catalysis)**의 좋은 예시가 된다. 파라-자일렌은 테릴렌(Terylen)과 같은 폴리에스터 섬유 제조를 위한 출발 물질인 테레프탈산(terephthalic acid)의 제조에 이용된다.

자일렌은 메탄올을 이용하여 톨루엔에 알킬화 반응을 진행시켜서 생산한다(그림 7.19a). 산 촉매를 생성하기 위해 ZSM-5 촉매에 인산이 주입되면, 다른 이성질체를 생성시키는 반응은 통로를 통한 확산 속도에 차이가 있기 때문에 선택적으로 진행시킬 수 있다. 이는 온도를 증가시키면 선택성이 증가되는 것을 통해 확인할 수 있는데, 그만큼 확산 한계가 중요하다는 것을 잘 나타낸다. 파라-자일렌의 확산 속도는 다른 두 이성질체에 비해 거의 1000배 정도 빠르다. 그림 7.16b와 c에 있는 컴퓨터 모형은 왜 메타-자일렌이 10-고리 창에 쉽게 들어가지 못하여 통로를 따라 확산될 수

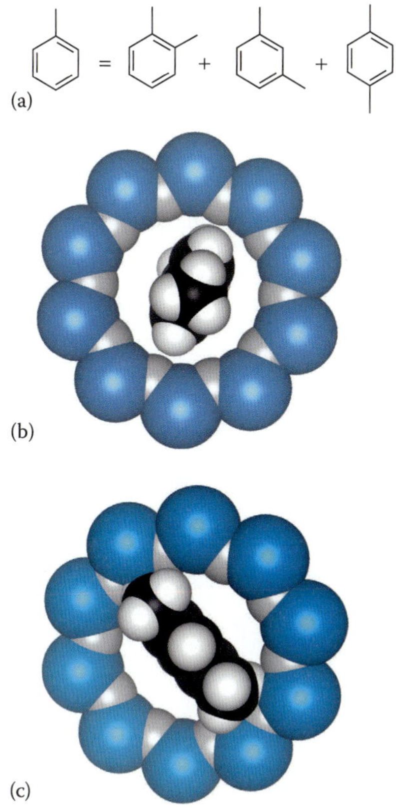

그림 7.19 (a) 톨루엔, 오쏘-자일렌, 메타-자일렌, 파라-자일렌의 구조, (b) 파라-자일렌은 ZSM-5의 기공 크기에 정확하게 맞지만, (c) 메타-자일렌은 확산되어 나가기에 너무 크다는 것을 보여 주는 컴퓨터 모형

없는지를 보여 준다. 자일렌들은 기공 내에서 이성질화되고, 이후 파라-자일렌은 확산되어 나오지만, 오쏘-이성질체와 메타-이성질체는 통로 내에 가둬져서 파라 형태로 전환되어 빠져나오는 데 시간이 더 오래 걸린다. 이 촉매를 적합하게 잘 처리하면 97%까지 선택적인 파라-자일렌으로의 전환을 이룰 수 있다. X-선 연구에 의하면 파라-자일렌 분자들은 사인 곡선형(sinusoidal) 통로 내부뿐만 아니라 곧은 통로와 사인 곡선형 통로가 만나는 연결 지점에도 위치해 있다는 것이 입증되었다. 제올라이트를 사용하는 촉매 반응은 순수한 생성물을 높은 수득률로 얻을 수 있으며, 제올라이트 촉매를 다시 재생될 수 있다는 점에서 $AlCl_3$ 또는 $FeCl_3$ 촉매와 CH_3I를 이용하는 전통적인 알킬화 반응보다 훨씬 더 친환경적인 과정이라고 할 수 있다.

전이 상태 형태-선택적 촉매 반응(transition-state shape-selective catalysis)은 산-촉매 작용에 의한 다이알킬벤젠의 알킬 교환 반응에서 일어나는데, 이때 알킬기 중 하나가 한 분자에서 다른 분자로 이동된다. 이러한 이분자 반응은 다이페닐벤젠의 전이 상태를 포함한다. 전이 상태가 무너질 때, 이것은 단일 알킬벤젠과 1,2,4-이성질체 또는 1,3,5-이성질체로 분리될 수 있다. 이 반응을 위해 사용한 촉매가 모데나이트(mordenite)일 때(그림 7.17c), 대칭적인 1,3,5-이성질체를 형성하기 위한 전이 상태는 기공에 비해 너무 커서 1,2,4-이성질체가 거의 100%의 수득률로 형성된다. (이는 평형 상태 혼합물들에서는 대칭적으로 치환된 이성질체들이 우세한 경향이 있다는 것과 비교가 된다.)

열린-골격 제올라이트들이 합성됨에 따라 촉매 반응을 위한 접근 가능한 활성 자리의 수가 극적으로 개선되었다. ZSM-5의 경우에는 자일렌 이성질화 반응에서 1분당 각 활성 자리에서 10^7개 이상의 분자가 전환되는 것으로 추정된다.

7.3 금속-유기물 구조체

금속-유기물 구조체(metal-organic frameworks, MOFs)는 21세기에 들어 두각을 나타내기 시작했으며, 2020년까지 8만 개 이상의 MOF 구조가 밝혀졌다. MOF는 제올라이트보다도 더 큰 표면적을 지니는 개별적 개조가 가능한 골격의, 매우 흥미로운 종류의 다공성 물질 군을 형성하고 있다. 이들은 다량의 다양한 기체들(특히 수소)을 흡수할 수 있으며, 이산화 탄소를 선택적으로 포집할 수 있다. 연료 전지에 사용되는 수소와 같은 청정 연료의 필요성이 커짐과 더불어 대기 중 이산화 탄소의 급격한 증가로 인해 MOF의 저장 및 포집 특성이 매우 큰 관심을 끌고 있다. 대부분의 MOF 관련 초기 연구는 기체 저장, 기체 분리, 기체 정제 능력 등에 집중되었지만, 이들은 분자체, 불균일 촉매 반응, 센서, 약물 전달 분야에도 명백한 가능성을 가지고 있다. 그러나 지금까지 합성된 MOF는 일반적으로 물, 산/염기, 열에 불안정하다. 여기에 현재로는 생산 단가가 아직 높아 상업적인 이용이 더뎌지고 있다.

MOF는 화학식으로 명명하거나 MOF 뒤에 숫자를 표시하여 명명할 수 있다. 또한 처음 합성된 연구실의 이름을 따기도 한다. 예를 들어 $Zn_4O(bdc)_3$는 세 개의 bdc^{2-}(1,4-벤젠다이카복실산염)에 연결된 네 개의 Zn 이온과 주변을 둘러싸고 있는 산소로 구성된 뭉치로 이루어진 MOF이다. $Cu_3(btc)_2$(btc^{3-}는 1,3,5-벤젠트라이카복실산염)의 경우는 Hong Kong University of Science and Technology에서 처음 개발한 이후 HKUST-1으로도 불리고 있다.

표 7.2 MOF 합성에 사용되는 몇몇 리간드

모체의 관용명	IUPAC명	음이온 화학식	리간드 약어	MOF 예 및 관용명	음이온 구조
석신산	뷰테인다이온산염	$^{-}OOC–(CH_2)_2–COO^{-}$ $C_4H_4O_4$			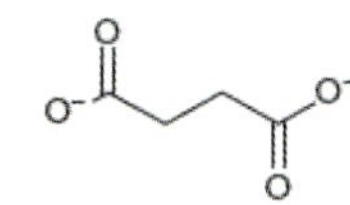
아이소프탈산	벤젠-1,3-다이카복실산염	$C_6H_4(COO)_2^{2-}$ $C_8H_4O_4$			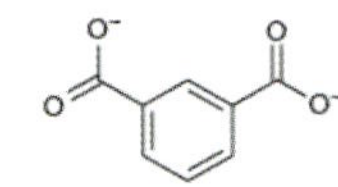
테레프탈산	벤젠-1,4-다이카복실산염	$C_6H_4(COO)_2^{2-}$ $C_8H_4O_4$	BDC	$Zn_4O(BDC)_3$ MOF-5	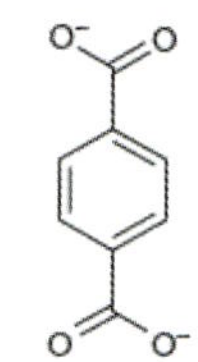
1,3,5-트리스(4-카복시페닐)벤젠	벤젠-1,3,5-트라이벤조산염	$C_6H_3(C_6H_4COO)_3^{3-}$ $C_{27}H_{18}O_6$	BTB	$Zn_4O(BTB)_2$ MOF-177	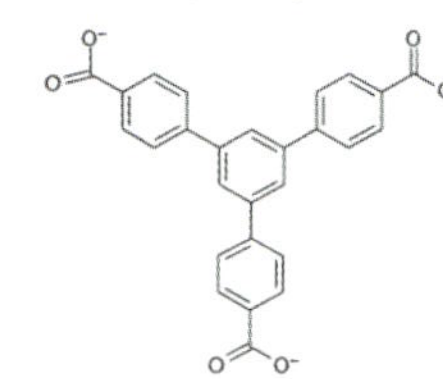

(계속)

표 7.2 (계속) MOF 합성에 사용되는 몇몇 리간드

모체의 관용명	IUPAC명	음이온 화학식	리간드 약어	MOF 예 및 관용명	음이온 구조
트라이메식산	벤젠-1,3,5-트라이 카복실산염	$C_9H_3O_6$	BTC	$Cu_3(BTC)_2(H_2O)_3$ HKUST-1	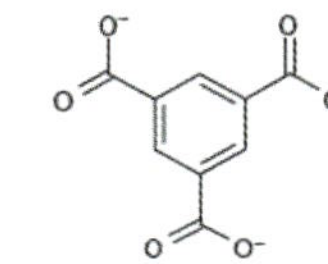
이미다졸 1,3-다이아졸	1*H*-1,3-이미다졸	$C_3H_4N_2$			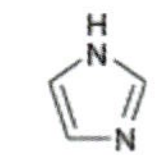
1,2,3-트라이아졸	1*H*-1,2,3-트라이아졸	$C_2H_3N_3$			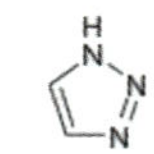
1,2,3-테트라졸	1*H*-1,2,3,4-테트라졸	CH_2N_4			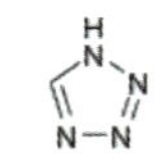
	벤젠-1,3,5-트리스(1*H*-테트라졸)	$C_9H_6N_{12}$	BTT	$Mn_3[(Mn_4Cl)_3(BTT)_8]_2$ Mn-BTT	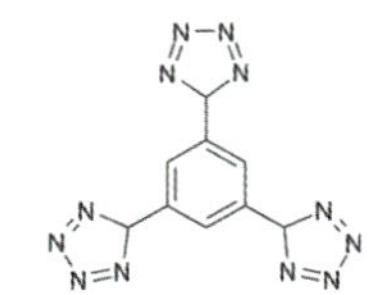

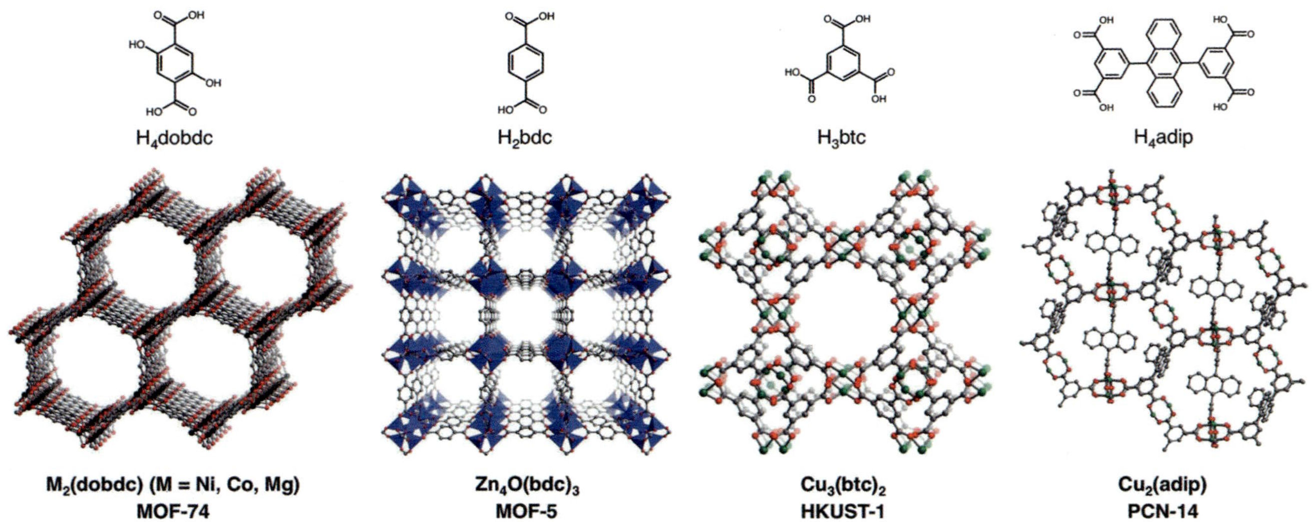

그림 7.20 아래 참고문헌의 연구에서 평가한 네 가지 금속–유기 구조체에 대한 결정 구조와 유기 가교 리간드: M_2(dobdc) (M = Ni, Co, Mg; $dobdc^{4-}$ = 2,5-다이옥시도-1,4-벤젠다이카복실산염; M-MOF-74, CPO-27-M), $Zn_4O(bdc)_3$ (bdc^{2-} = 1,4-벤젠다이카복실산염; MOF-5, IRMOF-1), $Cu_3(btc)_2$ (btc^{3-} = 1,3,5-벤벤트라이카복실산염; HKUST-1), Cu_2(adip) ($adip^{4-}$ = 5,5′-(9,10-안트라센다일)다이아이소프탈산염; PCN-14). 녹색, 회색, 적색 구는 각각 Cu, C, O 원자를 나타낸다; 명확히 하기 위해 H 원자는 생략하였다. 검은색 구는 Ni, Co, Mn 원자를 나타내고 청색 사면체는 Zn 원자를 나타낸다. (Figure 2 in J.A. Mason, M. Veenstra and Jeffrey R. Long, Evaluating Metal–Organic Frameworks for Natural Gas Storage, Chem. Sci., 2014, 5, 32. DOI: 10.1039/c3sc52633j. Licenced under a Creative Commons Attribution 3.0 unported licence.)

7.3.1 MOF의 조성과 구조

MOF는 기본적으로 무기 금속 이온이나 금속 원자 뭉치로 이루어져 있으며 보통 견고한 유기물 연결 작용기에 의해 결합되어 있다. 표 7.2에는 연결체로 사용되고 있는 유기물 리간드 종류에 대한 몇 가지 예가 있는데, 카복실산과 아졸 등의 유도체가 가장 흔하다.

그림 7.20은 네 가지 MOF와 각각의 연결 분자 구조를 나타내고 있다.

MOF의 구조는 다양한데, 서로 다른 금속 뭉치 전구체나 유기 연결체를 선택하여 다양한 기공 크기를 형성할 수 있도록 조절할 수 있다. 대부분의 MOF는 미세 다공성 기공을 가지고 있지만 메조 다공성이나 거대 다공성 기공을 갖는 MOF도 합성되었다. 예를 들어, 한 형태의 MOF(MOF-74) 군은 유기 리간드의 길이를 조절하면서 합성할 수 있다. 미세 다공성 MOF-74는 CO_2와 같은 작은 분자를 수용할 수 있지만, 거대 다공성 MOF-74는 작은 단백질 분자까지 수용할 수 있다.

7.3.2 MOF의 합성

MOF를 합성하는 다양한 방법들이 개발되었다. 초창기에는 두 가지 주된 접근 방식을 사용하였는데 그중 하나는 금속 뭉치와 유기 연결체를 구성 요소(building blocks)로 사용하여 조립하는 것이었다. 표 7.2는 유기 연결체의 예들을 나타내고 있다. **이차 건축 단위(secondary building units, SBU)**로도 알려진 금속 뭉치 구성 요소에는 여러 리간드로 연결된 두 개 이상의 금속 이온이 포함된다. SUB의 일반적인 형태는 외륜(paddle wheel)으로 그림 7.21에 이러한 형태의 SBU를 나타내었다. 이것은 두 Cu 원자에 배위된 아세트산염 리간드로 구성된 네 개의 노(paddle)를 가지고 있다. 연결 리간드는 구조가 더 복잡할 수도 있으며 하나의 금속 중심에 다른 리간드가 함께 배위될 수도 있다.

또 다른 방식으로는 제올라이트에 사용된 것과 유사한 방법이 사용되는데, 유기 리간드와 질산염과 같은 금속 전구체의 뜨거운 용액으로부터 수열 과정이나 용매열(solvothermal) 과정으로 결정을 성장시킨다. 이러한 과정은 일반적으로 고온에서 이루어진다.

합성 방법과 조건을 달리하면 동일한 반응 혼합물에서 서로 다른 MOF를 생성할 수 있다. 예를 들어 반응 혼합물 $Al(NO_3)_3/9H_2O/H_4BTEC/H_2O/NaOH$의 초기 pH 값

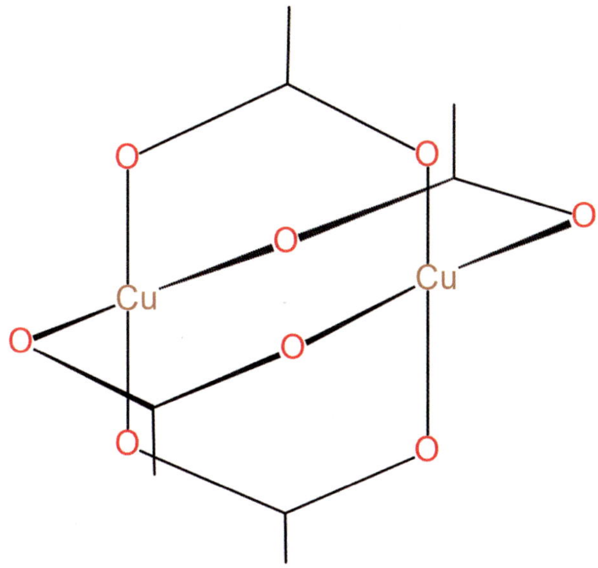

그림 7.21 외륜 형태의 간단한 이차 건축 단위(SBU)

을 달리한 연구에서, 낮은 pH 조건에서는 꼭짓점-공유(corner-sharing) AlO_6 다면체가 선호되는 반면 높은 pH에서는 모서리-공유(edge-sharing)가 선호되었다. pH가 증가하면 H_4BTEC(1,2,4,5-벤젠테트라카복실산)의 탈양성자(deprotonation)가 더 촉진된다. pH 1.4와 pH 9에서 탈양성자화가 일어난 후의 리간드의 구조를 그림 7.22에 나타내었다. pH 1.4에서는 Al 이온이 배위할 수 있는 자리가 4개 있으며 이는 꼭지점 공유 AlO_6로 구성된 MOF MIL(Material Institut Lavoisier)-121을 형성한다. 반면 pH 9에서는 8개의 Al 배위 자리가 존재하여 모서리 공유된 AlO_6을 가지고 있는 MIL-120을 생성한다.

원하는 크기 그리고(또는) 형태를 가진 결정을 생성하려면 다양한 합성 방법이 필요하다. 주형 기술은 기공 크기를 조절할 수 있을 뿐만 아니라 *N*,*N*-다이메틸폼아마

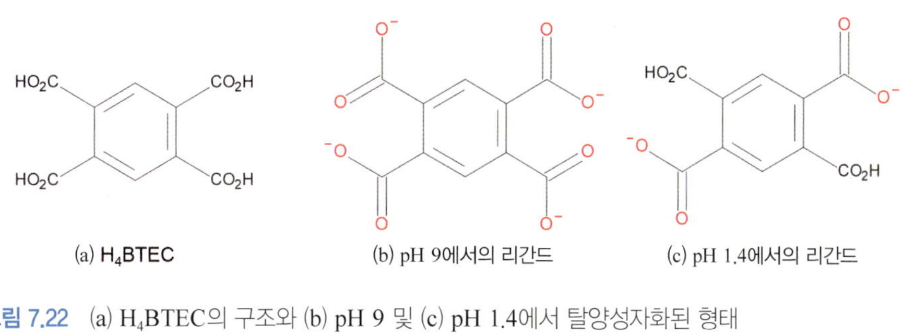

그림 7.22 (a) H_4BTEC의 구조와 (b) pH 9 및 (c) pH 1.4에서 탈양성자화된 형태

이드나 *N,N*-다이에틸폼아마이드 같은 주형 용매가 제거될 때 접근 가능한 금속 자리를 노출시키게 할 수 있다. 이러한 금속 자리는 기체(특히 수소)가 흡착되는 자리를 제공한다. 예를 들어 생의학적 용도에 사용 가능한 MOF를 합성하는 데 초음파나 마이크로파를 이용한 합성 방법이 사용된다. 생성된 MOF는 독성이 없는 나노 결정성 물질이어야 하며 높은 함유 능력(loading capacities)을 가져야 한다.

7.3.3 MOF의 응용

7.3.3.1 저장과 분리

화석 연료를 연소하여 생성된 이산화 탄소는 대기 중 온실기체의 농도를 증가시키면서 전 세계적으로 문제가 되고 있다. **탄소 포집(carbon capture)**에 MOF를 활용하고자 하는 연구가 진행 중인데 구조 내에 Mg, Zn, Co 금속 등을 포함하는 MOF가 CO_2 흡수에 가장 활발히 연구되고 있다. 작용기, 기공 크기, 개방된 금속 자리를 변화시켜 MOF를 조절함으로써 포집 성능을 향상시킬 수 있다. Mg-MOF-74 혹은 Mg_2DOT(DOT는 2,5-다이옥소테레프탈산염)는 개방된 Mg^{2+} 자리를 가져 성능이 특히 우수한 MOF로, 상온 및 대기압에서 32.5 wt%의 CO_2 저장 용량을 나타낸다. 또한 하이드라진을 이 MOF 구조에 결합시켜 성능을 개선할 수도 있다. 이러한 MOF는 대기 중의 CO_2 분압 조건에서 저장 용량이 약 40배 증가한다.

탄소 포집에서는 N_2나 CH_4와 같은 다른 작은 분자들보다 CO_2를 우선적으로 흡수하는 것이 중요하다. NJU-Bai35($[Cu_4(\mu_4\text{-}O)Cl_2(IN)_4][CuCl_2]$)는 CO_2:N_2의 흡수비가 275.8로 매우 뛰어난 특이성(specificity)을 가지고 있다.

현재 수소는 액체 또는 압축 가스 형태로 저장 및 운반된다. 수소 연료 차량이 더 많이 판매되지 않고 있는 것은 차량 비용이 상대적으로 고가라는 이유뿐만 아니라, 연료로 수소를 사용하는 것에 대한 일반적인 염려와 관련된 대중들의 안전에 관한 인식 때문이다. 쉽고 안전하게 배출할 수 있는 흡착 수소를 아주 큰 부피로 포함하고 있는 고체는 매우 매력 있는 해결 방안이 된다. 수소는 약한 반데르발스 힘으로 MOF 표면에 물리적으로 흡착하므로, 표면적이 크면 클수록 흡착량은 더 증가하게 된다. 또한 수소는 화학 흡착에 의해 더 강한 결합을 형성할 수도 있다. 보통 온도를 낮추고 압력을 약 20~40 bar로 높여 주면 수소의 흡착은 더 증가한다(100 bar의 압력까지는 자동차에 사용되기에 안전한 것으로 간주된다). 이는 액체 질소 온도(77 K)의 저온에서 진행하는 대부분의 수소 저장 중에서 MOF가 가장 효율적임을 의미하며,

실온에서도 효율적인 수소 저장을 보이는 MOF를 찾는 연구가 매우 활발하게 진행되고 있다. 미국 에너지부(US Department of Energy)는 수소 4.5 wt%를 차량용 수소 저장 목표로 설정하였는데, 2019년까지 최고의 상온 저장 체계인 $Be_{12}(OH)_{12}$(1,3,5-벤젠트라이벤조산염)$_4$은 95 bar의 압력에서 2.3 wt%의 저장 능력을 보이고 있다.

메테인은 가솔린과 같은 액체 탄화수소보다 CO_2 배출량이 적다. MOF는 제올라이트보다 메테인 저장 능력이 우수하다. 표 7.3에 2019년 현재 메테인 저장에 우수한 성능을 보이는 MOF들을 나타내었다. 화학식이 복잡해 보이지만 이러한 MOF들은 방향족 리간드에 연결된 금속 뭉치들로 이루어져 있다.

MOF 내의 크기가 다른 기공들은 어떠한 기체 분자들이 그들을 통해 잘 확산될 수 있을지를 좌우하도록 하여, MOF를 **기체 분리(gas separation)**에 유용한 후보 물질로 만든다. Zn 기반 MOF는 CO_2를 함유할 수는 있지만 O_2와 N_2는 통과되도록 하고, 다른 MOF들은 물은 함유하면서 N_2, O_2, CO_2, CH_4와 같은 큰 분자들을 배제한다.

MOF의 중심 금속들, 특히 개방된 금속 자리는 아민, 황 함유 화합물, 포스핀 등과 같은 Lewis 염기들에 대해 Lewis 산으로 작용할 수 있다. 이러한 특성을 활용하면 냄새나는 화합물들이 포함된 미량의 오염물질들을 정화하는 데 유용하게 사용할 수 있다.

표 7.3 표준 온도와 압력에서 MOF의 메테인 흡착

MOF	화학식	총 CH_4 흡착량(m^3/kg)
DUT-49	$Cu_{2(}$bbcdc)[a]	0.363
NU-111	Cu_2(tcepbb)[b]	0.333
PCN-68	Cu_2(ptei)[c]	0.332
MOF-210	$Zn_4O(bbc)_2$[d]	0.331
DUT-23(Co)	$Co_2(bipy)_3)(btb)_4$[e]	0.331

[a] bbcdc = 9,90-([1,10-바이페닐]-4,40-다일)비스(9H카바졸-3,6-다이카복실산염);
[b] tcepbb = 1,3,5-트리스[(1,3-카복실레이트-5-(4-(에타인 일)페닐))뷰타다이닐]-벤젠;
[c] ptei = 5,50-((50-(4-((3,5-다이카복시페닐)에타인 일)페닐)-[1,10,30,100-터페닐]-4,40 0-다일)-비스(에타인-2,1-다일))다이아이소프탈산;
[d] bbc = 4,40,400-[벤젠-1,3,5-트라이 일-트리스(벤젠-4,1-다일)]트라이벤조산염;
[e] btb = 벤젠-1,3,5-트라이벤조산염.

7.3.3.2 불균일 촉매 반응

촉매들을 사용하는 산업 공정의 약 90%에 해당하는 **불균일 촉매 반응(heterogeneous catalysis)**은 산업에서 매우 중요한데, 전 세계적으로 수백억 원 정도의 경제적 가치가 있다. 촉매 반응은 중심 금속, 유기 연결체, 기공의 세 가지 자리에서 일어날 수 있다. 제올라이트처럼 MOF의 기공 구조는 크기/모양 선택적 촉매 작용이 가능하다. 또한 촉매 활성을 지닌 분자가 기공 내에 삽입될 수도 있다. 그러나 산업에서 사용되는 촉매는 반응 온도와 압력 조건을 견딜 수 있을 만큼 튼튼해야 하고, 경제성이 있어야 하며, 수백 번 이상의 촉매 순환이 신뢰성 있게 일어날 수 있어야 한다.

7.3.3.3 이외의 응용

MOF는 생체 분자, 금속 이온, 폭발물, 독소 등을 포함한 다양한 분자들을 탐지하는 화학 센서로도 유망하다. 손님 분자가 MOF의 발광 특성을 변화시킬 수 있어 다양한 분자들을 탐지하는 데 사용된다. 한 예로 MOF UiO-66-NH_2($Zr_6O_4(OH)_4(BDCNH_2)_6$)는 정상 DNA와 그렇지 않은 DNA를 구별할 수 있다.

Li 이온과 Na 이온 전지(6장)에 MOF를 전극으로 사용하는 방법이 연구되고 있다. 리튬 이온은 리튬 합금을 형성하는 화학 반응이나 층간 삽입(intercalation) 반응으로 MOF에 포함될 수 있다. 리튬 합금이 형성되는 과정에서 MOF 골격이 파괴되어 예상되는 충·방전 주기를 단축시킬 수 있다. 리튬 이온이 삽입되면 주기가 더 늘어날 수 있다. 또한 질소가 풍부한 작용기가 포함된 MOF가 특히 효과적이다.

약물 전달은 MOF의 저장 능력을 이용한 또 다른 활용 방법으로 약물이 천천히 방출되는 가능성을 제시한다.

7.3.4 유사 제올라이트 MOFs

유사 제올라이트 MOF(zeolite-like MOFs, ZMOFs)는 제올라이트와 유사한 공간 배열을 가진 MOF이다. 이들은 예를 들어 사면체로 연결된 금속 이온과 두 군데로 연결된 연결체에서 볼 수 있듯이, 제올라이트에서 Si 원자 역할을 하는 연결된 교점(nodes)과 연결된 산소와 같은 연결체로 구성된 4개의 연결된 교점을 가지고 있다. 잘 알려진 ZMOF에는 **제올라이트형 이미다졸산염 골격(zeolitic imidazolate frameworks, ZIF)**이 있다. MOF 촉매를 연구하는 데 있어서 해결해야 할 주요 문제 중 하나는 제올라이트보다 고온 안정성이 부족하다는 점이다. 벤젠-1,3,5-트리스

(1*H*-이미다졸) MOF와 같은 일부 MOF들은 pH 2~14 범위에서 최대 500℃까지 안정성이 입증되었다. (Zn, Cu, Co, Ni) ZIF-7[$Zn(bim)_2$, 여기서 bim은 벤조이미다졸]은 벤젠, 물, 메탄올에 화학적으로 안정하고 결정의 형태에 따라 열적으로 약 400℃까지 안정하다. ZIF-8[$Zn(2\text{-}mim)_2$, 여기서 2-mim은 2-메틸이미다졸]은 열 및 화학적 안정성이 높고 기공 크기가 크다. 이 MOF는 $Zn(NO_3)_2$와 같은 Zn 염과 2-메틸이미다졸 용액을 혼합하여 간단히 제조할 수 있다. 반응 조건을 조절하면 크기가 다양한 입자가 생성된다. 그림 7.23에 ZIF-7와 ZIF-8의 구조를 나타내었다.

ZIF는 또한 Li 이온이 이미다졸기에 결합할 수 있기 때문에 리튬 이온 전지(6장)의 음극 소재로 잠재력을 지닌다.

ZMOF의 하위군은 Cu_4X_4(여기서 X는 할로젠)와 같은 금속 뭉치를 4개의 연결된 교점으로 사용하여 다공성 **유사 제올라이트 뭉치 유기 골격 구조체(zeolite-like cluster organic frameworks, ZCOF)**를 형성한다.

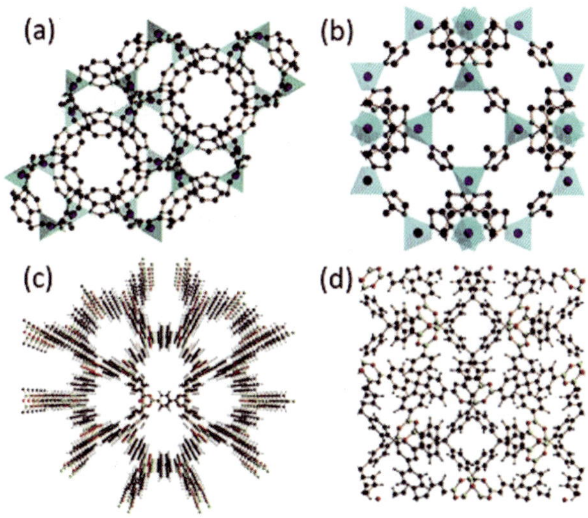

그림 7.23 양자체(quantum sieving)로 사용하기 위해 연구된 초미세 다공성(ultramicroporous) 골격의 결정 구조: (a) ZIF-7, (b) ZIF-8, (c) COF-1, (d) COF-102. ZIF-7와 ZIF-8의 경우 명확하게 하기 위해 수소 원자는 생략하였다. 탄소(검은색), 아연(청색 사면체), 질소(녹색), 산소(적색), 붕소(황색), 수소(회색) (Republished with permission of Royal Society of Chemistry from Quantum cryo-sieving for hydrogen isotope separation in microporous frameworks: an experimental study on the correlation between effective quantum sieving and pore size, Michael Hirscher et al., *J. Mater. Chem.* A, 2013, 1, 3244; permission conveyed through Copyright Clearance Center, Inc.)

7.4 공유 결합성 유기 골격 구조체

2005년 **공유 결합성 유기 골격 구조체(covalent organic frameworks, COFs)**가 처음 보고된 이후 해마다 관련 논문 수가 빠르게 증가하고 있다. 응용 가능한 용도에는 불균일 촉매를 비롯하여, 환경 복원, 기체의 저장과 분리, 센서 등이 포함된다. 이들은 공유 결합을 하는 가벼운 원자들(C, H, N, O, B)로 구성된 유기 건축 단위가 연결되어 형성된 다공성 고체이다. 이러한 물질들은 공유 결합에서 기인하는 화학적 및 열적 안정성과 더불어 붕소를 제외하면 가용성(availability, 12장 참조)이 풍부하다는 점에서 특히 주목을 받고 있다.

7.4.1 COF의 구조

COF는 2차원(2D)과 3차원(3D) 구조로 나눌 수 있다. 2차원 구조에서는 2차원으로 공유 결합된 층들이 쌓여 주기적인 구조를 형성한다. $\pi-\pi$ 결합으로 층 사이의 결합이 형성된다. 3차원 구조는 전체적으로 공유 결합되어 있다. 그림 7.23에서 (c) COF-1(2D)와 (d) COF-102(3D)에 두 가지 COF의 구조를 나타내었다. 붕소 연결, 이민 연결, 트라이아진 연결 등과 같은 COF에서 공유 결합을 형성하는 다양한 연결들이 보고되었다. 이에 관한 간단한 예를 그림 7.24에 제시하였다.

대부분의 COF는 미세 다공성을 가지지만 일부 메조 다공성 범위의 기공 크기를 갖는 COF도 합성되었다.

7.4.2 COF의 합성

가장 일반적인 합성 방법은 용매열 합성으로, 마이크로파를 이용하면 반응 시간을 줄일 수 있다. 예를 들어 COF-5는 1,3,5-트라이메틸벤젠과 다이옥세인 혼합물을 용매로 사용한 용매열 방법으로는 3일이 필요하지만, 마이크로파를 이용하면 20분만에 합성할 수 있다. COF 중 일부는 일반 대기 조건에서 얻어진다. 이들은 일반적으로 반응물 용액을 제조하고, 혼합하여 결정화시키는 과정을 거치지만, 심지어 막자 사발과 막자로 반응성 고체를 분쇄하여 합성한 예도 보고되었다.

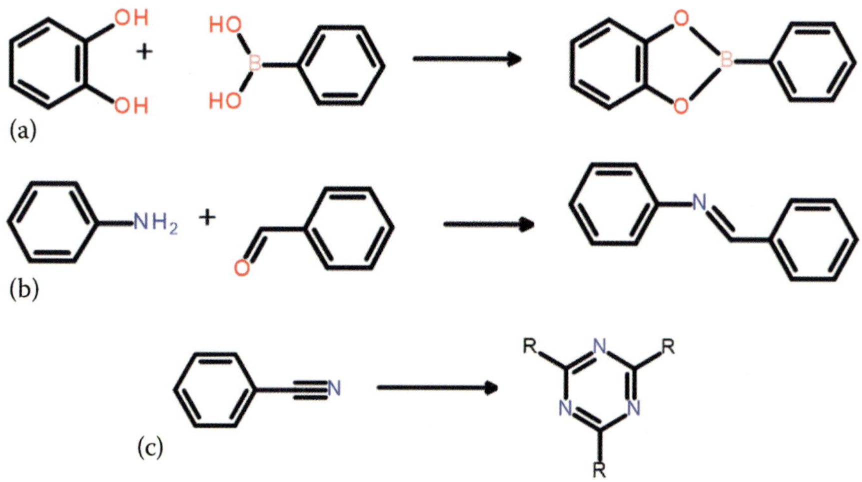

그림 7.24 (a) 붕소 연결, (b) 이민 연결, (c) 트라이아진 연결

7.4.3 COF의 응용

COF는 센서로 응용할 수 있다. 다양한 COF가 형광 특성을 나타내며 형광은 흡수된 분자나 이온에 의해 변형되거나 소멸될 수 있다. 이러한 특성은 폭발물, 중금속 이온, NH_3와 같은 일부 기체를 감지하는 데 사용할 수 있다. 이들의 흡수 특성은 환경에서 유·무기 독성 오염물질을 제거하고, 기체를 저장·분리하거나, 광촉매로 사용할 수 있다. COF는 밀도가 낮아 모든 기공이 채워지면 CO_2와 같은 기체나 오염물질의 wt%가 MOF에서보다 더 높다.

7.5 기타 다공성 고체들

7.5.1 메조 다공성 알루미노규산염

7.2절에서 제올라이트가 알루미노규산염임을 알아보았으나 이러한 유형의 다공성 고체는 이뿐만이 아니다.

1992년에 모빌 연구 개발 회사(Mobil Research and Development Corporation)의 과학자들이 기존의 제올라이트보다 훨씬 더 큰 기공을 지니는 규산염과 알루미노규산염 물질군(M41S)을 개발하였다. 지금까지 가장 주목을 받은 메조 다공성 물질은

MCM-41(모빌 결정성 물질, mobil crystalline materials)이다. 이 물질은 균일한 크기의 메조 기공들이 아주 잘 정렬된 육방 배열을 하고 있고, 1,200 m^2g^{-1}의 거대한 표면적을 지닐 수 있다. 이 물질은 메조 기공을 지니는 규산염이나 알루미노규산염의 벽들이 단분자나 하나의 이온 주위에서 형성되는 것이 아니라 마이셀(micelle)로 알려진 분자들의 조립체 주위에서 형성되는 주형 기술에 의해 만들어진다. 규산염 수용액 또는 규산염과 알루미늄산염으로 되어 있는 음이온 용액에서, 양이온성 긴-사슬 알킬 트라이메틸암모늄 계면 활성제($[CH_3(CH_2)_n(CH_3)_3N^+]X^-$)는 막대 안으로 뭉치를 이루는 소수성 꼬리와 외부를 형성하는 양이온성 머리로 이루어진 막대 모양의 마이셀을 형성한다(그림 7.25). 규산염으로 코팅된 마이셀들은 막대의 축을 따라 서로 채워지고, 수열 조건에서 이 메조 다공성 구조가 용액으로부터 침전되어 **액정 주형**(**liquid crystal templating**)이라 불리는 합성 기술 이름을 얻게 되었다. 여과한 고체를 대기 중에서 700℃로 소성하면, 주형은 제거되고 메조 다공성 고체가 형성된다. 알킬 사슬 길이가 기공들의 크기를 결정하는데 $n = 11$, 13, 15에서 기공의 지름은 각각 300, 340, 380 nm이다.

7.5.2 점토 광물

또 다른 유형의 메조 다공성 고체에는 **스멕타이트 점토**(**smectite clays**)가 있다. 점토는 보통 토양과 침적물의 구성 성분으로 발견되며, 화성 탐사 로봇인 Mars rover는 화성에서조차 점토를 발견하였다. 스멕타이트 점토는 그림 7.26에 보이는 것처럼 기본적인 층상 구조로서, 사면체 규산염$[SiO_4]$ 판들과 팔면체 알루미늄산염 $[Al(O,OH)_6]$ 판들의 평행한 층들로 구성되어 있다.

규산염 층들은 $[SiO_4]$ 사면체를 포함하는데, 각 사면체의 세 꼭짓점이 서로 연결되어 하나의 무한한 층을 이루고 있다. 알루미늄산염 층들은 팔면체 형태로 배위된 알

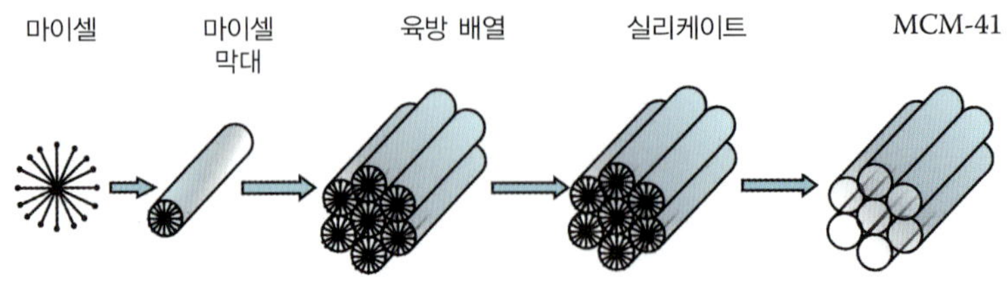

그림 7.25 액정 주형법을 이용하여 MCM-41을 합성하는 가능한 경로

루미늄 이온이 모서리-연결로 형성된 평면을 지니고 있는데, 이 평면은 두 개의 안쪽으로 향하는 꼭짓점-연결된 [SiO_4] 사면체 판들 사이에 끼워진 형태로 되어 있다. 스멕타이트 점토는 전형적으로 이러한 세 층 구조로 이루어져 있다.

Si 또는 Al의 대체물이 없다면, 그 층들은 전기적으로 중성인 파이로필라이트(pyrophyllite) 광물을 형성한다. 스멕타이트 점토에서는 사면체와 팔면체 층에서 규소와 알루미늄이 둘 다 다른 금속 이온들로 치환될 수 있기 때문에, 다른 구조들이 형성된다. 그 결과로 생성된 음전하는 층 표면의 산소들 위에 분포되고, 전하 균형은 층간 양이온들(보통 Na^+ 또는 Ca^{2+})에 의해 유지된다. 예를 들어 몬트모릴로나이트에서는 Al^{3+} 이온의 약 6분의 1이 Mg^{2+} 이온에 의해 치환되지만, 바이델라이트에서는 Si^{4+} 이온의 약 12분의 1이 Al^{3+} 이온에 의해 치환된다. 이러한 점토들의 독특한 층상 구조는 매우 유용한 양이온 교환과 층간 삽입 특성 등을 제공한다. 물과 같은 분자들과 글리콜과 같은 극성 유기 분자들은 쉽게 층 사이에 삽입되어 점토를 팽창시킨다.

점토는 촉매로 사용되어 왔으나, 촉매로 점토를 사용할 때 발생하는 문제점 중 하나는 고온(>200℃)에서 탈수가 시작되어 층간 지역이 붕괴한다는 것이다.

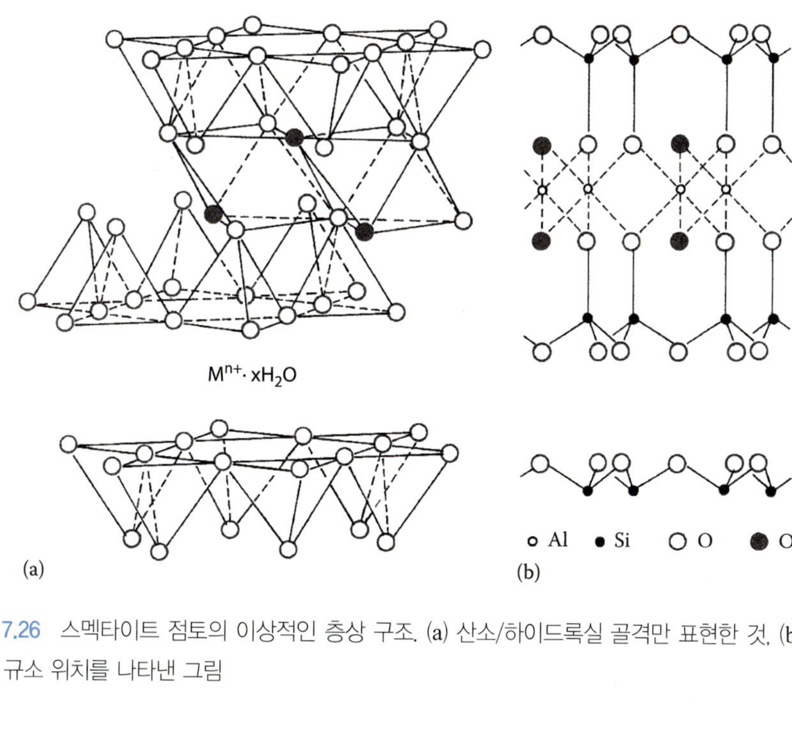

그림 7.26 스멕타이트 점토의 이상적인 층상 구조. (a) 산소/하이드록실 골격만 표현한 것, (b) 알루미늄과 규소 위치를 나타낸 그림

7.5.3 주기적 메조 다공성 유기실리카

주기적 메조 다공성 유기실리카(periodic mesoporous organosilicas, PMOs)는 1999년에 처음 보고되었는데, 구조의 기공 크기를 결정하는 유기 간격 띄우개군(spacer group)인 Si−C 다리 결합[$(RO)_3Si-R'-Si(OR)_3$]을 형성하는 실세스퀴옥세인(silsesquioxane)으로 구성되어 있다. 이 연구는 구조의 새로움과 더불어 지금까지 언급된 기능들을 포함하여 크로마토그래피 칼럼, 실리콘 오일, 수지(resins) 등에 대한 재료로의 잠재적인 유용성 때문에도 주도되었다. 그들의 잠재적인 장점은 다공성과(개질된 골격에 접목된 것이 아닌) 실제 골격 구조의 본질적인 부분인 유기물 기(organic groups) 둘 다에 있다.

주형이 제거될 때 골격이 붕괴하는 경향이 있기 때문에 적합한 전구체를 많이 찾을 수는 없었지만, 다른 구조와 기공 크기를 가진 폴리(트라이알킬옥시실릴)[poly(trialkyloxysilyl)] 구조들이 다수 만들어졌다. 합성 방법은 실세스퀴옥세인이 자기 조립 마이셀을 형성하기 위하여 계면 활성제와 혼합되고, 숙성을 시킨 후, 주형을 추출하기 위해 가열한다는 점에서 알루미노규산염의 합성법과 비슷하다. 출발 물질인 실리콘 전구체 이외에도 합성에는 온도, pH, 계면 활성제, 숙성 시간과 온도 등 바뀔 수 있는 많은 요인이 있다. 전구체 물질[$(RO)_3Si-R'-Si(OR)_3$]에서 R기는 보통 $-OC_2H_5$이지만, R′기는 메테인, 에테인, 벤젠, 싸이오펜, 심지어 페로센 등으로 다양하다. R′기의 몇 가지 예로는 $-(CH_2)_n-$, $-(CH{=}CH)-$, $-(C{\equiv}C)-$, $o/p-(C_6H_4)_n-$, $-(CH_2CH_2Si(OEt)_2CH_2CH_2)-$, $-(S/O\text{-}(C_6H_4)_2)-$, $-(Fe\text{-}(C_5H_4)_2)-$ 등이 있다.

7.6 요약

1. 이 장에서는 공동(바구니)과 기공(통로)을 가지고 있는 고체에 대하여 살펴보았다. 이러한 고체는 불균일 촉매, 기체 흡수, 기체 저장에 유용하게 사용된다.
2. 미세 다공성 구조는 지름이 2 nm보다 작은 기공을 지니고 있으며 메조 다공성 구조는 2~50 nm 사이의 기공 크기를 갖는다.
3. 제올라이트는 0.3~1 nm 범위의 기공 크기를 가진 미세 다공성 알루미노규산염이다. 60종이 넘는 천연 제올라이트가 존재하지만 이중 오직 7가지만 대량으로 매장되어 있다. 약 200종 이상의 합성 제올라이트도 개발되었다.

4. 금속-유기물 구조체는 유기 분자에 의해 연결된 금속 이온이나 금속 뭉치로 이루어져 있다. 이 구조체들은 제올라이트보다 더 큰 표면적을 가지고 있기 때문에 관심을 끌었다. 대부분은 미세 다공성을 지니지만 일부는 메조 다공성이나 거대 다공성을 나타낸다. 이러한 구조체들은 잠재적으로 다양한 용도로 사용할 수 있지만 대다수가 열적 및 화학적으로 불안정하다.
5. 공유 결합성 유기 골격 구조체는 공유 결합으로 연결된 가벼운 원소로 이루어져 있다. 이 구조체들은 흡수체나 센서로 응용 가능성을 보여준다.
6. 기타 다공성 고체들에는 메조 다공성 유기실리카와 알루미노규산염, 그리고 점토가 포함된다.

문제

1. 제올라이트 A의 ^{29}Si MAS NMR 스펙트럼은 89 ppm에서 단일 피크를 가지고 Si/Al 비가 1이다. 이러한 현상을 설명하시오. (제올라이트의 Si MAS NMR은 2장에서 설명하였다.)

2. Si/Al 비가 점점 증가하는 일련의 제올라이트가 합성되었다. 이 제올라이트들의 촉매 활성은 Si:Al 비가 대략 15:1일 때까지는 증가하였지만, 그 이후로는 감소하였다. 이러한 거동의 이유를 제시하시오.

3. 백금이 들어 있는 제올라이트 A(Ca 형태)는 탄화수소 혼합물의 산화 반응에 좋은 촉매임이 밝혀졌다. 그러나 만일 혼합물에 가지 사슬 탄화수소가 들어 있으면, 이들은 촉매 활성을 나타내지 않는다. 이러한 현상의 이유를 설명하시오.

4. 에텐과 프로펜은 둘 다 수소화 반응에 이용되는 특정한 모데나이트 촉매의 통로 안으로 확산될 수 있다. 그런데 오직 에테인만 생성되는 이유를 설명하시오.

5. 제올라이트 A(Ca 형태)를 이용하여 3-메틸 펜테인과 *n*-헥세인을 분해시켜 작은 탄화수소들을 형성시키면, 3-메틸 펜테인은 1% 미만으로 전환되지만 *n*-헥세인은 9.2%의 퍼센트 전환율을 보인다. 그 이유를 설명하시오.

6. ZSM-5 촉매를 이용하여 톨루엔을 메탄올로 알킬화 반응을 시킬 때, 촉매의 결정 크기가 0.5 mm에서 3 mm로 증가하면 약 두 배의 파라-자일렌이 생성된다.

이러한 현상의 이유를 설명하시오.

7. 탈양이온화된 제올라이트의 Brønsted 자리와 관련된 하이드록실기의 적외선 신축 진동수는 3600~3660 cm^{-1}에서 관찰된다. 골격 내에서 Si/Al 비가 증가함에 따라 이 진동수는 감소하는 경향이 있다. 이는 매우 규산질인 제올라이트의 산성도에 대해서 어떤 점을 시사하고 있는가?

8장

고체의 광학 특성

8.1 개요

고체 광학 장치의 가장 잘 알려진 예는 아마 레이저일 것이다. 고체 화학자들이 관심을 보이는 대표적인 레이저에는 루비 레이저와 갈륨비소 레이저 두 종류가 있다. 레이저 빛은 다른 광원의 빛보다 쉽게 변조시킬 수 있기 때문에 정보 전송에 널리 사용되고 있다. 예를 들면, 오늘날의 원격통신은 전선을 따라 전자를 이동시키는 대신 광섬유를 통해 빛을 전송하는 방법을 이용한다. 장거리의 광 전송을 위해서는 특별한 흡수, 굴절 특성을 가지는 광섬유를 사용해야 한다. 이에 적합한 물질을 개발하는 것이 연구의 중요한 영역이 되고 있다.

발광 다이오드(LED)는 디지털 시계와 과학 장비에 있는 표시장치에 사용되어 왔으며 최근에는 재래식 전구까지 대체하고 있다. 태양 전지는 태양광으로부터 전기를 발생시키며, 개별 주택이나 대규모 단지에 이용된다. 고체 재료의 또 다른 중요한 그룹은 텔레비전 스크린 및 백색 LED에 사용되는 '형광체'라고 하는 발광 고체이다.

위에서 언급한, 빛을 흡수하거나 방출하는 장치를 설명할 때 우리가 고려해야 할 현상은 크게 두 가지이다. 첫째는 호스트 격자(host lattice)에 존재하는 불순물 이온에 의해 빛이 방출되는 과정으로, 루비 레이저와 백색 LED의 형광체 코팅과 관련이 있다. 여기서는 격자에 의해 원자 스펙트럼이 본질적으로 어떻게 변화하는지 고찰한다. 또한 불순물로 인해 발생하지만 호스트 격자가 스펙트럼 특성을 가지게 하는 색상 중심에 대해서도 간략하게 살펴본다. 두 번째 중요한 현상은 고체 내부의 비편재화된 전자들의 광학특성이며 이것은 LED나 갈륨비소 레이저에서 중요하다.

광섬유나 투명 망토와 같은 장치는 물질의 굴절 특성과 관계있다. 따라서 빛의 흡수/방출과 관련한 장치를 먼저 살펴보고 뒤이어 굴절 과정을 살펴볼 것이다.

광결정과 메타물질의 특정 성질은 물질 조성보다는 그들의 배열 구조에 따른 결과라는 점에서 다른 예들과 구별된다. 우리는 광결정을 간략하게 살펴볼 것이다. 박막 광결정은 렌즈 위 반사 코팅으로 사용된다. 광결정은 자연계에서도 발견된다. 아울러 사물을 보이지 않게끔 하는 장치에 이용할 수 있는 가능성 때문에 많은 관심의 대상이 되는 메타물질의 독특한 광학 성질도 살펴볼 것이다.

8.2 원자와 빛의 상호 작용

원자가 적절한 파장의 광자를 흡수하면 더 높은 에너지 준위로 전이한다. 대부분의 경우 첫 번째 근사로, 원자 안에서 광자를 흡수하여 들뜨게 되는 전자 한 개를 생각할 수 있다. 광자의 에너지가 전자의 초기 및 최종 에너지 준위 차이와 일치하면서 **선택 규칙(selection rule)**이라고 알려진 특정 조건이 만족될 경우에만 전자가 광자를 흡수한다. 즉, 가벼운 원자에서 전자의 스핀이 변화해서는 안 되고 오비탈 각운동량은 1 단위로 변화해야 한다. 양자수로 표현하면 $\Delta s = 0$과 $\Delta l = \pm 1$이고 주양자수 변화에는 제한이 없다. 이것을 이해하는 방법은, 광자는 스핀 0과 각운동량 1 단위를 가지고 있기 때문에 스핀과 각운동량 보존으로부터 이러한 선택 규칙이 성립한다는 것이다. 소듐 원자를 예로 들면, 3s 전자가 하나의 광자를 흡수하여 3p 준위로 전이할 수 있다. 그러나 3s 전자는 3d($\Delta l = +2$) 또는 4s($\Delta l = 0$) 준위로는 이동하지 않는다. 그림 8.1은 Ca의 허용 전이와 금지 전이를 보여준다.

그런데 스핀과 오비탈 각운동량은 서로 완전히 독립적이지 않아서 결합이 가능하고 그로 인해 금지 전이가 허용될 수도 있다. 그렇지만 전자가 광자를 흡수하여 금지 준위로 들뜰 확률은 허용 준위로 들뜰 확률보다 훨씬 작다. 결과적으로 금지 전이에 해당하는 선 스펙트럼은 허용 전이에 해당하는 것보다 매우 약하다.

높은 에너지 준위로 들뜨게 된 전자는 조만간 바닥 상태로 되돌아온다. 그 과정에는 여러 가지가 있을 수 있다. 단순하게는 전자가 들뜨고 어느 정도 시간 후 특정 파장의 광자를 방출하는 것이다. 이것은 **자연 방출(spontaneous emission)**이다. 이와는 다르게 두 번째 광자가 따라올 경우, 그것이 흡수되는 대신 전자로부터 빛의 방출을 유도할 수 있다. 이것을 **유도 방출(induced or stimulated emission)**이라 하며 레

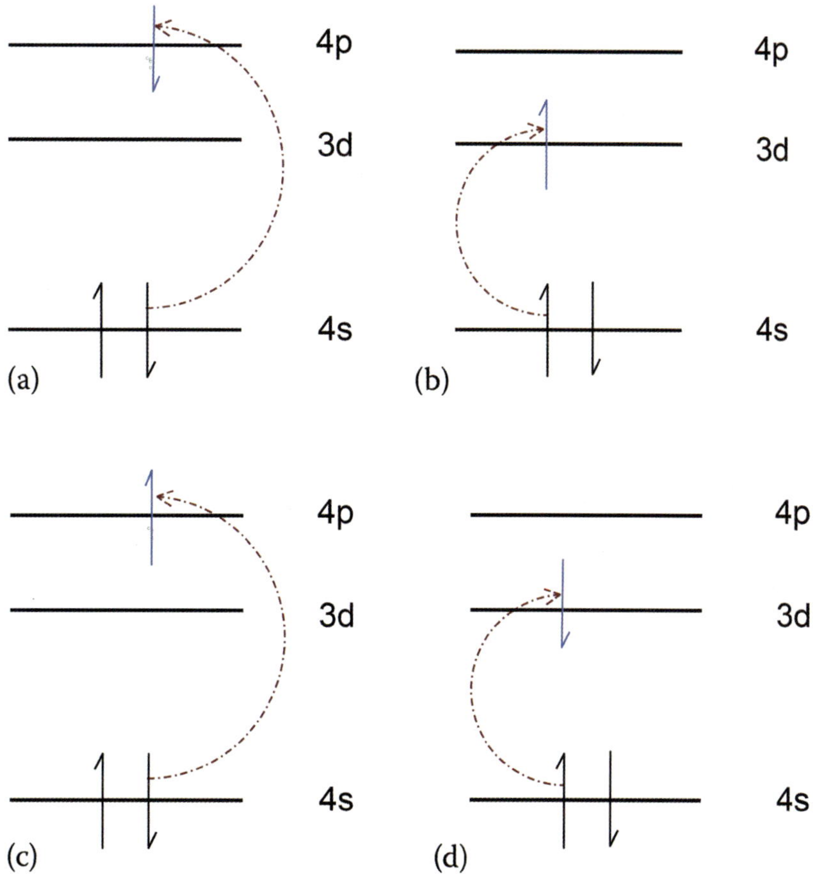

그림 8.1 Ca에 대한 허용된 원자 전이와 금지된 원자 전이. (a) 허용 전이, (b) $\Delta l \neq 1$인 금지 전이, (c) $\Delta s \neq 0$인 금지 전이, (d) $\Delta l \neq 1$과 $\Delta s \neq 0$인 금지 전이

이저 작용에서 중요한 역할을 한다. 이 과정에서는, 방출되는 광자가 방출을 유발시킨 광자와 위상이 같고 동일한 방향으로 전파된다. 그 결과 **결맞는(coherent)** 빛이 얻어진다. 마지막으로, 원자가 다른 원자와 충돌하여 에너지를 잃거나 진동 에너지의 형태로 주변에 에너지를 전달하는 경우가 있다. 이것은 **비복사 전이(non-radiative transitions)**의 예이다. 자연 방출과 유도 방출은 흡수가 일어날 때와 같은 선택 규칙을 따른다. 비복사 전이에는 다른 규칙이 있다. 결정(또는 분자)에서 원자 에너지 준위와 선택 규칙은 변화한다. 예를 들어 꽉 찬 껍질 바깥에 d 전자 하나가 있는 이온(예, Ti^{3+})을 생각해 보자. 이는 루비 레이저를 이해하는 데 도움이 될 것이다.

자유 이온에서는 다섯 개의 3d 오비탈 모두 동일한 에너지를 갖는다. 결정에서는 이 에너지 준위들이 갈라진다. 예를 들어 이온이 팔면체 구멍을 차지하는 경우, 3d 준위는 에너지가 낮은 삼중 축퇴(t_{2g}) 준위와, 에너지가 높은 이중 축퇴(e_g) 준위로 갈

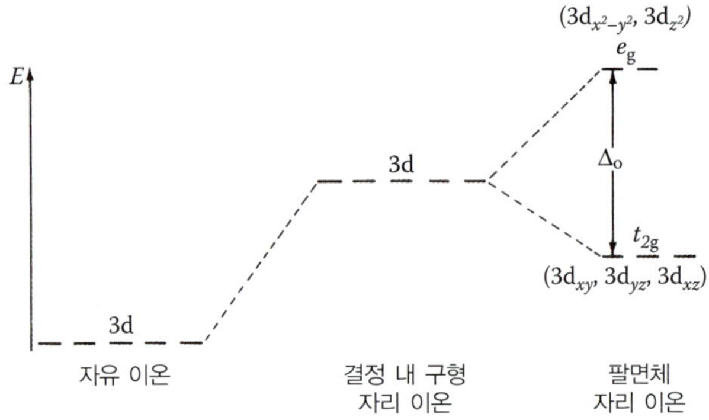

그림 8.2 결정에서 팔면체 자리의 d 준위 갈라짐

라진다(그림 8.2).

이제 이 준위 사이에서 전자 전이가 가능하다. 자유 이온에서는 하나의 d 준위에서 다른 d 준위로 전이할 때 에너지 변화가 일어나지 않는다. 따라서 그것이 허용된다고 하더라도 관찰되지는 않는다. 결정에서는 전이가 에너지 변화를 수반하지만, 여전히 선택 규칙에 의해 금지되어 있다. 그런데 결정의 진동이 전자의 에너지 준위를 혼합시키기 때문에 이러한 전이에 해당하는 흡수선은 비록 약한 세기이지만 관찰될 수 있다. 3d 준위는 4p 준위와 혼합되어 전이에 필요한 선택 규칙 허용값의 작은 부분을 제공하게 된다. 그림 8.3은 Ti^{3+} 이온에서 t_{2g}로부터 e_g로의 전이에 기인하는 흡수 띠를 보여주고 있다. (이 흡수 띠는 사실 에너지적으로 인접한 두 개의 띠 겹침이다. 들뜬 상태 구조가 정팔면체에서 벗어나 약간 찌그러지게 되므로 e_g로 준위가 둘로 갈라지게 되고 흡수 띠가 두 개 나타나기 때문이다.)

이제 루비 레이저 작동에서, 유사한 금지 전이의 역할에 대해서 살펴보기로 하자.

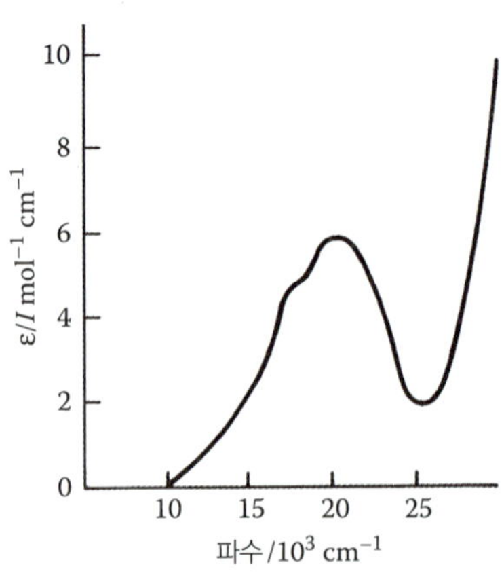

그림 8.3 Ti^{3+} 이온의 t_{2g}로부터 e_g로의 전이. 이 흡수선은 사실 두 개의 띠가 겹쳐서 이루어진 것이다.

8.2.1 루비 레이저

루비는 강옥(corundum, Al_2O_3의 한 형태, 1장 참조) 구조이고 0.04~0.5%의 Cr^{3+} 이온을 불순물로 함유하고 있으며 크로뮴 이온은 알루미늄 이온 자리에 치환되어 있다. 알루미늄 이온(크로뮴 이온과 동일한 자리)은 찌그러진 팔면체 자리를 점유하고 있어서, 앞에서 논의했듯이, 크로뮴 이온의 3d 준위는 갈라진다. Cr^{3+} 이온은 바닥 상태에서 세 개의 3d 전자를 가지고 있으며, 각 전자는 별도의 궤도를 차지하며 평행한 스핀을 갖는다. 빛을 흡수하면, 이들 전자 중 하나가 높은 에너지의 3d 준위로 전이될 수 있다. 이는 앞 절에서 다룬 전이와 비슷하다. 다른 점은, 전자가 세 개이기 때문에 이에 기인한 오비탈 에너지 변화뿐만 아니라 전자 반발력 변화를 고려할 필요가 있다는 점이다. 전자 반발력 변화를 포함하면, 낮은 준위로부터 높은 준위로의, 에너지가 다른 두 가지 전이를 예상할 수 있다.

빛을 흡수하고 이러한 전이 과정을 거쳐 크로뮴 이온은 단순히 동일한 파장의 복사선을 방출하고 바닥 상태로 복귀할 수 있다. 그러나 루비에서는 빛을 방출하지 않는 빠른 비복사 전이 과정이 존재하며, 들뜬 전자는 이 과정에서 에너지를 일부 잃고 결정은 진동 에너지를 얻게 된다. 크로뮴 이온이 이러한 상태가 되면 오로지 전자의 스핀 변화가 일어나는 전이를 거쳐야만 바닥 상태로 되돌아갈 수 있다. 이러한 전이는 3d ↔ 3d 전이를 허용하지 않는다는 선택 규칙을 위배하는 것이기 때문에 이중으로 금지되어 있다고 할 수 있으며 원래의 흡수보다 발생하기조차 어렵다. 이에 관련된 상태들을 그림 8.4에 도식적으로 나타내었다. 크로뮴 이온은 빛을 흡수하여 상

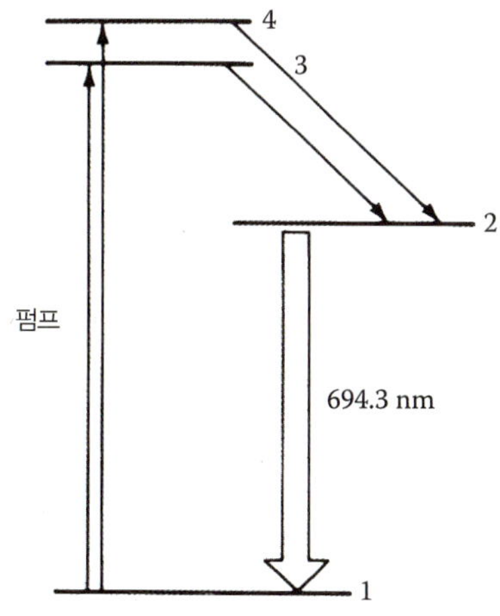

그림 8.4 루비 레이저 전이에 관련된 Cr^{3+} 이온의 상태들

태 3과 4로 들뜨게 되고 비복사 전이 과정을 거쳐 상태 2로 전환된다. 상태 2에서는 자연 방출 확률이 낮고, 바닥 상태로의 비복사 경로 또한 쉽게 존재하지 않기 때문에 상태 2의 밀도가 상당한 양으로 축적될 수 있다. 결국 (약 5 밀리 초 이후) 상태 2에 있는 이온 중 일부가 바닥 상태로 되돌아오게 될 때, 처음 자발적으로 방출되는 몇몇의 광자들이 상태 2에 있는 다른 이온과 상호 작용하여 발광을 유도한다. 그 결과 유도된 광자들은 자발 방출된 광자와 위상과 진행 방향이 같게 될 것이며 루비를 통과하면서 또 다른 방출을 유도할 것이다. 레이저 장치에서 루비는 반사 공진기로 둘러싸여 있어서, 결정 가장자리에 도달한 광자들은 반사되어 다시 결정 내부로 들어가게 된다. 반사된 광자는 또 다른 방출을 유도한다. 이런 방법을 통하여 결맞는 광으로 이루어진 상당한 세기의 빛살이 만들어진다. 다음으로는 한쪽 끝의 거울을 제거함으로써 광 펄스를 방출시킬 수 있다. 이러한 빛 세기 증강 방법을 바탕으로 레이저라는 이름이 지어졌다. 레이저(laser)는 'Light **A**mplification by **S**timulated **E**mission of **R**adiation(복사선의 유도 방출에 의한 빛의 증폭)'의 약자이다. (마이크로파 복사선의 결맞는 광선을 발생시는 유사 장치는 masers로 알려져 있다.)

펄스 루비 레이저의 일반적인 구성은 그림 8.5와 같다. Cr^{3+} 이온을 준위 1에서 준위 3, 4로 들뜨게 하기 위해 고강도 플래시 램프를 이용한다. 루비 결정 막대기에 이 램프를 나란하게 놓거나 그 주위를 감쌀 수도 있다. 루비 결정을 둘러싼 반사 공진기의 한쪽 끝에 Q 스위치를 설치하여 레이저 광을 반사시킬지 투과시킬지 조절한다. 스위치는 분절된 회전 거울처럼 단순할 수도 있지만 보통은 더 복잡한 장치이다.

고상(solid-state) 레이저에 사용된 최초 물질은 루비이지만 이제는 여러 가지 다른 결정도 사용된다. 사용할 수 있는 결정은 적당한 에너지 준위를 가지고 있는 불순물을 포함해야 하며 바닥 상태로의 복귀가 적외선, 가시광선 또는 근자외선 영역에서

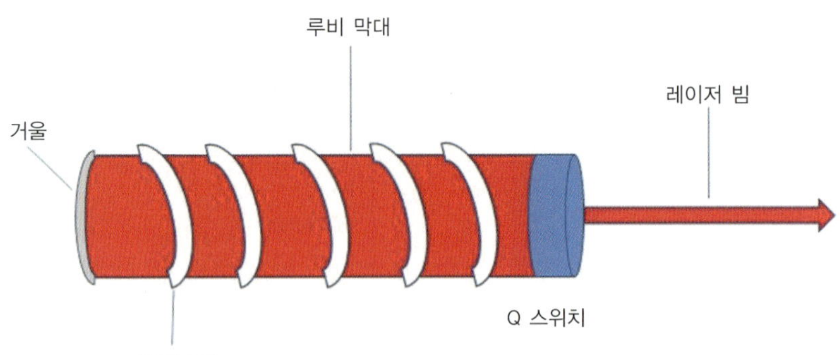

그림 8.5 루비 레이저의 개략도

표 8.1 레이저에 사용되는 결정의 예

이온	호스트	방출 파장/nm
Ti^{3+}	사파이어	650~110 (tunable)
Nd^{3+}	형석(florite, CaF_2)	1046
Sm^{3+}	형석(florite)	708.5
Ho^{3+}	형석(florite)	2090
Nd^{3+}	칼슘 텅스텐 산화물(Calcium tungstenate, $CaWO_4$)	1060
Nd^{3+}	이트륨 바나듐 산화물(Yttrium vanadate, YVO_4)	1064
Nd^{3+}	이트륨 알루미늄 석류석(Yttrium aluminium garnet, YAG, $Y_3Al_5O_{12}$) (Nd/YAG laser)	1064

의 금지 전이에 의해서만 가능해야 한다. 또한 불순물의 에너지 준위는 허용된 (또는 적어도 덜 금지된) 전이를 통해 채워질 수 있어야 한다. 다양한 호스트(host)에서 전이 금속 이온과 란타넘족 이온이 집중적으로 연구되고 있는데, 이는 이들 이온에서 원하는 파장에 적당한 전이를 할 수 있기 때문이다. 몇 가지 예를 표 8.1에 레이저 방출 파장과 함께 나타내었다. 대부분 란타넘족 이온이 포함되어 있음을 주목해야 한다.

8.2.2 LED에서의 형광체

형광체(phosphors)는 에너지를 흡수하고 빛으로 재방출하는 고체이다. 앞서 설명한 레이저에서와 같이, 방출체는 일반적으로 호스트 격자(host lattice) 내부의 불순물 이온이다. 레이저가 아닌 일반적인 용도를 위해서는 굳이 강하고 결맞는 빔(coherent beams)을 생성할 필요가 없으며, 이런 경우 발광 과정은 유도 방출보다는 자발 방출에 해당한다. 형광체의 여러 가지 응용 중 한 가지 예는 플라스마 텔레비전의 스크린이다. 전자 빔의 전자가 형광체를 때리면서 색들이 구현된다. 형광체는 또한 LED 전구에서 백색광을 구현하는 데 사용된다. 백색 LED 전구 안의 발광 다이오드는 실제로는 파란색/자외선 영역의 복사선을 방출한다. 이 복사선의 일부가 형광 코팅막에 흡수되어 노란색, 녹색 또는 빨간색 빛으로 다시 방출되는데, 이들 색의 조합으로 백색광이 만들어진다. 노란색, 빨간색 또는 녹색 빛은 호스트 격자 안의 란타넘족 이온과 같은 불순물에 의해 생성된다. 호스트 격자는 알칼리 토금속 알루미늄 산화물, 이트륨 알루미늄 석류석(YAG) 산화물, 질화물, 규산염 등을 포함한다. 예를 들어 Ce^{3+} 도핑 YAG는, 스펙트럼의 노란색 영역에 중심을 둔 5d에서 4f로의 전이에 의해 넓은

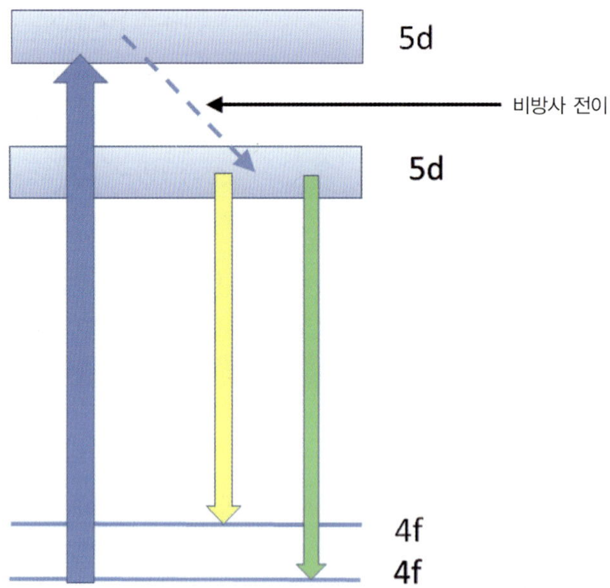

그림 8.6 YAG에서 Ce^{3+}의 형광체 과정

폭의 광 띠를 제공하는 일반적인 형광체이다. LED로부터 방출된 빛은 4f 오비탈의 전자에 의해 흡수되며, 이 전자는 5d 준위의 들뜬 진동 준위로 전이한다. 그 후 전자는 에너지를 잃고 5d 준위의 바닥 진동 상태로 이동한다. 이로부터 노란색과 녹색 빛을 방출하고 4f 레벨로 돌아가게 된다(그림 8.6).

형광체와 루비 레이저에서는 불순물 자리에 고정된 전자에 의해 빛이 흡수되고 방출된다. 다음 절에서는 음이온 결함과 같은 다른 유형에 의해 발생하는 빛의 예를 살펴볼 것이다.

8.3 색 중심

색 중심(colour center)에 대한 첫 번째 관찰은 19세기 말 Goldstein에 의해 이루어진 것으로 본다. Goldstein은 음극선을 쪼여줄 때 알칼리 할로젠화물 결정의 색상이 변화하는 것에 주목했다. 이러한 색 중심은 1930년대 Pohl에 이르러서야 본격적으로 연구되었다. 이로부터 결정 색깔 변화는 **Farbenzenter**-센터(또는 축약해서 **F-센터**)로 부르는 색 중심과 관련된 것으로 생각하게 되었다. 그 이후로 다양한 형태의 고에너지 방사선(UV, X-선, 중성자)이 F-센터 형성을 유발하는 것으로 밝혀졌다. F-센터에

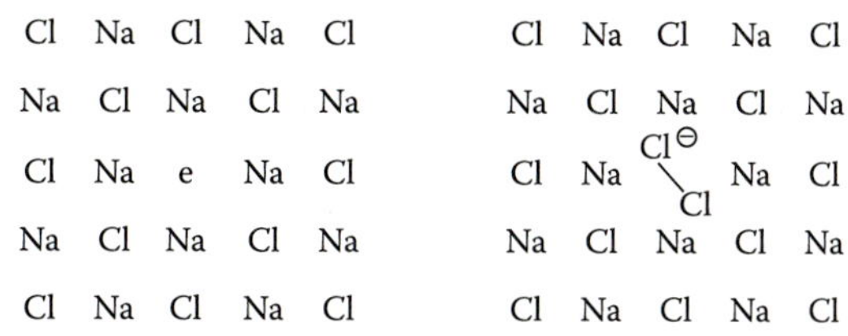

(a) (b)

그림 8.7 (a) F-센터 및 음이온 빈자리에 포획된 전자, (b) H-센터

의해 생성된 색상은 호스트 결정의 통상적인 특징이다. 예를 들어 NaCl은 진한 노랑-주황색, KCl은 보라색, KBr은 청색-녹색이 된다.

이어서 알칼리 금속 증기 중에서 결정을 가열하면 F-센터가 생성될 수 있다는 것을 발견했다. 이것은 이들 결합의 특성에 대한 단서를 제공한다. 이 과정에서 과량의 알칼리 금속 원자는 결정으로 확산되어 양이온 자리에 정착하는 동시에 동일한 수의 음이온 빈자리가 생성되고, 이온화 과정을 통해 알칼리 금속 양이온과 음이온 빈자리에 포획된 전자가 만들어지게 된다(그림 8.7). 사실 어떤 알칼리 금속이 사용되는지는 중요하지 않다. NaCl을 포타슘과 가열할 때 F-센터의 색은 변하지 않는데 이는 호스트인 할로젠화물의 빈자리에 포획된 전자의 특성이기 때문이다. ESR 측정 연구로부터 F-센터는 실제로 빈 격자(음이온) 자리에 갇혀있는, 짝짓지 않은 전자임을 확인했다.

포획된 전자는 '상자 속의 전자'(4장 참조)에 해당하는 전형적인 예를 보여준다. 일련의 에너지 준위가 이 전자에 적용 가능하며 어느 한 준위에서 다른 준위로 전달되는 데 필요한 에너지는 전자기 스펙트럼의 가시광 영역에 속하므로 F-센터의 색상으로 발현된다. 흥미롭게도 이 현상을 자연에서 볼 수 있는 예가 있다. 영국 Derbyshire에서 발견되는 광물인 형석(CaF_2)은 'Blue John'으로 불리는데 그것의 아름다운 청-보라색은 F-센터 존재로 인한 것이다.

현재 알칼리 할로젠화물 결정에서 다양한 색 중심이 있음이 밝혀지고 있다. **H-센터**(할로젠 센터)는, 예를 들어 $C1_2$ 기체 중에서 NaCl을 가열할 때 형성된다. 이 경우 $[C1_2]^-$ 이온이 형성되어 단일 음이온 자리를 차지한다(그림 8.7b). F-센터와 H-센터는 완벽하게 상호 보완적이어서, 이들이 만나면 서로 상쇄된다.

색 중심의 또 다른 흥미로운 자연적인 예는 연수정(smoky quartz)과 자수정(amethyst)의 색상이다. 이들 준보석은 기본적으로 약간의 불순물이 존재하는 실리카(SiO_2) 결정이다. 연수정의 경우 실리카에 약간의 알루미늄 불순물이 포함되어 있다.

Al^{3+}는 격자에서 Si^{4+}를 대체하고 전기적 중성은 Al^{3+}와 함께 같은 양으로 존재하는 H^{+}에 의해 유지된다. 색 중심은 이온화 복사선이 $[A1O_4]^{5-}$ 그룹과 상호 작용하여 전자를 방출할 때 발생하며 이 전자는 H^{+}에 의해 포획된다.

$$[AlO_4]^{5-} + H^{+} = [AlO_4]^{4-} + H$$

여기에서 $[A1O_4]^{4-}$ 그룹은 전자가 부족하여 그 중심에 '정공'이 갇혀있는 것으로 간주할 수 있다. 이 그룹이 색 중심이며 빛을 흡수하여 암갈색을 띠게 된다. 자수정 결정에서 존재하는 불순물은 Fe^{3+}이고, 빛을 조사할 때에 생성되는 $[FeO_4]^{4-}$ 색 중심이 빛을 흡수하여 특유의 자주색을 나타낸다.

8.4 연속 고체에서 복사선의 흡수와 방출

연속 고체(continuous solids)에서 복사선의 흡수 및 방출은, 불연속적인 원자 에너지 준위보다는 연속된 에너지띠 사이의 전이와 관련된다. 절연체 또는 반도체에 조사되는 복사선은 비편재화된 띠 안의 전자에 의해 흡수되는데, 특히 원자가띠(valence band) 상단에 있는 전자들이 전도띠(conduction band)로 이동된다. 금속에서 전자들은 부분적으로 채워진 전도띠에서 더 높은 에너지띠로 올라갈 수 있다. 에너지띠에 준위들이 아주 촘촘하게 밀집되어 있기 때문에 흡수 스펙트럼은 원자 스펙트럼에서와 같이 일련의 선이 아니고, 띠간격 에너지에 가까운 뚜렷한 문턱값을 갖는 넓은 피크로 나타난다. 그림 8.8에 도시되어 있는 GaAs 흡수 스펙트럼이 그 예이다.

전도띠에서 일부 준위로의 전이는 다른 준위로의 전이보다 쉽게 일어날 수 있다. 원자 에너지 준위 간의 전이와 마찬가지로 띠 내부에서의 준위 간 전이는 선택 규칙

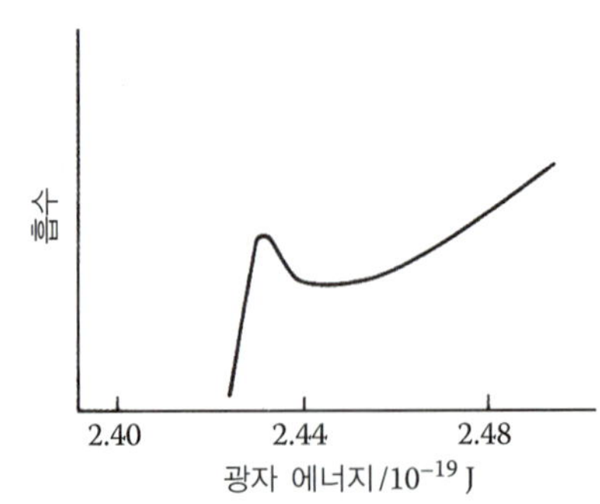

그림 8.8 GaAs의 흡수 스펙트럼

을 따르기 때문이다. 스핀 선택 규칙은 여전히 유효하다. 즉, 전자가 들뜰 때, 스핀을 변경하지 않는다. 그러나 오비탈 각운동량 규칙은 에너지띠에 적합하지 않고, 양자수 1의 변화를 만족해야만 하는 규칙은 파수 벡터(**k**)에 대한 제한으로 대체된다. 4장에서 살펴본 바와 같이, 띠에서의 에너지 준위는 파수 벡터에 의해 특징되며, 전자파의 운동량 **k**ħ로 주어진다. 적외선, 가시광선 또는 자외선 영역의 파장을 가지는 광자의 운동량은, 띠 내부 전자의 운동량에 비해 매우 작다. 따라서 운동량 보존은 띠 사이의 전이에 대한 선택 규칙을 생성한다: 전자는 복사선을 흡수하거나 방출할 때 파수 벡터를 바꾸지 않는다. 따라서 파수 벡터($\mathbf{k}_i$)를 가진 원자가띠에서의 전자는 오직 파수 벡터($\mathbf{k}_i$)를 가지는 전도띠 준위로의 전이만 허용한다. 일부 고체, 예를 들어 GaAs는 원자가띠의 상단 준위와 전도띠의 하단 준위가 동일한 파수 벡터를 갖는다. 이때 띠간격 에너지에 해당하는 허용 전이가 일어난다. 이러한 고체는 **직접 띠간격**(**direct band gap**)이 있다고 한다.

다른 반도체, 예를 들어 실리콘에서는 전도띠 하단과 원자가띠 상단 사이의 직접 전이는 금지된다. 이러한 고체는 **간접 띠간격**(**indirect band gap**)이 있다고 한다. 고체의 띠 구조와 직접 및 간접 띠간격의 모식도는 그림 8.9에 제시되어 있다. 이 그림들에서 띠에 대한 에너지는 한 방향으로 파수(k)에 대해 도시되어 있다. 비슷한 그림이 4장에 나와 있지만, 이는 에너지를 상태 밀도에 대해 나타낸 것이다.

단순한 자유 전자 모형(free electron model)에서는 어떤 띠에서건 가장 낮은 에너지의 오비탈은 $k=0$에 해당하는 것으로 생각할 수 있다. 그러나 그림 8.10은 사슬을

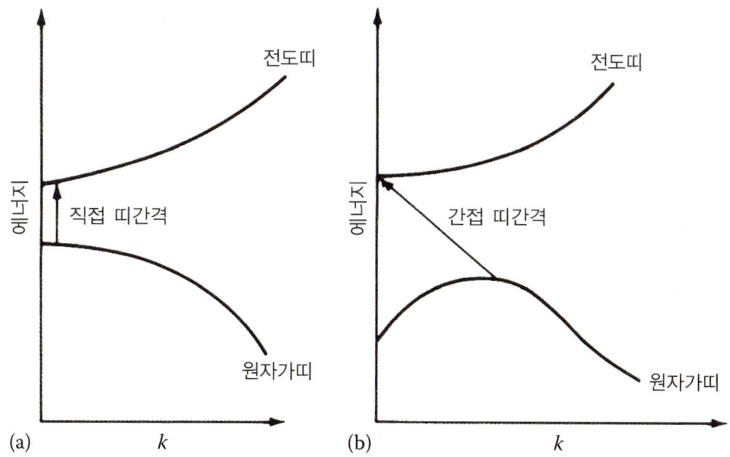

그림 8.9 직접 띠간격을 갖는 고체(a)와 간접 띠간격을 갖는 고체(b)의 에너지띠 그림. 그림의 수평축이 상태 밀도가 아니라 k이다. 여기서 하나의 띠는 $k=0$으로부터, 가질 수 있는 최대 k 값까지 하나의 선으로 나타낸다.

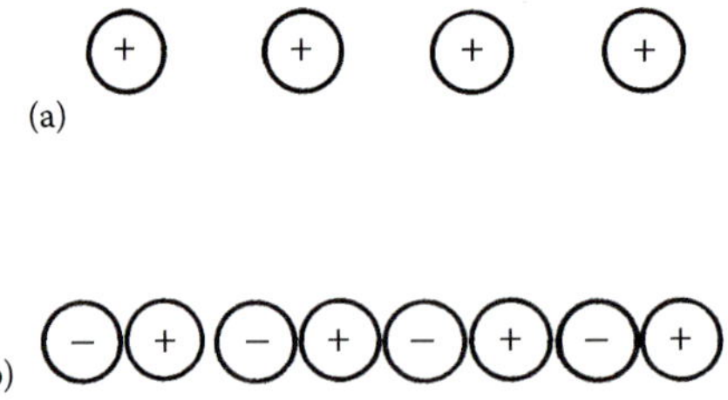

그림 8.10 s 오비탈 배열(a)과 p 오비탈의 배열(b). 두 경우 모두 $k=0$에 해당한다.

이루는 경우 두 가지 오비탈 조합 모두에서 원자 오비탈의 위상이 맞을 때(in phase) $k=0$에 해당함을 보여주고 있다. p 오비탈의 조합은 명백히 반결합(antibonding)이 되고 그 띠에서 가장 높은 에너지를 가질 것으로 예상된다. s 오비탈의 조합은 결합이고 그 띠에서 가장 낮은 에너지를 가질 것이다. s 띠의 아래에 p 띠가 있는 경우에 준위 간의 전이는 허용될 수 있고, 이는 띠간격에서의 직접 전이에 해당한다. 실제 고체에서 띠들의 최고 및 최저 준위는 다른 원자 오비탈 유형들이 상당 부분 섞여 있기 때문에 띠간격이 직접이 될지 간접이 될지 예측하는 것이 어려워진다.

간접 띠간격에서 주목할 결과는 전도띠의 바닥 준위에 있는 전자가 광자를 방출하여 원자가띠의 상단으로 복귀하는 확률이 아주 적다는 것이다. 이것은 우리가 어떤 응용을 목적으로 재료를 선택할 때 고려해야 할 중요한 사항이다.

많은 고체에 나타나는 겉보기 형상은 띠간격을 가로지르는 전이에 원인이 있다. 고체는 매우 밀집되어 있기 때문에 허용 전이에 해당하는 에너지를 가진 광자가 흡수될 확률이 매우 높다. 이러한 많은 광자는 고체의 표면 또는 그 근처에서 흡수될 것이다. 이 광자들은 임의의 방향으로 재방출(re-emitted)되어, 일부는 복사선원을 향해 다시 반사되기도 하고 일부는 고체 안으로 더 멀리 이동할 것이다. 고체에서의 이동은 다시 임의의 방향으로 재흡수되고 재방출될 가능성이 아주 크다. 알짜 효과(net effect)는 복사선이 고체를 관통하지 않고 그 표면에 의해 반사되는 것이다. 표면이 충분히 균일한 경우, 가시광선을 반사하여 고체를 반짝이게 보이게 한다. 따라서 띠간격이 가시광 영역의 하부 끝에 있어 가시광 파장의 대부분을 망라하는 허용 전이를 가지고 있는 실리콘은 반짝이고, 금속처럼 보인다. 많은 금속은 전도띠와 더 높은 에너지띠 사이에서 강하게 전이할 수 있고, 이는 금속 고유의 광택으로 나타난다. 텅스텐과 아연과 같은 일부 금속은 적외선 영역에서의 띠간격을 가지고 있고, 가시광 영역에서의 전이가 강하지 않다. 이 금속들은 상대적으로 덜 반짝인다. 금과 구리는 d 띠 전자를 s/p 전도띠로 여기시키기 때문에, 강한 흡수띠를 나타낸다. 이들 원소에

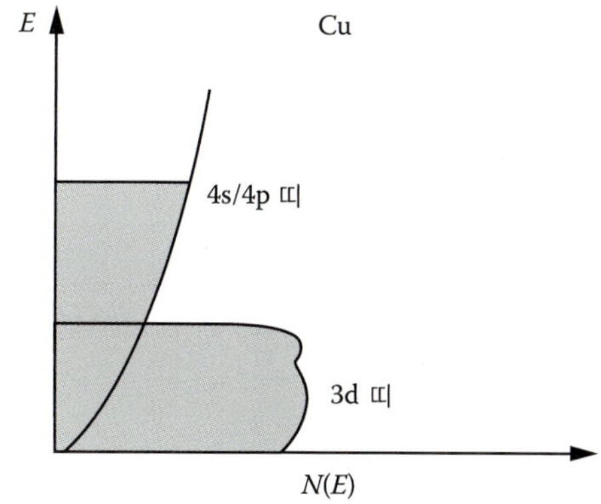

그림 8.11 구리의 띠 구조

서 d 띠는 가득 차 있고 Fermi 준위 아래에 위치해 있다(그림 8.11).

반사는 스펙트럼의 황색 부분에서 가장 크고 청색광, 녹색광은 덜 강하게 흡수된다. 따라서 이 금속들은 금빛을 나타낸다. 매우 얇은 금 박막은 녹색을 띠는데, 이는 황색과 적색은 흡수하고 청색과 녹색만을 투과하기 때문이다. 절연체는 일반적으로 자외선 영역의 에너지 갭을 가지며, 가시 영역에서 국부적인(localised) 전이가 없는 한, 무색을 나타낸다.

4장에서 $p-n$ 접합의 개요를 살펴보았다. 이제 $p-n$ 접합 특성에 관계된 몇 가지 소자에 대하여 설명하고자 한다.

8.4.1 갈륨비소 레이저

전기장으로 인해 전도 전자가 $p-n$ 접합을 가로질러 이동하게 되면 전도띠의 전자 밀도가 열평형 밀도보다 큰 상황이 된다. 과잉의 들뜬 상태 전자는 레이저의 필수 기능이며 이러한 $p-n$ 접합을 기반으로 하는 여러 가지 반도체 레이저가 있다. 이 중 가장 잘 알려진 것이 갈륨비소 레이저이다.

갈륨비소 레이저는 실제로 p-형과 n-형의 $Ga_{1-x}Al_xAs$ 층 사이에 삽입된 GaAs 층을 포함하고 있다. 그림 8.12와 같이, $Ga_{1-x}Al_xAs$의 띠간격은 GaAs보다 크다.

$p-n$ 접합 양단에 인가된 전기장은 GaAs의 전도띠 전자를 과잉 생성한다. $Ga_{1-x}Al_xAs$ 층의 전도띠 하단의 에너지가 더 높기 때문에 이 전자들은 $Ga_{1-x}Al_xAs$ 층을 지날 수 없으며, 따라서 전자가 가로질러 이동하기 위한 에너지가 필요하다. 따라서 전도띠에 있는 과잉 전자는 GaAs 층 안에 머무르도록 강요된다. 결국, 이 전자 중 하나

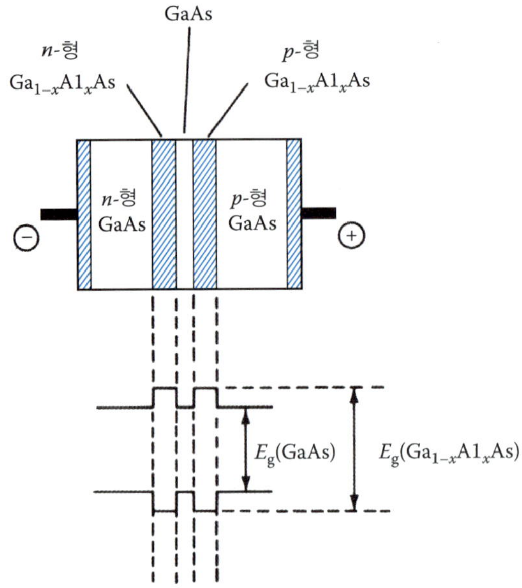

그림 8.12 GaAs 레이저를 구성하는 반도체 종류에 따른 배열. 아래에 띠간격 도표를 나타내었다.

는 광자를 방출하고, 원자가띠로 떨어진다. 이 광자는 다른 전도띠 전자를 원자가띠로 되돌아오게 유도하고, 그 결과 결맞는 빛이 생성되기 시작한다. 루비 레이저에서와 같이, 광자의 초기 방출은 말단에 배치된 거울에 의해 다시 반사되어 더 많은 방출을 유도한다. 결국 적외선 복사선이 방사된다.

대부분의 레이저는 III−V 화합물(In, Ga 및(또는) Al 화합물과 As, P, Sb의 화합물)을 기반으로 개발되어 왔다. 이들 원소의 비율을 정교하게 제어함으로써 400~1300 nm 범위의 띠간격을 가진 재료를 제조할 수 있다.

적색 반도체 레이저는 다양하게 사용되는데, 대표적으로 DVD를 판독하기 위해 사용된다. DVD는 고반사 알루미늄 필름이 코팅된 플라스틱 디스크로, 기계적 손상으로부터 보호하기 위해 고분자 층으로 덮여 있다. 녹음된 원음은 주파수 채널들로 분할되고, 각 채널의 주파수는 이진법 코드(0과 1의 조합)로 주어진다. 이는 디스크 트랙에 피트라고 하는 일련의 작은 홈으로 변환되는데, 약 1.6 μm의 간격으로 떨어져 있다. 레이저를 조사하고, 반사되는 것을 광 검출기로 읽는다. 피트는 빛 일부를 산란시켜 반사된 빔의 강도를 감소시킨다. 광 검출기에서는 광의 강도가 높은 경우 1로 판독되고, 산란에 의해 강도가 감소되면 0으로 판독한다. 이진 코드는 이렇게 회수되어 음악이나 사진으로 다시 변환할 수 있다.

8.4.2 양자 우물: 청색 레이저

청색 레이저는 더 높은 해상도를 가지며, 따라서 더 높은 광학 정보 저장 밀도를 가지는 장치를 구현할 수 있다. 최초의 청색 레이저는 ZnSe를 기반으로 하지만, 상용화하기에는 수명이 너무 짧았다. 1995년에 처음 보고된 질화 갈륨(GaN) 계열의 레이저는 더 좋은 수명을 보였다. 이 레이저는 벌크 반도체가 아닌 양자 우물(quantum wells)에서 광자를 생성한다.

GaN 레이저의 활성 영역은 인듐이 첨가된 GaN, 즉 $In_xGa_{1-x}N$의 얇은 층(3~4 nm 두께) 여러 개를 포함하는 GaN으로 이루어져 있다. 인듐의 첨가는 얇은 층 내의 띠 간격을 감소시키고, 그 결과 전도띠의 바닥이 벌크 GaN보다 낮은 에너지가 된다. 이 전도띠의 전자는 효과적으로 우물에 갇히게 되는데, 여기에 갇힌 전자들이 벌크 GaN의 전도띠로 들어가려면 외부로부터 에너지를 얻어야 하기 때문이다. 그림 8.13은 GaN 내 일련의 얇은 $In_xGa_{1-x}N$ 층에 대한 전도띠를 개략적으로 보여준다.

갇힌 전자는 상자 속 입자(particles in a box)처럼 행동하지만(4장), 상자에 대해 유한한 에너지 장벽을 가진다. 이러한 상자들이 **양자 우물(quantum wells)**이다. 우물 안에서 전자 에너지는 양자화되고, 에너지 준위의 간격은 우물의 깊이(에너지)와 너비(공간)에 의해 결정된다. 우물의 깊이는 첨가량의 정도(x 값)에 의해 제어된다. 우물 안의 전자는 다음 우물까지의 에너지 장벽을 극복하기에는 부족한 에너지를 갖고 있지만, **양자 역학적 터널링(quantum mechanical tunneling)**을 통해 다음 우물의 유

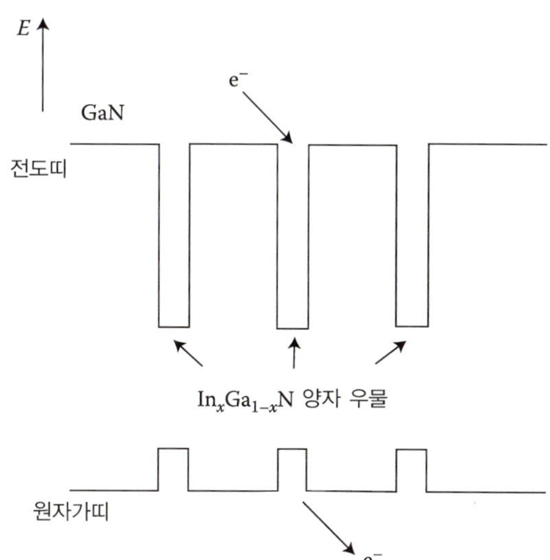

그림 8.13 GaN 내 일련의 얇은 $In_xGa_{1-x}N$ 층에서의 전도띠 에너지 준위 도표

사한 에너지 준위로 이동할 가능성이 있다(2장 참조). 벌크 GaN으로부터 이동하던 전자는 처음 우물의 높은 준위로 들어가게 된다(그림 8.13). 이 준위에서, 전자는 광자를 방출하여 낮은 준위로 내려가거나, 터널링을 통해 다음 우물로 이동할 수 있다. 터널링은 광자 방출 속도보다 빨라서 높은 에너지 준위의 전자 밀도가 높아진다. 이제 높은 준위의 전자가 낮은 준위의 전자보다 많아지게 되는데, 이것이 레이저가 작동할 수 있는 조건인 밀도 반전(population inversion)이다.

양자 우물을 포함하는 활성 영역은 *n*-첨가 또는 *p*-첨가된 GaN과 알루미늄이 도핑된 GaN인 $A1_yGa_{1-y}N$ 층들 사이에 끼어있으며, 이 층들은 양자 우물에 유입되는 전자를 제공하고, 전자를 활성 영역에 가두는 역할을 한다. 이 모든 층은 사파이어와 같은 기판 위에서 성장시킨다. 결맞는 빔을 만들기 위해, 전체 장치의 말단부를 식각(etching) 또는 세정하여 방출 광자를 반사시킬 수 있는 부분 거울로 만든다.

블루레이 디스크는 디스크를 읽기 위해 청색 레이저를 사용하는 일종의 DVD 장치이다. 사용되는 청색 레이저는 일반적으로 다이오드 펌핑 고체 레이저이다. 여기에서는 LED로부터 나온 빛을 이용하여 Nd/YAG와 같은 레이저 장치의 이온을 들뜨게 만들며, 방출된 복사선을 리튬 붕산염과 같은 고체를 통과시켜 진동수를 두 배로 만든다.

8.4.3 발광 다이오드

발광 다이오드(LED)는 집, 자동차의 전조등, 그리고 디스플레이에 널리 사용된다. 트랜지스터와 유사하게 $p-n$ 접합에 기초하지만, 이 경우에는 $p-n$ 접합 양단에 인가된 전압에 의해 빛이 방출된다. 그림 4.15는 GaAs와 같은 반도체의 $p-n$ 접합을 보여준다. 그림 4.15에 도시된 띠 구조는 빛과 전기장이 없을 때의 접합이다. 이제 *p*-형에 대해 음의 전하를 가지는 *n*-형 반도체를 만들기 위해 전기장을 걸어준다고 가정하자(즉, 트랜지스터에서 인가되는 전압의 반대 방향. 4장 참조). 그럼 전자는 *n*-형에서 *p*-형으로 흐를 것이다. *p*-형 쪽으로 이동하는 전도띠 전자가 광자를 방출하는 과정에서 *p*-형 쪽의 원자가띠의 정공으로 떨어질 수 있다. 이것은 전이가 허용되는 경우에 일어나기 쉬워서, 이러한 장치에는 직접 띠간격을 갖는 반도체가 일반적으로 사용된다. 디스플레이에 LED를 사용하기 위해서, 예를 들면, 필요한 문자 또는 숫자를 구성하는 부품에 전기장을 인가할 수 있도록 회로로 연결한다. 띠간격이 상이한 반도체를 사용하여 서로 다른 색상을 만들 수 있다. GaP는 붉은 빛을 내지만, 알루미늄을 다양한 비율로 혼합하여 $Ga_{1-x}Al_xP$을 만들면 녹색이나 주황색 빛을 만들 수 있다. 파란 빛은 GaN 층 사이에 InGaN을 삽입하여 만든다.

간접 띠간격을 갖는 반도체가 LED에 사용될 수도 있지만 이 경우에는 불순물 준위가 중요한 역할을 하는 것에 주의해야 한다. GaP는 간접 띠간격을 갖지만 사용할 수 있고, 반면에 실리콘은 적합하지 않다. 왜냐하면 실리콘 전도띠의 바닥에 비복사 전이가 가능한 전자가 있기 때문이다. 이 전자는 원자가띠로 돌아갈 때, 빛을 방출하는 대신에 열에너지를 결정 격자에 전달한다. 한편, 실리콘의 $p-n$ 접합은 일반적인 태양(광기전력) 전지에서 태양광으로부터 전기를 생산하는 역할을 한다.

8.4.4 광기전력(태양) 전지

태양 전지(solar cell)는 청정 에너지의 공급원으로 널리 사용되고 있다. 이것은 $p-n$ 접합에서의 태양광의 흡수를 기반으로 한다(4.4.3 절). 공핍 영역의 원자가띠에 있는 전자들이 전도띠로 올라간다. 올라간 전자는 n-형 영역으로 이동한다. 그런 다음 p-형 영역의 전자가 공핍 영역으로 이동하여 올라간 전자를 대체한다(그림 8.14). 올라간 전자와 정공은 이제 공간적으로 분리되어 재결합이 일어나지 않게 된다. n-형 영역에서 전도띠 전자는 외부 회로를 통해 이동할 수 있다.

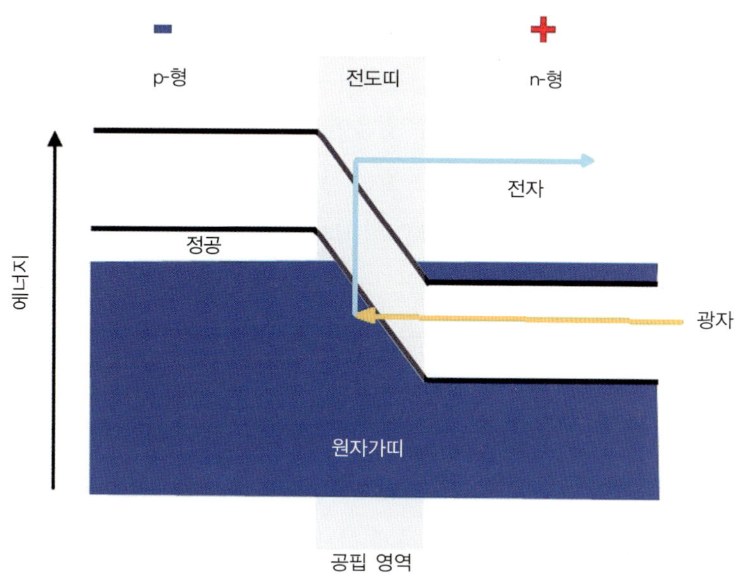

그림 8.14 $p-n$ 접합에서 빛의 작용

원래의 태양 전지는 p-도핑 영역과 n-도핑 영역이 있는 실리콘 단결정을 기반으로 했다. 오늘날에는 더 효율적이고 저렴한 재료에 관한 많은 연구가 진행되고 있다. 다결정 또는 비정질 실리콘이 태양 전지를 만드는 데 사용되고 있으며, 카드뮴텔루라이드(CdTe), 갈륨비소(GaAs) 및 구리 인듐 갈륨 셀레나이드($CuIn_{1-x}Ga_xSe_2$)와 같은 다른 반도체도 응용되고 있다. 염료 감응 태양 전지는 이산화 타이타늄에 담지된 염료를 사용하여 태양광을 모은다. 염료 분자는 더 높은 에너지 준위로 들뜨게 되고 들뜬 분자는 전자를 이산화 타이타늄으로 전달한다. 그런 다음 전자가 외부 회로를 통해 이동한다. 염료는 환원제에 의해 재생된다.

최근(2019)에는 하이브리드 페로브스카이트 사용에 관심이 높아지고 있다. 이것은 AMX_3 조성식을 가지고 있지만, 이전에 다루었던 페로브스카이트와는 달리 A는 일반적으로 메틸암모늄[$N(CH_3)H_3^+$]과 같은 복합 양이온이며, M은 납 또는 주석, X는 할로젠이다. 이들 화합물은 상대적으로 제조하기 쉽고 태양 전지에서 높은 효율을 나타낸다. 아직 안정성 문제로 인해 상용화에는 제한이 있다. 유기 분자와 고분자를 사용한 태양 전지(및 LED)도 개발되고 있다.

8.5 탄소 기반 전도성 고분자

8.5.1 폴리아세틸렌의 발견

콘쥬게이션 유기 분자에서 비편재화된 전자의 개념이 확장됨에 따라 콘쥬게이션 고분자가 전기 전도체 또는 반도체일 수 있음이 제안되었다. 그러나 폴리아세틸렌과 유사한 고체를 만들기 위한 초기 시도는 짧은 사슬 분자 또는 무정형의 녹지 않는 분말만을 생성했다. 1961년에 이르러 Tokyo의 Hatano와 동료들은 에타인(아세틸렌)을 중합하여 폴리아세틸렌 박막을 만들었다. 폴리아세틸렌은 그림 8.15에서 볼 수 있듯이 시스와 트랜스의 두 가지 형태로 존재하며 트랜스 형태가 더 안정하다. Hatano의 연구 10년 후 Shirakawa와 Ikeda는 시스-폴리아세틸렌 필름을 만들었고 이것을 트랜스 형태로 변환시킬 수 있었다. 그들은 아세틸렌 기체 흐름을 Ziegler–Natta 촉매[트라이에틸 알루미늄(triethyl aluminum)과 타이타늄 테트라뷰톡사이드(titanium tetrabutoxide)의 혼합물]의 표면으로 향하게 함으로써 합성에 성공하였다. 큰 필름을 만들기 위해 촉매 용액을 반응 용기의 벽에 얇은 층으로 펴고(그림 8.16) 아세틸렌

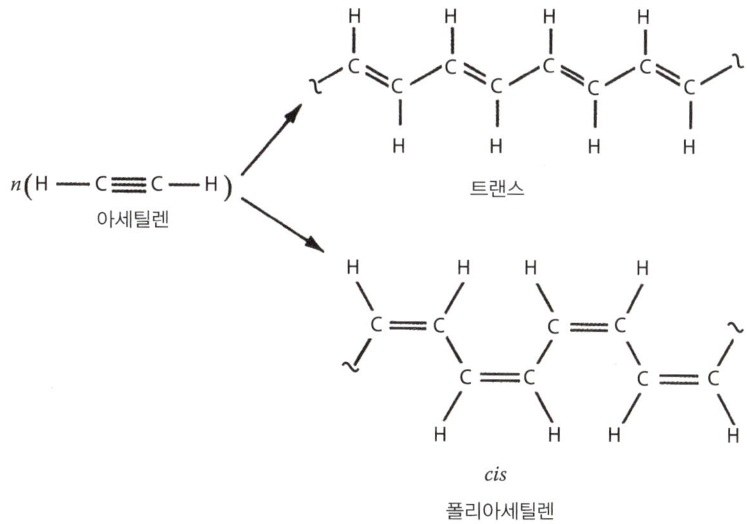

그림 8.15 시스-와 트랜스-폴리아세틸렌

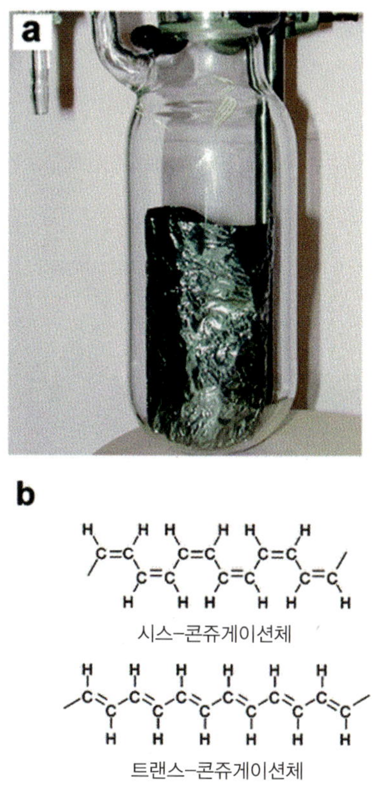

그림 8.16 금속 광택의 폴리아세틸렌 필름 (From M. Goh, S. Matsushita and K. Akagi, 'From Helical Polyacetylene to Helical Graphite: Synthesis in the Chiral Nematic Liquid Crystal Field and Morphology–Retaining Carbonisation'. *Chem. Soc. Rev.* (2010) 39, 2467, by Chemical Society (Great Britain). Reproduced with permission of Royal Society of Chemistry via Copyright.)

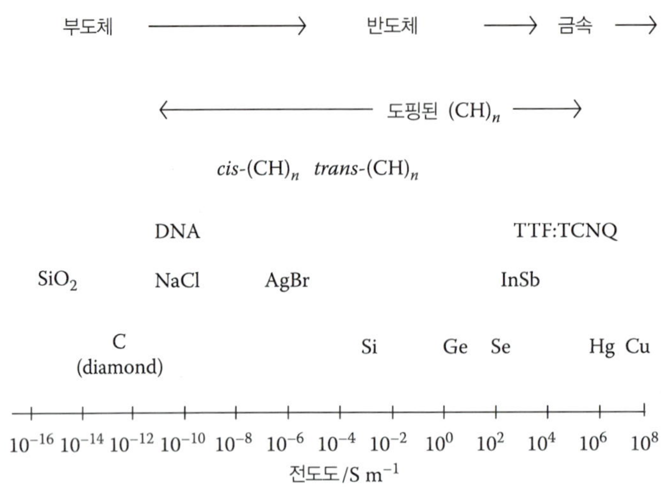

그림 8.17 도핑 전후 폴리아세틸렌(CH)$_n$과 대표적인 부도체, 반도체, 금속들과의 전도도 비교

가스가 유입되도록 하였다. 이러한 방식으로 제조한 폴리아세틸렌은 한쪽 면이 매끄럽고 반짝이는 표면을 가지고 있으며 스펀지와 같은 구조를 이루었다. 이것은 가열을 통해 열역학적으로 보다 안정적인 트랜스 형태로 변환될 수 있다. 이 변환은 370 K 이상에서 매우 빠르게 진행된다. 변환 후 필름의 매끄러운 면은 은빛이 되며 필름이 매우 얇으면 파란색이 된다.

전도도를 개선하는 방법은 1970년대 후반에 Shirakawa가 펜실베니아의 McDiarmid와 Heeger를 방문했을 때 발견되었다. 이 공로로 세 과학자는 2000년에 노벨 화학상을 받았다. 이 미국 연구자들은 더 작은 콘쥬게이션 분자를 전도성으로 만들기 위해 전자 받개를 첨가하는 연구를 하고 있었다. 이 접근법을 폴리아세틸렌에 적용하는 것은 자연스러운 단계였다. 브로민과 같은 전자 받개를 폴리아세틸렌에 첨가하면 $[(CH)^{\delta+}Br_{\delta}^{-}]_n$가 형성되며 그 전도도는 도핑되지 않은 물질의 전도도보다 증가한다. 폴리아세틸렌을 산화시킬 수 있는 도펀트의 다른 예는 I_2, AsF_5 및 $HClO_4^-$이다. 폴리아세틸렌의 전도도는 전자 주개의 도펀트에 의해서도 증가한다. 폴리아세틸렌에 알칼리 금속을 도핑할 때 생성되는 $[Li_{\delta}^{+}(CH)^{\delta-}]_n$가 그 예이다. 이러한 도펀트의 효과를 그림 8.17에 나타내었다. 소량의 도펀트를 사용하여 전도도를 10^{-3} S m^{-1}에서 10^{5} S m^{-1}까지 증가시킬 수 있음을 볼 수 있다.

폴리아세틸렌은 산소의 공격에 매우 취약하다. 이 고분자는 공기에 노출되면 금속 광택을 잃고 부서지기 쉽게 변한다. 다른 콘쥬게이션 고분자들도 발견되었는데, 폴리피롤, 폴리싸이오펜, 폴리아닐린, 폴리페닐바이닐렌 등(그림 8.18)은 결합 및 전도

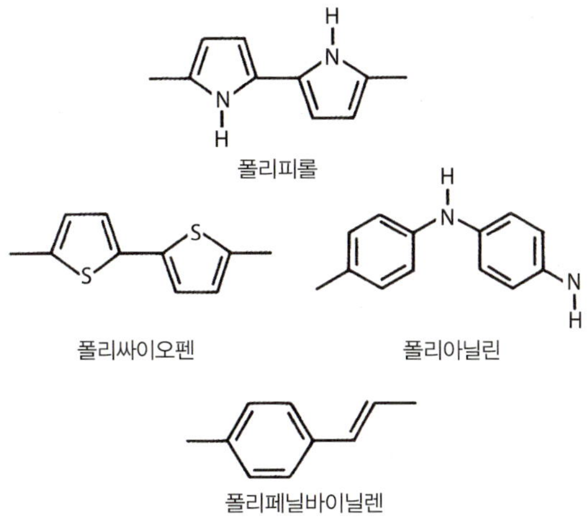

그림 8.18 몇 가지 전도성 고분자의 반복 단위

도가 폴리아세틸렌과 유사한 콘쥬게이션 고분자들이다. 이러한 고분자들은 산소에 덜 민감하고 적절한 곁가지를 부착하여 비극성 유기 용매에 용해되게 할 수 있으므로 가공하기가 더 쉽다. 폴리아세틸렌의 경우 전도도는 도핑에 민감하다. 이 성질을 이용하여 폴리피롤 가스 센서를 개발하였다. 이는 NH_3 및 H_2S와 같은 기체에 노출될 때 고분자 박막의 전도도 변화를 기반으로 한다. 도핑된 전도성 고분자는 유기 전자 장치에서 금속성 접촉을 만드는 데도 사용할 수 있다.

8.5.2 폴리아세틸렌과 관련 고분자에서의 결합

이중 결합과 단일 결합이 교대로 있는 뷰타다이엔(butadiene)과 같은 작은 콘쥬게이션 알켄에서 π 전자는 분자 전체에 걸쳐 비편재화된다. 매우 긴 콘쥬게이션 올레핀을 사용하면 π 준위로 이루어진 띠가 얻어질 것으로 예상할 수 있으며 이 띠가 부분적으로 점유된 경우 1차원 전도체가 될 것을 예상할 수 있다. 폴리아세틸렌은 바로 그러한 긴 사슬 콘쥬게이션 고분자이다. 만약 폴리아세틸렌이 규칙적이고 균일한 간격의 탄소 원자 사슬로 구성되어 있다면 가장 높은 점유된 에너지띠(the highest-occupied energy band)인 π 띠는 절반이 채워지게 되고 폴리아세틸렌은 전기 전도체가 된다. 실제로는 폴리아세틸렌은 실리콘과 같은 반도체와 비슷한, 중간 정도의 전기 전도도를 나타낸다. 시스 형태의 전도도는 10^{-7} S m^{-1} 정도이고 트랜스 형태는 10^{-3} S m^{-1} 정도이다. 결정 구조를 정확하게 결정하기는 어렵지만 회절 측정을 통해 탄소 원자 간 결합 거리에서 약 6 pm 정도의 차이가 교대로 나타남을 알 수 있다. 이

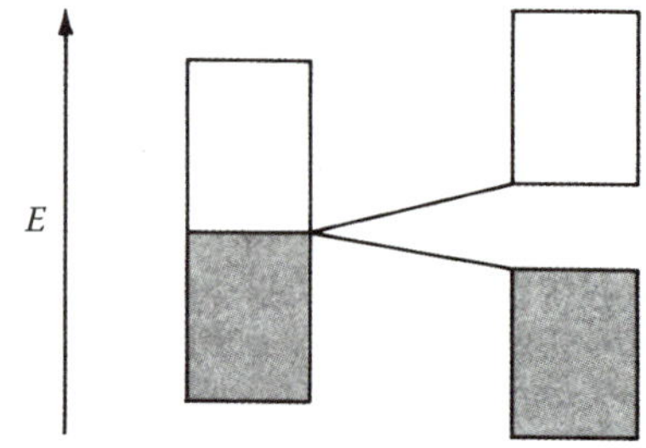

그림 8.19 길고 짧은 결합 반복에 의해 생성되는 폴리아세틸렌의 띠간격

것은 이상적인 단일 결합과 이중 결합에 번갈아 나타날 때 예상되는 것보다 훨씬 작다(에테인에서 C−C, 154 pm; 에텐에서 C=C, 134 pm). 그런데도 이러한 결합 길이의 차이는 전자가 전체 사슬에 균등하게 분포하기보다는 이중 결합에 편재되는 경향이 있음을 나타낸다.

실제로 일어나는 일은 결합과 반결합의 두 띠가 띠간격을 가지며 여기에 비결합(nonbonding) 준위가 있다는 것이다. 아래쪽 띠는 전자에 의해 완전히 채워지게 된다. 그림 8.19에서 볼 수 있듯이 이것의 에너지는 단일 띠가 반 채워질 때보다 낮게 된다.

이러한 띠 갈라짐은, 일차원 금속은 비금속 상태에 비하여 항상 전자적으로 불안정하다는—항상 에너지 간격이 열리고 반도체로 전환되는 방법이 있다는—**Peierls 정리(Peierls' theorem)**의 한 예이다. 따라서 아주 단순한 결합 이론은 이러한 고체에서 띠 절반만 채워져서 금속성 전도도를 나타낼 것으로 암시하지만, 좀 더 깊이 생각하면 반도체 고분자를 예상할 수 있다.

전자 받개가 첨가되면 그것은 낮은 에너지 쪽 π 결합 띠의 전자를 앗아간다. 도핑된 폴리아세틸렌은 이제 원자가띠에 정공을 가지며, *p*-형 반도체처럼 도핑 전보다 전도성이 증가한다. 전자 주개 첨가제는 높은 에너지 쪽 π 띠에 전자를 더하여 전도띠가 부분적으로 채워진 *n*-형 반도체를 만든다.

8.5.3 유기 LED와 광기전력 전지

고분자 LED는 휴대폰, 노트북, TV의 평판 디스플레이 용으로 개발되고 있다. 일반적인 고분자 LED는 유리 기판 위에 제작된다. 하단에는 전극 역할을 하는 반투명 금속성 전도체(일반적으로 ITO) 층이 위치한다(그림 8.20). 그 위에는 폴리페닐렌바

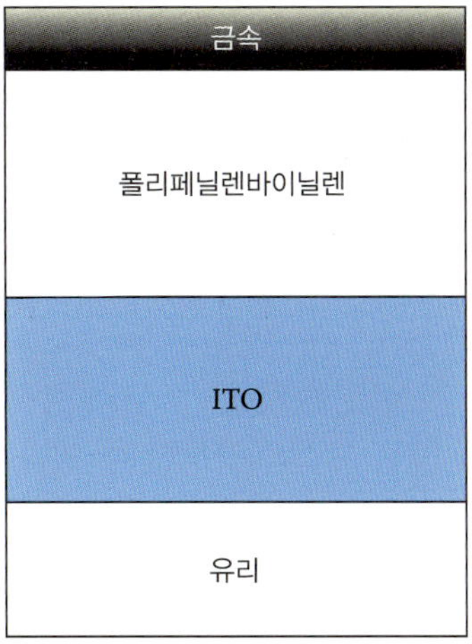

그림 8.20 고분자 LED의 단면

이닐렌(polyphenylenevinylene)과 같은 도핑되지 않은 콘쥬게이션 고분자 층이 있고 그 위에는 Ca, Mg/Ag 또는 Al과 같은 쉽게 이온화되는 금속이 있다. 이 금속이 두 번째 전극을 형성한다. LED 작동을 위해 ITO 층이 양전하를 띠도록 두 전극에 전압을 인가한다. ITO/고분자 계면에서 고분자의 전자는 양전하에 이끌려 ITO 층으로 이동한다. 이로 인해 낮은 쪽 에너지띠에 틈을 남긴다. 이와 동시에 음으로 하전된 두 번째 전극의 전자는 고분자로 이동하여 ITO 층 쪽으로 향해 이동한다. 이러한 전자가 낮은 에너지 쪽 정공이 있는 고분자 영역에 도달하면 이 띠로 떨어지면서 빛을 방출한다. 반도체 LED에서처럼 빛의 파장은 띠간격에 따라 달라진다. 폴리페닐렌바이닐렌 LED는 녹색/황색 광, 폴리페닐렌 기반 LED는 청색 광, 다른 폴리싸이오펜(polythiophene)들은 적색 광을 방출한다.

유기 LED(OLED)는 TV 및 기타 장치의 화면에 사용된다. 그러나 많은 경우에 이들은 전도성 고분자가 아닌 반도체 유기 분자 또는 유기 금속 착물을 기반으로 한다.

8.6 굴절

빛이 어떤 매질로부터 고체로 통과하여 진행할 때는 그 속도가 바뀐다. 고체 표면에 수직으로 통과하는 광선은 직선으로 통과하지만, 다른 방향의 광선은 방향이 전환된다. 복사선의 속도 변화 크기와 빛이 굽어지는 각도는 굴절 재료와 복사선의 파장에 따라 달라진다. 굴절률이 n_1인 매질에서 굴절률이 n_2인 매질을 전자기 복사가

지날 때, 복사는 Snell의 법칙 $n_1 \sin\theta_1 = n_2 \sin\theta_2$에 따라 굴절된다. 여기서 θ_1와 θ_2는 복사선과 표면에 대한 법선 사이의 각도이다. 이것을 그림 8.21에 나타내었다.

굴절률(refractive index)이 물질 조성에 따라 달라지는 이유를 이해하기 위해서는 굴절률에 미치는 원자적 요인을 생각해야 한다. 전자기 복사는 진동하는 전기장과 연관되어 있다. 복사선을 흡수하지 않는 경우에도 이 전기장은 고체의 전자에 영향을 준다. 우리가 어떤 원자에 전기장을 가한다고 가정할 때, 전자가 전기장에 의해 당겨져 더 이상 구형이 되지 않는 모습을 상상할 수 있다. 가해진 전기장은 양전하와 음전하 각각의 중심을 분리시켜 전기 쌍극자 모멘트를 유도한다. (고체 안에서 분자는 핵 사이 결합 전자들의 동등하지 않은 분포에 의해 생성된 영구 전기 쌍극자 모멘트를 가질 수도 있지만, 이것은 전기장이 존재하지 않아도 유지된다.) 복사선에 의한 진동장에 의해 전자가 한 방향으로 당겨졌다가 다른 방향으로 당겨지는 과정이 교대로 일어나는 것으로 생각할 수 있다. 전자가 감응하는 정도는 전자가 핵과 얼마나 단단하게 결합하였는지에 의존한다. 이 성질을 **편극도(polarisability)**라고 하며, 크기가 크고 전하가 작은 이온(예: Cs^+와 I^-)이 크기가 작고 전하가 큰 이온(예: Al^{3+})보다 편극도가 크다. 고체 안에서 편극도가 큰 이온의 농도가 높은 경우, 복사선은 더 느려지고 재료의 굴절률은 증가한다. 엄선한 불순물을 조심스럽게 첨가하여 굴절률을 조절하면 여러 가지 분야에 유용하게 적용할 수 있다. 예를 들어 망원경, 쌍안경, 카메라용 렌즈에 사용되는 유리를 제조할 때는 그 유리의 굴절률을 제어하는 것이

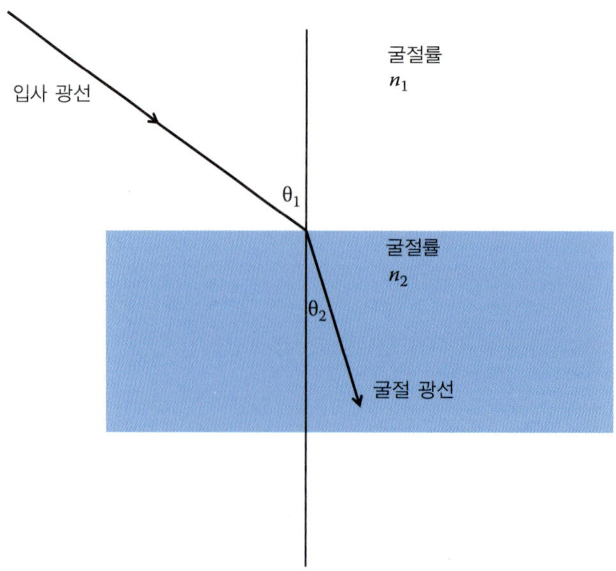

그림 8.21 굴절률이 다른 두 가지 매질 사이에서 일어나는 전자기 복사선 굴절

매우 중요하다. 납 이온(Pb^{2+})은 편극도가 매우 커서 고 굴절률 유리 생산에 사용된다.

8.6.1 방해석

방해석(calcite)은 탄산칼슘($CaCO_3$)의 가장 안정한 다형체(polymorph)이다. 단결정은 투명하고 **복굴절(birefringence)**이라 하는 흥미로운 광학 특성을 가지고 있다. 방해석과 같은 복굴절 재료는 결정축의 방향에 따라 서로 다른 편극도를 가지고 있어서 이들 축에 수직인 편광 빛에 대해 서로 다른 굴절률을 나타내게 된다. 방해석 역시 고유한 축에 따라 특정 굴절률을 가지며 이 축에 수직인 방향을 따라 상이한 굴절률을 갖는다. 고유축을 **광학축(optical axis)**이라 부른다. 빛이 이 물질을 통과해 진행할 때, 상이한 굴절률로 인해 두 가지의 다른 속력을 가진 광선으로 나뉜다. 한 광선은 Snell의 법칙을 따르는 **정상 광선(ordinary beam)**으로 알려져 있다. 다른 한 광선은 **이상 광선(extraordinary ray)**이다. 그림 8.22는 방해석의 결정 구조를 도식화하여 보여준다. 광학축은 탄산 이온(CO_3^{2-}) 평면에 수직 방향이다. 다른 두 축은 평면에 포함되어 있다. 따라서, 방해석은 결정 구조의 비대칭 때문에 모든 방향에서의 편광도가 동일하지 않다. 두 방향으로의 성분은 동일하지만, 제3의 방향으로의 광학축은 다르다. 정상 광선은 광학축에 수직인 평면으로 편광된다. 이상 광선은 광학축에 평행한 평면으로 편광된다. 만약 광선을 표면에 직각으로 입사하면, 정상 광선은 똑바로 진행하지만 이상 광선은 빗나가게 된다.

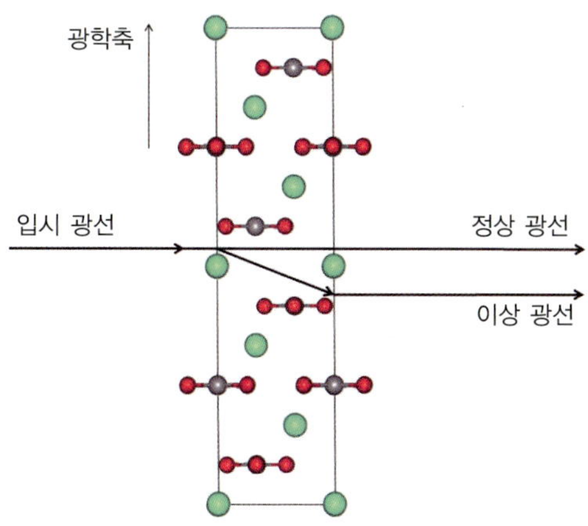

그림 8.22 복굴절 결정을 지나는 전자기 복사 광선. 광선이 광학축을 포함하는 표면에 수직으로 들어가면, 정상 광선은 똑바로 진행한다.

결정 안에서 비등방적인 진동과 이상 광선의 상호 작용은, 광선을 그 파면에 대하여 직각이 아닌 방향으로 전파되게 하고, 이로 인해 정상 광선의 궤적으로부터 벗어나게 한다. 복굴절은 비대칭성을 보이는 결정에서 일어날 수 있다. 비대칭적인 응력이 가해지지 않는 한, 세 방향이 동일한 입방 결정에서는 복굴절이 나타나지 않는다. 흥미롭게도, 기술자들은 응력 효과를 구조를 검증하는 데 사용한다. 설계된 구조 모델을 투명한 플라스틱으로 만든 후 교차 편광판을 통해 관찰한다. 그 구조 내에 응력이 있다면, 색상으로 발현된다.

편광된 빛을 생성하는 한 가지 방법은 Nicol 프리즘을 사용하는 것이다. Nicol 프리즘은 한 빛을 방해석에 쪼일 때 두 빛으로 갈라지는 현상을 이용하여 편광된 빛을 생성한다. 이 프리즘은 정상 광선과 이상 광선의 중간 굴절률 값을 가진 캐나다산 발삼 접착제로 두 개의 방해석을 붙인 것이다. 빛이 특정 각도에서 프리즘에 부딪칠 때 정상 광선은 결정 경계에서 완전히 안으로 반사되지만, 이상 광선 진행은 계속되어 두 번째 결정으로 이어진다. 결과적으로 두 번째 결정에서 나오는 빛은 편광이 된다.

2010년 말, 방해석의 복굴절을 이용하여 광학 파장대에서 작동하는 **투명 망토**(**cloak of invisibility**)의 제작이 두 그룹에서 독립적으로 시도되었다. 이러한 망토 뒤에 있는 물체는 보이지 않는다. 싱가폴-MIT 연구기술 센터 연합의 George Barbastathis 그룹은 물속에서 기능하는 2-D 망토를 제작하였고, 임페리얼 칼리지 런던의 John Pendry와 버밍엄 대학의 Shuang Zhang가 이끄는 연구 그룹은 공기 중에서 물질을 숨기는 망토를 제작하였다. 앞선 광학 망토는, 그림 8.23과 같이, 방해석으로 된 두 개의 프리즘을 광학축이 계면에서 30°가 되게끔 접착시켜 만들었다.

편광된 빛이 첫 번째 프리즘에 굴절되면서 들어간 된 후 물체에 의해 반사된다. 대

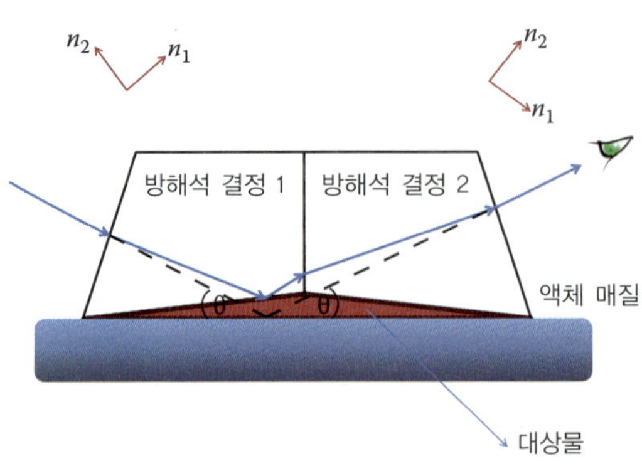

그림 8.23 두 개의 방해석 결정으로 만든 투명 망토. 파란 선이 빛의 경로이다. (점선 경로와 같이) 특정 방향에서는 빛이 그 표면에서 완전 반사되어 마치 대상물과 망토가 존재하지 않는 것처럼 보인다.

상물로부터 반사된 광선은 첫 번째 프리즘과 두 번째 프리즘이 이어진 경계 각에서 다시 굴절되어 나간다. 이때 관찰자에게는 마치 빛이 단순하게 바닥에서 완전히 반사되는 것처럼 보인다. 따라서 대상물과 망토 모두 보이지 않는다.

8.6.2 광섬유

금속 전선을 통해 전기를 전송하는 것처럼 빛을 전송하는 데는 광섬유를 이용한다. 예를 들어, 전화 통화가 레이저로 만든 일련의 광 펄스 형태로 광학 섬유를 따라 전송될 수 있다. 펄스 세기, 펄스 사이 시간 및 펄스 길이 변조를 통해 통화 내용을 코딩된 형태로 변환시켜 전송한다. 통상적인 유용 거리(수 km 정도의)에서 정보를 전송하기 위해서는 광섬유의 반대편 끝에서 신호 세기가 검출 가능할 정도가 되도록 빛의 강도를 유지시켜야 한다. 따라서 상업적인 광학 섬유 제조 기술의 대부분은 빛이 광섬유를 따라 이동할 때 수반되는 에너지 손실을 감소시키는 방법을 찾는 데 집중되어 있다.

첫 번째 조건은 레이저 빔이 광섬유 내부에 갇혀있는 상태가 유지되게 하는 것이다. 레이저 빔은 일반적인 광선보다 덜 발산하므로 레이저 빛을 사용하는 것이 유리하다. 그렇다 하더라도 광섬유 밖으로 벗어나려고 하는 경향이 조금 있다. 그래서 광섬유는 일반적으로 섬유 단면에 걸쳐 굴절률이 다르게 구성된다. 광선은 섬유 중심부인 코어에서 전송된다. 주변 영역이 코어보다 낮은 굴절률을 갖도록 만들면, 직선 경로를 벗어난 빛이 안쪽으로 전반사되므로 통과하는 빛이 코어에 최대한 남아있게 된다. 이를 그림 8.24에 나타내었다.

불순물을 잘 선택하여 첨가하면 굴절률을 변화시킬 수 있다. 그림 8.24의 경우, 전반사된 광선은 코어에서 곧게 진행하는 것보다 더 긴 경로를 이동한다. 이것은 얼마 후 펄스를 넓게 흩뜨리는 결과로 이어질 것이다. 펄스들이 함께 진행하도록 하는 한 가지 방법은 근본적으로 모든 빛이 직선 경로를 따를 수 있도록, 매우 좁은 코어를

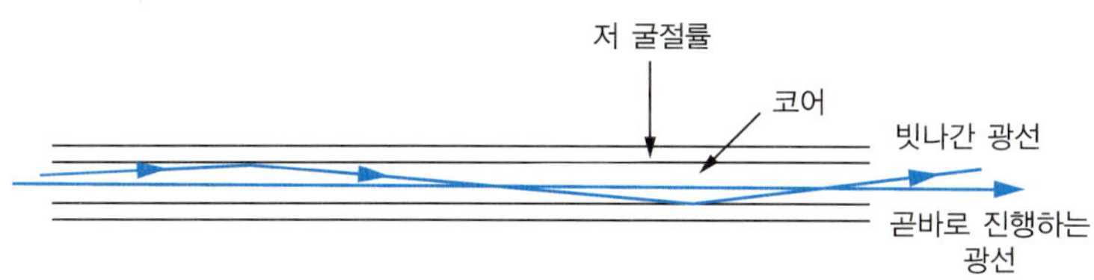

그림 8.24 광섬유를 따라 진행하는 광선

사용하는 것이다. 다른 대안은 가변 굴절률 코어의 사용이다: 굴절률이 낮을수록 빛의 속도는 빨라진다. 따라서 코어의 바깥 부분이 좀 더 낮은 굴절률을 갖는다면, 그때 반사된 빛은 빠르게 이동하고, 더 길어진 경로를 상쇄한다.

광섬유에는 약간의 결함이 있을 가능성이 크고 이것은 에너지 손실의 또 다른 원인이 된다. 이 결함은 Rayleigh 산란으로 알려진 유형의 빛 산란을 일으킨다. Rayleigh 산란은 빛의 파장에 어떠한 변화도 일으키지 않으며 단지 빛의 방향만 바꾼다. λ를 파장이라 하면, 산란의 양은 $(1/\lambda^4)$에 의존하며 따라서 파장이 길수록 훨씬 덜 산란된다. 심지어 파랑에서 붉은 빛으로 갈수록 그 감소는 두드러지며 이는 하늘의 색에 대한 원인이 된다. Rayleigh 산란을 줄이기 위해, 광섬유 시스템에 이용되는 레이저는 대개 장파장 적외선을 방출한다.

에너지 손실의 세 번째 원인은 섬유에 의한 빛의 흡수이다. 수 킬로미터 길이의 섬유에서는 매우 작은 양의 불순물일지라도 상당한 흡수를 유발할 수 있다. 창유리의 가장자리를 보면 이러한 현상을 이해할 수 있다. 유리의 가장자리는 투명하지 않고 녹색을 띠는데 유리 안의 Fe^{2+} 이온에 의한 흡수 때문이다. 창유리 크기는 기껏해야 0.5 미터이다. 따라서 길이가 수 킬로미터에 달하는 섬유라면 이러한 흡수로 인한 손실은 상당할 것으로 생각할 수 있다. 유리에서 불순물 이온의 스펙트럼은 결정 안에서와 유사하지만, 이온들이 유리에서 차지하고 있는 자리의 유형이 다양하기 때문에 흡수띠가 넓어진다. 각 자리에 해당하는 띠들의 파장이 약간씩 다르기 때문이다. 근적외선 1300 nm에서 작동하는 3 km 길이의 광섬유에서, 2 ppb 농도의 Fe^{2+}로 인한 흡수는 빛의 강도를 초기의 절반으로 감소시킨다. 따라서 광섬유 재료는 매우 순수해야 한다. 실리카를 주로 사용하는 이유는 반도체 산업에서 이용하는 상용화된 고순도 사염화 규소를 원료로 불순물이 없는 SiO_2를 만들 수 있기 때문이다.

한편, 금속 이온이 흡수의 유일한 원인은 아니다. 적외선 사용은 분자 진동에 의한 흡수 때문에 에너지가 손실될 가능성이 있다는 것을 의미한다. 실리카 유리의 구조는 끝단에 매달린 SiO 결합을 포함하며, 이것은 물과 쉽게 반응하여 −OH 결합을 형성한다. −OH 결합의 진동 주파수는 높아서 전송을 위해 사용되는 주파수에 가깝다. 그러므로 실리카 광섬유를 제조할 때 물을 배제하는 것이 중요하다. 물을 제거하고 −OH 결합이 없는 경우에도, 진동 모드에 의한 흡수는 무시할 수 없다. Si−O 결합은 O−H 결합보다 낮은 주파수에서 진동하고, 흡수 최대치는 간섭을 일으키지 않는다. 그러나 SiO 흡수는 매우 강해서 흡수 피크의 자락이 송신 주파수 영역에 걸치게 된다. 실리카보다 낮은 진동 주파수 물질, 특히 플루오린화물에 대해 연구가 되고 있지만, 이러한 물질들은 실리카보다 비싸고 제조하기 어려워 아직 경제적으로 실현성이 없다.

상업적 사용을 위해 개발된 섬유에서도 여전히 손실이 있다. 그래도 이 손실은 케이블 TV 또는 광대역 컴퓨터 서비스에 사용 가능한 수준까지 감소되었다. 다음 절에서 광집적회로의 기초가 될 수 있는, 새롭게 개발되고 있는 소재에 대해 살펴볼 것이다. 바로 광결정이다.

8.7 광결정

광결정(photonic crystal)은 광학에서의 반도체로 여겨질 정도로 환영받고 있다. Bell Communications Research의 Eli Yablonovitch는 1980년대에 최초로 이러한 결정에 관한 아이디어를 발전시켰다.

광결정은 굴절률이 다른 두 물질의 주기적인 배열로 구성된다. 두 물질 각각의 경계에서 빛 또는 다른 전자기 복사는 굴절되거나 부분적으로 반사된다. 서로 다른 계면을 통과한 광선은 상대적인 위상에 따라 강화되거나 서로 상쇄된다. 두 광선의 위상이 맞을지 아닐지는 복사선의 파장, 진행 방향, 광결정 재료의 굴절률과 특정한 주기적 배열이 결정한다. 복사선의 특정 파장, 굴절률, 그리고 재료의 간격에 따라 모든 방향으로의 완전한 상쇄가 일어나 결과적으로 그 결정이 특정 파장을 투과하지 않게 할 수 있다. 이렇게 금지된 파장의 범위는 반도체와 같은 비유를 써서 **포토닉 띠간격(photonic band gap)**으로 부른다. 그림 8.25는 유전체 판들을 한 줄로 세운 1차원 배열에서 금지 파장이 어떻게 발생할 수 있는지를 보여준다.

빛이 각각의 판에 도달할 때, 일부는 굴절률 변화에 의해 반사된다. 판들의 오른쪽 공간에서 각 판들로부터 반사된 광선끼리는 위상이 같지만 입사 광선과는 위상이 반대가 된다. 이러한 파장에 대해서 입사광과 반사광은 서로 상쇄된다(그림 8.25a).

최초의 광자 결정은 3.6의 굴절률을 가진 물질 블록에 1 밀리미터 직경의 구멍들을 정확하게 뚫어 제작하였다. 이 결정은 마이크로파 영역에서 포토닉 띠간격을 가지고 있다. 마이크로파 및 라디오파 영역의 띠간격을 가진 유사한 구조들이 휴대 전화 사용자의 머리에 전파가 직접 도달하지 않게 하는 안테나를 만드는 데 이용되고 있다. 적외선과 가시광선과 같이 더 짧은 파장의 띠간격을 가진 광결정일수록 제작이 더 어려워진다. 광결정에서 요구되는 구멍 크기 또는 격자 간격은 방사선의 파장

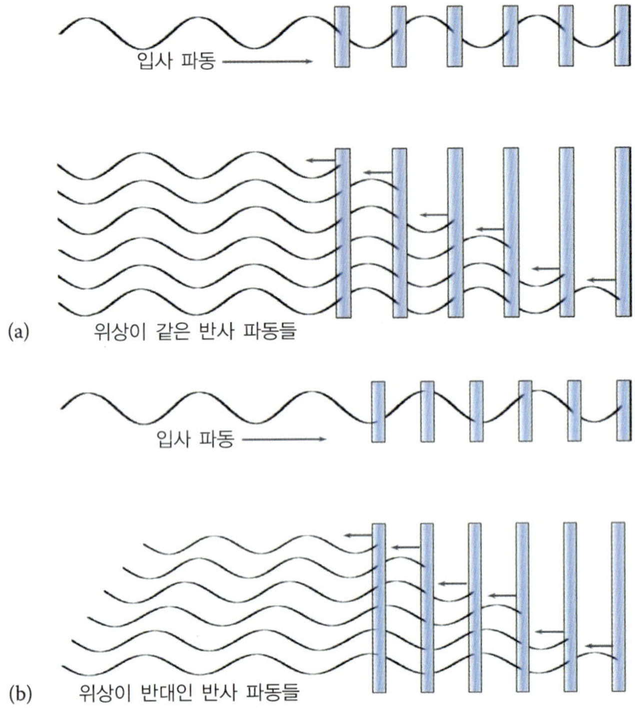

그림 8.25 일렬로 세워진 유전체 판. 진행하는 빛은 반사된 빛과 상쇄 간섭을 일으켜 금지 파장이 발생한다. (a)에서 반사된 파동들끼리 모두 위상이 같은 반면, 입사 파동과는 위상이 반대여서 상쇄 간섭이 일어난다. (b)에서는 파동들이 약간씩 다른 위상을 가지고 반사되며 입사 광선은 계속 진행한다.

을 굴절률로 나눈 값과 거의 같다. GaAs 레이저는 파장 904 nm의 복사선을 생성한다. 이 복사선을 굴절률 1.45의 실리카로 된 광결정에 이용하려면 623 nm(0.623 μm)의 간격이 필요하다. 이 크기의 구멍을 가공하는 것은 비현실적이며, 이러한 정도의 간격을 가진 정연한 주기적 구조물을 만드는 것이 광집적회로 및 기타 장치를 제조하기 전에 극복해야 하는 기술적 과제이다. 이 문제에 대한 하나의 접근 방법은 1 μm 이하 지름의 공 모양 알갱이(보통 실리카)들을 콜로이드성 현탁액 또는 하이드로 젤에 부유시키는 것이다. 그러면 이 알갱이들은 자기 스스로 조밀 구조를 이루게 된다.

2차원 포토닉 물질(즉, 어느 한 평면에서는 빛이 차단되지만 그 평면과 수직이면 빛이 투과되는 물질)은 광섬유로서 유용하다. 이러한 섬유를 구성하는 기발한 방법은 중앙 유리 코어 주위를 속이 빈 모세관 튜브 여러 개로 감싸는 것이다. 그 상태에서 열을 가해 수 μm의 두께가 될 때까지 잡아 늘인다. 중심의 코어는 이제 근적외선 포토닉 띠간격을 갖는 정확한 지름의 관들에 의해 주기적 배열을 이루며 둘러싸이게 된다. 중앙 유리 코어를 공기로 대체하는 것도 가능한데, 이를 통해 매우 고출력의 전력 레이저 신호를 재료 손상 없이 섬유를 따라 전송할 수 있다.

광결정의 또 다른 잠재적인 응용 분야는, 구멍 열이 제거된 결정으로 날카롭게 구부러진 부위에서 빛을 유도하는 일(기존의 광섬유로는 불가능), 또는 박막으로 만든 나노 레이저, 서브 마이크론 크기의 이산화 타이타늄 입자의 규칙적인 배열로 만든 초백색 안료, 자기 공명 영상(MRI) 및 LED용 고주파 반사기 등을 들 수 있다.

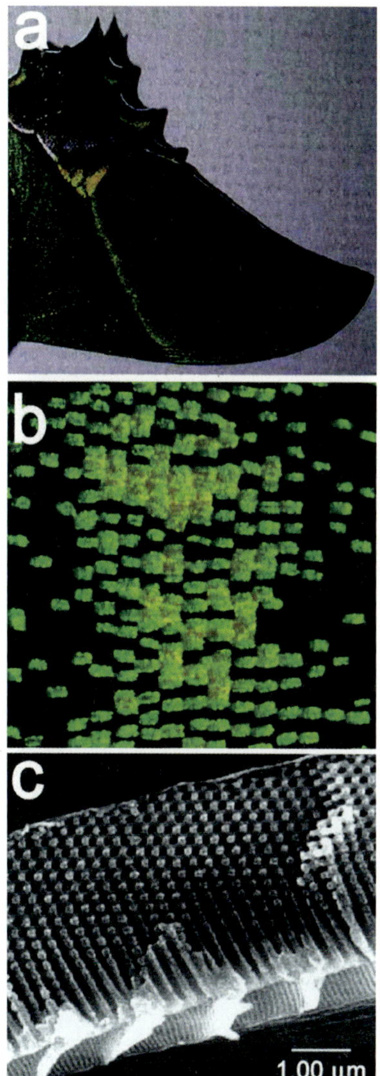

그림 8.26 (a) Kaiser-I-Hind 나비의 날개, (b) 날개 비늘을 보여주는 광학 현미경 사진. 검은 바닥 비늘과 광결정을 이루는 녹색 덮개 비늘, (c) 주기적인 구조를 나타내는 녹색 비늘 한 개의 단면에 대한 SEM 이미지 (Reprinted from Argyros, 2002, A. et al., 'Electron Tomography and Computer Visualization of a Three-Dimensional "photonic" Crystal in a Butterfly WingScale', *Micron*, 33, 483–487, Copyright 2002 with permission from Elsevier.)

광결정은 최근 수십 년 동안 실험실에서 연구되어 왔지만, 자연적으로 존재하는 예도 있다. 잘 알려진 것이 오팔 보석이다. 오팔은 면심 입방 구조로 배열된 작은 실리카 구체로 이루어져 있다. 이들은 실리카 콜로이드 용액으로부터 형성된 것으로 여겨지며, 오팔의 색은 실리카 구체의 크기에 따라 결정된다. 임페리얼 나비(*Teinopalpus imperialis*)의 날개 비늘의 녹색 빛은 단사정계 구조의 카이랄 사면형 단위체 때문이다. 그림 8.26은 나비 날개의 일부, 녹색 비늘의 현미경 이미지 및 그 구조를 보여주는 SEM 이미지이다.

8.8 메타물질

방금 논의한 광결정과 같은 **메타물질(metamaterial)**들은 조성보다는 그들의 구조에 의해 성질이 주어진다. 이들은 복합 물질이며 자연적으로 존재하는 물질을 뛰어넘는 성질을 갖도록 개발되고 있다. 메타물질은 대개 주기적인데 앞부분에서 설명한 광결정 물질과는 중요한 차이점이 있다는 것을 명심해야 한다. 메타물질은 균일한 물질과 마찬가지의 광학적인 거동을 보인다. 즉, 포토닉 띠간격이 없고 메타물질 전체를 특정하는 굴절률을 가진다. 포토닉 고체에서 굴절률은 그 구조를 이루는 물질들의 특성이다.

이러한 물질들의 비이상적인 광학적, 전기적, 자기적 특성, 그리고 특히 음의 값을 갖는 굴절률에 큰 관심이 기울여지고 있다. 1968년 Victor Veselago는 음의 굴절률 가능성을 제안하였으나 이러한 성질을 갖는 천연 물질은 발견되지 않았다. 일반적으로 굴절률(n)은 $n = \pm(|\varepsilon_r||\mu_r|)^{1/2}$으로 나타내며, 여기서 ε_r과 μ_r은 각각 해당 파장에서 물질의 상대 유전율과 상대 투자율이다. 다수의 물질에서 ε_r과 μ_r은 양이고 n은 양의 제곱근 값을 취한다. 금속과 강유전체와 같은 일부 물질에서 음의 투자율을 갖는다. 몇몇 페라이트도 음의 투자율을 갖는다. 이들 두 그룹 또한 양의 굴절률을 갖는다. 그렇지만 ε_r과 μ_r이 둘 다 음이라면 음의 제곱근이 얻어진다는 것을 보일 수 있다. 이것은 굴절률이 음의 값이 된다는 것을 의미한다. 음의 굴절률을 갖는 물질은 2000년에 처음 보고되었다. 이것은 마이크로파 영역에서 음의 굴절률을 갖는 메타물질이었다.

굴절률이 양일 때와 음일 때의 차이를 그림 8.27에 나타내었다. 그림 8.27a는 복사선이 어떤 매질, 예를 들면 굴절률 n_1의 공기를 지나서 굴절률 n_2인 다른 매질로 들어

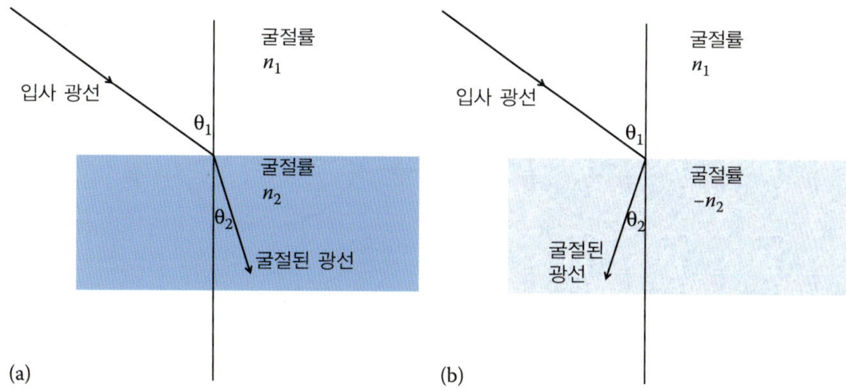

그림 8.27 (a) 굴절률 n_1의 매질로부터 굴절률 n_2인 다른 매질로 들어가는 복사선, (b) 굴절률 n_1의 매질로부터 굴절률 $-n_2$인 다른 매질로 들어가는 복사선

가는 경우이다($n_2 > n_1$). 그림 8.27b는 두 번째 매질의 굴절률이 $-n_2$일 때, 광선이 각 $-\theta_2$를 이루며 굴절되는 경우이다. 즉, 그림 8.27b의 광선은 그림 8.27a와 같은 크기의 각을 이루며 굴절하되 그 방향이 반대가 된다.

굴절률은 매질 안 복사선의 속도와 관련 있다. 음의 굴절률로 인한 결과는 복사선의 위상 속도가 음의 값을 가진다는 것이다. 다시 말해, 파동의 위상 변화가 전파 방향과 (그리고 에너지 전달 방향과도) 반대로 진행된다. 이로 인해 특이한 성질이 나타나는데, 도플러 효과(적색 편이)가 반대로 나타나서 관찰자 쪽으로 빛이 진행할 때 파장이 오히려 길어지는 것이 그 예이다. 굴절률이 음인 물질로 만든 렌즈는 일반 렌즈의 굴절 한계에 제한받지 않으므로 이를 이용하면 더 높은 해상도를 얻을 수 있다. 빛의 파장에 절반 이하 거리만큼 떨어져 있는 물체들로부터 나오는 빛은 지수함수적으로 세기가 감소하는 성분, 즉 **소멸파**(**evanescent wave**)를 포함한다. 굴절률이 음인 물질로 만든 렌즈는 소멸파의 진폭을 증가시킨다. 렌즈로부터 소멸파들이 나타나면서 이 파들이 다시 감쇠되어, 상 평면에서의 진폭이 물체로부터 그 파가 떠날 때의 처음 크기와 동일하게 된다. 따라서 소멸파 성분은 손실되지 않은 채로 물체로부터 나온 모든 빛을 모을 수 있다. 이러한 렌즈는 슈퍼 렌즈라고 이름 붙여졌다. 2005년에 가시광 진동수에서 은으로 된 얇은 판에 대한 슈퍼 렌즈 효과가 관찰되었다.

메타물질을 유명하게 만든 것은 이로부터 '투명 망토'를 만들 수 있는 가능성 때문이다. 명백히 시야에서 사라지게 만드는 것은 전자기 복사가 직선으로 진행한다는 가정에 달려있다. 복사선을 물체 주위로 우회시킨 후 물체 반대편에서 처음 광선과 나란하게 진행시키는 상황을 만드는 방법은 여러 가지이다. 그림 8.28에 나타낸 것

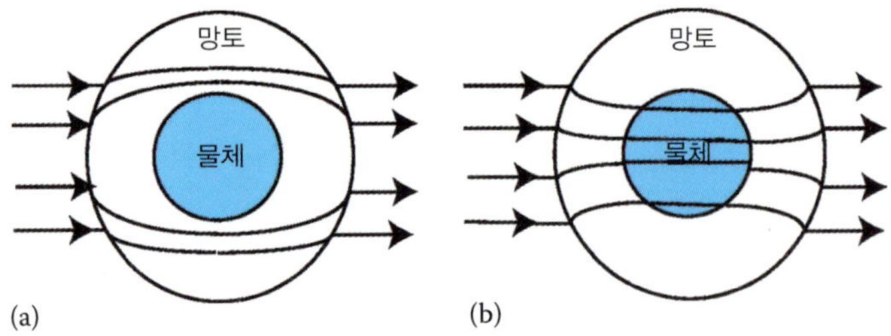

그림 8.28 망토로 가릴 때 두 가지 경로. (a) 좌표 변환 (b) 산란 상쇄

처럼 두 가지 방법을 설명할 수 있다. 첫째는 좌표 변환으로서 망토의 굴절률을 조절하여 복사선이 물체 주위를 우회하도록 한다(그림 8.28a). 이러한 망토를 제작하는 기술은 각 지점에 필요한 정확한 변환 계산 능력에 달려있다.

또 다른 방법은 굴절률이 조절되는 망토를 잘 선택하여 물체에서의 산란을 상쇄시키는 것이다(그림 8.28b). 이 경우 복사선은 물체와 망토 모두를 통과하지만 둘 다 보이지 않게 된다.

위에 언급한 두 가지 방법의 성패는 정확한 방법으로 굴절률이 조절되는 물질을 개발하는 것에 달려있다. 메타물질은 그 물질의 물리적 구조를 변화시켜 굴절률을 조절할 수 있다는 장점이 있다. 2006년 보고된 최초의 투명 망토 연구에서는 금속으로 된 '스플릿 링(split ring)' 공진기 배열을 이용하였다. 이 장치는 마이크로파 주파수 영역에서 구리 실린더를 차폐한다. 텍사스 대학의 연구자들은 이러한 망토로 실린더의 모든 방향에 대한 산란을 억제할 수 있음을 보여주었다.

8.9 요약

1. 고체의 색상은 벌크 고체에서 어떤 이온이 치환되거나, 틈새 위치를 차지하는 소량 이온의 존재가 원인이 될 수 있다. 이 경우 흡수 파장은 소량 이온의 에너지 준위에 의해 결정된다. 한 가지 예는 루비이다.
2. 레이저에는 소량 이온의 금지 전이가 사용된다. 허용 전이는 형광체에 사용된다.
3. F-센터는 알칼리 할로젠화물에 고에너지 광자(예: X-선)를 쪼여줄 때 생성된다. 그 색상은 빈자리에 위치하는 전자의 에너지 준위에 의해 결정되며 상자 속 입자 모형으로 설명할 수 있다.
4. 연속된 고체에서 복사선의 흡수 및 방출은 그 고체의 띠 구조에 의해 결정된다.

갈륨비소와 같은 반도체 및 여러 가지 금속들이 그 예이다.

5. 물질의 굴절률은 렌즈 및 광섬유와 같은 응용에 매우 중요하다. 굴절률은 고체에서 원자/이온의 편극도에 따라 달라진다. Pb^{2+}와 같이 편극도가 큰 이온은 굴절률을 증가시킨다.
6. 광결정은 굴절률이 다른 두 재료의 주기적 배열로 만들어진다. 일부 파장의 복사선은 광결정에 의해 투과되지 않는다. 이러한 파장의 범위를 포토닉 띠간격이라고 한다.
7. 메타 물질 또한 개발되고 있는데 대부분 주기적으로 배열을 이루고 있다. 이러한 재료의 굴절률은 재료를 구성하는 물질에서 기인한다기보다는 그 배열 구조의 특성이다.

문제

1. 산화물 MnO에서 Mn^{2+} 이온은 산화물 격자 안의 팔면체 구멍을 차지한다. 축퇴된 망간의 3d 준위는 Ti^{3+}에서처럼 두 가지 준위로 갈라진다. Mn^{2+} 이온의 다섯 개의 d 전자는 각각 다른 d 오비탈을 차지하며 평행한 스핀을 가지고 있다. Mn^{2+} 이온에서 두 3d 준위 사이 전이에 의한 흡수선의 세기가 매우 약한 이유를 설명하시오.

2. 그림 8.29는 레이저 작동에 관여하는 결정인 이트륨 알루미늄 석류석($Y_3Al_5O_{12}$)에서 Nd^{3+}의 에너지 준위를 나타낸다. 레이저가 작동할 때 일어나는 과정을 설명하시오.

3. 그림 8.6은 Ce^{3+}/YAG에서 Ce^{3+}이 형광체로 작용할 때 그것의 에너지 준위 사이에서의 전이를 나타낸다. 이때 일어나는 과정을 설명하시오.

4. 그림 8.30은 반도체에 대한 두 개의 에너지띠를 보여준다. 직접 띠간격 또는 간접 띠간격 중 이 고체가 속하는 것은 어느 것인가?

5. 납 할라이드 페로브스카이트($CH_3NH_3PbI_3$)에서 틈새 아이오딘화 이온과 격자 아이오딘화 이온이 결합하여 이합체인 I_2^-로 존재하는 결합이 발견된다. 이것은 F-센터인가 아니면 H-센터인가?

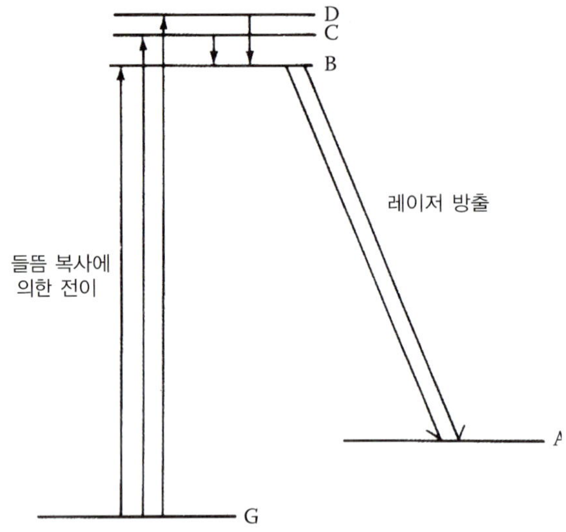

그림 8.29 석류석에서 Nd^{3+}의 에너지 준위

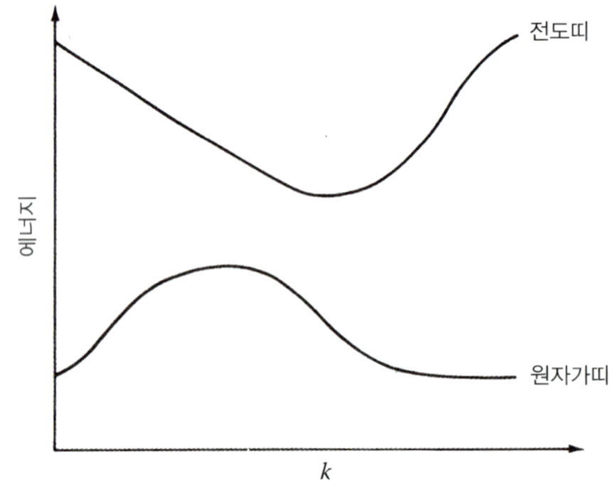

그림 8.30 어느 고체의 *k*에 대한 에너지 도표

6. 색 중심의 형성이 결정의 밀도에 어떤 영향을 미칠 것으로 예상하는가?

7. 태양 전지에는 실리콘이 사용되지만, LED에는 사용되지 않는 이유를 설명하시오.

8. 폴리페닐렌바이닐렌에서, 편재화된 띠는 어느 오비탈들의 결합으로 만들어지는가?

9. (a) Rb 또는 (b) H_2SO_4로 폴리아세틸렌을 도핑하면 각각 *n*-형 또는 *p*-형 전도체 중 어느 것이 생성되는가?

10. 폴리아세틸렌이 과염소(VII)산($HClO_4$)으로 도핑될 경우, 산의 일부는 폴리아세틸렌을 산화시키고 다른 일부는 반대 이온을 생성하는 데 소요된다. 이 산의 산화 반응은 식 8.1로 주어진다. 전체 반응에 대한 균형 반응식을 완결하시오.

$$ClO_4^- + 8H^+ + 8e^- = Cl^- + 4H_2O \tag{8.1}$$

11. 도핑되지 않은 폴리싸이오펜은 붉은색이다. 이로부터 이 고분자의 전도띠/원자가띠 에너지 간격 크기를 예상해 보시오. 폴리싸이오펜 LED가 적색 광을 방출할 것으로 기대할 수 있는가?

12. 화학식이 HgCl인 정방형 칼로멜(tetragonal calomel)은 복굴절 물질이다. 반면에 NaCl과 같은 알칼리 금속 할로젠 화합물은 복굴절을 일으키지 않는다. 정상 광선에 대한 칼로멜의 굴절률은 NaCl의 굴절률보다 크다. 칼로멜과 NaCl의 분자 및 결정 구조를 고려하여 이러한 관찰 사실을 설명하시오.

13. 광섬유의 코어는 실리카이며, 그 주위는 도핑된 실리카로 둘러싸인다. B_2O_3나 P_2O_5가 도펀트로 적합한 이유는 무엇인가?

14. 공작 깃털의 색상은 포토닉 구조의 존재 때문이라고 제안되고 있다. 이러한 구조의 주기를 변경하면 다른 색상이 생성된다. 그 이유를 설명하시오.

9장 자기적 전기적 성질

9.1 개요

고체에서 원자들이 밀집되면서 나타나는 하나의 결과는 개별 원자 또는 분자의 특성이 협동적으로 상호 작용하여 유체에서는 찾아볼 수 없는 효과를 보이는 것이다. 자석으로 사용하는 철 조각의 예를 들면 철 원자들의 자성이 정렬되어 강한 자기적 효과가 발생한다. 이는 강자성(ferromagnetism)이라고 알려져 있다. 또 다른 협동적 자기 효과는 다른 원자의 자성을 상쇄(반강자성, antiferromagnetism)하거나 또는 부분적 상쇄(페리자성, ferrimagnetism)하는 현상으로 이어지기도 한다. 강자성 및 페리자성은 나침반 바늘과 시계 자석에서부터 하드디스크 판독 헤드와 컴퓨터 메모리 장치에 이르기까지 많은 상용 분야에 이용되고 있다.

협동 효과는 자기적 성질에만 국한되지 않는다. 어떤 결정에서 기계적 응력이나 전기장에 대해서도 비슷한 효과가 일어날 수 있다. 강자성에 비교되는 전기적 성질은 강유전성 효과(ferroelectric effect)이며 이로 인해 물질 안에서 전하들이 분리되어 전체적으로 전기적 분극 현상이 유발된다. 강유전 물질은 (전하를 저장하는) 커패시터(capacitor), (초음파를 전기 에너지로 바꾸는) 변환기(transducer) 등의 전자 산업에서 중요하다. 강유전 결정은 압전 결정(piezoelectric crystal)의 한 부류이며, 압전 결정은 나름대로 상업적 응용 분야가 있다. 예를 들어 석영 시계는 압전성 석영 결정을 발진기로 사용한다.

이 장에서는 협동적 상호 작용의 결과인 자성과 유전성을 나타내는 여러 유형의 물질들을 살펴볼 것이다. 마지막 절에서는 두 가지 이상의 협동적 성질, 즉 전기적,

자기적 성질을 모두 나타내는 다중 강성체 물질에 대해 논의할 것이다.

우선, 모든 종류의 물질에서 발견될 수 있는 약한 자기 효과를 생각해 보자.

9.2 자화율

자기장이 생성하는 자기력선은 자기장이 가해진 매질을 관통한다. 예를 들면, 이러한 자기력선은 막대자석을 덮은 종이 위에 쇳가루를 뿌릴 때 나타난다. 이 선들의 밀도를 **자속 밀도(magnetic flux density)**라고 한다. 진공 상태에서, 자기장과 자속 밀도는 진공 투자율 μ_0와 관련 있다.

$$B = \mu_0 H \tag{9.1}$$

자성 재료를 자기장 안에 두면 자속 밀도가 증가하거나 감소할 수 있다. 그림 9.1에서 볼 수 있듯이, 반자성 물질은 자속 밀도를 감소시키는 반면 상자성 물질은 자속 밀도를 증가시킨다. 외부 자기장이 걸릴 때 시료에 생기는 자기장을 **자화(magnetisation, *M*)**라고 한다. 자속 밀도는 다음과 같이 주어진다.

$$B = \mu_0 \left(H + M \right) \tag{9.2}$$

자화를 다룰 때는 일반적으로 **자화율(magnetic susceptibility**, χ) 또는 투자율(permeability, μ_r)을 사용한다. 여기서 $\chi = M/H$, 그리고 $\mu_r = 1 + \chi$이다.

반자성(diamagnetism)은 모든 물질에 존재하지만, 매우 약해서 다른 효과가 있는 경우 쉽게 관찰되지 않는다. 반자성은 원자 또는 분자 내의 전자의 순환에 의해 생성

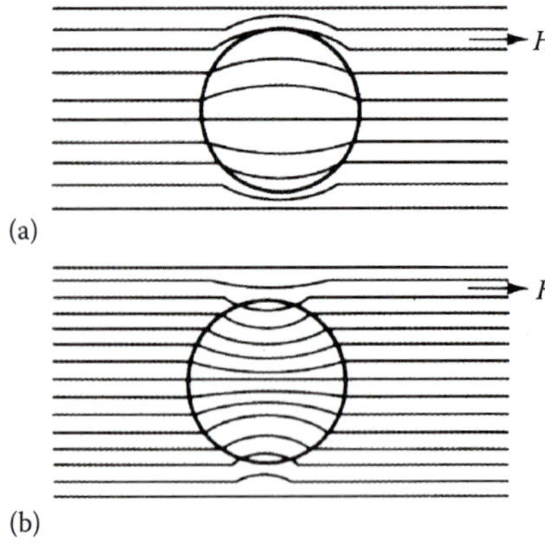

그림 9.1 (a) 반자성체와 (b) 상자성체 물질에서의 자속 밀도

된다. 닫힌 전자 껍질의 원자 또는 분자는 반자성이다. 반면, 짝짓지 않은 전자(홀전자)는 **상자성(paramagnetism)**을 유발한다. 홀전자들이 서로 구별되는 다른 자리에 존재하는 액체 산소나 전이 금속 화합물 같은 물질에서 단순한 상자성 거동이 발견된다. 자기장에서는 각 중심에서의 자기 모멘트가 자기장과 같은 방향으로 정렬하는 경향이 있지만, 자기장이 없을 때는 무질서해지려는 열에너지 효과에 의해 각 중심에서의 홀전자들의 방향은 불규칙하게 된다. 걸어준 자기장과 열적으로 무질서해지려는 경향 사이의 관계, 즉 자화율의 온도 의존성은 **Curie 법칙(Curie law)**으로 설명된다.

$$\chi = \frac{C}{T} \tag{9.3}$$

여기서 χ는 자화율, C는 Curie 상수로 알려진 상수이고, T는 켈빈 단위의 절대 온도이다.

협동적인 거동에 대해서는 다른 온도 의존성이 관찰된다. 독립적인 거동에서부터 협동적인 거동으로의 변화는 특정 온도와 관련 있다. **강자성(ferromagnetism)**에서는 다른 원자/분자의 전자 스핀이 스핀-스핀 짝지음을 통해 자기장이 없는 상태에서 정렬된다. **Curie 온도(Curie temperature)** T_C 이상의 온도에서 고체의 자화율은 Curie-Weiss 법칙에 의해 다음과 같다.

$$\chi = \frac{C}{(T - T_C)} \tag{9.4}$$

반강자성(antiferromagnetism)에서의 온도 의존성은 다음 형태가 된다.

$$\chi = \frac{C}{(T + T_N)} \tag{9.5}$$

여기서 T_N은 **Néel 온도(Néel temperature)**이다. 그림 9.2는 이 두 가지 거동을 보여준다.

페리자성(ferrimagnetism)은 이온들이 여러 자리에 있고 각 이온마다 다른 특성 온도를 갖기 때문에 좀 더 복잡한 형태의 온도 의존성을 보인다. 여러 가지 자성 유형에 따른 특성을 표 9.1에 나타내었다.

9.3 금속 착물의 상자성

금속 착물을 포함하는 고체에서, 각 금속 원자에 있는 홀전자가 효과적으로 고립

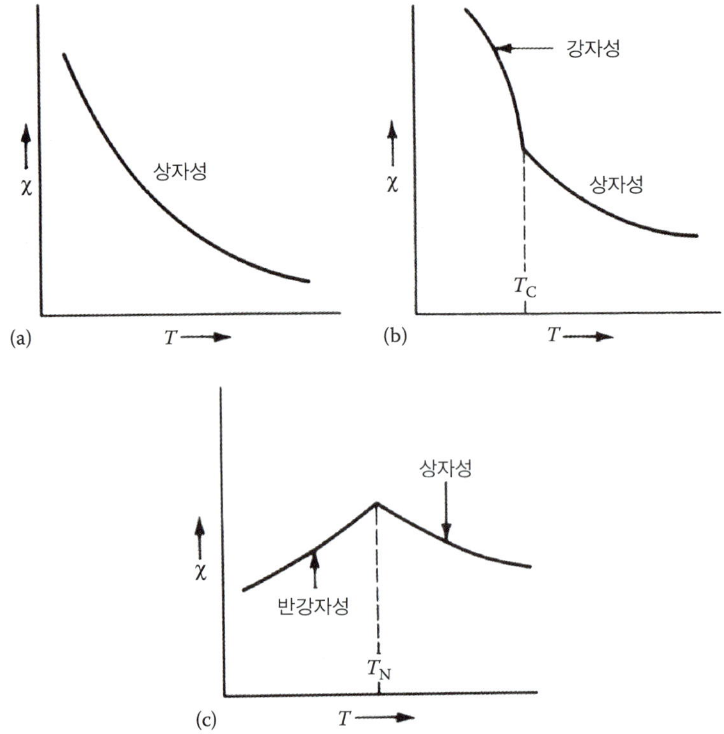

그림 9.2 온도에 따른 자화율의 변화. (a) 상자성 물질, (b) 강자성 물질, (c) 반강자성 물질

표 9.1 자성 유형별 특성

유형	χ의 부호	통상적인 χ 크기 (SI 단위로 계산한 값)	H에 대한 χ의 상관성	고온에서 χ의 변화	원인
반자성	+	$-(1\sim600)\times10^{-5}$	독립적	없음	전자 전하
상자성	−	$0\sim0.1$	독립적	감소	개별 원자의 전자 스핀과 오비탈 움직임
강자성	+	$0.1\sim10^{7}$	상관적	감소	개별 원자의 자기 모멘트 간의 협동적 상호 작용
반강자성	+	$0\sim0.1$	상관적(예상)	증가	
Pauli 상자성	+	10^{-5}	독립적	없음	비편재된 전자의 스핀과 오비탈 움직임

된 경우 자화율은 자기 모멘트로 설명된다. 고립된 금속 착물을 하나의 작은 자석과 같이 생각할 수 있다. 고체 내 각각의 착물 분자는 홀전자에 의해 각자의 자기장을 생성한다. 고체가 한 가지 유형의 착물로 이루어졌다면 착물 분자 각각은 같은 크기의 자기장을 생성한다. 그리고 열적 운동은 이러한 자기장의 방향이 무작위가 되도록 작용한다. Curie 법칙(식 9.3)에서, 온도 의존성은 이러한 열적 운동의 결과이며, 상수 C로부터 각 착물 분자의 자기장에 해당하는 정보인 **자기 모멘트(magnetic moment)** μ를 알 수 있다. 자기 모멘트는 자화율과 달리 온도에 따라 변하지 않는다. 식 9.2에서 단위 없는 물리량인 χ는 단위 부피당 자화율이다. 개별 착물 분자에 대한 각각의 자기장 크기를 얻기 위한 과정은 다음과 같다. χ를 시료의 비중으로 나누면 시료의 단위 질량당 자화율이 얻어진다. 이것에 분자량을 곱하면 몰 자화율 χ_m을 얻게 된다. 각 착물 분자가 일정한 자기 모멘트(μ)를 갖고, 그 방향이 열운동에 의해 무작위로 되었다고 가정하면 χ_m은 식 9.6에서와 같이 μ^2에 비례함을 보일 수 있다.

$$\chi_m = \frac{N_A \mu_0}{3kT}\mu^2 \qquad (9.6)$$

N_A는 Avogadro 수이고, k는 Boltzman 상수, μ_0는 진공에서의 투자율이며 T는 절대온도이다. SI 단위 체계에서 χ_m의 단위는 $m^3\ mol^{-1}$이고 자기 모멘트의 단위는 tesla 당 Joule($J\ T^{-1}$)이다. 또한 μ는 보어 마그네톤(BM 또는 μ_B)으로 나타내는 것이 일반적이다. 1 **보어 마그네톤(Bohr magneton)**은 $9.274 \times 10^{-24}\ J\ T^{-1}$의 값에 해당한다.

자기 모멘트(μ)는 홀전자의 각운동량으로 인한 결과이다. 전자는 스핀과 오비탈 각운동량을 모두 가지고 있다. 첫 번째 주기의 전이 원소에서는 3d 오비탈의 5중 축퇴에서 벗어나는 정도에 따라 오비탈 각운동량의 기여도가 크게 감소되거나 '억제(quenched)'된다. 이러한 원소로 이루어진 착물의 자기 모멘트는 종종 스핀 각운동량만을 고려한 예측값(식 9.7)에 근접한다.

$$\mu_s = g\sqrt{S(S+1)} \qquad (9.7)$$

자유 전자에서 g는 2.00023이고, μ_s의 단위는 보어 마그네톤이다.

S 값은 홀전자수에 따라 결정된다. 표 9.2는 짝짓지 않은 3d 전자 수에 따른 S와 μ_s 값을 보여 준다.

오비탈 각운동량의 기여는 이 값으로부터의 편차로 나타난다. 착물에 포함된 금속이 무거울수록 스핀과 오비탈 각운동량 사이의 상호 작용이 커진다. 란타넘족 원소에서는 자기 모멘트가 단지 스핀 각운동량이 아닌 전자의 총 각운동량(**J**)에 따라 결

표 9.2 짝짓지 않은 3d 전자 수에 따른 S와 μ_S 값

홀전자 수	스핀 각운동량, S	자기 모멘트, μ_S (보어 마그네톤 단위)
1	1/2	1.73
2	1	2.83
3	3/2	3.87
4	2	4.90
5	5/2	5.92

정된다. 총 각운동량(**J**)은 오비탈 각운동량(**L**)과 스핀 각운동량(**S**)의 벡터 합이다.

$$\mathbf{J} = \mathbf{L} + \mathbf{S} \tag{9.8}$$

J가 전체 전자 각운동량에 대한 양자수라면, 자기 모멘트는 다음과 같이 주어진다.

$$\mu = \mathbf{g}\sqrt{J(J+1)} \tag{9.9}$$

여기서

$$\mathbf{g} = 1 + \frac{J(J+1) + S(S+1) - L(L+1)}{2J(J+1)}$$

이 관계로부터 큰 자기 모멘트 값이 얻어질 수 있으며, 특히 껍질이 절반 이상 채워진 경우 두드러진다. 예를 들어 식 (9.9)로부터 전자 배열이 f^8인 Tb^{3+}는 9.72 μ_B을 가진다는 것을 알 수 있다.

이제 고립된 전자가 아닌 결정 전체의 협동적인 효과에 의한 자성을 나타내는 고체에 대해 생각해 보자.

9.4 강자성 금속

금속의 전기 전도성을 논의할 때, 우리는 이온성 핵심부와 비편재화된 전자 관점에서 이를 설명하였다. 핵심부 전자는 자화율에서의 반자성 부분에 기여하는 반면, 원자가 전자는 상자성 또는 협동 효과를 일으킬 수 있다.

전도띠를 채울 경우, 우리는 일단 그 에너지 준위에 스핀이 짝지어지게끔 전자를 넣는다. 그러나 O_2와 같이 간단한 분자의 바닥 상태일지라도, 한 오비탈에 짝지은 스

핀을 이루기보다는 다른 오비탈에 평행한 스핀을 갖는 전자 배치가 더 유리할 수 있다. 이런 배치는 오비탈 준위가 축퇴되었거나 또는 거의 축퇴되었을 경우 발생한다. 한 에너지띠에 많은 축퇴 준위가 존재할 뿐만 아니라, 전자로 채워진 가장 높은 에너지 준위에 매우 근접한 준위가 여러 개 있을 수 있다. 따라서 Fermi 준위 근처에서는 전자들이 오비탈을 단독으로 채워 평행 스핀을 이룸으로써 전자 반발을 줄이는 것이 유리할 수 있다. 이러한 효과를 관찰하려면 평행 스핀의 수가 원자의 수에 비교할 정도로 많아야 한다. 10^{23}개의 원자로 이루어진 시료 안에서 10^3개 정도의 짝짓지 않은 스핀이 있다면 관찰하기 매우 어려울 것이다. Fermi 준위 부근의 상태 밀도가 매우 높은 경우를 제외하고, 관찰할 수 있을 정도의 짝짓지 않은 스핀을 얻기 위해서는 전자의 상당수가 띠 안에서 높은 에너지 준위로 들떠야 한다. 들뜸 에너지가 너무 크면 전자 반발력에 의한 손실이 보상되지 않는다. 단순 금속의 넓은 에너지띠에서는 결국 자기장이 없을 때 들뜨는 전자는 거의 없다.

자기장이 인가되면, 전자들은 그들의 스핀과 자기장과의 상호 작용으로 여분의 에너지를 얻는다. 스핀이 자기장에 평행이면 전자의 자기 에너지는 음의 값이다. (즉, 자기장이 없을 때보다 전자가 더 낮은 에너지에 있다.) 자기장과 스핀 방향이 반대인 전자의 경우, 들뜸 에너지가 자기 에너지 이득보다 크지 않다면 더 높은 에너지 준위로 이동하면서 스핀을 바꾸게 된다. 이로 인해 자기장에 대하여 정렬된 전자 스핀의 불균형이 일어나고 결과적으로 그 고체는 상자성을 나타낼 것이다. 이러한 유형의 상자성을 **Pauli 상자성(Pauli paramagnetism)**이라고 한다. 이것은 매우 약한 효과이고, 고립된 스핀보다 아주 작은 자화율 값을 나타내며 반자성 크기와 비슷한 정도를 보인다.

그런데 아주 일부분의 금속에서 전도띠의 홀전자로 인해 강자성이 나타날 수 있다. 주기율표 전체에서 철, 코발트, 니켈, 그리고 일부 란타넘족 원소(Gd, Tb)만이 이러한 성질을 가진다. 그러면 어떤 특별한 이유로 인해 이들이 독특한 성질을 나타내게 되는가? 결정 구조 때문은 아니다. 이들은 각각 상이한 구조를 가지고, 다른 비강자성 금속의 구조와 유사하다. 대신, 철, 코발트, 니켈은 모두 거의 차 있는, 좁은 3d 띠를 가지고 있다. 3d 오비탈은 4s와 4p 오비탈보다 덜 퍼져 있다. (즉, 3d 오비탈은 원자핵 가까이 집중되어 있다.) 이는 오비탈 겹침을 약하게 하므로 3d 띠의 폭은 4s/4p 띠보다 훨씬 좁다. 또한, 다섯 개의 3d 오비탈이 존재하므로 N개의 원자로 이루어진 결정 안에 $5N$개의 준위가 존재해야 한다. 전자가 많아지고 띠가 좁아질수록, 상태의 평균 밀도는 ns/np 띠보다 훨씬 높아지게 된다. 특히 Fermi 준위 근처의 상태 밀도가 높다. 이 경우, 높은 에너지 준위를 채우는 대가로 홀전자로 존재하는 것이 에너지적으로 유리하다. 따라서 이 원소들은 자기장이 존재하지 않더라도 많은 수의 홀전자를 가지게 된다. 철을 예로 들면, 그들의 스핀이 평행하게 정렬하여 *N*개 원자가 있는 결정에서 2.2*N*개까지의 홀전자가 존재하며, 이들 스핀은 서로 평행하다. 이는 전이 금속 착물 이온을 포함한 상자성 고체와 대비된다. 상자성 고체에서 각 이온은 다섯 개까지의 홀전자를 가질 수 있지만, 자기장이 없는 경우 그 스핀은 무질서하게 배열된다.

강자성은 고체 전체에 걸친 전자 스핀 정렬에 의해 발생하고, Fermi 준위 근처의 부분적으로 채워진 띠의 상태 밀도가 높을 때 일어난다. 4d와 5d 오비탈은 3d 오비탈보다 더 퍼져 있어 더 넓은 띠를 형성한다. 따라서 두 번째 및 세 번째 주기 전이 원소에서는 강자성이 관찰되지 않는다. 3d 오비탈 자체에서는 전이 금속의 원자 번호가 증가할수록 덜 퍼지고 에너지가 낮아진다. 타이타늄 원자에서 원자가 전자는 상태 밀도가 낮은 4s/4p 띠에 위치하고, 전이 금속 줄의 끝에 있는 구리에서는 3d 띠의 에너지가 낮아져 이것의 Fermi 준위 역시 4s/4p 띠에 위치한다. 높은 상태 밀도의 3d 띠에 Fermi 준위가 위치하는 것은 전이 금속 줄의 중간 영역에 있는 원소들이다. 그림 9.3은 Ti, Ni 및 Cu에 대한 에너지띠 그림을 보여 준다. 채워진 준위를 음영으로

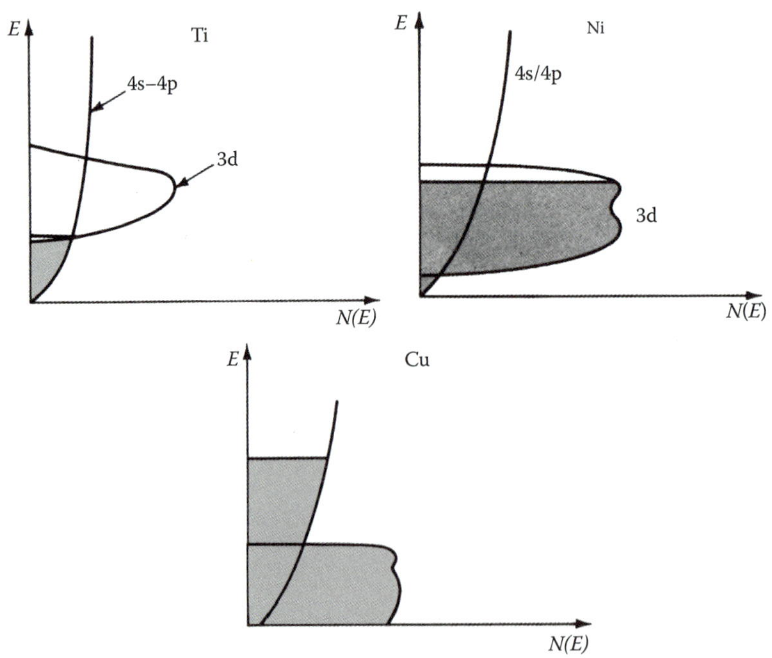

그림 9.3 도식적으로 나타낸 Ti, Ni, Cu의 에너지 준위. 음영은 채워진 준위를 의미한다.

나타내었다.

Fe, Co, 및 Ni에서 보이는 3d 띠의 높은 상태 밀도로 인해 이 띠 안에서의 전자들의 평균 자유 경로가 감소하게 된다. 이것은 전자의 이동도(mobility)를 감소시키고, 결과적으로 전도 전자가 s/p 띠에 존재하는 다른 금속과 구리에 비하여 낮은 전기 전도도를 나타내게 한다.

금속 강자성체가 요구되는 응용 분야에 순수한 원소 물질만 적합한 것은 아니며 이를 위해 다양한 합금이 만들어지고 있다. 이 중 일부는 하나 이상의 강자성 원소를 포함하고 있고, 그 합금 중에서 철, 코발트 및 니켈과 란타넘족 원소의 합금, 예를 들면 $SmCo_5$와 $Nd_2Fe_{14}B$를 이용하여 지금까지 알려진 가장 강력한 영구 자석을 만들고 있다. 란타넘족 원소 합금에서는 f 전자가 자성에 기여한다. 일곱 개의 f 오비탈이 있어서 한 원자당 최대 일곱 개 전자에 해당하는 자화가 가능하기 때문에 잠재적으로 매우 높은 자화 값을 이끌어 낼 수 있다. 전이 금속에서의 이론적인 최대 자화는, d 오비탈이 5개이기 때문에 원자당 다섯 개의 전자에 해당한다. 실제로는 이 최댓값에 결코 도달하지 않는다. 순수한 란타넘족 금속에서 f 오비탈의 중첩은 매우 작아서 이들은 거의 고립된 것으로 간주할 정도이다. 강자성 란타넘족 원소에서 자성은 비편재화된 d 전자에 의해 생성된다. 비편재화된 d 전자와 편재된 f 전자 사이의 상호 작용은 d와 f 전자를 정렬시켜 전자 반발력을 감소시킨다. 결국, 서로 다른 원자의 f 전자는 중간에 d 전자를 거쳐서 정렬된다. 합금에서는 f 전자가 전이 금속 d 전자를 통해 정렬할 수 있으며, 비록 d와 f 전자 모두가 정렬하는 것은 아니지만 높은 자화 값이 얻어지는 것을 관찰할 수 있다. 따라서 가장 강력한 자석이 이들 전이 금속과 란타넘족 원소의 합금인 것이 놀라운 일은 아니다. 망가니즈와 같은 비자성 원소로도 또 다른 자성 합금을 제조할 수 있는데, 이들에서는 원자 간 거리를 변화시켜 d 오비탈의 중첩이 강자성에 필요한 범위가 되게끔 만든다.

특정 강자성 물질의 유용성은 생성되는 자화의 크기, 자화 및 자기 소거의 용이성, 인가 자기장에 대한 감응성 등의 요인에 따라 달라진다. 최대 자기장은 홀전자 수에 의해 결정되지만 다른 요인들은 고체 구조와 그것에 포함된 불순물에 의존한다.

9.4.1 강자성 구역

이전 설명에서 한 가지 미흡한 부분이 있을 수 있다. 철에서 2.2*N*개의 전자가 모두 정렬된다고 하였는데, 왜 모든 철 조각이 자성을 갖고 있지 않을까? 그 이유는 우리

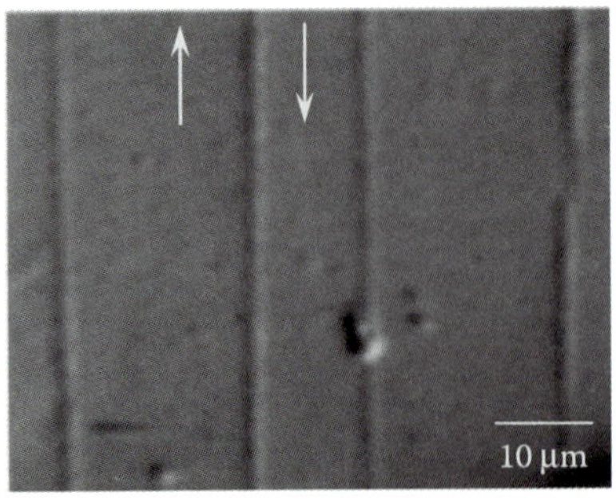

그림 9.4 철의 자기 구역 (Reprinted with permission from Bathany, C., Le Romancer, M., Armstrong, J.N. and Chopra, H.D. *Phys. Rev. B* 82 184411 2010, Copyright 2010 by the American Physical Society. http://link.aps.org/PRB/v82/e184411.).

설명이 결정 내에 **도메인(domain**, 또는 **구역**)이라고 하는 (보통 $10^{-24} \sim 10^{-18}$ m^3 정도의) 작은 부분에서만 성립하기 때문이다. 각각의 구역 내에서, 스핀은 모두 정렬하지만, 다른 구역은 서로에 대해 무작위로 배향한다.

결정 표면을 연마하고 그 위에 미세한 철 분말을 뿌린 후 현미경을 통해 이 구역(도메인)들을 실제 관찰할 수 있다(그림 9.4). 이러한 구역이 생기는 원인이 무엇일까?

스핀은 전자-전자 반발력으로 인해 생기는 단거리 **교환 상호 작용(exchange interactions**) 때문에 평행으로 정렬하는 경향이 있지만, 스핀을 역평행 방향으로 정렬시키는 경향이 있는 장거리의 **자기 쌍극자 상호 작용(magnetic dipole interaction**) 또한 존재한다. 몇 개의 스핀으로 시작하여 구역이 만들어지는 과정을 생각해 보자. 초기에는 교환 상호 작용이 지배적이어서 스핀은 모두 평행하게 놓이게 된다. 스핀이 더 추가됨에 따라 각각의 스핀은 점점 더 큰 자기 쌍극자 상호 작용을 받게 될 것이다. 결국, 자기 쌍극자 상호 작용은 교환 상호 작용을 극복하고 결정의 인접 부분은 원래 구역의 역평행 방향 스핀으로 이루어지게 된다. 따라서 구역 내에서 교환력은 스핀을 유지하게 하지만 자기 쌍극자 상호 작용은 다른 구역의 스핀들을 다른 방향으로 정렬하게 한다.

강자성 시료에 자기장을 걸어주면, 구역들 모두가 자기장 방향으로 정렬하는 경향이 있다. 정렬은 두 가지 방법으로 이루어질 수 있다. 첫째, 정확하게 배향된 구역이 인접 영역을 희생시키며 성장할 수 있다. 두 구역 사이에는 구역 벽(domain wall)이라고 하는 한정된 두께의 영역이 있다. 한 구역에서 다음 구역까지 스핀의 배향은 점진적으로 변화한다. 자기장이 인가되는 경우, 구역 벽 내에서 정렬된 구역에 가장 가

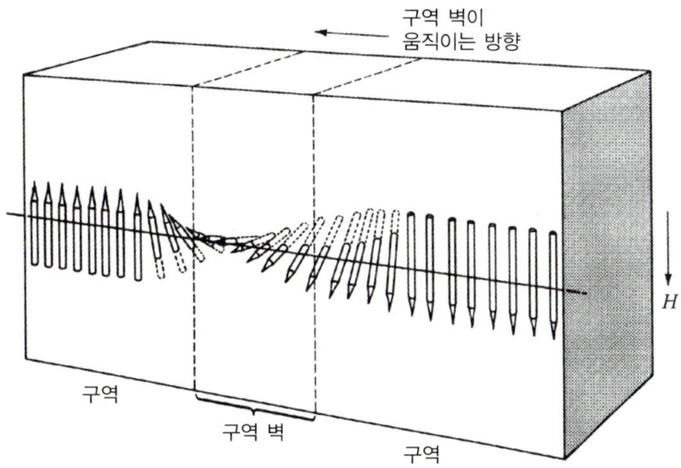

그림 9.5 구역 벽의 움직임. 점선은 구역 벽을 나타낸다. 이 구역 벽을 경계로 서로 방향이 반대인 두 구역이 나뉘어 있다. 걸어 준 자기장 *H*의 방향에 따라 모멘트들이 비틀어지고 구역 벽은 화살표 방향으로 움직이게 된다.

까운 스핀부터 방향이 바뀌어 구역 전체의 스핀 방향과 같게 되려고 한다. 이것은 그 옆 스핀들의 방향을 바꾸게 한다. 전체적인 효과는 그림 9.5에서 볼 수 있듯이 구역 벽이 이동하는 것으로 나타난다. 이 과정은 가역적이며 자기장이 없어지면 스핀은 이전 상태로 돌아간다.

불순물이나 결함이 존재하면, 이들은 구역이 성장하는 것을 어렵게 한다. 이 결함을 통과해서 스핀을 정렬시키는 활성화 에너지가 필요하고, 그래서 더 큰 자기장이 요구된다. 구역이 결함을 지나 일단 성장하면 자기장이 제거된 경우에도 다시 수축할 수 없다. 이 또한 에너지 입력이 필요하기 때문이다. 이러한 경우에 그 고체는 자화를 유지한다. 유지되는 자화량은 결함의 수와 종류에 따라 달라진다. 그러므로 자기장이 제거된 후 강철(불순물 함량이 높은 철)은 자성을 유지하는 반면, 연철(훨씬 순수한 철)은 자성이 거의 남아 있지 않게 된다.

스핀 정렬의 두 번째 메커니즘은 자기장이 강할 때만 일어나며, 스핀과 인가 자기장의 상호 작용이 쌍극자 상호 작용을 극복하기에 충분할 정도로 커져서 전체 구역의 스핀 정렬 방향을 동시에 바꾸는 것이다. 두 가지 메커니즘을 그림 9.6에서 비교하고 있다.

여러 가지 강자성 물질의 자기 거동은 **히스테리시스 곡선(hysteresis curve)**으로 나타난다. 이 곡선은 외부 자기장 *H*에 대하여 자속 밀도 *B*를 도시한 것이다. 모든 구역이 무작위로 정렬된, 자화되지 않은 시료로부터 시작한다면 자기장이 없을 때 *B*와 *H*

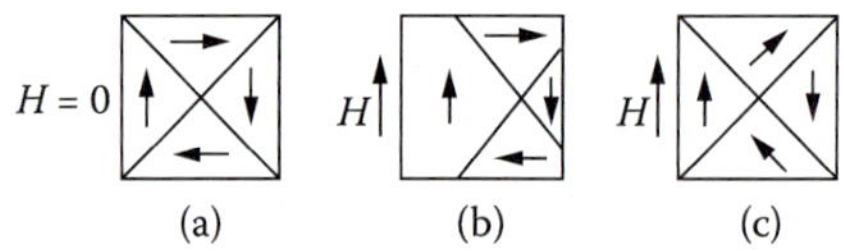

그림 9.6 구역 모델에 따른 자화 과정들: (a) 자화되기 전, (b) 구역 성장에 의한 자화, (c) 구역 회전에 의한 자화(스핀 정렬)

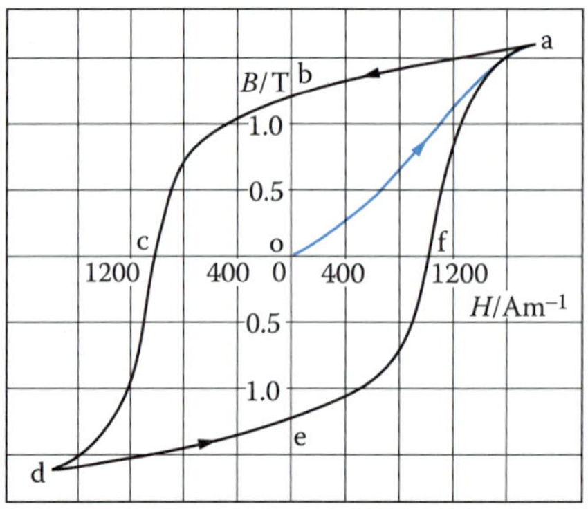

그림 9.7 일반적인 강철의 *B*–*H* 곡선

는 0이다. 그 다음, 자기장이 증가함에 따라 자속 밀도도 증가한다. *H*에 대한 *B*의 변화를 그림 9.7에 나타내었다. 초기에는 자화가 자기장에 따라 증가되기 때문에 단순히 직선이 아니고 'oa'와 같은 곡선을 보인다. 'a' 지점에서는 자화가 최댓값에 도달하며, 이때 시료의 모든 스핀이 정렬된다. 인가 자기장 세기가 감소할 때, 자속 밀도는 초기 곡선을 따르지 않는다. 이것은 결정 결함을 통해 구역이 성장한 데에서 오는 역과정의 어려움 때문이다. 결함을 극복하고 재정렬하는 데 필요한 활성화 에너지를 제공하기 위해서는 충분히 큰 세기의 반대 방향 자기장을 걸어주어야 한다. 그래야 자화 과정이 반전될 수 있다. *H*가 0인 'b'에서 *B*가 0이 아닌 것은 자화(*M*)의 기여가 남아 있기 때문이다. 이 지점에서의 자화를 **잔류 자화(remanent magnetisation)**라고 한다. 자화를 0으로 감소시키기 위한 역방향 자기장 크기를 **보자력(coercive force)**이라고 하며 거리 'oc'에 해당한다. 보자력이 크면 물질은 높은 **보자성(coercivity)**를 가진다고 한다.

9.4.2 영구 자석

영구 자석으로 사용하는 물질은 큰 보자력이 필요하다. 그래야 자성이 쉽게 없어지지 않는다. 또한 큰 잔류 자화를 가져야 좋다. 이러한 물질은 두툼한 모양의 히스테리시스 곡선을 가지고 있으며 경자석(hard magnet)이라고 한다. 이들은 대개 작은 결정으로 이루어진 철, 코발트, 니켈의 합금으로 만들어지며, 구역 성장과 수축을 어렵게 하기 위해 비자성 부분을 포함하기도 한다. 예를 들어 전자 시계용 자석은 사마륨/코발트 합금으로 제조된다. 이들 중 대표적인 것이 $SmCo_5$인데 이 합금의 보자력은 6×10^5 A m^{-1}이며 순수한 철의 50 A m^{-1}에 비해 훨씬 크다.

가장 널리 사용되는 란타넘계 자석은 네오디뮴, 철 및 붕소의 합금이다. 이러한 자석은 MRI(자기 공명 영상) 장비, 풍력 터빈 발전기, 스마트폰, 심지어 보석류에 사용된다. 이 합금은 정방형 구조를 가지는데, 특정 결정 축을 따라 우선적으로 자화되고 자기장 방향이 변화할지라도 자화가 유지되어 높은 보자력을 유발한다. 보자력은 정확한 조성에 따라 다르지만 약 9×10^5 A m^{-1} 수준이며 잔류 자화는 1~1.5 T 정도로, 99.5% 철의 1.3 T와 비슷하다.

9.4.3 자기 차폐

자기 차폐는 전자 현미경의 자기 렌즈 또는 전자 장치의 구성 요소와 같은 전자 부품을 외부 자기장으로부터 보호하거나 MRI 장비 내부에 있는 강력한 자석의 자기장을 가두는 데 사용한다. 이를 위한 한 가지 방법은 연자성 재료를 사용하는 것이다. 차폐는 자기장 선에 대한 대체 경로를 제공하여 작동한다. 차폐 재료는 자화가 쉬워야 하며 자기장에 대해 강하게 감응할 수 있어야 한다. 즉, 낮은 보자력과 높은 투자율의 얇고 가파른 히스테리시스 곡선을 가져야 함을 의미한다. 널리 사용되는 재료는 니켈-철 합금이다. 한 가지 예는 80% Ni, 15.5% Fe, 4.5% Mo인 뮤 금속(mu-metal)이다. 이 합금을 고온으로 가열하면 자기 구역(magnetic domain)의 크기가 증가한다. 대부분의 강자성 재료는 자기장이 가해지면 모양과 길이가 약간 변화한다. 이 효과는 변압기에서 초음파를 생성하는 데 사용할 수 있으며 변압기에서 발생하는 윙윙대는 소음의 원인이 된다. 뮤 금속은 자기장을 가해도 모양과 길이가 거의 변하지 않기 때문에 유용할 수 있다.

9.5 강자성 화합물 - 이산화 크로뮴

이산화 크로뮴(CrO_2)은 루틸 구조(1장 참조)로 결정화되어 있고 Curie 온도가 392 K인 강자성 물질이다. CrO_2는 금속 3d 오비탈을 갖고 있고 이것들이 중첩되어 에너지띠를 형성한다. 이산화 크로뮴의 띠는 매우 좁아서 Fe, Co, Ni와 비슷하게 강자성을 나타낸다. 같은 전이 금속 주기의 다른 금속 이산화물(예를 들어 MnO_2)은 편재화된 3d 전자를 가지고 있어서 절연체 또는 반도체이다. TiO_2는 3d 전자가 없는 절연체이다. VO_2는 실온에서 상이한 구조를 가지며 반도체이다. VO_2는 340 K에서 금속으로의 상전이를 일으켜 Pauli 상자성을 나타낸다. 따라서 이산화 크로뮴은 첫 번째 주기 전이 금속 중에서의 철, 코발트, 니켈의 위치와 비슷하게, 이산화 금속 화합물 중에서 독특한 위치를 차지한다. 크로뮴보다 왼쪽에 있는 원소의 이산화물은 비편재화된 넓은 띠를 이루고, 오른쪽 원소의 이산화물은 편재된 3d 전자를 갖게 된다. 금속 원소 상태에서보다 이산화물을 이루었을 때 금속 원자들이 멀리 떨어지기 때문에 금속성 원소보다 앞쪽의 원소에서 강자성을 유발하는 좁은 띠가 형성된다.

9.6 반강자성: 전이 금속 일산화물

전이 금속 일산화물은 이미 5장에서 논의하였는데, 이들이 모두 염화 소듐 구조를 보이지만, 전기적 특성은 다양했던 것을 기억할 것이다. 이 절에서는 이들의 자기적 성질 또한 다양한 것을 보게 될 것이다. TiO와 VO에서는 3d 오비탈이 퍼져 있고 비편재화된 띠를 이룬다. 이들 산화물은 금속성 도체이다. 3d 원소의 비편재화 성질은 그 원소를 포함하는 산화물의 자기 특성을 결정하는데, 단순 금속과 유사하게 이들은 Pauli 상자성이다. MnO, FeO, CoO, NiO는 편재화된 전자를 가지고 있고 고온에서 상자성을 나타낸다. 그런데 온도를 낮추면 이들 산화물은 반강자성이 된다. 반강자성체에서는 이웃하는 핵에 위치한 스핀들이 협동적으로 상호 작용하지만, 그 상호 작용을 통해 자기 모멘트가 상쇄된다. 따라서 반강자성 물질은 협동적 거동이 시작됨에 따라 그림 9.2와 같이 자화율이 감소한다. 이 과정을 특징짓는 온도를 Néel 온도(T_N)라고 한다. MnO, FeO, CoO, NiO에서 이러한 전이를 나타내는 Néel 온도는 각각 122 K, 198 K, 293 K, 523 K이다.

협동적 거동은 이웃하는 이온의 d 전자들이 상호 작용하는 데에서 비롯된다. 하지만 전자적 특성은 d 전자가 편재화된 것을 가정하여 설명하였다. 그렇다면 어떻게 두 가지 특성을 조화시킬 수 있을까?

이 화합물들의 자기 상호 작용은 산화 이온을 통한 간접적인 메커니즘을 통해 일어나는 것으로 설명하며 이를 **초교환(superexchange)**이라고 한다. NiO 결정을 예로 들면, 이 결정 안에는 직선형의 Ni−O−Ni 배열이 존재한다. 니켈의 d_{z^2} 오비탈은 산소의 $2p_z$ 오비탈과 중첩하여 부분적인 공유 결합도(covalency)를 가지게 된다. NiO 결합에서 d_{z^2} 전자와 $2p_z$ 전자가 짝짓는다. 산화 이온은 닫힌 껍질을 갖고 있어서 스핀 방향이 반대인 또 다른 전자가 존재한다. 이 전자는 그 옆의 니켈과 부분적으로 결합을 형성하는데 그 니켈의 d_{z^2} 전자와 2p 전자의 스핀이 반대가 된다. 최종적으로 인접한 니켈 이온들이 서로 반대 방향의 스핀을 가지게 된다(그림 9.8).

NiO와 같은 반강자성체에서 교대로 방향이 바뀌는 스핀 자기 모멘트를 중성자 회절을 이용하여 실험적으로 관찰할 수 있다. 중성자는 자기 모멘트를 갖고 있기 때문에, 중성자 빔을 이용한 회절 실험은 핵의 위치뿐만 아니라 원자의 자기 모멘트에 대한 정보를 준다. 한편, X-선은 자기 모멘트가 없어서 전자 밀도에 대해서만 산란되므로 이를 통해 핵 위치만 알 수 있다. X-선 회절 결과 NiO 구조는 간단한 NaCl 구조이다. 중성자 회절을 통해 구조를 분석하면 X-선 회절에서는 보이지 않는 피크들이 추가로 나타난다. 이 추가 피크들로부터, X-선으로 측정한 단위 세포 모서리 길이의 두 배에 해당하는 자기적 단위 세포의 존재를 설명할 수 있다. 이러한 자기적 단위 세포에서 니켈 이온의 자리를 그림 9.9에서 볼 수 있다. 결정학적 단위 세포는 각 원자로 그 경계가 이루어져 있다. 반면에, 자기적 단위 세포의 경계는 각 원자 중 스핀 배열이 같은 원자로 이루어진다. 그림에서 음영 부분은 입방체의 체대각선과 나란한 니켈 이온층에 해당한다. 주어진 층에서 모든 니켈 이온들의 스핀은 평행하지만 다음 층과는 평행 반대 방향으로 정렬된다.

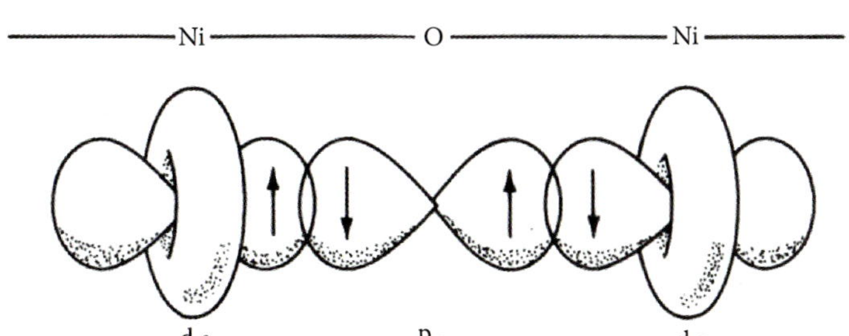

그림 9.8 NiO에서 Ni d_{z^2} 오비탈과 O $2p_z$ 오비탈의 중첩

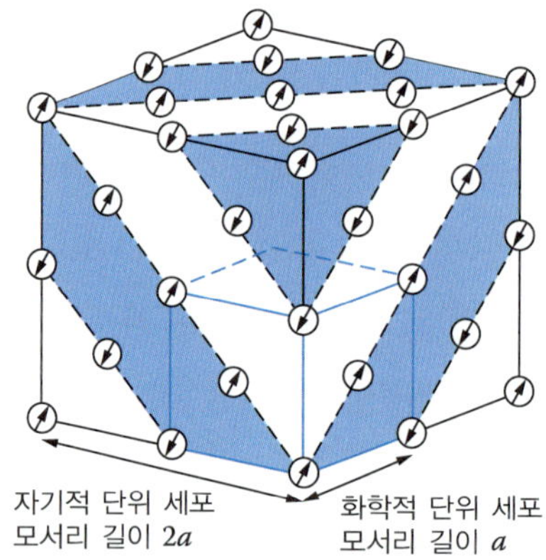

그림 9.9 NiO의 자기적 단위 세포와 결정학적 또는 화학적 단위 세포

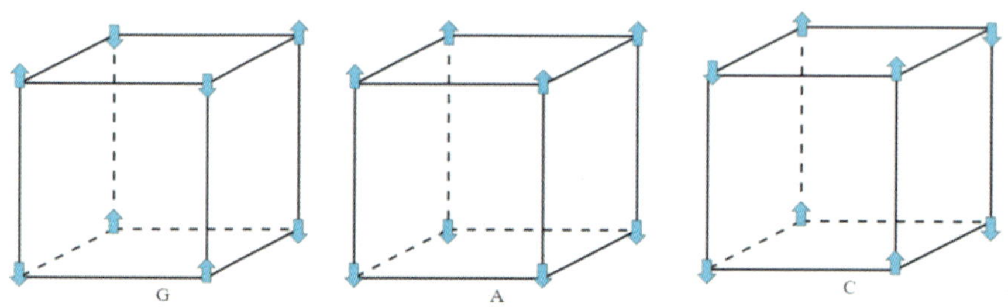

그림 9.10 입방 격자에서의 다양한 반강자성 스핀 배열 (M. Fraser).

NiO의 스핀 배열은 반강자성 물질에서 발견되는 유일한 것이 아니다. 그림 9.10은 입방계에 대한 다양한 유형의 반강자성 스핀 배열를 보여준다. 전반적으로 각 유형에는 동일한 수의 업 다운 스핀이 있다. 그러나 각 스핀이 모든 이웃과 반대 방향으로 정렬되는 것은 G형에서만 가능하다. A형 반강자성에는 평면 내 스핀끼리는 강자성 결합을 이루고, 이웃하는 평면 간에는 반대 부호의 스핀 배열을 이루는 평면들이 교대로 존재하게 된다. C형에서는 강자성 결합 스핀 열이 인접한 열과는 반강자성 방향으로 결합되어 있다.

9.7 페리자성: 페라이트

원래 페라이트라는 이름은 역스피넬 구조를 갖는 화학식 MFe_2O_4(M은 2가 금속 이온)의 혼합 산화물 부류에서 유래되었다(1장 참조). 이 용어는 유사한 자기적 성질을 나타내는, 철이 포함되지 않은 다른 산화물로 확장되었다.

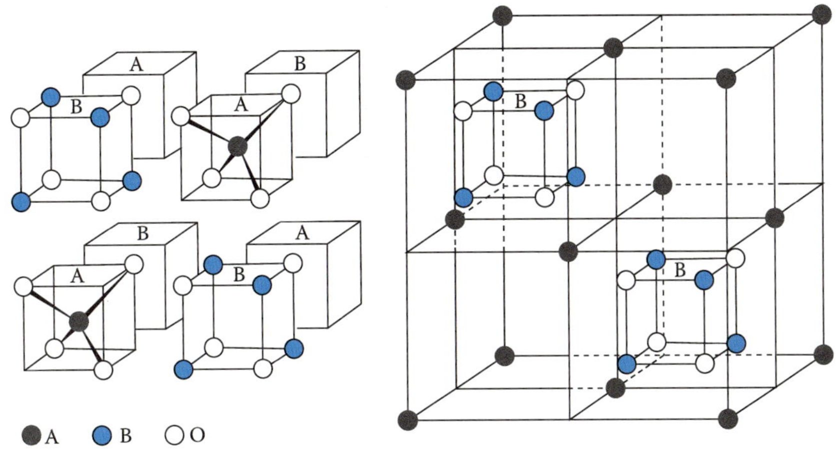

그림 9.11 AB_2O_4 스피넬 구조

스피넬(AB_2O_4)은 $MgAl_2O_4$로 대표되는 일반적인 복합 산화물 구조이다. 여기에서 산화 이온은 면심 입방 조밀 채움 배열을 이루고 있다. N개의 산화 이온 배열에는 N개의 팔면체 구멍과 $2N$개의 사면체 구멍이 존재한다. 2가 A 이온(Mg^{2+})이 $2N$개의 사면체 구멍 중 1/8을 차지하고 3가 B 이온(Al^{3+})은 팔면체 자리의 절반을 차지한다. 즉 $A^{II}_{tet}\left(B^{III}_{oct}B^{III}_{oct}\right)O_4$가 된다.

그림 9.11의 왼쪽은 복잡한 스피넬 구조를 여덟 개 부분으로 나눈 것인데 이 팔분체들을 다시 A형과 B형, 두 종류로 나누어 생각할 수 있다. 역스피넬 구조에서 산화 이온은 여전히 입방 조밀 채움 배열을 이루고 있으나 2가 금속 이온은 팔면체 자리를 채우며 3가 이온은 사면체 자리와 팔면체 자리에 동일한 비율로 나뉘어 들어간다. 따라서 $A^{III}_{tet}\left(B^{II}_{oct}B^{III}_{oct}\right)O_4$로 표현할 수 있다.

그림 9.11을 이용하여 역스피넬 페라이트 구조(MFe_2O_4)를 설명할 수 있다: Fe^{3+} 이온 중 절반은 단위 세포의 꼭짓점과 면심 위치와 함께, A형 팔분체 안의 사면체 위치를 차지하고 있다. 나머지 절반의 Fe^{3+} 이온은 M^{2+} 이온과 함께, B형 팔분체의 팔면체 자리를 채운다.

팔면체 자리의 이온끼리는 직접 상호 작용하여 스핀이 평행하게 정렬한다. 팔면체 자리 이온은 또한 사면체 자리 이온과도 상호 작용하는데, 이때는 NiO에서처럼 스핀들이 산화 이온를 통해 상호 작용하여 평행 반대 방향으로 정렬한다.

페라이트(MFe_2O_4)에서, 사면체 자리의 Fe^{3+} 이온은 팔면체 자리 Fe^{3+} 이온들과 평행 반대 방향으로 정렬되어 있으므로 이들 이온으로 인한 전체 자화는 상쇄되어 나타나지 않는다. 그런데 2가 M 이온이 홀전자를 가지고 있다면, 그 스핀은 인접한 팔

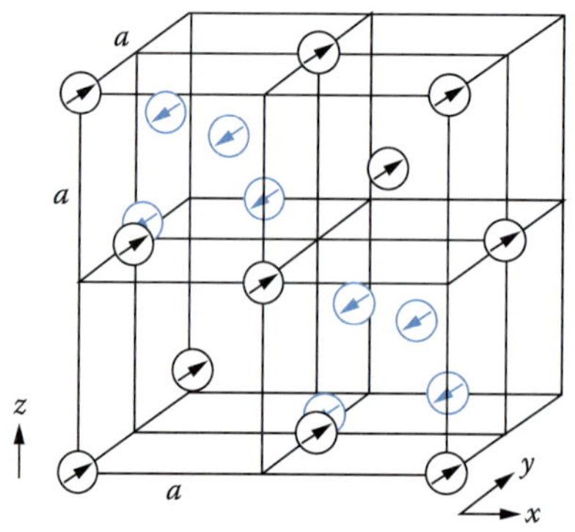

그림 9.12 역스피넬 페리자성 물질에서의 자기 구조

면체 자리에 있는 Fe^{3+} 이온의 스핀과 평행하게 정렬하게 되고 따라서 다른 M^{2+} 이온의 스핀과도 평행하게 될 것이다. 이로 인해 홀전자를 가진 M^{2+} 이온이 존재하는 페라이트에서 알짜 강자성 상호 작용이 나타난다. 이 페리자성을 나타내는 페라이트에서의 자성 구조를 그림 9.12에 서 볼 수 있다.

마그네타이트(자철석, Fe_3O_4)에서 2가 이온은 철(Fe^{2+})이며, 인접한 팔면체 자리 이온들 사이의 상호 작용은 특히 강하다. 이 산화물의 전자 구조를 보는 한 방법은 이것을 O^{2-} 이온과 Fe^{3+} 이온의 배열로 고려하는 것이다. 이때 팔면체 자리에 있는 이온 절반이 Fe^{2+}가 되려면 이에 해당하는 전자가 따로 존재해야 하고, 이 전자들이 팔면체 자리에 있는 모든 철 이온에 골고루 퍼져 있다고 생각할 수 있다. Fe^{3+} 이온은 스핀 방향이 모두 평행인 다섯 개의 3d 전자를 가지고 있다. 이 다섯 개의 3d 전자는 모두 같은 방향을 가지고 있으므로 여섯 번째, 즉 비편재화된 스핀은 반대 스핀을 가져야 한다. 또한, 비편재화되면서 이웃하는 Fe 이온의 3d 전자와 반대 방향의 스핀을 가져야 한다. 따라서 두 이온의 스핀은 정렬하게 되며, 이를 통해 팔면체 자리에 있는 모든 철 이온들의 스핀들이 정렬된다. 철이 포함된 페라이트에서 비편재화가 효과적이다. 전자의 비편재화는 Fe_3O_4가 좋은 전도체인 것을 의미한다.

마그네타이트는 초기 나침반으로 사용되어 온 고대 천연 자석이다. 최근에 이들 페라이트는 컴퓨터의 메모리 장치, 녹음테이프에 바르는 자성 입자, 변압기의 철심 등에 이용되고 있다.

9.7.1 카드 위의 자기 띠

현금 카드 또는 신용 카드와 같은 플라스틱 카드 뒷면에 있는 갈색 또는 검은색 띠는 자기 띠이다. 이는 1960년대 영국 지하철에서 처음 사용되기 시작했고 1970년대 신용 카드에 도입되었다. 이 띠는 자성 물질의 작은 결정들과 합성 수지로 구성된다. 여기에 흔히 사용하는 물질은 바륨 페라이트($BaFe_2O_4$)이다. 이 결정들 일부의 자화 방향을 변화시킴으로써, 사람 이름이나 계좌번호와 같은 데이터를 자기 띠 위에 부호화한다. 각 문자는 결정들 집합에 의해 표현된다. 즉, 한 방향으로 자화된 결정 집합이 1을 나타낸다면 반대 방향으로 자화된 결정 집합은 0을 나타낸다. 카드를 단말기로 긁을 때 자화 방향이 읽힌다. 데이터가 의도하지 않게 지워지지 않도록, 바륨 페라이트와 같은 고보자력 물질을 사용한다.

9.8 회전성 자성

강자성, 페리자성, 반강자성을 설명할 때 전자의 스핀 각운동량은 단지 두 방향(스핀-업, 스핀-다운)만 가진다고 가정하였다.

그러나 여러 가지 고체에서 스핀이 전체 자화 방향에 대하여 어떤 각을 가지고 기울어져 있으며 각 스핀은 바로 옆의 스핀보다 약간 다른 방향을 향하여 기울어져 있다. 이런 기울어짐은, 스핀 각운동량과 오비탈 각운동량과의 상호 작용인 스핀-궤도 상호 작용(spin-orbit coupling) 때문에 나타나며, **Dzyaloshinskii–Moriya 상호 작용(Dzyaloshinskii–Moriya interaction)**이라 하는 스핀-스핀 상호 작용의 원인이 된다. 이것은 순수-스핀 자기 모멘트의 정렬 방향에 직각으로 자기 모멘트에 기여한다. 스핀 방향이 스핀 쌍 사이에서 같은 각도로 변화하면서 나선형이나 회전성 효과를 나타내며 **회전 자성(spiral magnetism)**을 일으킨다. 회전성 배열에는 다양한 유형이 있다(그림 9.13). 나선 배열(a)에서는 파수 벡터에 수직한 평면 내에서 방향이 조금씩 다른 스핀들이 연속해 있다. 사이클로이드 배열(b)은 위 경우와 비슷하지만 스핀 방향이 파수 벡터를 포함하는 평면에서 변화하는 것이 다르다. 마치 자전거가 길 위를 달릴 때 특정 바퀴살의 방향 변화와 비슷하다. 평행 원뿔형 배열(c) 또는 수직 원뿔형 배열(d)에서는 스핀들이 하나에서 다른 하나로 건널 때마다 세차 운동을 하는 것처럼 거동한다. 평행 원뿔형 배열에서의 세차 운동은 파수 벡터와 일치하는 축 주위에서

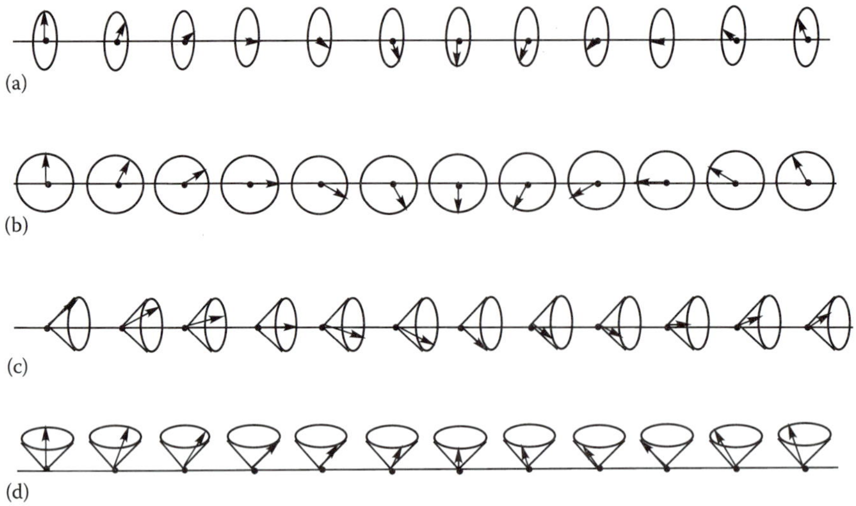

그림 9.13 회전형 스핀 배열의 종류: (a) 나선형 배열, (b) 사이클로이드 배열, (c) 평행 원뿔형 배열, (d) 수직 원뿔형 배열

일어난다. 수직 원뿔형 배열에서는 파수 벡터에 수직하는 축 주위로 세차 운동이 일어난다.

나선 배열과 사이클로이드 배열에서 전체적인 자화는 상쇄되어, 이러한 배열을 하는 고체는 사실상 반강자성을 나타난다. 원뿔형 배열에서는 알짜 강자성 효과가 있다. 회전 자성은 자성과 편극을 결합시켜 강유전성과 강자성(또는 반강자성)이 동시에 나타나는 물질을 만들 수 있기 때문이다. 이러한 물질이 다중 강성체이며 9.12절에서 좀 더 자세하게 설명할 것이다.

9.9 거대, 터널링, 초거대 자기 저항

9.9.1 거대 자기 저항

자기 저항(magnetoresistance)은 시료에 자기장을 걸어 줄 때 나타나는, 물질을 통해 흐르는 전류의 변화이다. 1988년 1 mT에서 3 mT 정도 세기의 자기장을 어떤 금속 다층 재료에 인가할 때, 그 고유 저항이 자기장이 걸리지 않았을 때의 절반 또는 그보다 작은 값으로 감소하는 것이 발견되었다. 이 현상은 **거대 자기 저항(giant magnetoresistance, GMR)**으로 명명되었다. 그 후 십년도 채 안 되어 GMR을 기반으로 하는 컴퓨터 하드디스크의 판독 헤드와 같은 장치가 상용화되었다.

GMR은 자성 금속을 포함하는 금속 다층 구조에서 관찰된다(즉, 나노미터 두께의 종류가 다른 금속 층, 특히 강자성 금속과 비자성 금속 층으로 겹겹이 쌓은 더미, 예를 들면 Fe/Cr/Fe... 또는 Co/Cu/Co). 단일 강자성 층 내에서 모든 스핀이 정렬되어 있지만, 인접한 강자성체 층끼리 결합은 중간에 낀 비자성체 층의 두께에 의존한다. 특정한 두께에서, 인접하는 강자성 층은 반강자성적으로 결합되고(그림 9.14b), 이것은 저항을 증가시킨다. 만약 자기장이 인가되면 층들은 강자성 방향으로 배열되고(그림 9.14a), 이때 전기 저항이 현저하게 감소된다.

GMR을 이해하려면 금속 안에서 스핀-업 및 스핀-다운 전자가 독립적으로 전기를 전도하고 있으며 이 전자들이 물질에 의해 산란될 때 전기적 저항이 생기는 것으로 상상하면 된다. 스핀-업 전자와 스핀-다운 전자에 대한 산란은 매우 다르다. 이것은 고유 저항이 스핀-업 전자와 스핀-다운 전자에 대해서 다르다는 것을 의미한다: 산란은 자화 방향과 반대인 스핀-다운 전자에서 강하다. 반면에 자화 방향과 평행인 스핀-업 전자에 대해서는 약하다.

보통 금속에서는 스핀-업 전자와 스핀-다운 전자가 같은 수로 존재한다. Fe와 같은 강자성 물질에서는 자화 방향에 평행인 스핀을 갖는 전자들이 더 많다. 이들이 스

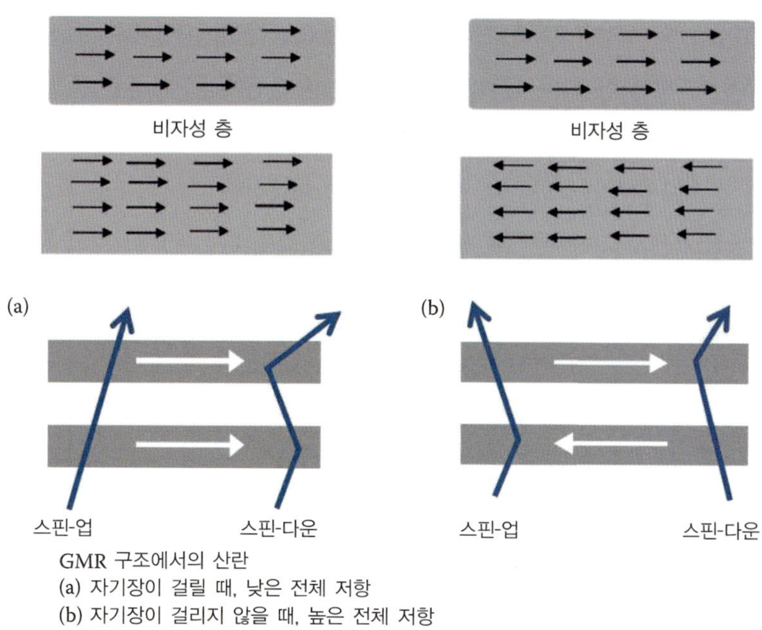

그림 9.14 비자성 층에 의해 분리된 두 개의 자성 층. (a) 강자성적 배열 또는 (b) 반강자성적 배열된 두 개의 자성 층에서의 전자 경로를 보여 준다.

핀-업 전자(다수-스핀 전자)이고 약하게 산란된다. 소수의 스핀-다운 전자는 자화 방향과 반대 방향을 하고 있으며 이들은 강하게 산란된다. 따라서 강자성체 단일 층의 저항은 두 가지 저항에 의존한다: 이를 두 가지 전도 경로의 병렬 연결로 생각할 수 있으며 전체 저항은 다수-스핀 전자의 낮은 저항 값에 의해 결정된다.

이제 비자성 전도 층을 사이에 두고 분리되어 있는 두 개의 강자성 물질 층이 있는 상황을 살펴보자. 자기장이 인가되고, 층들이 평형하게 배열해 있는 (a)에서는 다수의 스핀-업 전자들이 단지 작은 산란을 일으키며 두 층을 통과해 흐른다. 강자성 층들이 평행 반대 방향인 (b)에서는 스핀-업 전자들이 첫 번째 반대 방향 층에서는 강하게 산란되지만 두 번째 층은 쉽게 지나갈 것이다. 소수의 스핀-다운 전자들은 첫 번째 층을 쉽게 통과하는 반면 두 번째 층에서는 강하게 산란될 것이다. 즉, 두 종류 전자들 모두 어느 한 층 또는 나머지 다른 한 층에서 강하게 산란될 것이다. 따라서 이러한 다층 구조의 전체 저항은 높다. 이로부터 자기장을 인가할 때, 즉 층 사이 상호 작용이 반강자성에서 강자성으로 바뀔 때 저항이 크게 감소되는 이유를 이해할 수 있다.

전자가 상태에 따라 다르게 전도하는 이유를 이해하기 위해서 에너지띠 이론을 되돌아볼 필요가 있다. 스핀-업 전자와 스핀-다운 전자에 해당하는 각각의 에너지띠를 따로 생각해 보자. d^8인 금속 철의 전자 중 다수인 스핀-업 전자에 대해서 3d 띠는 가득 차 있다. 그러나 스핀-다운인 전자에 대해서는 3d 띠가 단지 부분적으로 차게 된다. 스핀-업 3d 띠가 가득 차 있어서 스핀-업 전류 운반체는 더 높은 에너지 위치의 s/p 띠를 채우게 되는 반면, 스핀-다운 전류 운반체는 3d 띠에 존재한다. 전자의 평균 자유 행로(전자가 고체에서 진행할 때 산란 없이 이동할 수 있는 평균 거리)는 3d 띠에서보다 s/p 띠에서 크고 따라서 스핀-업 전자가 스핀-다운 전자보다 더 많은 전류를 운반한다.

9.9.2 터널링 자기 저항

또 다른 관련 현상인 **터널링 자기 저항(tunnelling magnetoresistance, TMR)**은 오늘날 하드디스크 판독 헤드의 작동에 기본이 되는 현상으로, GMR을 대체하고 있다.

TMR 판독 헤드로부터 더 큰 신호를 생성함으로써, 보다 작은 크기의 부품을 쉽게 만들 수 있게 되었다. TMR은 GMR처럼 층상 구조에서 일어난다. 여기에서는 수 나노미터 정도 두께의 얇은 절연층을 사이에 두고 두 강자성 층이 분리되어 있다. 전

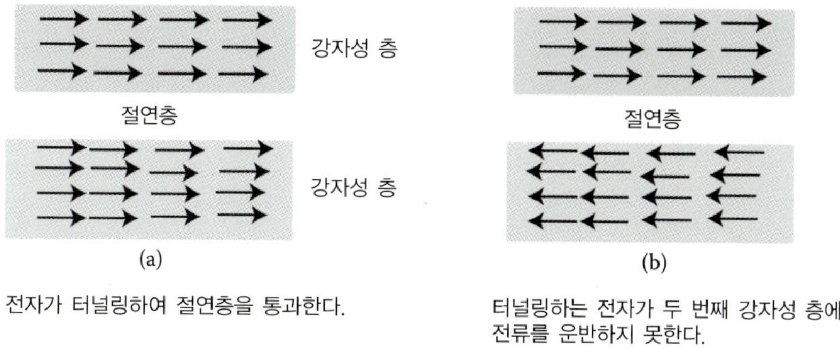

그림 9.15 (a, b) 터널링 자기 저항

자는 한 강자성 층에서 다음 강자성 층으로, 층 사이의 절연 산화물 층을 양자역학적 터널링에 의해 통과하여 흐른다. 층과 층의 자화 방향이 반대일 때보다 평행일 때 전자가 더 쉽게 통과할 수 있다. 이러한 구조로 만든 접합은 고저항 상태와 저저항 상태 사이를 오고 갈 수 있다.

TMR은 1975년 Co/Ge/Fe 샌드위치 구조에서 발견되었으며 두 가지 상태 사이에서 14%의 저항 변화를 나타내었다. 그런데 곧이어 비정질 알루미나(Al_2O_3)가 효과적인 절연층 물질로 알려졌다. Al_2O_3는 빈틈이 거의 없는 매우 치밀한 박막을 형성해서 70%에 이르는 저항 변화를 보여 주었다.

더 최근에는 산화물 층에 MgO를 사용하였다. Fe/MgO/Fe 경우 특별한 대칭성을 갖는 파동 함수만이 효과적으로 터널링한다. 만일 에너지띠가 Fermi 준위에서 소수의 전자 운반체 스핀에 대해서가 아니라 다수의 전자 운반체 스핀에 대해서 적당한 대칭성을 갖도록 강자성 물질을 선택한다면 두 강자성 층이 평행 반대 방향으로 정렬되어 있을 때 저항은 급격하게 증가할 것이다(그림 9.15). 이론적으로는 상온에서 수천 퍼센트에 달하는 저항 차이가 있을 것으로 예상되고 있으며, 아주 낮은 온도에서 약 600%의 변화가 관찰된 바 있다.

9.9.3 하드디스크 판독 헤드

하드디스크 판독 헤드에서 한 강자성 층은 반강자성 층(그림 9.16)에 결합된 고정된 스핀 방향을 가지고 있다. GMR인 경우는 비자성 금속, TMR인 경우는 절연체에 의해 첫 번째 강자성 층과 분리된 두 번째 강자성 층에 자기장이 걸릴 때 그 스핀 방향은 자유롭게 변화할 수 있다.

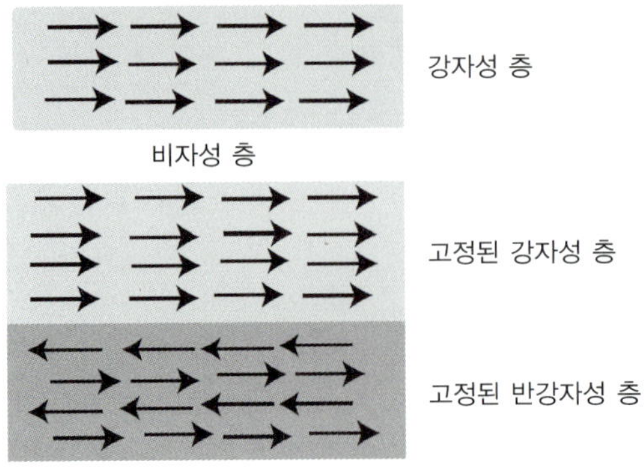

그림 9.16 자기 하드디스크 판독 헤드 내부의 두 강자성 층. 반강자성 층에 의한 스핀 고정을 보여 주고 있다.

판독 헤드가 하드디스크 위에서 움직임에 따라, 디스크 위 자기장이 헤드 두 번째 층의 스핀을 첫 번째 층의 스핀에 대하여 평행 또는 역평행하게 정렬시킨다. 하드디스크 위의 정보는 0과 1로 이루어진 배열로 부호화되어 있으며, 0과 1은 디스크 상에서 각각 다른 자기장 방향에 대응된다. 이 자기장 방향은 판독 헤드에서 높거나 낮은 전류 값으로 나타난다. 유사한 원리가 자기 랜덤 엑세스 메모리 칩(magnetic random access memory chip, MRAM)에 사용된다.

9.9.4 초거대 자기 저항: 망가나이트

1993년, **초거대 자기 저항(colossal magnetoresistance, CMR)**은 도핑된 망가나이트 페로브스카이트(예를 들면 $La_{1-x}Ca_xMnO_3$)에서 관찰되었다. 이 화합물에서는 수십, 수백 배의 전기 저항의 변화가 관찰되지만, 십분의 몇 테슬라 정도 또는 그 이상의 큰 자기장(즉, 거대 자기 저항을 생성시키는 데 필요한 것보다 백 배 더 강한 자기장)이 필요하다.

CMR 현상을 나타내는 도핑된 망가나이트 페로브스카이트는 일반식 $Ln_{1-x}M_xMnO_3$로 나타내는데 Ln은 란타넘족 원소, M은 Cu, Cr, Ba 또는 Pb 등의 2가 금속이다. 3가 Ln 이온과 2가 M 이온은 페로브스카이트 구조(그림 1.45와 그림 9.17)의 A 자리를 점유하고, 산소와 12배위하고 있다. 망가니즈 이온은 팔면체 B 자리를 점유한다. 망가니즈 이온 중 $(1-x)$는 Mn^{3+}, x는 Mn^{4+}이다. $Mn^{3+}(d^4)$ 이온의 환경으로 인한 Jahn–Teller 효과로 구조가 찌그러지게 되며, x가 작을 때는 협동적인 찌그러짐이 발생한다.

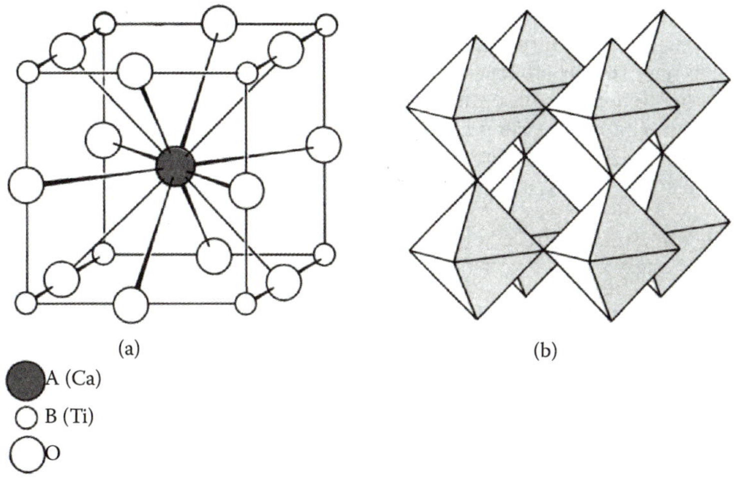

그림 9.17 페로브스카이트 구조. (a) A 이온 배위, (b) B 이온 배위(팔면체)를 보여준다.

NiO와 같은 다른 전이 금속 산화물에서와 같이, 전이 금속 이온의 스핀은 산화 이온을 통해 연결된다. Mn^{4+}는 NiO에서처럼 초교환 상호 작용을 통해 서로 반강자성적으로 결합된다. Mn^{3+} 이온의 자기적 결합은 여러 가지 가능성이 있어서 강자성 또는 반강자성이 될 수 있다. Mn^{3+}는 **이중 교환(double exchange)**이라 부르는 경로를 통해 Mn^{4+} 이온과 상호 작용한다. 이 과정에서 Mn^{3+}에서 O의 2p 오비탈로, 그리고 O의 2p 오비탈에서 Mn^{4+} 이온으로의 전자 이동이 동시에 발생한다(그림 9.18). 이것은 강자성 짝지음을 유발한다.

$x \approx \frac{1}{3}$일 때 이중 교환 작용이 강하고 이들 망가나이트가 저온에서 강자성 상을 형성한다. 이들 상을 에너지띠 이론의 관점에서 설명할 수 있다. Mn의 e_g 오비탈과

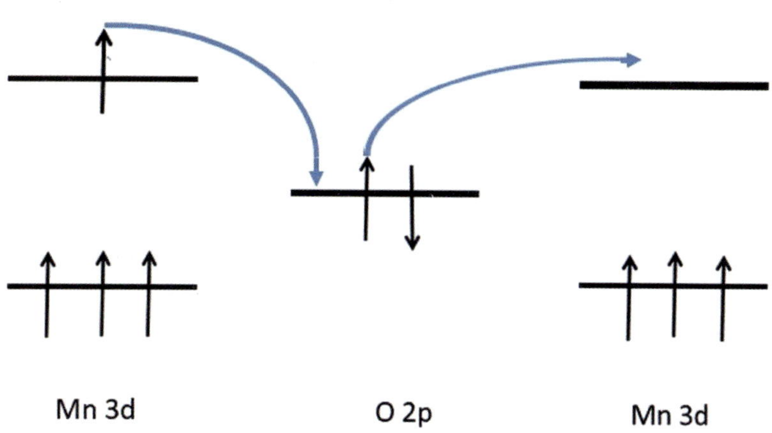

그림 9.18 이중 교환

O의 2p 오비탈은 결합하여 두 개의 에너지띠를 형성하는데 하나는 스핀-업 전자에 대한 것이고 다른 하나는 스핀-다운 전자에 대한 것이다. 두 띠 사이의 띠간격이 비정상적으로 커서 낮은 온도에서 한 띠는 비어 있고 나머지 띠는 부분적으로 차 있다. (이러한 고체를 **반금속(half metal)**이라고 하며 한 유형의 스핀만이 자유롭게 전류를 나를 수 있다.) 강자성은 Curie 온도에서 사라진다. Curie 온도 이상에서, 망가니즈의 e_g 전자가 편재되는 것으로 생각할 수 있으며 이 고체는 상자성이 되면서 훨씬 큰 전기 저항을 갖는다. 강자성 상이 Curie 온도에 접근함에 따라 열에너지가 이중 교환 작용을 능가하기 시작하여 전기 저항이 상승한다. 이 영역에서 망가나이트가 CMR 효과를 나타낸다. 망가나이트에 인가된 강한 자기장은 스핀을 재정렬시켜 반금속 상태가 복원되고, 이로 인해 고유 저항이 감소한다.

9.10 전기적 분극

고체는 전하 입자들(핵과 전자)로 구성되어 있지만 서로 상쇄되어 전체적으로 전하를 띠지는 않는다. 대부분 고체에서 양전하와 음전하의 순수한 분리는 존재하지 않는다. 즉, 알짜 쌍극자 모멘트가 없다. 고체가 영구 쌍극자 모멘트를 갖는 분자(예를 들면 얼음)로 구성되어 있어도, 결정 단위 격자의 알짜 쌍극자 모멘트가 없어지는 방향으로 분자가 배열되는 것이 일반적이기 때문에 고체 전체에서 쌍극자 모멘트를 나타내지 않는다. 만일 어떤 고체가 전기장에 놓일 때 그 고체 안에 외부 전기장과 반대 방향의 전기장이 유도될 수 있다. 이 전기장은 두 가지 원인에서 비롯되는데, 하나는 원자 또는 분자에서 전자 구름의 찌그러짐이고 다른 하나는 원자 자체의 미세한 움직임이다. 고체에서 유도된 단위 부피당 평균 쌍극자 모멘트를 전기적 분극(P)이라고 하며, 이것은 전기장(E)에 비례한다.

$$P = \varepsilon_0 \chi_e E \tag{9.10}$$

ε_0는 진공에서의 유전율$(= 8.85 \times 10^{-12}\ \mathrm{F\ m^{-1}})$이고 χ_e는 유전 감수율(단위 없음)이다. 대부분의 고체에서 유전 감수율은 0과 10 사이의 값을 가지고 있다. 이 유전 감수율은 종종 그 고체가 있을 때와 없을 때 전기 회로의 커패시턴스를 측정함으로써 실험적으로 결정한다. 두 커패시턴스의 비율이 상대 유전율(고체의 유전 상수) ε_r이다.

$$\frac{C}{C_0} = \varepsilon_r \tag{9.11}$$

C는 고체가 존재할 때의 커패시턴스이며 패럿(farad) 단위를 사용한다. C_0는 고체가 존재하지 않을 때의 커패시턴스이다. 유전 상수(ε_r)와 유전 감수율은 다음과 같은 관계가 있다.

$$\varepsilon_r = 1 + \chi_e \tag{9.12}$$

이 실험을 고주파의 교류 전기장을 이용하여 수행하면, 원자들은 전기장 변화를 따라갈 수 없게 되고 전자 이동에 의한 효과만이 측정된다. 가시광선 및 자외선 영역의 전자기 복사선은 이러한 전기장을 제공하고, 물질의 굴절률은 유전 상수에 대한 전자 기여도의 척도이다. 높은 유전 상수 물질은 또한 높은 굴절률을 갖는 경향이 있다. 따라서 8장 끝부분에서 다루었던 광학 장치 관련 물질들과 비슷한 유형의 소재들을 생각해 보기로 한다.

전기장이 없을 경우 쌍극자 모멘트가 없는 대부분의 고체와 달리 이 유형의 고체들은 쌍극자 모멘트를 나타내며 상업적으로 중요하다. 이 물질들이 다음 두 절에서의 주요 주제이다.

9.11 압전 결정: α-석영

압전 결정(piezoelectric crystal)은 기계적 응력(stress), 예를 들어 압력이 가해질 때 전압이 발생하는 물질이며, 반대로 이 결정에 전기장을 걸어주면 변형(strain)이 발생한다. 전기장 인가로 인해 결정 내부에서 원자들이 조금 이동하게 되어 그 결과 쌍극자 모멘트가 유발된다. 결정이 압전 효과를 보이려면 결정은 비중심 대칭 성질이 있는 단위체로 이루어져야 한다. 즉, 대칭 중심이 없어야 한다(대칭성이 높은 결정 중에는, 결정 안에 존재하는 다른 대칭 요소 때문에 압전 효과를 나타내지 못하는 경우도 간혹 있다).

α-석영은 SiO_4 사면체를 기반으로 하고 있다. β-석영(그림 7.1)과 비슷하지만, α-석영 구조에서 사면체는 찌그러져 있어서 알짜 쌍극자 모멘트를 갖는다. 그러나 결정에서는 전체적인 분극이 나타나지 않는 방법으로 이 사면체들이 배열된다.

외부 응력은 사면체 사이의 Si−O−Si 결합각을 변화시키고, 쌍극자 모멘트는 더 이상 상쇄되지 않게 되어 석영 결정은 알짜 전기 분극 효과를 나타낸다. α-석영에서 이 효과는 작아서, 전기적 출력 에너지는 입력된 변형 에너지의 1%에 지나지 않는다. 반면 상업적으로 이용하는 또 다른 압전 결정인 Rochelle 염(Rochelle salt)은 입력 에너지에 대한 출력 에너지 비가 81%에 이른다. α-석영은 석영 시계 등 안정된 주파수 발진기가 필요한 응용 분야에 유용하다. 전기장은 석영 결정의 찌그러짐을 유발하므로 교류 전기장을 인가하면, 그 결정은 진동한다. 전기장의 주파수가 결정의 고유 진동 주파수와 일치하면 공진이 발생하고, 진동하는 결정이 전기 회로에 다시 에너지를 공급해 주어 지속적인 발진 동작이 이루어진다. 시계와 같은 장치에서 α-석영의 중요성은, 일부 결정면을 따라 자른 결정의 고유 진동수가 온도와 무관하다는 사실에 있다. 그래서 이러한 결정은 항상 동일한 주파수로 진동할 것이며 아무리 덥거나 추운 날일지라도 손목시계는 올바른 시간을 유지하게 된다.

초음파 영상과 같은 다른 응용 분야에서는 기계적 에너지를 전기 에너지로 변환하는 효율을 높이는 것이 매우 중요하다.

압전 결정 중 일부는 기계적 응력 없이 전기적으로 분극된다. 하나의 예는 보석 품질의 전기석(tourmaline) 결정이다. 보통, 결정이 전기장의 공급원으로 작용하지 않기 때문에 이 효과는 보이지 않는다. 표면 전하가 있긴 하지만, 이것은 주위 환경으로부터 오거나 결정 자체에 묻어 있는 대전된 입자에 의해 빠르게 중화된다. 온도가 증가함에 따라 이 분극 현상은 감소하는데 이를 이용하여 결정의 분극 특성을 발현시킬 수 있다. 전기석을 가열하면 분극이 감소하고, 그 표면 전하의 일부를 잃게 된다. 그다음 급속하게 냉각하면 그 결정은 알짜 분극을 갖게 되어 재와 같은, 전기적으로 대전된 작은 입자를 끌어당길 것이다. 이러한 결정을 **초전성(pyroelectric)** 결정이라고 하며, 강유전성 결정은 초전성 결정의 특별한 하위 부류이다.

9.12 강유전 효과

강유전성 결정(ferroelectric crystals)은 특정한 방향의 전기적 분극으로 이루어진 구역(domain)을 가지며 그 구역은 전기장에 의해 방향을 바꾸거나 정렬될 수 있다. 가장 흔한 유전체는 페로브스카이트이며 그 고전적인 예는 타이타늄산 바륨($BaTiO_3$)이다(1장 참조). 이 물질은 매우 큰 유전 상수(약 1000)를 가지고 있어서 커패시터에 널리 사용된다. 393 K 이상의 온도에서 $BaTiO_3$는 그림 1.45와 그림 8.16에서와 같이 입방 구조를 가지며 Ba^{2+} 이온은 입방체의 중심에, Ti^{4+} 이온은 입방체의 꼭짓점에 있고 O^{2-} 이온은 각 타이타늄 이온을 중심으로 팔면체를 이룬다. Ti^{4+} 이온은 작기 때문

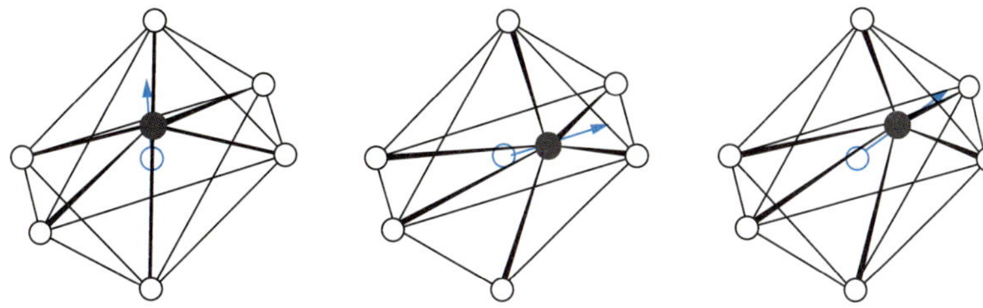

(a) (b) (c)

그림 9.19 $BaTiO_3$에서 TiO_6 팔면체의 찌그러짐. (a) 정방 정계(tetragonal) 구조, (b) 사방 정계(orthorhombic) 구조, (c) 마름모 정계(rhombohedral) 구조

에(반경 75 pm) O_6 골격 내에서 움직일 수 있는 공간이 있다. 393 K에서 구조는 정방 정계(tetragonal) 구조로 변화하는데, 이 구조에서 Ti 원자는 Ti−O 결합을 따라 움직여 산소 팔면체의 중심을 벗어나게 된다. 278 K에서는 또 다른 변화가 일어나는데, 이번에는 Ti가 두 개의 Ti−O 결합 사이 대각선을 따라 중심에서 벗어나게 된다. 183 K에서는 입방체 대각선 방향으로의 찌그러짐이 일어나 마름모 정계(rhombohedral) 상이 만들어진다. 세 가지 찌그러짐을 그림 9.19에 나타내었다. 이 그림은 타이타늄 원자가 중심으로부터 15 pm 벗어난 것을 확대한 것이다.

이들 세 가지 상에서 TiO_6의 팔면체는 알짜 쌍극자 모멘트를 갖는다. 강유전 성질이 어떻게 발생하는지 설명하기 위해 정방 정계 구조를 예로 들 수 있다(그림 9.19a). 만일 모든 Ti 원자가 같은 방향으로 중심에서 살짝 벗어나 있다면 결정은 알짜 분극을 가질 것이다. 강자성체와 유사하게 강유전체도 구역을 가지고 있고 각 구역은 알짜 분극을 갖고 있지만 다른 구역과는 방향이 달라서 결국 전체 분극은 0이 된다. $BaTiO_3$의 정방 정계 상에서 Ti 원자는 Ti−O 결합 중 어느 하나를 따라, 여섯 방향으로 중심을 벗어날 수 있다. 결과적으로 이웃하는 구역들은 서로에 대해 90° 또는 180° 방향으로 분극된다(그림 9.20).

구역 크기는 10^{-5} m 또는 이보다 약간 더 큰 정도이다. 구역의 사진을 얻기 위해 여러 가지 방법이 사용될 수 있다. 그림 9.21은 편광 현미경으로 타이타늄산 바륨의 얇은 조각을 찍은 사진인데 몇 개의 구역이 존재하는 것을 명확히 보여주고 있다. 선명한 구역 경계를 주목할 만하다.

외부 전기장이 인가되는 경우, 전기장과 비슷한 방향으로 정렬된 구역들은 성장하고 나머지 구역들은 사라진다. 강자성에서처럼 외부 장에 대한 응답은 히스테리시스를 나타낸다. 즉, 전체 결정의 쌍극자가 정렬될 때까지 분극이 증가하고 이 분극은

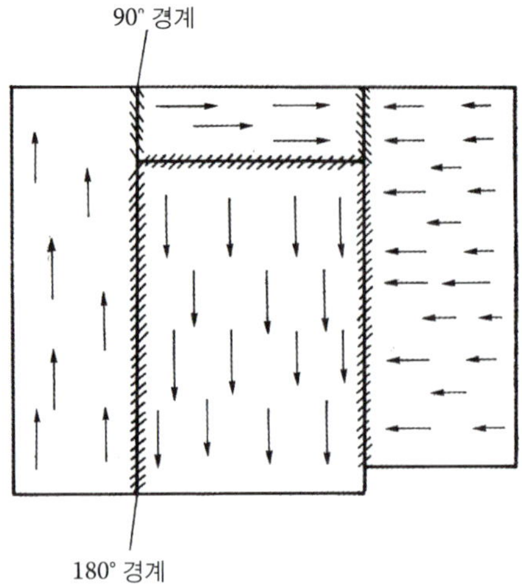

그림 9.20 $BaTiO_3$에서 90°와 180° 경계를 가지는 구역들의 모습

그림 9.21 편광 현미경으로 $BaTiO_3$의 얇은 조각을 찍은 사진. 분극 방향이 다른 구역들을 보여 주고 있다. (From Guinier, A. and Juline, R., *The Solid State from Superconductors to Superalloys*, 3rd edn., Oxford University Press/International Union of Crystallography, Oxford, Figure 2.9, p. 67, 1989. Reproduced by permission of Oxford University Press.)

전기장이 0으로 감소해도 남아 있게 되며 반대 방향의 전기장이 있어야 감소한다. 그림 9.22는 $BaTiO_3$에 대한 히스테리시스 곡선이다.

강유전체 물질의 전기 감수율과 유전 상수는 온도에 대하여 Curie 법칙을 따른다.

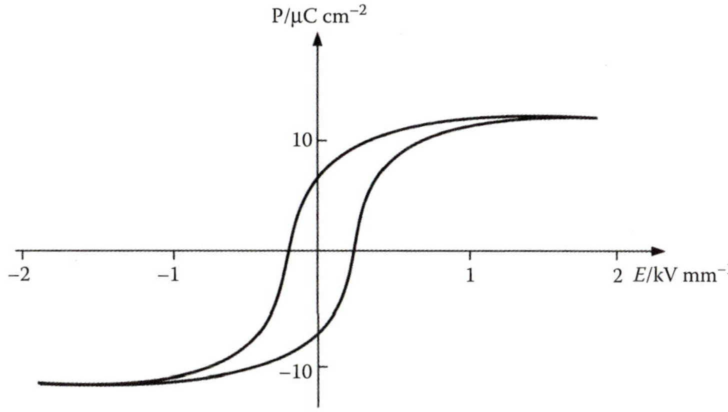

그림 9.22 입자 크기 $2\times10^{-5}\sim1\times10^{-4}$ m인 $BaTiO_3$에 대한, 인가 전기장에 대한 분극 변화 곡선

$$\varepsilon_r = \varepsilon_\infty + \frac{C}{(T - T_c)} \tag{9.13}$$

여기서 ε_∞는 가시광선 진동수에서의 유전율이고, T_C는 Curie 온도이다. 타이타늄산 바륨의 Curie 온도가 입방 구조 상전이를 겪게 되는 온도(393 K)이기 때문에 Curie 온도의 기원을 이해하기 쉽다. Curie 온도 이상에서 결정 구조는 대칭 중심을 가지고 있어서 알짜 쌍극자 모멘트가 존재하지 않는다. 전기장에 의해 원자들이 움직여 중심에서 벗어날 수 있기 때문에 유전 상수는 여전히 높지만 전기장이 제거되면 그 분극은 곧바로 소멸된다.

같은 페로브스카이트 구조를 갖는 $PbZrO_3$에서는 중심에서 벗어난 원자가 서로 반대 방향으로 교대 배열된다. 이로 인해 반강유전성 상태가 생성된다. $PbZrO_3$의 일부 지르코늄을 타이타늄으로 치환한 것이, 널리 사용되는 강유전체 재료인 PZT($PbZr_{1-x}Ti_xO_3$)이다.

놀랍게도 일부 고분자는 강유전성을 나타낸다. 플루오린화 폴리바이닐리덴(polyvinylidene fluoride($-CH_2-CF_2-)_n$)은 (약 25 μm의 두께의) 박막 형태로, 응력을 측정하는 충격파 실험에 사용된다. 이 고분자가 작동하는 압력 범위는 석영에 비해 10배 정도 더 크다.

플루오린화 폴리바이닐리덴(PVDF)의 β-상에서 고분자 사슬의 $-CF_2$기는 모두 동일 방향을 가리키고 있어서(그림 9.23) 쌍극자 모멘트가 생성된다. 한 구역 안에서 여러 사슬의 $-CF_2$기가 정렬되어 있다. 전기장이 인가되면, 이 사슬들이 인접한 구역에 대하여 60° 간격으로 회전하게 된다.

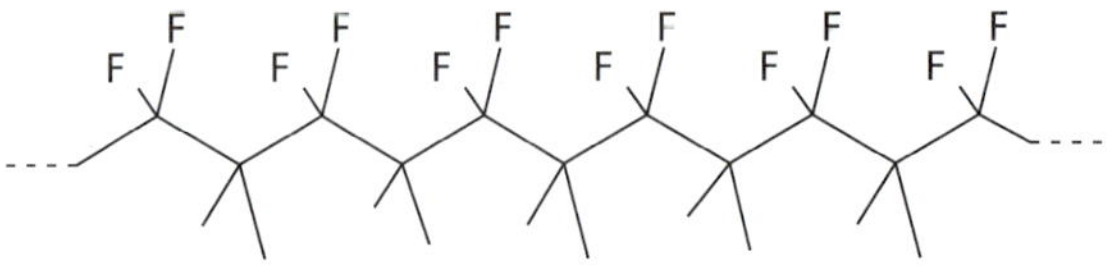

그림 9.23 β-플루오린화 폴리바이닐리덴(β-polyvinylidene fluoride)에서 CF_2기의 정렬

9.12.1 다층 세라믹 커패시터

커패시터(capacitor)는 전하를 저장하기 위해 사용된다. 커패시터에 전기장을 걸면 전하가 유도되고, 다음에 전류가 필요할 때까지 커패시터의 충전 상태를 유지한다. 컴퓨터, 우주 왕복선, TV 세트 및 기타 여러 응용 분야를 포함한 현대의 전자 회로에 적용하려면 커패시터의 크기가 작아야 한다. 높은 정전 용량을 유지하기 위하여(즉, 작은 크기를 유지하면서, 많은 양의 전기 에너지를 저장하기 위하여) 재료에는 높은 유전율이 필요하다. 따라서 매우 높은 유전율을 나타내는 타이타늄산 바륨은 이러한 목적을 위한 귀중한 재료임이 입증되어 왔다. 순수한 타이타늄산 바륨($BaTiO_3$)은 Curie 온도 부근에서 높은 유전율(약 7000)을 가지고 있지만, 상온으로 온도가 떨어지면 그 값이 1~2000으로 감소한다. 이 값은 여전히 높지만 전자 회로에서는 가능하면 더 높은 유전율이 유지되는 것이 유용하며, 그래야 크기를 축소할 수 있을 것이다. 또한, 일부 응용에서는 218 K부터 398 K까지 180 K 범위에 걸쳐 유전율이 일정하게 유지되어야 한다. 타이타늄산 바륨의 타이타늄 일부를 지르코늄이나 주석으로 치환하면 상온에 가까운 Curie 온도와 평탄한 온도 대 유전율 곡선을 얻을 수 있다. 추가적인 개선은 바륨 이온을 부분적으로 치환함으로써 이루어진다. 이러한 방식으로 만든 재료 안에는 Curie 온도가 다른 여러 상이 함께 섞여 있어서 더 평평한 온도-유전율 곡선을 나타낸다.

타이타늄산 바륨의 유전 특성에 영향을 미치는 또 다른 요인은 입자 크기이다. 정방 정계 결정에서 표면은 입방 구조이다. 따라서 부피에 비해 큰 표면적을 가진 작은 입자일수록 입방 구조 비율이 높다. 이로 인해 상온 유전율은 높고 Curie 온도에서의 유전율은 작게 된다. 아주 작은 입자는 강유전성 효과를 나타내지 않는다. 따라서 필요한 특성에 알맞은 적당한 크기의 입자를 제조하는 것이 중요하다. 입자 크기와 도핑 정도가 적절하게 조절된 타이타늄산 바륨에 전도성 판을 끼워 넣어 다층 커패시터를 제작한다(그림 9.24). 이것은 하나의 장치로, 병렬 연결된 여러 개의 디스크 커패시터 역할을 할 수 있게 한다.

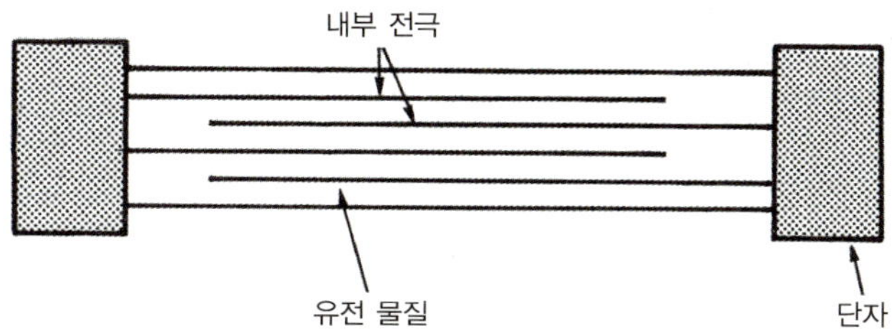

그림 9.24 다층 커패시터의 단면

타이타늄산 바륨은 강유전체 재료의 한 예이다. 페로브스카이트 구조를 갖는 다른 산화물도 강유전성을 나타낸다(예를 들면 타이타늄산 납, 니오븀산 리튬). 이들 화합물 중 중요한 부류가 여러 가지 변환기에 응용되는 혼합 산화물 PZT($PbZr_{1-x}Ti_xO_3$)이다. 이것도 타이타늄산 바륨처럼 O_6 골격 내에 쉽게 치환될 수 있는 작은 이온을 가지고 있다. 또 다른 강유전성 고체로는 수소 결합 고체인 KH_2PO_4와 Rochelle 염(Rochelle salt, $NaKC_4H_4O_6 \cdot 4H_2O$), 쌍극자 모멘트를 갖는 음이온으로 구성된 염(예컨대 $NaNO_2$), 그리고 플루오린화 폴리바이닐리덴(PVDF) 공중합체를 들 수 있다.

9.13 다중강성체

다중강성체(multiferroics)는 강자성, 강유전성, 강탄성과 같은 협동 성질을 두 가지 또는 그 이상으로 나타내는 물질이다. 실제로는 강유전성과 강자성 또는 반강자성을 함께 보이는 물질을 말할 때 일반적으로 사용된다. 이들 물질에 대한 관심은 자기장으로 전하를 변화시키거나 전위를 걸어 스핀을 변화시킬 수 있는 가능성에서 비롯되었다. 전기적으로 기억시키고 자기적으로 읽는 컴퓨터 메모리라든지, 4단 논리체계를 갖춘 전자 장치 등을 포함하여 여러 분야에 응용할 수 있다. 강유전체를 이용하여 메모리를 기록할 때에는 대전된 판을 강유전체 물질의 한쪽 면에 놓는다. 이때 원자들이 위아래로 움직여 자기 기록에서와 마찬가지로 0과 1을 나타내게 된다. 전기장을 이용하여 기록하는 것은 자기장을 이용할 때보다 에너지를 덜 사용할 수 있다는 장점이 있다. 그러나 전기장으로 다시 읽어 들이는 과정에서 메모리가 지워진다. 그런데 분극 효과와 함께 자기 상태 변화가 수반된다면 그 자기장을 감지하여 메모리를 읽을 수 있다. 이 과정은 비파괴적이다. 그 밖의 응용분야로는 자기 센서와 에너지 수확 장치를 들 수 있다.

우리는 단일 상 다중강성체에 대해 집중할 것이지만 최근(2019) (두 가지 정렬된 상태가 분리된 상으로 존재하는) 다중강성체 복합체가 더 유용하다는 것이 밝혀졌다.

단일 상 다중강성체는 두 가지 큰 부류로 나눌 수 있다. **제1형 다중강성체(type 1 multiferroics)**에서는 자기적, 전기적 두 가지 협동 성질이 모두 나타나지만 각각 다른 구조 변화를 수반하며 서로 약하게 결부되어 있다. **제2형 다중강성체(type 2 multiferroics)**는 강하게 결합되어 있는 자기적, 전기적 협동 효과를 보인다.

9.13.1 제1형 다중강성체: 비스무트 페라이트

제1형 다중강성체 중에서 가장 많이 연구된 예는 $BiFeO_3$, 즉 비스무트 페라이트이다. 이 화합물에 대한 관심은 2003년, University of Maryland의 Ramamoorthy Ramesh 그룹이 사이언스지에 게재한 한 논문에 의해 촉발되었다. 측정 결과에 따르면, $BiFeO_3$ 박막은 커다란 잔류 분극 값을 가지며 강유전성 전이 온도는 1100 K, Néel 온도는 643 K이다. 따라서 이 물질은 상온에서 다중강성체이다. 이것은 Bi−O와 Fe−O 층으로 이루어진 페로브스카이트 구조를 나타낸다. Fe^{3+} 이온의 스핀끼리는 반강자성적으로 상호 작용한다. 강유전 효과는 Bi^{3+} 이온의 비공유 전자들의 정렬 때문에 일어나며 이것은 협동적인 상쇄 배열을 유발한다.

전기적 분극과 자기적 자화가 각각 다른 이온에 기인하기 때문에 이들의 상호 작용 크기는 작으며, 분극에 대한 자기장의 효과 또는 자화에 대한 전기장 효과는 매우 작다.

자기 전기 상호 작용은 작지만 비스무트 페라이트는 잠재적인 응용성이 있다. 샌드위치 구조의 터널링 자기 저항 소자에서 강자성 $(La,Sr)MnO_3$와 Co 금속 사이에 들어가는 절연 박막 역할을 할 수 있는 것으로 밝혀졌다. 전기장 인가를 통하여 TMR을 조절할 가능성을 보여 주고 있다.

9.13.2 제2형 다중강성체: 터븀 망가나이트

제2형 다중강성체의 최초 물질은 $TbMnO_3$와 $TbMn_2O_5$이다. $TbMnO_3$는 페로브스카이트 구조를 가진다. 이 화합물에서 분극은 회전성 자성에 의해 유발된다. $TbMnO_3$에서 망가니즈 이온에 있는 스핀들은 28 K 이하에서 사이클로이드 배열을 하고 있다. $TbMnO_3$는 란타넘계 망가나이트의 일종이며 초거대 자기 저항 물질의 모

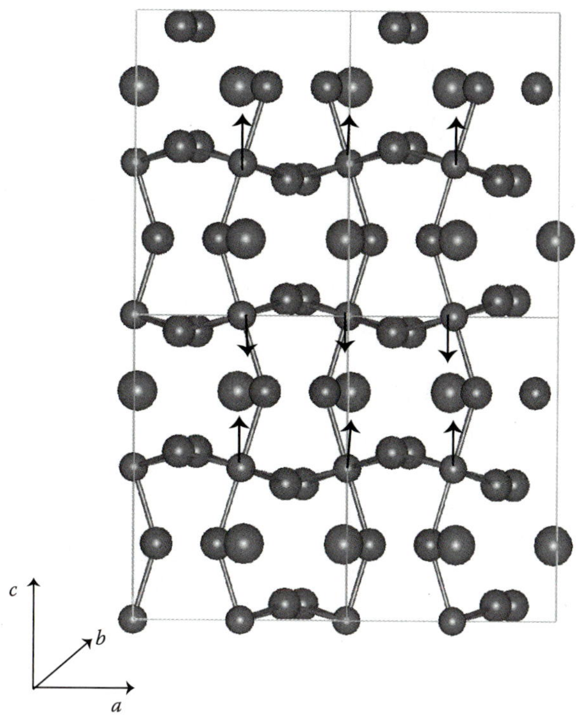

그림 9.25 $TbMnO_3$의 구조. *a*, *b*, *c*축을 함께 나타내었다.

체 화합물이다. 이 구조에서 Mn^{3+} 이온은 Jahn−Teller 찌그러짐 현상을 나타낸다. 이 효과는 e_g 오비탈을 *ab* 평면에 정렬시키고, 이로 인해 스핀들은 *a*축과 *b*축으로는 강자성 짝지음을 하고 *c*축으로는 반강자성 짝지음을 한다(그림 9.25).

란타넘족 이온의 반경이 작을수록 찌그러짐 효과가 증가하고 Mn^{3+} 이온 사이의 거리는 작아진다. 이것은 공간을 통한 Mn^{3+} 이온들끼리의 강자성 짝지음을 가능하게 하며, 반강자성인 Mn−O−Mn 상호 작용과 경쟁한다.

이때 스핀은 후술할 쩔쩔매는 상태(frustrated state)가 되고 물결 모양(modulated) 스핀 배열을 가진다. 28 K 이하에서 이 물결 구조는 *bc* 평면에서 사이클로이드 배열 형태를 이룬다. 다음으로 이것은 *c*축 방향을 따라 분극을 발생시킨다. 5 T 정도의 자기장을 *b*축 방향으로 인가하면 $TbMnO_3$에서 분극 방향이 *c*축에서 *a*축으로 변화한다.

사이클로이드 스핀 배열로 인해 자기 전기 효과가 나타나는 여러 가지 화합물이 존재하며, CuO, $MnWO_4$, $Ni_3V_2O_8$ 등이 그 예이다.

사이클로이드 스핀 배열을 하는 고체만이 제2형 다중강성체 성질을 나타내는 것은 아니다. 입방 구조에서 나선형 또는 평행 원뿔형 배열은 전기적 분극 현상을 나타내지 않는다. 그러나 수직 원뿔형 배열은 분극을 나타낸다. 수직 원뿔형 배열은 강자성과 강유전성 두 가지 성질이 모두 나타나는 고체에서 발견되기 때문에 매우 흥미롭다. 이러한 고체의 예가 스피넬 구조의 $CoCr_2O_4$이다. 역 Dzyaloshinskii–Moriya 모델 또는 스핀-전류 모델로부터 예측된 분극 값은 다음과 같다.

$$P = a\sum_{ij} e_{ij} \times (S_i \times S_j) \tag{9.14}$$

e_{ij}는 스핀 S_i와 S_j를 연결하는 단위 벡터이고 a는 상수인데 스핀–궤도 상호 작용 상수, 스핀 교환 상호 작용, 스핀–격자 상호 작용에 따라 결정된다.

나선형 또는 평행 원뿔형 배열이 분극 현상을 나타내지 않지만, 자기장을 걸어주면 스핀 배열이 바뀌어 그 고체가 강유전체가 될 수 있다. 그 예가 헥사페라이트($Ba_2Mg_2Fe_{12}O_{22}$, BMFO)이다. 이 물질은 50 K 이하에서 평행 원뿔형 배열을 가진다. 이 스핀들은 c축을 중심으로 세차 운동하는 방향으로 정렬한다. c축 방향과 어느 정도의 각을 이루는 방향으로 자기장을 걸어주면 원뿔이 기울어지고 c축에 수직인 성분이 생성된다. 그러면 이 고체는 분극된다.

회전성 자성 중 나선형 배열은, 결정의 대칭성이 낮을 경우 자기 전기 상호 작용을 유발할 수 있다. AMO_2(A = Cu, Ag, M = Cr, Fe) 산화물은 각 이온들이 삼각형 모양의 부분 격자를 이루는 구조를 하고 있다. Cr과 Fe 이온은 인접한 이온과 반강자성 짝지음하는 것을 선호한다. 이 경우, Fe 이온 삼각형을 생각해 보면 문제가 있음을 알 수 있다. 한 이온이 인접한 두 개의 스핀과 방향이 반대인 스핀을 가진다면 두 개의 인접 이온들은 서로 평행인 스핀을 가져야 한다. 그러나 인접한 두 이온은 서로 반대 방향 스핀을 선호하고 있다. 이들 스핀 모두가 이웃 스핀과 반대 방향 스핀을 가질 수 있는 방법이 없기 때문에, 이러한 스핀의 상태를 **쩔쩔매는(frustrated) 상태**라고 말한다.

$CuFeO_2$에서 스핀들이 나선형 배열을 함으로써 이러한 쩔쩔매는 상태를 피하게 되며 이것은 강유전성을 유발할 수 있다. Fe 이온들의 삼각형은 c 축과 수직이고 분극은 이 축과 평행하게 일어난다.

9.14 요약

1. 반자성은 전자의 순환에 의해 모든 물질에서 생성되는 약한 자기장이다. 이외에도 다른 유형의 자기적 성질이 존재할 수 있다.

2. 여러 가지 금속 착물 및 액체 산소와 같이 고립된 홀전자를 갖는 물질은 전자 스핀 자기 모멘트를 갖는다. 그 결과로 상자성이다. 희박하게 채워진 전도띠를 가진 금속도 상자성을 나타낸다.
3. 강자성은 시료 안의 모든 스핀이 서로 나란히 정렬될 때 발생한다. 반강자성에서는 스핀의 절반은 스핀-업되고 절반은 스핀-다운된다. 페리자성은 두 방향의 스핀이 있지만 각각의 수가 동일하지 않아 알짜 자기 모멘트를 가질 때 나타난다. 페라이트는 페리자성 재료의 예이다.
4. 스핀은 알짜 자화 방향에 대해 일정 각도로 정렬될 수 있으며, 각 스핀이 인접 스핀과 약간 다른 방향으로 기울어지기도 한다. 이것을 회전성 자성이라 한다.
5. 일부 재료에 자기장을 걸어주면 전기 저항이 감소될 수 있다. 이는 자성 금속의 다중층(거대 자기 저항), 매우 얇은 절연층을 포함하는 다중층(터널링 자기 저항) 및 도핑된 망가나이트 페로브스카이트(초거대 자기 저항)에서 특히 두드러진다.
6. 압전 결정에 기계적 응력을 가하면 전압이 발생하고, 전기장을 걸어주면 변형이 일어난다.
7. 강유전성 결정은 전기적 분극(polarisation) 방향이 다른 구역(domain)을 가지며 이것은 전기장에 의해 재배향되어 정렬한다. 전형적인 예는 타이타늄산 바륨이다.
8. 어떤 물질은 두 가지 이상의 협동 효과를 가질 수 있다. 이것들을 다중강성체로 부른다. 이 장에서는 강유전성이면서 동시에 강자성 또는 반강자성인 다중강성체를 살펴보았다. 제1형 다중강성체에서는 두 가지 속성이 결합되어 있을지라도 그 정도가 약하다. 제 2형 다중강성체에서는 두 개의 속성이 강력하게 결합된다. 다중강성체는 단일 화합물일 수도 있고, 둘 이상의 물질로 구성된 복합물일 수도 있다.

문제

1. 다음에 대해 순수-스핀(spin-only) 자기 모멘트를 계산하시오. (a) 최대 수의 d 전자가 홀전자로 존재하는 착물에서의 Fe^{2+}, (b) 최대 수의 d 전자가 홀전자로 존재하는 착물에서의 Fe^{3+}, (c) 최소 수의 d 전자가 홀전자로 존재하는 착물에서의 Fe^{2+}, (d) 최소 수의 d 전자가 홀전자로 존재하는 착물에서의 Fe^{3+}.

2. Ho^{3+} 착물에는 4개의 f 홀전자가 있다. 식 9.9를 사용하여 이 착물의 자기 모멘트를 계산하시오($L = 6$, $J = 8$).

3. 망가니즈는 강자성이 아니지만, Cu_2MnAl과 같은 특정 합금은 강자성을 보인다. 이들 합금에서 Mn−Mn 거리는 망가니즈 금속보다 크다. 이것은 망가니즈의 3d 띠에 어떤 영향을 미칠까? 합금이 강자성이 되는 이유는 무엇인가?

4. 화합물 EuO는 NaCl 구조를 갖고, 70 K 이상에서는 상자성이지만 그 온도 이하에서는 자기적으로 정렬된다. 고온 및 저온에서 이것의 중성자 회절 패턴은 동일하다. 어떠한 자기적 정렬이 예상되는가?

5. ZnV_2O_4는 저온에서 역스피넬 구조를 갖는다. 어떤 유형의 자기 성질이 나타날지 예상하시오.

6. 황철석(pyrite) 구조의 전이 금속 이황화물(disulfide) MS_2에서, M^{2+} 이온은 팔면체 자리를 차지한다. d 띠가 존재한다면 일산화물(monoxide)에서처럼 두 가지로 갈라진다. 다음에 주어진 몇 가지 황화물에 대한 정보를 고려하여, 3d 전자들이 편재화되는지 아니면 비편재화되는지 판단하시오. 두 에너지띠 사이에 띠 간격이 존재할 때, 비편재화 경우와 반도체 경우 각각에 대하여 어느 띠에 전자가 존재하는지 예상하시오.

   MnS_2 반강자성($T_N = 78$ K), 부도체: T_N 이상에서 망가니즈당 5개의 홀전자에 해당하는 상자성

   FeS_2 반자성, 반도체

   CoS_2 강자성($T_C = 115$ K), 금속

7. 수소 결합 강유전체에서, 수소를 중수소로 치환하는 경우 Curie 온도와 유전율이 변화한다. 이 사실로부터 이 화합물의 강유전성 전이 원인에 대해 무엇을 말

할 수 있는가?

8. 순수한 $KTaO_3$는 페로브스카이트 구조를 가지며 강유전성이나 반강유전성을 나타내지 않는다. K 이온 일부를 Li 이온으로 치환하면 강유전성 물질이 된다. Li 치환이 이러한 효과를 줄 수 있는 이유를 설명하시오.

9. $ScFeO_3$(두 이온 모두 M^{3+} 이온으로 존재)는 제1형 다중강성체이다. Sc^{3+} 이온이 중심을 벗어난 위치를 차지하는 이 고체는 강유전성을 나타낸다. 왜 이것이 자기정렬 현상과 분리될 것이라고 예상하는가?

10. 복합 다중강성체 $La_{0.7}Sr_{0.3}MnO_3/BaTiO_3$에서 두 구성 요소의 역할은 각각 무엇인가?

10장 초전도성

10.1 개요

1908년 Kamerlingh Onnes는 헬륨의 액화에 성공하였고, 이로 인해 저온에서 소재들의 거동에 대해 많은 새로운 실험을 수행할 수 있는 길이 열렸다. 전도도 실험의 오랜 결과로 금속의 전기 저항은 온도에 따라 감소한다고 알려져 있었다. 1911년 Onnes는 온도에 따른 수은의 전기 저항 변화를 측정하고 있었는데, 놀랍게도 4.2 K에서 저항이 갑자기 0으로 떨어지는 현상을 발견하였다. 그는 이를 **초전도성** (**superconductivity**)이라고 명명하고, 이 현상이 일어나는 온도를 (**초전도성**) **임계 온도**(**critical temperature, T_C**)라고 하였다. 저항이 0이 되어 나타나는 한 가지 효과는 초전도체로 구성된 전기 회로에서 전력 손실이 없다는 것이다. 일단 전류가 한번 형성되면, 실험자가 관찰할 수 있는 동안 뚜렷하게 알 수 있는 감소가 나타나지 않는다. 일반적인 압력에서 30개 이상의 원소로 초전도성을 만들 수 있으며(표 10.1), 높은 온도에서는 C 및 O와 같은 비금속 원소들을 포함하여 더 많은 원소를 초전도성으로 만들 수 있다.

1957년 Bardeen과 Cooper, Schrieffer는 **BCS 이론**(**BCS theory**)으로 알려진 초전도성 이론을 발표하였다. 이 이론은 당시 알려진 초전도성 소재들의 특성을 설명하였다. 그러나 이 소재들은 매우 낮은 온도에서만 초전도성을 보여주기 때문에 액체 헬륨으로 냉각시켜야만 했다.

2001년에는 MgB_2의 초전도성이 시작되는 온도가 40 K라는 것이 밝혀졌다. 이 온도는 액체 질소로 냉각할 수 있을 만큼 아주 높지는 않지만, 온도를 30 K까지 낮출

표 10.1 상온에서 초전도성을 나타내는 원소들

H																	He
Li	Be											B	C	N	O	F	Ne
Na	Mg											Al	Si	P	S	Cl	Ar
K	Ca	Sc	Ti	V	Cr	Mn	Fe	Co	Ni	Cu	Zn	Ga	Ge	As	Se	Br	Kr
Rb	Sr	Y	Zr	Nb	Mo	Tc	Ru	Rh	Pd	Ag	Cd	In	Sn	Sb	Te	I	Xe
Cs	Ba	La	Hf	Ta	W	Re	Os	Ir	Pt	Au	Hg	Tl	Pb	Bi	Po	At	Rn
Fr	Ra	Ac	Rf	Db	Sg	Bh	Hs	Mt	Ds	Rg	Cn	Nh	Fl	Mc	Lv	Ts	Og

Ce	Pr	Nd	Pm	Sm	Eu	Gd	Tb	Dy	Ho	Er	Tm	Yb	Lu
Th	Pa	U	Np	Pu	Hm	Cm	Bk	Cf	Es	Fm	Md	No	Lr

비결:

Ti 상압에서 초전도성

Fe 자기적으로 정렬된 금속

수 있는 전기 극저온냉동기를 사용할 수 있다는 점에서 기술적으로 중요하다. 즉, 이 재료로 제조한 장치는 액체 헬륨으로 냉각할 필요가 없어졌다. 2015년과 2019년에는 압력을 받은 수소화물에 대한 더 높은 임계 온도가 보고되었으며, 이러한 화합물들은 BCS 이론에 의하여 설명될 수 있었다.

1986년 Bednorz와 Muller은 바륨이 도핑된 란타넘 구리 산화물이 35 K에서 초전도성을 띤다는 사실을 발견하였다. 이것이 처음으로 보고된 일명 '고온' 초전도체이다. 이 소재는 이전에 발견된 금속이나 함금이 아닌 복합 산화물이고, BCS 이론을 따르지 않는다. 이들의 발견은 매우 중요하다고 판단되어 바로 이듬해에 노벨 물리학상을 받았다. 바륨이 도핑된 란타넘 구리 산화물의 발견은 질소의 끓는점인 77 K 이상에서 초전도성을 보이는 새로운 고온 초전도체들의 발견을 이끌었다.

지난 30년 동안, 예상치 못한 다른 유형의 초전도체도 발견되었다. 2008년 구리 기반이 아닌 철 기반의 고온 초전도체가 발표되면서 엄청난 관심이 집중되었다. 또 다른 예상치 못한 발견은 BCS 이론과 양립할 수 없는 특성들의 조합인 **강자성체(ferromagnet)**인 초전도체이다.

이 장에서는 이러한 흥미로운 발전들에 대해 살펴볼 것인데, 이에 앞서 초전도체의 특성들에 대해 알아보도록 하자.

10.2 초전도체의 특성

10.2.1 전기 전도도

오랜 전도도 실험을 통해 금속의 전기 저항은 온도가 낮아지면 감소하지만, 매우 낮은 온도에서도 여전히 저항이 존재한다고 알려져 왔다. 초전도성 소재의 정의된 특징은 초전도성 임계 온도(T_C)에서 전기 저항이 0으로 떨어지는 것이다. 이 효과는 그림 10.1에 도시되어 있다. 제로 저항(zero resistance)의 한 가지 효과는 초전도체로 구성된 전기 회로에서 전력 손실이 없다는 것이다. 일단 전류가 한번 형성되면, 실험자가 관찰할 수 있는 정도의 눈에 띄는 전류의 감소가 없다. 이러한 사실은 전기 저항으로 인한 에너지 손실(발열)이 없이 높은 자기장을 생성할 수 있다는 뜻이므로, 초전도체를 전자석으로 유용하게 사용할 수 있게 한다. 이러한 자석은 자기 공명 영상(MRI)을 포함하여 NMR 장비에서 사용된다.

자연스러운 예상과는 달리 초전도체는 실온에서 높은 저항을 보인다. 사실, 가장 우수한 상온 전기 전도체인 은과 구리는 초전도 현상을 보여주지 않는다. 초전도체는 초전도성 임계 온도(T_C) 이상에서는 낮은 전기 저항을 갖지 않는다.

10.2.2 초전도체의 자기적 특성

Meissner와 Ochsenfeld는 초전도성 소재가 임계 온도(T_C) 이하로 냉각되면 내부에 있는 모든 자속(magnetic flux)을 배출하고, 따라서 초전도체 내의 자속(B)은 0이 된

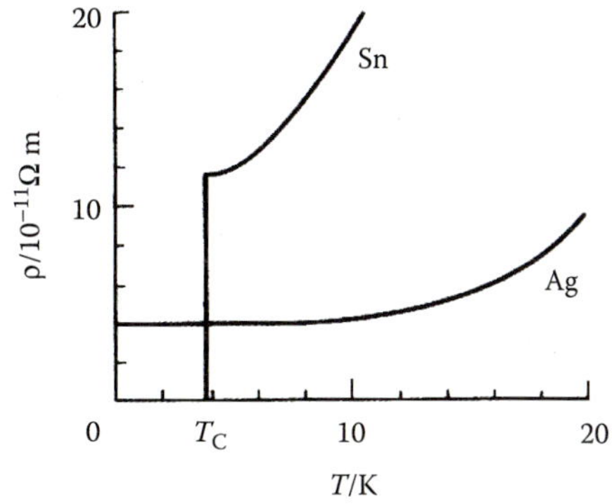

그림 10.1 온도(T)에 대한 저항(ρ) 그래프. 초전도체의 저항은 임계 온도(T_C)에서 0으로 떨어지고, 정상적인 금속은 절대 영도에서 일정한 값을 보인다.

다는 것을 발견하였다(그림 10.2a). $B=\mu_0 H(1+\chi)$이므로, $B=0$일 때 χ는 -1이 되어야만 한다. 즉, 초전도체는 완벽한 반자성체(diamagnet)가 된다. 자기장이 초전도체에 가해지면, 자속은 외부로 밀려 나가고(그림 10.2b), 초전도체는 자석과 반발하게 된다. 이 현상으로 인하여 그림 10.3에서 볼 수 있는 것처럼 자석은 초전도체 위에 떠 있게 된다.

또한, 자기장이 존재할 때 임계 온도(T_C)가 변한다는 사실도 밝혀졌다. 자기장의 증가에 따른 T_C의 그래프를 그림 10.4에서 볼 수 있는데, 일반적으로 가해지는 자기장이 증가할수록 임계 온도는 떨어지는 것을 알 수 있다.

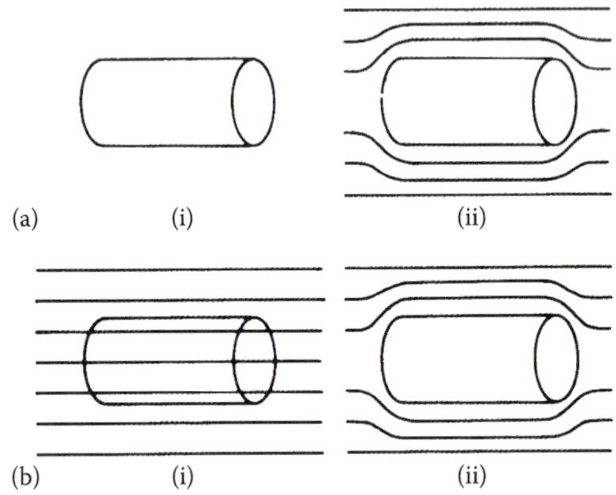

그림 10.2 (a) (i) 자기장이 없는 상태의 초전도체, (ii) 자기장이 가해져도 자속은 내부로 들어오지 못한다. (b) (i) 임계 온도(T_C)보다 높은 온도에서 자기장이 가해진 초전도체. 온도가 임계 온도 아래로 내려가면 (ii) 자속은 내부에서 밀려난다. 두 경우 모두 마이너스 효과라고 한다.

그림 10.3 초전도체 표면에 떠 있는 영구 자석(From Darren Peets, UBC Superconductivity Group. With permission.).

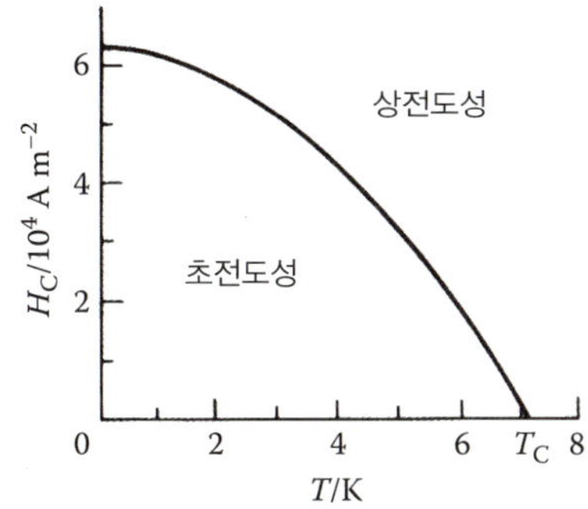

그림 10.4 납의 임계 자기장 세기(H_C)의 변화. 임계 온도(T_C)와 같아지는 온도(T)에서 H_C는 0이 됨을 주목하라.

따라서 초전도성 소재에 충분히 큰 자기장을 가함으로써 초전도성을 사라지게 할 수 있다. 이러한 변화를 일으키는 데 필요한 자기장 세기의 최솟값을 **임계 자기장 세기(critical field strength, H_C)**라고 하며, 이 세기는 소재의 종류와 온도에 의존한다. 대부분의 순수한 금속 초전도체를 포함하는 유형 I은 단일 임계 자기장을 갖는다. 합금과 높은 T_C 초전도체를 포함하는 유형 II의 경우, 임계 자기장 세기 H_{C1} 이상에서는 표면으로의 약간의 자기장 침투를 허용하지만, 더 높은 임계 자기장 세기 H_{C2}에 도달할 때까지 초전도성 상태가 없어지지는 않는다. 초전도체 유형 II는 유형 I보다 임계 온도가 높은 경향이 있다.

자기장이 외부에서 가해질 필요는 없다. 전자석(electromagnet) 역할을 하는 초전도체는 생성된 자기장이 임곗값을 초과하면 초전도 상태를 멈춘다. 자기장은 물질을 통과하는 전류에 의존하기 때문에 **임계 전류(critical current)**가 있으며, 그 이상에서는 초전도성이 파괴된다. 이는 **Silsbee 효과(Silsbee effect)**로 알려져 있다. 임계 전류의 크기는 특성 시료의 특성과 형상에 따라 다르다.

10.2.3 초전도성의 BCS 이론

이 절에서는 BCS 이론에 수반된 개념을 정성적으로 이해하고, 전문용어에 익숙해지고자 한다.

물리학자들은 초전도성을 설명하기 위한 이론을 찾기 위해 수년 동안 노력했다. 초전도성이 발생했을 때 격자의 대칭이나 간격에 변화가 없음을 X-선 연구에서 보여주었기 때문에, 초기에는 격자가 초전도 메커니즘에 아무런 역할을 하지 않는 것으로 생각하였다. 그러나 1950년에 **동위 원소 효과(isotope effect)**가 처음으로 관찰되었는데, 특정 금속에 대하여 임계 온도는 아래 식과 같이 동위 원소 질량(M)에 의존한다는 것이다.

$$T_C \alpha \frac{1}{\sqrt{M}} \tag{10.1}$$

이원자 분자에서 진동수(ν)는 아래 식으로 잘 알려져 있다.

$$\nu = \frac{1}{2\pi}\sqrt{\frac{k}{\mu}} \tag{10.2}$$

여기에서 μ는 분자의 **환산 질량(reduced mass)**이고, k는 결합의 **힘 상수(force constant)**이다. 동위 원소 치환으로 인해 진동수가 변하게 되고, 이 진동수(ν)는 $(1/\sqrt{\text{mass}})$에 비례한다는 것을 볼 수 있다. 이로부터 물리학자들에게 초전도성은 단순하게 전자 전도에 관계가 되는 것이 아니라, 어떤 방식으로든 격자의 진동 방식에 관계된다는 것을 알게 되었다. 격자의 진동 방식은 고립된 분자의 방식과 같이 양자화되어 있으며, 격자 진동의 양자를 **포논(phonon)**이라고 부른다(4장 참조).

Frohlich는 초전도체에는 강한 포논-전자 상호 작용이 있어서, 두 전자 사이의 Coulomb 반발을 극복할 수 있을 정도로 강한 인력을 유발할 수 있다고 제안하였다. 이 메커니즘은 간단하게 다음과 같이 설명될 수 있다. 전도 전자가 격자를 통과할 때, 양전하를 띤 이온 중 일부를 평형 위치에서 불안하게 만들고, 이들이 서로 근접하게 만듦으로써 양전하 밀도가 증가한 영역이 생성될 수 있다. 양전하를 띤 이온들이 앞뒤로 진동하기 때문에 양전하 밀도가 증가한 영역이 움직이게 되며, 이 영역을 통과하는 두 번째 전자를 끌어당기게 된다. 이로 인한 알짜 효과는 격자 진동을 매개체로 사용하여 두 전자가 상호 작용한다는 것이다. 또한, 각각의 두 개별적인 단계의 Coulomb 상호 작용이 모두 인력이기 때문에, 전자들 사이에서의 상호 작용도 인력으로 나타난다.

상온에서 전기 저항은 포논에 의한 전도 전자들의 산란에 의해 발생한다. 초전도체는 강한 전자-포논 상호 작용으로 인하여 임계 온도 이상에서는 높은 전기 저항을 보인다. 낮은 온도에서는 격자 결함들에 의한 산란이 전기 저항을 유발하는 주된 원인이다. **BCS 이론(BCS theory)**은 어떤 특정한 조건에서, 연쇄적인 포논들의 상호 작용으로 인한 두 전도 전자들 사이의 인력이, 같은 전하의 Coluomb 상호 작용에 의해 서로에게 직접 미치는 반발을 약간 초과할 수 있다고 예측한다. 따라서 이 두 전자는 약하게 묶이게 되고, 소위 **Cooper 쌍(Cooper pair)**을 이루게 된다. 이 Cooper 쌍들이 초전도성의 원인이 된다.

Cooper 쌍은 전형적으로 두 전자 사이의 거리가 약 10^6 pm로 약하게 묶여 있으며, (보통 다른 전자와) 끊임없이 분리되고 다시 형성된다. 이로 인해 서로 다른 쌍들 사이에서 엄청나게 많은 중첩이 존재하며, 이 Cooper 쌍을 이루는 현상은 복잡한 동력학적 과정이다. 따라서 초전도체의 바닥 상태는 수많은 Cooper 쌍들이 질서 있는 움직임으로 묘사될 수 있는 '집단적인' 상태이다. 이 바닥 상태를 φ가 초전도성 파동함수의 위상인, 복잡한 질서화 변수 $|\Psi|e^{i\varphi}$로 기술할 수 있다. BCS 초전도체에서 φ는 k-공간에서 방향에 무관하고, 질서화 변수는 s-파동이라고 말할 수 있다(이것이 s 궤도가 포함된다는 것을 의미하지 않는다는 것을 주목하라). 외부 전기장이 가해지면, Cooper 쌍은 이 전기장의 영향 아래에서 격자를 따라 이동한다. 그러나 이렇게 이동하여도 Cooper 쌍의 질서는 유지된다. 각각의 쌍은 다른 모든 쌍과 연계되어 움직이므로 격자에 의해 개별적으로 산란될 수 없다. 이 쌍들이 격자에 의해 산란될 수 없기 때문에 저항은 0이 되고, 소재는 초전도체가 된다.

BCS 이론은 충분한 개수의 Cooper 쌍이 형성되어 초전도성이 되기 위해 만족시켜야만 하는 몇 가지 조건이 있음을 보여준다. 이러한 현상을 상세하게 설명하는 것은 이 교재의 범위를 벗어나므로, 여기서는 전자–포논 상호 작용이 강해야만 하고, 낮은 온도에서 쌍을 쉽게 이루며, 이로 인해 고온 초전도체는 BCS 이론에서 예측되지 않는다는 정도면 충분할 것이다. MgB_2의 상대적으로 높은 임계 온도는 가벼운 보론 원자와 연관된 높은 진동수 및 전자와 격자 진동 사이의 강한 상호 작용에 기인한다고 생각될 수 있다. ^{11}B를 ^{10}B로 치환하면 T_C가 대략 1 K 정도 증가하는 현상은, 보론 원자의 진동을 포함한다는 증거가 된다. 고압하에 있는 수소를 포함하는 소재들에서 더 높은 임계 온도들도 보고되었다. 2015년, 러시아의 연구진은 150 GPa에서 황화수소(H_2S)가 203 K의 임계 온도를 갖는 초전도체임을 밝혔다. 2019년에는 독일과 미국의 연구진들이 170~185 GPa의 압력에서 란타넘족 원소들의 수소화물이 250~260 K의 임계 온도를 가짐을 보고하였다(지구 표면에서의 압력이 대략 100 kPa임을 생각하면, 이 압력의 크기를 생각할 수 있다). 이 소재들은 BCS 이론으로 설명할 수 있다.

10.3 고온 초전도체

1986년까지 초전도성이 시작하는 가장 높은 온도는 나이오븀과 저마늄의 화합물

(Nb_3Ge)이 보여주는 23.3 K이었다. 1986년에 Bednorz와 Muller는 35 K에서 산화물 소재가 초전도성이라는 것을 보고하였는데, K_2NiF_4의 구조를 갖는 페로브스카이트 기반 층상 화합물인 $La_{2-x}Ba_xCuO_4$($x = 0.2$)에서 이러한 현상을 처음으로 발견하였다. 그림 10.5는 이 소재의 어미 화합물인 La_2CuO_4의 구조를 보여준다. 일부의 란타넘 이온이 바륨으로 치환되고, 초전도성은 CuO_2 층에서 발견된다.

곧바로, 다른 금속들로 치환하면 임계 온도를 더 높일 가능성이 있다는 개념이 제시되었다. Texas, Houston에 있는 Chu의 연구진들은 이러한 개념을 이용하여 지금은 '1-2-3'라고 잘 알려진 초전도체(란타넘을 이트륨으로 치환한 $YBa_2Cu_3O_{7-x}$)를 개발하였고, 이로부터 액체 질소 온도 장벽이 무너졌다. 이 1-2-3 소재에서 초전도성 현상은 93 K에서 시작되었다. 이후 CuO_2 면을 가진 다양한 높은 T_C 초전도체들이 보고되었다. 지금까지 일반 압력에서 보고된 가장 높은 임계 온도는 도핑된 $HgBa_2Ca_2Cu_3O_{8+\delta}$의 135 K이다.

이후 다른 형태의 초전도성 화합물도 확인되었다. 구리 산화물과 구조적으로 관련된 특이한 초전도체는 1994년에 보고된 Sr_2RuO_4로, 이 구조는 La_2CuO_4와 거의 동일하다.

2008년에 Hideo Hosono는 플루오린이 도핑된 LaFeAsO가 $T_C = 26$ K의 초전도성을 띤다고 보고하였다. 이로 인해 전 세계 연구자들이 철 기반의 초전도체에 관한 연

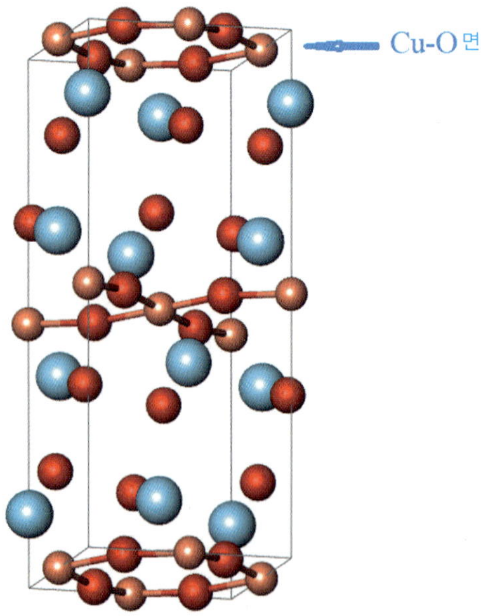

그림 10.5 La_2CuO_4의 구조(큰 파란색 구: La, 분홍색 구: Cu, 빨간색 구: O)

구를 시작하게 되었다.

다른 소재들도 초전도성을 보여주었는데, 예를 들면 알칼리 금속이 삽입된 풀러라이드(풀러렌과 유사체의 음이온들, 11장 참조)가 있다. 이 소재들은 낮은 임계 온도를 가지며, 가장 높은 것이 Cs_3C_{60}의 38 K이다.

10.3.1 구리 산화물계 초전도체

첫 번째로 발견된 고온 초전도체는 약하게 연결된 구리 산화물(CuO_2) 면들을 포함하였다. 이후 이러한 면들을 가진 다른 고온 초전도체들이 많이 보고되었다. 이들은 모두 **구리 산화물계 초전도체(cuprate superconductor)**라고 불린다. 가장 높은 임계 온도는 2족 금속(Ca, Ba, Sr)과 Tl, Bi 또는 Hg와 같은 중금속을 포함하는 구리 산화물들에서 발견된다. 구리 산화물계 초전도체의 구조는 페로브스카이트에 기반하거나 이와 관련된다. 페로브스카이트 구조는 $CaTiO_3$ 광물 이후에 명명되었다(1장 참조). ABO_3의 화학식을 갖는 많은 산화물들(또한, 플루오린화물 [ABF_3]과 황화물 [ABS_3])이 이 구조를 하고 있다. 소위 페로브스카이트 A-유형이라고 불리는 단위 세포는 1장에서 논의되었다(그림 10.6).

그림 10.7은 1-2-3 초전도체인 $YBa_2Cu_3O_{7-x}$의 결정 구조를 보여준다. 그림 10.7a는 금속의 자리만을 보여주는데, 이 구조와 $La_{2-x}Ba_xCuO_4$의 구조 사이에 큰 유사성이 있음을 알 수 있다. 앞에서 언급한 것처럼, 페로브스카이트 ABO_3(B = Cu)로 논의하면, 가운데 부분은 A형 페로브스카이트 단위 세포이고 위아래도 또한 맨 아래층과 맨 위층이 결여된 A형 페로브스카이트가 된다. 이 구조에서 단위 세포 꼭짓점과 단위 세포 모서리에 있는 구리 원자들의 분수 좌표는 $\frac{1}{3}$과 $\frac{2}{3}$가 된다. 이렇게 하면 단

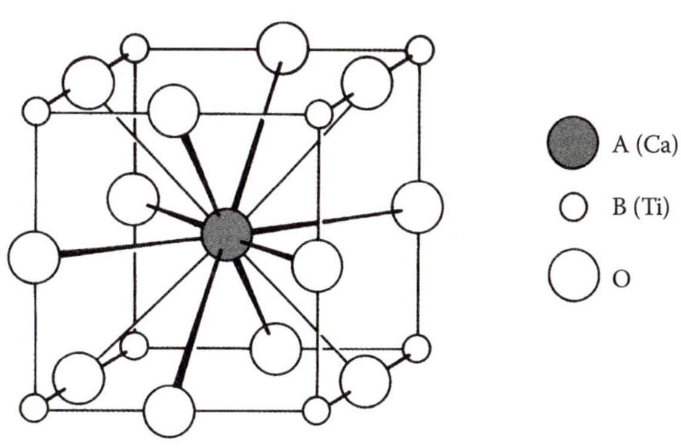

그림 10.6 $CaTiO_3$와 같은 ABO_3 화합물에 대한 페로브스카이트 A형의 단위 세포

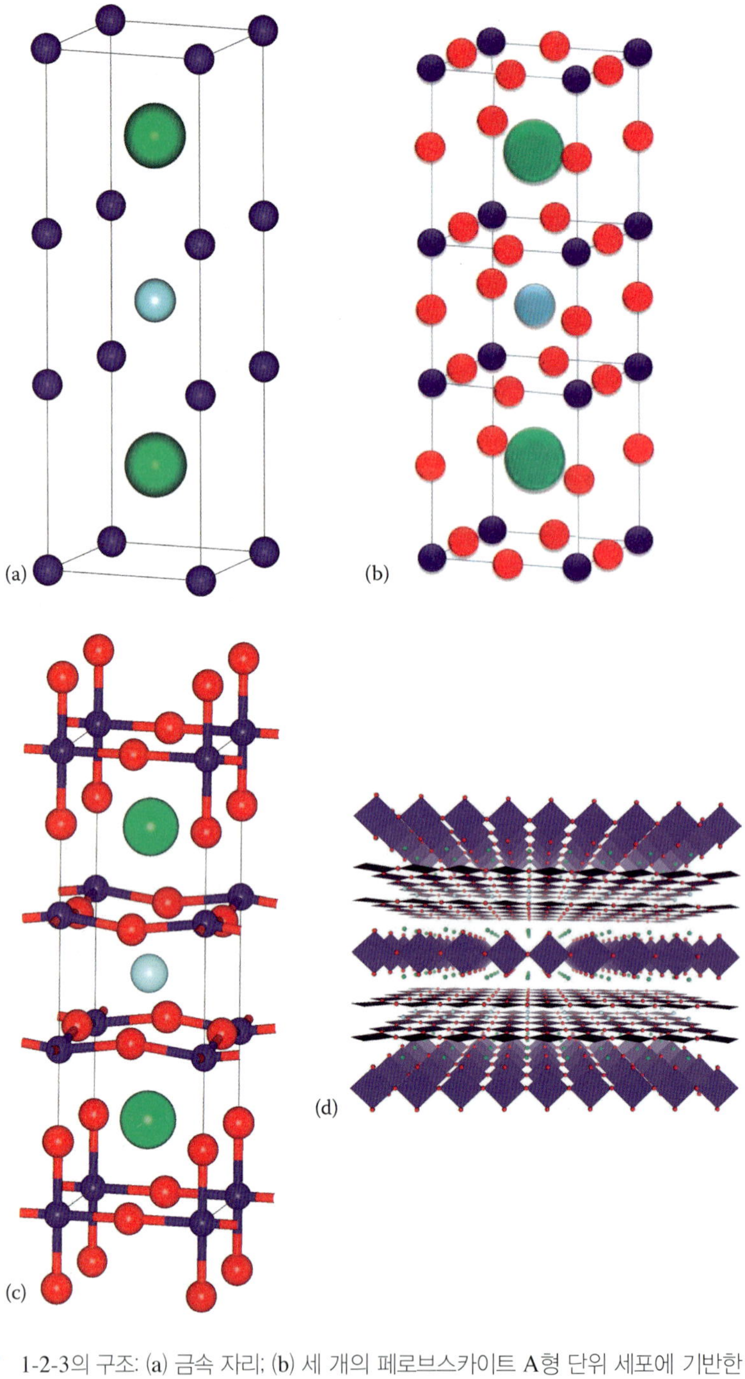

그림 10.7 1-2-3의 구조: (a) 금속 자리; (b) 세 개의 페로브스카이트 A형 단위 세포에 기반한 가상적인 $YBa_2Cu_3O_9$의 이상적인 단위 세포; (c) $YBa_2Cu_3O_{7-x}$의 이상적인 구조; (d) 사각뿔 바닥인 구리-산소 면과 그 사이에 형성된 구리-산소 다이아몬드 층을 보여주는 $YBa_2Cu_3O_7$의 구조

위 세포의 체심(즉, 중간 부분의 중심)에 있는 원자는 이트륨이 된다. 상층과 하층에 있는 입방체의 중심 원자는 바륨이 된다.

이 구조에서 세 부분이 모두 페로브스카이트 단위 세포를 정확하게 기반으로 했다면, 각 입방체의 모서리 중간에 있는 산소 원자들을 찾아서 전체 화학식을 $YBa_2Cu_3O_9$으로 예상할 수 있을 것이다. 이 화학식은 세 개의 구리 원자가 $\frac{11}{3}$의 평균 산화 상태를 갖고, 즉 단위 세포에 Cu(III)과 Cu(IV)를 포함하는 것을 의미하게 되는데, Cu(IV) 착물이 극히 드물기 때문에 이 화학식은 올바르지 않다. 실제로 단위 세포에는 대략 일곱 개의 산소 원자만이 포함된다($YBa_2Cu_3O_{7-x}$). $x = 0$일 때, 가운데 입방체의 수직 모서리에는 산소가 없고, 위아래 면에 두 개의 산소가 빠져 있다(그림 10.7c). 일곱 개의 산소 원자를 포함하는 단위 세포는 평균적으로 2.33의 산화 상태를 가지며, 이는 단위 세포 내에 Cu(II)와 Cu(III)이 존재한다는 것을 나타낸다(더 이상 Cu(IV)가 아니다).

1-2-3 구조($x = 0$)에서 이트륨 원자는 8개의 산소가 배위하고, 바륨 원자는 10개의 산소가 배위한다. 1-2-3 초전도체에서 산소 빈자리는 구조 전반에 걸쳐 구리와 산소 원자들이 연결된 면과 사슬 구조를 생성한다(실제로 구리 원자가 산소 면에서 약간 떨어져 있는데, 그림에서는 이상적으로 표시되었다). 구리는 4배위의 사각 평면 혹은 5배위의 사각뿔 구조를 하고 있다. 초전도성은 구리 평면과 평행한 방향에서 발견되며, 구리 평면은 Cu/O 사각뿔의 바닥 면에 형성되고, 이트륨 원자 층에 의해 분리된다. 이 초전도체에서 산소가 더 부족해지면서 $YBa_2Cu_3O_{6.5}$($x = 0.5$)는 60 K의 초전도성 임계 온도(T_C)를 가지며, $YBa_2Cu_3O_6$에서는 초전도성이 사라진다. 이 산소는 무작위로 없어지는 것이 아니라, 특정한 자리 즉 c축을 따라 Cu의 사각 평면 배위가 점진적으로 Cu^+가 2배위 선형 형태로 변하게 되며, 사각뿔의 밑면에 있는 구리와 산소의 배열에는 영향이 없다. 그러나 화학식 $YBa_2Cu_3O_6$에서는 c축을 따라 모든 사각 평면 단위들이 Cu^+를 포함하는 사슬 구조를 이루고, 사각뿔 밑면은 Cu^{2+}만을 포함한다. 이때 Cu^{2+}의 홀스핀들이 역평행 상태로 배향되면서, 화합물은 반강자성이 된다. 반강자성 특성은 산소 함량이 $YBa_2Cu_3O_{6.5}$로 증가하면 파괴되고, 초전도성 화합물이 된다. 이때 구리의 세 가지 산화 상태(I, II 및 III)가 모두 존재하게 된다. $YBa_2Cu_3O_7$은 Cu(II)와 Cu(III)를 면과 사슬 모두에 포함한다. 이들 구조에서 구리 원자의 산화 상태(이에 따른 결합 형태 및 결합 거리)는 초전도 현상이 발생하는지와 초전도성이 발현되는 온도(T_C)를 결정하는 데 매우 중요하다.

Hg를 함유하는 구리 산화물계 초전도체는 40종 이상이 알려져 있으며, 상압에서 가장 높은 T_C를 보이는 소재(2019년까지)도 포함하는데, 이 초전도체는 페로브스카이트 기반의 구조를 갖는다. 이러한 고체의 구조는 $HgBa_2CuO_4$에 기초한 1201 및

$HgBa_2CaCu_2O_6$에 기초한 1212와 $HgBa_2Ca_2Cu_3O_8$에 기초한 1223의 세 가지 구조 중 하나에 속한다. 어미 화합물의 Hg 층은 산소를 포함하지 않으며 초전도체 특성이 아주 좋지 않다. 1993년에 이 화합물들을 산소 분위기에서 담금질하면 산소 원자가 Hg 층의 $\left(\frac{1}{2}, \frac{1}{2}, 0\right)$ 위치로 삽입되어, 형성된 $HgBa_2CuO_{4+\delta}$는 초전도성이 된다는 것을 발견하였다. 10 GPa 이상의 압력에서, $HgBa_2Ca_2Cu_3O_{8+\delta}$은 150 K보다 높은 임계 온도를 갖는다. 일부 Hg 원자를 더 높은 산화 상태의 금속 원자로 치환하게 되면, Hg 층에 산소가 과잉으로 존재하는 화합물이 형성되며, 이 화합물은 정상 압력에서 더 안정화된다. 현재 가장 높은 임계 온도를 갖는 화합물은 Hg 원자의 1/5이 Tl로 치환된 1223 구조의 $Hg_{0.8}Tl_{0.2}Ba_2Ca_2Cu_3O_{8+0.33}$이다. 이 화합물의 구조는 그림 10.8에 도시되어 있다.

이 단위 세포는 네 개의 CuO 층을 포함하며, 사각뿔 배위를 하는 Cu와 사각뿔의 꼭짓점이 교대로 위아래로 배향된 구조를 하고 있다. Ba는 사각뿔의 꼭짓점에 가까운 위치에 있으며, Ca는 밑면 바로 위아래에 위치한다. 단위 세포의 상단과 하단에는 Ca 원자의 두 층 사이에 Cu가 사각 평면 배위를 하는 CuO 층이 있다. Hg 층은 단위 세포의 중앙에 위치한다. Tl을 과도하게 도핑하면 초전도 특성이 나쁜 금속성 화합물이 된다.

1-2-3인 $La_{2-x}Ba_xCuO_4$와 수은 구리 산화물계에서, Cu의 평균 산화 상태는 2보다 크고, 이로 인해 원자가 띠에 양전하 정공이 형성된다. 전하는 이 양전하 정공에 의해 운반되며, 따라서 이러한 소재를 ***p*-형 초전도체**(***p*-type superconductor**)라고 한

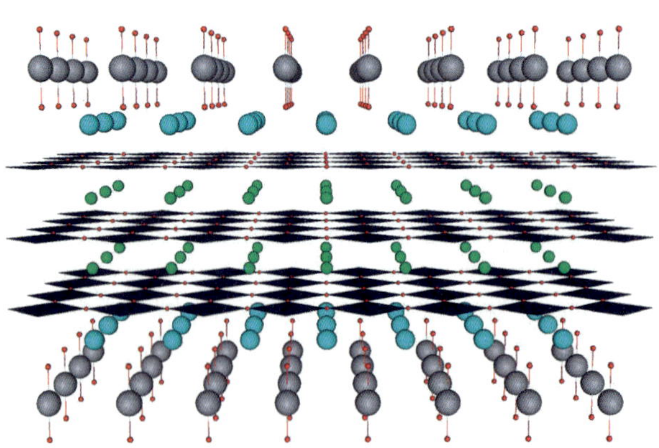

그림 10.8 Ca 층 사이에 존재하는 구리–산소 다이아몬드 층들과 사각뿔 바닥면을 형성하는 구리–산소 층들을 보여주는 $HgBa_2Ca_2Cu_3O_8$의 구조. 사각뿔의 꼭짓점은 바륨–산소 층에 존재한다. 초전도체 $Hg_{0.8}Tl_{0.2}Ba_2Ca_2Cu_3O_{8+0.33}$에서는 Hg^{2+} 이온의 1/5이 Tl^{3+} 이온으로 치환되었고, 수은 층에 추가적인 산소 음이온이 있다.

다. 1-2-3과 수은 구리 산화물에는 산소를 첨가하여 양전하 정공을 형성시켰는데, 또 다른 방법도 있다. $SrCuO_2F_{2+\delta}$에서 초전도성은 플루오린의 삽입으로 유도되며, $TlBa_2Sr_2Cu_2(CO_3)O_7$와 같은 붕괴한 산소-탄산염에서는 초전도성이 엇갈림에 의해 생성되어 n번째 팔면체마다 한 면을 따라 이동이 발생한다(여기서 n은 일반적으로 3~5이다). 이로부터 CuO_2 층은 변하지 않고 그래도 남으며, TlO와 CO_3 층이 섞이게 된다. 산소-할로젠 초전도체의 T_C는 80 K까지 도달할 수 있고, 붕괴한 탄산염 초전도체는 60~77 K 범위에서 T_C를 나타낸다.

1988년까지 발견된 모든 고온 초전도체들은 p-형이었고, 많은 연구자는 이것이 고온 초전도체의 특징이라고 추정하였다. 그러나 전자가 전하 운반체인 ***n*-형 초전도체** (***n*-type superconductor**)도 일부 발견되었다. 첫 번째는 Nd_2CuO 화합물에 기반한 것으로, 소량의 3가 네오디뮴이 4가의 세륨으로 치환된 $Nd_{2-x}Ce_xCuO_{4-y}$(x는 약 0.17)이다(사마륨, 유로퓸 또는 프라세오디뮴으로 네오디뮴을 치환할 수도 있다). 이후 3가의 란타넘족 원소를 치환한 구조에 기반한 다른 유사한 화합물들도 발견되었다. 예로는 4가의 토륨으로 치환된 $Nd_{2-x}Th_xCuO_{4-y}$이 있다. 이 화합물들의 초전도성은 25 K 이하의 임계 온도에서 나타난다.

구리 산화물계 초전도체에서 초전도성은 CuO_2 면에서 발생하고 포함된 다른 원소들과 면 사이의 거리는 초전도 전이 온도를 변화시키는 것이 분명해 보인다. 그러나 아직 확실하게 이해되고 있지는 않다.

구조적으로 구리 산화물계와 관련된 특이한 초전도체는 1994년에 확인되었다. Sr_2RuO_4는 고온 초전도체 1-2-3의 어미 화합물인 La_2CuO_4(그림 10.5 참조)와 거의 동일한 결정 구조를 갖는다. 그러나 La_2CuO_4가 반강자성 절연체인 데 비해, Sr_2RuO_4는 금속성이며 대략 1.5 K 이하의 온도에서 초전도성을 보인다. 낮은 T_C임에도 이 화합물은 초전도성뿐만 아니라 반강자성 특성을 보인다는 점에서 흥미롭다. 기존까지의 초전도체는 반자성이었기 때문에 반자성이 초전도성에 필요한 조건으로 생각되었다. Sr_2RuO_4의 루테늄은 형식적으로 Ru(IV)로 존재하며, $4d^4$의 전자 배치를 갖는다. Ru는 산소 팔면체의 중심에 있으므로, d-띠는 t_{2g}와 e_g로 분리된다. 네 개의 4d 전자는 t_{2g} 띠 일부를 차지한다. 초전도성은 이 띠의 최고 점유 준위에 가까이 있는 전자들에 의해 나타난다.

10.3.2 철 초전도체

자성과 초전도성은 상호 배타적이라고 믿었기 때문에, 일반적으로 초전도 층을 형성하기 위하여 자성 이온을 사용하는 것은 피해 왔다. 이러한 가운데, 2008년에 Hideo Hosono는 $T_C = 26$ K의 초전도성을 가진, 플루오린이 도핑된 LaFeAsO을 보고하였다. 이 결과는 전 세계의 연구자들에게 철 기반의 초전도체를 탐색하게 하였다. 이들 초전도체의 임계 온도는 구리 산화물계 초전도체만큼 높지는 않다. 그러나 일부 소재들은 전기 저온 냉각으로 도달할 수 있는 임계 온도를 보인다. 이 화합물들은 높은 임계 장을 가지며, 더 쉽게 선 형태로 합성된다. 어미 화합물인 SmFeAsO의 구조가 그림 10.9에 도시되어 있다.

구리 산화물계와 마찬가지로, 철 기반 초전도체는 층 구조를 형성한다. 특징적인 층은 P, As, Se 또는 Te가 면 위와 아래에 있는 철에 사면체 배위를 하는 정사각형 격자에 배열된 Fe로 구성된다. 이들 층은 단순하게 적층될 수도 있고, 1족, 2족 또는 란타넘족의 산소-플루오린화 층 사이에 배치되거나, 페로브스카이트 유형의 구조 사이에 위치한다. 다섯 종류의 구조들이 확인되었다. Fe 이온들은 전도성 층을 형성하며, 지금까지 가장 높은 임계 온도를 보이는 것은 As를 포함하는 화합물이다.

LaFeAsO 및 Fe_2Se_2와 같은 어미 화합물들에서 철은 +2의 형식 산화 상태에 있다. 따라서, 발견된 대부분의 초전도체에 전자를 Fe 층에 추가시키는 혼입물(dopant)이 있다는 사실은 놀라울 수 있다. 이 전자들은 다양한 방식(산소 음이온의 플루오린 음

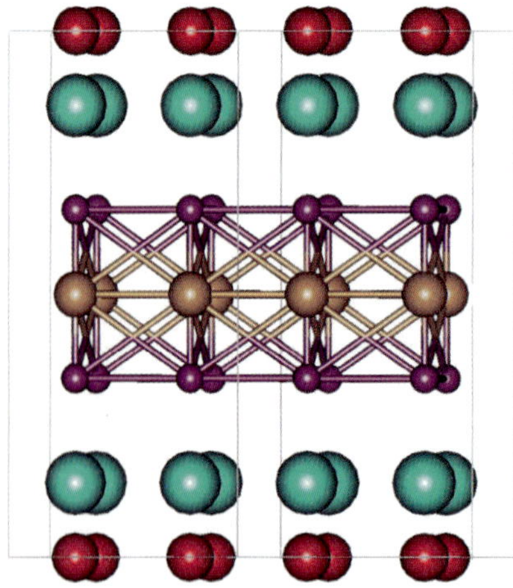

그림 10.9 SmFeAsO의 구조. Fe와 As 원자들은 Fe 원자들이 중심에 있는 조밀 채움 층을 형성한다. 이 층 위아래로 Sm 이온들이 있고, 그 위아래로 산소 음이온들이 존재한다.

이온 치환, 산소 빈자리, 층 사이에 1족 또는 2족 금속의 삽입에 의한 M^{2+} 또는 M^{+} 이온 형성, 또는 철 자리에 코발트 치환)으로 공급된다. 물론, 철 층에 전자를 삽입하면 철의 산화 상태는 환원된다. 이는 인접한 Fe뿐만 아니라 P, As, Se 및 Te에 대한 배위를 포함하는 Fe의 높은 배위수와 함께, 초전도성 층이 이온성 구조보다는 합금에 가깝다는 것을 제시한다.

예를 들면, 란타넘족 자리를 2족 금속으로 치환하면, 철 층에서 도핑이 전자를 끌어당기는 몇 개의 Fe 기반 초전도체 또한 존재한다.

10.3.3 고온 초전도체 이론

기존 초전도체와 마찬가지로, 고온 초전도체가 Cooper 쌍(10.23절)을 포함한다는 일반적인 공감대가 형성되어 있다. 그러나 형성된 쌍에는 차이점이 있다. 기존 초전도체에서는 Cooper 쌍들이 결합하여 총 각운동량(angular momentum)이 0이 되고 s-파 대칭의 질서 변수로 기술된다. 고온 구리 산화물계 초전도체에서는 Cooper 쌍들이 결합하여 0이 아닌 각운동량을 보이며, $d_{x^2-y^2}$-파 대칭의 질서 변수로 묘사된다. BCS 이론에서 짝지음 상태는 전자−포논 상호 작용에 의해 유발될 필요가 없으며, *d* 상태에서의 짝지음은 반강자성 스핀 요동 또는 전자−마그논 결합에 기인한다고 볼 수 있다. 이러한 가능성은 Kohn과 Luttinger에 의해 제시되었는데, 전자 사이의 Coulomb 반발로 인한 약한 집단 잔류 인력(collective residual attraction)이 형성될 수 있지만, Cooper 쌍의 전자가 밀접한 접촉을 막을 경우에만 발생할 수 있다고 밝혔다. 이는 쌍이 각운동량을 가지고 있는 경우, 즉 p-파 또는 d-파로 설명되는 경우 얻어질 수 있었다. 이러한 경우에서 T_C에 대한 초기 추정값은 매우 낮았지만, 강한 스핀 요동이 있는 금속에서 더 높은 임계 온도가 가능할 것으로 전망했다. 기존 초전도체에 대한 BCS 이론처럼, 결합은 집합 특성이며 짝지음은 동역학적 과정이다. 스핀−매개 결합은 삼차원보다 이차원에서 초전도성를 생성하는 데 훨씬 효과적이며, 이로부터 구리 산화물계와 같은 준이차원 고체에서 고온 초전도성이 발견되는 이유를 설명할 수 있다. 실험에 따르면, 준이차원 유기 초전도성 고분자는 d-파 초전도체로 제안되기도 한다.

d-파 대칭의 존재는 주사 터널링 현미경(STM, 2장 참조)을 이용한 명쾌한 실험으로 입증되었다. Davis와 Uchida가 이끄는 버클리와 도쿄의 공동 연구자들은 STM을 사용하여 소량의 구리 원자가 치환된 비스무스 스트론튬 칼슘 구리 산화물 시료의

차등 터널링 전도도(differential tunnelling conductance)를 측정하였다. 이 차등 터널링 전도도는 시료에서 현미경 팁으로 터널링하는 전자의 가능한 상태 밀도에 비례한다. 이것은 초전도성 대칭 간격(superconduting symmetry gap)이라고 알려진 최고 점유 준위 위에 정의된 에너지 내에서 0이 되어야만 한다. d-파 대칭의 경우, $d_{x^2-y^2}$ 궤도의 마디(node)와 유사한 특정 방향에서의 에너지 간격은 0이다. Zn 원자는 원자의 자리에서 초전도성 쌍을 깨뜨려, 전도도 피크가 Zn 원자의 자리에서 나타난다. Zn 자리에서 방출되는 것은 d-파동 함수에 대해 예상되는 마디의 방향에서 상대적으로 높은 전도도 선이었다.

철 기반 초전도체는 Cooper 쌍을 포함하는 것으로도 생각되며, 동위 원소 연구로부터 포논이 관련되어 있다는 증거가 있다. 구리 산화물계 반도체의 경우, 고체는 T_C 이상에서 반강자성이며, 초전도성의 시작은 자성 순서의 붕괴와 관련이 있을 수 있다. NMR은 이러한 초전도체가 단일선($S = 0$)임을 보여주었다. Cooper 쌍의 파동 함수는 전자 교환과 관련하여 비대칭이어야만 한다. 단일선 Cooper 쌍에서 전자 교환은 스핀을 변화시키고, 따라서 질서 변수는 짝수(s-, d- 등)가 되어야만 한다. 일부 고체의 측정 결과는 s-파동 대칭을 제시한다. 그러나 s-파동의 위상 변화에 대한 증거가 있으므로, s-파동 대칭 유형은 기존 초전도체의 유형이 아니다. 그러나 메커니즘의 본질에 대해서는 여전히 논란의 여지가 있다.

강자성 초전도체는 고온 초전도체처럼 자성 상호 작용으로 형성된 Cooper 쌍을 가지는 것으로 간주하지만, 스핀이 정렬되어 삼중선(triplet) 상태를 부여한다. 삼중선 쌍의 경우, 두 전자는 동일한 스핀을 가지므로 질서 변수는 홀수이어야 한다. 일반적으로 강자성 초전도체는 p-파동 질서 변수를 갖는다고 여겨지고 있다.

10.4 고온 초전도체의 응용

금속 및 합금 초전도체는 NMR 분광기에서 사용되는 예와 같이 자석 제작에 사용된다. 다른 용도로는 초전도 양자 간섭 장치(SQUIDS)가 있는데, Josephson 접합을 포함하는 전선 고리들이며(초전도성 층들로 구성됨), 매우 작은 양의 전압 및 전류, 자기장 등을 측정할 수 있다. 그러나 이들은 액체 헬륨 온도로 냉각되어야 하므로 비용이 많이 든다. 따라서 고온 초전도체를 사용하면, 이러한 응용 분야 및 기타 응용 분야에서 비용을 절감할 수 있다. 그러나 구리 산화물계는 선으로 쉽게 형성되지 않는 부서지기 쉬운 세라믹 소재이며, 이들 소재에서 초전도성은 비등방성(anisotropic)이다. 이러한 문제를 극복하는 데 있어서 진전이 더딘 상황이다.

고온 초전도체를 사용하는 전기 모터와 자석들도 개발되었다. 1997년에 뉴질랜드 Institute for Geological and Nuclear Science에 있는 탄소 연대 측정 van der Graaf 가속기의 빔라인에 고온 초전도 자석이 설치되었다. 2018년 덴마크에서 작동하는 풍력 터빈 발전기의 자석이 초전도 자석으로 대체되었다. 이 자석은 강철 리본에 초전도체인 가돌리늄–바륨–구리 산화물(1-2-3과 유사한 구조를 갖는 구리 산화물계 초전도체, $GdBa_2CuO_{7-x}$)이 있는 복합 테이프 구조이다.

10.5 요약

1. 소재의 초전도 상에서, 전기 저항은 0이고 모든 자속은 내부에서 방출된다.
2. 자성 질서(강자성 또는 반강자성)를 나타내는 금속 원소는 초전도 상을 형성하지 않는 것으로 밝혀졌다.
3. 초전도성은 초기에 저온에서 금속과 합금에서 발견되었으며, 이 특성은 Bardeen, Cooper 및 Schrieffer가 제안한 이론(BCS 이론)에 의해 설명되었다.
4. BCS 이론에 따르면, 초전도성은 전자가 결합된 Cooper 쌍들이 지속적으로 분해되고 새로운 전자와 재형성되는 강한 포논–전자 결합에 의한 것이다.
5. 가벼운 원자를 포함하는 일부 화합물(예를 들면, 매우 높은 압력에서 MgB_2, H_2S)은 고온에서 초전도체이다. 이들은 BCS 이론으로 설명될 수 있다.
6. Bednorz와 Muller는 페로브스카이트에 기반한 구조를 갖는 구리 산화물계 소재에서 이전에 연구된 금속 및 합금보다 더 높은 온도에 존재하는 초전도성 상을 발견하였다.
7. 구리 산화물계 초전도체에서, 초전도성은 Cu 원자와 O 원자의 면에서 발생한다. 이 소재들은 BCS 이론을 따르지 않는다.
8. 구리 산화물계 초전도체는 부서지기 쉬운 세라믹이므로 선으로 제작하기 어렵다.
9. 철 기반 초전도체도 층 구조를 형성한다. 특징적인 층은 P, As, Se 또는 Te가 면 위와 아래의 철에 사면체 배위하는 사각형 격자에 배열된 Fe로 구성된다. 이러한 소재의 초전도성 상은 구리 산화물계보다 낮은 온도에서 생성되지만, 선으로 제작하는 것이 더 쉽다.

문제

1. BCS 이론을 따르면서 높은 임계 온도를 보이는 초전도체에 대한 한 가지 조건은 고주파 포논의 존재이다. 수소화물이 이 조건을 충족하는 이유는 무엇인가?

2. 수은 구리 산화물계인 $Hg_{0.8}Tl_{0.2}Ba_2Ca_2Cu_3O_{8.33}$에서 구리의 평균 산화 상태를 계산하시오. 이때 Tl은 Tl^{3+}로, Hg는 Hg^{2+}로 존재한다고 가정하시오.

3. 초전도체인 $SmFeAsO_{0.5}F_{0.5}$에서 Fe의 평균 산화 상태를 계산하고, 얻은 값에 대하여 설명하시오. 이때 As는 As^{3-}로 존재한다고 가정하시오.

4. 그림 10.8과 10.9를 이용하여, 구리 산화물계와 철 기반 초전도체의 유사성과 차이점을 유념하면서 그 구조를 비교하시오.

5. 초전도성을 요약하는 아래 표를 완성하시오.

소재	질서 변수의 대칭	스핀 상태
금속 및 합금		
구리 산화물계		
철 기반 초전도체		
강자성 초전도체		
수소화물		

6. 금속 초전도체와 비교하여 구리 산화물계 고온 초전도체의 장단점을 나열하시오.

11장

나노구조

11.1 나노과학

이 장에서는 적어도 한 차원의 크기가 0.2~100 nm인 구조와 이러한 물질 크기가 물성에 미치는 영향을 고찰하고자 한다. 나노구조라는 용어는 1차원 나노선, 2차원의 나노층, 나노 크기의 3차원 나노입자를 포함한다. 1 나노미터(nm)는 10^{-9} m(10 Å)이다. 참고로 사람의 머리카락 두께는 15,000~200,000 nm이다. 크기가 큰 입자와 비교할 때 나노입자는 부피 대비 표면적 비율이 매우 커서 다른 입자와 또는 서로 반응하는 방식에 영향을 미친다. 지름 10 nm의 나노입자 하나는 표면에 약 15%의 원자를 가지고 있는 데 비해 큰 고체의 경우 그 비율은 1% 미만으로 떨어진다. 또한 금속에서의 에너지띠와 같은 확장된 고체와 연관된 에너지 준위는 더 이상 적용되지 못하며, 그 전자적 에너지 준위들은 개별 원자 및 분자에서 발견되는 양자화된 준위들과 더 유사하다. 나노물질의 이러한 특성은 이들의 전도도에 영향을 주고, 빛 또는 다른 에너지 형태와 상호 작용하는 방식도 달라지게 한다. 따라서 이러한 특성을 고려하면서 나노구조를 합성해야 한다. 나노구조의 제조 방법과 합성 조건은 매우 중요하다. 앞으로 살펴보겠지만, 생성되는 입자의 크기와 모양에 따라 물성이 급격하게 달라지기 때문이다. 사용되는 합성 기술은 경우에 따라 상당히 특별해서 독자적인 연구주제가 될 수 있지만, 여기서는 커다란 두 가지 범주인 상향식(bottom-up)과 하향식(top-down) 합성법에 대해 살펴보고자 한다.

11.2 나노스케일에 따른 현상

11.2.1 나노입자 형상

부피 대비 표면 비율이 높은 나노물질에서는 격자 에너지와 같은 벌크 특성뿐만 아니라 표면 에너지 특성, 그리고 어긋남(dislocation)과 같은 결함 특성 또한 두드러지게 된다. 이들의 균형에 의해 나노물질의 결정 구조가 정해진다. 예를 들어, 보통의 벌크 구리는 입방 조밀 구조(*ccp*)인 반면, 박막 구리에서는 체심 입방 구조(*bcc*)와 같은 특이한 결정 구조가 나타난다.

화학 증기 증착(CVD)에서 박막 형성 조건을 조절하면 형상이 다른 나노결정들을 얻을 수 있는데, 특정 형상을 만드는 기술은 촉매 제조에 있어 매우 중요하다. 각각 다른 결정면들이 특정한 반응을 촉진시키는 것이 발견되었기 때문이다.

많은 나노물질은 여러 가지 형태로 만들어질 수 있다. 11.3절에서는 다이아몬드 박막, 단일 층의 흑연, 카본 블랙, 풀러렌, 다중층 및 단일층 나노튜브 등의 탄소 물질에 대해 살펴볼 것이다. 무기 물질들 또한 다양한 나노구조를 이룰 수 있다. 예를 들어 ZnO를 박막, 나노입자, 나노튜브, 나노선, 나노막대(그림 11.1), 나노고리, 그리고 나노꽃 형태로 만들 수 있다.

11.2.2 전자 구조

4장에서, 결정을 매우 큰 분자로 간주하여 결정의 에너지 준위를 얻는 방법에 대해 논의하였다. 예를 들어 마이크로미터 크기의 결정은 에너지 준위들의 개수가 매우 많고 그 간격은 매우 작아서, 허용된 에너지가 연속적인 에너지띠를 가지는, 본질적으로 무한한 고체로 취급할 수 있다. 나노미터 크기에서 (우리는 여전히 입자를 거대 분자라고 생각할 수 있지만,) 일반적인 나노입자는 10^2~10^4개의 원자를 포함하고 있다. 분자 관점에서는 매우 크지만 무한히 확장된 고체로 근사할 수 있을 정도로 크지는 않다. 그 결과 나노입자에서는 에너지띠를 여전히 구분할 수 있지만, 띠 사이의 간격이 커다란 결정과는 다를 수 있으며, 띠 내에서 에너지 준위도 연속되지 않는다. 이로부터 우리는 에너지띠 내에서 에너지 준위 양자화에 의한 효과를 관찰할 수 있다. 반도체(양자점)의 결정 크기와 에너지 준위를 그림 11.2에 나타내었다.

그림 11.2a는 반도체에 대한 에너지띠 다이어그램이다. 결합 전자는 여러 에너지

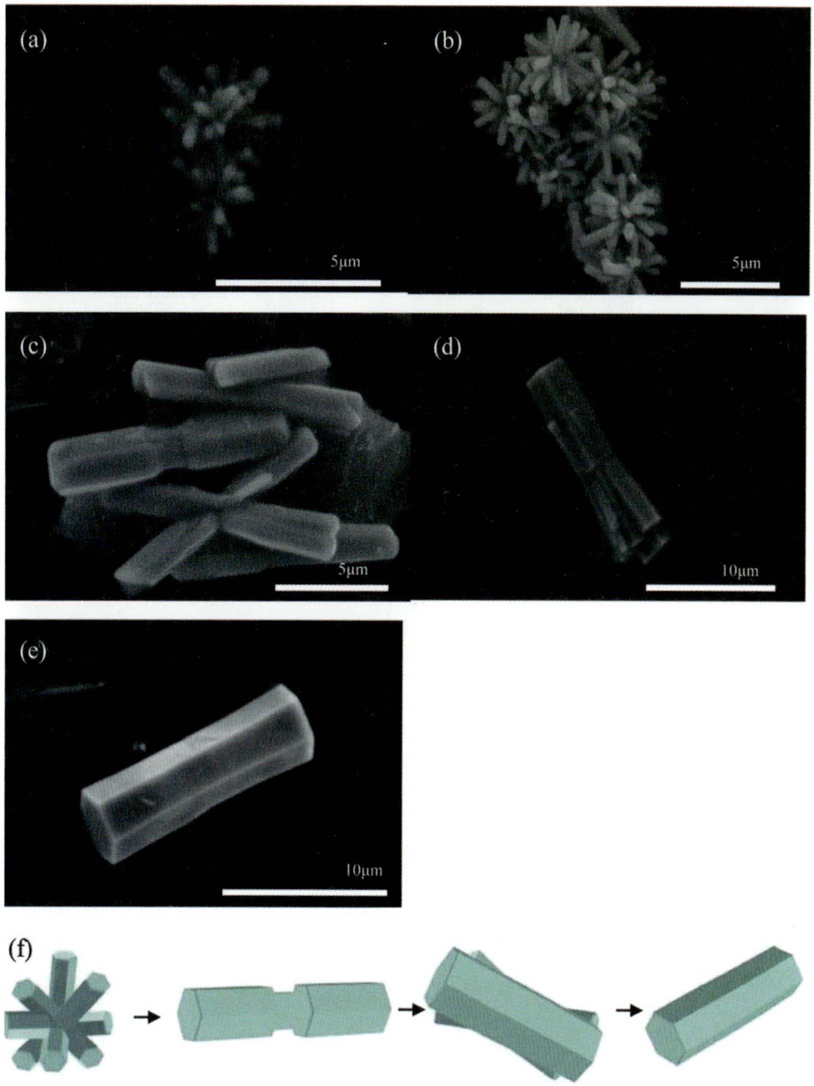

그림 11.1 SEM으로 관찰한, NaOH 없이 100°C에서 시간에 따른 ZnO 나노막대 반응: (a) 3 h, (b) 6 h, (c) 12 h, (d) 24 h, (e) 48 h, (f) ZnO 나노막대 성장의 도식적인 설명 (Reprinted from Hsu, K.-C., Liao, J.-D., and Fu, Y.-S. 2013. 'Hydrothermal Synthesis of ZnO Nanorods Using the HMT Surfactant', *Integr. Ferroelectr*, Vol. 143 issue 1, 2013, Taylor & Francis Ltd. With permission. http//www.tanfonline.com.)

준위의 연속체로 구성된 아래쪽 원자가띠에 놓이게 되고, 각각의 에너지 준위는 두 개의 전자에 의해 채워질 수 있다. 오비탈 상태 밀도 다이어그램은 일반적으로 에너지띠 상단과 하단의 밀도가 낮고, 가운데 부분이 높은 밀도(진하게 표시)를 가진다. 원자가띠 위에는 전도띠가 있는데, 이 두 띠는 띠간격을 사이에 두고 분리되어 있다. 만약 띠간격을 뛰어넘을 정도의 충분한 에너지가 공급되어 전자가 원자가띠에서 전

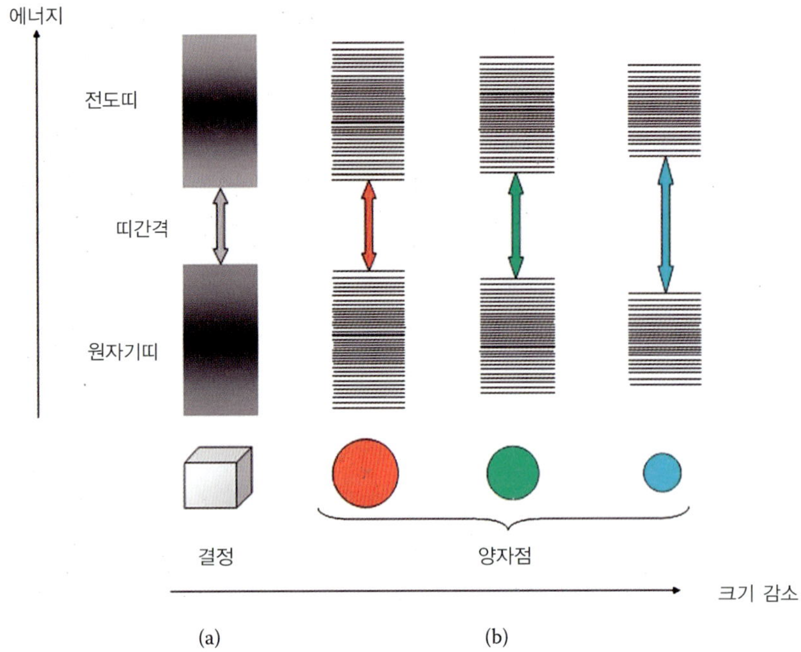

그림 11.2 (a, b) 입자 크기에 따른 반도체 띠간격의 변화

도띠로 들뜨게 되면, 전기가 통하게 된다.

반도체 결정의 크기가 작을수록 에너지띠 형성에 기여할 수 있는 원자 오비탈의 수가 적어진다. 결정이 매우 작아져 한 '점'이 될 때, 각각의 에너지띠 가장자리로부터 오비탈이 제거되어 그 띠는 더 이상 오비탈의 연속체가 아니고, 개별적으로 양자화된 오비탈 에너지 준위(그림 11.2b)가 된다. 동시에, 이것은 띠간격을 증가시키는 효과를 보인다. 즉, 대부분의 반도체 나노입자는 크기가 감소함에 따라 오비탈 에너지 준위의 수가 감소하고 띠간격이 증가한다. CdSe 결정의 띠간격을 예로 들면, 지름이 11.5 nm일 때 약 1.8 eV이지만 지름이 1.2 nm인 결정에서는 약 3 eV이다. 3차원 나노구조인 양자점과 더불어, 나노미터 크기의 2차원(양자선(quantum wire)) 또는 1차원(양자 우물 또는 필름) 구조 또한 흥미로운 특성을 나타낸다. 나노구조체에서 에너지띠가 어떻게 양자화되는지를 상태 밀도에서 확인할 수 있다. 벌크 물질, 양자 우물, 양자선 및 양자점에 대한 이론적인 상태 밀도 다이어그램을 그림 11.3에 나타내었다.

그림 11.4는 실제 예시로 단일 벽 탄소 나노튜브(single-wall carbon nanotube, SWCNT)의 상태 밀도를 나타낸 것이다. 반도체성 탄소 나노튜브에 대한 상태 밀도는 특정 에너지 준위에 대응하는 [반 호브(van Hove) 특이성이라고도 하는] 날카로

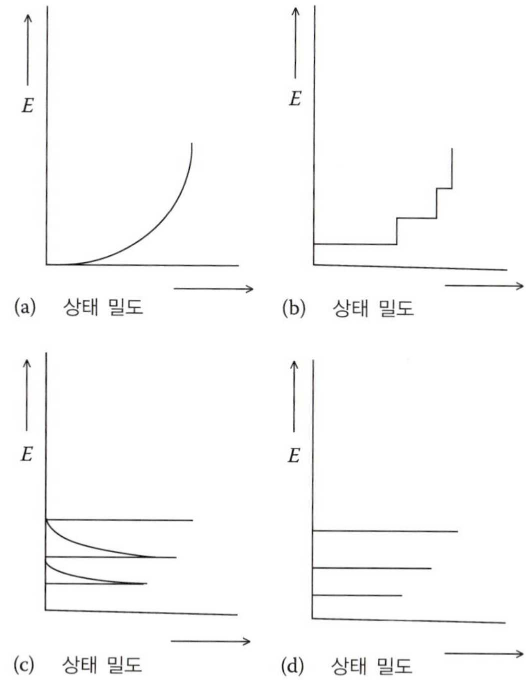

그림 11.3 이론적인 상태 밀도 다이어그램. (a) 벌크 물질, (b) 양자 우물, (c) 양자선, (d) 양자점

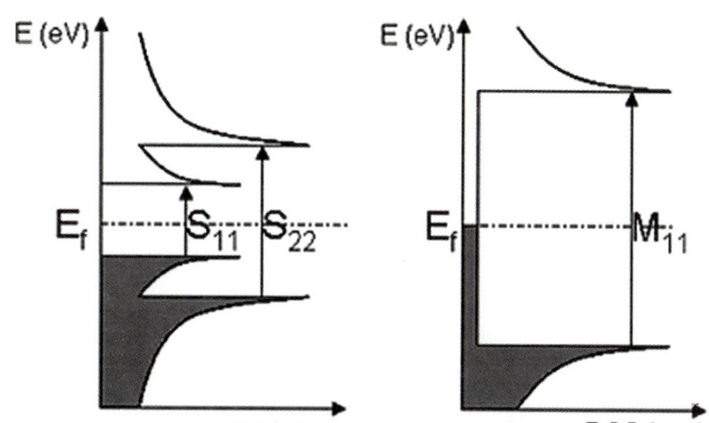

그림 11.4 반도체성 SWCNT(왼쪽)와 금속성 SWCNT(오른쪽)의 상태 밀도를 보여주는 에너지 다이어그램. 원자가띠는 회색, 전도띠는 흰색으로 나타내었다. (From V. Gobba and D. M. Guldi, 'Carbon Nanotubes – Electronic/Electrochemical Properties and Application for Nanoelectronics and Photonics'. *Chem. Soc. Rev.* (2009) **38**, 165–184, by Chemical Society (Great Britain). Reproduced with permission of Royal Society of Chemistry via Copyright Clearance Center.)

운 피크를 보이는 것을 예상할 수 있다. 이것은 주사 터널링 현미경(STM, 2장) 실험을 통해 확인되었다. 그림 11.4(S_{11}와 S_{22})에서, Fermi 에너지(그림에서 $E=0$) 부근에서 상태 밀도가 0인 갭이 있다. 이것이 반도체와 연관된 띠간격이다. 반도체 탄소 나노튜브에서, 띠간격은 일반적으로 지름이 감소함에 따라 증가하지만, 특정 나노튜브 구조에서는 띠간격이 0이 되고, 흑연과 유사한 금속성 전도체가 된다.

고체(이온 전도체 제외)의 전기 전도도는 띠를 형성할 수 있을 정도로 에너지적으로 충분히 가까운, 비편재화된 오비탈의 가용성에 따라 달라진다. 나노 크기의 구조에서 채워진 띠의 상단에 있는 준위들은 에너지 측면에서 우리가 보아왔던 것만큼 가깝지 않으며, 이것이 전도도에 영향을 줄 수 있다. 특정 조건에서의 나노구조물을 통한 전기 전도도는 양자화되어 전압 증가와 함께 단계적으로 증가한다. 전자는 이 구조를 통과하게 되는데, 에너지가 낮은 빈 양자화 준위부터 채워져 전자를 공급할 수 있는 최상단 준위에 이르게 된다(그림 11.5). 만약 그 이상의 분리된 에너지 준위로 전자를 올리기에 열에너지가 충분하지 못하면, 더 이상 전자는 지나가지 못한다. 이때 전도도는 떨어지며 전압이 V로 올라갈 때까지 이 현상이 지속된다. 전압 V에서 에너지($e \times V$)는 전자를 다음 에너지 준위에 도달시킬 정도로 충분하기 때문에 전자를 인접 물질로 흐르게 한다. 이로 인해 전류가 다시 증가한다. 그 예로 그림 11.6은 트랜지스터에서 두 개의 GaAs/AlGaAs 계면을 연결하는 양자선에 걸린 게이트 전압

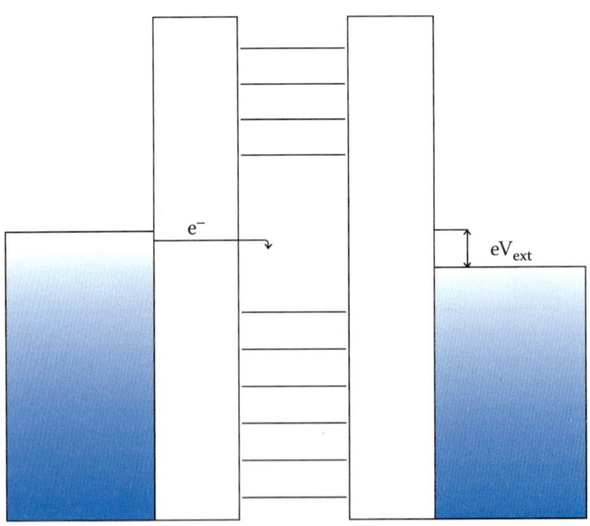

그림 11.5 전자는 에너지가 낮은 비어있는 양자화 준위부터, 전자를 공급받을 수 있는 최상단 준위까지 채워지게 된다.

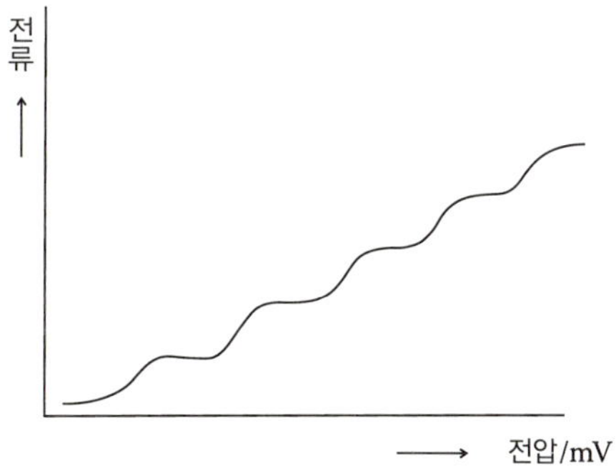

그림 11.6 트랜지스터 안의 두 GaAs/AlGaAs 계면을 연결하는 양자선에 걸리는 게이트 전압에 대한 전류 변화

에 따라 전도도가 어떻게 증가하는지를 보여 주고 있다.

11.2.3 광학적 성질

이 절에서는 나노구조에서 빛의 상호 작용에 대한 두 가지 측면, 즉 나노구조물과 큰(bulk) 고체에서의 상이한 에너지 준위로 인한 광학 특성의 차이, 그리고 산란 특성의 변화를 살펴볼 것이다.

앞 절에서 나노구조 반도체의 띠간격이 구조의 크기에 따라 달라진다는 것을 보았다. 전도띠 전자가 원자가띠로 복귀할 때 방출된 빛의 파장 또한 달라질 것이다. 그러므로 같은 물질이지만 입자의 크기가 다르다면 여러 가지 다른 색의 형광 방출을 얻을 수 있다. 형광을 생성하기 위해서 띠간격보다 큰 광자 에너지를 갖는 빛을 나노구조물 위에 쪼여 준다. 그러면 전자는 전도띠를 구성하는 어떤 한 준위로 들뜨게 되고 이로부터 열에너지 손실에 의한 일련의 단계를 거치면서 전도띠에서 가장 낮은 에너지 준위에 도달한다. 이 전자는 빛을 방출하면서 원자가띠로 되돌아간다. 이를 양자점(11.5.2절)에 대해서 그림 11.7에서 설명하고 있다.

그림 11.7a는 크기가 큰 양자점(작은 띠간격)에 빛을 쪼인 경우를 나타낸다. 전자가 원자가띠로 붕괴하면서 광자를 방출하는데 그 에너지가 형광색으로 나타난다. 만약 그림 11.7b의 작은 양자점(큰 띠간격)이 같은 과정을 거치면, 전자가 원자가띠로 붕괴할 때 방출되는 광자의 에너지가 더 크다는 것을 알 수 있다. Plank–Einstein 방정식 $E = h\nu$에 따라 높은 에너지의 광자는 더 높은 진동수를 가질 것이고, 따라서 스펙트럼의 파란색 쪽으로 가까워질 것이다. 이것이 색 변화의 원인이다. 나노구조가

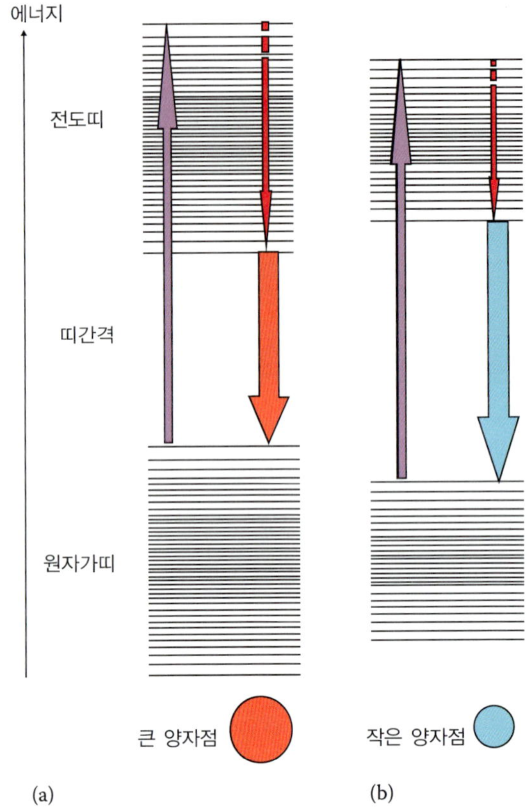

그림 11.7 (a, b) 나노입자에서 그 크기에 따른 형광색의 변화

작을수록 띠간격은 더 커지고, 방출되는 빛의 파장은 더 짧아진다. 그 결과 지름 5.5 nm의 CdSe 나노입자는 오렌지 빛을, 지름 2.3 nm의 나노입자는 청록색 빛을 방출한다.

CdSe와 같은 반도체 나노입자의 흡수 스펙트럼에서는 파장이 변화할 뿐만 아니라 마치 전도띠 안의 불연속 에너지 준위로의 흡수에 해당하는 흡수띠를 나타내기도 한다. 예를 들어 지름 11.5 nm의 CdSe 나노입자는 거의 특징 없는 경계를 보이는 흡수 스펙트럼을 가지고 있지만, 지름 1.5 nm의 나노입자는 분자 흡수띠들과 유사한 흡수 특성을 보이며 이것의 흡수 파장은 약 200 nm 정도 짧은 쪽으로 이동한다.

금 나노입자(콜로이드)에 의해 발현되는 색상은 로마 시대부터 색 유리에 사용되었으며 19세기 중반 Faraday로부터 연구되어 왔다. 금속에 있어서, 빛은 표면 전자와 상호 작용하며 반사된다. 특정 진동수의 빛은 나노입자의 표면에서 전자 생성을 유발하고, 이 진동수에서 흡수는 색을 발생시킨다. 그러므로 진동 주파수와 색상은 입자의 크기에 의존한다. 예를 들면 벌크 금은 황색인 반면, 금 박막은 빛이 통과할 때 파란색으로 나타난다. 입자 크기가 작아질수록 흡수되는 빛의 파장은 감소하여 처음에 빨간색으로 나타나고, 지름 3 nm의 입자는 오렌지색이 된다. 가시광선 영역에서의 진동 주파수는 금, 은, 동 및 1족 금속에 대해서만 관찰된다.

입자는 빛을 흡수할 뿐만 아니라 산란시키기도 하며, 이 때문에 미세 분말은 흰색 또는 엷은 색으로 보인다. 그런데 아주 작은 나노크기의 입자는 산란 효율이 감소되기 때문에 투명하게 된다. TiO_2와 ZnO는 피부에 해로운 자외선을 흡수하는 능력 때문에 수년 동안 자외선 차단제에 사용되었다. 특히 TiO_2는 굴절률이 매우 높아서 빛을 매우 효율적으로 산란시킨다. 사실 이 물질은 아주 좋은 백색 안료이고 높은 피복력으로 인해 대부분의 백색 페인트에 사용될 정도로 효율적이다. 지름이 약 50 nm인 TiO_2의 나노입자는 가시 광선을 산란시키기에는 너무 작기 때문에 투명하다. 그러나 해로운 단파장 자외선을 여전히 흡수하므로 현재 자외선 차단제에 사용되고 있다.

11.2.4 자기적 성질

9장에서 강자성 자기 구역(도메인)의 개념을 소개하였다. 이러한 자기 구역은 일반적으로 10~1000 nm 정도의 크기를 갖는다. 그러므로 나노결정에서 자기 구역 크기와 결정 크기가 비슷하다는 것을 예상할 수 있다. 이러한 단일-자기 구역 결정에서는 모든 전자 스핀이 정렬된다. 자철광의 단일-자기 구역 결정은 특정 박테리아(주자기성 박테리아)에서 발견되는데, 이 박테리아는 진흙 연못에서 침전물/물 경계에 머물러 있기 위해 이러한 자석을 이용한다.

크기가 큰 결정에서 자화 및 자기 소거에 대한 주된 메커니즘은 자기 구역 벽의 회전이다(9.3.1절). 결정의 크기가 작아지면 단일 자기 구역 영역에 가까워질수록 자기장을 인가하는 것으로는 자기력을 소거하기가 점점 어려워진다. 이때 가능한 메커니즘은 오로지 자기 구역 안에서 스핀-스핀 짝지음을 깨뜨리는 것뿐이기 때문이다. 그러나 입자 크기가 계속해서 작아지면, 스핀의 수가 감소하고 정렬하고자 하는 힘이 약해진다. 결국, 이 힘이 점점 더 약해지고 온도의 영향을 받는 상태에서, 인가된 자기장이 없을 때 스핀이 다른 방향으로 뒤집힐 수 있다. 그렇게 되면 결정은 더 이상 강자성이 아니라 **초상자성(superparamagnetic)**이 된다. 초상자성은 Curie 온도 이하에서 발생하기 때문에 일반적인 상자성과 다르고, Curie 온도 이하에서 스핀 방향이 반대 방향으로 뒤집힘으로써 자화 방향이 반전될 수 있다. 이러한 스핀 반전 상태 사이의 시간이 짧은 경우, 자화를 측정하면 0으로 나타난다. 그림 11.8은 강자성 입자

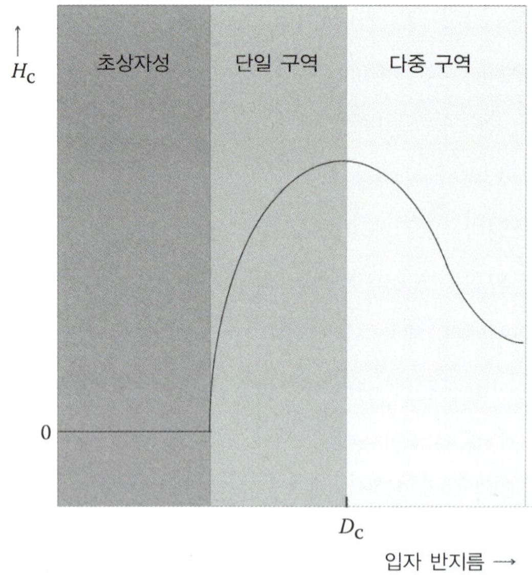

그림 11.8 강자성 입자를 자기 소거하는 데 필요한 자기장(보자력, H_C)을 입자 크기의 함수로서 나타낸 그래프. 입자는 반지름 D_C에서 단일-자기 구역이 된다.

를 자기 소거하는 데 필요한 자기장(보자력)을 입자 크기의 함수로 나타낸 그래프이다. D_C는 입자가 단일 자기 구역이 되는 반지름이다. 강자성 전이 금속 및 페리자성 Fe_3O_4(자철광)에 대한 D_C 값을 표 11.1에 정리하였다.

초상자성 상태에서 자기장이 인가되는 경우, 방해 온도(blocking temperature)라고 불리는 임계 온도(T_B) 이상에서는 입자의 스핀이 자기장에 의해 정렬되고 자화된다. 이는 상자성 물질과 유사하지만, 상자성에서 관찰되는 것보다 훨씬 큰 자화율과 자기 모멘트를 가진다. 방해 온도보다 낮은 온도에서는 운동 에너지가 충분하지 못하여 스핀이 재배향하는 데 필요한 에너지 장벽을 극복하지 못한다. 방해 온도는 인가된 자기장의 세기에 따라 달라진다. 초상자성 상태에서 입자는 상자성 물질과 마찬가지로 히스테리시스를 나타내지 않는다.

표 11.1 몇가지 강자성 물질의 단일-자기 구역 반지름

물질	D_c/nm
Fe	14
Co	70
Ni	55
Fe_3O_4	128

초상자성 산화철 나노입자는 조영제 역할을 하여 자기공명영상(MRI 스캔)의 품질을 향상시키는 데 사용된다.

이러한 자기 나노입자는 또 다른 유망한 의료 용도로 사용되기도 한다. 예를 들어 항체를 사용하여 나노입자들을 적절하게 기능화할 수 있다면 이것을 혈류에 주입하여 암 발생 부위과 같은 질병이나 감염의 표지자를 찾는 데 사용할 수 있다. 이는 MRI로 감지된다. 약물 분자를 자기 나노입자의 표면에 부착시킬 수 있다면, 이들을 자기장을 사용하여 감염 부위로 끌어당김으로써 약물을 보다 효율적으로 표적에 전달할 수 있다.

초상자성 특성이 있는 산화철 나노입자를 탄화수소 액체에 현탁시켜 자성유체로 사용하기도 한다. 이 유체의 흐름을 자기장으로 제어할 수 있기 때문에, 우주에서 액체 로켓 연료를 제어하기 위한 목적으로 NASA에서 발명되었다. 고체 로켓 연료의 출현으로 현재는 주로 컴퓨터 하드 드라이브의 베어링 밀봉재와 스피커의 댐퍼로 사용된다.

지금까지 우리는 분리된 자기 나노입자에 대해 알아보았다. 나노 크기의 입자들이 밀착되는 경우에는 자기 효과가 달라질 수 있다. 스핀 교환 커플링이 입자 사이에서 발생할 수 있기 때문이다. 9장에서 인접한 반강자성 층을 이용하여 자성 재료 박막의 스핀을 고정할 수 있음을 보았다. 경자성 입자와 연자성 입자 사이의 교환 커플링이 이루어지는 나노 복합재료는 높은 잔류 자기와 높은 보자력을 가질 수 있다. 즉, 그들은 인가 자기장을 0으로 감소시켜도 여전히 강한 자성을 유지하고, 이를 자기 소거하려면 아주 큰 자기장이 필요하게 된다.

11.2.5 기계적 성질

경도 및 유연성 같은 물질의 특성은 입자 크기에 따라 변화하는 것으로 오래전부터 알려져 있다. 예를 들어, 입자 크기가 마이크로미터 크기에 이르기까지 감소하면 소성 변형에 대한 저항이 증가한다. 하지만 입자 크기가 계속해서 작아지면, 저항은 증가를 멈추고, 심지어 감소한다. 이러한 효과는 나노 크기 입자의 소성 변형에 대한 또 다른 메커니즘에 기인하고 있다. 큰 결정에서는 변형이 주로 결정 내 어긋남(dislocation)의 움직임의 지배를 받는다(5장). 이 움직임은 결정립계(grain boundary)에 의해 억제된다. 입자 크기가 감소할수록 벌크 대비 결정립계 비율이 증가하기 때문에 변형이 어려워진다. 마침내 결정립의 크기가 5~30 nm에 도달하면, 어긋남의 움직임은 무시할 만해지지만, 결정립계를 따라 생기는 원자들의 미끄러짐을 통한 변형이 유리해진다. 후자의 메커니즘은 벌크 대비 결정립계 비율이 커짐에 따라 촉진되어, 결정립 크기가 감소되는 만큼 연성이 증가한다.

11.2.6 용융 온도

나노결정 크기가 감소하면 용융점이 내려간다. 나노결정의 용융은 투과 전자 현미경으로 관찰할 수 있다. 금 나노 클러스터는 300 K에서 녹는 것으로 확인되었는데 이는 벌크 상태 금 원소의 용융점 1338 K와 큰 차이가 있다. 벌크 상태의 CdS 용융점은 1678 K인데, 3 nm의 CdS 나노결정은 진공에서 약 700 K에서 녹는다. 결정 크기가 작을수록 표면 에너지가 점점 더 중요한 인자가 된다. 열역학적으로 고체의 표면 에너지가 액체보다 높으면 용융 온도가 낮아진다.

11.3 나노구조 탄소

11.3.1 카본 블랙

카본 블랙은 비정질 탄소 나노입자로 구성된 폭신폭신한 미세 분말이며, 탄화수소를 기상에서 불완전 열분해시켜 만든다. 그을음과 같은 유사 형태의 분말 불순물이 포함되지 않게 하는 제조 방법을 통해, 전 세계적으로 1년에 약 8백만 톤이 생산된다. 타이어 등의 고무 제품의 보강재, 인쇄 잉크, 페인트, 플라스틱의 검정 안료, 복사기 토너, 배터리 전극, 모터 브러시에 사용된다. 카본 블랙을 타이어에 첨가하면 인장 강도와 마모 저항이 개선되는데, 작은(약 20 nm) 입자일수록 좋은 효과를 나타낸다.

11.3.2 흑연

흑연은 다양한 용도로 사용되는 매우 친숙한 물질이다. 연필심이 흑연이고, 곱게 부스러진 형태의 흑연은 가스와 용질을 흡수하는 데 사용된다. 흡수 특성은 가스 방독면으로부터 식품의 착색에 이르는 다양한 분야에 적용된다. 배향된 유기 고분자

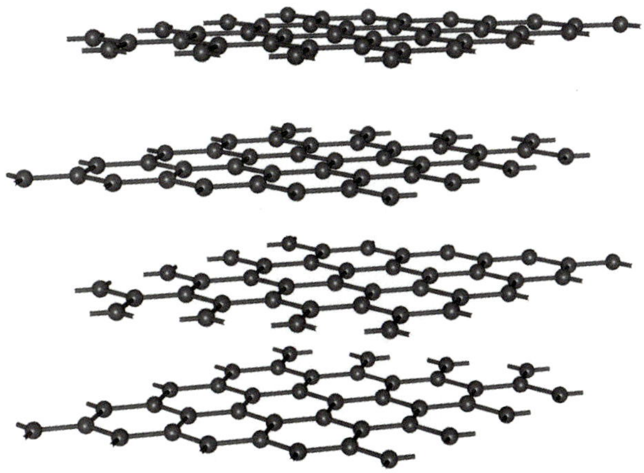

그림 11.9 흑연 층들의 육각 구조

섬유의 열분해로부터 형성된 흑연은 탄소 섬유의 기초가 된다. 흑연은 또한 여러 가지 산업에서 중요한 촉매용 지지체로 사용된다. 흑연은 다양한 산업용 전기분해 공정의 전극으로 쓰이는데, 흑연의 좋은 전기 전도도를 이용한 것이다. 한편, 흑연 결정은 2차원적으로만 좋은 도체이며, 따라서 여기에서는 이러한 2차원 특성을 살펴볼 것이다.

서로 맞물린 육각형 층들로 이루어진 흑연 결정의 구조를 그림 11.9에 나타내었다. 그림 11.9는 흑연의 가장 안정한 형태이며, 모든 층의 원자가 각각의 다른 층 위에 ABAB 순서로 쌓여 있다. 서로 맞물린 육각형 층들이 ABCABC 순서로 쌓인 다른 형태도 있다.

각각의 탄소는 인접하는 탄소와 3개의 단일 결합을 하는 것으로 생각할 수 있다. 이는 층 평면에 직각인 p 오비탈에, 탄소 하나당 한 개의 바깥 전자를 남긴다. 이러한 p 오비탈들이 서로 결합하여 층 전체에 걸쳐 비편재화된 오비탈로 확장된다. 만약 어느 한 층에 n개의 탄소 원자가 있으면 n개의 오비탈을 형성하고, 이에 해당하는 n개의 전자가 존재한다. 따라서 비편재화된 오비탈의 절반이 채워진다. 이 오비탈들이 하나의 띠를 이룬다면, 층들에 국한된 절반 채워진 띠가 형성되므로 흑연의 전도성을 잘 설명할 수 있다.

실제로도 이와 비슷하지만, 아주 간단하지는 않다. 사실 비편재화된 오비탈은 결합과 반결합의 두 가지 띠를 형성한다. 낮은 쪽 띠는 가득 차 있고, 높은 쪽 띠는 비어 있다. 흑연은 띠간격이 0이고, 전자는 높은 쪽 띠로 쉽게 뛰어오를 수 있기 때문에 도체이다. 흑연의 띠 구조를 그림 11.10에 나타내었다. Fermi 준위에서의 상태 밀

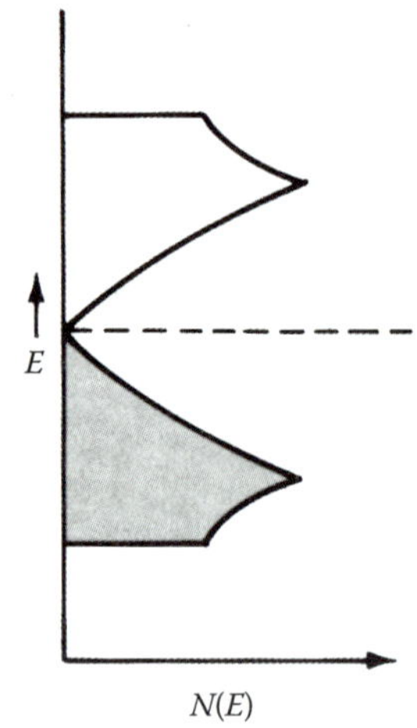

그림 11.10 흑연의 에너지띠 구조

도가 낮기 때문에, 전도도가 일반적인 금속만큼 높지는 않다. 하지만 그 전도도는 증가될 수 있으며 다음 절에서 그 과정을 논의할 것이다.

11.3.3 흑연의 층간 삽입 화합물

흑연에서 층간 결합은 약하기 때문에, 층 사이 공간으로 분자 또는 이온을 삽입하기 쉽다. 격자 안에서 이러한 게스트 분자의 가역적 삽입에 의해 생성된 물질을 층간 삽입 화합물(intercalation compound)이라 한다. 1960년대 이후, 층간 삽입 화합물은 촉매 및 고에너지 밀도 전지의 전극 등의 활용 가능성으로 인해 관심을 받고 있다.

대부분의 층상 물질이 층간 삽입 화합물을 형성하지만, 흑연은 전자 주개와 전자 받개 모두와 반응하여 화합물을 형성하기 때문에 특히 흥미롭다. 전자 주개 중에서 가장 광범위하게 연구된 것이 알칼리 금속이다. 알칼리 금속은 흑연 층 사이로 들어가서 탄소 원자 층을 더 멀게 떨어뜨리며 진한 유색 물질을 만든다. 예를 들어 포타슘은 탄소 층 간격을 200 pm로 늘리면서 금색 화합물(KC_8)을 형성한다(그림 11.11). 포타슘은 1개의 전자를 흑연에 주게 되어(K^+ 형성) 흑연의 전도도가 향상된다. 반결합 띠가 부분적으로 채워지기 때문이다. 6장에서 리튬 이온 전지의 산화 전극이 Li(일반적으로 C_6Li)의 층간 삽입임을 확인하였다.

1841년에 전자 받개인 황산염을 포함하는 최초의 층간 삽입 화합물이 만들어졌다. 그 이후, NO_3^-, CrO_3, Br_2, $FeCl_3$, AsF_5 등의 전자 받개를 이용한 많은 층간 삽입 화

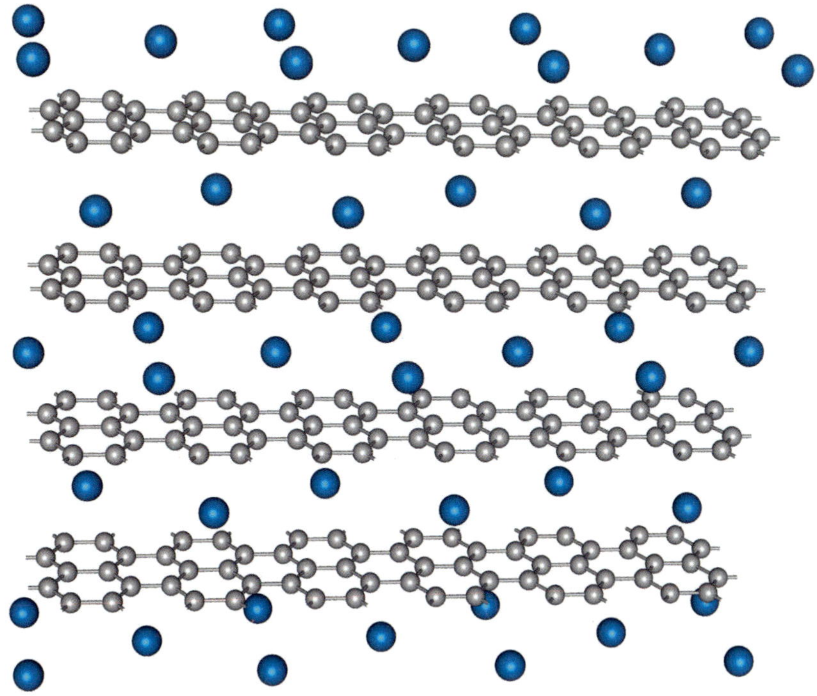

그림 11.11 KC_8의 구조, K: 파랑, C: 회색

합물이 만들어졌다. 이들 화합물에서는 흑연 층이 삽입된 분자나 이온에 전자를 주면서 결합 띠가 부분적으로 채워지게 된다. 이로 인해 전도도가 증가하며, 이들 화합물의 일부는 알루미늄 금속에 버금가는 전도도를 나타낸다.

흑연에서 전류는 비편재화된 p 전자에 의해 층을 통해 흐른다. 전류가 d 전자에 의해 흐르는 층상 구조는 보통 전이 금속 화합물에서 종종 관찰되는데, Ti, Zr, Hf, V, Nb, Ta, Mo, W의 이황화물과 복합 리튬 금속 산화물 등이 있다.

11.3.4 그래핀

2010년 노벨 물리학상은 그래핀을 합성, 분리 및 분석하고 판별한 Andre K. Geim과 Konstantin S. Novoselov이 수상하였다. 그래핀은 탄소 원자들의 단일 층(정확히는 흑연의 단일 층)으로 구성되어 있으며, 이는 최초의 진정한 2차원 물질이다(그림 11.12).

그래핀의 전자 구조는 1947년에 이론적으로 예측되었지만 이를 분리하여 규명하기는 어려웠다. 2004년 Geim과 Novoselov는 스카치테이프를 사용하여 흑연에서 그

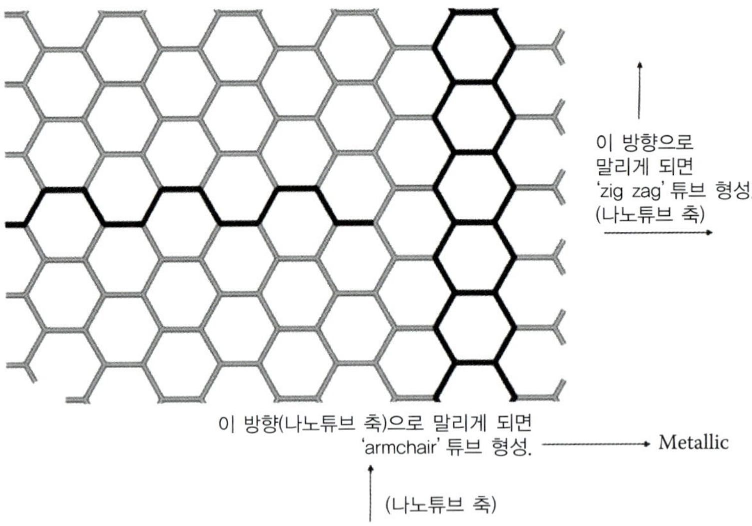

그림 11.12 그래핀의 구조. 시트는 두 방향으로 마는 것이 가능해서 서로 다른 종류의 나노튜브를 만들 수 있다(11.3.7절 참조).

래핀 층을 추출하고, 실리콘 기판으로 옮긴 후 가장 얇은 층을 원자힘 현미경(AFM)으로 조사하였다. 얇은 층 일부가 단일 층의 그래핀임을 증명하였고, 그 전기적 특성을 측정할 수 있었다.

그 이후, 보다 넓은 그래핀 판을 제조하는 것이 가능해졌다. 그래핀은 강철보다 강하고(파괴 강도가 강철의 200배) 매우 유연하다. 전자 특성도 특이하다. 예를 들면 투명한 전기 전도체로서, 터치스크린과 태양 전지에서 인듐 주석 산화물(ITO)을 대체할 수 있다. 그래핀은 약 10^6 m s^{-1}의 일정한 속도로 전자를 전도한다. 게다가 열전도성도 높다. 그래핀에 대한 상태 밀도 도표는 Fermi 준위에서 밀도가 0이며, 이를 경계로 에너지가 증가하거나 감소할 때 상태 밀도가 급격히 증가하는 모습을 보여준다(그림 11.13).

그래핀의 특성은 광범위한 응용 분야에서 잠재적으로 유용하다. 물 여과, 표적 약물 전달, 방수, 초고감도 센서, 배터리 및 슈퍼커패시터 등에서 활용될 수 있는 막들이 그 예이다. 그러나 현재(2019)에도 산업에 필요한 규모로 그래핀을 제조하는 것이 어려우며, 이로 인해 그 특성의 이용이 제한되어 있다.

최근에 두 개의 그래핀 층이 쌓일 때 수반되는 흥미로운 특성이 발견되었다[**이중층 그래핀**(bilayer graphene)]. 두 층이 정확히 일치하지 않지만 한 층이 다른 층에 대해 작은 각도로 비틀어져 있을 경우 상태 밀도에서 '평탄한' 띠들의 집합이 나타난다. 이는 Ni와 같은 강한 상관관계가 있는 금속과 유사하다(4장). 또한 전자 속도가 그래핀

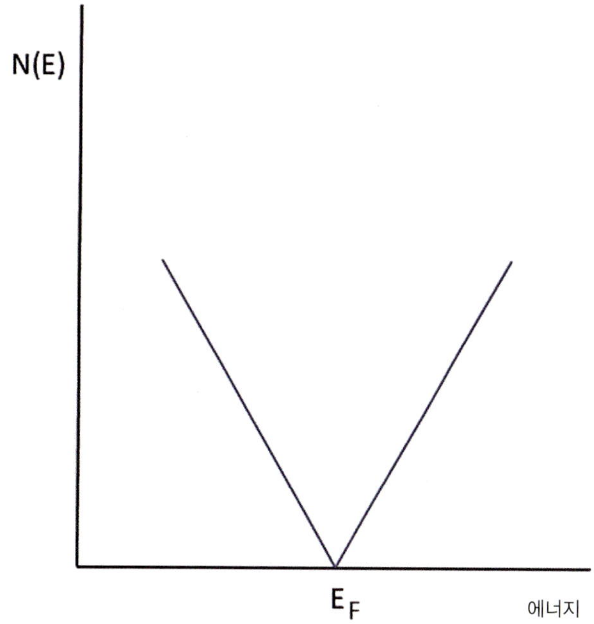

그림 11.13 페르미 준위(EF) 부근 그래핀의 상태 밀도 개략도

보다 훨씬 작다는 것을 발견했다. 전자 속도가 0이 될 상쇄 각도에 대한 예측이 2010년에 발표되었다. 2018년에 Massachusetts Institute of Technology의 연구팀은 이러한 비틀림이 각도에 따라 절연 또는 초전도 상태를 유발할 수 있음을 발견했다. 이러한 상태는 구리 초전도체에 해당하는 상태와 유사하다. 더 놀랍게도, 어떤 각도에 대해서 이러한 이중층은 강자성 절연체가 된다는 증거가 미국과 스페인의 연구팀에 의해 발견되었다.

11.3.5 그래핀 산화물

강산과 산화제를 사용하여 흑연을 산화시키면 노란색의 그래핀 산화물이 생성된다. 이 산화 과정에서 흑연 층 사이의 간격이 확장되고, 탄소 원자에 카보닐, 에폭사이드 및 수산화기와 같은 작용기가 더해진다. 층들은 초음파 처리를 통해 수용액에서 서로 분리되며 열적, 화학적 또는 전기 화학적 방법으로 흑색 그래핀으로 환원시킬 수 있다. 이 과정이 그래핀 제조를 위해 가능한 방법으로 제안되고 있다.

다음 절에서 논의할 벅민스터풀러렌(Buckminsterfullerene)과 탄소 나노튜브는 그래핀보다 더 일찍 발견되었으며 그래핀 판들이 말려서 형성되는 것으로 생각할 수 있다는 점에서 그래핀과 관련이 있다.

11.3.6 벅민스터풀러렌

1985년 Sussex 대학의 Sir Harry Kroto가 탄소 사슬을 찾는 중에 새로운 탄소 동질 이형체가 발견되었다. 이것은 헬륨 비활성 분위기에서 2개의 탄소 막대 사이에 전기 아크를 발생시켜, 전극을 >1700°C에서 가열함으로써 만들어진다. 얻어진 그을음에서 여러 가지 다른 풀러렌들을 추출할 수 있었으며 C_{60}과 C_{70}이 주생성물이다. Kroto는 미국의 두 연구자, Robert F. Curl Jr. 및 Richard E. Smalley와 함께 1996년 노벨 화학상을 수상하였다. 벅민스터풀러렌 결정은 엄밀하게는 나노입자가 아니지만, 다음 절에서 논의할 탄소 나노튜브와 관련되어 있기 때문에 여기에서 풀러렌을 살펴보고자 한다. 풀러렌 분자는 C_{60}의 화학식을 가지고 축구공, 즉 꼭짓점이 잘린 20면체와 동일한 형상을 가지며, 이 이름은 엔지니어이자 철학자인 Buckminster Fuller에서 따왔다. 그는 풀러렌 분자와 유사한 돔의 골격 설계에 바탕이 되는 건축 법칙을 발견하였다(이러한 돔 골격이 몬트리올 엑스포 67을 위해 지어졌다). C_{60} 구조를 그림 11.14에 나타내었다.

풀러렌 분자는 모든 탄소가 동일한 환경을 가지는 특별한 대칭성을 가지고 있다. 이 구조는 탄소 원자로 이루어진 12개의 오각형과 20개의 육각형으로 구성되어 있다. 육각형끼리 맞닿은 변에 위치하는 탄소–탄소 거리는 139 pm이고, 오각형과 연

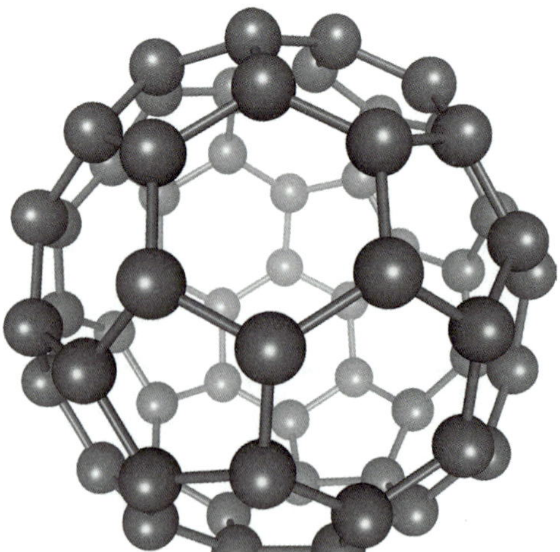

그림 11.14 벅민스터풀러렌(C_{60})의 구조

결된 육각형 변의 탄소–탄소 거리는 (흑연 층에서 발견되는 것과 유사한) 143 pm이다. 실제로, 우리는 이 구조를 흑연에서와 같이 비편재화 결합을 가지는 탄소 판이 스스로 구부러져서 다면체를 형성하는 것으로 생각할 수 있다. C_{70}과 같은 다른 풀러렌도 알려져 있는데, 연결되는 육각형의 수는 다르지만 이것들은 모두 탄소 원자로 이루어진 12개의 오각형을 가지고 있다. 일반적으로 버키볼(buckyball)이라고 불리는 C_{60} 분자들은 입방 조밀 쌓임 배열로 쌓여져 결정을 이룬다. 풀러렌의 사용은 전자기기는 물론 표적 암 치료에도 제안되고 있다. 흥미로운 특징 중 하나는 알칼리 금속과 염을 형성하는 것이며 이것을 버카이드(buckide)라고 한다. 예를 들어 포타슘 버카이드(K_3C_{60})는 *ccp* 버키볼 배열을 이루며 모든 팔면체와 사면체 구멍이 포타슘 원자로 채워진다: 이는 금속성 물질로 18 K 이하에서 초전도성을 보이며, 다른 알칼리 금속 버카이드의 경우 더 높은 온도에서 초전도성을 보이기도 한다.

11.3.7 탄소 나노튜브

1991년에 Sumio Iijima가 나노튜브를 발견하였다. 버키볼과 유사한 구조로, 이것은 원통 형태로 말린 그래핀 시트들로 구성되어 있다. 처음엔 다중 층(**다중-벽 나노튜브**, **MWNTs**)이었으며, 이제는 단일 층으로도 제조할 수 있다. **단일-벽 나노튜브** (**SWNTs**)는 약 1 nm의 지름과 10^{-6} m 정도의 길이를 가지고 있다(그림 11.15).

CNT를 합성하는 데는 몇 가지 일반적인 방법이 있으며, 오늘날 매우 많은 양(수백 톤)으로 제조된다. CNT는 합성과 동시에, 또는 별도로 합성한 다음 다른 물질과 혼합된다. CNT를 생산하는 데 아크 방전법을 사용하는 경우, 전극 중 하나에는 Fe, Ni 또는 Co와 같은 금속 촉매를 포함시킨다. 촉매에 다이아몬드 분말을 첨가하면 수

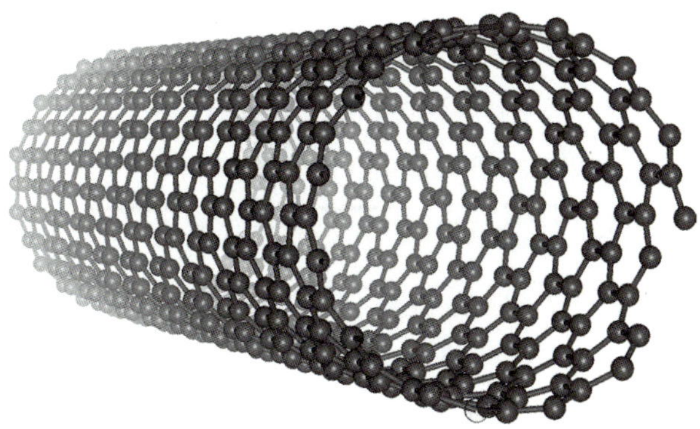

그림 11.15 단일 벽 탄소 나노튜브의 컴퓨터 시뮬레이션

그림 11.16 University of Virginia, Nanoscale Energy Transport Laboratory에서 성장시킨 탄소 나노튜브(CNT) 숲의 주사 전자 현미경 형상. 각각의 개별 CNT는 길이가 약 50 μm이고 지름이 100 nm이다. (LeighAnn Larkin, Quang Pham, Carina Cerri, and Christopher Saltonstall Advisor: Dean Pamela Norris, University of Virginia, Charlottesville, VA. 'A Forest of Carbon Nanotubes', https://www.nano.gov/ node/1797. Courtesy of Nano.gov.)

율이 증가한다. 레이저 어블레이션 방법은 아크 방전과 매우 유사한데, 현재는 고출력 레이저를 사용하여 금속 촉매가 포함된 흑연 펠렛을 증발시킨다. 적절한 자리에 나노튜브를 성장시키고자 일반적으로 CVD 기술을 사용한다. 이 방법에서 탄소 함유 가스가 사용되며 금속 촉매가 포함된 기판에 CNT가 증착된다. 촉매를 나노입자 배열 형태로 증착해서 사용하면, 수직으로 정렬된 나노튜브의 숲이 형성될 수 있다(그림 11.16). 이 방법은 일반적으로 700~900℃에서 이루어지며, 레이저 및 아크 방전 기술보다 훨씬 낮은 온도를 사용하는 장점이 있다.

이 튜브들은 풀러렌 구조의 절반 모양으로 양 끝단이 막혀 있다. 이들은 독특한 성질을 갖고 있고, 고성능이 요구되는 여러 분야에 이용되고 있다. 먼저 자기 부피의 100배에 달하는 수소를 흡착할 수 있기 때문에 연료 전지에서의 안전한 수소 저장 매체로 개발되고 있다. 또한 강철보다 100배 뛰어난 인장 강도를 갖고 있지만, 밀도는 알루미늄의 절반 정도로 매우 가벼워 테니스 라켓 같은 고기능성 스포츠 장비에 사용될 수 있다. 이들은 강하면서, 또한 매우 유연하다. AFM을 사용하여 굽히는 것이 가능하기 때문에 스프링과 같은 다양한 형태로 만들 수 있다. 예를 들어 Amroy Europe Oy(핀란드 University of Jyväskylä의 분사 회사)는 스포츠 장비 및 풍력 터빈 날개에 널리 사용되는 나노튜브 강화 에폭시 수지를 생산한다.

탄소 나노튜브(CNT)는 우수한 열 전도체이다. 이 특성과 작은 크기 덕분에 트랜지스터와 같은 장치에서 두 재료 사이 경계면의 틈을 채우는 열 계면 재료 역할을 할 수 있다.

나노튜브로 도체나 반도체를 만들 수 있으며, 강도가 좋을 뿐만 아니라 정전기의 축적을 막아주기 때문에 자동차 범퍼에도 사용된다.

SWNT의 전자적 특성은 그래핀 시트가 말리는 방향에 의존한다. 그림 11.12에 도시된 그래핀의 구조에서 수직 방향으로 육각형들을 연결하는 라인은 간단한 지그재그임을 알 수 있지만, 이것과 직교하는 수평 방향의 경우에는 소위 '암체어(armchair) 라인'이라 불리는 행으로 연결된다. 암체어 방향을 따라 말린 튜브(소위 **암체어 나노튜브**)는 항상 금속 수준의 전도성을 나타낸다. 흑연 시트가 지그재그 라인을 따라 말리면 튜브의 축 방향을 따라 암체어 모양이 연결된 **지그재그 나노튜브**가 만들어진다. 또는 시트가 지그재그나 암체어 라인이 아닌 다른 방향으로 말리면 '나선형 튜브'가 만들어진다. 이들의 경우에는 띠간격이 유도되면서 반도체 특성을 보일 수 있다. 탄소 나노튜브의 이러한 특성을 바탕으로 전계 효과 트랜지스터(field-effect transistors, FET), 단일 전자 트랜지스터, 그리고 다이오드 등을 만들 수 있다.

화학적으로 흥미로운 나노튜브의 또 한 가지 응용은 '시험관'이다. 나노튜브 내부에서 어떤 고체를 제조하는 것이 가능하다. 튜브의 작은 크기 때문에, 특이한 결정 구조를 얻을 수 있을 것으로 기대되고 있다.

11.4 비탄소계 나노입자

나노입자는 수 세기 동안 알려지고 사용되었다. 예를 들어, 스테인드글라스와 세라믹 유약을 착색하는 데 사용되는 안료와 로마 시대부터 알려진 '루비' 유리를 만드는 데 사용되는 콜로이드 금 입자를 생각할 수 있다. 근래에는 1940년대부터 흄드 실리카(실리카의 작은 입자)를 고체와 액체에 첨가하여 그 유동 특성을 개선하는 데 사용하고 있다.

가장 간단한 용례는 단단한 물질의 나노입자를 연마제로 사용하는 것이다. 이를 이용하여 매우 매끄럽고 결함이 없는 표면을 만들 수 있다. 실제로 50 nm 크기의 코발트 카바이드 및 텅스텐 카바이드 나노입자는 벌크 물질보다 경도가 훨씬 높은 것으로 밝혀졌으며, 따라서 이것을 절삭 및 드릴링 공구에 사용할 경우 내구성이 향상될 것이다.

산화 지르코늄(ZrO_2) 나노입자는 UV 경화 치과용 충전재에 사용되고 있다. 이것은 강도를 증진시키고 가시광선에서는 투명하지만 X-선에는 불투명하다. 희토류 산화물도 사용할 수 있다. 나노입자의 넓은 표면적은 입자 표면에 있는 원자의 거동에 큰 영향을 준다. 촉매 작용으로 상용 공정의 생산 속도를 향상시키고, 전극 구조에서 배터리 및 연료 전지의 성능을 향상시키기 위해 이용된다(6장 참조). 이러한 표면 원자와 주변 매질 사이의 상호 작용은 고성능 나노 복합체의 특성을 결정한다.

11.4.1 흄드 실리카

매우 순수한 형태의 실리카는 $SiCl_4$와 산화수소 불꽃을 반응시켜 만든다. 얻어지는 SiO_2 입자는 7~50 nm 크기이고 비정질 구조를 갖는다. 입자 표면에는 실란올(Si－OH)기가 있어서, 그 수소 결합에 의해 입자들이 사슬 모양을 이루며 연결된다. 이것을 액체에 넣으면 이러한 3차원 그물은 액체를 가두어 점도를 증가시킨다. 두꺼워진 액체를 얇게 펴 바르거나 분무하면 액체와 갇혔던 공기가 방출된다. 전단력이 제거되면, 액체가 다시 두꺼워진다. 이 특성을 **요변성(thixotropy)**이라 하며 안료의 침전을 방지하고 페인트, 코팅 및 수지의 유동 특성을 개선하는 데 매우 유용하다. 또한 의약품, 화장품, 시멘트, 잉크 및 연마제 같은 분말 고형물이 덩어리로 굳어지는 현상을 방지하고 유동 특성을 개선하는 데도 사용된다.

11.4.2 양자점

양자점(quantum dot) 또는 **나노결정(nanocrystal)**은 지름이 수 나노미터인 반도체 결정으로 정의되며 보통 10^2~10^4개의 원자로 이루어져 있다. 11.2절에서 살펴본 바와 같이, 양자점은 그 광학적 특성에 있어서 양자 크기 효과를 나타낸다. 그림 11.17은 미국 워싱턴 주의 Pacific Lutheran University의 학부생들이 만든 다양한 크기의 CdSe 양자점 시료들을 보여준다.

카드뮴 칼코게나이드 양자점(CdS_xSe_{1-x}, CdTe)이 상용화되었다. 양자점 표면에 황화 아연(ZnS)의 얇은 층을 성장시켜 양자점 형태를 개선할 수 있다. 양자점의 특이한 성질이 어떻게 이용되고 있을까?

양자점을 신뢰할만한 특정 크기로 만들면 매우 순수한 색상의 LED(8장)를 만드는 데 사용할 수 있다. 이러한 색 순도 덕분에 컬러 디스플레이의 픽셀로 사용하기에 적

그림 11.17 크기가 다른 CdSe 양자점 시료들 (Preparation and photograph by John Stiller.)

합하다. 삼성은 2017년에 QLED(양자점 발광 다이오드) TV를 시판했다. 화면에 양자점 층이 있어 휘도 높은 색상을 제공하고 청색 LED 층과 결합하여 더 순수한 백색광을 생성한다.

양자점의 발광 특성은 생물학적 계에서 형광 프로브로 사용할 수 있음을 의미하며, 기존의 유기 형광 프로브를 대체하는 데 많은 이점을 가질 수 있다. 양자점은 생체 내 및 생체 외 모두에서 사용되고 있다. 이들을 항체 또는 단백질과 같은 특정한 생물학적 분자에 부착시킬 수 있다면, 해당 분자의 반응을 추적하는 데 사용할 수 있다. 양자점은 안정하다는 장점이 있고 넓은 영역의 빛을 흡수해 들뜨게 되지만 좁은 파장 대역의 고강도 빛을 방출한다. 이를 이용하여 다양한 색상을 구현한다. 크기가 다른 각각의 양자점에서 방출되는 색상의 순도가 높기 때문에 서로 다른 색상의 양자점을 동시에 사용하여 여러 가지 과정을 동시에 추적할 수 있다.

11.4.3 금속 나노입자

금 나노입자(콜로이드 금)에 의해 생성된 색상은 로마 시대부터 유리를 착색하는 데 사용되었으며 19세기 중반 Faraday 이후로 연구되고 있다. 약 30 nm 지름의 입자는 청록색 영역의 빛을 흡수하고 산란된 적색 빛이 유리에 색상으로 나타난다. 입자 크기가 커질수록 더 긴 파장의 빛을 흡수하고, 산란되는 빛은 더 파랗게 된다.

금 나노입자는 전기 전도체로써 전자 장치에도 사용되고, 심장 질환 진단용 및 가정 임신 키트에 들어있는 바이오 마커와 같은 의료 목적으로도 사용된다.

은 나노입자는 매우 우수한 항균 작용을 하는 것으로 밝혀졌으며 붕대에 함침시켜 사용하고 있다. 이것은 양말에 함침시키기도 하며 겨드랑이 탈취제에도 첨가된다. 항균 작용이 불쾌한 냄새를 일으키는 박테리아를 죽이기 때문이다.

은에 내재된(embedded) 코발트 클러스터는 최대 20%의 저항 증가가 수반된 거대 자기 저항 (GMR, 9 장)을 나타내기 때문에, 자기 기록 및 데이터 저장에 사용된다.

11.5 그밖의 비탄소계 나노구조

무기 물질로부터 다양한 나노구조가 합성되어 왔다. **나노필름(nanofilm)**은 매우 얇은 코팅으로 간단하게 사용할 수 있다. 예를 들면 최근에는 플라스틱 안경 렌즈를 보호하고 향상시키려는 목적으로 나노스케일 코팅이 개발되고 있다. 여기에는 무반사 렌즈의 반사 방지층을 얼룩, 먼지 및 피부 유분으로부터 보호하기 위한 자기 조립 상부 코팅 또는 긁힘으로부터 렌즈를 보호하기 위한 초경질(super-hard) 탄화물 코팅이 포함된다.

나노 층상 물질의 전자적 특성과 자성은 더 통상적인 전자재료로 만든 장치에 중요하다. 우리는 이미 양자 우물 레이저(8장)와, 하드디스크 판독용 헤드(9장)에 사용되는 거대 자기 저항(CMR) 장치를 논의한 적이 있다. 양자 우물 레이저는 광 기반 컴퓨터의 중요한 구성 요소가 될 수 있다.

다중-벽 탄소 나노튜브(MWNT)를 무기 화합물로부터 합성하고 있고, WS_2 나노튜브 등과 같은 것들도 통상적인 방법으로 대량 합성할 수 있다. 나노튜브에는 벌크에서 존재하는 어긋남(dislocation)이나 결정립계(grain boundary)와 같은 결함이 존재하지 않기 때문에 고기능성이 요구되는 분야에 활용 가능성이 크다.

염료 감응 태양 전지에 대한 응용 가능성으로 인해 TiO_2 나노튜브가 연구되고 있다. TiO_2 나노튜브의 띠간격은 나노시트의 띠간격과 가깝지만 벌크 아나타제(anatase)보다 크다. TiO_2 나노튜브는 나노입자보다 전하를 수송하는 데 더 효율적이며, 이는 결정립계 저항의 감소에 기인한다. WS_2 및 MoS_2 나노튜브는 초고강도 복합 재료에 응용 가능성을 가지고 있다. 응력(stress)과 변형(strain)에 대한 거동을 관찰하는 실험에서, WS_2 튜브는 매우 유연해서 파단점(failure point)에 이르기까지 탄성 거동을 나타낸다. 파단점에서, 튜브의 중간에 위치하는 결합이 끊어지고 이것으로부터 연속된 결합 파열이 시작된다. 어긋남(dislocation)과 같은 거시적 결함에 의한 파열은 관찰되지 않으며 따라서 이 튜브는 이러한 결함이 없다는 것을 나타낸다.

나노튜브의 응집을 방지하기 위해 또는 그것들을 용해시키기 위해 나노튜브 표면에 여러 가지 작용기를 부착한다. 예를 들어, WS_2 나노튜브를 2,2′,2″-nitrilotriacetic acid($N(CH_2COOH)_3$)에 배위된 Ni^{2+}와 반응시켜 물에 대하여 가용성으로 만들 수 있다.

나노선은 많은 재료로부터, 예를 들어, Si, Ge와 같은 반도체, 금속, 특히 ZnO와 같은 산화물로부터 만들어진다. 11.2절에서 우리는 나노선의 전기적 특성을 고찰하면서 전압에 따른 나노선의 전도도 변화가 계단형이 될 수 있다는 것을 보았다. 지름이 100 nm 미만인 나노선에서는 표면에서의 산란이 전기 저항에 대한 지배적인 메카니즘이다. 철 나노선에서는 계단식 자화 히스테리시스 루프가 관찰된다. 나노튜브에서처럼 나노선의 기계적 특성은 벌크 결함이 없음을 나타낸다.

그림 11.1은 다양한 조건에서 수열 합성에 의해 제조된 ZnO의 나노막대를 보여준다. 다른 구조로는 나노리본과 나노위스커(nanowhisker)가 있다.

11.6 나노물질의 합성

나노입자는 3장에서 설명한 합성 방법으로 만들 수 있다.

그러나 점점 더 독창적인 나노구조를 합성법이 개발되고 있으며 여기에서 그중 일부를 설명하고자 한다. 나노입자의 합성 방법은 종종 **하향식(top-down)** 합성과 **상향식(bottom-up)** 합성으로 나누어진다. 이들 용어의 구분은 점점 더 흐려지고 있지만, '하향식'의 원래 의미는 벌크 형태의 생성물을 만든 다음 그것을 필요한 형태로 조작하는 것을 의미하는 것으로, 주조, 재결정, 식각 같은 것들을 포함한다. '상향식'은 제어된 형식으로 원자를 하나하나 쌓아 구조를 만드는 것인데, 각 원자가 특정 위치를 차지하여 결함 없이 구조가 만들어진다.

11.6.1 하향식 방법

나노입자를 만들 때 하향식 방법은 이미 합성된 벌크 구조체를 이용하여 나노크기의 입자로 만드는 것이다.

벌크 고체로부터 나노입자를 형성할 때는 **고에너지 분쇄(high-energy milling)**와 같은 기계적 분쇄가 사용될 수 있다. 이 기법을 이용하면 다음과 같은 나노입자들을 성공적으로 형성시킬 수 있다.

- Fe, Co, Ni, Cu, Ag 등의 고운 금속 분말. 예를 들어 $NiCl_2 + 2Na = Ni + 2NaCl$ 반응에서 NaCl 내에 박혀 있는 5 nm Ni 나노입자가 생성된다. 희석제 사용 없이 하향식 분쇄법을 이용하면 이보다 수천 배 큰 입자가 만들어진다.
- Al_2O_3, ZrO_2, Cr_2O_3, SnO_2, ZnO 등의 산화물. 예를 들어 $ZrCl_4 + 2CaO = ZrO_2 + 2CaCl_2$.
- ZnS, CdS와 같은 황화물. 예를 들어 $CdCl_2 + Na_2S = CdS + NaCl$ 반응은 4 nm의 CdS II−VI 반도체 입자를 생성한다.

나노입자의 합성에는 **미세 에멀션(microemulsion)**이 사용될 수 있다. 나노입자를 제조할 때는 몇몇 요소들을 동시에 조절하는 것이 중요하다. 입자들이 나노미터 크기를 가지는 동시에 균일해야 하며, 더 크게 성장되거나 응집되는 것이 방지되어야 한다. 미세 에멀션을 이용한 반응은 나노입자를 제조할 때 요구되는 이러한 조건들을 조절하는 데 매우 효과적임이 증명되었다. 미세 에멀션은 지름이 100 nm보다 작은 물속의 기름 또는 기름 속의 물로 된 방울들의 분산으로 정의된다. 액체 방울들은 계면 활성제 분자들의 계면 막에 의해 안정화된다. 알코올이나 아민과 같은 보조 계면 활성제 또한 사용될 수 있다. 액체 방울이 유기 용매 내의 수용성 액체 방울 분산으로 구성되어 있으면, 방향이 뒤집힌 역마이셀이 형성되어 계면 활성제의 친수성 머리가 액체 방울의 수용성 중심에 위치하고, 소수성 꼬리가 유기 용매에 위치하게 된다(그림 11.18).

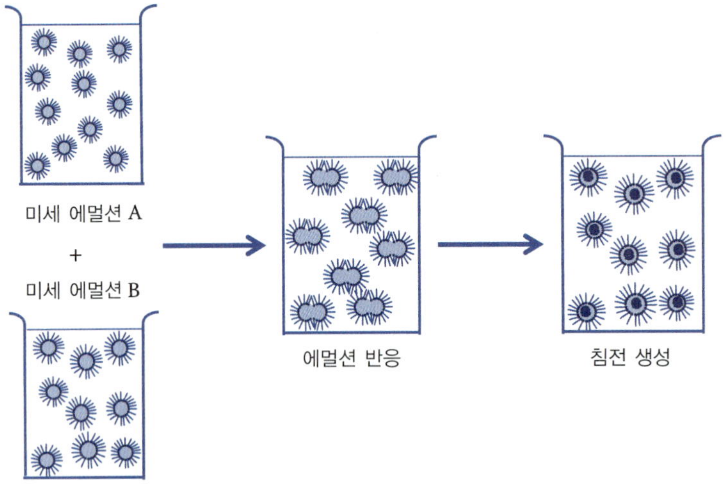

그림 11.18 두 미세 에멀션 A와 B의 혼합과 상호 작용으로 고체 침전을 형성시키는 미세 에멀션 합성법

일반적으로, 반응물 염을 포함하는 두 개의 분리된 수용액 미세 에멀션이 기름(그림 11.18의 A와 B) 안에서 제조된 후, 이 둘은 혼합된다. 액체 방울들이 충돌함에 따라 이들은 융합되어 더 큰 마이셀을 형성하고 거기서 염들이 상호 작용을 한다. 이 큰 마이셀은 비교적 불안정하여 두 개의 액체 방울로 다시 쪼개지고, 그 안에 있던 생성물은 침전된다.

마이셀법을 이용하여 다음과 같이 다양한 분야에 유용한 나노입자를 제조할 수 있다: 금속 나노입자, CeO_2와 같이 연료 전지나 기체 센서에 사용되는 산화물, 다양한 전자 산업에 사용되는 중요한 유전성 산화물인 $SrTiO_3$이나 $SrZrO_3$ 등의 타이타늄산염 또는 지르코늄산염(9장), 그리고 자성 입자들.

11.6.2 상향식 방법

오늘날 종종 사용되고 있는 상향식이라는 용어는 구성 원자, 이온, 분자들로 만들어진(또는 자기 조립으로 형성된) 구조를 의미한다. 이러한 예로는 3.8.1절에서 이미 살펴본 화학 증기 증착이 있다.

상향식 합성법의 또 다른 예로는 특정한 위치에 원자들을 이동시키기 위해서 주사 탐침(scanning probe tips)을 이용하는 것이다. 이 연구에 대한 추진 요인 중 하나는 더 소형화된 전자 회로를 생산하는 것이었다. 전통적으로, 집적 회로는 결정 표면에 무늬를 새기고, 새겨지지 않은 부분은 다르게 도핑된 반도체, 절연 산화물, 또는 금속 연결기가 형성되도록 처리하는 기술을 통하여 조립되었다. 그 무늬들은 광전사법(photolithography)으로 만들어지는데, 이 방법은 빛을 마스크를 통해 결정 표면의 광감응 물질에 쪼이는 것이다. 이 기술을 이용할 때 구성 요소 간의 거리는 회절 효과로 인해서 약 100 nm로 제한된다. 따라서 구성 요소들이 나노미터 규모로 되어 있는 집적 회로를 만들기 위해서는 새로운 기술이 필요하다. 그것은 기존에 사용되는 방법들을 변형하면 가능한데, 예를 들어 가시광선 영역 대신에 UV 복사선, X-선, 전자빔 등을 사용하는 것이다. 또 다른 접근법은 주사 탐침 현미경법(SPM; 아래 참조)을 사용해서 나노 크기의 무늬들을 기판에 새기는 것이다. 예를 들어 만약 전류가 탐침 끝을 통해 흘러서 온도를 올린다면, 그것은 탐침의 바로 옆에 있는 열가소성 고분자를 부드럽게 만들고, 작은 자국을 만들 수 있다. 완전히 다른 접근법으로는 원자 하나하나 또는 분자 하나하나를, 목표로 하는 나노 크기의 구조로 쌓아 올리는 것이다.

주사 터널링 현미경(scanning tunnelling microscope)의 작동은 2장에서 설명하였

다. STM은 표면과 그 위에 있는 분자들의 그림을 보여 줄 뿐만 아니라, 표면을 따라 원자나 분자를 이동시켜서 분자들이 서로 반응하도록 하는 데에 사용될 수 있다. 만일 STM 팁이 보통보다 표면에 더 가까이 다가가면, 그것과 표면에 있는 원자/분자들 사이에 힘이 증가한다. 팁과 표면 사이의 척력(전압의 부호를 반대로 해서 만들어짐)은 그 팁으로부터 분자들을 표면을 따라 밀쳐낼 수 있다. 만약 이 힘이 인력이라면, 팁이 표면을 따라 이동함에 따라 분자 또는 원자들이 그 뒤를 따라오게 된다. 단분자 화학 반응에서 STM 팁이 전자를 분자로 보내는 통로로 사용될 때, 분자는 또한 STM에 의해 변할 수 있다. 그 에너지는 결합을 해리시키거나, 결합 형성을 위한 활성화 에너지를 공급하는 것이 다 가능하다.

원자힘 현미경(atomic force microscopy, AFM)(2장 참조)은 STM처럼 매우 날카로운 팁에 의존하지만, 팁을 표면에 충분히 근접시킬 수 있어서 팁과 표면 사이의 분자간 힘을 측정할 수 있다. 부도체성과 반도체성 고체는 회로에서 필수적인 구성 요소이며, 원자 크기로 나노 회로를 만들기 위해서는 단원자를 공간에서 잘 조종하는 능력이 핵심적이다. AFM 팁을 이용하여 CeO_2 *(111)* 표면에서 단일 물 분자를 이동시킬 수 있는데, 이는 팁을 단순히 내리고 올리는 것만으로 가능하다(그림 11.19).

특정 분자를 팁에 붙여서 AFM이 어떤 특정 분자 또는 분자 그룹에만 반응하고 다른 것들과는 반응하지 않도록 만들 수 있다. AFM은 생분자의 연구에 많이 쓰이는데, 변형된 팁을 사용하여 세포막에서 단백질들과 같은 특정 분자를 추출하는 데 이용하고 있다.

AFM 팁으로 표면을 따라서 (또는 두드리면서) 훑고 지나가면, 선을 따라 화학 반응을 유도하거나 점 무늬를 형성하게 할 수 있다. 한 가지 예로, AFM 팁에 전압을

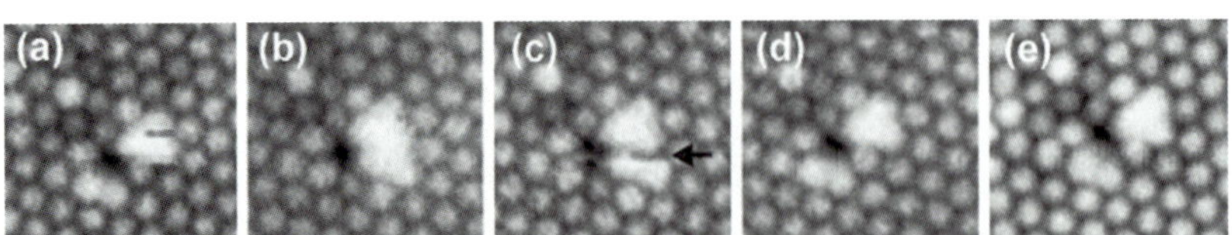

그림 11.19 연속적인 일련의 이미지 (a)~(e)는 80 K에서 관찰한, 표면 산소 빈자리 주변에서 팁에 의해 유도된 물 분자의 확산을 보여준다. (c)의 검은색 화살표는 팁-유도된 동선을 표시한다. (Image size 3×3 nm^2. Acquisition parameters $f_0 = 150\ 936$ Hz, $A = 8{:}7$ nm, $k = 24{:}6$ N m^{-1}, $\Delta f = 41{:}6$ Hz.) ('Manipulation of Individual Water Molecules on CeO_2 (111)', S. Torbrügge *et al* 2012 *J. Phys.: Condens. Matter* **24** 084010 doi:10.1088/0953-8984/24/8/084010 © IOP Publishing. Reproduced with permission. All rights reserved.)

가하여 실리콘 반도체를 산화시키면 나노미터 크기의 산화물 선이 얻어지는 것을 들 수 있다. 묽은 플루오린화 수소(HF)를 이용하여 실리콘 표면의 산화물을 깨끗이 제거한 후, AFM 팁에 음의 전압을 가한다. 형성된 SiO_2 구조의 너비는 수십 나노미터 수준이다. 약간의 수증기가 주위 분위기에 반드시 존재해야 한다.

분자 '잉크'를 사용하는 **담근펜 나노전사법(dip-pen nanolithography)**에서는 분자를 AFM 팁에 올린 후, 물의 메니스커스를 통하여 기질 표면으로 이동시킨다. 이 방법을 활용한 예로는 금 표면 위에 싸이올 또는 실리콘 표면 위에 실레인으로 만든 나노 크기 무늬들이 있다. 분자들은 용액에 담근 후 건조되거나 증기 증착을 이용하여 팁으로 올린다. 대기 조건(ambient conditions)에서 공기 중 습기 때문에 자연적으로 팁과 시료 사이에 물 메니스커스가 형성되어, 팁이 기판에 가까이 갔을 때 분자는 메니스커스를 통하여 표면으로 이동하고 자기 조립 단막 층을 형성한다. 표면을 따라 움직일 때, 표면 장력 때문에 팁과 기판의 거리가 일정하게 유지된다. 증착 크기는 팁의 곡률 반경, 물방울 크기를 조절하는 상대 습도, 표면을 따라 이동하는 분자들의 확산 등에 의존한다. 50 nm 크기의 나노구조물을 형성할 수 있는데, 이 기술은 나노구조 제조와 그것의 이미지화라는 두 가지 작업을 같은 기기로 할 수 있다는 장점이 있다. 팁들을 서로 연결시켜 만든 거대한 AFM 팁들의 배열도 사용할 수 있다(200 × 200 이상). 그중 하나의 팁을 다른 것들보다 표면 위로 약간 더 높이 위치시켜(0.4 nm) 이미지를 얻음으로써, 표면을 따라 팁 배열을 이동시키는 가이드로 사용한다. 다른 팁들은 모두 동일한 나노구조를 만들어낸다.

11.6.3 주형을 이용한 합성

나노입자와 나노선은 주형(template) 방법을 이용하여 만들 수 있다. 1차원 구조 형성을 위하여 3가지의 주된 방법이 사용되고 있고, 이들을 그림 11.20에 요약하였다.

- 다공성 고체와 막
- 유기 및 생물 주형
- 기존의 나노구조 이용

첫 번째 방법에서는, 나노 크기의 공동 또는 통로를 지니는 다공성 고체를 반응물 용액에 넣어, 빈 공동을 채운다. 충분한 열을 가하여 공동 내에서 반응이 일어나도록

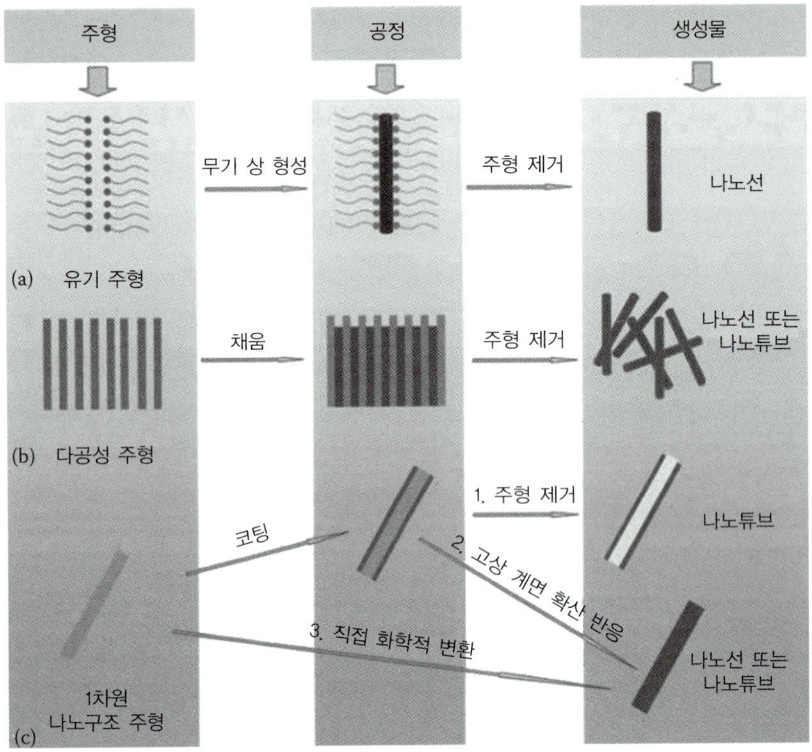

그림 11.20 1차원 무기 나노구조 합성을 위한 세 가지 다른 주형 방법을 보여주는 개략도: (a) 원통형 마이셀, (b) 다공성 막 및 (c) 기존 나노구조 구형 (Liang, H-W., et al.: *Advanced Materials*, 2010, **22**, 3925. Copyright Wiley-VCH Verlag GmbH & Co. KGaA. Reprinted with permission.)

하고, 이때 공동 내 반응으로 인해 생성물의 크기가 제한된다. 마지막 단계는 용해(실리카 기반으로 된 골격) 또는 반응(탄소 기반으로 된 골격의 산화) 등을 이용하여 원래의 주형 골격을 제거하는 것이다. 만일 주형 골격의 기공들이 서로 연결되어 있다면, 주형의 역복제(inverse replica) 구조가 생성될 것이다. 만일 일종의 제올라이트처럼 공동들이 별개로 떨어져 있다면, 나노입자가 형성된다.

실리카 젤, 메조 다공성 실리카, 제올라이트와 같은 다공성 고체(7장 참조)는 주형으로 사용될 수 있다. 메조 다공성 실리카는 특정한 동공 크기와 기하 구조를 가진 채로 장거리 질서를 유지하고 있고, 메조 다공성 탄소, 금속 산화물, 황화물, 질소화물, 스피넬, 인산염 등과 같은 다양한 고체의 나노구조 또는 나노입자를 만드는 데 사용되어 왔다. 이 방법으로 만들어진 메조 다공성 탄소는 그것 자체로 금속 산화물을 만드는 주형으로 사용될 수 있다.

유기 계면 활성제는 자기 조립 마이셀 또는 역마이셀을 만드는 데 사용되는데, 이들은 무기 물질을 둘러싼다. 원통형 마이셀은 나노선 또는 나노막대를 형성한다. 반응은 마이셀 내에서 일어나고, 마이셀은 나노입자 또는 나노선을 남기기 위해서 제거된다. 금 나노선과 금속 산화물 나노선이 이 방법으로 만들어졌다.

미리 만들어진 나노구조는 몇 가지 방법에서 주형으로 사용될 수 있다. 한 가지 방법은 나노튜브 바깥 표면에 새로운 화합물을 증착시키는 것이다. CVD 또는 솔-젤 같은 방법을 이용하여 외부 껍질을 만든 후, 주형을 녹이거나 산화시켜 없애 버리면 빈 내부 중심만을 남게 할 수 있다. 예를 들면, 많은 종류의 금속 산화물 나노튜브, SiO_2, Al_2O_3, TiO_2 등이 CNT를 주형으로 사용하여 합성된 바 있다. 솔-젤법을 사용하여 산화물 전구체를 증착하고, 뒤이어 소성한다. 이후 CNT는 높은 온도에서 산화시켜 제거한다.

나노구조와 증착된 외부 껍질 사이의 직접적인 화학 반응으로부터 새로운 나노구조를 만들어낼 수 있다. 예를 들어 금속 나노선을 금속 산화물, 황화물, 셀레늄화물 나노선으로 산화시킬 수 있다. 금속 탄화물 나노막대를 CNT와 금속 할로젠화물의 반응으로 만들어지고 있다. 또, 두 산화물 사이의 고체 상태 반응으로 복합 산화물 나노튜브를 만들고 있다. Al_2O_3를 ZnO 나노선에 증착한 후 가열하면, ZnO의 확산 속도가 더 빠르기 때문에 $ZnAl_2O_4$ 나노튜브가 만들어진다.

11.7 안전성

크기가 큰 입자와 달리, 나노입자는 작은 크기 덕분에 신체 각 부위에 도달할 수 있다. 예를 들어, 혈액-뇌 장벽을 통과할 수 있다. 이 성질은 약물을 뇌에 전달하는데 유용할 수 있지만, 부작용을 일으킬 수도 있다. 지름이 2500 nm 미만인 공기 중 입자는 폐에서 가장 작은 통기조직인 폐포에 도달할 수 있기 때문에, 이 정도 크기의 입자들은 현재 대기 오염의 원인물질로 우려되고 있다. 이러한 문제들은 나노입자의 안전성에 대한 우려를 불러일으키고 있다. 일부 자외선 차단제, 탈취제, 세안제 및 보습제에는 ZnO 또는 TiO_2의 나노입자가 들어있다. 일부 항진균 및 항균 크림과 샴푸에는 은 나노입자가 포함되어 있다. 그렇다면 이러한 제품은 얼마나 안전할까? 이에 답하기 위해 우리는 독성뿐만 아니라 신체로 전달되는 양, 신체 내부 또는 피부 위에 나노입자가 머무는 위치, 시간이 지난 후 신체 다른 위치로 이동 여부 등을 염두에 두어야 한다. 쉽게 용해되는 물질의 경우 여러 과학 위원회에서 독성이 일반적으로 더 큰 입자와 동일하다고 결론지었다. 최근(2018) 추정에 따르면 이러한 제품에 포함된 나노입자의 90%는 피부에 머물고, 6%는 흡입(예: 분말 및 스프레이)되며, 4%는 섭취(예: 치약 및 립밤)된다. 아직 장기간의 연구는 없지만 이러한 입자가 피부의 바깥층을 뚫고 이동한다는 증거는 거의 없다. 작업장에서 가장 가능성이 높은 노출 경로는 흡입이며 이를 위험 평가에서 고려해야 한다.

11.8 요약

1. 나노구조는 적어도 한 차원의 크기가 0.2~100 nm인 구조이다.
2. 이런 크기의 구조는 크기가 큰(bulk) 물질들과 다른 특성을 보인다.
   a) 나노입자는 높은 부피 대비 표면 비율을 가지고, 이로 인해 입자가 특이한 결정 구조를 가질 수 있다. 높은 부피 대비 표면 비율은 또한 화학 반응, 특히 촉매 반응의 속도에 영향을 줄 수 있다. 또한 용융점을 낮춰 준다.
   b) 나노구조의 전자 구조는 큰 고체의 구조와 다르다. 더 작은 입자는 분자와 마찬가지로 분리된 에너지 준위로 존재할 수 있다. 이로 인해 여러 가지 특성에서 차이점을 나타낸다.
   c) 전기 전도도는 양자화되어, 전압이 증가함에 따라 전류를 단계적으로 증가시킬 수 있다.
   d) 나노입자의 색상은 크기에 따라 달라질 수 있다. 빛의 산란이 감소하고 입자를 투명하게 만들 수 있다.
   e) 자성 나노입자는 하나의 구역(domain)만 포함하거나 초상자성을 나타낼 만큼 충분히 작을 수 있다.
3. 탄소의 많은 나노구조가 알려져 있다. 카본 블랙은 나노입자로 구성된다. 그래핀은 흑연의 단일 층이다. 이중층 그래핀은 상호 작용할 수 있을 만큼 가까운 두 장의 그래핀이다. 그래핀이 산화되면 그래핀 층에 작용기가 있는 그래핀 산화물이 된다. 탄소 나노튜브(CNT)는 둥글게 말려서 튜브를 형성하는 그래핀 조각이라고 생각할 수 있다. CNT는 단일-벽이거나(SWCNT), 다중-벽(MWCNT)일 수 있다. 풀러렌은 작은 3차원 구조로, 탄소 원자가 오각형과 육각형으로 연결되어 있다. 가장 잘 알려진 풀러렌은 벅민스터풀러렌(C_{60})이다.
4. 많은 무기 화합물과 금속의 나노구조를 합성할 수 있다. 나노튜브, 나토막대,

나노선, 나노리본, 나노꽃과 같은 다양한 형태를 취할 수 있다.

5. 나노구조는 하향식 방법 또는 상향식 방법으로 합성할 수 있다. 하향식 방법에서는 더 큰 입자가 쪼개져서 나노구조가 된다. 상향식 방법에서는 구성 이온, 원자, 분자에서부터 만들어진다.

문제

1. 지름이 (a) 2 nm 및 (b) 10 nm인 입자에서 부피 대비 표면 비율을 계산하시오. 입자가 구형이라고 가정하시오.
2. 주자기성(magnetotactic) 박테리아는 단일 자기 구역으로 구성된 일련의 자철석 나노입자들을 만들어 박테리아가 진흙 연못 바닥에 위치하는 데 이를 이용하고 있다. 이러한 크기의 입자를 만드는 것이 박테리아에게 이로운 점은 무엇일까?
3. QLED TV 화면은 양자점을 이용하여 색상을 제공한다. 이 목적에 적합한 양자점의 특성은 무엇인가?
4. ZnO 및 TiO_2는 어떤 광학적 특성으로 인해 투명한 자외선 차단제에 적합한가?
5. (a) 전자 주개 및 (b) 전자 받개가 층간 삽입된 흑연에 대하여 각각의 에너지띠 구조를 그려보시오.
6. 그래핀은 처음에 접착 테이프를 사용하여 흑연으로부터 층을 떼어내어 만들어졌다. 이것은 하향식 또는 상향식 합성 방법 중 어느 것인가?
7. 풀러렌 계열 화합물들은 12개의 오각형과 다음 숫자의 육각형으로 구성되어 있다; C_{60}의 경우 20개, C_{70}의 경우 25개. 가능한 가장 작은 풀러렌의 화학식은 무엇일까?

12장 지속 가능성

12.1 개요

이 장에서는 지속 가능한 목표와 지속 가능하게 하는 도구들을 포함해 고체 화학 분야에서의 지속 가능성에 관한 중요한 여러 개념을 소개하고자 한다. 독자들도 알다시피 지속 가능성은 고체화학보다 훨씬 더 광범위하지만, 여기에서 강조하는 것은 더 넓은 의미에서의 화학적 관점이다.

12.1.1 물질 지속 가능성의 정의

'지속 가능성'이라는 용어는 명확한 정의가 필요한 유행어가 되었다. 1987년 UN의 Brundtland Commission은 지속 가능한 개발을 '미래 세대가 자신들의 필요를 충족시킬 수 있는 능력을 훼손하지 않는 범위 내에서 현재 세대의 필요를 충족시키는 것'으로 정의하였다. 우리는 물질에 대한 지속 가능한 접근 방식에 UN의 정의를 적용할 수 있다. 비록 지속 가능성 목표는 정부 법률과 비정부 기관 그리고 사업 이익과 지속 가능한 접근 방식 사이에서 밀접하게, 때로는 병렬 관계로 추진될 수 있지만 여기서는 재료 화학적 측면에서의 지속 가능한 목표에 대해 고려하고자 한다.

12.1.2 지속 가능한 재료 화학 목표

재료 화학에 대한 지속 가능한 접근 방식을 통해 미래 세대의 필요를 훼손하지 않으면서 새로운 재료를 개발할 수 있다. 광물 채굴과 관련된 윤리적 문제와 같은 일부 사회 정치적인 문제들은 정량화하기 어렵지만, 이러한 문제들은 다음 논의에서 근본적으로 중요하다.

지속 가능성 측면에서 가장 중요한 점은, CO_2와 같은 온실기체(greenhouse gases, GHGs)를 최소한으로 발생시키는 것이다. 이는 광물 채굴과 같이 천연 자원에서 원소를 얻는 것부터, 재료를 합성하는 과정, 재료를 장치에 사용하는 과정, 그리고 수명이 끝난 재료의 최종 폐기까지 재료 개발의 모든 과정에 적용되어야 한다. 에너지를 얻거나 저장하는 장치에서 더 많은 GHGs 배출을 일으킬 수 있는 에너지원을 대체하여 사용하는 것처럼 GHGs 감축에서 재료의 역할을 고려해볼 수도 있다.

지속 가능한 접근 방식에 또 다른 중요한 고려 사항에는 에너지 자체도 포함된다. 예를 들어 에너지 낭비를 줄이는 장치에 재료가 사용되는 경우 이 재료를 만드는 데 사용된 에너지양을 역시 고려해야 한다. 이 문제를 해결하는 정량적인 접근 방식을 이 장에서 소개할 것이다.

세계 여러 지역에서는 깨끗한 물이 부족하다. 재료를 생산하는 다양한 공정에는 매우 많은 양의 물이 사용된다. 예를 들어, 일반적으로 1 kg의 고분자를 생산하려면 약 200 L의 물이 필요하다. 다시 말하자면, GHGs 배출과 에너지 소비에 관한 지속 가능한 재료의 생산 방식은 물 소비를 최소화하는 것을 목표로 해야 한다.

화학자들조차도 항상 인식하고 있지는 않지만, 광범위하게 재료를 사용할 때 모든 원소를 필요한 양만큼 쉽게 사용할 수 있는 것은 아니다. 따라서 원소의 가용성도 지속 가능한 재료 화학에 접근하는 중요한 하나의 요소이며 이 장에서 더 자세히 살펴볼 것이다.

지속 가능한 접근 방식에 사용되는 도구들을 소개하기 전에, 사회에서 사용되는 물질에 대해 간략히 알아보는 것이 지속 가능한 도구들에 대한 전후 사정을 이해하는 데 유용할 것이다.

12.1.3 사회의 물질 의존성

어찌 보면 인류는 항상 최첨단 재료에 의해 정의되었다. 기원전 3000년 이전의 석기 시대에는 바위를 깨서 만든 날카로운 돌화살을 가진 사람에게 다른 사람들보다 큰 장점이 있었다. 기원전 3000년경부터 시작된 청동기 시대에는 전성(malleability)과 강도와 같은 특성이 우수한 구리-주석 합금을 사용하였는데, 석기보다 더 나은 도구들을 만들 수 있었다. 기원전 1000년경부터 시작한 철기 시대에는 주석 광석보다 더 풍부한 철광석을 사용하였기 때문에 다양한 도구를 더 많이 사용할 수 있게 되었다.

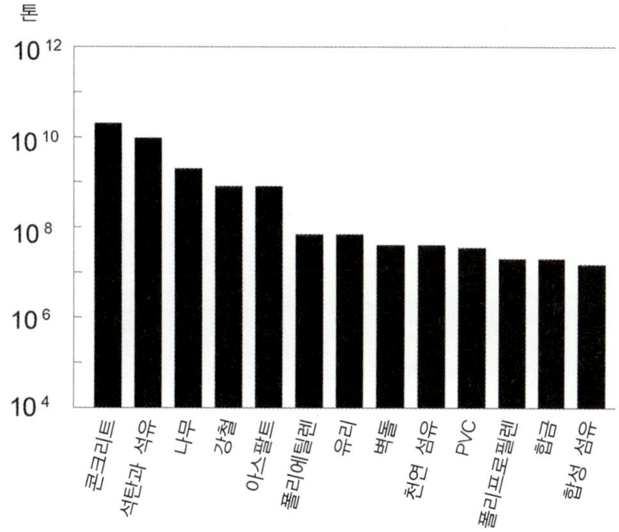

(a)

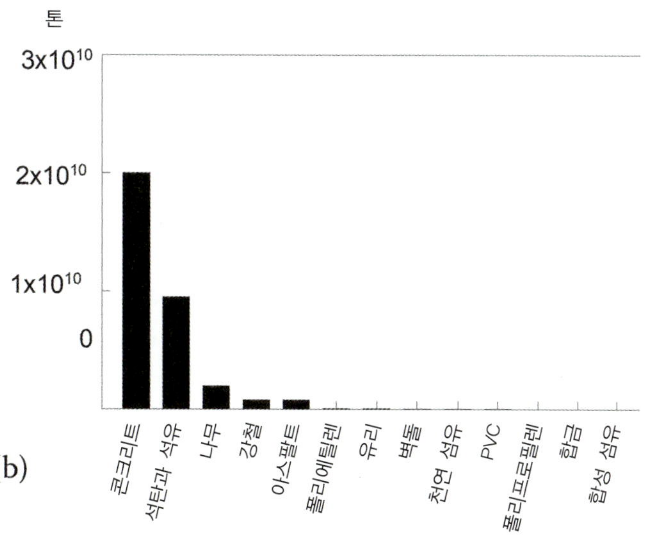

(b)

그림 12.1 (a) 모든 주재료를 로그 스케일로 표현한 것과 (b) 지배적인 재료를 선형으로 강조한 톤 단위 연간 전 세계 재료 생산량(1톤 = 10^3 kg). (Data from *Materials and the Environment,* 2nd ed., 2013, M. F. Ashby, Elsevier.)

현대 소재 시대를 사는 사람들은 고분자에서 반도체, 희토류 자석에 이르기까지 다양한 재료에 의존하고 있다. 이 책의 다른 부분에서 설명되어 있듯이, 물질의 특성은 개별 원자의 특성(예: 자성 물질에서 f-전자의 역할)과 이들로 이루어진 응집체(예: 고체 물질에서 전위(dislocations)의 역할)의 특성으로부터 정의된다.

그러나 다양한 원자재 물질의 상대적인 양을 나타내기 위해 전 세계 재료 생산량을 정량화하는 것은 흥미로운 일이다(그림 12.1). 콘크리트는 전 세계 재료 생산의 약 절반을 차지한다. 따라서 재료 생산 과정에서 GHGs 배출량이나 에너지 소비량의 차이를 만들고 싶다면, 예를 들어 이 두 영역의 재료 목록에서 모두 최상위를 차지하는 콘크리트 생산에 대해 새롭고 지속 가능한 접근 방식을 고려해야 한다.

12.1.4 원소의 부존량

놀랍게도 우리 주변의 모든 것들은 주기율표의 원소 중 상대적으로 적은 수의 원소들로 이루어져 있다. 90여 개의 원소가 우리 삶에서 중요한 역할을 한다. 그러나 표 12.1에서 알 수 있듯이 지구상에 모든 원소가 풍부하게 존재하는 것은 아니다.

표 12.1 지각 내 원소의 자연 부존량

원소	지각 내 자연 부존량(%)
O	46.1
Si	28.2
Al	8.2
Fe	5.6
Ca	4.2
Na	2.4
Mg	2.3
K	2.1
Ti	0.57
H	0.14
Cu	0.005
B	0.001
In	2×10^{-5}
Ag	1×10^{-5}
Bi	2×10^{-6}
Ru	1×10^{-6}
He	5×10^{-7}
Au, Pt, Ir	1×10^{-7}
Te	8×10^{-8}
Rh	4×10^{-8}

Source: Data from *Encyclopedia Britannica, Inc.* Elements with lower abundance in the Earth's crust are not listed. As originally deduced by geochemist Frank W. Clarke (1847–1931) and extended by others.

실제로, 몇 가지 원소들은 향후 100년 또는 앞으로 수십 년 안에 고갈될 위험에 처한 것으로 여겨진다. 대표적인 예로, 컴퓨터 화면에 높은 전기 전도성과 우수한 광투과성을 지닌(일반적으로 모순적인) 인듐 주석 산화물을 사용하면서, 인듐이 빠르게 고갈되고 있다. 따라서 인듐은 재활용이 필요한 예 중 하나이다. 일반적으로 컴퓨터 디스플레이 화면에는 약 50 mg의 소량의 인듐만을 포함하고 있다. 그러나 디스플레이 사용이 증가함에 따라 현재 인듐 채굴 생산량의 약 50%가 디스플레이 장치를 제조하는 데 사용되고 있다. 결론적으로 매우 소량인 수 밀리그램의 인듐이 각 디스플레이 장치에 포함되어 전 세계에 분산되어 있어 인듐의 재활용을 어렵게 하고 있다.

에너지와 관련되어 응용성이 높은 몇 가지 원소들도 유용성(availability)이 낮다. 이런 예에는 Re, Te, Pt, Pd, He, Ag, Nd, La, Dy 원소들이 있는데, 이들은 매우 중요한 원소들이다. 예를 들어 전기 자동차의 모터에는 약 1 kg의 Nd가 사용될 수 있으며, 배터리에는 약 10 kg의 La가 사용될 수 있다. 이렇게 많은 양이 사용되기 때문에 재활용이 중요하다고 할 수 있다.

희토류 원소들은 특히 강조할 만한데, 예를 들어, 1 MW 풍력 발전용 터빈에는 최대 1톤의 Nd, Tb, Dy 등이 포함된 희토류 영구 자석이 필요하며 이 원소들 모두 매우 부족하다. Dy와 Tb는 수십 년 이내에 고갈될 것으로 예상하고 있다. 이 원소들은 각기 고유한 전자 배치로 인한 독특한 자기적 성질을 나타내기 때문에 다른 원소들로 대체하기가 어렵다.

헬륨 또한 특별히 언급해야 할 원소인데, 헬륨은 끓는점이 매우 낮다는(4.2 K) 고유의 특성 때문에, NMR이나 MRI의 자석을 작동시키기 위한 극저온을 유지하는 데 사용된다. 그러나 헬륨은 밀도가 낮은 기체로, 지구 대기를 쉽게 빠져나갈 수 있으며 다시 지구로 되돌아올 수 없다. 따라서 헬륨의 중요성을 인식해야 하며 헬륨 풍선과 같은 사소한 곳에 사용을 자제해야 한다.

원하는 만큼 원소를 새로 만들 수 없으므로 유용한 범위 내에서 사용해야 한다. 그래도 이 장 뒷부분에 소개된 것처럼 유용성을 평가하고 새로운 재료의 개발 방향을 제시하는 도구들이 있다.

12.1.5 지속 가능성에 대한 고체화학의 역할

이미 고체화학은 태양 전지에서 초전도체에 이르기까지 신소재 개발의 중추적인 역할을 하였다. 고체화학은 지속 가능성 문제를 정량화할 수 있는 몇 가지 도구들을 통해, 중요한 새로운 개발을 지속 가능한 방식으로 선도할 수 있다.

한 가지 예는 인듐 주석 산화물을 인듐을 사용하지 않는 다른 재료로 대체하는 것이다. 탄소 나노튜브와 그래핀을 기반으로 한 최신 연구를 통해 높은 전기 전도성과 우수한 광투과성이 조합된 독특한 특성을 가진 탄소 기반 재료가 개발되었다. 탄소의 풍부한 유용성은 인듐과 관련된 문제를 피할 수 있다.

또 다른 중요 분야는, 촉매에 사용되는 귀금속을 대체하는 예에서 보듯이 Fe계 재료의 사용이 증가한 것이다. Fe는 효율은 낮지만 유용성이 높고 최종 생산 비용이 매우 저렴해 대체하는 것이 더 유리할 수 있다.

고체화학은 활발히 진행되고 있는 영역인 재료의 합성 과정이나 공정을, 새롭고 지속 가능한 접근 방식으로 바꾸는 일에 본질적으로 중요한 역할을 할 수 있다. 예를 들어, 녹색 화학 접근 방식(3.10절 참조)은 GHGs 배출, 물, 에너지 소비, 재료 사용 등을 크게 줄일 수 있다.

12.1.6 재료의 수명

요즘 우리는 소비자로서 유효 기간이 만료된 제품을 그 쓰임새를 바꾸거나 재활용하는 데 익숙하다. 이와 동일한 원칙이 고체화학의 지속 가능성 문제에도 적용된다. 또한, 우리는 제품을 만드는 원재료인 출발 물질 역시 고려해야 한다. 즉, 제품의 전체 수명을 생각해야 한다.

새로운 물질을 합성하는 과정 동안 지구에 끼치는 상대적 부담을 정량화할 수 있는 몇 가지 지속 가능성 도구들로써 내재 에너지(embodied energy) 개념, Herfindahl–Hirschman 지수, 엑서지(exergy)에 대해 제시하고자 한다. 이러한 개념들은 재료 수명의 초기 단계에 적용되며 아래에 각각 정의되어 있다.

재료의 수명이 끝나면 최선의 처리 방법을 선택해야 한다. 선택할 수 있는 처리 방법을 선호도가 높은 순서로 나열하면, 재사용, 개보수, 재활용, 연소, 매립이다. 뒤에 나열된 방법들은 최후의 수단이어야 한다. 열을 가해 처리하는 연소는 재료에 내재된 에너지를 일부 얻을 수는 있지만 해로운 부산물이 생성될 수 있으며 이러한 방법은 재료를 적절히 처리하는 방법이 아닐 수 있다. 재활용은 음료 용기에 사용되는 알루미늄과 같이 거의 순수한 형태로 존재하는 일부 재료들에서는 매우 매력적인 처리 방법이다. 그러나 앞서 설명한 것처럼 인듐 주석 산화물 코팅의 인듐처럼 널리 분산된 재료들에서는 매우 비실용적인 방법이다. 배터리의 구성 성분이나 희토류 자석과 같은 고가 재료들의 경우에는 재활용이 가능하며, 또한 필요하다. 물론 제일 나은 방법은 재료들을 개보수하거나 재사용하는 것이다.

건축가 William McDonough와 화학자 Michael Braungart에 의해 시작된 생태학적으로 지능적인 설계 개념인 '요람에서 요람까지(Cradle to Cradle)'는 한 생산 과정에서 발생한 '폐기물'을 다른 생산 과정에서 출발 물질로 사용한다. 이 접근법은 가치가 낮은 폐기물을 가치가 높은 제품으로 전환하는 새활용(upcycling)의 한 예이다. 이 방법은 이미 산업에서 활용되고 있다. 예를 들어, 한 유명한 운동화 제조사는 외부에 재활용이 무한히 가능한 폴리에스터와 생분해성 밑창을 사용하는 신발 제조 라인을 보유하고 있다. 지속 가능한 접근 방식은 기업의 수익 극대화와도 연계되곤 한다.

12.2 지속 가능한 접근 방식을 위한 도구들

이 절에서는 고체 화학자들이 가장 지속 가능한 접근 방식과 방향을 선택하는 데 사용할 수 있는 몇 가지 도구들을 간략히 소개하고자 한다. 보다 자세한 내용은 이 책 끝부분에 제시된 참고 문헌을 보기 바란다.

12.2.1 녹색 화학

이미 3.10절에서 **녹색 화학의 12가지 원칙**을 설명하였다. 이 원칙은 보다 지속 가능하게 재료를 생산할 수 있는 접근 방식이다. 이 원칙을 폐기물 저감(원칙: 원자 경제, 더 안전한 합성, 재생 가능한 공급 원료, 유도체화 방지, 촉매 사용, 실시간 분석), 독성 저감(더 안전한 화학 물질, 더 안전한 용매, 분해 가능한 설계, 사고 최소화), 에너지 사용 절감(에너지 효율)으로 분류할 수 있다.

대부분의 화학자들이 이러한 원칙이 합성 과정에만 적용해야 하는 것으로 생각하지만, 재료의 가공 공정 및 가공 공정이 포함된 합성 단계에도 적용해야 한다. 예를 들어 지속 가능한 접근 방식으로 유기 용매를 수용성 용매로 대체할 수 있다. 또 다른 예는 다양한 무기화학 제품이 고온 공정으로 생산되어 대량의 재료, 고온 전기로, 재사용이 불가능한 고가의 반응 용기가 필요하다는 것이다. 이를 위한 보다 지속 가능한 접근 방식으로는 마이크로파 화학이나 공 분쇄와 같은 기계화학적 방법이 있다. 이러한 접근 방식들은 모두 활발히 연구되고 있다.

12.2.2 Herfindahl-Hirschman 지수

Herfindahl-Hirschman 지수(HHI)는 기업의 독점력을 측정하는 데 사용되는 경제학적 개념이다. 최근 원소의 가용성과 공급 과정의 위험요인(지각 내 부존량, 전 세계 생산량, 매장량, 사용량, 지정학(geopolitics) 및 기타 요인)들을 고려하여 각각의 요인에 대한 HHI 값을 평가하였다(표 12.2). HHI 값이 낮다는 의미는 현재의 생산율과 채굴 가능한 매장량을 고려했을 때 해당 원소가 풍부하다는 것이다.

HHI 값(표 12.2)은 지각 내 부존량(표 12.1)과 어느 정도 일치하지만, 원소 매장지의 지리적 및 정치적 접근성과 같은 다른 요인들도 고려해야 한다. 예를 들어, Sn은

표 12.2 일부 원소들에 대한 Herfindahl-Hirschman 지수(HHI). 낮은 HHI 값은 해당 원소가 풍부함을 의미한다.

원소	HHI
O	(500)
Si	(1000)
Al	(1000)
Fe	1400
Ca	(1500)
Na	(500)
Mg	(500)
K	7200
Ti	1600
Cu	1500
B	2000
In	(2000)
Ag	1400
Bi	6000
Ru	(8000)
He	3900
Au	1000
Pt	(9100)
Ir	(9100)
Te	4900
Rh	(8000)

Source: Data from M. Gaultois et al., 'Data-Driven Review of Thermoelectric Materials: Performance and Resource Considerations', *Chem. of Mat.* **25**(2013): 2911-2920.

참고: HHI, 값은 원소의 알려진 매장량을 포함하는 값이다. 편의상 원소는 지각 내 존재량이 감소하는 순서로 나열되어 있지만(표 12.1참조), 존재량 이외에 다른 요소들도 함께 고려해야 하기 때문에 순서와 관련이 있는 것은 아니다.

참고: 괄호 안의 값은 불확실성이 더 높다.

지각 내 부존량이 50번째밖에 되지 않는 원소로 표 12.1에는 제시되어 있지 않지만 다른 원소들보다 접근성이 용이하여 HHI가 1600으로 매우 낮다(즉, 유리하다).

고체화학 접근 방식에서 HHI를 사용하면 원소의 희소성과 공급 과정의 위험성을 상대적으로 신속하게 결정할 수 있다. 예를 들어, 디스플레이 장치는 전기적으로 전도성이 우수하면서 광학적으로 투명한 재료를 고려해야 한다. 35 mol% In, 61 mol% O, 4 mol% Sn으로 이루어진 인듐 주석 산화물은 화학량론적으로 계산된 HHI 값이 1070인 반면, 탄소 나노튜브의 경우 탄소의 유용성이 상대적으로 더 높으므로 더 유리한 500의 HHI 값을 가진다. 이처럼 HHI 지수는 잠재적인 가용 재료를 신속하게 탐색할 수 있는 도구로 사용할 수 있다. 그러나 HHI 지수로는 필요한 장치에 사용할 재료를 생산하는 것이 얼마나 지속 가능한 일인지는 알 수 없어 이에 대한 다양한 접근 방식이 필요하다는 것을 알 수 있다.

12.2.3 내재 에너지

재료의 지속 가능성을 평가하는 데 매우 유용한 또 다른 도구로는 **내재 에너지 (embodied energy)**가 있다. 이 용어는 광석이나 작물에서의 추출, 운송, 정제 등을 포함하여 원료에서 제품을 생산하는 데 필요한 모든 에너지를 의미한다. 일부 재료들에 관한 내재 에너지의 몇 가지 예를 표 12.3에 나타내었다. 또한 이러한 물질들의 CO_2 환산량(즉, 모든 GHG에 대한 배출량을 동일한 지구 온난화 효과를 나타내는 환

표 12.3 일부 재료들의 내재 에너지와 발자국(footprints)

재료	내재 에너지	CO_2 환산량
콘크리트	0.1	0.1
유리	10	0.8
강철(처녀강)	27	1.8
납	27	1.9
황동	54	3.5
구리	60	3.7
PVC	60	2.5
폴리프로필렌	80	3
알루미늄(43% 재생된)	131	8
알루미늄(처녀강)	210	12
은	1,500	100
전자제품용 단결정 실리콘	6,000	305
백금	270,000	1,500

Source: Data from *Materials and the Environment*, 2nd ed., by M. F. Ashby, Elsevier (2013).

산된 CO_2 양으로 표시한 것)을 제시하였다. 내재 에너지와 CO_2 환산량이 유사한 경향을 보여 준다는 점을 주목하라.

표 12.3을 볼 때, 에너지 집약적인 재료의 가공 공정이 매우 높은 내재 에너지와 다량의 GHGs를 배출한다는 것은 명확하다. 따라서 이러한 재료들은 재사용하거나 재활용하는 것이 필요하다. 콘크리트와 같이 단위 질량당 내재 에너지가 낮은 재료들조차 처음 사용하여 유효 수명이 끝난 후에도 상당한 가치를 지니고 있어 많은 양을 재사용한다.

예를 들어, 플라스틱의 내재 에너지는 연소 엔탈피의 약 두 배에 해당한다. 따라서 플라스틱을 태우면 일부 열을 얻을 수 있을지라도 거의 절반에 해당하는 에너지를 영원히 잃어버리게 된다. 반면 대부분의 플라스틱을 재활용하는 데 필요한 에너지는 내재된 에너지의 일부분일 뿐이므로 내재 에너지만을 사용하여 플라스틱을 재활용할 수 있다.

재료를 어떻게 처리하느냐에 따라 내재 에너지에 큰 영향을 미친다. 매우 높은 내재 에너지를 가진 가공 공정의 예에는, 한 번만 사용가능한 고온 전기로와 고가의 용기가 필요한 공정이 있다. 에너지 비용이 높고 수율이 낮은 화학 증기 증착법으로 만들어진 재료도 높은 내재 에너지를 갖는 또 다른 예 중 하나다. 내재 에너지를 평가하기가 항상 쉬운 것은 아니지만 이러한 고려 사항은 고체 합성과 가공 공정에서 보다 지속 가능한 접근 방식을 제시할 수 있다.

12.2.4 엑서지

열역학적 면에서 **엑서지(exergy)**는 계(system)가 제공할 수 있는 유용한 일(work)의 최대량을 뜻한다(예: 카르노 순환(Carnot cycle)이 일어나는 동안). 주위에서 얻을 수 있는 일반적인 재료에서부터 특정한 상태의 재료를 생산하는 데 필요한 최소 일의 양으로 정의되는 엑서지 개념은 지속 가능한 접근 방식을 유도하는 데 사용할 수 있다.

엑서지는 표준 상태를 다르게 정의한 재료의 생성 깁스 에너지(Gibbs energy of formation)를 의미한다. 이 새로운 표준 상태를 기준 화합물(reference compound)이라고 하며 천연에서 흔히 볼 수 있는 물질이다. (일반적인 생성 깁스 에너지는 원소에 따라 다르지만 대부분의 원소는 자연에서 순수한 형태로 발견되지 않는다.) 엑서지에 사용되는 일반적인 기준 화합물의 예로는 SiO_2, H_2O, $Cl^-(aq)$, PdO_2가 있다. 엑서지는 소멸될 수 있다는 점에서 내재 에너지와 유사하다.

아래 B로 나타낸 엑서지는 표준 상태를 위첨자 0으로 표시한 화합물 q에 대해 다음과 같이 정의할 수 있다.

$$B_q^0 = \Delta G_f^0 + \sum_i n_i B_i^0 \tag{12.1}$$

여기서 화합물 q는 각각의 화학량 수(stoichiometric number)가 n_i인 원소 i로부터 만들어졌으며, ΔG_f^0는 화합물의 표준 상태 생성 깁스 에너지이고, B_i^0는 각각의 원소 i의 표준 상태 엑서지이다. 원소들의 엑서지 값들은 표로 나타나 있으며(참고문헌 참조), 각각의 기준 상태에 주의해야 한다.

생성 깁스 에너지가 −2441 kJ mol^{-1}인 규선석(sillimanite, Al_2SiO_5) 광물에서 알루미늄을 생산한다고 가정하자. 식 12.1과 Si(855 kJ mol^{-1}, SiO_2 α-석영을 기준 상태로 함), O_2(3.92 kJ mol^{-1}, O_2를 기준 상태로 함), Al_2SiO_5(15.2 kJ mol^{-1}, Al을 기준 상태로 함)의 엑서지 값들을 바탕으로 계산한 알루미늄의 표준 상태 엑서지 값은 796 kJ mol^{-1}이다. 엑서지 값이 큰 양수이므로 Al_2SiO_5 광물을 정제하여 순수한 알루미늄을 생산하는 일은 에너지 집약적인 공정이다. (이러한 결론은 알루미늄의 내재 에너지가 매우 높고 알루미늄을 재활용하는 데 일정 정도의 에너지가 필요하더라도 재활용된 알루미늄이 여전히 상당히 높은 내재 에너지를 가지고 있다는 것을 나타내는 표 12.3의 결과와 일치한다.) 제시된 엑서지 표의 데이터(참고문헌)를 이용하여 엑서지 값을 계산하면 화합물을 생산하는 데 필요한 열역학적 최소 일 에너지양을 얻을 수 있다. 엑서지는 추가적으로 사용되는 공정 에너지나 기타 에너지 입력을 고려하지 않지만 사용하기 쉽고 유용하다.

12.2.5 전 과정 평가

위에 제시된 도구들을 사용하면 접근 방식의 지속 가능성에 대해 비교적 빠르게 판단할 수 있지만 전체적인 정량적 평가는 불가능하다. 보다 정량적인 방법론은 전 과정 분석이라고도 불리는 **전 과정 평가(life cycle assessment, LCA)**로서 재료의 제조, 사용 및 폐기 과정에서 발생하는 환경 영향을 정량화하는 방법이다. LCA는 두 가지 재료 또는 장치를 비교하는 데 매우 유용한 도구이며, 에너지 요구량, GHGs 발생량, 물 소비량과 같은 결과들을 바탕으로 의사 결정에 도움을 준다.

LCA 연구 범위를 정의하려면 먼저 경계(boundaries)를 정의해야 한다. 그러기 위해서는 조사하려는 **기능 단위(functional units)**를 정의해야 하는데, 기능 단위는 일반적으로 재료의 양(질량이나 부피 기준), 최종 제품의 수, 사용 기간 등이다. 몇 가지 기능 단위의 예로, 재료 100 kg, 주어진 장치에 필요한 재료량, 한 개의 장치 전체, 주어진 기간 동안 가정에서 필요한 특정 장치의 수를 들 수 있다. 후자를 통해 지속적으로 재료, 제조 공정, 장치 사이를 비교할 수 있다.

선택한 기능 단위를 기초로 한 LCA의 다음 단계는 재고 분석(inventory analysis)이다. 이 단계에서 재료의 형태와 양, 운송과 제조 공정이 요약되어 각각의 환경 영향을 정량화할 수 있다. 공개된 LCA 정보나 데이터베이스를 활용하여 정량화 할 수 있는 일반적인 문제들에는 에너지 사용량, 물 소비량과 배출량, 재료 소비량, GHGs 배출량과 고체 폐기물 발생량이 있다. 일반적으로 정량화된 정보에는 기능 단위에 따라 재료나 장치의 생산과 제조, 사용 단계, 폐기 단계가 포함된다. LCA의 목표에 따라 다른 요소들이 포함될 수 있다.

이후 재고 분석을 통해 기능 단위에 대한 영향 평가를 수행한다. 대부분의 경우에는 이러한 영향을 기준점 또는 다른 제조 공정, 재료, 장치와 비교하고, 정보에 입각해 최선의 방법을 선택할 수 있다.

예를 들어 재사용이 가능한 샌드위치 용기와 비교하여 일회용 샌드위치 비닐봉지의 상대적인 LCA를 생각해보자. 재사용이 가능한 샌드위치 용기의 예상 수명으로 5년을 가정하면, 기능 단위는 '5년 사용'이 되고 이는 1,200개의 샌드위치 비닐봉지에 해당한다. 각각의 용기 종류에 따라 사용된 고분자의 양, 적용한 공정 방법, 포장 방법에 대한 정보를 바탕으로 에너지 소비량, 물 사용량, GHGs 배출량을 계산할 수 있다. 비닐봉지의 경우 세 가시 모두 10~20배 더 높다. 그리나 제료 운송, 사용(재사용 용기의 세척 포함), 폐기 과정을 고려하면 기능 단위인 전체 5년 동안 비닐봉지는 약 두 배로 많은 에너지를 소비하지만 물 사용량은 절반에 불과하며 GHGs 배출량은 절반 미만이다. 따라서 '어떤 것이 최선인가'라는 물음에 대한 답은 지역 상황에 맞춘 에너지 사용량, 물 소비량, GHGs 배출량의 중요도에 따라 달라진다. 이 간단한 예는 LCA에서 얻을 수 있는 정보의 미묘한 차이를 보여준다.

LCA는 다음과 같은 질문에 정량적으로 답할 수 있다. 특정 에너지 저장 물질을 만드는 데 얼마나 많은 에너지가 필요하며, 내재 에너지를 회수하려면 얼마나 오랫동안 사용해야 하는가? 주어진 재료를 제조하는 두 가지 공정 중에서 물 소비량이 더 적은 공정은? 주어진 목적에 부합하는 비교 가능한 두 가지 재료가 사용된 장치 중에서 장치의 수명 동안 어떤 것을 사용한 장치가 GHGs 배출량이 더 낮은가? 자동차 생산 과정에 사용되는 합성과 바이오-기반(bio-based) 단열 폼(foam) 중 어떤 것이 환경에 끼치는 영향이 더 적은가? 신문지를 재활용하는 것과 태워 열을 얻는 것 중 어느 것이 더 좋은 방법인가?

그러나 LCA가 지속 가능성의 모든 측면을 포함하는 것은 아니다. 예를 들어 환경에 유출된 비닐봉지가 육지와 바다의 야생 동물에게 끼치는 피해는 LCA에서 다루지 않는다.

12.3 사례 연구: 스마트폰의 지속 가능성

스마트폰은 쓰임새가 많은 장치로, 전세계적으로 우리 삶의 여러 부분을 스마트폰의 유용성에 의존하고 있다. 스마트폰은 그 자체로 다양한 기능을 효율적으로 통합한 재료 과학의 경이로움을 보여주는 장치다. 그러나 스마트폰을 만드는 데 사용되는 약 40여개의 원소 중 그 절반 이상이 희소성 때문에 향후 수십 년 안에 부족할 상황에 놓여있다. 다시 말해, 전 세계적으로 매년 3억 대 이상의 스마트폰이 폐기되거나 교체되는데, 각각의 스마트폰에는 매우 적은 양의 희귀 원소가 포함되어 있으므로 이는 원소 분산의 한 예가 된다. 한 사람 한 사람이 현재 스마트폰 평균 사용 기간인 3년 이상을 사용한다면 재료 소비량을 크게 줄일 수 있다. 또한 제조업체가 개보수를 유도한다면 재료 소비가 더 줄어들 수 있다.

정보 통신 기술 분야는 전 세계 온실기체 배출량의 2%를 차지하고 있으며, 이 중 스마트폰이 차지하는 비중을 살펴보는 것은 흥미로운 일이다. 통신망 사용에 따른 영향이 포함된 사용 수명을 기능 단위로 한 스마트폰의 전 과정 평가가 이루어졌다. 대표적인 사용 시나리오로 스마트폰 장치와 액세서리의 사용 수명을 3년으로 계산하였다. 여기에는 모든 원자재 취득 과정(스마트폰, 포장재, 배터리), 생산(부품, 집적회로, 디스플레이, 운송, 조립, 집적회로 제조와 유통), 사용(스마트폰과 통신망), 다양한 폐기 시나리오가 포함된다. 계산된 결과에 따르면 GHGs 배출량의 가장 큰 원인은 생산 과정이며, 특히 집적회로 생산 과정이 스마트폰 GHGs 배출량의 약 10%를 차지한다. 스마트폰 생산 과정의 총 배출량은 CO_2 환산량으로 약 60 kg에 해당하며, 이는 CO_2 환산량으로 약 20 kg인 통신망 사용에 대한 연간 영향과 비교되는 값이다. 따라서 교체하기 전 3년 동안 사용한 스마트폰의 전체 연간 GHGs 영향은 CO_2 환산량으로 약 40 kg이며, 이는 연소 엔진 차량의 일반적인 연간 사용에서 발생하는

GHGs 배출량의 약 1%에 해당한다. 또한 스마트폰 한 대를 생산하는 동안 원재료를 추출하기 위해 3,000~10,000 L의 담수가 주로 사용된다는 점도 주목해야 한다. 반면 미국에서는 최근 몇 년 동안 컴퓨터나 텔레비전과 같은 가전제품의 총 에너지 소비량이 이러한 기능을 가진 스마트폰 사용의 증가로 인해 상당히 감소한 것도 염두에 두어야 한다.

따라서 스마트폰의 예는 현대 사회에서 고체 물질의 발전이 중요한 역할을 하고 있으며, 미래를 향한 노력이 지속 가능하도록 연구자와 소비자가 재료와 장치의 환경에 끼치는 영향을 고려할 책임이 있다는 것을 보여주고 있다.

12.4 맺음말

고체화학에서 지속 가능성 개념은 미래 세대의 필요를 훼손하지 않으면서 신소재를 개발하고자 하는 목표의 밑바탕이 된다. 고체 화학자는 녹색 화학 원칙을 포함하여 지속 가능성을 평가하기 위한 도구들을 사용해야 한다. 원소의 유용성과 관련하여 지각에 존재하는 다양한 원소들의 부존량 범위가 중요하며, 유용성은 Herfindahl–Hirschman 지수(HHI)로 정량화할 수 있다. 내재 에너지 개념을 통해 원료로부터 재료나 장치를 만드는 데 사용된 에너지를 정량화할 수 있다. 엑서지로는 자연에서 얻을 수 있는 일반적인 재료로부터 화합물을 생산하는 데 필요한 일의 최소량을 정량화할 수 있다. 이러한 도구들은 유용하고 상대적으로 사용하기 쉽지만 전 과정 분석 개념을 사용하면 재료나 장치의 제조 및 사용 과정에 부과되는 환경 영향에 대해 보다 정확히 평가할 수 있다. 지속 가능성에 대한 고려 사항들은 합성 접근법, 공정 과정, 소비재에 새로운 재료 사용에 관해 새로운 방향을 제시할 수 있다. 고체화학을 통해 지속 가능성 문제에 대해 생각해봄으로써 우리의 미래 삶을 향상시키는 첫 단추를 잘 끼워야 한다.

문제

1. 지속 가능성만을 고려할 때, 탄소 기반의 전자 장치에 관심이 높은 이유는 무엇인가?

2. 희토류는 자성 물질에서 특별한 역할을 하지만 지각에 그다지 풍부하게 존재하지 않으며, 지정학적 측면을 고려하면 희소한 원소들이다. 희토류 원소들을 더 풍부한 다른 원소들로 대체하지 못하는 이유는 무엇인가?

3. 단결정 Si의 내재 에너지는 2800 MJ/m^2이다. 태양 전지에서 Si의 층 두께가 200 미크론(microns)이고, 광전지가 Si 10 g 당 1 W의 전력을 생산하는 경우 Si의 내재 에너지를 회복하는 데 필요한 대략적인 회수 시간을 계산하시오. 이때, Si의 밀도는 2.3 g/cm^3이다.

4. 리튬 이온 배터리에서 $LiCoO_2$와 $LiFePO_4$는 경쟁하는 두 가지 환원 전극 재료이다. 각각의 생성 엔탈피는 -680 kJ mol^{-1}과 -151 kJ mol^{-1}이며, 이들의 생성 깁스 에너지는 같다고 근사할 수 있다. 이 두 화합물 각각의 엑서지를 계산하고, 이를 바탕으로 더 선호되는 환원 전극 재료가 무엇인지 설명하라. 대응하는 원소들의 엑서지 값을 kJ mol^{-1} 단위로 나타내면 다음과 같다. Li: 393, Co: 313, O_2: 3.92, Fe: 374, P: 861.

5. 공 분쇄같은 기계화학적 방법을 이용하면, 구성 요소들의 기계적인 작용에 의해 용매 없이 주위 온도에서 유기물이나 금속기반 고체 물질을 합성할 수 있다. 이러한 방법은 전통적으로 사용하던 용매 기반 합성법이나 고체 재료의 고온 합성법을 대체할 수 있다. 녹색 화학의 12가지 원칙, GHGs 배출량, 물 소비량 측면에서 이러한 전통적인 방법에 비해 기계화학적 방법이 갖는 장점에 대해 논하시오.

1장

1. No. Tetrahedral molecules do not have a centre of inversion. A twofold (C_2) axis of symmetry is coincident with the $\bar{4}$.
2. This cell has $a \neq b \neq c$, $\alpha = \beta = \gamma = 90°$. It therefore is an orthorhombic cell.
3. Hexagonal cells have $a = b \neq c$, $\alpha = \beta = 90°$, $\gamma = 120°$.
4. Four. There are $\left(6 \times \frac{1}{2}\right) = 3$ fluorine units at the centres of the faces, $\left(8 \times \frac{1}{8}\right) = 1$ at the corners, $(12 \times ¼) = 3$ on edge sites and 1 at the centre entirely enclosed by the cell. This is a total of 8. These eight are matched by four calcium units entirely enclosed in the cell.
5. The ideal perovskite cell is cubic. It is based on a primitive cell (P), has planes of symmetry perpendicular to *x*, *y*, and *z* (m). As a cubic cell it has a –3 axis along the body diagonal and it has planes of symmetry perpendicular to the face diagonals. Its space group is therefore Pm-3m.
6. a). The unit cell projection for NaCl is shown in Figure A.1a. This is a view looking down *c* on the unit cell.
   b). The unit cell projection for ZnS (zinc blende) is shown in Figure A.1b.
   c). The unit cell projection for perovskite is shown in Figure A.1c.
   d). The unit cell projection is shown for ReO_3 in Figure A.1d.
7. The unit cell projection for the B-type unit cell of perovskite is shown in Figure A.2.
8. For the spheres representing atoms in the cubic primitive cell to be just touching, they must have a radius of *a*/2 where *a* is the dimension of the unit cell. One-eighth of each sphere lies within the unit cell. As there are 8 spheres, the total occupied space is equal to the volume of one sphere $= (4\pi/3)(a/2)^3$. The total volume of the unit cell is a^3. The packing efficiency is thus $\pi/6 = 0.52$ or 52% to two significant figures.
9. The indices are B — $1\bar{1}$; C—*01*; D—*21*; *E* — $2\bar{1}$. (By choosing a different line, you may have come up with the following answers: $1\bar{1}$, $0\bar{1}$, $\overline{21}$ and $\bar{2}1$. These are equally valid answers.)
10. Figure 1.28b shows the *200* planes: the planes are parallel to *y* and *z* and divide *a* into two.
    Figure 1.28c shows the $11\bar{1}$ planes: they leave *a*, *b*, and *c* undivided.
    Figure 1.28d shows the *110* planes: the planes are parallel to *z* and leave both *a* and *b* undivided.
11. Assuming that anion–anion contact occurs as in Figure 1.46b, the iodide ion radius is $300/\sqrt{2}$ or 212 pm.

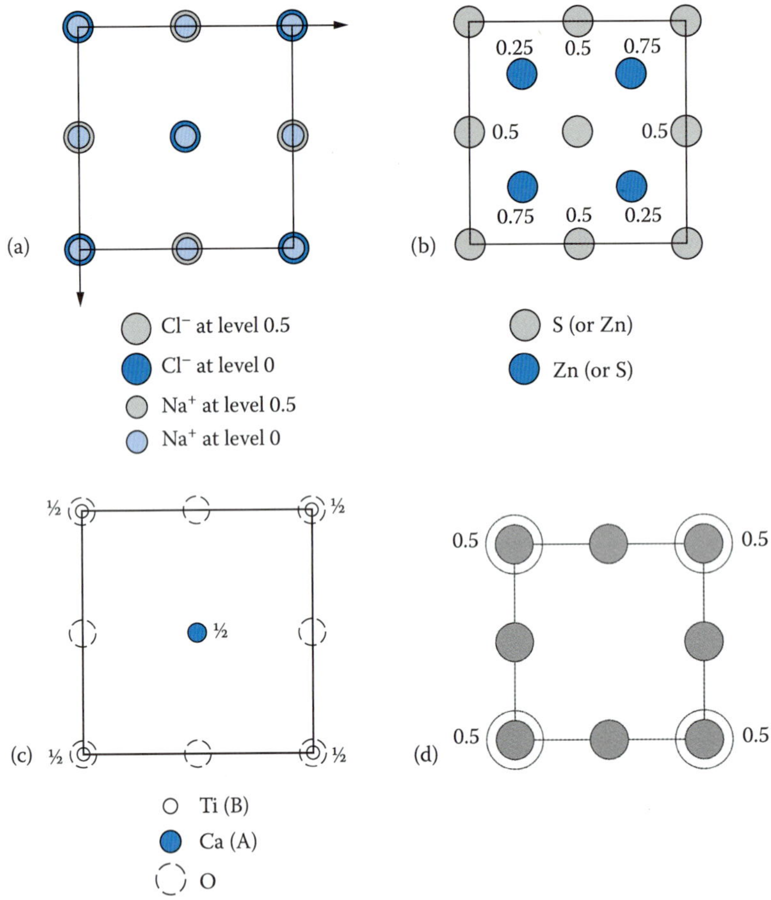

FIGURE A.1 (a) Plan of the NaCl cell, (b) plan of the ZnS cell, (c) plan of the ideal perovskite cell, and (d) plan of the ReO_3 cell. ((d) M. Fraser.)

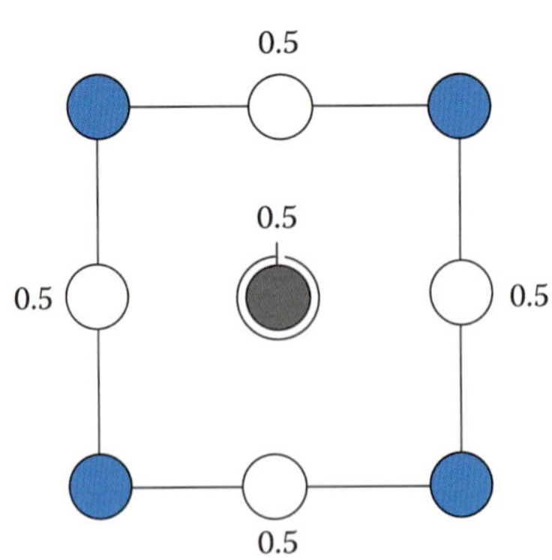

FIGURE A.2 Packing diagram for a perovskite B-type cell.

12. From the internuclear distance in NaI, $r(Na^+) = (323 - 212)pm = 111$ pm. Then from the internuclear distance in NaF, $r(F^-) = (231 - 111)pm = 120$ pm. The same procedure for RbI and RbF gives $r(Rb^+) = 154$ pm and $r(F^-) = 128$ pm.
13. Consider a cube, side r with a sphere on each vertex. This will give you 8 coordination. A sphere in the center of the cube must touch any 2 of the 8 spheres on vertices that lie at the ends of a body diagonal of the cube. These 2 spheres have radii $r_1 = r/2$ and so together they occupy a distance of r along the body diagonal. The length of the body diagonal is $\sqrt{3}r = 2\sqrt{3}r_1$. The diameter of the central sphere $2r_2$ is thus $2\sqrt{3r_1} - 2r_1$ and the radius $r_2 = (\sqrt{3} - 1)r_1$. Thus $r_2/r_1 = 0.732$.
14. The Madelung constant, $A = -3.99$.

    There are seven ions in the structure in Figure 1.54: six cations and one anion. First calculate the contribution to the potential energy of interactions of the six cations with the central anion. Each cation is at a distance r_0 from the central ion.

$$E_1 = -\frac{6e^2}{4\pi\varepsilon_0 r_0}$$

Each cation also interacts with a diametrically opposite cation (distance $2r_0$). There are three such interactions, so

$$E_2 = +\frac{3e^2}{4\pi\varepsilon_0 2r_0}$$

Finally E_3 is calculated from the interactions between adjacent cations (distance $\sqrt{2}r_0$) of which there are twelve:

$$E_3 = +\frac{12e^2}{4\pi\varepsilon_0\sqrt{2}r_0}$$

$$E = E_1 + E_2 + E_3$$

$$= -\frac{e^2}{4\pi\varepsilon_0 r_0}\left(6 - \frac{3}{2} - \frac{12}{\sqrt{2}}\right)$$

$$= -\frac{Ae^2}{4\pi\varepsilon_0 r_0}$$

so,

$$A = 6 - \frac{3}{2} - \frac{12}{\sqrt{2}}$$

$$A = -3.99$$

15. The appropriate Born–Haber cycle is shown in Figure 1.50 and leads to the relationship in Equation 1.2:

$$\Delta H_f^{\ominus}(\text{MCl, s}) = \Delta H_{\text{atm}}^{\ominus}(\text{M, s}) + I_1(\text{M}) + \frac{1}{2}D_m(\text{Cl}-\text{Cl}) - E(\text{Cl}) + L(\text{MCl, s}) \quad (1.2)$$

Using the data in Table 1.20, we have

$$L = (-436.7 - 89.1 - 418 - 122 + 349)\,\text{kJ mol}^{-1}$$

$$= -717\ \text{kJ mol}^{-1}$$

For KCl, $Z_+=1$, $Z_-=1$, $r_{K^+}=152$ pm, $r_{Cl^-}=167$ pm, $v=2$, and using Equation 1.15, this gives $L=-677$ kJ mol^{-1}.

There is a discrepancy of 40 kJ mol^{-1} between the calculated value and the thermodynamic value.

16. An appropriate cycle is shown in Figure A.3.
We wish to calculate $[E(O)+E(O^-)]$, which we can do if L(MgO,s) can be calculated. Values of all the other terms in the cycle are known. The lattice energy relationship of Equation 1.15 is used:

Substituting $v=2$, $Z+=2$, $Z-=2$, $r+=86$, and $r^-=126$, it gives

$$L = -4072\ \text{kJ mol}^{-1}$$

From the cycle in Figure A.3

$$E(\text{O}) + E(\text{O}^-) = -\Delta H_f^{\ominus}(\text{MgO, s}) + \Delta H_{\text{atm}}^{\ominus}(\text{Mg, s}) + (I_1 + I_2)$$

$$+\frac{1}{2}D_m(\text{O}-\text{O}) + L(\text{MgO, s})$$

$$= (601.7 + 147.7 + 736 + 1452 + 249 - 4072)$$

$$= -885.6\ \text{kJ mol}^{-1}$$

$$E(\text{O}) = 141,\ \text{so}\ E(\text{O}^-) = -885.6 - 141 = -1026.6\ \text{kJ mol}^{-1}$$

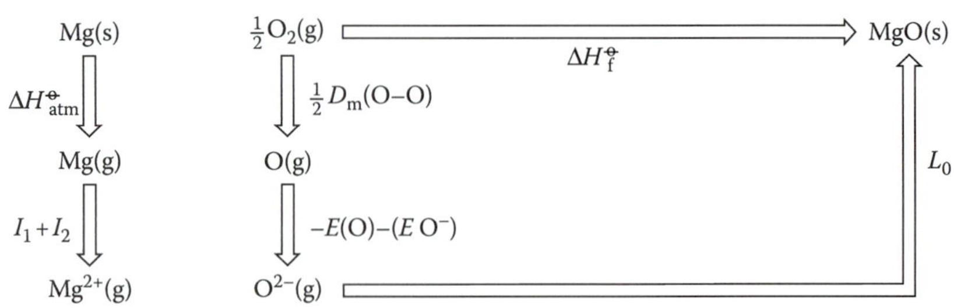

FIGURE A.3 Born–Haber cycle for magnesium oxide.

This implies that the enthalpy change for the addition of an electron to the O^- (g) anion is also endothermic:

$$O^-(g) + e^-(g) = O^{2-}(g); \quad \Delta H_m^\ominus = 1026.6 \text{ kJ mol}^{-1}$$

17. First we use Equation 1.15 to calculate a value for the lattice energy: For NH_4Cl, $v=2$, $Z_+=1$, $Z_-=1$, $r_+=151$ pm, and $r_-=167$ pm, giving

$$L = -679 \text{ kJ mol}^{-1}$$

From Figure 1.58:

$$P(NH_3, g) = -\Delta H_f^\ominus(NH_4Cl, s) + \Delta H_f^\ominus(NH_3, g) + \frac{1}{2}D(H-H) + I(H)$$

$$+ \frac{1}{2}D(Cl-Cl) - E(Cl) + L(NH_4Cl, s)$$

$$= (314.4 - 46.0 + 218 + 1314 + 122 - 349 - 679) \text{ kJ mol}^{-1}$$

$$= 894.4 \text{ kJ mol}^{-1}$$

The addition of a proton to the ammonia molecule is an exothermic process:

$$NH_3(g) + H^+(g) = NH_4^+(g); \quad \Delta H_m^\ominus = -894.4 \text{ kJ mol}^{-1}$$

(The experimentally determined value is 871 ± 15 kJ mol^{-1}, quite good agreement!)

2장

1. The spacings for these planes are $d_{100}=a$, $d_{110} = a/\sqrt{2}$, and $d_{111} = a/\sqrt{3}$ and so the reflections occur in the order *100*, *110*, and *111*.
2. Since the separation of planes decreases as $h^2+k^2+l^2$ increases, it follows that the value of sinθ increases as $h^2+k^2+l^2$ increases. The $h^2+k^2+l^2$ values are therefore: for *220*, 8; for *300*, 9 and for *211*, 6. The sequence of reflections is *211*, *220*, and *300*.
3. If the *100* and *110* reflections are absent, then the crystal is likely to be face-centered cubic.
4. In this case, the common factor of the first two lines is 0.05. Dividing all the $\sin^2\theta$ values by 0.05 gives the series 3, 4, 8, 11, 12, 16, 19, …, which is characteristic of face-centring.
   The common factor 0.05 is equal to $\lambda^2/4a^2$, and so

$$a^2 = \frac{\lambda^2}{4 \times 0.05} = \frac{154.2^2}{0.2}$$

$$a = 345 \text{ pm}$$

5. The $\sin^2\theta$ values do not have the ratio 1: 2: 3: 4: 5: 6: 8, …, or 1: 2: 3: 4: 5: 6: 7: 8, …, so the cell is not primitive or body-centred. If it is face-centred, then the common factor A will be 0.0746−0.0560=0.0186. Dividing the $\sin^2\theta$ values by the common factor gives the $h^2+k^2+l^2$ values, and these are listed in below table rounded to the nearest integer. *hkl* only takes values where *hkl* are either all even or all odd, so the data fits a face-centred cubic structure.

Powder Diffraction Data for NaCl

θ_{hkl}	$\sin^2\theta$	$h^2+k^2+l^2$	*hkl*
13° 41′	0.0560	3	*111*
15° 51′	0.0746	4	*200*
22° 44′	0.1492	8	*220*
26° 56′	0.2052	11	*311*
28° 14′	0.2239	12	*222*
33°7′	0.2984	16	*400*
36°32′	0.3544	19	*331*
37° 39′	0.3731	20	*420*
42° 0′	0.4477	24	*422*
45° 13′	0.5036	27	*511, 333*
50° 36′	0.5972	32	*440*
53° 54′	0.6529	35	*531*
55°2′	0.6715	36	*600, 442*
59° 45′	0.7462	40	*620*

6. The mean value of the common factor A is 0.01875, and this is equal to $\lambda^2/4a^2$.
This gives

$$a^2 = \frac{154.2^2}{4 \times 0.01875}$$

$$a = 563.1 \text{ pm}$$

7. If the mass of the unit cell contents is *M* and the unit cell volume is *V*, then the density, ρ, is given by

$$\rho = \frac{M}{V} = 2.17 \times 10^3 \text{ kg m}^{-3}$$

but

$$V = \left(563.1 \times 10^{-12}\right)^3 \text{ m}^3$$

the mass of one mole of NaCl=(22.99+35.45)×10^{-3} kg dividing by the Avogadro constant, we get that the mass of one formula unit of

$NaCl = \frac{(22.99 + 35.45) \times 10^{-3}}{6.022 \times 10^{23}}$ kg, and if there are Z formula units in one unit cell, then the mass of the unit cell contents is

$$M = \frac{Z(22.99 + 35.45) \times 10^{-3}}{6.022 \times 10^{23}} \text{kg}$$

so

$$\rho = 2.17 \times 10^3 = \frac{Z(22.99 + 35.45) \times 10^{-3}}{6.022 \times 10^{23} \times (563.1 \times 10^{-12})^3} \text{kg m}^{-3}$$

and rearranging gives

$$Z = \frac{2.17 \times 10^3 \times 6.022 \times 10^{23} \times (563.1 \times 10^{-12})^3}{(22.99 + 35.45) \times 10^{-3}}$$

$Z=3.99$, or $Z=4$ (rounding to the nearest whole number)

8.

$$\theta = 19.1°$$

$$\sin\theta = 0.327$$

From the Bragg equation

$$\lambda = 2d_{111} \sin\theta_{111}$$

so, $d_{111} = \frac{\lambda}{2\sin\theta_{111}} = \frac{154.2}{0.654} = 235.8$ pm

the d spacing between the *111* planes is $a/\sqrt{3}$
so,

$$a = (\sqrt{3} \times 235.8)\text{pm}$$

$$= 408.4 \text{ pm}$$

density, $\rho = \frac{M}{V}$

$$V = (408.4 \times 10^{-12})^3 \text{ m}^3$$

$$M = \frac{Z \times 107.9 \times 10^{-3}}{N_A}$$

where $Z=4$, the number of atoms of silver in the unit cell, and N_A is the Avogadro constant.

So,

$$N_{\text{A}} = \frac{4 \times 107.9 \times 10^{-3}}{10.5 \times 10^{3} \times \left(408.4 \times 10^{-12}\right)^{3}}$$

$$= 6.03 \times 10^{23} \text{ mol}^{-1}$$

9.

$$\rho = \frac{M}{V}$$

$$3.35 \times 10^{3} = \frac{Z\left(40.08 + 15.99\right) \times 10^{-3}}{6.022 \times 10^{23}} \div \left(481 \times 10^{-12}\right)^{3} \text{ kg m}^{-3}$$

$$Z = \frac{3.35 \times 10^{3} \times \left(481 \times 10^{-12}\right)^{3}}{9.311 \times 10^{-26}}$$

$$Z = 4$$

10.

$$\rho = \frac{M}{V}$$

$$8.5 \times 10^{3} = \frac{Z\left(232.04 + 2\left(78.96\right)\right) \times 10^{-3}}{6.022 \times 10^{23}} \div \left(442.0 \times 761.0 \times 906.4 \times \left(10^{-12}\right)^{3}\right) \text{kg m}^{-3}$$

$$Z = \frac{8.5 \times 10^{3} \times 3.049 \times 10^{-28}}{6.476 \times 10^{-25}}$$

$$Z = \frac{2.591 \times 10^{-24}}{6.476 \times 10^{-25}}$$

$$Z = 4$$

11. From Equation 2.7, we know that $\sin^2\theta_{hkl} = \lambda^2/4a^2\ (h^2 + k^2 + l^2)$.
A cubic close-packed structure has a face-centered unit cell. The first two reflections observed will therefore be *111* and *200*, with $h^2 + k^2 + l^2$ values of 3 and 4, respectively. Thus, $\sin^2\theta_{111} = 3\lambda^2/4a^2$ and $\sin^2\theta_{200} = 4\lambda^2/4a^2$, and $\lambda^2/4a^2 = \sin^2\theta_{200} - \sin^2\theta_{111} = 0.181 - 0.136 = 0.045$.

$$a = 363.5 \text{ pm}$$

In a close-packed structure where the atoms are considered to be in contact, the radius of an atom, r, is $\frac{1}{2}$ of the length of the body-diagonal.

$$r = \frac{1}{4}\sqrt{3}a$$

$$r = \left(\frac{1}{4} \times 1.732 \times 363.5\right)\text{pm}$$

$$r = 157.4 \text{ pm}$$

12. The scattering power is determined by the number of electrons possessed by each atom, that is, the atomic number. In increasing order, the atoms can be arranged as follows: H, O, F, Na, Cl, Co, Cd, Pt, Tl.
13. Both *111* and *222* are observed in P and F lattices, but *111* is not present for I. The *001* is not observed for F but would be present in a P unit cell. The Bravais lattice is thus F.
14.

Indexing

Peak number	2θ(°)	θ(°)	2d	d (Å)	d²	1/d²	(1/d²)/Z	h	k	l
1	18.52	9.26	9.57376	4.786880	22.914222	0.043641	1	1	0	0
2	25.80	12.90	6.90	3.45	11.90	0.08	1.9248250	1	1	0
3	32.16	16.08	5.56200	2.781002	7.7339745	0.129299	2.9628003	1	1	1
4	38.01	19.005	4.73071	2.365356	5.5949125	0.178733	4.0955460	2	0	0
5	42.13	21.065	4.28615	2.143078	4.5927864	0.217732	4.9891764	2	1	0
6	45.98	22.99	3.94438	1.972192	3.8895418	0.257099	5.8912394	2	1	1
7	54.23	27.115	3.38006	1.690033	2.8562132	0.350113	8.0225881	2	2	0
8	57.91	28.955	3.18216	1.591084	2.5315506	0.395014	9.0514570	2	2	1
9	61.09	30.545	3.03131	1.515657	2.2972190	0.435308	9.9747659	3	1	0
10	64.53	32.265	2.88583	1.442915	2.0820045	0.480306	11.005846	3	1	1

Z = common factor = 0.04364
System is cubic (absence of 7)
Taking peak 1, 1.5406 = (2a 0.161)/1
therefore a = b = c = 4.787 Å, angles are all = 90°

15. $Co(CO)_4$ is a tetrahedral molecule. The first coordination shell corresponds to four carbon atoms surrounding the Co at a distance of 177 pm. The second coordination shell refines to four oxygen atoms at a distance of 292 pm.
16. The peaks in the spectrum maximize at approximately −88, −93, −99, and −105 ppm. If you mark these values on the chart in Figure 2.34a, then you will see that the best correspondence is to the four linkages: $Si(OAl)_3(OSi)$, $Si(OAl)_2(OSi)_2$, $Si(OAl)(OSi)_3$, and $Si(OSi)_4$.
17. There is only one peak in the new spectrum at approximately −108 ppm. Reference to the chart in Figure 2.34a suggests that this is due to a $Si(OSi)_4$ environment. Clearly, the treatment with $SiCl_4$ has removed all the tetrahedral Al from the framework. The intensity measurements on this peak indicate a Si/Al ratio of 55.

18. The starting sample (a) clearly shows the presence of tetrahedral Al in the framework (peak at 61 ppm). After treatment with $SiCl_4$ (b), the amount of Al in the framework has been reduced considerably, but there is a very strong peak due to $[AlCl_4]^-$ (at 100 ppm) and also a peak due to octahedral aluminum at 0 ppm. The first washings (c) remove $Na^+[AlCl_4]^-$ from the sample, and repeated washing (d) also removes some of the octahedrally coordinated Al.
19. The relative molecular mass (RMM) of MnC_2O_4 is $(54.9+(2\times 12.0)+(4\times 16.0))=142.9$, and the RMM of H_2O is $(2\times 1.0)+16.0)=18.0$. 25 mg of $MnC_2O_4 \cdot xH_2O$ gives 20 mg of MnC_2O_4, so 20/142.9 moles MnC_2O_4 are produced from 25/X moles of $MnC_2O_4\ xH_2O$, if X is the RMM of $MnC_2O_4 \cdot xH_2O$. Therefore, $X=(25\times 142.9)/20=178.6$. The molecular mass of water, $18x=178.6-142.9=35.7$ and $x=2$.

    The oxalate is thus the dihydrate, $MnC_2O_4 \cdot 2H_2O$.

    At higher temperatures, the oxalate decomposes to CO and CO_2 and MnO. Above 900°C, the MnO oxidises to Mn_3O_4.
20. The first exotherm at about 60°C coincides with a sharp weight loss and is due to dehydration of the ferrous sulfate. The second exotherm at 90°C does not coincide with any weight loss and must therefore be due to a phase change (this is the melting temperature). The third exotherm at about 600°C again coincides with weight loss and is due to decomposition.
21. $\pm$ 0.001 Å

3장

1. This compound could be made from the elements in the correct stoichiometric proportions. The reactants would have to be very well mixed, and the reaction vessel would have to be closed to prevent the loss of the volatile sulfur (see SmS preparation).
2. Of the methods described in this chapter, the following are suitable: (a) sol–gel because the gel can be sliced thinly; CVD methods; (b) hydrothermal synthesis, vapour phase and molecular beam epitaxy; (c) vapour phase and molecular beam epitaxy; (d) sol–gel precursor method.
3. The compound given could be used as a precursor as it has a ratio of Cu:Cr of 1: 2. Heating would pyrolyse the ammonia and ammonium, which would be driven off as nitrogen oxides and water. The product would be more homogeneous than a ceramic product because the components are mixed at a molecular level. The temperature needed to pyrolyse the ammonia and ammonium is less than that required to enable the solid-state reaction to proceed at a reasonable rate.

    The precursor compound contains ammonia of solvation and was probably therefore precipitated from liquid ammonia.
4. β-TeI is metastable and contains Te in an unusual oxidation state. A method that employs temperatures of this order and can produce compounds in unusual oxidation states is hydrothermal synthesis.

5. Alumina is insoluble in water even under hydrothermal conditions but needs to be dissolved for the synthesis. However, alumina is amphoteric and will dissolve in alkali. OH^- ions from the alkali coordinate to the aluminium, forming aluminate ions $Al(OH)_4^-$, which are soluble.
6. At least one component of the reaction mixture must absorb microwave radiation strongly. Splitting the mixed oxides up into their component oxides that would be used as starting materials, we get $CaO + TiO_2$; $BaO + PbO_2$; $ZnO + Fe_2O_3$; $ZrO_2 + CaO$; $K_2O + V_2O_5$. PbO_2, ZnO, and V_2O_5 absorb microwaves strongly, and so $BaPbO_3$, $ZnFe_2O_4$, $Zr_{1-x}CaxO_{2-x}$, and KVO_3 are good candidates.
7. Since the reaction is exothermic, it is driven to the left by raising the temperature. Thus, the crystals grow at the hotter end of the tube.
8. Niobium is in a high oxidation state in lithium niobate; the addition of oxygen to the carrier would prevent any tendency for decomposition to a lower oxidation state plus oxygen. The hydrogen in the preparation of mercury telluride would act to reduce the tellurium (in HgTe, it is in an oxidation state of −2) and form hydrocarbons with the ethyl radicals.
9. The two methods are

(1) arsenic(III) chloride ($AsCl_3$) (boiling temperature 103°C) is used to transport gallium vapour to the reaction site where gallium arsenide is deposited in layers. The reaction involved is

$$2Ga(g) + 2AsCl_3(g) = 2GaAs(s) + 3Cl_2(g)$$

(2) the reaction of trimethyl gallium ($Ga(CH_3)_3$) with the highly volatile and toxic arsine (AsH_3)

$$Ga(CH_3)_3(g) + AsH_3(g) = GaAs(s) + 3CH_4(g).$$

For method 1, chlorine gas is produced as a byproduct. It could be recycled and reacted with arsenic to produce $AsCl_3$. It could however simply become a waste material (Principle 1). The production of chlorine means that not all materials used are incorporated in the product (Principle 2). Chlorine gas is harmful to health. At 1–3 ppm, it produces mild irritation, but the toxicity increases with concentration and at 1000 ppm, it is lethal within minutes. Chronic low-level exposure may lead to impairment of the lung. Gallium is considered mildly toxic, but can cause irritation when inhaled. $AsCl_3$ is carcinogenic and toxic when inhaled or ingested (Principle 3).

For method 2, Methane is produced as a waste product. Methane contributes to global warming (Principle 1). Carbon and hydrogen are not present in the final product (Principle 2). Arsine (AsH_3) is toxic as stated. $Ga(CH_3)_3$ can cause burns to the eye, skin, and respiratory tract (Principle 3).

For full details of toxicity of these substances and how to handle them, you need to consult safety data sheets.

4장

1. For the Fermi level in sodium, $E = 3.2$ eV and the mass of an electron is 9.11×10^{-31} kg. With 1 eV $= 1.602 \times 10^{-19}$ J, this gives

$$3.2 \times 1.602 \times 10^{-19} = \frac{1}{2} \times 9.11 \times 10^{-31} \times v^2$$

$$v = \left(\frac{2 \times 3.2 \times 1.602 \times 10^{-19}}{9.11 \times 10^{-31}} \right)^{\frac{1}{2}}$$

$$= 1.1 \times 10^6 \text{ m s}^{-1}$$

2. 10^{-12} m^3 of metal contains 1740×10^{-12} kg of magnesium, but one atom of magnesium weighs $(24/6.022 \times 10^{23})$ g $= (24 \times 10^{-3})/(6.022 \times 10^{23})$ kg. So there are $(1740 \times 10^{-12}) \times (6.022 \times 10^{23})/(24 \times 10^{-3})$ atoms of magnesium $= 4.4 \times 10^{16}$ atoms.
3. a) $N = 10^{-12} \times (2 \times (9.11 \times 10^{-31}) \times 7.1 \times (1.602 \times 10^{-19}))^{3/2} / (3\pi^2 \times (1.055 \times 10^{-34})^3) = 8.7 \times 10^{16}$
   b) 8.7×10^{22}
   c) 0.87

   Each level can take two electrons, and a crystal of N atoms of magnesium has $2N$ electrons to fill the band. As you can see, the agreement between the number of filled levels predicted by this very simple theory and the number needed to accommodate the available electrons is very good for crystals. For example, the answer to question 2 shows there are 4.4×10^{16} magnesium atoms in a volume of 10^{-12} m^3 and these will supply 8.7×10^{16} electrons. Comparing the answers to (a), (b), and (c) shows how the number of states increases with volume.
4. These examples are analogous to the case of magnesium discussed in the text. s-p mixing of the type discussed in the text occurs and the resultant combined band remains incompletely filled and these elements are metallic conductors. Remember that in band theory, conductivity is always associated with the presence of partially filled bands.
5. The band gap lies in the energy range for visible photons, and so the photons of visible light can promote electrons from the valence band to the conduction band. Electrons in both bands can then conduct electricity.
6. Si, Ge.
7. (a) n-type, (b) neither, (c) p-type, (d) p-type, and (e) p-type.
8. (a) n-type (b) p-type since boron has three valence electrons, unlike carbon's four (c) p-type since Li has only one valence electron, unlike carbon's four (d) n-type since now the Li is not replacing (substituting for) a carbon atom but sitting in a non-lattice position and it can donate its valence electron: the outer 2s electron can be excited into the empty conduction level.

9. Carborundum, like silicon and germanium, has $4N$ valence electrons for a crystal of N atoms. The tetrahedral diamond structure will be favored because all $4N$ electrons will then be in bonding orbitals, and the energy is lower than in the higher coordination structure.
10. In general, compounds with broader d bands will be metallic. Broad bands will tend to occur for elements at the beginning of the transition series. Going from Ti to V to Mn the bands would be expected to narrow as the 3d-orbitals contract and 3d orbital overlap decreases, and the compounds become less metallic.

5장

1. $n_S \approx Ne^{-\Delta H_S/2RT}$ where $\Delta H_S = 200$ kJ mol^{-1} and R = 8.314 J K^{-1} mol^{-1}

Schottky Defect Concentration in MX Compound at Various Temperatures

Temperature/°C	Temperature/K	n_s/N	n_s/mol^{-1}
27	300	3.87×10^{-18}	2.33×10^{6}
227	500	3.57×10^{-11}	2.15×10^{13}
427	700	3.45×10^{-8}	2.08×10^{16}
627	900	1.57×10^{-6}	9.45×10^{17}

2. Rearrange Equation 5.4 and take logs:

$$\frac{n_S}{N} \approx e^{-\Delta H_S/2RT}$$

$$\ln\frac{n_S}{N} = -\frac{\Delta H_S}{2RT}, \text{ or}$$

$$\log\frac{n_S}{N} = -\frac{\Delta H_S}{2.303 \times 2RT}$$

A plot of *log* n_s/N against $1/T$ gives a straight line plot passing through the origin. The slope of this graph, $-[\Delta H_s/(2.303 \times 2R)]$, gives a value of 183.4 kJ mol^{-1} for ΔH_S. Dividing by Avogadro's number, 6.022×10^{23}, gives the enthalpy of formation of one Schottky defect, 3.045×10^{-19} J.

$$E = -\left(4.302 \times 10^{-19}\ \text{J}\right)\left(\frac{8 \times (-1)}{0.43} + \frac{6 \times 2}{0.5}\right)$$

$$= -\left(4.302 \times 10^{-19}\ \text{J}\right)(5.395)$$

$$= -2.32 \times 10^{-8}\ \text{J}$$

3. The anion at the body-centre of the unit cell in Figure 5.3c is surrounded by six anions at distance ($a/2$) and by four cations at a distance of $0.43a$. The interstitial site at the body-centre of the unit cell in Figure 5.3a is surrounded by *eight* anions at a distance of $0.43a$ and by *six* cations at a distance of $a/2$. for the normal anion site:
$r = 0.43 \times 537 \times 10^{-12}$ m and $Z = +2$, for interaction with four cations.
$r = 0.5 \times 537 \times 10^{-12}$ m and $Z = -1$, for interaction with the six anions.

$$E = -\left(\frac{2.31\times10^{-28}\ \text{J m}}{537\times10^{-12}\text{m}}\right)\left(\frac{4\times2}{0.43}+\frac{6\times(-1)}{0.5}\right)$$

$$= -\left(4.302\times10^{-19}\ \text{J}\right)(6.605)$$

$$= -2.84\times10^{-18}\ \text{J}$$

for the interstitial site:

$$E = -\left(4.302\times10^{-19}\ \text{J}\right)\left(\frac{8\times(-1)}{0.43}+\frac{6\times2}{0.5}\right)$$

$$= -\left(4.302\times10^{-19}\ \text{J}\right)(5.395)$$

$$= -2.32\times10^{-8}\ \text{J}$$

The energy of defect formation is the difference in energy between the two sites and so is given by:

$$\left(-2.32\times10^{-18}\ \text{J}\right)-\left(-2.84\times10^{-18}\ \text{J}\right) = 5.2\times10^{-19}\ \text{J}$$

The experimental value for fluorite is given in Table 5.1 as 4.49×10^{-19} J. This calculation gives a very good level of agreement considering that we have ignored all the more distant interactions, internuclear repulsion, lattice vibrations, and lattice relaxation!

4. One possible equation is

$$3\text{MgO(s)} + 2\text{Fe}_{\text{Fe}}^{\text{x}} = 2\text{Mg}_{\text{Fe}}^{\bullet} + \text{Mg}_{\text{int}}'' + \text{Fe}_2\text{O}_3\text{(s)}$$

In which two Mg ions substitute for two Fe ions and the charge is balanced by an Mg ion entering an interstitial site.

See if you can think of other possibilities.

5. Unit cell volume is $(428.2\ \text{pm})^3 = 7.8513 \times 10^{-29}\ \text{m}^3$. Mass of contents for iron vacancies:

$\left[(4\times55.86\times0.910)+(4\times16.00)\right]/\left(N_A\times10^3\right)$ kg giving a density of 5.653×10^{-3} kg m^{-3}

Mass of contents for oxygen interstitial:

$\left[(4\times55.85)+(4\times16.00\times1/0.910)\right]/\left(N_A\times10^3\right)$ kg giving a density of 6.213×10^{-3} kg m^{-3}

Comparing these theoretical values with the experimental value, we see that the evidence supports an iron vacancy model.

6. Let the atomic mass of X be x. The mass of the AgX unit cell in kg is thus:

$$\frac{(4\times 107.868)+4x}{6.0220\times 10^{26}}\text{kg}$$

The volume of the unit cell is:

$$\left(577.5\times 10^{-12}\right)^3 \text{ m}^3 = 1.926\times 10^{-28}\text{ m}^3$$

From the density and the volume, we calculate the mass of the unit cell to be:

$$6.477\times 10^3 \text{ kg m}^{-3}\times 1.926\times 10^{-28}\text{ m}^3 = 1.247\times 10^{-24}\text{ kg}$$

Equating the two values for the mass of the unit cell gives:

$$\frac{(4\times 107.868)+4x}{6.0220\times 10^{26}}\text{kg} = 1.247\times 10^{-24}\text{ kg}$$

Solving for x, $431.5+4x=751.2$
$x=79.93$, and so X is bromine.

7. From Table 5.6, we see that as the Fe:O ratio decreases, the unit cell volume also decreases; this is the trend we would expect to see as more vacancies are introduced. If the interstitial model were correct, as the Fe:O ratio decreases, the number of interstitial oxygen rises and we would expect to see a slight increase in lattice parameter.

8. (a) The central section has *two* Fe^{3+} ions in tetrahedral sites and *seven* vacancies, so it is known as a 7: 2 cluster. (b) There are 32 oxide anions. There are seven octahedral vacancies and two Fe^{3+}_{tet} interstitial ions, so there will be a total of 27 Fe cations. (There are *two* Fe^{3+} ions and *six* Fe_{oct} ions enclosed within the cluster. The outer layer will be the same as the Koch–Cohen cluster with $\left(8\times\frac{1}{8}\right)=1\ Fe_{oct}$ at the corners, $\left(12\times\frac{1}{4}\right)=3\ Fe_{oct}$ at the midpoints of the edges, and $\left(30\times\frac{1}{2}\right)=15\ Fe_{oct}$ on the faces; this makes 27 Fe ions in total). The formula would be $Fe_{27}O_{32}$. (c) The 32 oxide ions provide 64 negative charges to be balanced. The two tetrahedral Fe^{3+} ions reduce this to 58 to be balanced by the ions in octahedral positions.
Setting up simultaneous equations, we know that if x is the number of Fe^{2+} ions and y the number of Fe^{3+}, then

$$x+y=25$$

And adding up the charges, we get

$$2x+3y=58$$

Solving gives $x=17$ and $y=8$.

- **Titanium vacancies:** there are 8 at the corners $\left(8\times\frac{1}{8}\right)=1$ and $\left(2\times\frac{1}{2}\right)=1$ on cell faces.
- **Titanium ions:** cell edges, $\left(4\times\frac{1}{4}\right)=1$. Cell faces, $\left(8\times\frac{1}{2}\right)=4$ on the top and bottom. There are 5 ions contained within the cell boundary, making 10 in total.

  The titanium stoichiometry of the unit cell is obviously representative of the whole structure: of the 12 sites, 10 are occupied and 2 are vacant. This is also true for oxygen:
- **Oxygen vacancies:** cell faces, $\left(4\times\frac{1}{2}\right)=2$
- **Oxide ions:** cell faces, $\left(8\times\frac{1}{2}\right)=4$. Cell edges, $\left(8\times\frac{1}{4}\right)=2$. There are 4 ions contained within the cell boundary, making 10 in all.

10. Taking the titanium positions first: there are vacancies at all eight corners $\left(8\times\frac{1}{8}\right)=1$ and 1 vacancy in the centre of the cell, making 2 vacancies in all. There are no Ti^{2+} ions on cell edges. There are Ti^{2+} ions on only two of the faces—the top and bottom, which have 4 each—contributing $\left(2\times4\times\frac{1}{2}\right)=4$ There are 4 Ti^{2+} ions enclosed within the cell. Four edges have O^{2-} ions giving $\left(4\times1\times\frac{1}{4}\right)=1$; only the top and bottom faces have O^{2-} ions, and these have 5 each contributing $\left(2\times5\times\frac{1}{2}\right)=5$; there are 4 O^{2-} ions enclosed within the cell, making 10 in all. The overall content of this unit cell is thus, Ti_8O_{10}, which corresponds to $TiO_{1.25}$.
11. The structure has Ti vacancies—every fifth Ti is missing. For every absent Ti^{2+} ion, there must be two Ti^{3+} present or one Ti^{4+}.
12. The effects of sharing are shown in Figure A.4.
13. Figure A.5 shows the shear structure with a unit cell added. Within the boundary, there is one group of four edge-sharing octahedra and four $[WO_6]$ octahedra. The formula is thus $W_4O_{11}+4WO_3=W_8O_{23}$.
14. Nonstoichiometric ZnO is an n-type semiconductor. Aluminium ions entering the structure of ZnO have a charge of +3. If the Al^{3+} substitutes for Zn^{2+} and the crystal maintains its stoichiometry, oxygen will be lost during the reaction. The electrons made available from the oxide ions becoming oxygen molecules will remain in the structure to effect the necessary charge compensation, thus enhancing the n-type semiconduction. An equation for the reaction is:

$$x\mathrm{Al_2O_3}+2(1-x)\mathrm{ZnO}=2\mathrm{Al}_x\mathrm{Zn}_{1-x}\mathrm{O}+\frac{1}{2}x\mathrm{O_2}$$

where we have used 1: 1 ZnO for simplicity.

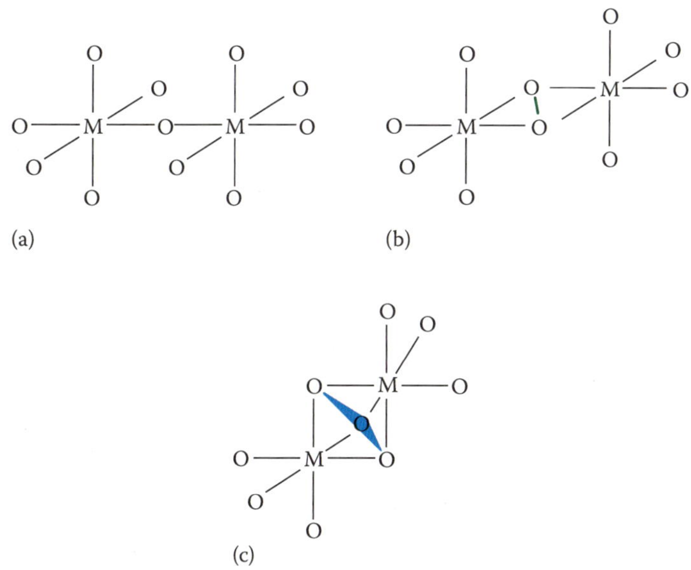

FIGURE A.4 (a) Sharing a corner M_2O_{11}, (b) sharing an edge M_2O_{10}, (c) sharing a face M_2O_9.

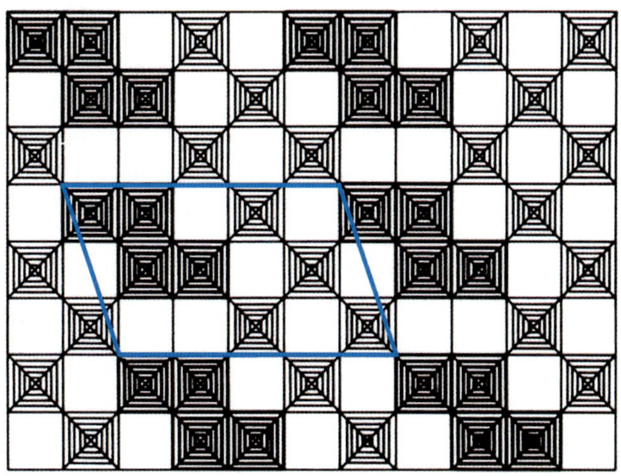

FIGURE A.5 Unit cell of W_8O_{23}.

6장

1. The path is shown in Figure A.6. The anion jumps from the tetrahedral site, through a trigonal position on the common triangular face, and into the octahedral site at the body-centre.
2. Both structures contain Ag^+ ions in tetrahedral sites, but in γ-AgI, half of the tetrahedral holes are occupied, so there is only *one* vacant equivalent site per Ag^+ ion, whereas in α-AgI, there are *five*. Both structures contain vacant octahedral and trigonal sites. In γ-AgI, the octahedral holes lie at the body-centre and at the midpoint of each edge. The trigonal sites lie on the

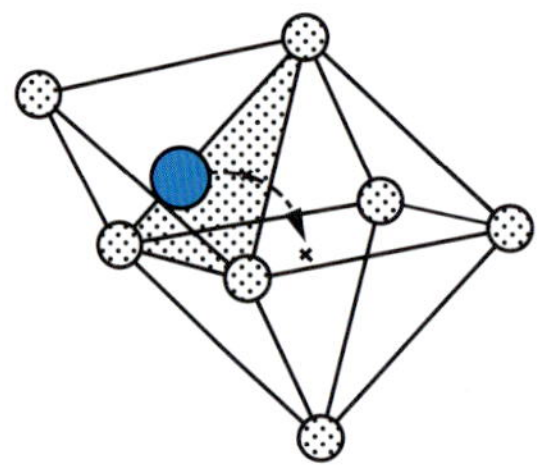

FIGURE A.6 Path taken by an anion moving from one tetrahedral site to an octahedral site.

triangular faces of the octahedra, where adjacent octahedra and tetrahedra join (Figure A.7). Both structures have the same monovalent ions and a polarisable anion.

The jump from one tetrahedral site to another in γ-AgI could take either of the routes sketched out in Figure A.7, which first pass through a trigonal face and then through an octahedral hole. Alternatively (not shown), if the ion passed through only the top half of the octahedron, it would be five coordinate before passing through another three-coordinate face. All these routes would be of higher energy than the pathways we looked at for α-AgI.

3. I^-, S^{2-}, Se^{2-}, and Te^{2-} are all polarizable anions.
4. Li is a light element and therefore difficult to locate using X-ray diffraction.
5. In undoped β-alumina, the excess Na^+ ions are balanced by additional oxygen in the conduction plane. Beyond a certain point, it seems likely that these will begin to block the motion of the Na^+ ions, as observed. By contrast, doping with Mg^{2+} suggests an alternative charge compensation mechanism: simple substitution for Al^{3+} ions in the spinel-like blocks allows extra Na^+ ions into the conduction planes without the need for oxygen interstitials. This is what happens in practice.
6. Li- and Na-based batteries are compared in the table below.

Property	Li-based battery	Na-based battery
Mass	low	higher
Availability	limited	freely available
Operating temperature	room temperature	high
Recharging ability	good for current batteries	low for sodium-ion batteries but good for ZEBRA

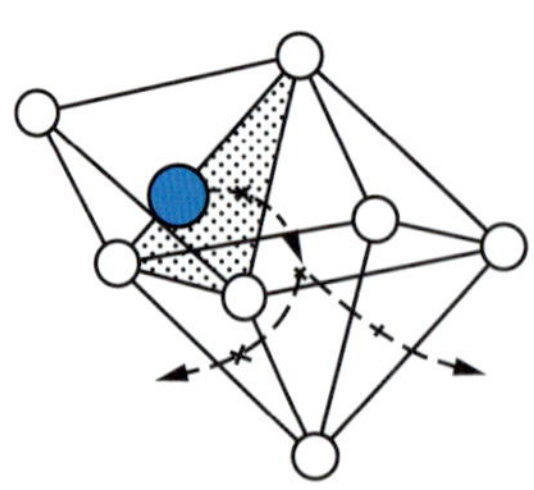

FIGURE A.7 Path taken by an anion moving from one tetrahedral site to another.

7장

1. The chart in Figure 2.34 shows that the most likely Si environment for zeolite A is $Si(OAl)_3(OSi)$. However, we know that the Si/Al ratio is 1, so this coordination is not possible without having an Al–O–Al linkage. It was the spectroscopic work on this structure (and on zeolite ZK-4) that eventually confirmed the $Si(OAl)_4$ structure of zeolite A with strict alternation of Si and Al, and led to the extended ranges shown in the chart.
2. Catalytic activity tends to parallel the increase in acidity of the active sites as the Si ratio increases. Beyond a certain point, however, the number of acidic sites has decreased so much that catalytic activity also decreases.
3. This system demonstrates reactant shape-selective catalysis. The branched hydrocarbons are too bulky to pass through the pore openings in the catalyst.
4. We see here product shape-selective catalysis in operation: both reactant molecules are small enough to diffuse into the pores and be hydrogenated, but the slightly larger propane molecule cannot leave.
5. Zeolite A (Ca) shows reactant selectivity. The straight-chain *n*-hexane can pass through the windows and undergo reaction, but the branched-chain 3-methylpentane is excluded. The selective cracking of straight-chain hydrocarbons in the presence of branched chains is an important industrial process known as **selectoforming**, which improves the octane number of the fuel.
6. There are two possible reasons for the increased percentage of *para*-xylene. First, the increased crystal size increases the distance travelled by the diffusing molecules along the channels, giving more time for isomerisation to the *para*-form. Second, the shape-selective reactions take place in the internal pores of the zeolites, rather than on the surface. Larger crystals have a higher ratio of internal to external sites, and so we would expect selectivity to improve.
7. As the Si/Al ratio increases, the –OH stretching frequency falls. This indicates a decrease in the covalent bond strength, making ionisation of H^+ easier, that is, an increase in acid strength.
8. The property mentioned in the text is the length of the organic linker.
9. The removal of water produces a Lewis acid site.
10. Many MOFs are unstable with respect to high temperature, pH and/or the presence of water. They are also more expensive to produce than zeolites.
11. ZIFs have the same topologies as zeolites with the Si atoms replaced by metal ions or clusters.
12. The structure of zeolites is held together by covalent O-Si-O bonds. That of MOFs is bonded by dative bonds between the organic linkers (acting as ligands) and the metal centres. COFs have covalent bonds between light elements (C, H, N, O, B), 2D COFs are covalently bonded within layers but have π-bonding between layers.
13. MOFs, COFs, aluminosilicate materials such as MCM-41, organosilicas.

8장

1. In Mn^{2+}, an electron can only go from one 3d level to another if it changes its spin. Transitions in which an electron changes its spin are forbidden and so give rise to weak spectral lines.
2. Radiation from a lamp excites electrons from the ground state, G, to states B, C, and D. Electrons in states C and D undergo nonradiative transitions to state B. Radiative transitions from B to lower states are forbidden, and so a large population of electrons in state B builds up. Eventually, a photon is emitted and an electron goes to state A. This photon induces further emission from B to A, eventually producing a beam of laser light.
   Transitions from B to both A and G must be forbidden for a large population to build up in B, but the transition B↔A must be less forbidden than the transition B↔G as it is B↔A that gives rise to laser action, and hence it must be the more likely to occur.
3. Blue light is absorbed in a transition from 4f to the higher 5d energy levels. A non-radiative transition occurs resulting in population of the lower 5d energy levels. Rather than build up a large population in these levels as in a laser, the electrons return to the 4f levels emitting green and yellow light as they do so.
4. The solid has an indirect band gap because the lowest energy interband transition (that is, from the highest energy level in the valence band to the lowest energy level in the conduction band) does not correspond to $\Delta k = 0$ and is therefore forbidden.
5. This is an H-centre as two I atoms occupy one anion site.
6. A crystal containing F-centres contains anion vacancies. We would expect, therefore, that the density would be lower than that of the colourless crystal.
7. Silicon is an indirect band gap solid with an available nonradiative pathway from the conduction band to the valence band. In photovoltaic cells, electrons are promoted from the valence band to the conduction band and are then used to do electrical work. The promoted electrons do not return directly to the valence band either by emitting energy or by a nonradiative pathway. In LEDs, it is the return of the electrons to the valence band by emitting light that is important. This return has low probability because of the indirect band gap and the electrons use the nonradiative pathway instead.
   Promotion to the conduction band in the solar cell will also be of low probability, but there is no competing nonradiative route.
8. Polyphenylenevinylene has a π system delocalised over the benzene ring. It is likely that this is also delocalised over the conjugated double bond and hence to the benzene ring of the next unit. Thus, like polyacetylene, this polymer will have a delocalised π system, but it will include the π ring orbitals.
9. a. Rb would lose an electron to the polyacetylene, forming Rb^+, and give n-type polymer with a partially full conduction band.
   b. H_2SO_4 would act as an electron acceptor and give p-type polyacetylene.

10. $8(CH)_n + 9\delta nHClO_4 = 8\left[(CH)^{\delta+}(ClO_4{}^-)\delta\right]_n + \delta nHCl + 4\delta nH_2O$

11. If the polymer appears red, it is absorbing light in the blue/green region of the visible spectrum, suggesting that the band gap energy lies in the blue/green region. When acting as an LED, the energy of the emitted photons would correspond to the band gap energy or greater, thus the emitted light would be blue/green rather than red.
12. Sodium chloride has a cubic structure. Although the empirical formula of calomel is HgCl; its formula is usually written Hg_2Cl_2. It has a tetragonal crystal structure containing Hg_2 units. Thus, calomel crystals are asymmetric, a prerequisite for birefringence. Hg will be more polarisable than Na, giving a higher refractive index.
13. These oxides (at least formally) contain small highly charged ions. These have low polarisability and hence impart high refractive indices.
14. The photonic band gap wavelength varies with the periodicity and hence the colour of the reflected light that is cancelled out also varies.

9장

1. Fe^{2+} has six 3d electrons and Fe^{3+} five 3d electrons.
   a) The maximum number of unpaired 3d electrons for Fe^{2+} is 4. The spin-only magnetic moment is thus 4.90 μ_B.
   b) The maximum number of unpaired 3d electrons for Fe^{3+} is 5. The spin-only magnetic moment is thus 5.92 μ_B.
   c) The minimum number of unpaired 3d electrons for Fe^{2+} is 0. The spin-only magnetic moment is thus 0 μ_B.
   d) The minimum number of unpaired 3d electrons for Fe^{3+} is 1. The spin-only magnetic moment is thus 1.73 μ_B.
2. For Ho^{3+}, $S=2$, $L=6$, and $J=8$.
   Thus $g=1.25$ and the magnetic moment $=10.60\ \mu_B$ to 2 dec. places.
3. Because the Mn atoms are further apart, the overlap of the 3d orbitals will be less. The 3d band will therefore be narrower than in manganese metal. With a narrower band, there is a larger interelectronic repulsion and a state with a number of unpaired spins comparable to the number of atoms becomes favourable. The alloy is thus ferromagnetic.
4. The magnetically ordered unit cell is identical to the high-temperature (paramagnetic) unit cell, so that all the layers of europium ions must be aligned with their spins parallel, giving a ferromagnetic compound.
5. The Zn^{2+} and half the V^{3+} ions are on octahedral sites with spins aligned, and the remaining V^{3+} ions are on tetrahedral sites aligned antiparallel. The net moment of the V^{3+} ions is zero. As all the electron spins are paired in Zn^{2+} ions, there is no overall magnetic moment and the compound is antiferromagnetic.
6. In MnS_2, the 3d electrons are localised on the evidence given. Above the Néel temperature, the solid is an insulator with a paramagnetic susceptibility corresponding to 5 unpaired electrons per Mn and this could be explained on the basis of filled bands below the 3d level and localised 3d

electrons. Below the Neél temperature, the localised electrons on different Mn ions interact to cancel out magnetic moments, possibly through a super-exchange mechanism involving the disulfide ions.

The properties of FeS_2 suggest that all spins are paired either in a band or localised on the iron ions. There are six 3d electrons per Fe ion, and this is just enough to fill the lower t_{2g} band. The semiconducting properties suggest that there is an empty band not much higher in energy. This is probably the e_g band. In CoS_2, there are enough electrons to partly occupy the e_g band, and thus this compound is metallic. The band is narrow and so gives rise to ferromagnetism.

7. The effect of deuterium substitution suggests that the hydrogen atoms are displaced when the ferroelectric phase is formed.
8. Li^+ is smaller than K^+ and so is easily displaced.
9. The ferroelectricity will derive from displacement of ions due to the lone pair on Pb^{2+}. The magnetism is due to the V^{4+} ions. Thus, the ferroelectricity and ferromagnetism arise from different ions and are unlikely to be strongly coupled (see $BiFeO_3$).

10장

1. Hydrogen is a light element and the frequencies of vibrations involving hydrogen will be high.
2. The net oxidation state on the cations other than Cu is (2×0.8)(Hg) + (3×0.2)(Tl) + (2×2)Ba) + (2×2)(Ca) = 10.2. There are 8.33 oxygen atoms with oxidation state −2 giving −16.66. To achieve charge balance, the net oxidation state on the copper atoms is thus 16.66 − 10.2 = 6.46. There are three copper atoms, and so the average oxidation state is 6.46/3 = 2.153.
3. The Sm contributes +3. As as As^3 contributes −3, O contributes $(-2\times0.5)=-1$, F contributes $(-1\times0.5)=-0.5$. The net anion charge is thus −4.5. To achieve charge balance, the net oxidation state on Fe is $(4.5-3)=+1.5$. Fe is usually found in oxidation states +2 and +3, so the oxidation state here is unusually low. It is possible the Fe_2As_2 layer is more alloy-like than ionic.
4. Both types have layered structures. In the cuprates, the superconducting layer is Cu-O_2 in square coordination. In the iron-based superconductors, the conducting layer is a square mesh of Fe with the anions (As^{3+}, Se^{2-}, Te^{2-}) above and below the Fe plane. The superconducting layers in both are interspersed with nonsuperconducting layers.
5.

Material	*Symmetry of order parameter*	*Spin state*
Metals and alloys	s-wave	singlet
Cuprates	d-wave	singlet
Iron-based superconductors	s-wave	singlet
Ferromagnetic superconductors	p-wave	triplet
Hydrides	s-wave	singlet

6. Here are some advantages and disadvantages. You may have thought of others.
   Advantages: Do not require cooling to very low temperatures. The usual coolant for superconductors is liquid helium. This is expensive. Supplies of helium are under threat of running out in the next 100 years.
   Disadvantages: It is difficult to make high-T_C cuprate superconductors into wires or otherwise manipulate them as they are brittle. The superconductivity is anisotropic, occurring in directions parallel to the Cu layers only.

11장

1. The surface area of a sphere of radius r is given by $4\pi r^2$. The volume is given by $(4/3)\pi r^3$. The surface area to volume ratio is thus $3/r$.
   For the 2-nm-diameter sphere, this is 3 nm^1. For the 10-nm-diameter sphere this is 3/5 nm^1.
2. Because the particles are single domain, they are resistant to demagnetisation and so the bacteria can rely on them always lining up to indicate in which direction the bottom of the pond lies.
3. Quantum dots emit over a narrow band of frequencies and thus produce pure colors.
4. Nanoparticles of ZnO and TiO_2 are less efficient at scattering visible light than larger particles.
5. Figure A.8 shows the band structure of graphite intercalated with (a) an electron donor and (b) an electron acceptor.

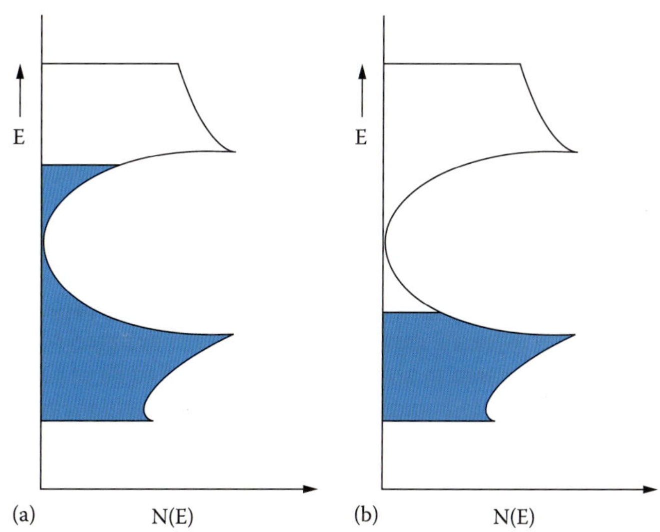

FIGURE A.8 Band structure of graphite doped with (a) an electron donor and (b) an electron acceptor.

6. The graphene was made from the bulk structure graphite so this could be considered a top-down method.
7. The smallest would be that with no hexagons and just twelve pentagons. This is a regular dodecahedron that has 20 vertices and the fullerene would have the formula C_{20}.
   In practice, pentagons are more strained than hexagons, and some hexagons are needed for stability.

12장

1. Carbon is an element that is very abundant, worldwide, with no geopolitical boundaries to its use. By comparison, many of the elements required for electronic devices are relatively scarce (rare earths) or toxic (Co, Cd, etc.). In addition, the energy to process carbon-based materials and the consequent GHG emissions and water use can be considerably less than for many metals.
2. Rare-earth materials are not very abundant, but their electronic configurations give unique magnetic properties (see Chapter 8) that cannot be accomplished with other elements.
3. In 1 m^2, the volume of Si is 2×10^{-4} m^3. This corresponds to a mass of 460 g, which can provide a power of 46 W. To recover the embodied energy would require (2.8×10^8 J)/(46 J/s) which is 6×10^7 s, or about 700 days of fulltime use. At 8 hours per day of use, the payback time would be about 5.8 years.
4. Using Equation 12.1 and the data provided, and assuming that for the formation of each of the compounds $\Delta G \cong \Delta H$, then the exergies for $LiCoO_2$ and $LiFePO_4$ are 30 kJ mol^{-1} and 1485 kJ mol^{-1}, respectively. On this basis, it would take much less energy to produce $LiCoO_2$ than $LiFePO_4$, largely because of the highly negative (favorable) enthalpy of formation of the former.
5. Mechanochemical methods are generally carried out at ambient temperature, and with no solvents. In addition, there is almost no loss of material, as generally the reactants are mechanically mixed, in stoichiometric quantities, with products in very high yield. Compared with traditional solvent-based synthesis, mechanochemical methods prevent waste, exhibit atom economy, can be less hazardous (no solvents), use less solvent and no auxiliaries such as protecting agents, can be more energy efficient (since there are no high-temperature processes such as refluxing, but note that the mechanical processes do consume energy), and do not involve derivatives, all goals of green chemistry. The low temperature and absence of solvent would reduce GHG emissions. No water would be consumed in the synthesis itself, unless a water cooling jacket is used. Compared with high-temperature synthesis of solid-state materials, mechanochemical methods can use less material (containment is reusable), can be less hazardous (sealed tubes in furnaces can explode), and certainly use less energy, again goals of green chemistry. The reduction in energy requirements of mechanochemical approaches leads to reduced GHG emissions, and also lower water consumption because of the water use in production of heat furnaces.

참고문헌

This is a fast-moving field, and to keep up with current developments the reader is referred to review magazines and journals such as ***Chemistry World*** (http://www.rsc.org/chemistryworld/), ***Education in Chemistry*** (https://edu.rsc.org/eic), ***New Scientist, Scientific American, Angewandte Chemie, Science, Physics Today, Materials Today***, and ***Physics World*** (http://physicsweb.org).

전체

Bruce, D.W., O'Hare, D. and Walton, R.I. (2010) *Molecular Materials*, John Wiley-Blackwell, Chichester.

Rao, C.N.R. (2012) *Modern Aspects of Solid-State Chemistry*, Springer.

Segal, D. (2017) *Materials for the 21st Century*, Oxford University Press, Oxford.

Tilley, R. (2013) *Understanding Solids: The Science of Materials*, 2nd edition, Wiley, Chichester.

West, A.R. (2014) *Solid-State Chemistry and Its Applications*, 2nd edition, Wiley, New York.

White, M.A. (2019) *Physical Properties of Materials*, 3rd edition, Taylor & Francis, CRC Press, Boca Raton.

1장

Cotton, F.A. (1990) *Chemical Applications of Group Theory*, 3rd edition, Wiley, New York.

Hahn, Th. (Ed.) (2005) *International Tables for Crystallography*, vol. A, 5th edition, *Space Group Symmetry: Brief Teaching Edition* (print); and (2016) 2nd online edition, International Union of Crystallography (IUCr), Chester. ISBN: 978-0-470-97423-0.

Hammond, C. (2015) *The Basics of Crystallography and Diffraction*, International Union of Crystallography (IUCr)/Oxford Science Publications. ISBN: 978-0-19-873868-8.

Ladd, M. (1998) *Symmetry and Group Theory in Chemistry*, Woodhead Publishing Ltd. ISBN: 978-1-898563-39-6.

Li, W.-K., Zhou, G.-D. and Mak, T. (2008) *Advanced Structural Inorganic Chemistry*, International Union of Crystallography (IUCr), Chester.

2장

Beis, K. and Evans, G. (Eds.) (2018) *Protein Crystallography: Challenges and Practical Solutions*, Royal Society of Chemistry.

Cullity, B.D. (1978) *Elements of X-ray Diffraction*, 2nd edition, Addison-Wesley Publishing Company. ISBN: 0201011743.

Dinnebier, R.E. and Bilinge, S.J.L. (2008) *Powder Diffraction: Theory and Practice*, RSC Publishing. ISBN: 978-0-85404-231-9.

Frank, J. (2018) *Single-Particle Cryo-Electron Microscopy: The Path Toward Atomic Resolution*. https://doi.org/10.1142/10844 | June 2018.

Martz, H.E., Logan, C.M., Schneberk, Daniel M.J. and Shull, P.J. (2016) *X-Ray Imaging: Fundamentals, Industrial Techniques and Applications*, 1st edition, CRC Press. ISBN: 9780849397721.

Russo, P. (2018) *Handbook of X-ray Imaging: Physics and Technology*, 1st edition, CRC Press. ISBN: 9781498741521.

Willmott, P. (2019) *An Introduction to Synchrotron Radiation: Techniques and Applications*, 2nd edition, Wiley. ISBN: 978-1-119-28039-2.

3장

Ashokkumar, M. (2016) *Ultrasonic Synthesis of Functional Materials*, SpringerBriefs in Molecular Science.

Biswas, K. and Rao, C.N.R. (2015) *Essentials of Inorganic Materials Synthesis*, John Wiley and Sons Inc, New York. ISBN: 978-1-118-89266-4.

Lalena, J.N., Cleary, D.A, Carpenter, E. and Dean, N.F. (2008) *Inorganic Materials Synthesis and Fabrication*, Wiley-Blackwell, New York.

Wright, J.D. and Sommerdijk, N.A.J.M. (2000) *Sol–Gel Materials: Chemistry and Applications*, CRC Press, Boca Raton, FL.

4장

FROM A MORE CHEMICAL PERSPECTIVE:

Canadell, E., Doublet, M.-L. and Iung, C. (2016) *Orbital Approach to the Electronic Structure of Solids*, OUP.

Cox, P.A. (1987) *The Electronic Structure and Chemistry of Solids*, OUP.

Hoffmann, R. (1988) *Solids and Surfaces: A Chemist's View of Extended Bonding*, VCH.

FROM A MORE PHYSICS PERSPECTIVE:

Kittel, C. (2004) *Introduction to Solid State Physics*, 8th edition, John Wiley.

Sutton, A.P. (1995) *Electronic Structure of Materials*, OUP.

Just one of the many codes for calculating the electronic structure of solids is CRYSTAL17. See the website (www.crystal.unito.it/index.php); there are a helpful set of tutorials. Other popular codes include VASP (www.vasp.at) and CASTEP (www.castep.org).

5장

Kumar, P., and Viswanath, B. (2016). *Effect of Sulfur Evaporation Rate on Screw Dislocation Driven Growth of M_oS_2 with High Atomic Step Density*. Crystal Growth & Design, 2016, 7145–7154.

Tilley, R.J.D. (2008) *Defects in Solids*, Wiley-Blackwell.

6장

Rajagopalan, R. and Zhang, L. (2019) *Advanced Materials for Sodium-Ion Storage*, CRC Press.

7장

Barrer, R.M. (1982) *Hydrothermal Chemistry of Zeolites*, Academic Press, New York.

Breck, D.W. (1974) *Zeolite Molecular Sieves*, John Wiley, New York.

Catlow, C.R.A., Smit, B. and van Santen, R.A. (Eds.) (2004) *Computer Modelling of Microporous Materials*, Academic Press, London.

Catlow, C.R.A., Smit, B. and van Santen, R.A. (Eds.) (2004) *Computer Modelling of Microporous Materials*, Academic Press, London.

Cejka, J., Corma, A. and Zones, S. (Eds.) (2010) *Zeolites and Catalysis: Synthesis, Reactions and Applications*, Wiley-VCH, Weinheim.

Kuznicki, S.M. and UOP (2012) *Zeolite Molecular Sieves: Structure Chemistry and Use*, 2nd edition, Wiley-Blackwell.

Long, J. and Yaghi, O. (Eds.) (2009) *Metal organic frameworks, Chemical Society Reviews*, **5**, 1201–1508.

Rothenburg, G. (2017) *Catalysis and Green Applications*, 2nd edition, Wiley, Chichester.

Tompsett, G.A., Conner, W.C. and Yngvesson, K.S. (2006) Microwave synthesis of nanoporous materials, *Chemical Physics Chemistry*, **7**, 296–319.

Xu, R., Pang, W., Yu, J., Huo, Q. and Chen, J. (2007) *Chemistry of Zeolites and Related Porous Materials: Synthesis and Structure*, Wiley-Blackwell.

Zhu, G. and Ren, H (2015) *Porous Organic Frameworks*, Springer Briefs in Molecular Science.

8장

Ball, P. (2018) Blueprints for real world invisibility, *Frontiers of Physics*, **13**, 134102.

Duffy, J.A. (1990) *Bonding, Energy Levels and Bands in Inorganic Solids*, Longman, London.

Heeger, A.J. (2010) Semiconducting polymers: The third generation, *Chemical Society Reviews*, **39**, 2354–2371.

Higgins, S.J., Eccleston, W., Sedgi, N. and Raja, M. (2003) Plastic electronics, *Education in Chemistry*, May, 70–73.

Padilla, W.J., Basov, D.N. and Smith, D.R. (2006) Negative refractive index materials, *Materials Today*, **9**, 28–35.

Pawadwe, V.B. and Dhobie, S.J. (2018) *Phosphors for Energy Saving and Conversion Technology*, CRC Press.

Pendry, J. (2009) Taking the wraps off cloaking, *Physics*, **2**, 95.

Stafford, N. (2010) LEDs to light up the world, *Chemistry World*, **7**, 42–45.

Yablonovitch, E. (2001) Photonic crystals, *Scientific American*, **285**(6), 47–55.

Zhang, X. and Liu, Z. (2008) Superlenses to overcome the diffraction limit, *Nature Materials*, **7**, 435–441.

9장

Awschalom, D.W., Flatté, M.E. and Samarth, N. (2002) Spintronics, *Scientific American* (June), 68–73.

Coey, J.M.D. (2009) *Magnetism and Magnetic Materials*, Cambridge University Press, Cambridge, UK and New York.

Guinier, A. and Julien, R. (1989) *The Solid State from Superconductors to Superalloys*, Oxford University Press, New York.

Khomskii, D. (2009) Classifying multiferroics: Mechanisms and effects, *Physics*, **2**, 20.

Scott, J.F. and Gardner, J. (2018) Ferroelectrics, multiferroics and artifacts: Lozenge-shaped hysteresis and things that go bump in the night, *Materials Today*, **21**, 553–562.

Spaldin, N. (2011) *Magnetic Materials, Fundamentals and Applications*, 2nd edition, Cambridge University Press, Cambridge, UK and New York.

Tokura, Y. and Seki, S. (2010) Multiferroics with spiral spin orders, *Advanced Materials*, **22**, 1554–1565.

Vijay, M.S. (2017) *Piezoelectric Materials and Devices: Applications in Engineering and Medical Science*, CRC Press.

Vopson, M.M. (2015) Fundamentals of multiferroic materials and their possible applications, *Critical Reviews in Solid State and Materials Sciences*, **40**(4), 223–250.

10장

Buchel, W. (2004) *Superconductivity – Fundamentals and Applications*, Wiley-VCH.

Chubokov, A. and Hirschfeld, P.J. (2015) Iron-based superconductors, seven years later, *Physics Today*, **68**, 46.

Flouquet, J. and Buzdin, A. (2002) Ferromagnetic superconductors, *Physics World*, January. http://physicsweb.org.

Grant, P. (1987) Do-it-yourself superconductors, *New Scientist*, **115**, 36–39.

Hazen, R.M. (1990) Perovskites, *Scientific American*, June, 52–61.

King, A. (2019) World first as wind turbine upgraded with high temperature superconductor, *Chemistry World*, 22 November 2018. Accessed January 2019, https://www.chemistryworld.com/news/world-first-as-wind-turbine-upgraded-with-high-temperature-superconductor/3009780.article.

Norman, M.R. (2011) The challenge of unconventional superconductivity, *Science*, **332**, 196–200.

11장

Altavilla, C. and Ciliberto, E. (Eds.) (2010) *Inorganic Nanoparticles: Synthesis, Applications, and Perspectives*, CRC Press, Boca Raton, FL.

Broadwith, P. (2010) Bend me, shape me anyway you want me, *Chemistry World*, **7**, 23. (Structures made from carbon nanotubes.)

Cao, G. and Wang, Y. (2011) *Nanostructures and Nanomaterials: Synthesis, Properties and Applications*, 2nd edition, World Scientific.

Ozin, G.A., Arsenault, A. and Cademartiri, L. (2009) *Nanochemistry: A Chemical Approach to Nanomaterials*, Royal Society of Chemistry, Cambridge.

12장

Ashby, M.F. (2013) *Materials and the Environment*, 2nd edition, Elsevier.

Cindro, N., Tireli, M., Karadeniz, B., Mrla, T. and Užarević, K. (2019) Investigations of thermally controlled mechanochemical milling reactions, *ACS Sustainable Chemical Engineering*, **7**, 16301–16309.

Ercan, M., Malmodin, J., Bergmark, P. Kimfalk, E. and Nilsson, E. (2016) Life cycle assessment of a smartphone, *4th International Conference on ICT for Sustainability (ICT4S)*, Amsterdam, the Netherlands, 124–133.

Gaultois, M.W., Sparks, T.D., Borg, C.H.K., Seshadri, R., Bonificio, W.D. and Clarke, D.R. (2013) Data-driven review of thermoelectric materials: Performance and resource considerations, *Chemistry of Materials*, **25**, 2911–2920.

Graedel, T.E. (2011) On the future availability of energy metals, *Annual Review of Materials Research*, **41**, 323–335.

McDonough, W. and Braungart, M. (2002) *Cradle to Cradle*, North Point Press, New York.

MRS Bulletin, April 2012. Special Issue on Materials for Sustainable Development.

Rivero, R. and Garfias, M. (2006) Standard chemical exergy of elements updated, *Energy*, **31**, 3310–3326.

White, M.A. (2019) *Physical Properties of Materials*, 3rd edition, CRC Press, Boca Raton, Florida.

찾아보기

ㄱ

ㄴ

ㄷ

ㄹ

ㅁ

ㅇ

ㅈ

ㅊ

ㅋ

ㅌ

ㅍ

ㅎ

숫자 및 영문

역자 소개

김승주 아주대학교 자연과학대학 화학과 교수
김지만 성균관대학교 자연과학대학 화학과 교수
변송호 경희대학교 응용과학대학 응용화학과 교수
윤호섭 아주대학교 자연과학대학 화학과 교수
정 현 동국대학교 이과대학 화학과 교수

고체화학 제5판

저 자 Lesley E. Smart · Elaine A. Moore
역 자 김승주 · 김지만 · 변송호 · 윤호섭 · 정 현
발 행 인 김지영
발 행 처 자유아카데미
주 소 경기도 파주시 회동길 37-42
파주출판도시
전 화 031-955-1321
팩 스 031-955-1322
홈페이지 www.freeaca.com
전자우편 main@freeaca.com (대표)
editor@freeaca.com (편집)
crm@freeaca.com (영업)
등 록 제406-2003-017호, 1980. 7. 12
제 5 판 2022년 1월 20일 발행

역자와의 협의하에 인지생략

Printed in Korea
ISBN 979-11-5808-307-6 93430